中国文化心理学丛书

汪凤炎

主编

智慧心理学
的理论探索与应用研究

汪凤炎　郑　红

著

上海教育出版社
SHANGHAI EDUCATIONAL
PUBLISHING HOUSE

● 教育部普通高等学校人文社会科学重点研究基地 2012 年度重大项目（项目批准号：12JJD880012）与 2007 年度重大项目（项目批准号：07JJD880241）基金资助成果

● 全国教育科学"十一五"规划教育部重点课题（项目批准号：DEA070061）系列成果

● 江苏高等学校协同创新计划：基础教育人才培养模式协同创新中心研究成果

图书在版编目(CIP)数据

智慧心理学的理论探索与应用研究 / 汪凤炎, 郑红著. – 上海：上海教育出版社, 2014.6
（中国文化心理学丛书 / 汪凤炎主编）
ISBN 978-7-5444-5326-4

Ⅰ.①智… Ⅱ.①汪… ②郑… Ⅲ.①智慧 – 研究 Ⅳ.①B848.5

中国版本图书馆CIP数据核字(2014)第086908号

中国文化心理学丛书
汪凤炎　主编

智慧心理学的理论探索与应用研究
汪凤炎　郑　红　著

出　　版　上海世纪出版股份有限公司
　　　　　上 海 教 育 出 版 社
　　　　　易文网 www.ewen.cc
地　　址　上海永福路123号
邮　　编　200031
发　　行　上海世纪出版股份有限公司发行中心
印　　刷　启东市人民印刷有限公司
开　　本　700×1000 1/16 印张 34.75 插页 3
版　　次　2014年6月第1版
印　　次　2014年6月第1次印刷
书　　号　ISBN 978-7-5444-5326-4/B·0092
定　　价　72.00元

丛 书 总 序

进化心理学(evolutionary psychology)的研究成果表明,人的许多心理是通过自然进化得来的。而文化心理学(广义的,包括跨文化心理学与本土心理学)的研究成果又表明,人的一些心理是在文化中生成的。合言之,人心是自然与文化交互作用的结果。以文化生成人心为例,现有研究已表明,文化对人的影响至少表现在四个层次上:(1) 文化对人们可观察的外在物品(observable artifacts)的影响,如不同文化里人们的建筑、服饰、饮食、语言(文字)等各不相同;(2) 文化对人们行为方式的影响,不同文化下人们的行为方式有差异;(3) 文化对制度的影响,不同文化下人们建构出不同的制度;(4) 文化对人们的人生观、世界观、价值观(values)、思维方式与潜在假设(underlying assumptions)等的影响,这种影响虽往往是无意识的,却是文化影响的最高层次,它决定着人们的知觉、思维过程、情感以及行为方式。[①] 所以,据《晏子春秋》卷六《内篇杂下·楚王欲辱晏子指盗者为齐人 晏子对以橘第十》记载,晏子曾说:"橘生淮南则为橘,生于淮北则为枳,叶徒相似,其实味不同。所以然者何? 水土异也。今民生于齐不盗,入楚则盗,得无楚之水土使民善盗耶?"[②]从文化心理学角度看,这段话形象地阐明了不同的文化对人的心理与行为的重要影响。

既然人心是自然与文化交互作用的结果,那么人的心理至少有两种性质不同的机制:一是心理的自然机制,主要包括心理的生理机制和心理的文化普世性(cultural universality)结构及其发展规律等内容。它主要通过生物进化形成,具有较大的文化普世性,不同文化中人的心理多具有相似的自然机制。二是心理的文化机制,主要包括人的社会心理机制(如自我、品德与价值观等)和审美心理机制等内容。它主要通过文化积淀慢慢形成,具有较大的文化差异性,不同文化孕育不同的文化心理机制。同时,人的心理既有事实(如心理的客观规律)或

---

① 侯玉波,朱滢. 文化对中国人思维方式的影响[J]. 心理学报,2002,(1):106. 引用时有修改.
② 汤化译注. 晏子春秋[M]. 北京:中华书局,2011:403.

客观的一面,也有价值(如价值观与理想人格等)或主观的一面。心理的自然机制和心理的事实层面主要依靠生理心理学、实验心理学等路径寻求解决,心理的文化机制和心理的价值层面主要依靠文化心理学、实验心理学等路径寻求解决。例如,欧美国家的民众(受到中华文化影响的华裔除外)少有恋家心理,也不看重孝道,但欧美国家的民众多有信奉基督教的传统,像目前流通的每张美元纸币的背面都印上了"IN GOD WE TRUST"("我们信仰上帝")一语。与欧美人不同,多数中国人虽无基督教信仰(甚至无任何宗教信仰),但自古都有浓厚的恋家心理,并重孝道。中国人与欧美人之间存在的这种心理与行为上的差异,必须通过文化心理学的路径来解释才妥当。[①]

正由于人的心理既有两种性质不同的机制,又兼有事实与价值,导致心理学的研究对象兼具自然性(如生物性)和社会性,所以心理学本是一门兼有自然科学与人文社会科学双重属性的中间科学[②]。与此相吻合,当今世界心理学的发展出现两种明显的趋势:一是向脑内发展,试图打开大脑这个"黑箱子"。概要地说,随着高科技的不断向前发展,带来研究仪器的不断改进,大量高、精、尖仪器不断被制造出来。高、精、尖仪器的出现,又导致眼动仪、事件相关电位(ERP)、功能磁共振成像(fMRI)等技术不断成熟,这为心理学研究者逐步揭开大脑这个"黑箱子"提供了技术支持,进入 21 世纪以来,认知神经科学如火如荼。伴随认知神经科学的兴起,越来越多具有生理学、生物学、医学、计算机科学、数学、物理学和化学等学科背景知识的心理学研究者汇聚一堂,采用多学科的方法探索心理的生理机制问题。二是向脑外发展,试图揭开弥漫在人的心理与行为中的文化谜团。简要地说,随着交通工具的进步,人们往来世界各地变得越来越便捷,整个地球变成了"地球村"。在"地球村"的背景下,来自不同文化圈的人际交往变得越来越频繁,这就要求人们掌握一定的文化心理学知识,以便自己能更方便、更恰当地与来自不同文化圈的人进行沟通交流,而不至于因不熟悉对方的文化心理而"犯忌"。正由于此,越来越多具有哲学、伦理学、社会学、文化学、人类学和教育学等学科背景知识的心理学研究者汇聚一堂,采用多学科的方法探索心理的文化机制问题。

对于中国心理学而言,研究中国文化心理学的意义还远不止此。党的"十八大"报告指出:"文化是民族的血脉,是人民的精神家园。全面建成小康社会,

---

① 汪凤炎,郑红. 中国文化心理学(增订本)[M]. 广州:暨南大学出版社,2013:1-3.
② 潘菽. 潘菽心理学文选[M]. 南京:江苏教育出版社,1987:176-178.

实现中华民族伟大复兴,必须推动社会主义文化大发展大繁荣,兴起社会主义文化建设新高潮,提高国家文化软实力,发挥文化引领风尚、教育人民、服务社会、推动发展的作用。"中国历史悠久,中国文化博大精深,这已是世人皆知的事实。要科学地揭示中国人精神家园的丰富内涵,要充分发挥中国文化引领风尚、教育人民、服务社会、推动发展的作用,都必须加强中国文化心理学的研究。同时,不但汉字里蕴含丰富的心理学思想(为此我们提出一种专门的研究方法——语义分析法①),而且中国历代都有一些学人对人心问题进行过深入系统的探讨,提出过大量至今看来仍有见地的心理学思想。这样,若舍弃小心理学观,秉持大心理学观,②一方面可以化解艾氏紧箍咒——艾宾浩斯声称:"心理学有一个漫长的过去,却只有一个短暂的历史。"——给中国文化心理学带来的障碍;另一方面以此来观照中国文化,就可发现中国人创造出厚重的心理学思想这一事实。而且,由于这些心理学思想是在漫长的中国社会历史演变中逐渐形成和累积起来的,不仅时间跨度大,涵盖了中国人心理特质形成和发展变化的全部时间,更重要的是,它是植根于中国文化土壤的土生土长的心理学思想,符合中国人的哲学传统和思维习惯,能真正反映中国人心理发生、发展和变化的规律,③并且它自成体系,有自己的范畴、理论和概念等,虽然其中有些内容反映了人类心理的共性,但多数内容都与西方心理学思想有区别,这些思想最能反映出中国文化因素对中国人心理与行为的影响。系统而深入地研究它们,不但有助于了解中国人的心理与行为,而且也具备了解人类心理的方法、解释人类心理的理论和影响人类心理的手段。④ 从科学是指"反映自然、社会、思维等的客观规律的分科知识体系"⑤这一角度看,可以命名它为中国文化心理学,以此区别于在其他文化里诞生和发展起来的心理学,尤其是在西方文化里发展起来的心理学。由此可见,中国文化心理学是指以中国文化为背景和底蕴,从中国文化与心理学两个角度来研究中国人心理与行为规律的一门心理学分支学科。

这样,当代中国心理学工作者在研究中国人尤其是当代中国人的心理与行为时,若能从"心理学+中国文化"的研究视角入手,则是从纵贯的历史观点来研究当代中国人心理与行为的最好手段,并且能综观各个历史阶段中国人心理与

---

① 汪凤炎,郑红.语义分析法:研究中国文化心理学的一种重要方法[J].南京师范大学学报(社会科学版),2010,(4):113-118,143.
② 汪凤炎.中国心理学思想史[M].上海:上海教育出版社,2008:26-31.
③ 肖红娟.海峡两岸心理学中国化研究之比较[J].黄冈师专学报,1998,18(1):91.
④ 葛鲁嘉.心理文化论要——中西心理学传统跨文化解析[M].大连:辽宁师范大学出版社,1995:266.
⑤ 罗竹风.汉语大词典[M].上海:汉语大词典出版社,1997:4749.

行为的形成与当时的社会政治、经济、文化、历史间的具体关系。① 而且,这样做最易发现东西方人心理的同与异,从而有利于研究者根据中国国情来修正和完善外国心理学研究者提出的理论或创立新的理论,这不但是建立真正意义上的中国心理学(而不是外国尤其是西方心理学在中国之义)的有效途径之一,不但能够增强当代中国人的文化自觉意识与民族自信心,有利于培养融会中外心理学思想之长的心理学研究者,有助于心理学更加贴近日常生活进而提高心理学的生命力,②还能帮助在西方文化背景下产生和发展起来的心理学更有效地成为一种"普遍有效"的科学。正如美国著名跨文化心理学家推蒂斯(Harry C. Triandis,1926—)所说:

> 在得到中国的资料之前,心理学不可能成为一门普遍有效的科学,因为中国人口占了人类很大的比例,对于跨文化心理学来说,中国能够从新的背景上重新审查心理学的成果。在这样做时,中国的心理学家应该告诉西方的同行,哪些概念、量度、文化历史因素可以修正以前的心理学成果。③

研究中国文化心理学既有如此多的重要意义,现在又恰逢国家重视中国文化建设的良好时机,在此大背景下,我们计划组织国内一批有志于推动中国文化心理学发展的学者,撰写并出版国内首套(可能也是世界首套)以"中国文化心理学"为丛书名的系列图书。

整套丛书主要包括三种研究类型:一是"以发现、梳理和诠释为主型"。它是指先寻找并发现中国先贤提出的心理学精义思想(它们一般蕴含在先贤创造的实物文化与制度文化里),然后加以细致梳理,进而尽量用现代心理学的学术规范与术语(也适当保留一些原汁原味的重要概念)加以诠释,使之得到更好的传承。这类论著要解决的主要问题是中国文化心理学中"有什么"的问题,其目的主要是摸清家底,看看中国文化尤其是中国古典文化里到底蕴含哪些既有历史价值更有现实意义的心理学思想。④ 二是"以建构或创新为主型"。它是指研究者通过妥善汲取中国文化尤其是中国传统文化的精义思想,并适当汲取外国尤其是西方心理学的精义思想,再结合当代中国国情以及当代世界心理学(尤其是西方心理学)的发展现状与趋势,力图通过带有浓厚原创性的研究,逐渐建构出一批既具原创性又符合中国文化规律的心理学成果。这类论著要解决的主要

① 杨国枢.我们为什么要建立中国人的本土心理学?[J].本土心理学研究,1993,(1):38.
② 汪凤炎,郑红.中国文化心理学(增订本)[M].广州:暨南大学出版社,2013;1-12.
③ 万明钢.文化视野中的人类行为——跨文化心理学导论[M].兰州:甘肃文化出版社,1996;7.
④ 汪凤炎,郑红.良心新论——建构一种适合解释道德学习迁移现象的理论[M].济南:山东教育出版社,2011;30-31.

问题是中国文化心理学能"成什么"的问题。其目的主要是通过提高中国文化心理学的研究深度,最终建成完全符合中国文化特质的中国心理学,提高整个中国心理学在世界心理学大家庭中的学术地位。[①] 三是混合型。它是指兼用"发现、梳理和诠释"与"建构或创新"两种研究方式,并且运用这两种研究方式获得的成果在篇幅上大体相当。如果"发现、梳理和诠释"型研究在一本书中占绝大多数篇幅(60%以上),则将之归入"以发现、梳理和诠释为主型";假若"建构或创新"型研究在一本书中占绝大多数篇幅(60%以上),则将之归入"以建构或创新为主型"。

为了做到按中国文化的本来面貌梳理和诠释中国文化心理学,建构符合中国文化发展规律并能合理解释中国人心理与行为规律的小型、中型或大型心理学理论,而不是以外国尤其是西方心理学理论体系为参照来"筛选"中国文化心理学,或者以外国尤其是西方心理学体系为参照系来"解说"中国文化心理学,或者将一部中国文化心理学简单地写成外国尤其是西方心理学在中国的引入与传播史,这套丛书计划从"心理学+中国文化"的角度进行撰写。同时,为了保证整套丛书旨趣的一致性与质量的高水准,研究者制定了相应的判断标准。这个标准是,其研究成果是否有助于准确描述、解释、理解或预测(当代)中国人的心理与行为方式。如果答案是肯定的,它就属于中国文化心理学领域质量颇佳的论著,可入选本丛书;否则就不能列入本丛书。

为了便于操作,在衡量某部书稿的旨趣是否合乎本丛书的要求时,主要采取三种做法中的一种或几种:一是与生活于中国文化圈大多数人的日常生活方式相比,看二者的一致性程度。如果某一部心理学书稿的主体内容与生活在中国文化圈多数人的日常生活方式存在高度一致性,那么这项研究就是深入中国文化内部的。二是与一个在中国文化心理学领域(扩言之,包括中国哲学、中国文化学与中国社会学等领域)得到认可的研究成果相比,看二者的一致性程度。假若某一部心理学书稿的主体内容与一个在中国文化心理学领域(扩言之,包括中国哲学、中国文化、中国社会学等领域)公认做得好的研究成果存在高度一致性,那么这项研究就是深入中国文化内部的。三是与广泛流行于中国文化内部的经典语录、格言、谚语、俚语、俗语或口头禅相比,看彼此之间的吻合程度。假若某一部心理学书稿的主体内容与广泛流行于中国文化内部的经典语录、格言、谚

---

① 汪凤炎,郑红.良心新论——建构一种适合解释道德学习迁移现象的理论[M].济南:山东教育出版社,2011:33-34.

语、俚语、俗语或口头禅之间有较高的吻合程度,那么这项比较研究就是深入中国文化内部的。[①]

在书稿的旨趣合乎本丛书要求的基础上,进一步衡量其质量高低。具体做法是看它是否"新"以及"新"的程度。从性质上看,这个"新"主要包括四种类型(若将这四种类型的"新"加以排列组合,就可以生出无数类型的"新"):一是论点新。它指作者提出前人未见的新论点。若能提出言之成理、持之有据的系统的新理论或系列的新概念,就属于上乘之作。二是方法新。它指作者使用与前人不一样的研究方法。若能提出全新的科学研究方法、研究范式,或对原有方法、研究范式作大幅度的改善,就属于上乘之作。三是论据新。它指作者找到前人未发现的新证据。作者找到有价值的新证据越多,其作品质量就越高。四是结构新。它指作者用不同于前人的结构来组织材料。这个结构越新颖,且按此新结构组织的知识体系越有利于读者阅读和知识传播,其作品质量就越高。

从"新"的类型上看,一部书稿至少要具备上述四个"新"中的一种。从"新"的程度上讲,较之同类著作或相关著作,一部书稿在初版时,其内容至少要有50%以上的"新";在再版时,至少要更新其中30%以上的篇幅。否则,就不值得出版或再版。根据上述要求,丛书主编将针对每部书稿的具体情况,聘请专家进行匿名审读,符合要求者才能入选本丛书。

本丛书文中和文末参考文献的格式基本参照《中华人民共和国国家标准:GB/T 7714-2005》,在文中以脚注形式呈现,在文末按论著作者姓名的汉语拼音字母(中文作者)或英文字母(英文作者)顺序依次排列。同时,本丛书采取开放的体系,成熟一本出版一本。为此,从2013年开始,计划用10年左右甚至更长的时间来完成本丛书。自出版第二部论著开始,将前期已出版的第一部论著的书名放在该书封底内侧的页面(后勒口)上;出版第三部论著时,将前期已出版的2部论著的书名都写在第三部论著封底内侧的页面(后勒口)上;余类推。同时,前期出版的论著在再版时,也将依此做法补充或完善相应信息。通过这两种做法,方便读者检索丛书已出版论著的信息。当丛书最后一部论著完成时,本丛书就有"全家福"了。

本丛书从构思到出版,承蒙上海教育出版社的鼎力支持,在这之中,上海教育出版社的谢冬华先生付出了大量心血。又承蒙每部论著作者所在单位的大力

[①] 汪凤炎,郑红. 良心新论——建构一种适合解释道德学习迁移现象的理论[M]. 济南:山东教育出版社,2011:43-44.

支持,尤其是得到了南京师范大学校、院领导与诸位同事以及中国心理学界多位先生与同仁长期的大力支持! 在此,谨向所有关心和帮助这套"中国文化心理学丛书"的学界前辈、领导、老师、同仁、朋友和亲人致以衷心的感谢!

汤之《盘铭》曰:"苟日新,日日新,又日新。"(《大学》)"汤"指商朝的开国帝王成汤;"盘铭"指刻在商汤的脸盆上用来警戒自己的箴言。整句箴言的意思是:假若能每天更新,就天天更新,每天不间断地更新。同时,孔子的"温故而知新"(《论语·为政》)一语也一向是中国许多读书人的座右铭。可见,中国本有推崇创新、鼓励创新的传统,这是中国文化历久弥新的内在动力之一。我们期望,"中国文化心理学丛书"的出版,能给中国心理学的更好更快发展带来一片崭新的天空!

汪凤炎

2013 年 4 月 2 日

于南京之日新斋

自　序

因多种机缘的交互作用,自 2004 年春季我们开始关注"智慧"这一主题,至 2013 年 11 月,已有 9 年多的时间。在这期间,虽然也曾花许多精力与心思去做其他科研项目,但我们对智慧的思考却像意识流一般从未中断过。9 年,对宇宙或地球的寿命而言,短得几乎不值得一提;对一个人的生命尤其是学术生命而言,却不算一段太短的岁月。我们 9 年多对智慧的研究,虽凝聚成为呈现在读者面前的这部专著,并首次提出智慧的德才兼备理论,算得上是我们对智慧研究的一个最大收获,但我们深知,由于我们学识、精力、经费等均极其有限,有些问题虽有清晰的想法,可限于经费和时间等因素暂时还未展开,也有些问题可能暂时还考虑不周。因此,与 2004 年春季刚开始研究智慧时的那种迷茫、不知从何处入手的窘境相比,本书其实仅仅意味着我们对智慧研究有了一个真正的开始,其后的路还很漫长,许多问题都有待进一步思考与探讨。例如:(1)如何就智慧的结构妥善开展实证研究?(2)我们通过问卷研究已知中国人对"德慧"有明显偏好,如何通过诸如内隐联想测验(Implicit Association Test,IAT)之类的实验研究去进一步验证?(3)如何基于智慧的德才兼备理论来开展精巧的行为实验研究?(4)智慧的生理机制位于脑的哪个部位? 人慧与物慧的生理机制是在脑中的同一部位、两个有部分重合的部位,还是在两个完全不同的部位? 这类问题都有待运用事件相关电位(ERP)、功能磁共振成像(fMRI)等技术或手段去做精巧实验,才有可能获得解答。(5)怎样编出信度和效度良好并有常模的测量成人与儿童智慧发展水平的量表?(6)个体智慧生成与发展的一般轨迹和规律是什么?(7)本书虽然从理论上探讨了培育智慧的通用策略和侧重培育德慧与物慧的策略,但如何进一步细化,使之能高效地指导大、中、小学开展智慧教育? 这有待采用行动研究法做进一步研究,等等。其中,笔者指导的南京师范大学心理学院基础心理学专业 2010 级博士生陈浩彬对前 3 个问题已开展一些深入研究,并以题为《智慧德才兼备理论的实证研究》一文于 2013 年 5 月顺利通过博士学位论文的答辩。不过,我们这个小团队的科研力量毕竟很有限,所以,这部书的出版若能激发志同道合的同行来对智慧展开集体攻关，将是我们最希望、最乐意看到的事情，但愿我们能够美梦成真！

本书第一阶段的研究与写作获得教育部普通高等学校人文社会科学重点研究基地 2007 年度重大项目"和谐德育的理论探索与实践研究"（项目批准号：07JJD880241）、南京师范大学心理学"国家级重点学科培育点"研究经费和南京师范大学"211"工程教育学科三期建设经费的资助，也是笔者主持的全国教育科学"十一五"规划教育部重点课题"和谐德育的育德模式及其在小学德育中的应用研究"（项目批准号：DEA070061）的系列成果之一。2011 年 8 月下旬办理完笔者主持的上述教育部普通高等学校人文社会科学重点研究基地 2007 年度重大项目与全国教育科学"十一五"规划教育部重点课题的结项申请工作，并将结题材料分别寄给了上述两个课题的主管结题工作的部门（2011 年 12 月经全国教育科学规划领导小组办公室组织专家鉴定，结果是"鉴定等级：良好"；证书号：1943）。在此基础上，鉴于"爱智精神"既是中华民族文化的基本精神之一，也是中华民族的优良传统，还具有重大的理论价值与现实意义，自 2011 年 9 月以来直至现在，我们继续开展对智慧的研究，并以此为重要基础之一申报教育部普通高等学校人文社会科学重点研究基地 2012 年度重大项目，于 2012 年 3 月 1 日获知项目已成功立项（项目名称：中华民族文化的基本精神研究；项目批准号：12JJD880012），这样，本书第二阶段的研究内容就属于教育部普通高等学校人文社会科学重点研究基地 2012 年度重大项目"中华民族文化的基本精神研究"的有机组成部分之一。

自 2007 年春季学期以来，本书的主要内容曾以课程或讲座的形式多次给我院的硕士研究生和博士研究生讲授，也为南京师范大学道德教育研究所承办的国培项目（2010、2011、2012、2013）中的中小学德育课程骨干教师班的学员，中组部领导干部考试与测评中心主办的"全国第三期考试测评业务培训班"（2009 年 1 月）、"全国第十七期面试考官骨干培训班"（2010 年 5 月）与"全国第十八期面试考官骨干培训班"（2010 年 8 月），南京市委组织部举办的"南京市处级干部培训班"（东南大学继续教育学院承办）、"南京师大敬文讲坛"（2012 年 6 月 6 日晚），曲阜师范大学教育科学学院的部分师生，江西师范大学心理学院的部分师生，海南师范大学教育科学学院的部分师生，南京市北京东路小学的同仁，浙江省温州市永嘉县教师进修学校的同仁，深圳市龙岗区教师进修学校的同仁，青岛市 58 中的部分教师，重庆市德育骨干教师，嘉兴高中德育校长班，"南京教育论坛"与南京图书馆讲座等讲授过；本书的部分内容曾以会议论文的形式在"2009

年国际理论心理学大会(ISTP)"(Keynote,2009 年 5 月 15—19 日在南京市南京师范大学召开)、"Journal of Moral Education 40th Anniversary Conference (JME)"、"the 37th Annual Meeting of the Association for Moral Education (AME)"、"The 6th Annual Conference of the Asia Pacific Network for Moral Education"(APNME)(2011 年 10 月 24—28 日在南京召开)、"the 36th Annual Meeting of the Association for Moral Education (AME)"(2010 年 11 月 4—6 日在美国的圣露易斯市召开,11 月 5 日在小组会议上,笔者曾作题为"The Wisdom Theory of Integrating Intelligence with Morality:Backgrounds and Main Points"的发言,这是"智慧的德才兼备理论"的早期观点在国际道德教育年会上的首次亮相)、"The 7th Annual Conference of the Asia Pacific Network for Moral Education"(APNME)(2012 年 6 月 15—17 日在嘉义市的中正大学召开)、"第七届华人心理学家学术研讨会"(2011 年 9 月 1—3 日在台北市"中央"研究院召开)、"第六届华人心理学家学术研讨会"(2008 年 6 月 11—14 日在香港中文大学召开)、"第十六届全国心理学学术大会"(2013 年 11 月 2—3 日在南京市南京师范大学召开)、"第十五届全国心理学学术大会"(2012 年 12 月 1—2 日在广州市广州大学召开)、"第十四届全国心理学学术大会"(2011 年 10 月 22—23 日在西安的第四军医大学召开)、"第十三届全国心理学学术大会"(2010 年 11 月 20—21 日在上海市上海师范大学召开)、"第十二届全国心理学学术大会"(2009 年 11 月 6—8 日在济南市山东师范大学召开,会议期间,笔者在"理论心理学与心理学史专业委员会"组的专题讨论会上宣读题为"智慧的德才兼备理论"的会议论文,这是"智慧的德才兼备理论"的早期观点在全国性心理学大会上的首次亮相)、中国心理学会理论心理学与心理学史专业委员会 2008 年年会(2008 年 4 月 20—21 日在青岛大学召开)等重要会议上作过汇报。在讲授或汇报过程中,一些学生或同仁曾给予笔者一些颇具价值的反馈意见,让笔者切实感受到教学相长以及科研的乐趣。

同时,在笔者不断追求学术的过程中,一直得到诸多老师、朋友、同仁和家人的支持与帮助。本书的写作同样如此。本书的写作过程中得到了导师杨鑫辉教授和鲁洁教授的大力支持与帮助!两位先生传授的为学之方,让笔者受益终身!与此同时,上海师范大学的燕国材教授,南京师范大学的缪建东副校长,南京师范大学心理学院的傅宏教授、冯大云书记、郭本禹教授、余嘉元教授、刘昌教授等人,南京师范大学教育科学学院的班华教授、吴康宁教授、杨启亮教授、胡建华教授、顾建军教授和虞永平教授等人,南京师范大学道德教育研究所的高德胜教授,南京师范大学哲学系的陈真教授、高兆明教授等也在学习、工作和生活上给了笔者诸多支持与帮助。在笔者的指导下,当年(2010—2011)王立浩在做题为"中德大学生智慧者提名的跨文化研究"的博士学位论文时,德国茨维考应用科技大学(University of Applied Sciences of Zwickau)的Doris Weidemann教授在取样方面为我们提供了诸多帮助。而且,从一定意义上说,本书的撰写过程也是犬子的成长过程,在这一过程中,犬子的童真与童趣让做父亲的时常忘记写作的艰辛。同时,笔者指导的硕士研究生黄雨田、宋树梅、顾国军、刘欣、周玲、孙月姣和朱席席等同学帮助查找一些科研资料,在笔者指导下对一些数据进行统计处理、对书稿进行认真校对,节省了很多查找文献、处理数据和校对的功夫!又承蒙上海教育出版社的鼎力支持,本书得以顺利出版,在这之中,上海教育出版社的谢冬华先生等人付出了大量心血。在此,谨向所有关心和帮助过我们的老师、朋友、同学和亲人致以衷心的感谢!另外,本书在撰写过程中参考和引用了许多专家和学者的论文与论著,这在脚注和参考文献中都一一予以列出,在此谨向他们的辛勤劳动表示衷心的感谢!最后,祝愿诸君都能通过自身的不懈努力,最终成长为大德大才兼备的卓越智慧者!

汪凤炎

2013年12月5日

于南京之日新斋

目录
Contents

第一章　绪论：讲清两个问题

按照科学研究的惯例，在正式进入主题之前，先须讲清三个问题：为什么研究（why）？研究什么（what）？怎样研究（how）？对智慧心理学的研究也不例外。不过，考虑到智慧是一个极复杂的概念，为保证每章篇幅的大体平衡，"研究什么"这个问题将留在第三、第四章进行探讨，本章只论余下的两个问题。

第一节　为什么要研究智慧心理学

研究智慧心理学，除了具有"能帮助个体妥善处理良好品德与聪明才智之间的关系"这个重要意义之外，[①]至少还有如下四个重要价值。

一、培育大批智慧者，促进社会主义和谐社会和小康社会的建设

当今世界正处于文化的多元时代，传统与新潮、历史与当下、本土与异域、主流与非主流等各种文化冲突与交融，坚持以崇尚和谐、追求和谐为价值取向的文化精神，是多元文化时代的必然要求。顺应这个历史潮流，中共十六届六中全会通过的《中共中央关于构建社会主义和谐社会若干重大问题的决定》，明确了构建社会主义和谐社会的任务、目标和途径，并将心理和谐与社会和谐作为一个主要问题提出来，这是我党历史上第一次将心理和谐提到如此的高度。《中共中央关于构建社会主义和谐社会若干重大问题的决定》明确指出，建设和谐文化是构建社会主义和谐社会的重要任务。弘扬民族优秀文化传统，借鉴人类有益文明成果，倡导和谐理念，培育和谐精神，使之成为全社会共同的理想信念和道德精

---

① 为了将此主题说得更透彻，专门用一章的篇幅来阐述它，故这里不多讲，留待第二章详细探讨。

神。胡锦涛同志指出:"实现社会和谐,建设美好社会,始终是人类孜孜以求的一个社会理想,也是包括中国共产党在内的马克思主义政党不懈追求的一个社会理想。我们所要建设的社会主义和谐社会,应该是民主法治、公平正义、诚信友爱、充满活力、安定有序、人与自然和谐相处的社会。"这既是和谐社会的基本特征,也是和谐社会的道德取向。因为其从社会体制、制度、人格、发展、管理、环境等六个方面明确了和谐社会的道德选择:选择了民主法治,独断专行和人治就是不道德的;选择了公平正义,贵贱有别和歧视就是不道德的;选择了诚信友爱,背信弃义、尔虞我诈、勾心斗角就是不道德的;选择了充满活力,墨守成规、不思进取就是不道德的;选择了安定有序,制造动荡、扰乱秩序就是不道德的;选择了人与自然和谐相处,破坏生态环境、粗暴开发自然资源就是不道德的。① 党的"十七大"报告进一步明确指出,构建社会主义和谐社会是贯穿中国特色社会主义事业全过程的长期历史任务,是在发展的基础上正确处理各种社会矛盾的历史过程和社会发展的结果。2005 年胡锦涛在《在省部级主要领导干部提高构建社会主义和谐社会能力专题研讨班上的讲话》中明确指出:"一个社会是否和谐,一个国家能否实现长治久安,很大程度上取决于全体社会成员的思想道德素质。没有共同的理想信念,没有良好的道德规范,是无法实现社会和谐的。"②2012 年党的"十八大"报告又明确提出:"确保到二〇二〇年实现全面建成小康社会宏伟目标。"

将党和国家的上述重要决定与思想贯彻并落实到当代中国教育界与心理学界,一个重要做法就是要认真思考培育"何种素质的人才"的问题。虽然大家都知道德育乃至整个教育的根本宗旨本是成"人",正如陶行知在 1946 年 4 月所写的《小学教师与民主运动》一文里所说:"教师的职务是'千教万教,教人求真',学生的职务是'千学万学,学做真人'。"③不过,成"何种素质的人才"却值得每一位教育工作者与相关学科的研究者深思,因为"理念决定行为","理念引导行为"。犹如世上先有"欧元"的理念,然后才逐渐诞生了真实的"欧元"货币;先有"金砖四国"的理念,然后才逐渐有了"金砖四国"乃至"金砖国家"的互动行为,对于成"何种素质的人才"持何种理念,会对育人方式与行为产生深刻影响。那么,当代中国的德育乃至整个教育宜将其根本宗旨定在培育哪种人上呢? 这不但是一个

---

① 王克. 构建和谐社会中的和谐德育[J]. 思想教育研究,2005,(8):11.
② 胡锦涛. 在省部级主要领导干部提高构建社会主义和谐社会能力专题研讨班上的讲话[N]. 人民日报,2005-06-07.
③ 华中师范学院教育科学研究所. 陶行知全集(第三卷)[M]. 长沙:湖南教育出版社,1985:608.

重要的理论话题,更是一个重要的教育实践话题。

根据我们的思考,为了更好地建设社会主义和谐社会,为了确保到 2020 年实现全面建成小康社会的宏伟目标,当代中国的道德教育乃至整个教育都宜树立起"做一个德才兼备的智慧之人"的理念,因为只有真正的智慧者才具有健全的人格,拥有正确的世界观、人生观、价值观,能够妥善处理良好品德与聪明才智之间的关系,并拥有"和而不同"的和谐伦理精神,既懂得自立、自尊、自信、自强的道理,又明白尊重、友爱他人与团结协作的重要性,从而在面对来自现实社会与自我内心世界的诸多矛盾和利益冲突时,能够妥善处理主我与客我、德与才、自我与他人和社会、自我与自然、自我与祖国以及与他国之间的复杂关系。一项问卷调查的结果也表明,大多数人相信,"选择智慧更有助于人类和个体自身长久的幸福与可持续发展"。该问卷中包含下面一道题目,要求被试如实作答:

下面"有助于人类和个体自身长久的幸福与可持续发展"的四种说法中,您更赞成哪一种?

A. 一个人一旦拥有聪明与丰富的知识,就有能力将其遇到的许多事情办好,所以选择聪明＋知识更有助于人类和个体自身长久的幸福与可持续发展。

B. 因为仁者无敌,好人终有好报,所以选择善良更有助于人类和个体自身长久的幸福与可持续发展。

C. 现实生活太复杂,只有运用厚黑学才能让人更好地生存,因此只有选择厚黑学才更有助于人类和个体自身长久的幸福与可持续发展。

D. 智慧中包含善良、聪明与知识,有智慧的人在必要时也懂得灵活运用各种手段去达成目的,因此选择智慧更有助于人类和个体自身长久的幸福与可持续发展。

笔者曾将上述题目于 2011 年 4 月 22—23 日用 PowerPoint 放给温州某中小学校长培训班与政教主任培训班学员看,于 2011 年 7 月 25 日用 PowerPoint 放给南京师大某教育硕士班学员看,于 2011 年 8 月 16 日用 PowerPoint 放给青岛某中学教师培训班的学员看,于 2011 年 8 月 23 日用 PowerPoint 放给南京市某区小学语文教师培训班的学员看,然后再请他们依自己真实的内心想法作答;同时,又曾自 2010 年 12 月至 2011 年 4 月期间,运用问卷调查的方式向南京市在校大学生随机发放问卷(问卷详情请见附录 2),结果如表 1－1 所示。

表1-1 被试的作答情况

		A	B	C	D	总计
已工作者	温州某中小学校长培训班	5 (11.9%)	5 (11.9%)	1 (2.4%)	31 (73.8%)	42 (100%)
	温州某中小学政教主任培训班	4 (12.1%)	6 (18.2%)	5 (15.2%)	18 (54.5%)	33 (100%)
	青岛某中学教师培训班	2 (2.8%)	9 (12.7%)	0 (0)	60 (84.5%)	71 (100%)
	南京市某区小学语文教师培训班	8 (9.6%)	2 (2.4%)	2 (2.4%)	71 (85.6%)	83 (100%)
	南京师大某教育硕士班	1 (1.9%)	1 (1.9%)	1 (1.9%)	51 (94.3%)	54 (100%)
	总计	20 (7.1%)	23 (8.1%)	9 (3.2%)	231 (81.6%)	283 (100%)
在校大学生		2(1.2%)	9(5.4%)	3(1.8%)	153(91.6%)	167(100%)
已工作者+在校大学生		22(4.9%)	32(7.1%)	12(2.7%)	384(85.3%)	450(100%)
已工作者-在校大学生		(5.9%)	(2.7%)	(1.4%)	(-10.0%)	

注：表格中，括号前的数字为对应选项的累积选择人数，括号内的数字为相应的百分比。

从表1-1可知，被试对上述那道题的作答情况呈现两个特点：(1)就全体样本而言，选择D的概率最大。在总计450人中，4.9%的人选择了A，7.1%的人选择了B，2.7%的人选择了C，85.3%的人选择了D。答案虽显得多种多样，但毫无疑问，选择D的概率最大，这表明大多数人其实都相信"选择智慧更有助于人类和个体自身长久的幸福与可持续发展"。(2)在校大学生与已参加工作的人士相比，其作答情况略有差异：已工作者选择A的人数较之在校大学生要多出5.9%，已工作者选择B的人数较之在校大学生要多出2.7%，已工作者选择C的人数较之在校大学生要多出1.4%，已工作者选择D的人数较之在校大学生要少10.0%，这显示：较之已参加工作者(虽然全部都是在学校中工作)，在校大学生心理比较单纯，故选择D项的人数高达91.6%；较之在校大学生，已参加工作者对现实认识更加多元化，从而分散了在D项上的选择人数。这暗示，已参加工作者中也有少数人认可"做人要做一个聪明人(不考虑是否有德)"、"做人要做一个老实人或善良人(不考虑是否有才)"或"做人要精通厚黑学"的做人理念，而如后面第二章所论，在这三种做人理念中，前两种实际上都有偏颇，后一种则完全是错误的。同时，由于这批已参加工作者全部都是在学校中工作，这暗示一些教师的人才观也存在"两张皮"现象：一些人表面认可"做人要做一个德才兼备的智慧之人"，其实心里并不真正认同。

正是在上述背景下，本书探讨智慧的内涵、心理结构与培育策略或方法等问题，可促进人们对智慧心理学的正确认识。一旦以培育真正的智慧者为目的的理念能够逐渐深入人心，不但有助于人们准确把握《中共中央关于构建社会主义和谐社会若干重大问题的决定》和《胡锦涛在庆祝中国共产党成立90周年大会上的讲话》的精髓，使党中央倡导的"和谐理念"、"和谐精神"、"形成以德修身、以德服众、以德领才、以德润才、德才兼备的用人导向"落到实处，又能通过良好的智慧教育培养造就出大批智慧者尤其是各级智慧型领导干部，进而促进社会主义和谐社会和小康社会的建设。

二、科学开展智慧教育

如上所论，为了促进社会主义和谐社会的建设，为了全面建成小康社会，必须通过良好的智慧教育培养造就出大批智慧者尤其是各级智慧型领导干部。关于后者，2011年7月1日，胡锦涛在庆祝中国共产党成立90周年大会上的讲话里明确指出："要坚持把干部的德放在首要位置，选拔任用那些政治坚定、有真才实学、实绩突出、群众公认的干部，形成以德修身、以德服众、以德领才、以德润才、德才兼备的用人导向。要坚持凭实绩使用干部，让能干事者有机会、干成事者有舞台，不让老实人吃亏，不让投机钻营者得利，让所有优秀干部都能为党和人民贡献力量。"由此可见，随着中国改革开放事业的不断向前发展，为了更好地建设社会主义和谐社会、全面建成小康社会，对人才培养的数量和质量都提出新要求。这里的"质量"就包括人才要有健全的人格、良好的道德品质和杰出的聪明才智等素质。

令人遗憾的是，在中国，"只教给学生一些小智，却让学生丢了大慧"，是近些年来人们批评当代中国教育的一句常用语。为了应对这类批评，为了培育高素质人才，当下一些大中小学——像山东的鲁东大学、武汉的情智学校、南京的北京东路小学等——都在积极探索智慧教育或情智教育。2012年12月8—10日，在北京举行了第4届智慧研究会议(the fourth Wisdom Studies Conference)，与会的中外专家就"智慧和智慧教育"这个主题展开了一些探讨。这本都是好事情。不过，综观当今整个国际教育界和心理学界，至今尚未有在中小学成功开展智慧教育的样本。例如，在如何培育个体智慧的问题上，美国心理学家斯腾伯格(Robert Jeffrey Sternberg, 1949—　)曾与其耶鲁研究小组的同事一起，运用其智慧的平衡理论(balance theory of wisdom)在美国一些中学开展"为智慧而教"

(teach for wisdom)的实验改革。在斯腾伯格看来,"为智慧而教"不能仅教学生思考什么,更要教学生怎样正确思考;并且,智慧教育不能向学生灌输一些教条性的东西,否则会阻碍学生智慧的生成。① 斯腾伯格等人结合美国中学"为智慧而教"的教育改革实践,提出教师在课堂中"为智慧而教"的 16 条原则:(1)和学生一起研究为什么常规的能力与成就(conventional abilities and achievements)概念并不能确保满意生活;(2)论证为何智慧才是满意生活的关键;(3)通过教育让学生懂得相互依靠的益处;(4)为学生提供智慧者的经典角色样式,因为身教重于言教;(5)让学生阅读有关智慧的判断和决定的材料,从而让学生懂得如何作出智慧的判断与决定;(6)帮助学生学会分辨自己、他人和组织(单位)的利益;(7)帮助学生学会平衡自己、他人和组织(单位)的利益;(8)教会学生懂得,手段是获得目的的方法,不是目的本身;(9)帮助学生认识到适应、塑造和选择的作用,并学会如何平衡这三者之间的关系;(10)鼓励学生在思考中形成、批评和整合自己的价值观;(11)鼓励学生辩证地思考,让学生认识到问题和答案都会因时而异;(12)告诉学生对话思维的重要性,学会从多元视角理解各种利益和观念;(13)教会学生寻求并试图达到公共利益(common good),这种公共利益不只是自己认同的人有所得,而且是每一个人都有所得;(14)鼓励并奖赏智慧;(15)教会学生监控(monitor)自己生活中发生的大小事务和自己对这些事务的思考;(16)帮助学生懂得抵制因自我利益和小团体利益不平衡而产生压力的重要性。② 为了将"为智慧而教"的这 16 条原则贯彻到实际的智慧教育中,斯腾伯格等人开发出由 12 个主题组成的智慧教育课程:(1)智慧是什么:第一部分(分析民众的内隐智慧观);(2)智慧是什么:第二部分(分析著名的智慧定义);(3)为什么智慧对个体、社会和世界很重要?(4)关于智慧的一些伟大思想:第一部分(公共利益);(5)关于智慧的一些伟大思想:第二部分(价值观的作用);(6)关于智慧的一些伟大思想:第三部分(利益的作用);(7)关于智慧的一些伟大思想:第四部分(对环境反应的作用);(8)整合:具有智慧的名人的案例以及他们为什么被认为是智慧的人;(9)不同年龄阶段对智慧的应用:第一部分(在早期);(10)不同年龄阶段对智慧的应用:第二部分(在当下);(11)在学生的日常生活中使用智慧;(12)用智慧创造一个更加美好的世界。③ 但由于智慧的平

---

① Sternberg, Robert J. (2001). Why schools should teach for wisdom: The balance theory of wisdom in educational settings. *Educational Psychologist*, 36(4): 227-245.
② Ibid.: 238.
③ Ibid.: 240.

衡理论自身存在一些缺陷(详见第三章)，导致"为智慧而教"实验改革的结果并不尽如人意。① 时下中国一些学校在开展智慧教育时，由于无成功的先例可寻，往往是"摸着石头过河"，在这样做时，大多未弄清智慧的科学内涵，而是多从不太缜密或常识水平的智慧概念出发进行智慧教育，这就使得实际操作存在一些不尽如人意之处。造成这一境况的原因有很多，其中最重要的一个内因是，中外学术界至今对智慧内涵的看法仍停留在众说纷纭的层面，没有给出智慧的权威定义(详见第三章)。

由此可见，科学界定智慧的内涵既是一个重要的学理问题，也是一个教育实践问题。于是，美国芝加哥大学于 2007 年 9 月宣布正式开展为期 3 年 5 个月 (2007.9—2011.1) 的跨学科研究程序——阿瑞特倡议 (interdisciplinary programs, Arete Initiative)，专门探讨智慧这一主题，当年他们投入 200 万美元的研究经费专攻智慧的定义 (Defining Wisdom，A project of the University of Chicago)，并向全世界招标关于智慧的研究课题，内容涉及哲学、历史学、宗教学、伦理学、法学、教育学、心理学、生物学和计算机科学等多个学科领域。②

综上所述，教育实践的需要与学术研究的需要相互促进和激发，导致智慧心理学成为当代心理学与教育学共同关注的重要主题之一。因此，深入开展智慧心理学的研究，有利于中国教育界更科学地开展智慧教育。

三、弘扬中西智慧观的精义，看清中西智慧观的文化差异

缺乏一个公认的、科学的智慧定义以及相应的智慧理论，是导致当下一些学校无法科学开展智慧教育的一个重要内因。深入研究智慧的内涵与智慧的理论成为智慧研究迫切需要解决的问题。由此，必须进行智慧观的中西比较研究，做到既弘扬中西智慧观的精义，又看清中西智慧观的文化差异。

(一) 弘扬中西智慧观的精义

2011 年 10 月 18 日中国共产党第十七届中央委员会第六次全体会议审议通过的《中共中央关于深化文化体制改革、推动社会主义文化大发展大繁荣若干重大问题的决定》明确指出："文化是民族的血脉，是人民的精神家园。在中国五千多年文明发展历程中，各族人民紧密团结、自强不息，共同创造出源远流长、博大精深的中华文化，为中华民族发展壮大提供了强大精神力量，为人类文明进步

---

① Sternberg, Robert J. (2001). How wise is it to teach for wisdom? A reply to five critiques. *Educational Psychologist*, *36*(4): 269-272.
② [EB/OL]. http://www.wisdomresearch.org/topics.html.

作出了不可磨灭的重大贡献。""优秀传统文化凝聚着中华民族自强不息的精神追求和历久弥新的精神财富,是发展社会主义先进文化的深厚基础,是建设中华民族共有精神家园的重要支撑。要全面认识祖国传统文化,取其精华、去其糟粕,古为今用、推陈出新,坚持保护利用、普及弘扬并重,加强对优秀传统文化思想价值的挖掘和阐发,维护民族文化基本元素,使优秀传统文化成为新时代鼓舞人民前进的精神力量。"以智慧这个主题为例,爱智既是中华民族文化的基本精神之一,也是中华民族的优良传统。与此相一致,中华民族文化里有厚重的智慧文化,中国古典智慧观里蕴含浓厚的"德才兼备方是智慧"的思想,于是中国人自孔子开始就主张做人要做到"必仁且智"。《荀子·君道》说得好:"故知而不仁不可,仁而不知不可,既知且仁,是人主之宝也,而王霸之佐也。"对德才兼备之人推崇备至!同时,中国古典智慧观之一的"知而获智"观里蕴含"注重从知识角度来定义智慧"与"转识成智"的精义思想,所以继承此思想,我们主张一个人只要不断地积累知识,并作恰当的创造性转换,就能通过"变知识为智慧"的途径逐渐获得智慧;而且,我们明确了"转识成智"中"转"的途径:既要努力学习大量实用的明确知识,并将其中的陈述性知识创造性地转换成程序性知识,又要努力学习大量实用的默会知识,达到"熟能生巧"的程度,还要将其目的指向为绝大多数人谋福祉,从而涤除中国古典"知而获智"观潜藏的不足。

与此同时,《中共中央关于深化文化体制改革、推动社会主义文化大发展大繁荣若干重大问题的决定》又明确指出,要"积极吸收借鉴国外优秀文化成果。坚持以我为主、为我所用,学习借鉴一切有利于加强我国社会主义文化建设的有益经验、一切有利于丰富我国人民文化生活的积极成果、一切有利于发展我国文化事业和文化产业的经营管理理念和机制。"以智慧这个主题为例,西方思想史尤其是西方心理学对智慧有丰富的研究。德国心理学家巴尔特斯和施陶丁格(Baltes & Staudinger,1993,2000)[①]将智慧定义为"一种有关生命的重要且实用知识的专家知识(和行为)系统",同时,他们又相信,智慧里包含旨在帮助自己和他人获得良好生活的善良动机,因为智慧必须有助于帮助自己和他人获得福祉,必须有助于个体有效协调自己的认知过程和善良道德品质。这说明柏林智慧模式蕴含"德才兼备方是智慧"的思想。斯腾伯

---

① Baltes, P. B. & Staudinger, U. M. (1993). The search for a psychology of wisdom. *Current Directions in Psychological Science*, 2: 75-80. Baltes, P. B. & Staudinger, U. M. (2000). Wisdom: A metaheuristic (pragmatic) to orchestrate mind and virtue toward excellence. *American Psychologist*, 55: 122-136.

格(Sternberg,2004)①对智慧定义的最新表述是,以价值观为中介,运用智力(intelligence)、创造性(creativity)和知识(knowledge),在短期和长期(over short- and long-term)之内通过平衡个人内部、人际间和个人外部的利益,从而更好地适应环境、塑造环境和选择环境,以获取公共利益的过程(详见第三章)。这个定义也明确表明,斯腾伯格的智慧观含有"德才兼备方是智慧"的思想。

由此可见,中西智慧观虽然表述方式不太相同,但是蕴含一个共同的精义:智慧是良好品德与聪明才智的有机统一。既然如此,今天再来研究智慧,就必须妥善继承并发扬中西智慧观里本有的"德才兼备方是智慧"的精义思想,帮助人们将智慧与聪明才智、情绪智力等相关概念区分开来(详见第四章)。

(二) 看清中西智慧观的文化差异

从智慧与文化的关系看,智慧既有一定的文化相对性,也有一定的文化普世性或文化普遍性。这是由于生活在不同时代、不同文化圈里的人们,对于良好品德与聪明才智的需要、认识与选择既有一定的文化相对性,也有一定的文化普世性。从世界文明史的角度看,不同时期、不同地域存在不同的文化圈。从派别上讲,在中国有儒家文化圈、道家文化圈和佛教文化圈等,在外国有基督教文化圈和伊斯兰教文化圈等。即便在同一个文化圈内,还能分出一些子文化圈。例如,在基督教文化圈内,至少又分天主教、新教和东正教三大子文化圈。从主要生产方式的角度来划分,有农业文明、游牧文明、工业文明、后工业文明等。生活在不同文化圈里的人们需要的智慧类型往往既有一定的相似性,也会有一定的差异。再者,某些智慧类型也往往与人们的某种生活方式相联系,深受人们的人生观、价值观的影响,而不同文化的个体所持的人生观与价值观也往往既有一定的相似性,又有一定的文化差异性与个体差异性。

以中国文化为例,在中国历史上,由于种种机缘的交互作用,儒学自先秦诞生并经汉武帝采纳董仲舒"罢黜百家,独尊儒术"的主张后,一跃成为中国古代社会的正统官方哲学,此境况几乎一直延续至1911年清朝灭亡。受具有浓厚尚德色彩的儒学以及道家学说的深刻影响,如果说在西方文化里,人可以被视为一种自然存在,导致天赋人权(natural right)的观念在西方文化里源远流长,那么,在中国文化里,人就只能被视为一种社会存在或文化存在,天赋人权的土壤缺乏。于是,在中国文化尤其是中国传统文化里,做人和做事是一对重要的概念。在中

---

① Sternberg, Robert J. (2004). What is wisdom and how can we develop it? *Annals of the American Academy of Political and Social Science*, Vol. 591, Positive development: Realizing the potential of youth, pp. 164-174.

国文化看来,初降人世的生命体虽然从生理学角度看已是一个人,但从社会教化的角度看,它与一般动物(如猫或狗)并没有本质区别,因为它还不具有人之所以为人的重要属性——德性。正如荀子在《王制》里所说:"水火有气而无生,草木有生而无知,禽兽有知而无义,人有气、有生、有知,亦且有义,故最为天下贵也。"真正意义上的人是靠自己做出来的。做人是指,一个本只具生理学意义上人的属性的人,通过与他人或社会的互动,逐渐学会妥善处理自己与他人、社会和自然界的关系,进而逐渐生成其所处社会的主流伦理道德规范认可的德性,成为一名社会合格成员甚至优秀成员的过程。因此,在中国文化里,做人是一个从量变到质变的过程,即一个本只具生理学意义上人的属性的人通过不断修养自己的德性,最终将自己质变为一个真正意义上的人(道德的人)。这样,做人不但有水平之分,更有真伪之分。从真伪的角度看,如果一个人是在"做人之所以异于禽兽者",那就是真做人;若是在"做人之所以同于禽兽者",那就是伪做人:表面上在做人,实际上是做禽兽。绝大多数有良心的中国人都非常痛恨伪做人,因此,中国文化里有一种非常严厉的骂人言论:"你是一个衣冠禽兽!"或"你是一个畜牲!"一旦一个人背上此骂名,那就失去做人的基本资格,将为人所不耻。从水平上看,真做人的最低限度是不损人,最高层次是做一个内圣外王之人,在二者之间有许多中间层次。与做人相对的概念是做事,它指一个人处理有关物理方面的事情。这里的物理是指客观事物里存在的道理或规律,而不是指作为科学分支之一的物理学中的物理。在绝大多数中国人眼中,做人是第一位的,一个人若没有做好人,是没有必要去做事的。因此,典型中式人才观的含义是"先成人,后成才"。这也是导致中国人在做人过程中将"做一个德慧型的智慧之人"而不是"做一个物慧型的智慧之人"放在优先位置的重要内因之一,于是又产生许多中国人长期不重视科学的消极后果。同时,儒学有仁学或人学的称谓,所以孟子在《告子上》中说"仁,人心也"。[①] 在《尽心上》中又说"君子所性,仁义礼智根于心"。[②] 将心性合而为一,仁与心也就直接联系在一起而不可分了。于是,心中的善就是仁,心中的幸福就是乐。正如冯友兰所说:"中国思想从心出发……直接地在人心之内寻求善和幸福。"[③]受将主要精力专注人自身德性成长的儒学的深刻影响,许多中国古人都不看重钻研自然科学与技术的重要性,而是将主要精力放在研究人自身上,主张人类的智慧主要体现在对人心或人性的深刻洞察和

---

①　杨伯峻.孟子译注[M].北京:中华书局,1960:267.

②　同上:309.

③　冯友兰.三松堂学术文集[M].北京:北京大学出版社,1984:39-40.

把握上。正如孟子所说："尽其心者，知其性也。知其性，则知天矣。存其心，养其性，所以事天也。"①结果，根据"中央"研究院历史语言研究所的统计，在二十五史——《史记(三家注)》、《汉书》、《后汉书》、《三国志》、《晋书》、《宋书》、《南齐书》、《梁书》、《陈书》、《魏书》、《北齐书》、《周书》、《南史》、《北史》、《隋书》、《旧唐书》、《新唐书》、《旧五代史》、《新五代史》、《宋史》、《辽史》、《金史》、《元史》、《明史》与《清史稿》——中，"仁"共出现5859次，而"智"仅出现2604次，前者是后者的2倍以上。② 与此相吻合，自古至今，大多数中国人主张，人类的最高智慧体现在对人的理解和控制上，衡量一个人是否有智慧以及智慧的高低，可以用洞察和把握人心的能力大小作为重要指标：善于洞察和把握自己与他人的心理，并用来为绝大多数人谋福祉者，就拥有智慧；否则就没有智慧。结果，中国人主张将自己的智慧主要用于内在的修身养性，之后才考虑齐家、治国、平天下这样的重任。因此，经典中式智慧(扩而言之，包括整个东方智慧)偏重做人的智慧，这种智慧可以被总称为狭义的人慧(即在"处理人文社会科学领域问题时展现出的智慧"的简称，具体定义请见第四章)，所以，中国人心中的智慧者一般多是在人文社会科学领域有高深造诣且会做人的人，像老子、孔子都是其中的佼佼者。③

与中国人不同，西方人虽然也一向重视人文社会科学的研究，但是"哲学"一词在希腊语中本就是"爱智慧"之义，西方人自古希腊以来更倾向于认为，人类的智慧主要体现在对宇宙自然的深刻理解和认识上。经典西式智慧观一般多主张，衡量一个人是否有智慧以及智慧的高低，可以用洞察和把握自然的能力大小作指标：一个人如果善于洞察、把握和揭示自然法则，或者善于巧妙利用自然法则进行发明创造，并用来为绝大多数谋福祉，就拥有智慧；否则就不易获得智慧。因此，西方人虽然一向重狭义的人慧，但是更偏爱待物的智慧(简称物慧，具体定义请见第四章)，经典西式智慧重视知物，即认识事物的存在本性，注重发挥理性的认知功能，偏重认识上的是非和真伪；在此基础上，再强调将其所知运用到为绝大多数人谋福祉上。这表明，经典西式智慧观里虽然蕴含着善，但是也有浓厚的认知取向。④ 与此一致，西方人心中的智慧者一般多是亚里士多德、牛顿、爱因斯坦之类在与自然斗争中取得巨大成就且将其成就用来为绝大多数人谋福祉

① 杨伯峻.孟子译注(下册)[M].北京：中华书局，1960：301.
② 杨世英.智慧的意涵与历程[J].本土心理学研究，2008,(29)：199-200.
③ 田婴.东方智慧与西方智慧的比较[J].百姓，2003,(5)：30-32.
④ 吕卫华,邵龙宝.中西文化中的智慧意涵：演变历程与价值意蕴[J].大连理工大学学报(社会科学版)，2011,32(1)：113-114.

的人，①这类人往往都是在自然科学领域拥有较高或极高造诣的著名科学家，但一般都不是人生哲学家。受此观念的持久、深刻影响，尽管西方也有一定数量的人慧者（尤其是在宗教人物中），但是西方人一向偏爱待物的智慧，典型的西式智慧者也多擅长物慧。当西方历史进入近代后，伴随文艺复兴运动、立宪运动、人权运动和非暴力运动等，才诞生一批崇尚人权与正义、乐善好施的人士，他们通过自己的长期努力终于成长为拥有人慧的著名人物，像美国国父华盛顿，诺贝尔和平奖获得者特丽莎修女（Mother Teresa，1910—1997）和美国著名的黑人民权运动领袖、诺贝尔和平奖获得者马丁·路德·金（Martin Luther King，Jr.，1929—1968）都是其中的典型代表。其后，随着两次世界大战都始于高度重视科学与技术的欧洲，许多西方有识之士才逐渐反省一味重视科学与技术的消极后果，他们逐渐将目光转向东方，一些有远见卓识的近现代西方思想家逐渐认识到以孔子为代表的儒学、以释伽牟尼为代表的佛学的时代意义，现当代更有一些西方人慢慢爱上人慧，尤其是其中的德慧（具体定义请见第四章）。

　　同时，即便同属德慧者，典型的中式德慧者中的德主要在世俗（secularization）社会中通过良好道德教育和自我心性修养获得，其中多带有浓厚的儒学色彩，基本不含宗教成分；少数中国人的德中带佛教和伊斯兰教色彩，而基本上无基督教色彩。与此不同，古希腊罗马时期的德慧者的德虽然也主要在世俗社会中通过良好道德教育和自我心性修养获得，但是其中丝毫没有儒学色彩。其后，随着发源于公元1世纪巴勒斯坦的基督教对西方社会影响的深入，自此之后，典型的西式德慧者中的德即便主要在世俗社会中形成，往往也带有浓厚的基督教色彩。可见，中西智慧观虽有一定的相通之处，但也有明显的差异。这样，在智慧的定义要适当考虑文化的相对性与普世性，既不能将智慧视为一个与文化毫无关系的概念，也不能因过于强调文化的相对性而过于强调智慧的相对性。于是，要认识中西智慧观的文化差异，就必须深入开展智慧的研究，包括智慧观的中西比较研究。

　　顺便指出，正由于智慧受文化的影响，在一些文化圈（如中国、日本）内至今仍存在"男主外，女主内"的性别分工传统；也有一些文化（如中国古代文化）曾经只注重对男子开展知识教育，而要女子遵从"女子无才便是德"的规范。结果，同等水平的智慧尤其是物慧，若由女子展现出来，较之由男子展现出来，前者所获积极评价较之后者有增高的趋势。例如，居里夫人（Maria Sklodowska-Curie，

① 田婴.东方智慧与西方智慧的比较[J].百姓，2003，(5)：30-32.

1867—1934)两度获得诺贝尔奖,显示其卓越的聪明才智;同时,她没有为提炼纯净镭的方法申请专利,而是将之公布于众,这种做法极大地推动了放射学的发展,显示其拥有一颗爱心。合言之,居里夫人拥有高超的智慧(物慧)。而且,正是由于居里夫人是女姓,这便是她至今仍获得分外尊崇的重要原因之一,居里夫人也拥有许多男性杰出智慧者没有的社会影响。

四、加深中国文化心理学的研究,促进中国心理学的建设

就当代中国的心理学学科发展而言,无论是在学科建设和人才培养上,还是在学术研究和交流上,都已取得多方面的成就,这是有目共睹的。与此同时,当代中国心理学在发展过程中也存在不少问题,这也是毋庸讳言的。在这些问题中最突出的一个是,一些研究"言必称希腊,言必称美欧",缺乏中国的原生态文化气息,缺乏中国人自己的原创造。正如黄希庭所说:"目前我国心理学在国际上的影响力和竞争力与我国的国际地位不相称,也与我国五千年积淀的丰厚文化不相称,我们很少有自己的理论和模型。中国心理学界有的人很怪,以引用外国人的论文为光荣,即使我们的学者早已发表该研究领域的论文也不引用。这不仅是自卑心在作怪,而且也是缺乏职业道德的。……中国人的心理学要研究中国人自己的问题,在知识上有创新,在应用上有进展。在中国化的心理学研究的初期阶段,研究成果可能很难得到外国学者甚至中国同行的认可,但是我们要有自己的学术自信,不要妄自菲薄。"[①]因此,我们很期望中国心理学界的同仁能够携起手来,群策群力,为改变中国心理学界以往"形形色色的心理学理论多来自西方"的状态而共同奋斗。令人高兴的是,现在已有越来越多的中国心理学同行尤其是一些名家(如黄希庭)不但认识到这一点,更在想方设法予以改进。在这种大背景下,我们也想奉献自己的一份绵薄之力,于是,多年以来一直致力于中国文化心理学的研究。在研究中国文化心理学时,根据现有的研究基础与研究水平,我们力倡分两个阶段进行。

(一) 第一阶段:以发现、梳理和诠释为主

在这一阶段,先发现中国先贤提出的心理学精义思想,然后加以细致梳理,进而尽量用现代心理学的学术规范与术语(也适当保留一些原汁原味的重要概念)加以诠释,使之得到更好的传承。可见,这一阶段要解决的主要问题是"有什么"的问题,其目的主要是摸清家底,看看中国文化尤其是中国古典文化里到底

---

① 黄希庭.谈科研、学习与修养——与研究生的随谈录[J].西南大学学报(社会科学版),2011,(5):24.

蕴含哪些既有历史价值更有现实意义的心理学思想。在这一阶段主要做好以下三件事情。

1. 寻找有价值的研究主题

在研究中国文化心理学时,首先要找到有价值的研究主题。为此,要善于从中国文化(中国传统典籍文化或当代中国人的心理与行为方式)尤其是典型的中国式心理与行为方式中去发现一些值得深入研究的主题。这里读者可能会问,在中国文化心理学的研究中,什么样的主题才是值得深入研究的主题呢? 这就涉及筛选的标准问题,即先要确定一个筛选标准,然后再根据此标准来衡量中国文化里哪些心理学思想是值得深入研究的主题。辩证唯物主义认为,实践是检验真理的唯一标准。根据这一原理,衡量中国文化里某一心理学思想是否值得深入研究的总判断标准也应是实践的标准。在这一总标准的指导下,为了便于具体操作,这里又确立了三条具体的判断标准:能否有助于准确解释、理解和预测当代中国人的心理与行为方式;能否为当代心理学(主体是西方心理学)提供新的视角,以便告诉西方心理学界的同行,哪些概念、观点、思想体系受到文化历史因素影响,因而必须参照不同文化进行修正;能否有助于中国特色的心理学体系的建设。在中国文化心理学思想里,大凡能较好满足上述标准(至少要满足其中的一条)的思想,都是值得今人深入研究的思想;反之,大凡不能较好满足上述三条标准中任何一条标准的思想,都是不值得深入研究的思想。[①] 在这一点上,大家一定要牢记美国心理学家马斯洛(Abraham Harold Maslow,1908—1970)的一句话,"任何不值得做的研究,都不值得把它好好地做"[②],而不能像今天有些研究者那样,为了便于发表文章,胡乱找一些没有价值的假问题或价值很小的问题去做。

2. 细致梳理文献

一旦找到值得深入研究的主题,就必须按照自古至今的顺向策略或者自今溯古的逆向策略进行文献上的梳理,以便准确把握到目前为止学人对此主题研究的现状,这是继承性的工作。所谓自古至今的顺向策略,具体做法一般是:

第一阶段,形成想法(发现问题)。具体地说,要做三件事情:第一步,先以某历史悠久且仍具较强现实意义的话题(如"我"等)为切入点,将之确定为研究的主题;第二步,主要从实物层面的文化入手,按基本问题论证法的思路,以现代

① 汪凤炎,郑红. 中国文化心理学(第三版)[M]. 广州:暨南大学出版社,2008:48-49.
② 杨国枢等. 华人本土心理学(上)[M]. 台北:远流出版事业股份有限公司,2005:81.

西方心理学的相关概念和体系为参照(不是为框架),主要采用语义分析法和推理法等方法来分析其心理学思想的内涵及其在历史上的演变;第三步,在第二步的基础上构建一套用以解释此主题的小型心理学理论观点、理论模型或理论体系,使之符合现代心理学的学术规范,改变中国先人论述思想时多半缺乏形式上的体系的弊病(这不否认中国先哲的言论或著作里蕴含内在的思想体系)。

第二阶段,检验第一阶段形成的小型心理学理论观点、理论模型或理论体系。具体地说,要再做三件事情:第四步,选择恰当的检验方法(通常是实证检验法,但也不排斥诸如推理法等其他方法)来验证此小型心理学理论观点、理论模型或理论体系;第五步,整理分析实证结果,进一步完善此小型心理学理论观点、理论模型或理论体系,从而建构出能更加准确地描述、解释和理解中国人某一方面的心理与行为方式的心理学知识;第六步,根据此小型心理学理论观点、理论模型或理论体系,进一步揭示其对当代和未来中国人完善此方面的心理与行为方式(如自我等)的借鉴意义。①

这一研究策略从一定意义上说借鉴了中国哲学史、中国思想史、中国心理学史和心理学的一般研究模式和思路。同理,自今溯古的逆向策略的具体做法一般也分为两个阶段,其中第二个阶段与自古至今的顺向策略的第二个阶段是类似的,这里不多讲,只将第一个阶段阐述如下:

第一阶段,形成想法(发现问题)。具体地说,要做三件事情:第一步,通过观察、反省或对比等方法,选择当代中国人的某一重要的心理或行为方式(如"讲面子"等)为切入点,将之确定为研究的主题;第二步,从行为文化或实物文化入手,或二者兼而有之,剖析其在现实生活中的种种表征,然后再分析其背后蕴藏的中国文化的历史根源;或者,再就此主题分析古人与今人的实物层面的文化里蕴含的心理规律,通过比较研究找出其中的演化规律;第三步,在第二步的基础上构建一套用以解释此主题的小型心理学理论观点、理论模型或理论体系,使之符合现代心理学的学术规范。②

稍加比较可知,自今溯古的逆向策略的具体做法是借鉴心理学的一般研究模式和中国人的本土心理学研究者倡导的由叶至根策略③提出来的。

3. 对已有文本进行现代性诠释

在前人研究的基础上,力图通过对已有文本进行现代性诠释,生成新的意义,实现古为今用。这样,我们研究中国文化心理学,即使使用了古典文献作为立论的依据,也是为有助于揭示现当代中国人心理的深层内涵,为当代乃至未来的中国人进一步完善心理素质提供理论依据。

(二) 第二阶段: 以创新研究为主

当前在国内各类期刊和国际期刊上刊发的中国心理学论文已有一定的数量,不过,与当代美国的心理学发展现状相比,当代中国心理学研究的原创性水平还不够,这大大影响了中国心理学在国际心理学界的学术地位。因此,如何有效地提高中国心理学的原创性水平,是摆在当代中国心理学研究者面前的一大现实问题。[①] 为了朝着原创性研究方向发展,我们一向主张中国文化心理学研究的第二个阶段以创新研究为主,即以进行原创性研究为主。在这一阶段要解决的主要问题是"成什么"的问题。其目的主要是通过妥善汲取中国文化尤其是中国古典文化的精义思想,并结合当代中国的现实国情以及当代世界心理学(尤其是西方心理学)的发展现状与趋势,在第一阶段研究的基础上,力图通过带有浓厚原创性意蕴的研究,逐渐建构出成体系的原创性心理学研究成果,拓展中国文化心理学的研究深度,进而提高整个中国心理学在世界心理学大家庭中的学术地位。为达到这一目的,在这一阶段主要做两方面的事情:一是进行理论建构;二是进行验证性研究。如下文所论,依研究次序的不同,又可以分为自上而下的建构、自下而上的建构以及兼顾自上而下和自下而上的建构三种类型。如,若要进行自上而下的建构,就须依次做如下两件事情:一是针对某一研究主题,构建一套具有中国文化特色的、用以解释此主题的小型心理学理论观点、理论模型或理论体系;二是主要使用现在心理学界通行的实验法(也不排斥问卷法、测量法和访谈法等其他研究方法)来验证此小型心理学理论观点、理论模型或理论体系,从而建构出较为成熟的小型心理学理论观点、理论模型或理论体系,用以更加准确地描述、解释、理解、预测或调控中国人某一方面的心理与行为方式。

可见,从学科建设的角度看,开展智慧心理学的理论探索与实证研究的第四个重要意义是,通过最终建构智慧的德才兼备理论,拓展中国文化心理学研究的深度,增强中国文化心理学的生命力,进而促进中国心理学的建设。

---

① 燕良轼,曾练平. 中国理论心理学的原创性反思[J]. 心理科学,2011,(5):1217.

第二节　怎样研究智慧心理学

为保证对智慧心理学研究的科学性,史学界的以下观点值得借鉴:"至于拨开史学规范方面的迷惘,我以为根本之法在于正确把握'一导多元'。所谓'一导',就是史学研究中的马克思主义指导。所谓'多元',就是多方吸取和运用传统史学和现代各社会科学的研究方法。中国现代史学的成长之路表明,不讲'一导'、只讲'多元',史学就会汗漫而迷惘;只讲'一导'、不讲'多元',史学就会孤蔽而偏枯。"①这样,在研究智慧心理学时也必须运用"一导多元"的方法系统:"一导"指以辩证唯物主义和历史唯物主义为指导,"多元"指研究视角、基本研究原则和具体研究方法应多样化。② 概要地说,在研究视角上,主张大心理学观,并且主张兼顾心理学的科学主义视角和心理学的人文主义视角;在基本研究原则上,主张坚持以现代心理学的概念与体系为参照的原则、科学的历史主义原则、系统性原则、客观性原则、文化性原则、求同与求异相结合的原则和古为今用的原则等;在具体研究方法上,为了将理论探讨做得细致、深刻而规范,在理论探讨中主要采用理论分析法、语义分析法和深度比较法等方法;为了更好地开展验证研究,在实证研究中主要采用个案分析法和自我报告法等实证手段。这套方法系统中的绝大多数内容都曾作论述,③下面只就四种具体研究方法谈些看法。

一、心理学理论研究与理论分析法

(一)心理学理论研究与理论分析法的内涵与特点

心理学理论研究,是指以建构微型、小型或宏观心理学理论体系或者提出某种理论观点为旨趣,以理论分析法为主要研究方法的一种研究类型。理论分析法,是指运用理论思维来揭示客观事物本身存在的内在规律的一种研究方法。

心理学理论研究的显著特点至少有二:一是"有生于无",即运用理论思维进行理论建构,最终能够产生新颖且有社会价值的学术思想或观点。所以,心理学理论研究与心理学史学研究的一个重要区别是,心理学史学研究的显著特点

① 刘学照.走出困境,把握机遇[N].光明日报,1997-04-22(5).
② 高觉敷.中国心理学史(第二版)[M].北京:人民教育出版社,2005:2-3,29-33.
③ 汪凤炎.中国心理学思想史[M].上海:上海教育出版社,2008:25-58.汪凤炎,郑红.荣辱心的心理学研究[M].北京:人民出版社,2010:11-25.

之一是"有生于有",这里,前一个"有"指对史实所作的分析、概括或评价,后一个"有"指史实,像司马迁写《史记》那样。二是理论研究获得的成果一般具有浓厚的理论色彩,因此,其概括水平或抽象程度一般较高,揭示的多是心理与行为的基本规律,基本或很少触及具体的操作办法。

(二) 建构心理学理论的常用方式

建构心理学理论的方式多种多样。

1. 自下而上的建构、自上而下的建构和这两种方式的混合使用

从理论分析法与实证分析法何者为先的角度看,建构心理学理论的常用方式有自下而上的建构、自上而下的建构以及混合使用自上而下与自下而上两种建构方式。

自下而上的建构是运用归纳法建构自己理论的一种做法,即先就某一心理学主题做大量的实证研究,然后运用理论分析法将实证研究获得的丰富成果进行提升,使之上升为相应的理论。在现代心理学界尤其是现代西方心理学界,这是最主流的建构心理学理论的方法。其优点是建构出来的心理学理论的科学性一般较强,因为它是本着"一分证据说一分话"的精神建构出来的;缺点是较难建构宏观的心理学理论。按这种方式建构心理学理论的典型代表人物之一是斯金纳(Burrhus Frederic Skinner,1904—1990),他根据自己多年对动物学习与强化的实证研究,提出著名的操作条件作用学习理论和强化理论。

自上而下的建构一般是运用演绎法建构自己理论的一种做法,即先运用理论分析法对某一心理学主题或多个主题进行系统的理论建构,从而构建出一个或一套心理学理论,然后再去寻求相应的证据予以支撑。其优点是便于建构宏观的心理学理论;缺点是建构出来的心理学理论的哲学韵味一般颇浓,因为往往缺乏足够的实证证据。按这种方式建构心理学理论的典型代表人物之一是弗洛伊德(Sigmund Freud,1856—1939)。弗洛伊德通过理论分析法建构了庞大的精神分析的理论大厦,不过,至少在当时,弗洛伊德建构这一理论大厦的实证证据是不充分的。

混合使用自上而下与自下而上两种建构方式,一般是综合运用演绎法与归纳法来建构自己的理论,即先对某一心理学主题有初步的理论建构(理论雏型),然后寻求实证证据,在获得丰富实证证据的基础上进一步拓展原先的理论雏型,将之建构得更加完善、成熟。按这种方式建构心理学理论的典型代表人物之一是皮亚杰(Jean Piaget,1896—1980),皮亚杰正是运用这种方式建构出其庞大的认知发展阶段理论。

2. 事后解释型理论和预测型理论

从理论与事实何者为先的角度看，建构心理学理论的常用方式有事后解释型理论和预测型理论。

事后解释型理论是指先有某种心理事实，然后建构一种心理学理论来对这一事实进行合理性解释。其优点是建构出来的心理学理论往往与要解释的事实是吻合的；缺点是，若理论的预测力不强，按此方式建构的心理学理论易招来"马后炮"的批评。按这种方式建构起来的典型心理学理论之一是英国物理学家扬（Thomas Young，1773—1829）于 1807 年左右首先提出三原色假设，1860 年由赫尔姆霍茨（Hermann von Helmholtz，1821—1894）在其基础上发展的三色说，二者被合称为"扬—赫三原色说"（trichromatic theory）。

预测型理论是指先运用理论思维对某一心理现象进行理论建构，从而构建出一个或一套心理学理论，然后再去寻求相应的证据予以支撑。其优点是便于建构出较系统、较宏观的心理学理论；缺点是建构出的心理学理论往往只是一种假说，因为其常常缺乏足够的实证证据。按这种方式建构心理学理论的典型代表人物之一是弗洛伊德。

（三）心理学理论研究的价值

心理学理论研究的价值至少有四：第一，为实证研究提出某种新的理念或新的假设。第二，整合和提升实证研究获得的一些零散研究成果，使之上升到一个概括水平更高的层次，从而获得一个一般或普遍的结论，使之达到科学的高度。第三，提高研究者的理论思维。恩格斯说："一个民族想要站在科学的最高峰，就一刻也不能没有理论思维。"[1]此话同样适用于心理学研究。如果一个心理学研究者不加强理论思维的训练，就只能在他人创造的理论框架下进行研究，不仅无法做出原创性大的研究，还易丧失自己的学术主体性。若中国的心理学研究者不加强理论思维的研究，只一味照搬外国尤其是西方的心理学理论，不仅永远无法超越西方的心理学，甚至有可能丧失中国文化的主体意识和中国文化自身的特色。[2]第四，受制于研究手段的局限性等缘由，某些心理学问题暂时只能用理论分析法进行研究，此时理论研究就大有用场了。例如，若无法在真实实验情境里做实验时，可以运用思想实验进行研究。而要做好思想实验，自然要求研究者要有良好的理论思维。

---

① 马克思恩格斯选集(第3卷)[M].北京,人民出版社,1972：467.
② 黄希庭.谈科研、学习与修养——与研究生的随谈录[J].西南大学学报(社会科学版),2011,(5)：22.

（四）心理学理论研究的一般流程

在做心理学的理论研究时，先要找准一个有理论意蕴的研究主题，若研究主题是一个非常具体且理论意蕴不浓的题目，就不宜用理论分析法研究。在确定研究主题后，一般要探讨三个子问题：（1）为什么要研究它？（2）弄清它的本来面目。为达此目的，一般又要回答如下几个子问题：它的内涵是什么？先要对它作一个清晰的界定，再澄清它与相关概念之间的关系。在作概念界定时，在绝大多数情况下要用肯定性定义，尽量少用否定性定义，因为否定的对立面不一定全属肯定的范围。它的心理结构是什么？它的产生与发展规律是什么？即要探讨其心理机制、发展阶段（若有，其阶段是什么）、主要影响因素等问题。它的特点与功能。（3）怎么样？包括怎样培育与怎样做等问题。

二、语义分析法

本书后文在剖析智慧等核心概念的内涵时，使用了语义分析法。

（一）为什么要使用语义分析法

1. 揭示汉字的丰富心理内涵有助于准确把握中国人的心理与行为规律

汉字是一种表意文字，而不是表音文字；而且象形是汉字最基本的一种造字方法，是许多汉字形成的基础。同时，中国先人多相信："故言，心声也；书，心画也。"[1]先人们在创造汉字时往往有意无意地遵循或折射出一定的心理规律。再加上中国深厚的传统文化向有重心、神的传统，[2]导致中国传统文化是一种充满心理学意蕴的文化，相应地，使得承载这一文化的汉字的心理学意蕴变得进一步浓厚。这三方面因素的交互作用，使得每一个汉字结构本身几乎均蕴含丰富的文化内涵，其中也包含丰富的心理学内涵，进而汉字本身就是一种充满心理学意蕴的文字。通过语义分析法揭示汉字的丰富文化心理内涵，往往是准确把握中国人的心理与行为规律的一个有效途径，在试图揭示殷商时的心理学思想乃至中国古代心理学思想的起源时，语义分析法更是一种重要的研究方法。因为，除甲骨文之外，至今人们仍未发现由殷商人及其祖先亲自书写的、明确记载当时人们的心理与行为方式及其特点与规律的文字资料。在这种背景下，甲骨文作为殷商时期人们亲手创造的唯一一种重要文字产品，从某种意义上说，是记载当时乃至之前中国先民心理与行为方式及其特点与规律的"活化石"。通过语义分析

① 汪荣宝.法言义疏（上册）[M].陈仲夫点校.北京：中华书局，1987：160.
② 汪凤炎.中国心理学思想史[M].上海：上海教育出版社，2008：69-98.

法来解读蕴含在甲骨文及稍后出现的金文里的心理学思想,是揭示殷商时期的心理学思想乃至中国心理学思想起源的一个重要途径与窗口。

2. 准确理解汉字本身的含义有助于准确表达心理学术语及心理学思想

汉字已有 6 000 余年的历史(也有人认为汉字已有 10 000 年左右的历史),现存最古可识的是 3 000 多年前殷商的甲骨文和稍后的金文。现用汉字是从甲骨文、金文演变而来的。由此可见,汉字是当今世界上唯一一种连续使用时间最长且至今仍充满生机与活力的文字。① 在漫长的汉字演化史上,汉字在字形上发生了诸多变化:在形体上逐渐由图形变为笔画,象形变为象征,复杂变为简单;在造字原则上从表形、表意到形声,一个字一个音,绝大多数是形声字;②而且汉字的同音字特别多。因为据第二版《汉语大字典》的"凡例",第二版《汉语大字典》"共收录汉语楷书单字 60 370 个"。③ 而据李敖的统计,汉字只有 414 个单音字,加上平、上、去、入四种声调,汉字共有 1 662 种读音,④这样,平均 1 种读音约有 36.46(60 370÷1 656≈36.46)个楷书单字。⑤ 更重要的是,绝大多数汉字的古今含义发生了许多变化。例如,今天仍在广泛使用的"德"字,其古今含义就发生了颇大的变化。⑥ 同时,中国传统文化典籍中的一些术语往往是一词多义,与现代汉语和现代西方心理学的术语有较大差异。在这种背景下,根据字形辨析文字的本义,进而说明其引申义和假借义,是准确把握汉字的内涵时必须遵循的基本原则。⑦ 而中国人在学习和研究心理学时,一般都是用汉字来表达相应的心理学思想的,如果在用某一汉字来表达心理学术语或心理学思想,尤其是在表达从国外引进的心理学术语或心理学思想时,不能准确理解汉字本身的含义,就容易发生"张冠李戴"的错误。通过语义分析法厘清汉字的古今含义,可以将一些中国人习以为常的术语的准确内涵剖析出来,从而在其后的研究中尽可能地避免"鸡跟鸭讲"的尴尬局面。

---

① 顺便提一下,一个人若无文化殖民思想或文化被殖民思想,那么他在看待语言时就容易得出如下正确结论:每一种语言都有其自身的特色,都有其存在的价值;同时,世界上的任何一种语言无所谓"好学"或"难学"之说。因为世界上任何一个身心发育正常的婴幼儿,只要正常地生活在某种语言环境里,都能自然地学会某种语言;一个正常的儿童在 3 岁到 3 岁半就基本上掌握母语的基本语法结构,会自由地用母语说出各种句子。正由于此,美国心理语言学家乔姆斯基(Noam Chomsky,1928—　)才主张先天语言能力说。所以,诸君不要有"汉语是世界上最难学的语言"的"武断"!
② 夏征农,陈至立. 辞海(第六版缩印本)[M].上海:上海辞书出版社,2010:703.
③ 汉语大字典编辑委员会编纂.汉语大字典(第二版 九卷本)[M].成都:四川出版集团·四川辞书出版社,武汉:湖北长江出版集团·崇文书局,2010:17.
④ 李敖. 李敖有话说③[M].北京:中国友谊出版社,2006:210-211.
⑤ 这一事实决定了在中国推行拼音文字是行不通的。
⑥ 汪凤炎."德"的含义及其对当代中国德育的启示[J].华东师范大学学报(教育科学版),2006,(3):11-20.
⑦ 谢光辉. 常用汉字图解[M].北京:北京大学出版社,1997:1.

(二) 语义分析法的内涵和运用

1. 语义分析法的定义

语义分析法,也叫"字形字义综合分析法"(method of semantic and etymological analyses),是指先分析某一汉字的字形特点和蕴含的意义(尤其是心理学含义),接着从历史演化的角度剖析此汉字的原始含义及其后的变化义,以便澄清此术语的本来面目,然后再用心理学的眼光进行观照,界定出此术语在心理学上所讲的准确内涵或揭示其蕴含的心理学思想的一种研究方法。

2. 语义分析法的具体操作流程

在研究过程中,对于某一概念进行语义分析时,其具体操作流程一般包括以下八个步骤。

第一步,将某一汉字或术语(如"我")在中国历史上曾经使用过的各种名称(如"余"、"俺"等)尽可能全面地罗列出来;如果有足够证据确信某一汉字或术语在中国文化里只有一种写法,那么这一步可以省略,而直接进入第二步。

第二步,通过查找《尔雅》①、《说文解字注》②、《尔雅翼》③、《字彙·字彙补》④、《字源》⑤、《甲骨文字典》⑥、《辞源》⑦、《汉语大字典》⑧、《辞海》⑨等工具书,将这些名称(如"我")在中国历史上曾经使用过的字形与字义(用法)尽可能全面地罗列出来。

第三步,根据某一汉字在汉字史上曾经出现过的诸种字形,选择其中最具代表性的一种字形进行深入分析,以便从字形上揭示该汉字的原始含义,由此就能更好地看出其诸种引申含义。在判断某一汉字(如"学"字)的最具代表性的字形时,一般参照下述第一个标准(如果某一个汉字最古老的写法只有一种,那就不用参照第二个标准)或综合考虑下述两个标准来选择:(1) 时间上的早晚。由于

① [晋]郭璞注,[宋]邢昺疏,黄侃句读. 尔雅注疏[M]. 上海:上海古籍出版社,1990.
② [东汉]许慎撰,[清]段玉裁注. 说文解字注[M]. 上海:上海古籍出版社,1988.
③ [南宋]罗愿撰. 尔雅翼(四册)[M].洪焱祖释. 北京:中华书局,1985.
④ [明]梅膺祚撰. 字彙·字彙补[M]. 上海:上海辞书出版社,1991.
⑤ 约斋编. 字源[M].上海:上海书店影印出版,1986.[说明:据倪海曙著《重印〈字源〉后记》(载约斋编. 字源[M].上海:上海书店 1986 年影印出版)讲,"约斋"真名"傅东华"(1893—1971),上海复旦大学中文系著名的教授与著译家.]
⑥ 徐中舒. 甲骨文字典[M]. 成都:四川辞书出版社,2006.
⑦ 广东,广西,湖北,河南辞源修订组,商务印书馆编辑部编. 辞源(修订本;全两册)[M]. 北京:商务印书馆,1983.
⑧ 汉语大字典编辑委员会编纂. 汉语大字典(第二版 九卷本)[M]. 成都:四川出版集团·四川辞书出版社,武汉:湖北长江出版集团·崇文书局,2010.
⑨ 夏征农,陈至立. 辞海(第六版缩印本)[M].上海:上海辞书出版社,2010. (说明:《辞海》现每 10 年修订一次,现在通行的最新版本是 2009 年出版的第六版,一般而言,若用《辞海》请用最新版本,当然新版《辞海》对极少数字或词的解释不如老版《辞海》妥当,此时可用老版《辞海》的解释。)

汉字一向是朝着实用、简化和规范的方向发展,特别是在"汉隶"(即"今隶")字体产生后,汉字在字形上已定型,其字形较之相应的古字体,一般都已发生巨大变化。因为隶书字体的主要特点是,改曲为直,取消逆笔,简化偏旁,混同偏旁,省略篆文中的一部分。① 所以,从时间上看,除非某个汉字是在汉代之后才诞生的(若果真如此,自然只能选用其诞生时的字形加以分析了),否则,一般选择那些在中国汉字史上出现时间尽可能早的汉字字形作为最佳代表进行深入分析。具体地说,这个"早"一般至少是指"秦隶"(即"古隶")及其以前的字形;若能找到相应的甲骨文的字形更佳。不过,有三种可能情况导致有些在商代就已诞生的汉字至今没有发现其甲骨文的写法:一是此汉字本来有甲骨文写法,可惜至今仍埋在地底下或藏在某处,还未被世人发现。若果真如此,将来等到发现它之时,就可拿来作语义分析的材料了。二是此汉字本来有甲骨文写法,即便已被人发现,可惜至今都无人能读懂,故不知它的甲骨文写法到底是怎样的。若果真如此,将来等到有人读懂它之时,就可拿来作语义分析的材料了。三是此汉字本来有甲骨文写法,可惜已全部毁坏了(或是因自然原因而全部烂掉了,或是当年被人挖出后当龙骨被磨成了粉,或是被人挖出后因保管不当而损坏,等等)。若果真如此,那就永远也不可能找到它的甲骨文写法了,此时就只有用其金文或更新的字体作语义分析的材料了。这样,由于有些汉字至今只能找到其金文字形,却没有发现其甲骨文的写法,所以,退而求其次,对于那些暂时找不到甲骨文字形的,找到相应的金文字形也可。余此类推。如果是以"今隶"或其后出现的某一字形进行分析,由于这些字形出现的时间太晚了,往往很难再看出其最初的样子,也就很难从中得出一些有价值的东西了。(2)字形的完整度。由于一些越古老的汉字,其写法往往越简单,从一些太过简单的字形里往往难以看出更多的信息。所以,从字形的完整度上看,如果一个字既有非常简单的字形,也有相对更加复杂、完整的字形,那么一般要选择那些最完整的字形用作进一步分析的字体。如,"学"字起初写作"ᣚ",就显得太简单了,因此我们选择"学"字的更完整写法"ᣚ"作进一步的分析。②

第四步,由于目前中国心理学史在做对比研究时,主要进行中外尤其是中西对比,为实现这一研究目的,根据某一汉字的含义,将其中带有封建色彩的用法

---

①　窦文宇,窦勇. 汉字字源:当代新说文解字[M].长春:吉林文史出版社,2005:5.
②　汪凤炎,郑红. 语义分析法:研究中国文化心理学的一种重要方法[J].南京师范大学学报(社会科学版),2010,(4):113-118,143.

（如"寡人"、"朕"）、在今天较少使用的用法（如"贱民"）①、带有方言色彩的用法（如"俺"）②和名异实同的用法（如"余"）——剔除掉，然后综合考虑下述三个标准，从中选出一个在历史上使用时间长且至今仍广泛使用、内涵最具代表性、能较好与现代西方心理学中相关术语进行匹配的概念或用语（如"我"）作进一步分析使用：（1）在中国汉字史上出现时间的早晚和持续时间的长短，一般而言，出现时间越早，持续使用时间越长，往往越具有深厚的文化底蕴；（2）使用人数的多寡，使用人数越多越具有代表性；（3）今天的中国人是否仍在广泛使用它，如果今天的中国人仍在广泛使用，说明其至今仍具有强大的生命力。例如，在中国汉字史上，指称"我"的字和词有多种，不过其中只有"我"字完全符合上述三个标准："我"在甲骨文中就已出现，显得时间非常早；"我"字自出现后到今日为止仍为中国人所经常使用，不但使用人数最多，而且显示出强大的生命力。这样，在剖析中国人的自我观时，可以将"我"作进一步分析，其他指称"我"的称谓则作参考。

第五步，仔细分析这一概念或用语的诸种含义。先考察出这一概念或用语的原始含义，然后再理清其后的变化义。在做这一步的研究时，较为常用的做法是，先查一些经典的工具书如《说文解字》等，然后看这一用语的最古写法（一般是指甲骨或金文上的写法），继而通过交替使用第三、第四步的功夫，将二者结合起来分析其诸种含义。

第六步，用心理学的眼光去谨慎地审视这一用语（如"我"）的所有含义，将其中确有把握与心理学没有关系的含义剔除掉（如，作为姓氏的"我"肯定与心理学没有关系，就先将其剔除掉）。

第七步，将余下的诸种含义与外国心理学尤其是西方心理学的相关术语（如"self"）的含义进行比较，看看其在哪些方面与外国心理学尤其是西方心理学相应的术语的含义相通，在哪些方面与外国心理学尤其是西方心理学相应的术语的含义有所不同。

第八步，最后作一心理学上的界定，指明此术语在心理学上的确切含义，或者揭示其蕴含的心理学思想。③

---

① 若是想寻求生活在中国历史上不同时期人的心理与行为的变迁规律，一些明显带时代烙印的用语切不可以随意去掉，因为它们恰恰可能是打开生活在此特定时期的人们的心理与行为规律的一扇窗。
② 若是研究中国境内两个地方文化内的人（如晋商和徽商）的心理与行为差异，一些明显带方言色彩的用语切不可以随意去掉，因为它们恰恰可能是打开生活在此种地方文化下的人们的心理与行为规律的一扇窗。
③ 汪凤炎，郑红. 语义分析法：研究中国文化心理学的一种重要方法[J]. 南京师范大学学报（社会科学版），2010,(4)：113-118,143.

由此可见,语义分析法中的"分析"虽然与作为"思维的心智操作"的一个方面的"分析"在字面上相同,在含义上却有本质差异：前者包括思维的心智操作中的分析、综合、比较、抽象、概括、建构等多种过程；后者仅指在思想上把整体分解为部分,把复杂的事物分解成简单的要素,逐一加以考虑的心智操作。①

3. 两种语义分析法的比较

综上所论,本书所讲的语义分析法是笔者在长期从事中国文化心理学的研究过程中逐渐提炼出来的,其名称与美国心理学家奥斯古德(Charles Egerton Osgood, 1916—1991)及其同事倡用的语义分析法(method of semantic differential)②在中文字面意义上相同,而且都重视对字义或词义的分析,但也有显著不同。这些不同概括起来主要有以下五方面。

其一,英文名称完全不同。奥斯古德的语义分析法在英文里叫"method of semantic differential"；笔者提出的语义分析法因实是"字形字义综合分析法",在英译时译作"method of semantic and etymological analyses"。稍加对比可知,二者的中文名称虽有相同之处,但英文名称完全不同。

其二,实际内涵有差异。这从定义里可以看出。我们所讲的语义分析法的内涵已在上文作了清晰界定,这里不赘述。奥斯古德等人倡用的语义分析法实际上是控制联想与计量的组合,用之来研究事物的"意义"的一种方法。换言之,它是运用语义区分量尺(scale)来研究事物意义的一种方法。③

其三,对待字形与字义的态度有差异。奥斯古德的语义分析法在使用过程中只分析字义或词义,一般不分析字形的变化；我们提出的语义分析法,在使用时既要分析字形,也要分析字义。

其四,操作过程有差异。奥斯古德等人倡用的语义分析法以纸笔形式进行,在实施时,要求被试在一些意义对立的成对形容词(如"可爱的与可恨的")构成的量尺[一般采用李克特七点等级(Likert scale)]上对一种事物或概念(如房子或好友)进行评量,以了解该项事物或概念在各被评维度上的意义和"分量"。④这与我们在上文阐述的语义分析法的操作过程大相径庭。顺便指出,在每一项研究中,采用的评析对象,奥斯古德称之为"concept",直译为"概念",但事实上,它可以是具体的事物(如金钱、学生或面包),也可以是特定的人或物(如贾宝玉、美国人、长城),或者是抽象的事物和概念(如勇敢、宗教、高考制度)。⑤ 为免歧

① 黄希庭.心理学导论[M].北京：人民教育出版社,1991：439.
②③④ 杨国枢等编著.社会及行为科学研究法(下册)[M].重庆：重庆大学出版社,2006：578.
⑤ 同上：581.

义,这里将奥斯古德在语义分析法里所讲的"concept"译作"事物或概念"。

其五,背后的原理有差异。奥斯古德等人倡用的语义分析法脱胎于对人的联觉(synesthesia)的研究。联觉,是指当个体某种感官接受刺激时,会获得另一感官在接受刺激时产生的感觉。联觉现象是由于人们在日常生活中各种感觉现象经常自然而然、有机地联系在一起的缘故。例如,人们看到红色时常产生温暖的感觉,看到白色时常产生寒冷的感觉。奥斯古德等人在大洋洲、非洲、美洲、亚洲的比较原始的民族中进行调查后发现,不同文化中的人们常常存在一些相同或相似的联觉,例如,凡被认为是"好"的神明、地点、社会位置等,总是被称为"上"、"明"或"白";凡被认为是"不好"的事物,总是被称为"下"、"暗"或"黑"。各地区流传的神话里,常在说"神明"怎样将人从"黑暗"、"寒冷"、"阴湿"的"地下"救到"光明"、"温暖"、"快乐"的"地上"来。这些事实表明,人类许多语言似乎拥有共同的意义。根据这些事实,奥斯古德等人利用11种语文中所得资料,制订了一个泛文化语义分析工具(pan-cultural scale),用来研究人们对不同事物或概念的意义的不同理解、对社会或某一问题的不同态度或根据被试前后两次在语义区分量表上反应的变化来研究被试态度的改变。[①]

支撑我们所讲的语义分析法的原理是文字活化石论。也就是,每种文化的语言文字都是一种"活化石",其内记载和沉淀了创造该文字的民族的许多心理与行为特点和规律,通过系统剖析一种文字的字形与字义,揭示蕴藏在文字中的丰富文化心理内涵,常常是准确把握该民族心理与行为规律的一个有效途径。所以,语义分析法是用来研究文字里蕴含的民族心理与行为规律的一种重要方法。以汉字为例,如本章上文所论,汉字本身是一种充满心理学意蕴的文字,它们作为一种"活化石",记载和沉淀了中国人的许多心理与行为特点和规律,通过系统剖析汉字的字形与字义,揭示蕴藏在汉字中的丰富文化心理内涵,常常是准确把握中国人的心理与行为规律的一个有效途径。正由于此,我们所讲的语义分析法是研究中国文化心理学的一种重要方法。[②]

由此可见,支撑奥斯古德等人倡用的语义分析法与我们倡导的语义分析法背后的原理有明显的差异。

4. 小结

正由于奥斯古德及其同事倡用的语义分析法与我们所讲的语义分析法之间

① 杨国枢等编著.社会及行为科学研究法(下册)[M].重庆:重庆大学出版社,2006:578-579.
② 汪凤炎,郑红.语义分析法:研究中国文化心理学的一种重要方法[J].南京师范大学学报(社会科学版),2010,(4):113-118,143.

至少有五方面明显差异,2012 年 12 月 15 日上午,在南京师范大学心理学院基础心理学专业 2011 级博士生开题会上,有老师就建议将我们提出的语义分析法改称"汪氏语义分析法",以区别于奥氏语义分析法。这确是一个不错的建议,若读者觉得这样做好,也可这样称呼它。不过,主要基于以下三点考虑,本书仍然喜欢用语义分析法这个名称。

第一,心理学史上一词多义的现象较多。如,什么是心理? 什么是心理学? 什么是同化? 什么是知识? ……对于心理学中的这些基本概念或重要概念,不同学者多有不同理解。所以,"语义分析法"一词奥斯古德可以用来指称他们提出的一种研究方法,我们当然也可以用它来指称我们提出的一种研究方法。

第二,早在 2000 年初我们便用"语义分析法"一词,至 2013 年 12 月已用了13 年的时间,在此前我们的一些论著里都用这个名称。若突然换一种名称,易引起不必要的误解。

第三,在英译时,我们将它译作"method of semantic and etymological analyses",它与"method of semantic differential"并不相同,故在英文里不会相混。

三、深度比较法

(一) 什么是深度比较法

比较是指确定事物间相同点和差异点的方法。根据一定的标准把彼此有某种联系的事物加以对照,从而确定其相同与相异之点,便可以对事物作初步分类。只有在对各个事物的内部矛盾的各个方面进行比较后,才能把握事物间的内在联系,认识事物的本质。[①] 这表明,研究者只有恰当运用深度比较法,才能了解事物的本质、发展和变化以及优劣程度。深度比较法,是指对生活于两种或两种以上的大文化圈或小文化圈里的人们的心理与行为进行比较研究时,要深入他们的心灵深处进行对比,而不是进行雾里观花式或隔靴搔痒式的比较。雾里观花式或隔靴搔痒式的比较是一种浅层次的比较法或简单比较法,是本书不赞成使用的。例如,通过深入比较可知,中西方对智慧这一主题的探讨,既有一定的相似之处,也有一定的区别。

(二) 两类常用的深度比较法

深度比较法从比较方式而言可以有不同的种类,常见的主要有以下两大类。

---

① 夏征农,陈至立.辞海(第六版彩图本)[M].上海:上海辞书出版社,2009:137.

1. 纵向深度比较法和横向深度比较法

按比较对象所处时间向度的不同,可以将深度比较法分为纵向深度比较法和横向深度比较法。在具体研究中,这两种比较法可以灵活运用。

纵向深度比较法,是将不同时期内彼此有某种联系的事物加以对照,从而确定其同异关系及演化路径的方法。如,通过纵向深度比较可以看出中国传统尚和文化的演化情况。当然,由于科技思想一般是进化的,即若以时间为横坐标,以发展程度为纵坐标,那么科技思想走过的轨迹虽有起伏,但总体倾向一定是由低往高处发展的。犹如人们登泰山或黄山,其路线虽弯弯曲曲,但总体走向一定是越来越高的。与此不同,人文社会学科的思想一般是演化的,即若以时间为横坐标,以发展程度为纵坐标,那么人文社会学科的思想走过的轨迹往往是"横看成岭侧成峰,远近高低各不同"。[①] 因此,在运用纵向深度比较法来探讨人文社会科学领域的某种思想时,切记不能想当然地以为古代的思想就一定比不过现代的思想,否则就会出现偏差。这样,在对比偏重自然科学领域的心理学思想时宜用进化论视角,在对比偏重人文社会科学领域的心理学思想时宜用演化论视角。

横向深度比较法,是将同一时期内彼此有某种联系的事物加以对照,从而确定其同异关系的方法。通过横向深度比较能看出各家心理学思想之间的相互关系。[②] 如将先秦道家的智慧心理观与先秦儒家的智慧心理观相对比,就很容易看出二者的异同。又如将中国的智慧心理学思想与西方的智慧心理学思想相比就能发现,中国的智慧心理学思想既有与西方的智慧心理学思想相通的地方,也有自己的一定特色。需要指出,在运用横向深度比较法比较两种异质文化的某种思想时,一般要坚持文化相对论,平等看待各种异质文化,做到相互取长补短。正如许嘉璐所说:"人类需要不同文明的对话,在对话中一定离不开传统,因为现实就是过去的延续和发展。不同文明之间需要相互了解,每一种文明都有自己独有的杰出贡献。对于对方有而自己欠缺的,就要欣赏,只有达到一个欣赏的高度,才会向对方学习,最后达到双方共同发展的目的。"[③]所以,在运用横向深度比较法比较两种异质文化时,要尽量避免出现"自己的文化处于优势文化的霸道论调"或"自己的文化属于劣等文化的自卑论调"。因为一旦有了"自己的文化处

① 汪凤炎,郑红.中国文化心理学(第三版)[M].广州:暨南大学出版社,2008:21-25.
② 杨鑫辉.中国心理学思想史[M].南昌:江西教育出版社,1994:28-29.
③ 钟哲.首届中美学术高层论坛在京召开　传统依然活在世界的历史进程中[N].中国社会科学报,2011-11-01.

于优势文化的霸道论调"，就不易看到自身文化的缺点以及他种文化自身的优点，若果真如此，不但易让自己成为"井底之蛙"，也不利于来自不同文化圈的学人之间的平等对话与交流；一旦有了"自己的文化属于劣等文化的自卑论调"，就易让自己丧失文化自觉意识与研究者的主体性，进而易对"外来和尚"产生盲从，若果真如此，不但会降低研究成果的文化效度，而且不易诞生原创性成果。

2. 明比法和暗比法

按呈现比较对象的方式是明还是暗的特点，可以将深度比较法分为明比法和暗比法。在具体研究中，这两种比较法可以灵活运用。

明比法，是先将 A 和 B 两个事物都明确摆放出来，然后对二者进行深度对比的方法。如，将孔子和老子的心理学思想都明确摆放出来，然后将二人的心理学思想进行相应的对比，就属于明比法。

暗比法，是先将 A 事物作为一个隐含的背景知识，在此基础上将 B 事物与其进行深度对比，然后揭示 B 事物的内在规律的一种比较方法。一般而言，只有当某一事物是公认的，或者至少为学术圈内的大多数同行所熟悉，此事物才可以作为隐含的背景，相应地，才可以进行暗比。例如，老子的心理学思想的鲜明特色是强调"法自然"，孔子的心理学思想的显著特点是推崇道德修养，这是为中国学术界人士所普遍认可的。于是，在论述庄子的心理学思想时，若发现庄子也有"法自然"的特点，即便不明确提及老子，仍可以说"庄子的这一特点是继承老子思想的结果"。因为庄子在后，老子在前，庄子思想的这一特点显然源自老子，所以历史上才有"老庄"的称谓。①

(三) 使用深度比较法的要点

在具体研究中，若想切实贯彻深度比较法，除了上文所讲的"运用纵向深度比较法要兼顾文化进化论与演化论，运用横向深度比较法要坚持文化相对论"之外，还必须做到以下五点。

1. 摒弃不恰当的对比思路，坚持科学的对比思路

在当代中国学术界，至少在心理学界，一些学人心中有意无意地存在这样一种心理：一提及中国的心理学思想尤其是中国传统心理学思想，就将之和"老古董"等同起来，以为只有西方尤其是美国的心理学思想才是先进的，值得探讨的。在这种背景下来进行中西心理学的专题比较，人们心中自然容易滋生这样一个想法：中西心理学思想具有可比性吗？言下之意是，西方现代心理学那么发达，

① 汪凤炎.中国心理学思想史[M].上海：上海教育出版社,2008：49-50.

而中国现代几乎没有自己的心理学思想可言,中国传统的心理学思想又全是"老古董",二者之间有什么可比之处? 若真要进行中西心理学的专题比较,那结论不是明摆着:西方心理学思想达到世界领先水平,而中国心理学思想非常落后,因此,只有全盘接受西方心理学思想,才能促进当代中国心理学的发展。

　　一些人之所以会得出上述结论,是因为他们在进行中西心理学思想的对比时用错了视角。这种错误的视角主要有二:(1)简单地以西方心理学思想为参照系进行中西对比。简单地以西方心理学思想为参照系,用之为标准来对比中国的心理学思想,中国的心理学思想自然比不上西方的心理学思想,犹如用"刀或叉"的标准来看待"筷子","筷子"自然绝不是好的"刀或叉"。(2)机械地以时间为参照系进行中西对比。若机械地以时间为参照系,将中国古代、近代和现代的心理学思想一一对应地与西方古代、近代和现代的心理学思想进行对比,若如此做,当然很容易得出中国现当代心理学思想远不如西方现当代心理学思想的结论。因为由于种种因素的影响,现当代中国的科学文化发展水平(包括心理学)从整体上看确不如西方现当代的科学文化发展水平高,这从现当代的一些重大的发明或发现很少是由土生土长的中国人做出来的以及中国大陆至今无人获得诺贝尔物理学奖、化学奖、生理学或医学奖以及经济学奖的事实里就可见一斑。不过,承认现当代中国的科学文化发展水平不如西方现当代的科学文化发展水平高,并不意味着就承认中国的一切科学文化发展水平都比西方的科学文化发展水平低。就拿心理学思想而言,一些人之所以得出上述这种对比结果,说到底,是因为采用了不恰当的对比思路。之所以这样说,是因为这种对比从逻辑上说是一种简单的、以时间为向度的对比,从思维方式上看其中蕴含的是一种机械思维方式。

　　在我们看来,合理的视角是兼顾中西文化特色,同时打破时空的物理限制,在中西心理学思想史上找到一些不仅具有历史价值更具现代意义的主题,然后进行中西对比,看看中西学人在这同一主题上各自提出什么相同的思想和相异的主张,然后用现代眼光评判各自的价值。用这种研究视角去反观中国智慧心理学思想尤其是中国传统智慧心理学思想就会发现这样一个事实:有些中式智慧心理学思想尽管产生的时间颇早,尽管其载体是古典书籍,而其思想的影响与价值并不局限于古代,对近现代中国人的心理与行为都有重要的影响,至今将之与现代西方相关的智慧心理学思想进行对比,也毫不逊色。

　　2. 从文化内部进行比较

　　在就某一主题进行中西对比之前,先要对中西方文化有一个尽可能系统而深刻的把握，力求做到深入中西方文化的内部来看中西方心理学思想和中西方人心理与行为方式的异同，而不能再犯跨文化心理学研究者当年所犯的错误：一些跨文化心理学的研究者在其研究中主要采用自然科学模式（natural science model），而且常常以西方的文化为视角，站在别的文化的外部，从外部来简单对比某种文化下的人们的心理与行为跟西方文化下人们的心理与行为的异同；同时，对文化间的心理与行为的相似性的强调尤甚于差异性，其目的主要是验证西方（尤其是美国）心理学者发展的理论和方法是否适用于非西方文化的人们，从而试图建立适用于全人类之通则性的心理学理论体系，于是受到一些学人的批评，批评者将此类受美国主流心理学主宰的跨文化心理学简称作西化的跨文化心理学（westernized cross-cultural psychology）。①

　　为了便于操作，这里提出衡量是站在文化内部还是文化外部进行对比的三个标准：（1）与生活于此文化圈内的多数人的日常生活方式相比，看自己的研究成果与其一致性程度的高低：若二者的一致性程度高，说明此研究就是站在此文化内部进行的对比，反之亦反。（2）与一个公认做得好的研究成果相比，看自己的研究成果与其一致性程度的高低：若二者的一致性程度高，说明此研究就是站在此文化内部进行的对比，反之亦反。（3）与广泛流行于一文化内部的经典语录、格言、谚语、俚语、俗语或口头禅相比，看彼此之间的吻合程度：若二者的一致性程度高，说明此研究就是站在此文化内部进行的对比，反之亦反。

　　3. 不能简单地将其他因素引起的差别归因于文化

　　人的心理受到来自主观和客观方面的多种因素的影响，文化只是其中重要的影响因素之一，这样，在对中西方人的心理进行比较时，不能简单地将其他因素（例如经济因素、性别因素、年龄因素、个性因素与智力因素等）引起的差别归因于文化，否则会犯泛文化主义的错误。

　　4. 切实贯彻求同研究与求异研究相结合的原则

　　求同研究，是指在研究中国人的心理与行为时，以现代心理学的概念、体系、研究工具或研究思路等（主体部分是西方心理学的概念、体系、研究工具或研究思路）为参照，以便看看中国学人是否提出过与西方学人类似的心理学思想，或者找出中国人的心理与行为中存在的与外国人（主要是西方人）的心理与行为类似的现象或规律的一种研究原则或研究方法。求同研究的理论依据在于：无论是中国人还是外国人，只要是人，其心理与行为就必然会存在一定的共通性；同

① 杨国枢等. 华人本土心理学（上册）[M]. 台北：远流出版事业股份有限公司，2005：4,9.

时,由于相互借鉴与吸收和"英雄所见略同"等缘故,中西方文化之间也往往有一定的相似性。相应地,中西方人的心理与行为也会存在一些相同或类似之处;对于同一问题,中西方学人可能会提出类似的主张。求同研究的优点主要有二:一是较易做,只要研究者有一定的心理学基础,遵循"依葫芦画瓢"的路径,就一定能从中国人的心理与行为中找出与外国人(主要是西方人)的心理与行为类似的现象或规律;二是便于得到外国尤其是西方心理学同行的认可,从而方便与他们的对话与交流。因为按此思路取得的研究成果往往遵循西方心理学的逻辑性,使用的也多是西方心理学的套路、体系和术语,并能在客观上起到"证明西方心理学具有超文化性"的效果,这样,外国尤其是西方心理学同行看到这类研究后自然会倍感"熟悉与亲切",自然容易产生好感和认同感。

求异研究,是指在研究某一个主题时,要适当参照研究中国文化尤其是中国传统文化的其他相关学科——如中医史、中国哲学史和中国思想通史——的研究成果,甚至还要适当参照有关描述中国人心理与行为的一般常识,以便看看中国学人是否提出过与西方学人不同的心理学思想,或者找出中国人的心理与行为中存在的明显与外国人(主要是西方人)的心理与行为有差异的现象或规律。求异研究的理论依据在于:人的心理有个体差异;不同文化之间也往往有一定的差异。这样,中西方人的心理与行为也会存在一定的差异;对于同一问题,中国学人可能也会提出与西方学人不同的见解。求异研究的现实意义在于:只有民族的才是世界的。从中国文化里提炼出不同于西方心理学思想的心理学思想,有利于促进整个心理学的发展,有利于促进中国特色的心理学的建设,有利于增强中国人的民族自信心。

因此,在心理学研究中,要坚持求同研究与求异研究相结合的原则。正如现代新儒学大家熊十力所说:"凡言学者,宜求析异,亦不可忽于观同……故知言同不能无异,言异不能无同。"[①]于是,在实际研究中要谨记避免下述两种不恰当的做法:一是片面夸大中西方人的共性心理而忽视差异心理。因为一些研究表明,中西方人在心理与行为方面存在一些明显的差异,这样,在对中西方人的心理与行为进行比较时,不宜片面夸大共性心理而忽视心理差异。二是片面夸大中西方人的心理差异而忽视共性心理。[②]因为一些研究表明,不论中国人还是西方人,既然都是人,就有同样或类似的心理,这样,在对中西方人的心理进行比

① 熊十力. 十力语要(卷二)[M]. 北京:中华书局,1996:203.
② 汪凤炎. 中国心理学思想史[M]. 上海:上海教育出版社,2008:41-43.

较时,不宜片面夸大心理差异而忽视共性心理。由此可见,我们的这一看法,与跨文化心理学对文化间的心理与行为的相似性的强调尤甚于差异性是不同的,与文化心理学对文化间的心理与行为的差异性的强调尤甚于相似性也是不一样的。①

5. 找出中国传统文化里"活的东西"以突显其现代意义

基于上述主要理由以及为了切实贯彻古为今用原则,运用深度比较法的一个重要目的是,找出中国传统智慧文化里"活的东西"以突显其现代意义。

四、实证法

为了提高智慧心理学研究的科学性,有必要妥善开展相应的实证研究,运用实证研究获得的证据来支撑相应的观点。

(一)实证法的精义

2009 年版《辞海》对"实证"的解释:"16 世纪时,欧洲称实验的自然科学为'实证科学',以同经院哲学相对。16 世纪以来推崇实证科学反对经院哲学的时代,曾被圣西门等称为'实证的时代'。孔德从圣西门著作中吸收'实证'一词,最早把自己的哲学命名为'实证哲学',以表示他的哲学是以近代实验科学为依据的'科学的哲学'。孔德赋予'实证'一词以'实在'、'有用'、'确定'、'精确'、'相对'等涵义,认为这些是人类智慧的'最高属性',而实证哲学集其大成,是人类智慧的最高体现。"②这里所讲的实证法,是指通过种种手段来验证中国人的某一心理与行为规律的一类研究方法。实证法的精义用一句话概括就是,"用证据说话,证据充足者为实"。正如大儒董仲舒在《春秋繁露·深察名号》里所说:"不法之言,无验之说,君子之所外,何以为哉!"西汉末期的思想家和文学家扬雄(前53—18)在《法言·问神》里更是说得好:"君子之言幽必有验乎明,远必有验乎近,大必有验乎小,微必有验乎著。无验而言之谓妄。君子妄乎? 不妄。"东汉王充在《论衡·薄葬篇》也说:"事莫明于有效,论莫定于有证。空言虚语,虽得道心,人犹不信。"在《论衡·知实篇》里,王充又说:"凡论事者,违实不引效验,则虽甘义繁说,众不见信。论圣人不能神而先知,先知之间,不能独见,非徒空说虚言,直以才智准况之工也。事有证验,以效实然。"

(二)实证法的主要类型

在具体操作过程中,可根据实际情况采用多种实证手段进行验证,常用的主

---

① 杨国枢等. 华人本土心理学(上册)[M].台北:远流出版事业股份有限公司,2005:5-14.
② 夏征农,陈至立.辞海(第六版彩图本)[M].上海:上海辞书出版社,2009:2062.

要有以下四大类。

1. 观察法

个体运用自己的感官,在自然条件下对表现心理现象的外部活动进行有系统、有计划、有目的的考察,从中发现心理现象产生和发展的规律,这种方法叫观察法(observation method)或自然观察法。① 观察法一般在下列情况下采用:(1)对研究的对象无法加以控制;(2)在控制条件下可能影响某种行为的出现;(3)由于社会道德的要求,不能对某种现象进行控制。另外,在一项研究的初期,自然观察特别有用,因为它有助于研究者发现某一现象的范围,或者发现一些重要的变量以及变量间的关系是什么。通过自然观察得到的数据,可以为研究者提供线索,这有助于明确表达假设或研究计划。当然,一般来说,观察法不适合如下情况:(1)在面上对研究对象进行大规模的宏观调查;(2)对过去的事情、外域社会现象以及隐秘的私人生活进行调查;(3)了解被研究者的思想观念、语词概念和意义解释;(4)对心理现象进行因果分析。②

怎样进行有效观察呢? 一般而言,宜遵循下面两个观察阶段及相关步骤。

在准备工作阶段,研究者一般需要完成两方面的事情:(1)制定观察计划。根据研究的问题和目的,制定一个观察计划,其内容至少包括以下六方面的内容:计划观察的内容、对象、范围;计划观察的地点;计划观察的具体时间、持续长度、观察次数;观察的方式、手段以及必需的工具;观察中可能出现哪些影响效度的问题,准备如何处理这些问题? 观察中可能出现哪些影响信度的问题,我准备怎样处理这些问题以便获得比较准确的观察资料? 预计观察时可能遇到的伦理道德问题及解决办法。(2)设计观察提纲。观察计划制定以后,应该提出更加细致的具体观察提纲。观察提纲至少应该回答下面六个方面的问题③:谁? 是指有哪些人在场,他们各是什么人,他们的角色、地位和作用分别是什么。什么? 是指发生了什么事情,在场的人有什么行为表现,他们说了些什么,他们做了什么,他们说话或做事时使用了什么样的语调和肢体动作,他们相互之间的互动是怎么开始的,哪些行为是日常生活中的常规,哪些是特殊表现,不同参与者之间在行为上有什么差异,他们的行为是如何产生和发展的。何时? 是指有关行为或事件是什么时候发生的,持续了多久,频率如何。何地? 是指有关行为或

① 夏征农,陈至立.辞海(第六版彩图本)[M].上海:上海辞书出版社,2009:763.
② 彭聃龄.普通心理学(修订版)[M].北京:北京师范大学出版社,2004:17-18.[美]理查德·格里格,菲利普·津巴多.心理学与生活(第16版)[M].王垒等译.北京:人民邮电出版社,2003:28-29.
③ Goetz, J. P. & LeCompte, M. D. (1984). *Ethnography and qualitative design in educational research.* New York: Academic Press.

事件是在哪里发生的,这个地点有什么特色。如何? 是指有关事情是如何发生的,事情的各个方面之间存在什么样的关系,有什么明显的规范或运作机制。为什么? 是指导致事情发生的原因是什么,有关人员对此有什么看法,有关人员的目的、动机和态度是什么。很显然,这个问题需要通过一定的推论,不能完全通过外部观察获得,所以参与型观察不排除现场询问的方式,因此也可以通过巧妙询问的方式获得当事人的当时想法。

在具体观察阶段需要注意三大问题:(1)选择适当的观察方式。观察方式一般从开放到集中,即在观察的初期,观察者应该以开放的心态对现场进行全方位的观察,随着观察的逐步深入,当观察者对现场获得一定的感性认识,对自己希望回答的问题形成比较清晰的计划后,便可开始进行集中观察。(2)选择适当的观察对象进行观察。由于人的心智资源有限,不可能什么都能注意到、观察到。因此,观察者需要时刻牢记自己的研究问题,这样才能确定观察的重点,然后才能对看到的事情进行系统观察。也需要指出,虽然通常是研究的问题决定观察的内容,不过,假若观察者到达现场以后,发现自己观察到的内容与原来的设计有出入时,必须及时调整自己的研究问题,此时,实是观察的内容决定研究的问题。(3)及时做好观察记录。为了做好观察纪录,必须注意两个问题:一是记录的程序。观察者在刚开始进入观察现场后,若条件许可,宜用录像机对观察过程进行全程录像,或者在观察过程中辅之照相机和录音笔,这样往往能增加观察的准确性和可靠性。若需对现场画地图,那么,这张地图不仅应该包括观察现场的物质环境(如教室内桌椅板凳的布置、墙上悬挂的图表和名人语录等),还应该包括观察现场的人文环境(如学生就座的位置、教师活动的范围等)。在观察过程中,如果发现现场内某些物体的摆设或人员位置有所变动,必须随时更改。地图画好以后,还应该在下面附上一段文字说明,详细介绍观察的现场以及研究者本人来到现场时的第一反应。同时,观察记录要求按时序进行,所记的事情之间要有连续性,一个事件接着一个事件。记录应该与事件同步进行,而不是对整个事件作一个整体性的、总结性的描述。而且记录要做到尽可能完整、客观、详细,假若当场有的细节来不及详细记录,可以先使用一些代号或缩写,事后找机会及时追记详情。二是记录的格式。观察中的记录格式应该尽可能做到统一、规范。记录的文字要做到尽量客观、具体、条理清晰。通常的做法是:在记录的第一页上方写上观察者的姓名、观察内容的标题、地点、时间、本笔记的标号、此套笔记的名称,然后在笔记的每一页标上本笔记的标号和页码。笔记的段落不宜过长。每当一件新的事情发生、一个不同的人出现在现场、一个新的话题被提出来时,都应该重新开始一个段落。实地笔记的纸张应该比较大,在记录的左边或者右边留下大量的空白,以便今后补充记录、评说、分类和编码。记录纸的页面应该分成至少三部分:左边是时间;中间是研究者观察到的事件;右边是观察者个人的感受、解释或疑问,可在事后进一步澄清。①

观察法的长处主要有三:(1)对被观察者的行为进行直接了解,能收集到第一手资料。(2)因为在自然条件下进行,被观察者的心理与行为较少或没有受到环境的干扰,这样有可能了解到被观察者的真实心理与行为状况。例如,通过单向玻璃,研究者能观察儿童游戏,而儿童并没有觉知到被观察。而且,人类的一些行为只有通过自然观察才能进行研究,因为在非自然条件下研究是不道德的或不切实际的。例如,研究生命早期的严重剥夺对儿童后期发展影响的实验就是不道德的。(3)在塑造复杂的行为模式中物种的自然栖息地具有的长时效应,在实验室的人为环境中是观察不到的。古道尔(Jane Goodall,1934—)的研究是自然观察法中最有价值的一个例子(Goodall,1986,1990;Peterson & Goodall,1993)。古多尔花了30多年在非洲贡贝的坦噶尼喀湖研究黑猩猩的行为模式。古多尔知道,如果她只进行10年的观察——这是她最初的计划——她将无法得出正确的结论:

我们观察到黑猩猩的行为和人类有许多相似之处,但黑猩猩比人类更爱好和平给我们留下了深刻印象。由于在最初的10年后我们继续进行观察,我们能证明一个社会团体的分裂以及新分离的小团体间爆发的暴力侵略。我们发现在一定的情况下,黑猩猩可能杀死自己的同类,甚至吃同类的肉。另一方面,我们也观察到在它们家庭成员间有着特别的、持久的情感联结……高级的认知能力,[和发展]文化传统……(Goodall,1986)②

观察法的缺陷主要有四:(1)在自然条件下,事件较难按严格相同的方式重复出现,这样难以对某种现象进行重复观察,观察的结果也较难进行检验和证实;(2)在自然条件下,影响某种心理活动的因素是多方面的,用观察法得到的结果往往难以进行精确分析;(3)由于对条件未加以控制,观察时可能出现不需要研究的现象,而要研究的现象又可能没有出现;(4)观察容易"各取所需",观察的结果容易受到观察者本人的兴趣、愿望、知识经验和观察技能的影响。③

---

① 陈向明.教师如何作质的研究[M].北京:教育科学出版社,2001:122-148.
② [美]理查德·格里格,菲利普·津巴多.心理学与生活(第16版)[M].王垒等译.北京:人民邮电出版社,2003:28-29.
③ 彭聃龄.普通心理学(修订版)[M].北京:北京师范大学出版社,2004:17-18.[美]理查德·格里格,菲利普·津巴多.心理学与生活(第16版)[M].王垒等译.北京:人民邮电出版社,2003:28-29.

　　观察法在使用过程中常见的问题主要有三,相应的对策也有三:(1)不按规范程序使用观察法,导致通过观察所得数据呈现出随机、零散等弱点,基于此类数据自然无法得到可靠结论。既然如此,一定要按上文陈述的规范程序科学使用观察法。(2)观而不察,察而不思。"观而不察"中的"观"指无目的地、泛泛地看。由于仅有这种"观",往往对很多现象熟视无睹,结果自然无法收集到大量有价值的数据(data)。"观而不察"中的"察"指有目的且细致深刻地看。只有认真去"察",才能获得大量有用数据。不过,在收集到丰富的有用数据后,若不善于思考,仍不会得到高质量的成果。既然如此,在运用观察法时,先要有目的且细致深刻地去看;在此基础上,再对获得的数据进行认真思考。(3)缺乏足够的专业知识。一些人在使用观察法时尽管知道应睁大双眼仔细去看,但由于脑海中缺乏足够的专业知识,仍然收集不到有用的数据。犹如一位对玉的知识一窍不通的人去买玉,虽然也知道要仔细看,但仍无法分辨玉的质量高低,故很易上当。既然如此,平日一定要加强"内功"的修炼,丰富自己的专业知识。

　　在熟练掌握观察法后,研究者可以适当通过观察法来观察当代中国人的心理与行为方式。像著名的文化学者迈克·彭(Michael Harris Bond)等人就采用这种方法揭示了中美文化下两国民众的心理与行为在许多方面的区别,这些观点在一定程度上影响了西方人对中国人的看法。[①]

　　2. 自我报告法

　　为了获得被试的一些无法直接观察到的经验的数据(有时这些经验是内部的心理状态,如信仰、态度、感觉等;也有些经验虽是外部行为,但如犯罪活动之类的行为通常是不适合目击的),就有必要采用自我报告法。自我报告法(self-report measures),是先让被试通过写或说的方式回答研究者提出的问题,然后研究者设计可信的方法量化这些自我报告,进而据此研究被试心理与行为规律的一种方法。尽管研究者依赖各种各样的自我报告法,但自我报告法有其局限性。很明显,许多形式的自我报告不适用于前语言期儿童、文盲、其他语言使用者、一些心理紊乱的个体、非人类动物。甚至即使自我报告能够使用,它们也可能是不可信或不可靠的。被试可能不理解问题或不能清楚地记得他们当时的经历。进一步说,自我报告可能受社会期望的影响——为了产生赞许性(有时是非赞许性的)印象,人们通常给出错误的或误导性的答案。如果他们报告出自己的真实经历或情感,通常是很尴尬的。假若回答者意识到问卷或访谈的目的,那么

① ［英］迈克·彭等. 中国人的心理［M］. 邹海燕等译. 北京: 新华出版社,1990.

为了获得工作，或免除进入精神病院，或完成其他目标，他们可能说谎或选择事实。访谈的环境也能产生个人偏见和成见，这都影响访谈者怎样提出问题和回答者怎样回答问题。^① 当然，在指出自我报告法的这些缺点后，只要研究者能够妥善处理，尽量避免这些缺点，还是可以通过自我报告法收集数据，来证实或证伪中国人的某一心理与行为规律。例如，可以通过问卷调查的方式来对比中西文化里人们在思想、信念与价值观上的差异。一般而言，自我报告法包括问卷法和访谈法。

问卷法，是指研究者采用预先拟定好的问题表，由被试自行填写答案来搜集资料，以此来分析和推测群体心理或行为规律的一种研究方法。^② 问卷调查是一种询问的技术，通过口头或书面提问，了解和收集被试心理特征和行为的数据资料。问卷调查不是观察和实验，而大半是询问别人对某件事的态度和观点，但它也可以包括这些问题，如知识、行为、个人体验、环境以及统计学变量，如职业、学历、年龄、性别等。问卷法通常要设计一个调查表来进行，调查可以是书面的，即问卷调查；也可以是口头的，被试说，主试记，亦即下文进的访谈法，更多的情况下是上述两者结合起来。

在问卷研究中，问卷法使用成功的第一个关键是事先找到一份质量上佳的问卷。因此，在运用问卷法研究某一主题时，若有已经被证明具有良好信度、效度的问卷，一般在征得问卷编制者同意并有书面授权的前提下，可以直接拿来使用；如果某份问卷的全套题目及相应的评分标准已公开发表或出版，此时一般无须征得问卷编制者的同意，就可直接拿来使用，只要在使用过程中注明出处即可。当然，若无现成的问卷可用，那么编制出一份高质量的问卷，往往是问卷研究结果质量高的重要前提之一。问卷编制必须遵循的规则主要有六：一是科学性原则。问卷题项的区分度、信度和效度都要合乎一定的要求；同时，问卷编制应有逻辑性；问卷题项的措辞力求准确，忌模棱两可。二是适用性原则。编写问卷题项时，为了做到简洁、通俗易懂，尽量不要用专业术语；同时，问卷的题量不宜过多。三是针对性原则。问卷的题项要围绕主题。四是行为性原则。问卷尽量不要提出"直截了当"的问题让被试回答，题项的行为性既可以达到迂回投射的作用，又可以使内容表述具体化，被试容易回答，也愿意回答。五是艺术性原则。问卷题项或内容应活泼有情趣。六是伦理道德性原则。问卷的题项不能违

① 理查德·格里格,菲利普·津巴多. 心理学与生活(第16版)[M]. 王垒等译. 北京：人民邮电出版社,2003：27-28.
② 夏征农,陈至立. 辞海(第六版彩图本)[M]. 上海：上海辞书出版社,2009：2388.

第一章 绪论：讲清两个问题

背伦理道德规范，问卷的整个施测过程要合乎伦理道德规范。[①]

问卷法的一般研究流程或过程如图 1-1 所示。

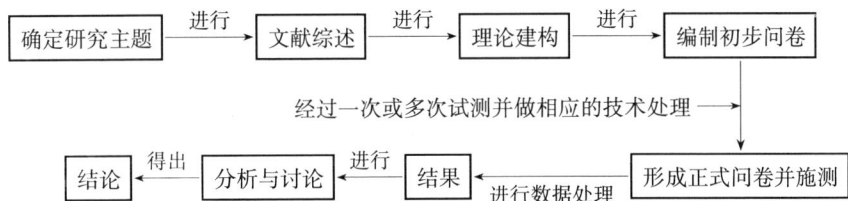

图 1-1 问卷法的一般研究流程或过程示意图

根据图 1-1 所示，问卷法的一般研究流程或过程大致可以概括为如下几步：

第一步，确定一个有价值的研究主题。

第二步，对选定的研究主题进行文献综述，并看看有无合适的问卷可用，若没有，则须自编问卷。

第三步，对该研究主题进行理论探讨，然后提出假设与编制问卷的理论架构。例如，为了调查当代中国大学生的羞耻心类型，就须先进行理论建构，如果综合考虑"道德型与非道德型"、"他律与自律"和"正确与错误"三个维度，就可以将人的羞耻心态分为八种类型："正确、自律、道德型的羞耻心"；"正确、自律、非道德型的羞耻心"；"正确、他律、道德型的羞耻心"；"正确、他律、非道德型的羞耻心"；"错误、自律、道德型的羞耻心"；"错误、自律、非道德型的羞耻心"；"错误、他律、道德型的羞耻心"；"错误、他律、非道德型的羞耻心"。[②]

第四步，编制初步问卷。若有合适的问卷可用，此步可省略，直接进入下一步；若没有合适问卷可用，就须自编问卷。在自编问卷时，整个问卷要体现先前提出的理论架构。至于撰写问卷题项的方式，要善于根据具体情况灵活运用如下方法：先通过文献综述获得一些编写题项的资料与灵感，然后再撰写题项；通过与少数人（如本领域的专家或潜在的被试）进行深入访谈或进行小规模的开放式问卷收集编写题项的资料与灵感，然后再撰写题项；根据自己的知识经验编写题项；适当改编一些来自类似问卷中的题项。例如，由于没有合适的问卷可用，为了调查当代中国大学生的羞耻心类型，就须自编问卷。根据上述理论建构，对于八种类型的羞耻心，每种必须分别编写 3～5 个题目用以考查，于是可以形成一个题项在 24～30 个之间的原始问卷；若另外再加 2～3 道测谎题，则原始问卷

① 戴海崎,张峰,陈雪枫. 心理与教育测量[M]. 广州：暨南大学出版社,2004：172-173.
② 汪凤炎,郑红. 荣耻心的心理学研究[M]. 北京：人民出版社,2010：293.

的题项便在 26～33 个之间。随后,要将自己编制出的原始问卷进行一次或多次试测,既要对试测过程中发现的问题进行及时解决,又要对试测后所获数据进行分析,根据所获结果及时调整问卷的题项,以便最终产生正式问卷(若是对问卷的要求不太高,此步骤也可省略)。在做这项研究工作之时,有四个环节必须注意:一是试测时所用样本与正式问卷时所用样本来自同一个总体,并保证样本的代表性。二是试测的过程应当做到科学、规范。包括施测程序、指导语等均应当标准化,同时应当注意记录施测过程中被试的各种反应、施测所需时间等,以作正式施测标准化的参考。三是剔除无效问卷的标准一般有四:出现大量未答项目、作答方式明显呈现出某种规律、未通过测谎题的检查和明显未认真作答者。四是要对问卷质量进行相应的分析(若是简单的问卷调查,此步可省略,直接进入下一步)。在对问卷质量进行相应的分析时,一般需要做三件事情,即认真进行项目分析、对问卷进行信度分析和对问卷进行效度分析。在进行项目分析时,所用方法一般是求临界比率(critical ratio,CR 值):将各项得分按具体类别分别从高到低的顺序进行排列,得分前 27% 者为高分组,得分后 27% 者为低分组,进行高低二组被试每题得分平均数的差异显著性检验,如果 CR 值没达到显著性水平,则表明该项目不能鉴别被试的反应程度,应剔除。若对自编问卷进行信度分析,那么至少要算出 2 个信度值;而且只有至少 2 个信度值都符合相关要求时,这个问卷的信度才是合格的。当然,对于某一具体的自编问卷,到底是需要计算哪两种信度值,则要根据自编问卷本身的特点,在重测信度、同质性信度(也叫内部一致性信度)、分半信度、复本信度(也叫平行信度)和评分者信度中进行适当选择。例如,若想对自编问卷计算重测信度,就必须保证同一批被试能够先后做两次问卷,且要保证每一被试先后两次所做的问卷能够一一对应,即:被试 A 第一次做的问卷若编号为 A1,那么被试 A 第二次做问卷的编号则为A2;被试 B 第一次做的问卷若编号为 B1,那么被试 B 第二次做问卷的编号则为B2,余此类推。因此,若想做重测信度,如果问卷里包含的所有题项都不涉及个体的隐私等敏感信息,最好两次在让被试作答时,都请被试署上姓名,这样就方便编码了;若问卷中有一些题项涉及个体的隐私等敏感信息,最好在两次请同一批被试作答前,都事先将同一批被试(若是学生)按其学号顺序安排座位,然后主试再将相关座位信息记下,并按座位顺序逐一回收问卷,这样也方便事后编码。若无法保证两次找到同一批被试,或者即便能够两次找到同一批被试,但事后却分不清哪份问卷是由哪个被试作答的,就不可能计算重测信度。又如,若要计算内部一致性信度,就必须保证问卷具有同质性,否则就无法求内部一致性信度;

评分者信度则一般适合主观题,等等。同时,由于分半信度与同质性信度考查的误差来源基本上是相同的,若只计算某个问卷的两种信度,"分半信度＋同质性信度"的搭配一般是不理想的,宜改作"分半信度＋重测信度"或"同质性信度＋重测信度"会更好一些。对问卷进行效度分析,至少要算出2个效度值(一般在结构效度、内容效度和效标效度中任选2种即可),而且只有至少2个效度值都符合要求时,这个问卷的效度才是合格的。

第五步,运用所获正式问卷进行科学施测。在施测过程中要注意两项事情:一是被试的选择。要把握好被试选择环节,具体要注意三方面的问题:确定被试来源的群体;考虑被试的代表性,在一般情况下,要么分层随机抽样,要么简单随机抽样;样本要足够大,以防回收率过低而影响到研究结果的可靠性。根据问卷实施的目的、对象不同,决定选择不同的实施方法。如针对某一个人的调查,可以采用个别问卷调查或电话调查的方法;针对一个群体的调查,可以采用团体问卷调查的方法。二是注意指导语和施测时间。问卷的开头一般都有指导语,包括说明研究目的与重要性,不泄漏隐私、如何勾选等内容,这类问题是控制被试反应的一个重要环节。要确保被试了解指导语。问卷的施测时间一般应控制在 30～40 分钟左右。①

第六步,回收已作答的正式问卷,剔除无效作作答问卷后,将所有有效作答的问卷进行编码。为提高回收率,最好取得一定组织机构的协助,如在学校进行施测,就要征得校长、班主任的同意,通过他们帮助组织实施调查。要注意对问卷的审核,以确保所得数据资料的质量。同时,若条件允许的话,辅以其他的方法,如对个别接受问卷调查的对象进行访谈,了解更具体的情况。②

第七步,将已编码的有效作答问卷的相关信息逐一准确录入 SPSS 软件中作数据处理,并获得相应的结果,然后对所获结果进行整理后输入 Word 文档中。

第八步,对所获结果进行分析与讨论。在进行分析与讨论时,必须与同类或相关研究成果进行比较,无论比较结果是同还是异,都必须进一步分析其原因,切不可将"分析与讨论"写成"结果(一般是数据与图表)"的"文字说明"。

第九步,根据分析与讨论,最终证实或证伪假设,并形成结论。一般而言,在一项问卷研究中,有几个假设就可得出几个结论,结论的数量不宜过多,但必须

①　董奇,申继亮. 心理与教育研究法[M]. 杭州:浙江教育出版社,2005:454.
②　同上.

是可靠、可信的。同时，为了提高研究的科学性与深度，在一项问卷研究中，假设的数量不宜过多，一般有 1～3 个假设足够了。

问卷法的优点是能发现人们对现实情境的反应，特别是能较快地收集现时现场大样本人群的心理状态与行为方面的信息；也有利于主试对取样者进行较好的处理。随着计算机技术的迅速发展，人们处理通过问卷法获得数据的能力也有了迅速发展。

问卷法的主要缺陷有：（1）一般不能准确掌握现时现场人们的过去心理状态，因为人们往往记不准他过去的所作所为。（2）一般不易掌握被试的内隐心态，因为人们的内隐心态往往处于无意识水平，通过一般的问卷很难了解到，必须运用内隐联想测验（Implicit Association Test, IAT）之类的技术才能捕捉到。（3）当问卷中有一些含道德色彩或价值导向的问题时，被试易受社会赞许效应影响而掩饰内心的真实态度；有时被试为了适合调查需要，或受主试的主观因素影响，提供不准确信息的情况也是存在的，因此问卷的信度、效度常受人们的质疑。（4）一般的研究者往往难以设计出一份好问卷，因为问卷编制需要遵循许多规则，虽然有些著作专门讨论问卷编制应遵循的规则，但初学者往往难以真正掌握它。（5）问卷设计完之后，调查的内容就已确定；然而，当题目不适合被调查者时，被试只能是猜测、放弃或随机应答。同时，由于主试无法直接观察每个被调查者，这就失去了记录被试回答问题时的反应机会。[①]（6）依乐国安教授的见解，问卷法在使用过程中还要尽量避免方法上的机械主义、手段上的经验主义、取向上的个体主义和结论上的普遍主义等四个缺陷。[②]

访谈法，也叫"访问法"，是指调查者通过与受访者交谈，进行调查和收集资料，并分析和推测受访者心理与行为规律的一种研究方法。分结构性访谈和非结构性访谈。前者用高度结构化或标准化的调查提纲进行访谈；后者不使用或用简单的调查提纲，只提出一些笼统的、开放性的问题。调查者在引导、发问、追问、记录及使用访谈工具时，都要尊重对方，且忠实于所研究的问题，才能获得准确完整的资料。[③]访谈法采取"主试问，被试说，然后主试记录被试的反应"，经过深入面谈，可以获悉被试在某一方面或多个方面的详细信息，如被试的需要、价值观与人格特点等；访谈者不仅可以听其言，还可观其举止表情。访谈法不像问卷那么标准化，而且访谈是交互式的，访谈者可以根据回答者说的内容变化

① 董奇,申继亮.心理与教育研究法[M].杭州:浙江教育出版社,2005:445.
② 资料来源:乐国安教授于 2007 年 7 月在北京大学"人格与社会心理学暑期学校"上所做的讲座.
③ 夏征农,陈至立.辞海(第六版彩图本)[M].上海:上海辞书出版社,2009:583.

问题。

访谈法具有如下特点:第一,目的性与规范性。访谈法作为一种研究方法,与其他科学研究方法一样,具有目的性和一系列的操作规范。科学研究中的访谈法不是漫无目的的"聊天",它是为回答某些问题或检验研究假设而谈的,对访谈的人数、谈话的内容、谈话的程序等都有明确规定。第二,交互性。访谈法的显著特点是访谈者与被访谈者的直接交互作用,访谈过程是以访谈者与被访谈者之间问与答的形式进行的,谈话双方的心理特征、态度、期望、动机、知觉和行为等相互作用、相互影响。第三,灵活性。访谈者可以根据访谈目的,对一些感兴趣的行为表现、活动结果"刨根问底"。①

一般人认为访谈方法简单,其实不然。从某种程度上说,它是"最难"的方法,因为这里存在着主试与被试之间的相互作用问题。这种相互作用本身就是某种人际关系现象,需要对此进行特殊研究。在交谈的互相作用、沟通的每一个过程中都可能带有主观性,从而影响信息的可靠程度。因此,用谈话法来研究的主试,要经过严格的培训和训练,以免对调查结果产生不良影响。好的访谈者除了对社交中发现的信息敏感,对社交过程也十分敏感。训练访谈者与回答者建立和善的、积极的社交关系,鼓励回答者信任访谈者,并与访谈者分享个人信息。可见,访谈法中获得的材料的丰富性和客观性,在很大程度上依赖于研究者的机智和谈话技巧。

同时,依张登浩先生的观点,在整理访谈资料时要做到:第一,逐字逐句地整理。第二,阅读原始材料(如,"投降"一词,在不同被试的言语中可能有不同的意义),寻找词语中及词语背后中的准确意义,切忌"对号入座"。第三,条目的抽取,每一个有意义的最小单位。第四,同类项合并,即归类。第五,条目的删减,妥善删除一些"个性化"(对别人来说没有意义、不具代表性)的表达方式。第六,适当的改写,尽量使用访谈者的原话。第七,进入问卷。②

3. 实验法

可运用实验法,通过巧妙的实验设计,经严格的实验程序,运用实验获得的结果来证实或证伪中国人是否存在某一心理与行为规律,也可运用实验来证实或证伪中国学人提出的某种心理学观点的正确与否。

实验法(experimental methods),也叫"试验法"或"科学实验法",是指根据

---

① 董奇,申继亮. 心理与教育研究法[M]. 杭州:浙江教育出版社,2005:388.
② 资料来源:张登浩先生于 2007 年 7 月在北京大学"人格与社会心理学暑期学校"上所做的讲座。

一定目的,运用必要的手段(如运用一定的仪器、设备等物质手段),在人工控制的条件下,观察、研究自然现象及其规律性的社会实践形式。① 在实验中,假若要确定因果关系,将涉及三类变量:一是自变量(independent variable)。也叫"实验变量",指由实验者操纵的变量。自变量的大小、范围或取值一般通过文献综述、理论建构或预实验等方法来确定,由实验者操作。自变量被认为是引起行为差异的可能原因。二是因变量(dependent variable)。由实验变量引起的某种特定的反应称为因变量(也叫"反应变量")。这类变量的实验结果揭示自变量对行为的作用,而这种作用往往通过诸如测验分数之类的操作成绩来表现。三是无关变量(extraneous variable)。这类变量也常常引起因变量的变化,但在这次研究中是实验者希望排除的一些条件,以使实验结果不受其影响。在心理实验中,出于经济性原则,研究者一般都会操作一个或一个以上自变量来观察其在因变量上产生的效果,②这意味着研究者可以积极干预被试的活动,创设某种条件使某种心理现象得以产生并重复出现。这是它与观察法的不同之处。实验法的目的在于明确一种强烈的因果关系,即一个变量对另一个变量的影响。在实验中,实验组(experimental group)被试接受自变量条件,控制组(control group)被试接受除自变量条件之外的所有其他条件,然后比较这两个组的反应以确定自变量的效果。同时,可以利用双盲控制(double-blind control)技术来消除实验者效应和安慰剂效应(placebo effect)。③ 也要善于运用如下方法来避免出现天花板效应(ceiling effect)和地板效应(floor effect):先通过实验设计去避免极端的反应,然后再通过测试少量的先期被试来考察他们对任务操作的反应情况。假若被试的反应接近指标量程的顶端或底端,那么实验任务就需修正。④

　　实验法有不同的类型。根据实验控制的严格与否或者实验场地的不同,可将实验法分为实验室实验法与自然实验法。实验室实验法是指根据一定目的,在实验室内运用必要的手段(如运用一定的仪器、设备等物质手段),在人工严格控制的条件下,观察、研究自然现象及其规律性的社会实践形式。自然实验法是指根据一定目的,在日常生活等自然条件下,运用必要的手段(如运用一定的仪器、设备等物质手段),在人工控制一定的条件下,观察、研究自然现象及其规律

① 夏征农,陈至立.辞海(第六版彩图本)[M].上海:上海辞书出版社,2009:1236,2061.
② 若在一个实验中同时运用两个或两个以上的自变量,可以通过实验设计和运用相关统计手段来进一步确定每个自变量与因变量的关系。
③ [美]理查德·格里格,菲利普·津巴多.心理学与生活(第16版)[M].王垒等译.北京:人民邮电出版社,2003:21-24.郭秀艳.实验心理学[M].北京:人民教育出版社,2004:33-34.
④ 同上:64-65.

性的社会实践形式。一般而言,运用实验室实验法,研究者处于主动地位,可以有计划地引起或改变某种急需研究的心理与行为现象,不必消极等待它们的自然发生;便于严格控制各种无关因素,做到对实验过程进行精细观察,并通过专门仪器进行客观测试和记录实验数据,从而有较高的信度与一定的效度;研究者也可以改变各种条件,多次重复进行实验,认真仔细地进行核验,揭示条件与现象的函数关系,掌握某种心理现象产生的规律。这样,它较为适合用来研究心理过程和某些心理活动的生理机制。不过,实验研究中对变量的操纵难免受到人为因素的影响,且无法排除所有的无关变量,而且实验法对心理过程的操作性和量化要求很高,大大限制了实验法的应用。同时,实验本身人为性较强,严格的实验室实验,在抽样、变量数量与水平、实验处理、实验环境、实验方法等方面都采取了严格控制,易降低其研究结果的文化生态效度。这样,它在研究人的高级心理(如人格、意志与爱等)方面存在一定的局限性。结果,单一的、严格的、人为的实验研究受到众多的批评,而更生活化、生态化、强调实际应用的现场实验与多因素实验则受到广泛的重视。[1] 自然实验法的实验情境较接近人的真实生活情境,又兼有观察法与实验法的优点,常被广泛用于研究教育心理学、儿童心理学、文化心理学和社会心理学。不过,自然实验法因对无关变量的控制不够严格,因而结论的可靠性有时会大打折扣;而且,在使用自然实验法时,有时因不易操作自变量,往往虽耗时、耗力,却不易取得理想结果。

根据实验过程是否真实展开,可以将实验法分为真实实验法与思想实验法。真实实验法指在真实的实验室情境中或真实的自然条件下进行的实验。思想实验法也叫"假想实验"、"理想实验"、"思维实验",指按照真实实验或实物实验模式,在已有科学知识的基础上,在思想中把研究对象置于理想化条件下或在假想的实验仪器设备下进行操作,以考察其运动、变化过程,发现其规律的一种研究方法。根据是否可以物化,分为不可物化型和可物化型。[2] 真实实验因真实发生了,其结果的可靠性高;不过,受制于物质、技术条件上的限制以及遵守科研人员的伦理道德规范与法律等因素,有时一些实验无法采用真实实验法进行。这样,为了不违背伦理道德规范和法律,为了克服在物质、技术条件上的限制,有时也可采用思想实验。当然,思想实验因其仅停留在思想层面,没有具体实施,有时很难取得可靠结果。

---

[1] 董奇,申继亮. 心理与教育研究法[M]. 杭州:浙江教育出版社,2005:226.
[2] 夏征农,陈至立. 辞海(第六版彩图本)[M]. 上海:上海辞书出版社,2009:2130.

4. 个案法

个案法(case method),指对单个人、家庭、团体等社会单元进行个别系统观察的研究方法。可采用追踪观察、回溯调查、日记法和传记法等。社会学中用此法研究社会现象,则称个案研究,个案研究旨在通过全面深入地解剖某一个案,来推断同类社会现象。① 例如,通过"范跑跑"这一经典个案研究,可以证明笔者提出的"没良心的人的羞耻心产生的心理机制"的正确性。② 个案法的明显优点是:由于一个个个案往往都是鲜活的、具体的,这样,研究者往往能够对这些具体个案进行深入细致的研究,从而发现适合这些个案的某些特殊规律。但是,由于个案法限于少数案例,研究结果可能只适合个别情况,这样,在推广运用这些结果或作出更概括的结论时,必须持谨慎态度。③

(三) 使用实证法的注意事项

用实证研究法来验证中国人的某一心理与行为规律时,必须注意以下四个问题。

1. 坚持大心理学观,保证实证思路及手段的广泛性与多样性

在心理学研究中,一个人只有坚持大心理学观,才能保证实证思路及手段的广泛性与多样性;如果坚持狭隘的小心理学观,在选择实证手段时,就只会看到实验法的价值,充其量,只看到实验法、自我报告法和观察法的价值,而看不到推理法、④语义分析法或考证法等其他方法的价值。

2. 注重修炼"内功"

在运用实证法时,最主要的是要通过修炼"内功"(包括不断提高自己的理论素养,养成独立人格和独立思考的习惯,善于进行辩证思维、反省思维和对话思维等),在实证设计思路上下功夫,既不是简单地在实验仪器上下功夫,片面追求高、精、尖的实验仪器,也不是随便找一个量表或编一个问卷进行研究就可。因为翻开心理学发展史不难发现这样一个事实:一些心理学大家之所以能成为大家,往往是因为他或她的"内功"深厚,既有非常扎实的专业基础,又具有敏锐的问题意识与周密的逻辑推理能力,还往往能通过设计精巧的实验、问卷或量表来验证自己的理论假设。以美国心理学家斯金纳为例,你可以说,从"斯金纳箱"里能看到"桑代克迷箱"的影子,斯金纳的操作条件作用在原理上与巴甫洛夫的经典条件作用原理相同;但是,斯金纳就是斯金纳,他不但提出不同于巴甫洛夫经

① 夏征农,陈至立.辞海(第六版彩图本)[M].上海:上海辞书出版社,2009:706.
② 汪凤炎,郑红.荣耻心的心理学研究[M].北京:人民出版社,2010:211-218.
③ 彭聃龄.普通心理学(修订版)[M].北京:北京师范大学出版社,2004:20.
④ 汪凤炎,郑红.中国文化心理学(增订本)[M].广州:暨南大学出版社,2013:29-40.

典条件作用的操作条件作用，而且通过自己的精巧实验对其做了较科学、较系统的研究。斯金纳所做的实验并没有使用什么非常高级的仪器，任何一个受过基本心理学训练的人完全都可以将斯金纳的实验复演出来，问题的关键在于：他的这一套构想是他自己第一个想到并予以系统研究的。从这个意义上说，在心理学的实证研究中，关键在于构思要佳，构思好，实践起来并不太困难。

3. 谨慎使用"奥卡姆剃刀"

英国经院哲学家、唯名论者奥卡姆（William of Occam 或 Ockham，约1285—约1349）主张，哲学的对象只能是经验以及根据经验作出的推论。他认为，只有个别事物是实在的，一般或共相只是表示事物的符号，可以由归纳法得到抽象的知识，但反对"隐秘的质"等虚构的观念，宣称"若无必要，不应增加实在东西的数目"。这种主张被后人称为"奥卡姆剃刀"（Ockham's razor），因为它把所有无现实根据的"共相"一剃而尽。① 一个人若坚信"奥卡姆剃刀"的理念，势必将人类暂时还无法"用经验来判断其真假的形而上学的东西"全部排除在科学或知识的范围之外。但中外学术发展史上的一些经验与教训告诉人们，除了那些已被经验证明是假的东西应排除在科学知识的范围之外，对于那些受人类的认知局限性、研究设备与手段的局限性等制约而暂时还无法用经验来判断其真假的形而上学的东西要存"敬畏之心"，"刀下留情"，本着"知之为知之，不知为不知"的科学理性精神，暂时将之"搁置起来"，"存而不论"，以待将来或后世学人去破解，切不可"妄下断语"或"滥杀无辜"，否则，就有可能"将小孩与脏水一起泼掉"，最终阻碍科学的发展。②

4. 有机结合实证研究与理论研究

综观心理学发展历史，大凡大师级的心理学家，像巴甫洛夫、皮亚杰和班杜拉等人，往往是既有深厚的理论修养，又善做精巧的实验研究，从而能将理论研究与实证研究有机统一起来：基于自己的理论假设，设计出一套套精巧的心理实验，用以验证自己的理论假设，在实证中提升和完善自己的理论体系；或者，先做一系列的精巧实验，在此基础上再逐渐从实验结果中提炼出自己的理论。二者相辅相成，共同促进，从而成就了一番心理学事业。因此，在本书中，为了提升研究的科学性，我们也试图将实证研究与理论研究有机结合起来，运用实证研究来进一步完善智慧的德才兼备理论。

---

① 夏征农，陈至立.辞海（第六版彩图本）[M].上海：上海辞书出版社，2009：47.
② 汪凤炎.中国心理学思想史[M].上海：上海教育出版社，2008：57-58.

第二章 德与才：智慧心理学 中的一对关系

如第一章所论，一旦个体在良好品德与聪明才智之间建立起和谐关系，生成了真正的智慧素质，成为一个真正的智慧者，就能使个体在自身利益与他人利益、单位利益（组织利益）、国家利益甚至动植物利益之间找到一个"黄金平衡点"，进而妥善处理自己的身心内外之间的关系，自己与他人、社会和国家的关系，自己与自然环境的关系，从而收到"四两拨千金"的效果。可惜的是，一些人没有准确把握良好品德与聪明才智之间的正确关系，没有真正把握智慧的实质，导致在实际生活里出现诸种错误看法。因此，良好品德与聪明才智之间的关系问题，是智慧教育必须妥善解决的一个重要问题。

第一节 德与才关系上常见的错误观念

无论在理论上还是实践上，良好品德与聪明才智之间都是"一荣俱荣，一损俱损"的关系，但遗憾的是，一些中国人常常没有真正看到良好品德与聪明才智之间本应有的和谐关系，经常犯的一个通病是在良好品德与聪明才智或才华上偏执一端，导致很多个体在学生时代常常难以通过系统学习使自己获得良好品德与聪明才智或才华和谐发展的理想心理素质，从而制约其人生未来的良好发展。概括起来，中国人在德与才关系上常见的错误观念主要有四大类：（1）"仁者无敌"。此观念错在片面强调良好品德在待人接物上的作用，却忽略聪明才智在待人接物上的重要性。（2）"智者无敌"。此观念错在片面强调聪明才智在待人处世上的作用，而忽略良好品德在待人接物上的重要性。（3）"缺德者无敌"。此观念错在片面强调厚黑学在待人处世上的作用，不但忽略良好品德的重要性，而且有意将其聪明才智从一开始就有计划、有目的地用于坑蒙拐骗。因此，"缺德者无敌"观念与"智者无敌"观念的相通之处是：都不看重良好品德在待人处世过程中的重要性。"缺德者无敌"观念与"智者无敌"观念的相异之处是：持"缺德者无敌"观念的人一般笃信厚黑学，将其聪明才智从一开始就有计划、有目的地用于坑蒙拐骗；而持"智者无敌"的人一般只片面强调聪明才智的重要性，并没有将其聪明才智从一开始就有计划、有目的地用于坑蒙拐骗的主观动机，只是由于其不注重修德，最终有可能将其聪明才智用错了地方，然后才悔之晚矣。（4）"只要拥有强大家庭背景就可无敌"。此观念错在不注重自身修养（包括良好品德与聪明才智方面的素养），只片面依赖家庭的支持。其中，至少从表面上看，前两个错误观念有一定的合理之处，因而有很多人公开主张它们；后两个错误观念虽然得到一些人心底的认可，但是因其"上不得台面"或"见不得阳光"，往往成为一些中国人信奉的潜规则：虽很少公开宣扬，却往往将它们作为自己的处世法则。

一、"仁者无敌"

《尸子·劝学》曾说："夫德义也者，视之弗见，听之弗闻，天地以正，万物以遍，无爵而贵，不禄而尊也。"[①]在看到德义重要性的同时，实又有明显过于扩大德义功效的弊病。按理说，崇尚中庸思维、辩证思维的中国学人对于此类言论应及时予以纠正，以正视听。令人遗憾的是，中国人（尤其是深受儒学影响的中国人）对于德义偏爱太深，一谈及德义，常见观点之一便是无限扩大其功效，它的重要表现之一便是相信"仁者无敌"。

（一）"仁者无敌"的出处及含义

"仁者无敌"一语出自孟子。据《孟子·梁惠王上》记载：

梁惠王曰："晋国，天下莫强焉，叟之所知也。及寡人之身，东败于齐，长子死焉；西丧地于秦七百里；南辱于楚。寡人耻之，愿比死者壹洒之，如之何则可？"

孟子对曰："地方百里而可以王。王如施仁政于民，省刑罚，薄税敛，深耕易耨；壮者以暇日修其孝悌忠信，入以事其父兄，出以事其长上，可使制梃以挞秦、楚之坚甲利兵矣。彼夺其民时，使不得耕耨以养其父母。父母冻饿，兄弟妻子离散。彼陷溺其民，王往而征之，夫谁与王敌？故曰：'仁者无敌。'王请勿疑！"[②]

可见，在孟子看来，假若一个拥有百里国土的甲国国王对内行仁政，就能让本国

---

① ［战国］尸佼.尸子译注［M］.［清］汪继培辑.朱海雷撰.上海：上海古籍出版社，2006：2.

② 杨伯峻.孟子译注［M］.北京：中华书局，2005：10.

民众衷心拥护自己,自然就能产生强大的合力(即国力)。所以,孟子在《公孙丑下》里说:"天时不如地利,地利不如人和。"①此时,若乙国的国王对内行暴政,弄得国内民不聊生,那么,当甲国去征讨乙国时,就等于"替天行道",自然能轻易打败乙国。因此,孟子在《公孙丑下》里又说:"得道者多助,失道者寡助。寡助之至,亲戚畔之;多助之至,天下顺之。以天下之所顺,攻亲戚之所畔;故君子有不战,战必胜矣。"②也正是在此意义上,才可说"仁者无敌"。由此可见,依孟子的原意,"仁者无敌"的本意是:一个有高尚品德且行仁政的国王在征讨一个极端缺德且行暴政的国王时,就可无敌于天下。③ 这意味着,"仁者无敌"得以实现的前提是:甲国国王品德高尚且行仁政,乙国国王极端缺德且施暴政。如果甲乙两国国王都品德高尚且都行仁政,那么,甲乙两国相争,胜负就难料了。假若甲国国王只行仁政,乙国国王不但行仁政,还善于用智,那么,甲乙两国相争,乙国胜甲国的概率就可能大大提高。这表明,从逻辑上看,孟子得出"仁者无敌"结论的推理是不严谨的,因为它并不具有普遍意义,而仅仅在一种特例中才成立。事实上,通读《孟子》就可发现,与孔子类似,孟子有一些言论的确是未经严密逻辑推理得出的,这也符合中国古人喜用整体思维和模糊思维而不善用分析思维和精确思维的习惯。④ 不过,糟糕的是,后人在引用孟子"仁者无敌"一语时,不顾及孟子立论的那点微弱基础,而是"大胆往前推一步",公开声称:一个人只要拥有高尚品德,哪怕才华(包括做人方面的才华与做事方面的才华)不多,也可无敌于天下。这就将"仁者无敌"推到谬论的边缘,甚至成为谬论。同时,为了让"仁者无敌"一语能够说得通,以维护有"亚圣"称号的孟子的"脸面",于是,后世便有一些"好心人"尝试对"仁者无敌"作出更加圆通的解释。例如,觉真法师认为,"仁者无敌"中的"敌"指"敌对","无敌"意指"没有敌对",也就是"不对立、不作对"。仁者爱人、体谅人、关怀人,仁者"民吾同胞,物吾与也。"物我无对,人我一体,自然和谐,当然也就不会与任何人作敌、作对,故曰"仁者无敌"。若将"仁者无敌"作"仁者没有敌人;或者,仁者无人能胜,无敌于天下"解,那是望文生义。⑤应该说,若单从"仁者无敌"这四个字看,觉真法师的上述解释见解独到,可成一说。不过,若结合《孟子·梁惠王上》的上下文看,觉真法师对"仁者无敌"的上述解释只能算是觉真法师自己的独到见解,却不能算作是孟子的本意,因为孟子所

①② 杨伯峻.孟子译注[M].北京:中华书局,2005:86.
③　同上:11.
④　汪凤炎,郑红.中国文化心理学(增订本)[M].广州:暨南大学出版社,2013:558-570,599-600.
⑤　觉真法师.错解误读偶谈[J].新财富,2012,(11):120.

说"仁者无敌"显然主要不是指觉真法师所说的那层含义，甚至根本就没有觉真法师所说的那层含义。

与"仁者无敌"相类似的一个说法是"以德行仁者王"，其含义是：只要依靠道德来实行仁义的，可以使天下归服。它也出自孟子。据《孟子·公孙丑上》记载：

> 孟子曰："以力假仁者霸，霸必有大国；以德行仁者王，王不待大——汤以七十里，文王以百里。以力服人者，非心服也，力不赡也；以德服人者，中心悦而诚服也，如七十子之服孔子也。《诗》云：'自西自东，自南自北，无思不服。'此之谓也。"[1]

如上文所论，既然"仁者无敌"仅在特例中才说得通，那么作为其"孪生兄弟"的"以德行仁者王"便也只能在特例中才说得通。可惜，此浅显道理并不是人人能懂。事实上，随着汉武帝采纳并实施董仲舒的"罢黜百家，独尊儒术"的主张，儒家自汉武帝起直至清朝灭亡为止的 2000 余年时间里，一直处于经学的地位。结果，多数中国人对"德"的偏爱达到偏执狂的地位，完全违背儒家提倡的中庸思维和辩证思维的精神。于是，儒家的"仁者无敌"、"以德行仁者王"和"以德服人"观念自先秦产生后，对后世中国人的心理与行为方式产生持久而深远的影响。

（二）信奉"仁者无敌"的具体表现

在中国，自古至今都有一些人信奉"仁者无敌"的理念，在这种理念的深刻影响下，中国人的日常生活里就经常出现两种表征"仁者无敌"理念的观念与相应行为方式。

1."重德轻智"

受儒家"仁者无敌"、"以德行仁者王"和"以德服人"等观念的深刻影响，中国传统教育片面强调培育个体品德的重要性，有着明显的"重德轻智"倾向。"重德轻智"中的"德"指道德品质；"智"，也叫"才"，指聪明才智。其中，聪明才智包括两种子类型：一种是对人伦关系的正确认识和解决能力，即人事之智。[2] 这是自老子与孔子以来的中国人都特别重视的一种智。它相当于加德纳所说的人际智力和内省智力、美国心理学家迈耶（John D. Mayer）和萨洛维（Peter Salovey，1958— ）等人所讲的情绪智力以及桑代克（Edward Lee Thorndike，1874—1949）所说的社会智力（social intelligence）。另一种是对外在自然和客观世界规

① 杨伯峻.孟子译注[M].北京：中华书局，2005：74.
② 朱海林.先秦儒家与古希腊智德观的四大差异[J].广西大学学报（哲学社会科学版），2006，28(6)：52.

律的正确认识和解决能力,即在自然科学领域显露出来的聪明才智,称自然之智或科技之智(人事之智与自然之智的联系和区别详见第六章)。虽然自然之智是古希腊以来西方人普遍重视的一种智,[①]却是中国人一向不重视的智,近代国人是在受到西学的深刻影响后才逐渐重视自然之智的。

与此相一致,"重德轻智"也可以分为两种子类型,若加入时间因素和数量因素,那么它们的排列组合便无穷无尽。一种是"重德轻人事之智",它指在任何时候都优先注重良好道德品质的价值,为此可以牺牲自己做人方面的聪明才智。进一步言之,"重德轻人事之智"要求人们在做人时必须坚持三个根本原则:第一,理想状态是做一个"必仁且智"的智慧者,最高理想是做一个德与才都高度发展的大智慧者(即圣人);第二,如果不能做到"必仁且智",退而求其次,只要做一个仁者或有高尚道德品质的人即可,为此即便牺牲自己做人方面的聪明才智也在所不惜(像封建社会中一些臣子对帝王的愚忠,日常生活里一些人明知上当受骗仍要对骗子展现自己的爱心,便是两个典型事例);第三,任何时候都必须牢记前面两点。另一种是"重德轻自然之智",它指在任何时候都优先注重良好道德品质的价值,为此可以牺牲自己在自然科学领域展现出来的聪明才智。进一步言之,"重德轻自然之智"要求人们在做人时必须坚持三个根本原则:第一,理想状态是做一个"必仁且智"的智慧者,最高理想是做一个德与才都高度发展的大智慧者(即圣人);第二,如果不能做到"必仁且智",退而求其次,只要做一个仁者或有高尚道德品质的人即可,为此即便牺牲自己在自然科学领域展露出来的杰出聪明才智也在所不惜;第三,任何时候都必须牢记前面两点。

在中国历史上,自儒学取得经学地位后,多数时候人们对德过于偏好,对自然科学采取排斥态度,导致一些人养成"重德轻自然之智"的心态,这不但导致富含科学精神的墨学在自汉代至清朝中叶这段漫长的时期几近绝迹,也导致像荀子和王充这类富含科学精神的学者处于边缘地位。同时,由于人们又未弄清修德知识与人事之智的区别和联系,导致一些人以前者代替后者,这又出现了"重德轻人事之智"的心态。事实上,修德的知识(也可叫道德智力)与人事之智(也可叫情绪智力或社会智力)既有区别也有联系:修德的知识在本质上是利他的,而人事之智却是中性的;修德的知识有助于人事之智的养成,人事之智若用在为绝大多数人谋福祉上,则可促进道德智力的增长。

由于在德与智问题上存在上述两个偏差,结果,在中国传统文化里,智的重

---

① 朱海林. 先秦儒家与古希腊智德观的四大差异[J]. 广西大学学报(哲学社会科学版),2006,28(6):52.

要性远不如仁。例如，在《论语》中没有"智"字，据杨伯峻的统计，在《论语》中提及 116 次的"知"中，有 25 次的"知"可与"智"通，意为"聪明"、"智慧"；①这明显少于"仁"出现的次数（共 59 次）。② 又如第一章所论，在二十五史中，"仁"共出现 5 859 次，而"智"仅出现 2 604 次，前者是后者的 2 倍以上。③ 同时，综观中国自孔子开始直到清朝灭亡为止的中国传统教育，尤其是深受儒家文化影响的传统学校教育（包括官学、私学）与传统家庭教育，它的一个显著特色是极其强调"重德轻智"的教育理念，片面强调培育个体道德品质或道德智力的重要性，推崇"正德崇善"④之类的价值观与做人方式，进而极端重视修德知识⑤或经验的传授，轻视、忽视甚至大力压抑个体学习人事之智与自然之智，导致许多个体很难习得丰富的情绪智力或社会智力以及自然科学方面的知识，这可说是自孔子以来的中国传统教育的一大顽疾。

具体地说，中国文化向有重视修德的传统，认为"人才"是"先成人，后成才"，始终将修德看作是第一位的，将情绪智力和科技知识的培养看作是第二位的。此种"重德轻智"的"品德优先"思想在中国传统文化里很早就有。例如，据《论语·学而》记载：

子曰："弟子，入则孝，出则悌，谨而信，泛爱众，而亲仁。行有余力，则以学文。"

子夏曰："贤贤易色；事父母，能竭其力；事君，能致其身；与朋友交，言而有信。虽曰未学，吾必谓之学矣。"⑥

而且，"重德轻智"的"品德优先"思想在整个中国传统文化里一直处于主流地位，导致中国传统文化过于重视道德，单纯强调做好人（善人）的重要性，致使一些好人或者因缺乏足够的情绪智力，不但不易做成好人，还易为坏人所骗或为坏人所害（如岳飞被杀），或者因缺乏足够的科技知识而无法运用科技知识来为自己和百姓创造福祉，结果一生清贫甚至贫困潦倒，只好苦中作乐，如颜回一样生活："一箪食，一瓢饮，在陋巷，人不堪其忧，回也不改其乐。"（《论语·雍也》）同时，导

---

① 杨伯峻. 论语译注[M]. 北京：中华书局，1980：256.
② 潘小慧. 《论语》中的"智德"思想[J]. 哲学与文化月刊，2002，29(7)：585-595.
③ 杨世英. 智慧的意涵与历程[J]. 本土心理学研究，2008，(29)：199-200.
④ 从培育智慧的角度看，宜将"正德崇善"改成"正德崇才"或"正德崇智"才完美。
⑤ 本书所讲的"知识"采取认知心理学的观点，指主体通过与其环境相互作用获得的信息及其组织。这样，贮存于个体脑海中的知识就是个体的知识；用一定方式记录下来且贮存于个体外的知识就是人类的知识（邵瑞珍. 教育心理学（修订本）[M]. 上海：上海教育出版社，1997：58.）。这样，本书所讲的"知识"包括陈述性知识（相当于通常意义上的知识）与程序性知识（相当于通常意义上的技能）两大部分。
⑥ 杨伯峻. 论语译注[M]. 北京：中华书局，1980：4-5.

致中国传统文化所讲的智慧往往偏重德慧上,轻视、忽视甚至有意压抑个体物慧与其他子类型人慧的发展(关于"人慧"、"德慧"与"物慧"的内涵详见第四章第一节)。"德慧"一词最早出自《孟子·尽心上》:"孟子曰:'人之有德慧术知者,恒存乎疢疾。'"由于古文没有标点,对于"德慧术知"四字,因断句不同,对其解释也不同,学术界主要有两种代表性的观点:一是赵岐的观点。赵岐对它的注是"德行、知慧、道术、才智"。根据此注可知,赵岐显然将之断句为"人之有德、慧、术、知者"。杨伯峻认可赵岐的这一解释,将这句话译作:"孟子说:'人之所以有道德、智慧、本领、知识,经常是由于他有灾患。'"①另一种是朱熹的观点。朱熹在《孟子集注》卷十三里说:"德慧者,德之慧。术知者,术之知。"依朱熹的解释,孟子所讲的"德慧"是指道德智慧之义。在这里,朱熹显然是将之断句为"人之有德慧、术知者"。我们认可朱熹的观点,认为孟子所讲的"德慧"就是指道德智慧之义。当然,孟子的这种观点是继承了先人的思想。因为《尚书·虞夏书·皋陶谟》中早就有"知人则哲"的言论。《老子·三十三章》也说:"知人者智,自知者明。"②据《论语·颜渊》记载:"樊迟问仁,子曰:'爱人'。问知,子曰:'知人'。"此处前一个"知"通"智"。孔子明确将"仁"定义为"爱人",而将"智"定义为"知人",认为一个人只有具备"善于准确鉴别人"③这种"智",才会产生利他人的行,即行"仁"。这不但意味着"仁"与"智"在内涵上有相通之处,而且明显流露仁智合一的思想。那么,如何才能知人呢?据《论语·尧曰》记载:"孔子曰:'不知言,无以知人也。'"④这是说,要懂得分析别人的言语,从中分辨其是非善恶。同时,从老子和孔子都将"知"或"智"的作用限定在认识人与人之间的伦理道德关系,也表明中国传统文化的两个重要流派——儒家与道家——所讲的智慧实际上主要是一种德慧。既然如此,孔子自然力倡一个人做人时要优先考虑与仁相处。据《论语·颜渊》记载:孔子说:"里仁为美。择不处仁,焉得知?"此处"知"也通"智"。在孔子看来,与仁共处是好的。如果由自己选择,却不与仁共处,怎么能说这个人是聪明的呢?⑤ 稍后的孟子在《公孙丑上》篇中虽主张"仁且智",但在《离娄上》篇里又认为"智之实"在于明白侍奉父母和顺从兄长的道理并能坚持下去,这表明孟子与孔子类似,虽表面上赞成德智合一,但实际上有"重德轻智"的"品德优先"的思想。于是,孟子将"仁"视作"天之尊爵"。《孟子·公孙丑上》说:

---

① 杨伯峻. 孟子译注[M]. 北京:中华书局,2005:308.
② 陈鼓应. 老子注译及评介(修订增补本)[M]. 北京:中华书局,2009:192.
③ 杨伯峻. 论语译注[M]. 北京:中华书局,1980:131.
④ 同上:211.
⑤ 杨伯峻. 孟子译注[M]. 北京:中华书局,2005:82.

　　孔子曰："里仁为美。择不处仁，焉得智？"夫仁，天之尊爵也，人之安宅也。莫之御而不仁，是不智也。不仁、不智，无礼、无义，人役也。①

　　在先秦，不独儒家的孔子与孟子主张"重德轻智"的"品德优先"或"德慧优先"的思想，道家也有类似见解。老子的此思想在上文已有论述，再来看先秦道家另一代表人物庄子。《庄子·外物》说："目彻为明，耳彻为聪，鼻彻为颤，口彻为甘，心彻为知，知彻为德。"认为心灵通彻是智，智慧通彻是德，这实有"重德轻智"的"德慧优先"的思想。《管子·君臣上》说："是故有道之君，正其德以莅民，而不言智能聪明。"此处"智能"有"智慧才能；智力"②之义，这说明《管子》也有"重德轻智"的思想。

　　秦汉及其以后，"重德轻智"的"品德优先"或"德慧优先"思想得到多数学人的普遍继承。如，《淮南子·诠言训》说："故仁义智勇，圣人之所备有也。"陆贾在《新语·道基》中说："仁者道之纪，义者圣之学。学之者明，失之者昏，背之者亡。"将"义"视为"作圣"之学，认为"学之者明，失之者昏"，这之中明显含有仁智合一，以仁代智的思想。《二程遗书》卷二十五说："君子不欲才过德，不欲名过实，不欲文过质。才过德者不祥，名过实者有殃，文过质者莫之与长。"朱熹认为，只有品德高尚而又才华横溢的人才配称"君子"的名号。《朱子语类》卷三十五说："问：'君子才德出众之名'。曰：'有德而有才，方见于用。如有德而无才，则不能为用，亦何足为君子。'"等等。在这诸多言论中，又以董仲舒和司马光二人的观点影响最大。董仲舒在《春秋繁露·必仁且智》中说："何谓之智？先言而后当。凡人欲舍行为，皆以其智先规而后为之。""智"之实本不是指那种求取客观真理的"智"，而是指知道怎样采取合乎规矩的行动方式的"智"，这本身就是一种修德的方法。这就将仁与智在内涵上有相通之处的思想发挥到极致，此观点对后人尤其是宋明理学家产生了深远影响。既然智与仁在内涵上有相通之处，董仲舒才在《必仁且智》一文中强调智与仁要相结合，认为一个人修德，"莫近于仁，莫急于智。不仁而有勇力材能，则狂而操利兵也；不智而辩慧猾给，则迷而乘良马也。故不仁不智而有材能，将以其材能以辅其邪狂之心，而赞其僻违之行，适足以大其非而甚其恶耳。……仁而不智，则爱而不别也；智而不仁，则知而不为也。"司马光在《资治通鉴》卷一《周纪一》中有一段"名言"：

　　智伯之亡也，才胜德也。夫才与德异，而世俗莫之能辨，通谓之贤，此其所以

① 杨伯峻.孟子译注[M].北京：中华书局，2005：81.
② 夏征农，陈至立.辞海（第六版缩印本）[M].上海：上海辞书出版社，2010：2460.

失人也。夫聪明强毅之谓才，正直中和之谓德。才者，德之资也；德者，才之帅也。……是故才德全尽谓之"圣人"，才德兼亡谓之"愚人"；德胜才谓之"君子"，才胜德谓之"小人"。凡取人之术，苟不得圣人、君子而与之，与其得小人，不若得愚人。何则？君子挟才以为善，小人挟才以为恶。挟才以为善者，善无不至矣；挟才以为恶者，恶亦无不至矣。愚者虽欲为不善，智不能周，力不能胜，譬如乳狗搏人，人得而制之。小人智足以遂其奸，勇足以决其暴，是虎而翼者也，其为害岂不多哉！夫德者人所严（敬也），而才者人所爱，爱者易亲，严者易疏，是以察者多蔽于才而遗于德。自古昔以来，国之乱臣、家之败子，才有余而德不足，以至于颠覆者多矣；岂特智伯哉！故为国为家者苟能审于才德之分而知所先后，又何失人之足患哉！

在德与才的关系上，司马光不但极其推崇德与才相统一的思想，而且力主要以德来统帅才，并将先秦以来"重德轻智"的"品德优先"思想发挥得淋漓尽致。但需指出，从"才德全尽谓之'圣人'"之语看，在先哲眼中，真正做到"才德全尽"的人是非常少的，因为"圣人"毕竟是极少数的。既然"才德全尽"的人在现实生活中是少之又少，那么，退而求其次，在选拔人才或考核一个人的"业绩"时，转而优先考虑"德"，主张："凡取人之术，苟不得圣人、君子而与之，与其得小人，不若得愚人。"这种思想发展至极处，就能产生德与才完全对立的观点，导致"知识越多越反动"或"宁要社会主义的草，不要资本主义的苗"等极"左"思想的滋生，这也是今人在研究中国传统教育思想时不能不引以为戒的。

同时，"重德轻智"的"品德优先"思想体现在人才选拔与考核制度上，便是自汉代开始直至隋代实行"重德不重才"的"察举"制度，选拔人才时将品德放在第一位，结果便出现三种不良现象：（1）喜欢任用一些"有德无才"或"德多才少"的好人为官。这种人虽然在个人品德修养上没有问题，不贪污、不行贿受贿、不阿谀奉承上司，却因少才华而办不成实事。更糟糕的是，有些好人因过于注重个人道德修养，只知空谈，自己不做事；又缺乏足够的情绪智力，不易与他人形成妥协，不善于与各种人处理好人际关系，结果还常常干扰别人做事，这便是人们常说的"清流误国"。（2）对他人求全责备。因过于注重人品，在选拔人才和考核人才时求全责备，容不得他人身上的半点瑕疵，结果常常难以发现人才，毕竟"金无足赤，人无完人"。典型者像三国时期的诸葛亮，因过于求全责备，致使蜀国人才匮乏，才有"蜀中无大将，廖化作先锋"的说法，这是三国时期导致蜀国最先灭亡的内因之一。（3）助长弄虚作假的歪风。相对于才能而言，人品更易作假，对人品的评价也更易流于主观，于是，在选拔人才、任用和考核人才时，若过于执迷于"重德轻智"，就易让一些人出于功利心而弄虚作假，为了得到当官和升官的机会而大搞政治秀、道德秀，"举孝廉，父别居"讽刺的就是这种现象。上述三种不良现象在曹操实行"唯才是举"的政策后，在曹操阵营和稍后的魏国有所收敛，但直到隋唐实行"科举取士"制度后才有一定程度改变。

2. 视科技知识为"雕虫小技"而极端轻视

视科技知识为"雕虫小技"而极端轻视，这一传统至少可追溯至孔子。孔子力倡学习的首要任务是学做有道德的人，相应地，学习的主要内容就是他倡导的道德知识。据《论语·学而》记载：

子曰："弟子，入则孝，出则悌，谨而信，泛爱众，而亲仁。行有余力，则以学文。"

子夏曰："贤贤易色；事父母，能竭其力；事君，能致其身；与朋友交，言而有信。虽曰未学，吾必谓之学矣。"①

根据上述两段引文可知，在孔子及其弟子心中，"学习"与"道德学习"实际上是一对可以换用的概念。换言之，孔儒倡导的教育实则是道德教育，其内容主要是儒家认可的伦理道德规范，基本上不包括科技教育；孔儒倡导的学习实主要是道德学习，其内基本上不涉及学习科技知识。既然孔子认为"学习"实只是"道德学习"，他自然就轻视科技教育与学习科技知识。结果，孔子本人不但不去努力学习诸如农业生产方面的科技知识，而且也坚决反对自己的弟子学习科技知识。据《论语·子路》记载：

樊迟请学稼。子曰："吾不如老农。"请学为圃。曰："吾不如老圃。"

樊迟出。子曰："小人哉，樊须也！上好礼，则民莫敢不敬；上好义，则民莫敢不服；上好信，则民莫敢不用情。夫如是，则四方之民襁负其子而至矣，焉用稼？"②

对于樊迟想向孔子学习种庄稼的知识与技术以及种蔬菜的知识与技术，孔子不但坚决反对，还恶语相加，骂樊迟是一个"小人"。原因很简单，在孔子心中，为学的正务在学习儒家倡导的道德学问（即后来的经学），读书人只要认真修习道德学问，一旦做官后只要自己讲究礼节、行为正当、诚恳信实，四方的百姓都会背着儿女来投奔自己，何需自己亲手种庄稼呢？③ 所以，假若有人不将主要精力放在学习道德学问上，而先去学习种庄稼和种菜之类的小技，自然要受到批评的。

---

① 杨伯峻. 论语译注[M]. 北京：中华书局，1980：5.
② 同上：135.
③ 同上：135.

　　受孔子思想的深刻影响,再加上汉武帝采纳董仲舒提出的"罢黜百家,独尊儒术"的建议后,儒学由先秦的诸子百家之一一跃而成为经学,而且成为中国封建社会文化的正统。汉武帝在经学的指导下取得丰硕成果,将西汉国力发展到颇高水平,向世人展现出大汉的雄风。其后,于隋文帝开皇七年(587 年)开始的重视经学的科举制度①的逐渐盛行和唐代取得的巨大文明成就等事件都一再强化儒学作为经学的地位。在此背景下,自汉武帝所处的时代起至 1905 年废除科举制度止的漫长岁月里,中国多数古人有一个明显的学科偏见:独重经学——训解或阐述儒家经典之学。② 相应地,科技教育在西汉至清代灭亡为止的漫长的中国古代和近代社会里一直受到正统官学的排斥,几乎从未"登堂入室",而只能主要通过"父传子"或"师傅授徒"的方式艰难地传承下来。至于后来中国传统教育里有时也渗入某些科技教育,实主要是一些开明的儒者受到中医、工匠、道学(尤其是炼丹家在炼丹过程中逐渐建立起来的科技知识)、西学等影响的结果。其典型表现之一便是:在清末,当一些较开明的大臣主张通过洋务运动实现强国富民的目的时,以倭仁为代表的保守势力仍主张国家富强的根本在人心而不在技艺,认为如果人人都修养道德品质,国家自会富强。虽然人心所向和人心的康健与否的确是关乎国家强盛与否的重要因素之一,不过,若片面强调人心的重要性,而完全否认技艺的价值,就无法解释外国侵略者为什么能够利用其坚船利炮轻易打败清朝军队的事实。正是看到在中日甲午海战中小小的日本居然能够大败清政府的北洋海军等血淋淋的事实,清政府才不得不于光绪三十一年(1905年)行新学,并废除延续 1 300 多年的科举制度,此事件才标志独重经学的偏见的结束。③ 到五四运动,摧毁封建文化,经学始告结束。④

(三) 片面强调"仁者无敌"带来的消极后果

　　良好品德可以从四个方面促进个体聪明才智的发展,而且,一旦一个人拥有高尚的品德,就易获得他人(这之中极可能包括一些高人)的支持,自然可以弥补自己在某方面或某几方面欠缺的才华。正如《孟子·公孙丑下》所说:"得道者多助,失道者寡助。寡助之至,亲戚畔之;多助之至,天下顺之。"⑤刘邦就属一个典型个案。据《史记》卷八《高祖本纪第八》记载:

　　高祖置酒雒阳南宫。高祖曰:"列侯诸将无敢隐朕,皆言其情。吾所以有天

① 夏征农,陈至立.辞海(第六版缩印本)[M].上海:上海辞书出版社,2010:1024.
② 同上:953.
③ 同上:1024.
④ 同上:953.
⑤ 杨伯峻.孟子译注[M].北京:中华书局,2005:86.

下者何？项氏之所以失天下者何？"高起、王陵对曰："陛下慢而侮人，项羽仁而爱人。然陛下使人攻城略地，所降下者因以予之，与天下同利也。项羽妒贤嫉能，有功者害之，贤者疑之，战胜而不予人功，得地而不予人利，此所以失天下也。"高祖曰："公知其一，未知其二。夫运筹策帷帐之中，决胜于千里之外，吾不如子房。镇国家，抚百姓，给馈饷，不绝粮道，吾不如萧何。连百万之军，战必胜，攻必取，吾不如韩信。此三者，皆人杰也，吾能用之，此吾所以取天下也。项羽有一范增而不能用，此其所以为我擒也。"①

可见，在一定意义上说，良好道德品质可以弥补聪明才智的缺陷。但是，机械地割裂德与才的辩证关系，片面强调"仁者无敌"，也会带来一些明显的消极后果，其中除了造就大批"缺乏才智的善人"之外（详见本章下文），至少还有以下两方面的消极后果。

1. 形成双重人格

由于中国自孔孟之后的传统文化非常推崇"仁者无敌"之类的格言，导致许多中国人至少在表面上不得不赞赏它；而许多中国人在经历现实生活里无数的沟沟坎坎之后，心中早已明白"仁者无敌"之类的格言是行不通的。这两方面因素交互作用的结果，导致一些中国人形成两面人格或双重人格：表面堂而皇之地鼓吹"仁者无敌"的做人理念，并且自己装模作样地去做，要求别人真心诚意地去做；暗地里自己却舍弃"仁者无敌"的做人理念，并且绞尽脑汁玩弄权术来为自己谋取利益。此不良传统影响至今。结果，正如复旦大学葛剑雄教授所说："在西方国家，只有政客需要有双重人格，心里想的是一回事，嘴上必须说政治正确的话。但是在中国，连小学生也得具备双重人格。如果作文写了'我不喜欢世博会，挤死了'，这篇作文很可能会不及格。"②

2. 致使中国传统文化里缺少"科学"因子

大多数中国古人普遍轻视科技知识学习，致使中国传统文化里缺少"科学"因子，由此至少产生以下三个方面的消极后果。

一是导致在中国传统文化里最终未土生土长出"科学"。中国古代科技取得一定的成就，其代表性成果就是"四大发明"。

中国是世界上最早发现和利用磁铁指极性的国家。为了便于确定方向，至迟在战国时期，中国人已利用磁铁的指向特性发明指向仪器"司南"。《韩非子·

---

① ［汉］司马迁.史记［M］.［宋］裴骃集解.［唐］司马贞索隐.［唐］张守节正义.北京：中华书局，2005：268.
② 摇曳生香等摘.言论［J］.读者，2011，(6)：15.

有度》说:"故先王立司南,以端南北"一语就是明证。当然,从发明司南到发明磁性指南针,其间经历漫长的演进过程,不过,磁性指南针的发明时间可上溯到 10 世纪的唐末或五代。①

为了方便书写,公元 2 世纪初年蔡伦就发明了纸,元兴元年(105 年)蔡伦制成第一批纸张献给汉和帝,倍受赞赏,被封为龙亭侯。这标志着纸张开始取代竹帛成为书写载体的关键转折。② 这种纸与埃及人的"纸草纸"有本质区别:前者完全是一种人造的物品;后者则是一种天然物品,因为它是用当时盛产于尼罗河三角洲的纸莎草的茎直接制成的。造纸术后也传入欧洲,欧洲人至公元 8 世纪才有了纸张。

850 年一位不知名的炼丹家在用硝酸甲、硫磺和碳配伍以炼丹时偶然配出火药。至唐代名医孙思邈已明确记载火药的配方。至宋代于 1044 年出版的、由曾公亮(999—1078)主编的《武经总要》一书里已有将火药用于军事上的明确记载,书中还明确记载三种火药方:毒药烟球火药方、火炮火药方、蒺藜火球火药方。③ 火药后传入欧洲,因为欧洲存在许多小国,并且小国之间竞争极其激烈,于是刺激了欧洲人对火药武器的发明创造,结果,火药武器在欧洲的升级换代速度大大超过古代中国。

为了更好地弘扬佛经,据宋代科学家沈括撰于 1088—1095 年间的《梦溪笔谈》记载,毕昇在北宋庆历年间(1041—1048)发明了活字印刷术。④ 活字印刷术后传入欧洲,由于欧洲许多国家的文字都是由为数不多的字母拼成的,像英文就是由 26 个字母拼成的,这样,活字印刷术传入欧洲后极大地促进了欧洲文明的传播。

另外,在中国古代社会,身为"天子"的皇帝为了让自己的一言一行体现"天人合一"与"替天行道"的思想,对计时的精确度提出极高要求,这直接促进中国古代天文学及相关学科的发展,于是,早在 1088—1090 年间,苏颂与其同事就在开封制造出"水运仪象台",这是世界上最早的天文钟。⑤ 同时,此前的研究普遍认为,人工培育的水稻有中国和印度两个起源国。不过,由美国纽约大学、圣路易斯华盛顿大学、斯坦福大学和普渡大学学者组成的基因研究小组用分子钟技

① 杜石然. 中国科学技术史·通史卷[M]. 北京:科学出版社,2003:508-510.
② 同上:273.
③ 同上:542-543.
④ 同上:532-534.
⑤ [英]李约瑟. 中国科学技术史(第四卷),天学(第二分册)[M]. 中国科学技术史翻译小组译. 北京:科学出版社,1975:449-450.

术来识别水稻的演化过程,得出水稻约起源于 8 200 年前的结论。这一结论印证此前考古学家的研究,在过去的 10 年中,考古学家称长江流域的人们大约 9 000—8 000 年前开始培育水稻,并且至少在距今 5 300—4 200 年间的长江下游地区的良渚文化时期,稻作农业应该已经取代采集狩猎成为长江下游地区的经济主体。① 而印度人则是从 4 000 年前开始的。对此,纽约大学生物学家迈克尔·普罗多纳说:"水稻也许会被中国商人带去印度,与当地的野生水稻杂交,此前被认为起源于印度的水稻,实际上是中国人传播过去的。"最后该研究小组得出结论:人工培育的水稻起源于中国,水稻最早约 9 000 年以前在中国长江流域出现。这一研究成果发表在《美国科学院院报》上。②

据英国科学技术史家李约瑟(Joseph Needham,1900—1995)的研究,中国有一些发明或发现早于西方,现择要摘录于表 2-1。

表 2-1 中国早于西方的几项发明或发现③

名　　称	西方落后于中国的大致时间(以世纪计算)
火药 用于战争的火药	5—6 4
罗盘(磁匙) 罗盘针 航海用罗盘针	11 4 2
纸	10
雕版印刷 活字印刷 金属活字印刷	6 4 1
瓷器	11—13
船尾的方向舵	约 4

而且据李约瑟的研究,中国古代的科学技术至 15 世纪时仍处于世界先进水平。④ 可惜的是,近代科学却最终没有在中国发生。于是,早在 1944 年 2 月,李约瑟在重庆召开的中国农学会议上所作的"中国与西方科学和农业"报告中就指出,中国有许多技术发现,但这还不是近代科学,而是经验科学,这中间有很大的区别。为什么近代科学在西方兴起……如果我们从四个方面——地理、气候、社

① 赵志军.中国稻作农业源于一万年前[N].中国社会科学报,2011-05-10(5).
② 焦霖编译.人工培育水稻源于中国[N].中国社会科学报,2011-05-10(2).
③ [英]李约瑟.中国科学技术史(第一卷),总论(第二分册)[M].中国科学技术史翻译小组译.北京:科学出版社,1975:549.
④ [英]李约瑟.中国科学技术史第一卷,总论(第一分册)[M].中国科学技术史翻译小组译.北京:科学出版社,上海:上海古籍出版社,2003:3.

会、经济条件来考察中国与西方世界的不同，我们就可能抓到要领。这就是"李约瑟难题"（Needham puzzle）：如果我的中国朋友们在智力上和我完全一样，那为什么像伽利略（Galileo Galilei，1564—1642）、牛顿（Isaac Newton，1642—1727）这样的伟大人物都是欧洲人，而不是中国人或印度人呢？为什么近代科学和科学革命只产生在欧洲呢？……为什么直到中世纪中国还比欧洲先进，后来却会让欧洲人占了先机呢？怎么会产生这样的转变呢？对于这个问题，这里不多讲，只略提一下，有很多学者提出种种见解，如冯友兰先生就曾撰专文探讨这个问题；①现代新儒学的主要工作之一也是探讨为什么在中国传统文化中没有产生出"科学"以及如何将近现代意义的"科学"与中国传统文化"嫁接"起来。综合多家观点，一般认为主要有八：（1）官方和民间盛行重伦理道德的道德优先的价值取向，使古代中国学术精英多将毕生精力放在钻研伦理道德学问上，阻碍了他们探讨自然科学的兴趣与眼光，结果，中国传统文化里最富科学精神的墨学自秦汉以后中绝，直至清代乾嘉时期起才逐渐复兴，导致中国古代科技文明在缺乏求真（指寻找事物的客观规律，而非做人上的真与假或对与错）的科学精神、科学思维方式与效验（实验）方法的背景下缓慢前进，至"西学东渐"之前，一直停留在经验水平，未自然地孕育出近现代意义上的"科学"。②（2）重眼前的实用与伦理的实用的中式实用思维束缚了古代中国人的理论思维和对大自然的想象力，既使得中国古人不善于从一些技艺中提升一般科学规律，又导致一些学人缺乏"为知识而知识"的持久兴趣。（3）阴阳五行观念阻碍了中国古人创造性思维的发展。将《易经》蕴含的阴阳学说及相应的思维方式和《尚书·周书·洪范》蕴含的五行学说及相应的思维方式相结合后建构起来的阴阳五行学说及与之相配套的思维方式，能够圆满地解释宇宙间万物的生成与变化规律，但不可能在它之外还会有什么新的发现。阴阳五行学说及阴阳五行思维成了自然界和人类社会的最高解释原则和宇宙人生的公式，这一观念深刻地影响了中国古人的心理与行为方式。③ 正如布尔斯廷（Daniel Joseph Boorstin，1914—2004）在《创造者——富于想象力的巨人们的历史》一书中所说：中国古老的阴阳五行学说将创造描述为自然力的一个发展过程。阴阳观念反映了中国人"对无所不包的自然化育和创造

① Fung Yu-Lan（1922）. Why China has no science: An interpretation of the history and consequences of Chinese philosophy，*The International Journal of Ethics*，1922，32（3）：237 - 263.
② 王志强. 李约瑟难题·墨学中绝·科学精神——由白奚先生的文章说起[J/OL]. [2013 - 10 - 21]. http://wenku.baidu.com/view/d32dfcc52cc58bd63186bd40.
③ ［美］丹尼尔·J. 布尔斯廷. 创造者——富于想象力的巨人们的历史[M]. 汤永宽等译. 上海：上海译文出版社，1997：23.

力的信仰。""永恒的和谐及井然有序化育万物之气,使得标新立异之事鲜有所闻。无中生有的创造思想,在阴阳五行周而复始的有序与和顺的宇宙中是没有地位的。与西方世界突发性的创造和人与自然的对立不同,受道释两教改造的儒教世界在变化、生殖和娱乐之中看到了逍遥自在的人生。"①(4) 自隋代开始直到清光绪三十年(1904 年)举行最后一次科考后才寿终正寝的科举取士制度及与其配套的教育制度的相互强化,导致无数学人将毕生精力放在钻研与考试有关的"道德文章"(文举)与"十八般武艺"(武举)上,视科技发明与创造为玩物丧志或奇技淫巧,百般蔑视。一旦有读书人对超出考试范围的知识感兴趣,就会落个玩物丧志的罪名,这无疑压抑了中国学人对超出考试范围之外知识的好奇心与求知欲。于是,从唐高祖武德五年(622 年)至清光绪三十年(1904 年)最后一次科考,在这 1282 年间,虽然共录取有姓名记载的文状元 654 名、武状元 185 名,②不过,这之中没有一人是因为科技知识丰富而考取状元的。(5) 古典"四部"(经、史、子、集是中国古典图书分类的名称,统称"四部")学科分类思想既阻碍了新学科的诞生,又使得"代圣人立言"式的对儒家经典的皓首穷经成为扼杀人才的精神武器。(6) 一些中国古人固守"祖宗之法不可变"的祖训,扼杀了创新。与此相反,对各种不同观点甚至异端观点的宽容则易促进创新。③ (7) 统一的、中央集权的古代中国政府通过一些愚蠢决定阻止技术的进步。正如《枪炮、病菌和钢铁:人类社会的命运》(*Guns, germs, and steel: The fates of human societies*)一书的作者、美国人戴蒙德(Jared Mason Diamond,1937—   )所说:强有力、集中统一的政府,有时促进发明创造,有时阻碍发明创造。像 19 世纪后期的德国和日本政府对本国技术的发展便起了推动作用。④ 而中国历史上强有力且集中统一的政府,却常因某个专制君主的一个或几个错误决定,便使改革创新半途而废,这种情形在中国历史上经常发生。又因中国在地理上的四通八达,让这种不良影响最终扩散至全中国境内。⑤ 例如,明朝自郑和下西洋后便抛弃远洋船只、机械钟和水力驱动纺纱机,⑥其后的清朝又继续闭关锁国,如乾隆十二

---

① 　[美]丹尼尔·J. 布尔斯廷. 创造者——富于想象力的巨人们的历史[M]. 汤永宽等译. 上海:上海译文出版社,1997:24.
② 　中华书局编辑部. 科举第一名本叫"状头" 因太不雅改称"状元". 中国人应知道的国学常识 3[M]. 北京:中华书局,2010:11. 宋晖."状元"源自不雅"状头"[N]. 中国社会科学报,2011 - 03 - 24(20).
③ 　[美]贾雷德·戴蒙德. 枪炮、病菌和钢铁:人类社会的命运[M]. 谢延光译. 上海:上海译文出版社,2000:269.
④ 　同上:270.
⑤ 　同上:469.
⑥ 　同上:279.

年(1747 年),清廷下禁令,禁止福建的工匠建造一种"桅高篷大,利于走风"的新船,因为它速度太快,不利于水师稽查管理。船运维持了中国的大一统,但闭关锁国的政策却使中国的船运和国运走向衰败。① 与此不同,欧洲在地理上是如此的一盘散沙,彼此之间吵闹不已、打来打去。如果某个国家轻视技术发展,不去追求创新,就会被热衷创新的邻国打败或征服,结果,欧洲的地理障碍虽阻碍了政治上的统一,但欧洲的吵闹形成了多个相互竞争的小国和多个发明创造的中心。所以,在欧洲历史上还从未有过哪一个专制君主能够像中国那样切断整个欧洲的创造源泉。② (8)自大、固步自封的心态阻碍了中国技术的发展。在历史上的很长一段时间内,中华文明高度发达,傲视群雄,这助长了一些中国人养成自大、固步自封的"井底之蛙"心态,③它限制了中国学人的视野,使明清时期的中国学人一次次丧失与西方学人交流的机会。④ 这八方面的原因几乎都与"仁者无敌"思想脱不了干系。换言之,正是受到儒学的深刻影响,导致中国传统教育中的官学与私学基本上都只重视道德学习与道德教育,不重视科技教育,也不重视基础研究,自然不利于科学的孕育和成长。结果,虽然中国古代的科学技术至 15 世纪时仍处于世界先进水平,不过,自 15 世纪后则全面落后于欧洲,导致中国传统文化最终未土生土长出"科学",中国真正意义上的近现代科学是伴随"五四"运动高举"赛先生"(Science)的大旗之后才逐渐通过"引进"的方式建立和发展起来的。

顺便指出,2012 年,清华大学的宫鹏教授在《自然》(Nature)杂志发表《文化历史阻碍中国科研》(Cultural history holds back Chinese research)一文,声称孔子与庄子的文化崇尚孤立,并抑制好奇心(that values isolation and inhibits curiosity),从而阻碍了中国科研。⑤ 稍后,徐克谦教授在《自然》(Nature)杂志发表通信文章,对宫鹏的上述观点提出明确的反对意见。理由是:中国传统文化没有崇尚孤立,也没有抑制知识分子的好奇心。中国传统文化提倡客观性和高尚的道德标准,而中国科研问题的恶化正是由于对这些传统文化的尊重不够。学术不端等问题让中国政府对高教和科研的投入大打折扣。中国科学家应该按照国际标准,致力于中国科研的提升。对中国学术界来说,现在是重新树立对传

---

① 刘十九. 小细节,大历史[J]. 读者,2014,(4):42-43.
② [美]贾雷德·戴蒙德. 枪炮、病菌和钢铁:人类社会的命运[M]. 谢延光译. 上海:上海译文出版社,2000:469.
③ 同上:279.
④ 谢永刚. 续驳"李约瑟问题"终结论[N]. 中国社会科学报,2011-07-28(5).
⑤ Gong Peng. Cultural history holds back Chinese research. Nature,2012:481.

统文化的尊重，并建立一个健康、透明学术体系的时候了。① 他们两人有关中国传统文化与科研间关系的观点，既都有一定道理，也都有失偏颇。理由是：一方面，正像徐克谦所说，中国传统文化提倡客观性和高尚的道德标准，这的确有利于科研；而且，中国传统文化有一颗包容之心，的确不崇尚孤立，也并不时时处处压制人们的好奇心。另一方面，受孔子重道德学问思想的影响，此后历代孔门弟子及受儒学影响甚深的人士都将学问之道主要限制在道德领域。受德性优先的价值观和思维方式的深刻影响，绝大多数中国古人将学问之道主要限制在道德领域。它的典型阐述出自《大学》。《大学》在阐述"大学之道"时说："大学之道，在明明德，在亲民，在止于至善。""明明德"、"在亲民"和"在止于至善"均属求善，这里几乎完全没有涉及求真。《大学》在宋明时期由先前《礼记》的一篇而上升为"四书五经"之首，对两宋至清代的学人治学产生了深远的影响。② 与此相映成趣，《庄子·齐物论》所说的"六合之外，圣人存而不论"一语，的确又是中国古代学人一向信奉的信条，这就为中国传统的学问设置了"禁区"，由此导致中国人的思维以人伦为中心，注重对人事的探讨，而轻视对物的追思，使得中国人的智慧主要是一种处理人事的德慧，而不是处理物事的智慧。这与西方思维传统重科学、以自然规律为视域焦点大异其趣。③ 这在实际上阻碍了中国自然科学的诞生与发展。

二是不重视科技人才的培养。受到儒学的深刻影响，大致自汉武帝开始直到 1911 年清朝灭亡为止，无论官学还是私学，中国传统教育基本上只重视道德教育，只重视培育学生的道德品质，强调个体通过道德理性的自觉进行自我品行的修养，进而将个体的这种自我心性修养过程（即修身过程）与"齐家"、"治国"乃至"平天下"联系起来。这就是《大学》讲的"三纲领八条目"：

大学之道，在明明德，在亲民，在止于至善。……古之欲明明德于天下者，先治其国；欲治其国者，先齐其家；欲齐其家者，先修其身；欲修其身者，先正其心；欲正其心者，先诚其意；欲诚其意者，先致其知；致知在格物。物格而后知至，知至而后意诚，意诚而后心正，心正而后身修，身修而后家齐，家齐而后国治，国治而后天下平。自天子以至于庶人，一是皆以修身为本。④

这一思想不但儒家有，道家亦有。如《老子·五十四章》也说："修之于身，其

① Xu Keqian. China: A cultural shift for science. *Nature*，2012：483.
② 汪凤炎.中国传统德育心理学思想及其现代意义(修订版)[M].上海：上海教育出版社,2007：110.
③ 汪凤炎,郑红.中国文化心理学(增订本)[M].广州：暨南大学出版社,2013：591.
④ 朱熹.四书章句集注[M].北京：中华书局,1983：3-4.

德乃真;修之于家,其德乃余;修之于乡,其德乃长;修之于邦,其德乃丰;修之于天下,其德乃普。"①结果,用今天学科的眼光和人才培养的角度看,通过中国传统教育培养出来的人才往往偏重人文社会科学领域,基本不重视自然科学领域人才的培养,导致通过中国传统教育培养出来的大量人才基本上无法胜任自然科学领域(如农业、手工业等)的工作。

如上所述,既然中国传统教育培养出来的大量人才基本上无法胜任自然科学领域的工作,那为什么中国古代的科学技术至 15 世纪时都一直处于世界先进水平? 二者之间是否存在自相矛盾之处? 这个怀疑初看有一定道理,仔细推敲后就会发现二者之间并不存在矛盾之处,理由是:中国古代社会由于种种原因科技有一定的发展,与此相对应的欧洲却处在科技发展相对同时期中国而言颇缓慢的中世纪,二者之间才形成鲜明的反差,并不是由于中国传统教育在不重视科技教育的前提下,仍会有效促进科技的发展。

一方面,就中国传统社会而言,有多种方式促使科技人才不断涌现,在一定程度上促进了中国传统科技的发展。虽然中国传统的官学和私学基本上不传授弟子科技知识,但是,在某一历史时期或在一些开明教师或家长的支持下,偶尔也会向后学传授科技知识。例如,2002 年在湖南省龙山县里耶古城一口古井出土 36 000 枚《里耶秦简》,有 20 余万字,字体属古隶,内容多为官署档案,涉及当时社会政治、经济、文化的各个层面。纪年从秦王政二十五年至秦二世元年,记事详细到月、日,十几年连续不断。据《里耶秦简》里的一枚秦简记载,早在秦朝,九九乘法口诀就已很通行,说明九九乘法口诀是当时人们日常学习的一个重要内容。② 除此之外,中国古代社会还有"师傅带徒弟"的教育传统和家庭教育传统(家学),前者如木匠师傅通过带徒弟的方式,将许多古代建筑技术一代一代地往下传承;后者如中医教育,自古至今,许多名中医常常是通过家庭教育的方式培养出来的。通过"师傅带徒弟"的教育传统和家庭教育传统,为中国传统社会持续地输送了一批科技人才。同时,也有一些天资高且对科技感兴趣的人,通过遍访名家和自己刻苦钻研等方式,使自己掌握大量科技知识,终于成长为科技专家。像主持修建都江堰水利工程的李冰就是其中著名的一例。另外,自道教兴起后,为了获取"仙丹",有一批道教徒不断钻研和改善炼丹术,结果,"仙丹"虽未炼成,却促进了化学等方面技术的发展,诞生了一批科技人才,产生了一批科学

① 陈鼓应. 老子注译及评介(修订增补本)[M]. 北京: 中华书局,2009: 266.
② 据 2012 年 2 月 18 日上午 11 点 10 分中国中央电视台第 4 频道(CCTV - 4)播出的"国宝档案"整理而成。

成果与技术。正所谓"有心栽花花不开,无心插柳柳成荫"。同时,从思维方式看,这既与中国人强调实用思维有密切的关系,也同中国封建时期的唯圣哲学与欧洲封建时期的经院哲学有明显差异相关。关于前者,一点便通;关于后者,是由于中国封建时期盛行的权威思维和欧洲封建时期盛行的权威思维有明显不同的缘故。依冯友兰和张岱年等人的见解,中国传统哲学可分为先秦的、以诸子百家为表征的、充满创造活力的哲学,以及封建社会的、以唯圣为表征的、缺乏科学理性的哲学,简称先秦哲学和唯圣哲学,正如古希腊哲学宜与经院哲学相区别一样。相应地,中国传统思维方式可分为先秦哲学的思维方式和唯圣思维方式,这样,中国人的权威思维主要在唯圣哲学盛行的封建社会里流行。中国封建时期的唯圣哲学和欧洲封建时期的经院哲学有显著的差异:前者是专制王权的贤臣,后者是神学的婢女;前者是鄙视科学理性的君子,后者是扼杀科学真理的暴徒;前者注重思维的"此岸",奉圣人为偶像;后者偏重思维的"彼岸",立上帝为信抑;前者引导人们积极入世,在封建专制社会里安分守己于现实生活,后者教导人们脱离世俗苦难,去寻求来世天国的幸福;前者与中国先秦哲学理性和谐相处,中庸相容,后者跟古希腊的科学理性直接对立,互不相容。于是,在中国的封建社会文明赢得伟大进步的时候,欧洲的封建社会却处在文化倒退、黑暗的时代里。[①] 从一定意义上说,这个结果是中国文化的大幸。不过,却不能由此得出中国封建社会盛行的权威思维有利于文明进步的结论,恰恰相反,正由于中国封建社会盛行权威思维,才使中国的传统文化自秦汉之后至清代,几乎都在经学里打转,在质上没有发生根本的变化。典型者如中医,中医的大框架奠基于基本内容写成于战国后期的《内经》[②],自此之后,直至清代,中医的基本理念保持了惊人的恒定性,没有发生大的变化。假若中国先哲不是固守权威思维,而是敢于向权威提出挑战,以中国历史的漫长和历代人才辈出的事实,定能将中国传统学术推向更高更远更精致的新境界,这是今日国人在反思中国的历史时不能不引以为鉴的。

另一方面,就欧洲情形而言,自古希腊罗马文明的辉煌之后,欧洲逐渐进入漫长的中世纪,直至文艺复兴才结束。在西方学术史上,从 15 世纪开始,一些人文主义者用极端蔑视的态度看待中世纪欧洲的发展。他们推崇古代希腊罗马文化,把 5 世纪罗马文明的毁灭到 15 世纪人文主义文明兴起之间的千年视为西方

---

① 张岱年,成中英等. 中国思维偏向[M].北京:中国社会科学出版社,1991:45.
② 中国大百科全书·中国传统医学[M].北京:中国大百科全书出版社,1992:286.

文明史上的"空白"时期,是"黑暗时代"。随着 16 世纪欧洲宗教改革运动的发展,基督教内部又形成新教与天主教的对立,新教对天主教的过去亦持否定态度,因此基督教内部也在一定程度上接受了中古欧洲乃"黑暗时代"的观点。启蒙时代的学者同样继承了这一观点,从莱布尼茨到伏尔泰无不如此,后者在 1756 年的《风俗论》中就认为整个欧洲在 16 世纪前陷入一种堕落状态。随着瑞士历史学家布克哈特的《意大利文艺复兴时期的文化》于 1860 年问世,"中世纪黑暗说"一统学术界。不仅如此,这种观点还渗透到人们的日常生活之中,"中世纪"成为所有一成不变的、停滞的、保守的事物的同义词,"中世纪的"适用于描述任何过时的东西。然而,美国历史学家哈斯金斯(Charles Homer Haskins,1870—1937)1927 年出版其代表作《12 世纪文艺复兴》一书。哈斯金斯之所以借用"文艺复兴"这一术语,主要是基于两点考虑:12 世纪的欧洲出现了种种文化复兴的迹象;人们对于发生在 15、16 世纪的文艺复兴运动赋予了太多的重要性,这有悖史实。《12 世纪文艺复兴》一书共分 12 章,主要从两个方面探讨该时期的文化复兴现象:拉丁古典文化的复兴;新思想、新文化从东方的输入及其造成的文化后果。该书用大量证据告诉人们如下"真相":历史发展是连续的、渐变的。中世纪并不是曾经想象的那样黑暗和静止,文艺复兴也不是那么光明和突然。中世纪展示着生命、色彩和变化,对知识和美好的渴望与追求,以及在艺术、文学和社会组织方面的创造性成就。《12 世纪文艺复兴》的问世动摇了"中世纪黑暗说"。1927 年以来,在哈斯金斯影响下,西方史学界对"12 世纪文艺复兴"的研究长盛不衰。时至今日,西方史学界不仅放弃了"中世纪黑暗说",而且日益认识到 12 世纪对于今天社会的价值,以至于有学者认为,"12 世纪在很大程度上标志着现代世界的开端"。[①] 由此可见,西方学术史对中世纪的评价有一个"否定之否定"的过程,过去过于贬低中世纪对人类文明作出的贡献的确有违"历史发展是连续的、渐变的"规律,不过,过于抬高中世纪对人类文明作出的贡献也不好解释下列史实:在中世纪,宗教教会成为一切社会规范的制定者和执行者,基督教利用人们的信仰来聚敛钱财,控制人们的思想,科学工作者尤其是自然科学领域的学者普遍受到宗教的打压,没有真正的学术自由,若有人胆敢公然对抗教会,往往会受到严厉打击,甚至被处火刑,然后被烧死。像意大利思想家与自然科学家布鲁诺(Giordano Bruno,1548—1600)因捍卫和发展了波兰天文学家哥白尼(Nicolaus Copernicus,1473—1543)的日心说,并把它传遍欧洲,最后就被宗教

① 夏继果."中世纪黑暗说"的形成及动摇[N].中国社会科学报,2011 - 04 - 26(4).

裁判所判为"异端"烧死在罗马鲜花广场上。笛卡尔（René Descartes，1596—1650）的著作在笛卡尔死后也被列入梵蒂冈教皇颁布的禁书目录之中。等等。结果，欧洲人民长期处在蒙昧状态和对宗教的迷信中，就像生活在黑夜之中一样。从这个意义上说，"中世纪黑暗说"仍有一定的道理，尤其是当将其与同时期的中国相比更是如此，这自然严重阻碍了欧洲科技的发展。当然，"中世纪"可能没有莱布尼茨、伏尔泰和布克哈特等人说的那样"黑暗"。

三是经典中式思维方式里缺少分析思维和精确思维等科学思维习惯。从思维方式角度看，由于中国传统社会不重视科技与科技教育，导致绝大多数中国古人没有养成分析思维和精确思维等科学思维习惯，而是习惯于整体思维和模糊思维。例如，与西药相比，长期以来中医并未细致地去分析中药（更不用说是经过配伍生成的全成药）的药理成分，写出中药的化学方程式或分子结构图，然后依科学的制药方法，制成成分合理的中成药；而是凭经验抓药和煎药给患者喝，结果，患者吃中药时往往要大碗喝药。只是随着西医的传入，为了应对西医的挑战，才有一些人慢慢学会按西药的生产工艺来生产中药，于是，患者才逐渐减少大碗喝中药的几率了。

（四）"仁者无敌"不能成立的理由

为什么最好不要做"有德无才"或"德多才少"之人呢？这是因为仁者无法做到"无敌于天下"，其理由主要有三，其中"'有德无才'或'德多才少'的仁者往往只是一个'残疾人'"将在本章第三节探讨，下面只论余下的两点。

1. "仁者无敌"赖以成立的人性假设难以成立

"仁者"若要"无敌"，一个基本前提或人性假设是：社会上的人们都要有良知（或人性本善），都依循道德律令去行事。可惜的是，这个基本前提或人性假设在现实生活里是不可能成立的，因为活生生的芸芸众生的人性实是复杂的，其中既有性善的一面，也有性恶的一面，还有性无善无不善的一面。所以，在人性假设问题上我们一向主张"复杂人"假设。它的含义是：从类的角度看，人性中包含性善、性恶和"白板"三种成分；从个人的角度看，在不同人身上，性善、性恶和"白板"这三种成分的比例不一样，正所谓"人心不同，各如其面"。人性中善端与恶端是怎么来的？就某个具体的个人而言，其人性中的善端与恶端既可以通过文化心理遗传的途径"天生"获得的，也可以是通过后天的环境和教育习得的；不过，根据辩证唯物主义的有关原理，从类的角度看，就其最初来源而言，人类心中的善端与恶端仍是通过外铄途径得来的，即由于人类整体社会实践的作用，祖先们无数次的社会实践会在文化心理的层面上得到一定程度的沉淀，形成孟子所讲的善端或荀子所讲的恶端。人性中为什么会有一块未开垦的处女地呢？这是因为，人不可能像一般动物那样，其后天的行为（包括道德行为）完全是由本能（instinct）控制的，而是有较大的弹性空间，这个弹性空间就是一块"处女地"。同时，在人类的进程中，人类的遭遇与生命问题，既有相对永恒的一面，也有日新月异的一面。如今人面对的网络世界以及由此而生出的网络德育问题，就是祖先从未遇见的新问题，这个新问题迫使人们去寻求和制定新的道德规范，由此就可能在人性的"处女地"中生出新的德性。[①] "仁者无敌"之类的格言赖以成立的"人性本善"的假设与现实不符，造成了"仁者无敌"之类的格言在现实中常常行不通。无数中国人在"血的事实"面前不得不承认："人善被人欺，马善被人骑。"

2. "内圣"与"外王"本是一对难以融会贯通的概念

中国古代社会主要是一种"家天下"式的"朝代"国家，用古人的话语说，就是"普天下之，莫非王土"。用社会心理学的术语讲，在中国古代社会，虽然多数人都知道公我与私我的界限，但在实际生活中又多未将一个人的公我与私我真正分开，造成事实上的公我与私我之间是我中有你你中有我的交叉关系。再加上中国古代社会是一种宗法型的家族社会，"国"与"家"紧密相联。许多古人都相信，一个在家讲"孝"的人，走入社会肯定会"尽忠"；一个人只有先"修身"，"身修"之后，才能"齐家"、才能"治国"、才能"平天下"。换句话说，将"修身"视作"齐家"、"治国"、"平天下"的前提与基础。[②] 正如《中庸》所说："知所以修身，则知所以治人；知所以治人，则知所以治天下国家。"于是，先哲非常重视个人自我的心性修养，注重一个人自我道德境界的提升。反映至古代中国人对理想人格的设计上，"内圣外王"的理想人格对中国人有相当的影响，中国人推崇"内圣"，希望通过自己的崇高人格达到感化他人之"心"以成全"外王"伟业的目的。这一思路的经典表述就是上文所引的《大学》里的"三纲领八条目"。从一定意义上讲，这种想法不能不说是非常好的。中国历史上也确曾有少数人时时以"内圣外王"的理想人格激励自己不断加强自身的人格修养，最终确也使自己干出一番事业，其代表人物如东汉末年的刘备、明代的王守仁与清末的曾国藩，等等。但是，无论就理论而言还是就事实上说，"内圣"与"外王"本是一对难已融会贯通的概念，因为这两个概念不是同一维度上的一对概念："内圣"重在"德"的维度（当然也涉及"聪明才智"），并且往往是先修私德，然后再将之拓展为公德。"私德"与"公德"

① 汪凤炎.中国传统德育心理学思想及其现代意义(修订版)[M].上海：上海教育出版社,2007：176-177.
② 朱熹.四书章句集注[M].北京：中华书局,1983：3-4.

两概念出自近代思想家梁启超的《新民说·公德》："人人独善其身者谓之私德，人人相善其群者谓之公德。"可见，私德，指以"独善其身"为价值取向，限于个人生活和私人交往关系，主要指个人的品德修养、处理婚姻家庭关系和交友的道德。与此相对，公德，也称"社会公德"，指以"相善其群"为价值取向，处理个人与群体关系的道德。现指人们在社会公共生活中应当遵循的基本道德。主要有遵守公共秩序、爱护公共财物、尊重他人人格、救死扶伤、讲究卫生、保护环境、文明礼貌、诚实守信等。① "外王"重在"智"的维度，当然有时也涉及德，即"以德服人"。虽然私德与公德之间有一定的区别与联系。私德与公德都包含德性。私德与公德的相异之处是：私德往往只关注个体自身的形象与利益，主要属于"独善其身"②的德性；公德关注的主要是如何营造和维持一个善良、公正的共同生活秩序，主要属于"兼善天下"③的德性。因此，私德与公德在满足一定条件时可以相互影响和转化，尤其在中国古代"家国一体"的社会结构里更是如此。因为在中国古代乡土式、家国一体式社会，人们的生活场所一般是在各式各样的"家庭"之间"来回穿梭"：对于普通百姓而言，多是在不同的"普通百姓小家庭"之间"来回穿梭"；假若自己身处乡绅或地主家庭，或者与乡绅或地主家庭存在某种关系（如亲戚关系、朋友关系、师生关系或主仆关系等），那么，就会在自己的家庭与人数、权力和财富都更多、更大的大家庭之间"来回穿梭"；如果一个人身处官宦人家，或者一个人通过自己的努力进入仕途，那么，此人则可从"百姓小家庭"进入"皇家大家庭"（即国家，在中国古代，国家往往只为帝王一家所拥有），对于凭科举考试而成功进入"皇家大家庭"的人，中国人常用"鲤鱼跳龙门"来加以描绘。可见，对于中国古人而言，人们一般都是生活在各式各样的"私人家庭"之中，在"家庭"与"国家"之间，几乎没有真正意义上的"社会公共生活"。既然古代中国人主要生活在各式各样的"私人家庭"中，相应地，古代中国人大都只注重私德的培育，其中有一些具有较高私德的人进而一般按《孟子·梁惠王上》所说的那样，采取"老吾老，以及人之老；幼吾幼，以及人之幼"的方式，④将自己的关爱之情之类的德性从"自家人、自家物身上"拓展到"别人家的家人及别人家的物体"身上，在这一"拓展"过程中，虽然此人关爱的人或物体的数量有所增加，甚至有极大的增加，但却仍不能真正改变其德性的性质：虽"貌似"公德，实仍是私德。

　　虽然私德与公德在满足一定条件时可以相互影响和转化，不过，至少由于下

---

① 夏征农，陈至立. 辞海（第六版缩印本）[M].上海：上海辞书出版社，2010：594.
②③ 杨伯峻. 孟子译注[M].北京：中华书局，2005：304.
④ 杨伯峻. 孟子译注（上册）[M].北京：中华书局，1960：16.

述三个原因的交互影响,不但导致它们在更多时候难以由私德转化为公德,而且难以由"内圣"成就"外王"。

一是难破"我执"。"我执"本出自佛教,这里指一个人过于沉迷于小我而不去成就大我的心理与行为方式。相应地,"破我执"指一个人打破小我的牢笼而去成就大我的心理与行为方式。对于大多数中国人而言,若想将私德转换成公德,就必须先破除"我执",以便将他人与他物纳入自我之中,使本只追求自利的小我逐渐转变成追求公利的大我。这对持中国式自我观念的一些中国人而言往往是,说起来容易,但真正做起来很难。因为中国式自我的一个显著特点是常常将个体自我与"自己人或自家人"融为一体,成为"圈内人",以此区别于自己人以外的其他人,即"圈外人"。结果,在以个我为圆心的一组同心圆中,并不是每个圆圈的"城墙"都是一样"厚实"的,其中有一个圆的"城墙"特别厚重,"包裹"在这个特别厚重的圆圈之内的人与物,一般是与处于圆心位置的个我保持非常密切关系至少也应是熟人关系的人及其拥有的物,用中国人习称的话语说,大致可用"自己人"一语来指称(这也说明中国人习惯于用"自己人"来指称自己的家人以及与自己关系密切的朋友和熟人);而处于这个特别厚重的圆圈之外的人与物,一般是与处于圆心位置的个我没有任何关系的陌生人及其拥有的物,至多不过是与处于圆心位置的个我保持一种非常淡薄、无足轻重关系的一般人及其拥有的物,用中国人习称的话语说,大致可用"非自己人"一语来指称。[1] 如图 2-1 所示。

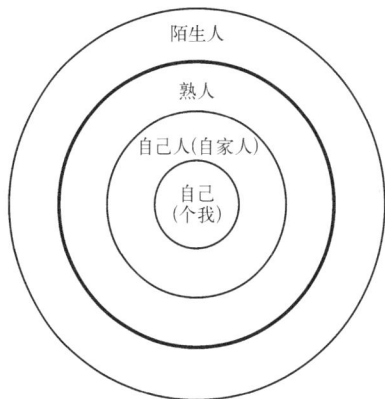

图 2-1　中式自我边界示意图[2]

同时,中国人一向受重血脉亲情的儒家文化的影响,基本上没有受到像基督教那样重宗教义务轻家庭伦理的文化的影响,结果,多数中国人在被厚厚的围城围住的自己人的圈子里生活得有滋有味,基本上不需要与陌生人交往,自然而然地,多数中国人在做"推己及人"或"老吾老以及人之老,幼吾幼以及人之幼"的

① 李美枝.内团体偏私的文化差异:中美大学生的比较[M]//杨国枢等.中国人的心理与行为:文化、教化及病理篇(一九九二).台北:桂冠图书股份有限公司,1994:153-155.
② 此图的制作参阅了李美枝的观点.李美枝.内团体偏私的文化差异:中美大学生的比较[M]//杨国枢等.中国人的心理与行为:文化、教化及病理篇(一九九二)[M].台北:桂冠图书股份有限公司,1994:155.

功夫时，一般都有这样的规律：对于包裹在这个特别厚重的圆圈之内的人与物较容易做到"将心比心"、"推己及人"；不过，他或她的这颗"善良之心"往往难于突破这层厚重的"城墙"，相应地，他或她对于城墙之外的陌生人及其拥有的物一般很难做到"将心比心"，而往往是"不为所动"、"无动于衷"，这就是为什么同一个中国人在对待自己的家人和朋友时往往热情有加，而在对待陌生人时常常铁血无情的心理根源之所在。① 这也是造成一些中国人虽有私德却少公德的心理根源之一。

二是存在"大礼不辞小让"的现象。"大礼不辞小让"语出《史记·项羽本纪》，其意是：做大事的人不拘泥于小节，有大礼节的人不责备小的过错。在中国，一些"欲成大事者"常将私德视为"小德"或"小节"，将公德视为"大德"或"大礼"，结果，其在私德上表现不怎样，但在公德上却表现很好，不但可取得巨大成就，而且其德行（公德）也易获得后人的认可。其典型个案之一便是春秋名相管仲。管仲自己曾说：

吾始困时，尝与鲍叔贾，分财利多自与，鲍叔不以我为贪，知我贫也。吾尝为鲍叔谋事而更穷困，鲍叔不以我为愚，知时有利不利也。吾尝三仕三见逐于君，鲍叔不以我为不肖，知我不遭时也。吾尝三战三走，鲍叔不以我为怯，知我有老母也。公子纠败，召忽死之，吾幽囚受辱，鲍叔不以我为无耻，知我不羞小节而耻功名不显于天下也。生我者父母，知我者鲍子也。②

从管仲的这段"自述"里可知，在一般人眼里，管仲在私德方面是极"缺德"的，可是，鲍叔牙却不这么看，而一再宽恕管仲、理解管仲，并竭尽全力向齐桓公推荐管仲，最终使管仲成为春秋时德才兼备的一代名相，③以至于管仲自己发出了"生我者父母，知我者鲍子也"的肺腑之叹！从这个意义上说，对于像管仲之类的人而言，即使不修私德，也丝毫不影响其公德的生成，更不影响其成就大业。所以，对于管仲的品德与成就，连孔子都大加赞赏。据《论语·八佾》记载：

子曰："管仲之器小哉！"

或曰："管仲俭乎？"曰："管仲有三归，官事不摄，焉得俭？""然则管仲知礼乎？"曰："邦君树塞门，管氏亦树塞门。邦君为两君之好，有反坫，管氏亦有反坫。管氏而知礼，孰不知礼？"

① 汪凤炎,郑红.中国文化心理学(增订本)[M].广州：暨南大学出版社,2013：97.
② [汉]司马迁.史记(下册)[M].[宋]裴骃集解,[唐]司马贞索隐,[唐]张守节正义.北京：中华书局,2005：1695-1696.
③ 对于管仲的品德,孔子大加赞赏,这在《论语·宪问》里有明确记载,此处不多讲。

从这两段话可知,在孔子心中,管仲器量非常狭小。其内在缘由,唐人张守节在"正义"里的解释颇合情理:"言管仲世所谓贤臣,孔子所以小之者,盖以为周道衰,桓公贤主,管仲何不勉勉辅弼至于帝王,乃自称霸主哉? 故孔子小之云。盖为前疑夫子小管仲为此。"①而且,管仲不节俭,因为管仲收取了百姓大量的市租,其手下的职员又往往是一人一职,从不兼差。同时,管仲也不懂礼,因为国君宫殿门前立了一个塞门,管仲也立了塞门;国君设宴招待外国的君主,在堂上有放置酒杯的设备,管仲也有这样的设备。②

但是,据《论语·宪问》记载:

子曰:"晋文公谲而不正,齐桓公正而不谲。"

子路曰:"桓公杀公子纠,召忽死之,管仲不死。"曰:"未仁乎?"子曰:"桓公九合诸侯,不以兵车,管仲之力也。如其仁! 如其仁!"

子贡曰:"管仲非仁者与? 桓公杀公子纠,不能死,又相之。"子曰:"管仲相桓公,霸诸侯,一匡天下,民到于今受其赐。微管仲,吾其被发左衽矣。岂若匹夫匹妇之为谅也,自经于沟渎而莫之知也。"

从上述这几段话可知,在孔子看来,虽然管仲没有像召忽那样因公子纠被其弟齐桓公所杀而自杀,虽然管仲有器量狭小、不节俭、不懂礼之类的毛病,不过,从总体上看,管仲仍然是一个有仁德的人,因为齐桓公之所以能够多次主持诸侯间的盟会,停止了战争,都是凭借管仲的力量;而且,也是由于管仲的努力,当时的社会文明获得了显著的进步。假若没有管仲,大家至今(指孔子的生活的年代)仍然都披散着头发,衣襟向左边开,从而沦落为落后民族了。所以,管仲没有必要像普通老百姓一样守着小节小信,在山沟里悄悄地自杀。③ 合而言之,孔子认为,虽然管仲在次要德性上是有许多为后人诟病之处,不过,其在主要德性方面仍颇为崇高,也是一个典型地践行"仁"的人,是一个真正的仁者。

三是存在先成就"外王"伟业再塑造"内圣"的现象。如下文所论,德与才在真正智慧者尤其是大智慧者的身上能够做到有机统一,但可惜的是,古往今来,无论是在中国还是在外国,能够让世人或后人公认为是一个真正的智慧者尤其是大智慧者的人实在是太少了。于是,在更多的时候,德(尤其是其中的私德)与才之间往往可以时分时合,乃至可以毫不相干,甚至截然相反。2002 年秋季笔

---

① [汉]司马迁. 史记(下册)[M]. [宋]裴骃集解,[唐]司马贞索隐,[唐]张守节正义. 北京:中华书局,2005:1699.
② 杨伯峻. 论语译注[M]. 北京:中华书局,1980:31.
③ 同上:151 - 152.

者偶看一部题为《九岁县太爷》的电视剧，其中一句台词将此中道理说得非常透彻：乾隆皇帝对心远小和尚说："你不撒谎可以，皇帝不撒谎一天也当不下去。"综观中国漫长的封建社会，绝大多数人一旦选择"内圣"作为自我修养的目标，就不太可能获得"外王"的"伟业"。事实上的做法却是反过来：先成就"外王"的伟业，在掌握话语权后再大力鼓吹"内圣"之道或人为地为自己（"胜利者"）塑造出一副"仁慈"的面孔，并将"屎盆"扣在"失败者"头上。典型个案之一便是真实的隋炀帝与史书里的隋炀帝的巨大区别。隋炀帝相貌出众，文学天赋极高，历史记载：杨广"善属文"。同时，在扬州时励精图治，安一方黎民。当上皇帝后，开凿大运河，是中国历史的创举。不过，最终杨广的皇帝位置被李渊抢过去了。"炀"是李渊给杨广的谥号，改朝换代后，后朝人给前朝的谥号是不可信的。由于李渊是隋朝的旧臣，夺取了人家的皇位有点理亏，所以后来掌握话语权的李世民就在写隋史时给隋炀帝彻底颠覆成现在的形象。[①] 这也好理解，毕竟道德本是一种上层建筑，其中有很大一部分内容具有一定的时代性，在阶级社会里它具有一定的阶级性。这就是所谓的"窃钩者诛，窃国者侯，诸侯门前仁义存焉"、"胜者为王，败者为寇"。说得明白点，就是：身份越高，品德自然越高尚。在封建社会里，身份最高者莫高于皇帝，理所当然皇帝的品德最高尚；[②]依此逻辑，难怪古人几乎是人人渴望当皇帝，想方设法当皇帝。一部两千余年的中国封建历史，也就是一部皇帝轮流转的"朝代"历史。在一个几乎不讲法制而崇尚权术的古代中国社会，一个人要当成皇帝，若非"子继父业"，而要靠自己去"打天下"的话，则仅凭个人的高尚品德几乎不可能获得成功，或多或少都要运用一些"不道德"的心机与手段。典型者如唐太宗李世民，他在唐高祖李渊与窦皇后所生的 4 个儿子中本排行第二，上有哥哥李建成，下有弟弟李玄霸（排行第三，在清代为避康熙帝——爱新觉罗·玄烨——的讳，改称李元霸，早死）和李元吉（排行第四）。按中国的封建礼法，皇位一般多采用嫡长子继承制，李世民只是李渊的第二个儿子，本无做皇帝的机会。但是，李世民通过发动玄武门政变杀死身为太子的亲哥哥李建成和弟弟李元吉，然后又用武力逼迫父亲李渊将皇位"禅让"给自己，从而当上皇帝。在一个至迟自汉代起就崇尚"百善孝当先"的中国封建社会，李世民的这一系列行为本是大逆不道。不过，他成功了，并且在位期间又取得"贞观之治"的丰功伟绩，照样受到人们的尊敬。与此一致，有人考证历史上的禅让都

----

① 月中. 不得不知的历史真相[J]. 读者，2011，(5)：39.
② 这从许多帝王死后的谥号里就可看出。

是假的。马王堆三号墓出了一个帛书,上面有汉朝时人写的黄帝战蚩尤的记载,翻译后是这样的:黄帝把蚩尤抓住了,让人剥下蚩尤的皮做成靶子,让大家射;剪下蚩尤的头发挂在天上,叫"蚩尤旗"。黄帝又把蚩尤的胃填满干草做成一个球让大家踢,能用脚颠球最久的人得奖赏。黄帝还把蚩尤的骨与肉做成肉酱,混合到苦菜酱里,命令所有的人都来分吃。黄帝颁布禁令:禁止触犯我的禁令,禁止不吃我分给你们的人肉酱,禁止扰乱我的民心,禁止不按我的路子办。如果触犯禁令,如果偷偷倒掉人肉酱,如果扰乱民心,如果不听我的话,如果不受规矩限制,如果知错犯错,如果越过界限,如果私自改动制度让自己快活,如果你想怎样就怎样,如果我还没颁布命令而擅自用兵,看看蚩尤的下场:他俯首做奴隶,他得吃自己的粪便,他求生不得,求死不能,在地底下给我做垫脚石!以上,记录下来以示后人。这段记载的真实性暂时难以考证,但有两点可以肯定:上述描写太残酷,显然与后人心目中仁慈的黄帝形象不符;上述描写在后世的历史书中没有记载。[①]

二、"智者无敌"

假若说古人是大力宣扬"仁者无敌"的话,那么当代许多人则信奉"智者无敌"。

(一)"智者无敌"的含义及表现

"智者无敌",其含义是:有聪明才智尤其是在自然科学领域显露出高超聪明才智的人无敌于天下。在中国尤其是当代中国,一些人信奉"智者无敌"的理念,在这种理念的深刻影响下,一些中国人的日常生活里经常出现两种表征"智者无敌"理念的观念与相应的行为方式。

1. "重智轻德"

受"智者无敌"观念的影响,当代一些中国人片面强调培育个体聪明才智的重要性,流露出明显的"重智轻德"倾向。"重智轻德"中的"德"仍指道德品质;"智"仍指聪明才智,如上文所论,这种聪明才智又可细分为人事之智与自然之智两个子类。相应地,"重智轻德"的含义主要有二,若加入时间因素和数量因素,它们的排列组合也是无穷无尽的。一是经典中式重智轻德,即重人事之智而轻德,它指在任何时候都优先注重聪明才智尤其是做人方面的聪明才智的培养,为此可以牺牲道德品质。进一步言之,经典中式重智轻德要求人们在做人时必须

① 月中. 不得不知的历史真相[J]. 读者,2011,(5):39.

坚持三个根本原则：第一，理想状态是做一个"必仁且智"的智慧者，最高理想是做一个拥有高尚品德与卓越才华的大智慧者（即圣人）；第二，如果不能做到"必仁且智"，退而求其次，就要做一个尽可能多地拥有情绪智力或社会智力的"人精"或老谋深算的圆滑世故之人，先让自己过好，为此可以牺牲自己的道德品质；第三，任何时候都必须牢记前面两点。二是经典西式重智轻德，即重自然之智而轻德，它指在任何时候都优先注重聪明才智尤其是展现在自然科学领域方面的聪明才智的培养，为此可以牺牲道德品质。进一步言之，经典西式重智轻德要求人们在做人时必须坚持三个根本原则：第一，理想状态是做一个"必仁且智"的智慧者，最高理想是做一个拥有高尚品德与卓越才华的大智慧者（即圣人）；第二，如果不能做到"必仁且智"，退而求其次，就要做一个业务水平尽可能高的（自然）科学家，先让自己过好，为此可以牺牲自己的道德品质；第三，任何时候都必须牢记前面两点。

在中国，由于法治不健全，人治现象严重，自古至今总有一些人钻研厚黑学，导致重人事之智而轻德的观念如暗流涌动，颇有市场。至于重自然之智而轻德的观念，中国古代则很少有人赞赏它，近现代一些中国人是在深受西学影响后才逐渐养成此种重智轻德观的。同时，综观中国当前的教育，在片面追求升学率（对中小学学校而言）或就业率（对高校而言）或为了能考进一所好学校以至于将来能够找到一份工作尤其是一份好工作（对学生和家长而言）的单一目标的引导下，当代中国教育的一大顽疾是极其强调"重智轻德"的教育理念，进而轻视、忽视甚至有意回避个体学习道德知识，导致许多个体在品德修养方面存在一定的欠缺，却片面强调培育个体做人方面的小聪明或"谋生本领"的重要性，进而极端重视人事之智和自然之智的传授与培养。因为许多人相信如下道理："情商高的人有贵人相助"；"自然之智高的人可以自力更生，自己干"。与前者相一致，一些教人做圆滑世故之人的书籍在书店或图书馆里随处可见；与后者相一致，"学好数理化，走遍天下都不怕"之类格言与"长大后要当一名科学家①"之类表示志向的话大行其道。结果，正如北京大学钱理群教授于 2012 年 5 月 2 日在武汉大学老校长刘道玉召集的"《理想大学》专题研讨会"上所说："我们的一些大学，包括北京大学，正在培养一些'精致的利己主义者'，他们高智商，世俗，老到，善于表演，懂得配合，更善于利用体制达到自己的目的。这种人一旦掌握权力，比一般

---

① 科学家一般指在自然科学某一领域或多个领域具有深厚造诣的人。科学家是一个中性词，他既可将其学识用于为大众谋福祉，也可将其学识用于为自己或自己所处小集团谋私利。依下文第四章所论，"科学家"≠"物慧者"，因为物慧者是德才兼备的，所以"物慧者"="科学家+善人"。

的贪官污吏危害更大。"①

　　更有甚者,在待人处世时,时下有人像金融大鳄乔治·索罗斯(George Soros)那样极端推崇森林法则(law of the jungle)。森林法则,也叫"丛林法则",其核心内涵有四:耐心等待时机或"猎物"出现;专挑弱者攻击;进攻时须狠,而且须全力而为;若事情不如意料时,保命是第一考虑。② 在森林法则的支配下,一些聪明人或精明人将"弱肉强食"视作人类社会的进化法则,为了自己更好地生存与发展,不惜牺牲他人的利益、不惜破坏自然界的平衡,结果,不但在商业领域,而且在日常生活里随处可见"快鱼吃慢鱼、大鱼吃小鱼,小鱼吃小虾"之类的现象。③ 这一现象的产生,又导致一些身处"慢鱼"、"小鱼"、"小虾"境地的"小人物"生活愈来愈艰难,并给社会埋下一些不和谐因素。

　　2. 道德教育沦落成"花瓶角色"

　　与"重智轻德"相辅相成,当代一些中国人和当代中国许多学校教育或家庭教育虽然在口头或文件里强调道德教育的重要性,但是在内心深处或实际的教育实践里却并不"真心"看重道德教育或道德学习的重要性,结果,道德教育常常被"边缘化",④进而沦落成"说起来重要,做起来次要,忙起来不要"的"花瓶角色"。借用小品中的一句台词:这个事实是"地球人都知道的"。

(二) 片面强调"智者无敌"带来的消极后果

　　片面强调"智者无敌",易带来至少如下两方面的消极后果。

　　1. 易让身处"食物链"下游的普通百姓难以体验到幸福感

　　食物链(food chain),又称"营养链",指生物群落中各种动植物和微生物彼此之间由于摄食的关系(包括捕食和寄生)形成的一种联系。⑤ 从自然界中存在的食物链角度看,由于食物链中的能量和营养在不同生物间传递时表现出单向传导、逐级递减的特点,这样,在食物链中所处环节越高的生物,其数量就越少。这样,假若"人法自然",在人类社会中也效仿"森林法则",势必导致身处食物链下游的大多数普通百姓生活艰辛,只有身处食物链上游或顶层的少数人才能生活富贵,这显然有违邓小平同志提出的"共同富裕"的价值观。但在当代中国,的确有一些人尤其是一些现已掌握优势资源或拥有优势资源的聪明人信奉森林法则,只希望自己不断战胜别人,变得越来越强大或富贵,却不关心被战败人群和

①　钱理群. 北大清华再争状元就没有希望[N]. 中国青年报,2012-05-03(3).
②　佚名. 乔治·索罗斯. 现代商业银行·财富生活,2010,(12):35.
③　佚名. 言论[J]. 读者,2010,(19):17.
④　鲁洁. 边缘化、外在化、知识化——道德教育的现代综合征[J]. 教育研究,2005,(12):11-14,42.
⑤　夏征农,陈至立. 辞海(第六版缩印本)[M]. 上海:上海辞书出版社,2010:1712.

处于弱势地位人群的生存状态。而受诸如家庭出身、智力、所受教育状态、机遇等因素的制约，能够真正挤进食物链上游或顶层的人毕竟是少数，大多数普通百姓都身处食物链下游，成为弱势群体，不但整日要为生存而艰苦奋斗，而且难以获得公平、公正的待遇，难以体验到做人的尊严，这便是当代一些普通百姓难以体验到幸福感的根源之一。于是，当 2012 年中秋、国庆双节期间，中国中央电视台推出"走基层·百姓心声"调查节目，深入基层对几千名不同行业的人进行"你幸福吗?"的采访，得到的回答是："我姓曾"（一位清徐县北营村务工人员）、"我是外地打工的，不要问我"（一位农民工大叔的回答）、"我耳朵不好"（一位 73 岁的捡瓶子老人的回答）、"接受你采访，队被人插了"（一位 18 岁大学生的回答），等等。甚至连刚获得 2012 年诺贝尔文学奖的莫言在 2012 年 10 月 15 日接受央视采访时也表示："我现在压力很大，忧虑重重，能幸福么?"

"森林法则"也在中国教育界流行，很多家长为了让子女能挤进"食物链"上游或顶层，避免落入"食物链"下游，不得不参加激烈的学业竞争，这便是"不能输在起跑线上"、"一定要考进名校"与"吃得苦中苦，方做人上人"之类的说法在当代中国盛行的深层次原因，这导致虽年年喊"减负"，但幼儿园小朋友、小学生、初中生和高中生的学习负担却越减越重。好的教育既要有适度的选拔，更要成就尽可能多的人，最好能成就每一位人。既不可为了选拔某些人而淘汰大多数人，也不可简单取消"考核与选拔"（如"取消高考"），否则便无法用科学的方法来衡量教育的质量、提升教育的质量。更何况，造成当代中国教育"变态"的真正原因是由于当代中国社会的一些领域流行"森林法则"，导致处于"食物链"下游的大多数"慢鱼"、"小鱼"和"小虾"都无法过上富足、平和、安逸、有尊严的生活。试想，假若"慢鱼"、"小鱼"和"小虾"都能过上富足、平和、安逸、有尊严的生活，家长和老师就不会都指望自己的孩子或学生能考上北京大学和清华大学，而一定会量才而教。因此，要想真正为中国大陆地区的中小学生"减负"，要想让广大民众都体验到幸福，关键措施之一是要大力推进社会公平、公正的建设，让"慢鱼"、"小鱼"和"小虾"都过上富足、平和、安逸、有尊严的生活。这个道理可用西方发达国家的情况来印证。在当代西方发达国家，由于各级政府多年来积极在全国范围内推进公平、公正社会的建设，并采取措施切实保护弱势群体的合法权益，结果，不但"快鱼"、"大鱼"、"慢鱼"、"小鱼"、"小虾"各有各的活法，而且大多数"慢鱼"、"小鱼"、"小虾"都能过上富足、平和、安逸、有尊严的生活。于是，在当代一些西方发达国家，尽管高校也有"三六九等"，但大家都懂得"量力而行"的道理，并无人人都渴望上名校的冲动。

2. 易让智者自身作出愚蠢举动，甚至犯下致命错误

在一些人看来，只有智力低下的人才愚蠢。这种看法是不完全正确的。事实上，愚蠢有两大类型：一是传统意义上的愚蠢，为便于读者理解，可以将之命名为少智式愚蠢。少智式愚蠢也就是普通心理学上常说的智能不足（retarded），它对应于传统意义上的聪明而言。在此意义上，说一个人愚蠢，就意味着此人智力低下，甚至才德俱无，正如司马光在在《资治通鉴》卷一《周纪一》所说"才德兼亡谓之'愚人'"；说一个人聪明，就意味着此人有高智商。因此，少智式愚蠢或智能不足与弱智或智障是可换用的概念。二是斯腾伯格等人所说的愚蠢（foolishness），为便于读者理解，可以将之命名为缺德式愚蠢。[①] 在斯腾伯格看来，作为智慧的对立面，缺德式愚蠢被定义为：个体由于不愿去追求公共利益而只愿追求一己私利，或只知为自己的小集团谋利益，在此错误价值观的指导下，使其在运用自己的默会知识时产生了过失，从而在短期和长期之内协调个人内部（intrapersonal）、人际间（interpersonal）和个人外部的利益（extrapersonal interests）时出现失衡，结果无法成功地适应当前环境（adaptation to existing environments）、塑造当前环境（shaping of existing environments）和选择新环境（selection of new environments）。[②] 由此可见，缺德式愚蠢是对应于智慧而言的。用中国人的话说，说一个人是缺德式愚蠢，只表明此人有智无德或才多德少，并不意味着此人智力低下，很可能此人就智商而言是很正常甚至是很高的；说一个人有智慧，就意味着此人德才兼备。本书所说的愚蠢若无特别说明，主要是指作为智慧对立面的缺德式愚蠢而言的。因此，在本书看来，缺德式愚蠢就是缺乏智慧，下文仅是为了行文简洁，才将"缺德式"三字省略。

一些才多德少或有才无德型的聪明人若不及时在道德修养上"补课"，而是一味地将聪明才智用在为自己或自己所处小集团谋私利，不顾他人或大多数人的利益，就易作出愚蠢举动，甚至犯下致命错误，最终成为典型的愚蠢者。希特勒能够从布衣成为德国元首，说明他是聪明的，但是他没有真正的善心，无视其他民族和其他国家的利益，大权独揽之后就肆意妄为，最终不但自己落个自杀焚尸的可耻下场，而且给德国和全世界爱好和平的人们带来巨大的灾难，这又显得是多么愚蠢。可见，才多德少或有才无德型的聪明人若不及时修德，补上"德少"这条"短腿"，虽一时能凭其聪明才智取得成功，但最终往往是害人害己。

---

① Sternberg, Robert J. (2004). Why smart people can be so foolish. *European Psychologist*，9（3）：146.
② Ibid.：147.

(三) "智者无敌"不能成立的理由

为什么才多德少或有才无德型的聪明人不能做到"积小胜成大胜"，反而是"积小胜成大败"，甚至祸国殃民呢? 前者以楚汉之争为例，起初项羽作战少有败绩，不过，他的所有胜利却在孕育着一场致命的大败局；刘邦在战争之初虽经常处于挨打的被动局面，但在这种被动中却最终走向了胜利。后者以希特勒为例，他前期的所有胜利都在为自己和自己的纳粹小集团酝酿彻底的败局。概括起来，导致"积小胜成大败"的原因主要有四。

第一，鼠目寸光，只要小利，却不为绝大多数人追求共同利益。斯腾伯格根据其智慧的平衡理论，曾建构愚蠢的失衡理论(imbalance theory of foolishness)。根据愚蠢的失衡理论，愚蠢总是涉及利益的不平衡，通常是一个人把自己的利益凌驾于他人的利益之上，但也不总是这样。英国前首相张伯伦(Arthur Neville Chamberlain, 1869—1940)也许真以为自己为英国尽心尽力了，不过，由于他无视被希特勒蹂躏的其他国家和民族的正当权益，忽视人类的公共利益，结果也就忽视自己国家的长远利益(详见第四章第二节)。① 可见，若个体或团队的核心成员自持聪明，不为百姓利益着想，仅从为自己或自己的小集团谋福祉的立场出发，那么，他或他们往往鼠目寸光，胸无大志，无法制定正确的总体规划或总体路线方针政策，而仅在乎一些蝇头小利或眼前利益，因小失大；并且，易被一些小胜利冲昏头脑，从而刚愎自用，骄傲自满，最终自然是"捡了芝麻却丢了西瓜"，这便是孔子所说"无欲速，无见小利。欲速，则不达；见小利，则大事不成"②的道理之所在。从这个角度说，若想"积小胜成大胜"，个体或团队的核心成员不但要聪明过人，还要能从为绝大多数人谋福祉的立场出发。只有这样，他或他们才会胸怀大志，不但所制定的总体规划或总体路线方针政策是正确的，而且在每一个小胜利面前都始终保持一颗理智心，这样，其每个小胜都是通向最终胜利的一块块基石。

第二，因未继续重视道德教育或道德学习，让自己陷入五个思维误区中的一个或几个。根据斯腾伯格的分析，一些聪明人(smart people)之所以作出一些愚蠢的行为(属缺德式愚蠢)，其中重要原因之一便是，没有继续重视道德教育或道德学习，没有继续注重自我心性修养，从而让自己在不知不觉中陷入斯腾伯格总结出来的五个常见思维误区：(1) 盲目乐观(unrealistic optimism)。当一个人相

---

① Sternberg, Robert J. (2004). Why smart people can be so foolish. *European Psychologist*, 9 (3)：145 - 150.
② 杨伯峻译注. 论语译注[M]. 北京：中华书局，1980：139.

信自己如此聪明或力量强大,以致没有任何事情值得自己担心时,盲目乐观就发生了。(2) 自我中心误区(egocentrism)。当个体开始觉得世界是以自己为中心的时候,自我中心误区就出现了。在生活中,一切都围绕着他转,其他人只是他实现自己目标的工具而已。依皮亚杰的认知发展阶段理论,许多聪明人实际上早已过了自我中心的年龄阶段,为什么仍保持自我中心的思维方式呢? 其中重要原因是:传统意义上的聪明人由于聪明而得到太多的奖励,以至于他看不到自己的局限性。(3) 无所不知误区(false sense of omniscience)。智慧需要人知道什么是自己懂得的,什么是自己不懂的,所以苏格拉底有句名言:"承认无知乃是智慧之源。"①聪明人经常看不到自己的无知之处,而认为自己学识渊博,无所不知,无所不晓,从而导致自己陷入无所不知的误区。(4) 无所不能误区(false sense of omnipotence)。它产生于个体掌握极大的权力之时。在一定的领域中,个体基本上可以做他想做的所有事情,而危险就在于此个体开始对自己的权力过度泛化,相信自己在所有的领域都拥有至高无上的权力。(5) 坚不可摧误区(false sense of invulnerability)。来源于对完全保护的幻想,例如来自一个巨大群体的保护。聪明人一旦陷入上述五个中的一个或多个思维误区,或因野心太大,在取得一些小胜利后便滋生"人心不足蛇吞象"的贪欲,从而作出错误的抉择,最终一败涂地;或者,养成自以为是(既听不进他人的正确意见尤其是正确批评意见,也看不到他人的闪光点)、小心眼、嫉妒、纵容自己的贪欲等毛病,一旦德性沦落,不但容易作出愚蠢的举动,甚至成为一个大愚蠢者;②或者利用自己从前期胜利中获得的绝对权威而让自己的团队产生美国心理学家詹尼斯(Irving Lester Janis,1918—1990)所说的"团队迷思"(group think):它指团队的成员之间由于产生"同伴的意见是正确的"错觉,从而产生盲目的从众效应,于是,成员倾向于让自己的观点与团队保持一致,导致一些值得争议的观点、有创意的想法或客观的见解,或者无人提出,或者即便提出,也遭到团队的忽视或否定,由此而令整个团体缺乏不同的思考角度,无法对问题进行客观分析与正确决策,结果共同作出愚蠢决定的一种心理与行为方式。③ 无论出现哪一种结果,常常是既最终害了自己,也对他人、组织甚至自己的祖国和其他国家造成巨大危害。从这个角度看,每个人都只有先清楚把握自己品性与才能方面存在的优点与不足,在此

---

① 哈耶克.自由宪章[M].杨玉生等译.北京:中国社会科学出版社,1999:44.
② Sternberg, Robert J. (2004). Why smart people can be so foolish. *European Psychologist*, 9 (3):145-150.[美]罗伯特·J.斯滕博格.智慧,智力,创造力[M].王利群译.北京:北京理工大学出版社,2007:192-193.
③ [德]罗尔夫·多贝里.请人唱反调[J].朱刘华译.特别关注,2014,(2):24.

基础上才能做到有的放矢地修身养性,促进自己品性和才能的不断发展与完善。同时,为了破除权威思维与团体迷思对个体和组织的负面影响,至少每个正常的成人都必须坚守独立思维与"和而不同"原则,并善于运用批判性思维。这样,如果你是一个组织的成员,无论何时,你都要讲出你的看法——哪怕这看法不是很中听。假若你领导着一支团队,请你指定某人唱反调。他将不是团队里最受欢迎的人,但也许是最重要的人。① 只有这样做才能有效防止自己"积小胜成大败"。

第三,前期小胜是用诡道得来的。如果个体或组织前期所获小胜都是或多是用诡道而不是用正道获得的,那么,当其诡道一旦被人识破后,受骗者作出"停止与其合作"的举动算是对其最轻的惩罚,严重者会招来受骗者的报复,不过,无论是哪种结果,自然都无法助其赢得更大的胜利。从这个角度看,假若引入时间因素来看待成功或胜利,那么,个体或组织若想积小胜成大胜,并让自己或组织从成功或胜利中持久受益,而不是只短暂受益,更不是因图暂时受益而让自己或组织的根本利益最终蒙受重大损失甚至造成致命损失,便一定要用正道来赢取胜利,使自己或组织的成功或胜利合乎正义,即要让成功或胜利中含有足够的善的成分。这便是当今发达国家普遍排斥马基雅弗利主义进而重视在全国范围内营造公平、公正、友爱的习俗与相应管理制度的原因(详见本章下文)。

第四,前期小胜让自己产生了僵化的思维定势。如果个体或组织因前期所获系列小胜而产生了僵化的思维定势,既无法根据新的形势作出新的判断、新的对策,也不愿推出新的发展思路或新的产品,而只想"吃老本"、"固步自封",那么,在瞬息万变、充满不确定性的世界面前,这种僵化的思维定势便很容易让个体或组织"积小胜成大败"。从这个角度看,个体或组织在所获系列小胜面前一定要保持一颗清醒的头脑,戒骄戒躁,并对新事物保持敏锐、开放的心态,随时做到根据新形势作出创新性决定,只有这样才能避免积小胜成大败。综上所论,在导致"积小胜成大败"的四个主要原因中,前三个明显与良好道德品质的严重缺失有关,第四个原因看似仅是一种思维方式问题,实际上也与良好道德品质的缺失有关。由此可见,一个人的聪明才智若不能及时得到善的指引,往往会让此人"聪明反被聪明误",不但会因自己的愚蠢而经常四处树敌,若不及时醒悟,更会最终被正义之师战败,甚至连自己的性命也会丢掉。古往今来的许多史实也已证实:一个人仅凭自己的聪明才智是不可能无敌于天下的。这再次证明《老子·三十三章》所说:"知人者智,自知者明。"《管子·内业》所说:"德成而智出"、

① ［德］罗尔夫·多贝里. 请人唱反调［J］. 朱刘华译. 特别关注,2014,(2):24.

《孙子兵法·谋攻》所说："知彼知己者,百战不殆;不知彼而知己,一胜一负;不知彼,不知己,每战必殆。"(详见下文)以及但丁这一名言的正确性:道德可以填补聪明才智的缺陷,而聪明才智永远填补不了道德的缺陷。所以,每个人都应始终注意自己的心性修养,做到德与才的和谐发展。

三、"缺德者无敌"

(一)"缺德者无敌"的含义及表现

1. "缺德者无敌"的含义

"缺德者无敌",其含义是:缺德之人(或黑心之人)是无敌于天下的。在此观念的影响下,极少数中国人片面理解荀子所说的"人性本恶"的观点,主张为达自己的目的可以不择手段,并相信"我是流氓,我怕谁"的说法。于是,在当代中国社会,西式厚黑学——意大利政治思想家马基雅弗利(Niccolo Machiavelli,1469—1527)提出的马基雅弗利主义——颇为流行。作为一种政治思想,马基雅弗利主义的核心观点主要有三:政治的目的在于增加权力;为了达到政治的目的,可以不择手段,违背道德原则;充分体现了政治无道德原则。作为一种社会心理现象,马基雅弗利主义的核心观点是:在认知上,主张人性本恶,坚持利己的价值观,一切服从和服务于自己现实的既得利益和潜在的或得利益;在情感上,表现冷酷,不易为仁爱、忠诚、友谊所动;在行为上,习惯运用各种可能的手段控制和影响他人,为达目的不择手段。[①] 同时,也有一些人将中国学者李宗吾提出的中式厚黑学观念视作自己待人处世的"不二法门"。李宗吾曾说:"古人成功的秘诀,不过是脸厚心黑罢了。"[②]进而因著有《厚黑学》而名噪一时。何谓"厚",何谓"黑"? 李宗吾说:

不薄之谓厚,不白之谓黑。厚者天下之厚脸皮,黑者天下之黑心子。此篇乃古人传授心法,宗吾恐其久而差也,故笔之于书,以授世人。其书始言厚黑,中散为万事,末复合写厚黑。放之则弥六合,卷之则退藏于面与心。其味无穷,皆实学也。善读者玩索而有得焉,则终身用之,有不能尽者矣。

天命之谓厚黑,率厚黑之谓道,修厚黑之谓教;厚黑也者,不得须臾离也,可离非厚黑也。是故君子戒慎乎其所不厚,恐惧乎其所不黑。莫险乎薄,莫危乎白,是以君子必厚黑也。喜怒哀乐皆不发谓之厚,发而无顾忌,谓

---

① 汤舒俊,郭永玉.正确对待当前社会中的马基雅弗利主义现象[N].中国社会科学报,2011-01-25(9).
② 李宗吾.厚黑大全[M].北京:今日中国出版社,1996:3.

之黑。厚也者,天下之大本也;黑也者,天下之达道也。致厚黑,天地畏焉,鬼神惧焉。①

2. 信奉"缺德者无敌"的具体表现

一些人信奉"缺德者无敌"的理念,于是在日常生活里就至少出现下列四类不良现象。

一是"走后门"、"走偏门",参与不正当竞争。一些中国人整天忙于生诡计,斗心思,弄权术,将个人的成功寄于歪门邪道,结果,"走后门"、"走偏门"、利用"潜规则"参与不正当竞争成了一些人惯用的伎俩。② 中国青年报社会调查中心通过民意中国网和搜狐新闻中心进行了一项民意调查。据其于 2011 年 1 月 6 日公布的调查结果显示,在 4 371 位参与者中,83.4%的受访者相信"潜规则比明规则更有效"。86.1%的受访者确认生活中存在很多不正当竞争现象,其中 49.9%的人表示"非常多",仅有 2.2%的人觉得"比较少"或"非常少"。同时,受访者中,78.3%的人承认自己参与过不正当竞争,其中 10.9%的人表示"经常"参与,34.9%的人"有过一些"类似经历,32.5%的人表示"很少"参与,仅有 21.7%的人"从没参与过"。至于不正当竞争主要集中的领域,受访者的选择依次是职场(88.8%)、商场(64.3%)、日常生活中(32.7%)、同学之间(21.4%)、朋友之间(18.1%)。③ 于是,演员说:"不运用潜规则我能上戏吗?"官员说:"不运用潜规则我能升迁吗?"雇员说:"不运用潜规则我有机会吗?"学生说:"不运用潜规则我能升学吗?"家长说:"不运用潜规则我的孩子能上名校吗?"参赛者说:"不运用潜规则我能成功晋级吗?"面试者说:"不运用潜规则我能被录取吗?"参加招标者说:"不运用潜规则我能中标吗?"参与拍地者说:"不运用潜规则我能得地吗?"患者说:"不运用潜规则我能安全吗?"④医生说:"不运用潜规则我能有高收入吗?"……又据 2011 年 3 月 30 日央视公开的足坛反赌黑哨细节,黑哨类别有三:官哨,即按足协相关领导授意而吹的"黑哨",如"金哨"陆俊受张建强之托偏袒上海申花;钱哨,即单纯为钱而吹的"黑哨",如周伟新受沈阳金德之请,乱送点球的行为;赌哨,即因场外赌球机构之约吹的"黑哨",如黄俊杰通过让深圳队先开球,从赌场获利中得到十万元好处费。⑤ 经济学家韩志国表示,当潜规则成为社会总规则,当整个社会都开始按照潜规则的逻辑思维做事时,整个社会制度

---

① 李宗吾.厚黑大全[M].北京:今日中国出版社,1996:11.
② 汤舒俊,郭永玉.正确对待当前社会中的马基雅弗利主义现象[N].中国社会科学报,2011-01-25(9).
③ 向楠.调查发现78.3%的人承认自己参与过不正当竞争[N].中国青年报,2011-01-06(7).
④ 汪水碧等摘.言论[J].读者,2012,(24):17.
⑤ 佚名.陆俊供黑幕:吹赢申花比赛和足协官员各分35万[N].现代快报,2011-03-31(封6).

就会无可遏制地堕落下去。①

二是不择手段为己谋取私利。由于在当代中国一些地方确实存在"老老实实,缺衣少食;坑蒙拐骗,黄金一片"的不良现象,某些缺德之人不择手段地为自己谋取私利,为此不惜故意牺牲他人利益,甚至为获利而不顾惜他人的性命。于是,在当代中国,经常出现一些令人匪夷所思、触目惊心、骇人听闻的既违法更缺德的事件或事情:(1)吃与喝,我们得小心"苏丹红"、"毒奶粉与毒牛奶"(三聚氰胺)、"皮革奶"、"地沟油"、残留有瘦肉精的肉、人造脂肪、香精大米、药水泡大的豆芽、"蔬菜残留农药严重超标"、抹了催红素的西红柿、"化学火锅底料"、避孕药喂肥的王八、用激素和抗生素养出的"速生鸡"、打了避孕药的黄瓜、用洗衣粉炸出的油条、用染色剂和过期馒头做出的染色馒头、用"墨汁+柠檬黄+石蜡造+果绿或增白粉"造出的红薯粉、②有膨大剂的西瓜(2011年5月江苏省丹阳的西瓜因膨大剂还发生过爆炸事件)、用牛肉膏制成的"牛肉"、假鸡蛋、"假蜂胶"、假豆腐、③假烟、假酒(包括"假葡萄酒"与假白酒)。④(2)住,我们要时时提防自己的住宅是否属于楼倒倒、楼脆脆、楼歪歪、楼薄薄;装修要提防装修材料以次充好、甲醛是否严重超标等事情。(3)穿衣,我们既要时时提防各类"山寨版"冒牌货,又要注意某些正牌服饰的衣料是否会严重退色、严重缩水、衣料以次充好、衣服上甲醛是否超标,等等。(4)上医院,我们担心假药、"假疫苗"(如一些不法分子用生理盐水冒充狂犬疫苗)、"毒胶囊"⑤、无照行医、被误诊、被过度治疗。(5)出门,坐车我们要提防轮胎是不是违反规定大量使用返炼胶制成的轮胎(经央视媒体曝光后,锦湖公司已从2011年4月15日起召回30万条轮胎产品);开车,则要提防碰瓷的、钓鱼(执法)的;走路,则要提防推销的。

同时,社会上经常发生一些坑、蒙、拐、骗现象,如,人们经常不得不面对假票、假证、假中奖、银行诈骗、假老虎、假新闻,等等;⑥尤其是骇人听闻的拐卖儿童现象在某些地方屡禁不止,既弄得人心惶惶,⑦又让一些已丢失子女的家庭从此长期沉浸于后悔、悲痛之情中,有的甚至终身不得解脱(因为有些已丢失的子

---

① 汪水碧等摘.言论[J].读者,2012,(24):17.
② 佚名.石蜡墨汁造出红薯粉[N].现代快报,2011-04-23(A11).
③ 曾璐,耿莲莲.不用黄豆也能做豆腐[N].东方卫报,2010-12-29(07A).
④ 张烁."天大的责任"谁来担[N].人民日报,2011-04-27(17).
⑤ 据2012年4月15日央视"每周质量报告"播出的"胶囊里的秘密",曝光河北一些企业用生石灰处理皮革废料熬制工业明胶,最终流向药企。而9家药厂的13个批次药品所用胶囊重金属铬含量超标,超标最高达90多倍。
⑥ 赵菲菲.请让我来相信你[J].读者,2011,(9):26.
⑦ 汤舒俊,郭永玉.正确对待当前社会中的马基雅弗利主义现象[N].中国社会科学报,2011-01-25(9).

女从此再也无法找到）。据香港凤凰卫视 2011 年 3 月 1 日"冷暖人生"栏目晚间播出的"宝贝回家"节目报道，在当下中国社会，拐卖儿童已形成一个庞大的灰色利益链，拐卖一个儿童所获收入从几百元到几千元不等，被拐卖的儿童常常沦作被人控制的乞讨工具。据中国公安部公布的信息，自 2009 年开始开展打击拐卖儿童的活动以来，至今已破获 4 500 多起拐卖儿童的案件，解救被拐卖的儿童总计已有 6 700 多人。

三是说谎之风日盛。2011 年 8 月上旬，中国青年报社会调查中心通过民意中国网和网易新闻中心，对 1 865 人进行的在线调查显示，82.1％的受访者认为当前社会说谎之风日渐泛滥。受访者中，9.4％的人承认自己经常说谎，30.9％的人承认有时会说谎，26.9％的人表示偶尔会说谎，27.4％的人表示很少说谎，仅 5.4％的人说自己从来不说谎。

哪种类型的谎言最多？调查结果发现，受访者依次认为是官员、商家、职场。其他还有文化精英的谎言（55.2％）、朋友间的谎言（23.2％）、家庭中的谎言（18.2％）等。24.8％的受访者认为所有类型的谎言都很多。

为什么说谎成风？调查中，受访者给出的首要原因是"社会没有原则、底线失守，大家过分追求利益"（72.8％），其次是"说谎者不用付出任何代价，特别占便宜"（68.4％），排在第三位的原因是"说真话的人经常不招人喜，好心没好报"（61.0％）。另外，57.7％的人认为原因是"我们的文化讲究圆融，不讲原则的'老好人'最吃得开"，53.6％的人认为是"我们的社会并不真正推崇捍卫真理的精神"，48.7％的人表示是"社会精英经常说谎，起到了负面示范作用"。

说谎成风会带来哪些社会后果？调查中，76.2％的人认为会"致使人们不敢说真话，社会问题就无人指出，会增加社会的运行风险"，73.8％的人担心会"使国民素质教育缺乏灵魂，缺少引人向善的力量"，71.6％的人认为会让"社会失去代表正气、真理的榜样"。[①]

四是一些流行媒体热衷于炒作传统文化里的厚黑元素。个别流行媒体为迎合一些民众趣味，热衷于炒作传统文化里的厚黑元素，书刊报纸中与厚黑学相关的内容充斥于各类书店和报刊亭，影视作品大肆传播帝王、奸臣和奸商的权术。结果，在这些传媒及其背后的单位或个人得到丰厚经济利益的同时，也将人性弱点无限放大，有意无意地为当代中国一些缺德者作出缺德行为起到了推波助澜

---

① 佚名. 八成受访者认为说谎之风日盛[N]. 现代快报，2011 - 08 - 12（A2）.

的作用。①

(二) 信奉"缺德者无敌"带来的消极后果

1. 民众对生活缺乏安全感

依马斯洛的需要层次理论,安全需要(safety need)是指希求受保护与免遭威胁从而获得安全感的需要。安全需要是人的第二层次的需要,是人的重要需要之一。对于一般人而言,安全需要若不能得到适度满足,就无法产生更高级的需要。② 令人遗憾的是,虽然中国本以"礼仪之邦"闻名世界,不过,由于当代许多中国人、一些管理部门和当代中国许多学校(包括许多大学、中学与小学)普遍未真正将道德教育和道德学习放在重要位置,致使道德教育与道德学习被严重"边缘化",导致很多个体在学生时代不但没有养成良好的道德品质与文明生活习惯,而且逐渐成为一个或大或小的缺德者;这些在道德修养上有明显欠缺的人走上社会后,又由于缺乏相关法律制度的约束和来自政府、媒体和公众等的有效监督,于是唯利势图,或者做事不认真负责,致使当代中国不断发生一些令人匪夷所思、触目惊心的缺德事情(详见上文)。结果,尽管当代中国已可以把神舟送上天,把蛟龙送下海,已成为世界第二大经济体,但生产的婴儿奶粉却不能让中国的妈妈们放心,使她们舍近求远地到海外去为下一代找奶吃,并导致新西兰、澳大利亚、德国和中国的香港与澳门采取措施,限制中国人采购奶粉,这是多么令人深思的事情。如果说中国的食品安全问题的确是企业技不如人所致也就罢了,现实的怪异是,在国内信誉不高的食品企业,他们的出口产品却照样能被挑剔的美国人、欧洲人、日本人吃进胃里。不是外国人的胃没我们金贵,而是我们这些食品企业出口产品的标准远远高于国内,是完全可以让人放心的。这就说明,不是我们的企业不能生产出高标准的食品,而是他们可以不这样做。其中道理也很简单,由于国外食品监管较严,一旦产品质量出问题,后果很严重,所以我们的出口企业成本再高也得达标。而中国的监管机构比较而言就总是那么有弹性,甚至让企业可以找到许多"变通"之法,用更节约成本的办法来"搞定"。所以,国内食品安全的被牺牲,监管机构脱不了干系。特别是在一些企业连起码的道德底线都没有建立的时候,监管机制不完善,更加影响了国人对国内食品安全的信任,加速把他们推向海外。③

频频发生的食品与药品安全事件、生活安全事件不断刺激着民众的神经,让

① 汤舒俊,郭永玉.正确对待当前社会中的马基雅弗利主义现象[N].中国社会科学报,2011 - 01 - 25(9).
② 汪凤炎,燕良轼.教育心理学新编(第三版)[M].广州:暨南大学出版社,2011:475.
③ 萧然.中国可以把神舟送上天 奶粉却不能让人放心[N].人民日报,2013 - 02 - 18.

广大普通民众对国产物品尤其是食品与药品缺乏基本的安全感。调查显示,现在七成中国公众对国产食品没有安全感,①以至于当下一些中国百姓不得不发出"谁能借我一双慧眼,让我把这纷扰世界看得清清楚楚、明明白白、真真切切,以便不再上当受骗"②的感叹！为了购买到一些质优价廉的商品,一些中国人只好"国内挣钱国外花",到境外去疯狂采购,甚至千里迢迢飞到欧美发达国家去购物,这便是时下中国游客在境外展现强大购买力的一个重要心因。据美国《华盛顿邮报》刊文指出,2012年中国人海外消费额高达850亿美元,相当于全球营收最高企业——石油巨头埃克森美孚公司——全年营收额的2倍。③

2. 诚信缺失

当代中国社会正经历着从"户口所在地内"流动到"户口所在地外"、从"计划经济体制内"走出并进入"市场经济体制",从"熟人圈内"走出并进入"陌生人社会"。由于存在从"三内"向"三外"的转变(杨宜音语),传统的信任体制被打破,新的信任体制又未真正建立起来。④ 再加上法律制度与政府监督上存在一些漏洞,商业伦理与诚信做人便失去了制度保障,导致极少数缺德者至少暂时会从其缺德的言行举动里获得极大的"好处",从而给其他缺德者树立起一些不好的"榜样",形成一种错误心态:自己越缺德,越易给自己带来好处。结果自然是执迷不悟,缺德事越干越多。

在人际交往中,尤其是在与陌生人的交往当中,诚信与信任感有待重建。据2013年1月7日上午中国社会科学院社会学研究所在北京发布的《中国社会心态研究报告》称,2011年12月中下旬,课题组对北京、上海、郑州、武汉、广州、重庆和西安共7个城市市民的社会信任状况进行了调查。以60分作为信任底线,社会总体信任程度的得分平均为59.7分,已经跌入"不信任"水平,达到社会信任的警戒线。⑤ 而且,这种"不信任"的情绪在当代中国已然渗透进多数中国人的生活:吃饭不相信食品的安全性,出行不相信铁路行业解决买票难的能力和诚意,上医院不相信医生没有给自己多开药,打官司不相信司法会保持公正,……当"怀疑一切"成为当代中国整个人群的集体潜意识时,当代中国诚信的

---

① 涂重航. 三鹿事件后国内品牌婴幼儿奶粉几乎无人问津[N]. 新京报,2011-03-10(1).
② 雾里看花(阎肃作词、孙川作曲、那英演唱)的歌词原是:"借我借我一双慧眼吧,让我把这纷扰看得清清楚楚明明白白真真切切。"
③ 佚名. 中国去年海外消费850亿　各国争抢中国客[OL]. [2013-02-15]. http://money.163.com/13/0215/08/8NO77F3N00252G50.html.
④ 李松. 社科院报告显示中国社会陷入信任危机[N]. 中国新闻网,2013-01-12.
⑤ 同上.

缺失已达到无以复加的程度。① 于是，一些中国人不得不重新拾起并信奉"害人之心不可有，防人之心不可无"之类的做人格言，时时提防他人。于是，一些评价方式与手段不得不注重形式（因形式易判断），却不注重内容（因内容难判断，需有公信力的专家评判才行），这便是当今学术评价发生异化现象的心因（详见第六章）。同时，由于一些人没有诚信，喜欢玩心计，导致很多人"对别人不放心"，时刻"提防"他人；如果可能，凡事都要自己亲力亲为。结果，正如新加坡国立大学东亚研究所所长郑永年在《不信任砌成中国墙》一文中说，中国没有"柏林墙"，但由高强度的"不信任"砌成的"墙"却存在于社会各个群体和各个角色之间，在地方政府和百姓之间，在穷人和富人之间……不一而足。② 进而导致当代中国人的"做人成本"普遍偏高，许多人都活得很"累"，从而给中国社会带来某些不和谐的因素。

3. 道德冷漠

道德冷漠的含义有二：一是作为一种存在状态，它指人际间冷漠、冷酷、无情、孤离的存在状态。作为存在状态的道德冷漠具有客观性。二是作为一种主观感受，它指个体对人际间冷漠、冷酷、无情、孤离的存在状态的一种主观感受或体验。此时，道德冷漠与道德冷漠感名异实同。一切关于道德冷漠与否的道德判断、感受，都是以某种善恶价值观为前提的。概括起来，作为道德冷漠现象产生前提的道德价值观主要有两类：一类是基于具有确定性的严格善恶对立意义上的；另一类是并不是严格善恶价值对立意义上的，而是在根本价值原则基本相同基础之上的诸善之间价值冲突意义上的价值立场差别。就前一类而言，道德冷漠是基于两种完全对立、截然不相容的善恶价值原则与价值立场产生的现象。它主要有三种样式：（1）神圣意识形态类型的。它指个体坚信自己信奉的意识形态的神圣性，而对不信奉此意识形态的个体或群体采取无情打击，并无视受打击者的痛苦感受。例如，历史上的宗教战争，一方以为自己是替天行道，对另一方进行残酷打击，完全不顾及对方的痛苦感受，这种道德冷漠就属于神圣意识形态类型的道德冷漠。（2）纯粹反人类、反人道类型的。它指个体持反人类、反人道的立场，对无辜者采取无情打击，并无视受打击者的痛苦感受。例如，希特勒法西斯对犹太人实施种族灭绝政策时展现出来的道德冷漠就属此类型。（3）欺诈类型的。这是一种基于具有确定性善恶价值对立的特殊的冷漠。它指个体明

---

① 赵菲菲. 请让我来相信你[J]. 读者, 2011, (9): 26.
② 同上: 27.

知自己的欺诈行为会给他人带来不幸与痛苦,仍无动于衷,冷漠无情,肆意妄为。例如,在毒奶粉、假药、假种子等事件中呈现的道德冷漠,就属此类。就后一类而言,道德冷漠是在根本价值原则基本相同基础之上的诸善之间价值冲突后产生的现象。它之所以发生,原因主要有二:一是因每一种义务、每一种价值,孤立地看都有合理性,但受特定时空的限制,人们只能在当下选择其一而不能兼顾,此时,因不能兼顾而易给他人留下某种道德冷漠的感受;另一是个体因依赖、从众、恐惧、害羞、侥幸等心理因素打败自己的良心,而没有及时顾及他人的感受,从而给他人留下某种道德冷漠的感受。它主要有五种样式:(1)因一身兼任多种道德责任却无法同时兼顾而引发的道德冷漠现象。例如,大禹因治水任务繁重,三过家门而不入,就隐含对家人、亲情的冷漠,尽管这种冷漠得到家人与民众的谅解。(2)作为道德崇高表现的道德冷漠。例如,某些道德楷模长年坚守岗位,病危老母来电希望见上儿子最后一面,但儿子因工作需要无法回家满足老母的这个需要。这种道德冷漠常被人视为道德崇高的表现。[①] (3)因担心承担本无须承担的责任而产生的道德冷漠。趋利避害是人之常见心理,因担心承担本无须承担的责任,导致一些人见危不救,从而产生道德冷漠。(4)因过于注重一己私利却不顾及公共利益或他人利益而引发的道德冷漠。自我保护本也是人之常情,不过,一些人过于注重一己私利,为了自己的蝇头小利,丝毫不顾及公共利益或他人利益,从而产生道德冷漠。如,一些司机为了自己能早点回家,丝毫不体谅躺在救护车中患者的状况,不为救护车让路,最终因贻误救治时机而导致患者不幸去世。(5)因依赖、从众、恐惧、害羞、侥幸等而引发的道德冷漠。德国心理学格林曼特曾做过一个"电梯实验":他让自己的 1 名学生扮演"患病者"乘坐电梯,当电梯里只有 2 个人("患病者"和 1 名同乘者)时,"患病者"晕倒后,那个唯一的旁观者通常会立即上前施助;当电梯里有 3 个人("患病者"和 2 名同乘者)时,晕倒的"患病者"仍能得到很好的救助,通常是 1 个人负责安抚,另 1 个人打电话向警方或者医疗机构求助;当同乘者增加到 4 人时,情况开始发生微妙的变化,有人借故离开,尽管"患病者"仍处于危险中;当同乘者增加到 7 人时,选择离开的人会更多,最严重的一次,只剩下 1 人照顾"患病者",其他 6 人一声不响地走了,好像什么事都没有发生一样。实验结束后,格林曼特追问冷漠的"离开者"为什么选择离开。"离开者"的回答大同小异:"不是有人在施救吗? 我没有必要继续待在那里……""有那么多人在现场,即使我离开,也会有人出手相助

---

① 　高兆明.“道德冷漠”概念辨析[J].尚未发表论文.

的。""我看到有人走了,就跟在他后面离开了……"格林曼特认为,当有人在车站或马路上遇到危险或困难时,得不到及时救助,并不完全与旁观者的品德有关。在有很多人在场的时候,一种群体性依赖心理的弥漫造成的负面影响不可小觑:由众人分担责任,易因责任分散而导致人人都不愿负责任,这便是责任分散效应(diffusion of responsibility)。责任分数效应又称"旁观者效应",是指对某一件事来说,如果是单个个体被要求单独完成任务,责任感就会很强,会作出积极的反应;如果是要求一个群体共同完成任务,群体中的每个个体的责任感就会很弱,面对困难或遇到责任往往会退缩。因为前者独立承担责任,后者期望别人多承担点责任。责任分散的实质就是人多不负责,责任不落实。① 用中国老话说,便是:"一个和尚挑水吃,两个和尚抬水吃,三个和尚没水吃。""法不责众"。有一部分人的冷漠则是消极的从众心理起了作用——跟随其他人一道离开,内疚感和自责感会在无形中减弱。格林曼特在另外的一些研究中又发现:在地铁车厢和马路上见到行动不便的老人,大多数人都想去帮他们一把,但真正采取行动的人却很少,不采取行动的原因仅仅是因为害羞;而在一些车祸现场,有人袖手旁观,大都是因为血腥场面让他们感到害怕;还有一种情形,受困者得不到及时救助,是因为旁观者侥幸地认为对方并无大碍。②

"缺德者无敌"的事件频频发生,就会让人觉得"讲道德"不但没有益处,反而时有损失,若果真经常发生"好人没有好报"的事件,就会让一些善良人士受到伤害,这既会严重损害伦理道德的"合法性",也让"欺诈型道德冷漠"、"因担心承担本无须承担的责任而产生的道德冷漠"、"由于过于注重一己私利却不顾及公共利益或他人利益而引发的道德冷漠"和"因责任分散效应、从众、恐惧、害羞、侥幸等而引发的道德冷漠"等道德冷漠现象有愈演愈烈的倾向。当这种不良习俗形成后,人和人之间就自然缺乏基本的关爱心与责任心,互不友善,互相猜疑,多一事不如少一事。③ 在这种不良习俗流行的社会环境中,出现"78 岁老人摔倒后活活被憋死"④、"复旦黄山门"⑤、"小悦悦事件"和"路有冻死骨"之类的悲剧或道德冷漠现象就是"情理中之事"了。

4. 造成国家和人民的生命财产损失

由于当代一些中国人平时不重视道德教育和道德学习,导致一些中国人的

① 佚名. 责任分散效应[OL]. [2013 - 04 - 02] http://baike.baidu.com/view/1302071.html.
② 蒋骁飞. 他们为什么会冷漠[J]. 读者,2012,(24): 7.
③ 鄢烈山. 道德说教恐怕已经治不了冷漠病[N]. 现代快报,2010 - 12 - 19(A22).
④ 姜钰. 有时,我们需要"一厘米的良心"[N]. 现代快报,2010 - 12 - 17(封 16).
⑤ 周凯,陈竹. 复旦学子: 在生命面前,你错了就是错了[N]. 中国青年报,2010 - 12 - 21(教育·科学版).

道德素质普遍下滑,致使其聪明才智没有善心的引导,极易成为坏人为虎作伥的工具。当其中某些道德品质低劣却有一定聪明才智的人将其聪明才智用于谋取一己私利,又恰遇监管失灵时,往往给国家和人民的生命财产造成巨大损失。例如,在2008年轰动一时的"三鹿奶粉"事件(又称"毒奶粉"事件,因是添加了三聚氰胺的奶粉)里,假若犯罪分子不知道有关"三聚氰胺"的知识,是不可能将它加入牛奶和奶粉之中的。据刘佩智委员在全国政协十一届四次会议第三次全体会议上作大会发言时透露,仅"三鹿奶粉"事件,导致2 200万患儿接受检查,报告患儿30万,5万人住院治疗。"三鹿奶粉"事件,不仅损害公众健康,而且影响整个乳品行业声誉,将中国国内乳品市场份额拱手让给了国外品牌。据统计,"三鹿奶粉"事件后的2009年,中国乳制品进口由12.06万吨猛增到59.7万吨,高端婴幼儿进口奶粉所占份额接近90%。① "毒奶粉"事件的消极影响尚未彻底消除,却又"雪上加霜",出现了"皮革奶"(即添加了"皮革水解蛋白"②的乳制品)。结果,直至2013年年底,国产品牌婴幼儿奶粉几乎无人问津,稍有经济基础的中国人都想方设法购买洋品牌的奶粉。于是,中国大陆民众若去境外旅游,一项重任便是大量购买洋奶粉。这种做法在2011、2012年曾一度造成中国香港与澳门、澳大利亚和新西兰等地出现"奶粉荒",导致美国、新西兰、澳大利亚、德国、荷兰等国家不得不发出限购令,限制中国大陆游客购买奶粉的数量,以便保证本地居民能买到奶粉;中国香港则于2013年3月1日正式实施《2013年进出口(一般)(修订)规例》,规定离境人士所携带出境的奶粉每人不得超过两罐,违例者一经定罪,可被罚款50万港元及监禁两年。此外,由于"毒奶粉"事件的发生,导致很多外国政府明令禁止从中国进口牛奶及乳制品,这进一步给中国奶制品行业造成巨大损失。

其实,商业伦理本是所有商家须臾不可忽视的伦理底线,若相关法律制度不完善的同时,又加上监管频频失灵,商业伦理便失去了制度保障。而诚信关系本是市场经济的基石,当诚信缺失,市场自然也就不存在了。结果,商家与市场最终便会自食其果,遭到消费者的彻底抛弃。当下中国大陆奶粉业遭遇的尴尬现实便是"一个典型的反面例子"。因为造成中国大陆稍有经济基础的民众拒买国产奶粉,转而到境外去采购进口洋奶粉时,其原因说到底只在于中国大陆奶粉企

---

① 涂重航. 三鹿事件后国内品牌婴幼儿奶粉几乎无人问津[N]. 新京报,2011-03-10(1).
② 皮革水解蛋白,是指利用皮革下脚料或动物的皮毛、脏器等经水解技术而生成的一种蛋白粉,将其掺入牛奶或奶粉中可提高蛋白质的含量。

业生产的奶粉给人一种缺乏安全信任感的不良印象。① 令人遗憾的是,如此"浅显的道理"在当代中国商界至今却很少有人真正遵守它、践行它。这正应验了《老子·七十章》的言论:"吾言甚易知,甚易行。天下莫能知,莫能行。"②

5. 损害了中国人的正面形象

在当今世界变成"地球村"以及资讯异常发达的时代背景下,"好事不出门,坏事传千里。"近些年来中国大陆频发的一些令国人震惊的事件,像巨额贪污受贿案件、毒奶粉事件、煤矿频发矿工遇难事件、各类假货事件……既给国家和人民的生命财产带来巨大损失,当这些资讯被各类媒体传到国外后,也在许多外国人心中留下了极坏的印象。同时,随着中国改革开放事业的不断向前推进,随着中国人口袋里的钱越来越多,其中的许多人通过出国留学、访问、旅游、探亲、访友、工作等方式不断走出国门。在走出国门的中国人群里,也有一些未养成良好道德品质与文明生活习惯的中国人将一些陋习带出国门,由此在一些外国人心中留下"老土、粗俗、不讲卫生或不讲秩序"之类的不佳印象,以至于在一些中国人常去的国家,当地人在一些中国人经常出入的场所特意用中文写了许多警示语,告诫中国人要文明处世。更有甚者,有极少数不法商贩将一些假货卖到国外,致使一些外国民众也深受假货之害,导致"十亿中国人九亿骗"之类的"顺口溜"在一些"老外"那里颇有市场,结果,毋庸讳言,在许多外国人印象中,"中国制造"(made in China)常常与低端商品、质量无法保证产品相联系,导致一些在中国国内非常知名的品牌(像计算机中的"联想"品牌),在国外尤其是发达国家往往少有人问津,这与美国人、德国人或日本人将本国公司或企业生产的产品等同于高质量产品的心理相差"十万八千里"。再加上中西方文化与价值观等存在一定差异以及外国一些民众由于对当代中国缺乏足够的了解而易产生偏见等,这种种因素的交互影响,使得当代许多外国民众对中国人的总体印象偏差,导致"中国人污名"(stigma of Chinese)——指外国人在社会互动中对中国人存有负面评价、消极情感体验和歧视现象——有愈演愈烈的趋势。例如,作为全球最有影响力的非政府舆论调查机构,美国皮尤研究中心(Pew Research Center)公布了2010年不同国家对本国现状的满意度及对中美两国形象的认同度调查结果。为便于读者阅读,笔者在引用此组数据时将其按对中国形象认可度从大到小进行重新排列,详情见表2-2。

---

① 佚名."奶粉荒"的罪魁是谁?[EB/OL]. http://opinion.cn.yahoo.com/jdgz/naifenhuang/index.html,2011年3月1日上午10点18分下载.
② 陈鼓应.老子注译及评介(修订增补本)[M].北京:中华书局,2009:314.

表 2 - 2　2010 年不同国家对本国现状的满意度及对
中美两国形象的认同度(%)①

	对本国现状满意度	对本国经济满意度	对中国形象评价	对美国形象评价
中　国	87	91		58
肯尼亚	17	43	86	94
巴基斯坦	14	18	85	17
尼日利亚	23	34	76	81
俄罗斯	34	33	60	57
黎巴嫩	11	13	56	52
埃　及	28	20	52	17
巴　西	50	62	52	62
美　国	30	24	49	
西班牙	22	14	47	61
英　国	31	20	46	65
波　兰	47	53	46	74
阿根廷	22	24	45	42
法　国	26	13	41	73
韩　国	21	18	38	79
印　度	45	57	34	66
德　国	39	44	30	63
日　本	20	12	26	66
土耳其	38	34	20	17

　　根据表 2 - 2 所示,除了肯尼亚、巴基斯坦、尼日利亚、俄罗斯、黎巴嫩、埃及和巴西之外,中国国家形象在大多数国家的认同度都普遍偏低。在受访的德国、法国、英国和西班牙等四个西欧国家中,对中国的好感度平均仅有 41%。德国和法国作为欧盟的主要国家,对中国"不友好"的比例大大超过对中国"友好"的比例。在德国,61% 的人对中国没有好感,只有 30% 的人对中国有好感,二者相差 31 个百分点。在法国,59% 的人对中国没有好感,只有 41% 的人对中国有好感。即使是相对友好的西班牙和英国,其国民对中国积极评价的比例分别也仅有 47% 和 46%。在回答"对于本国而言,你认为中国更多的是合作伙伴还是敌人"这一问题时,德国、法国、英国和西班牙等四个西欧国家的民众都有超过

①　刘涛.中国形象的全球传播[N].中国社会科学报,2011 - 02 - 01(12).

50％的人选择"二者皆不是",明确将中国当作合作伙伴的不到 1/3,最高的西班牙也仅为 28％。[1] 同时,亚洲邻国(日本、韩国和印度)对中国国家形象的平均认同度仅有 30％。在国际政治舞台上掌握优势话语权的美国与欧洲强国对中国形象的负面看法远高于正面肯定。[2] 英国广播公司 2010 年涉华民调结果也得出"欧洲国家对中国看法普遍负面"的结论,详情见表 2-3。

表 2-3　英国广播公司 2010 年涉华民调结果[3]

	对中国影响力的评价	
	总体积极	总体消极
俄罗斯	42	31
英　国	40	38
葡萄牙	25	54
法　国	24	64
西班牙	22	54
德　国	20	71
意大利	14	72

英国广播公司 2010 年涉华民调显示,在受访的 28 国民众中,欧洲人对"中国影响力"的看法总体评价消极。根据表 2-3 所示,受访的 7 个欧洲国家——俄罗斯、英国、葡萄牙、法国、西班牙、德国和意大利——中,对"中国影响力"总体评价积极的平均比例仅为 27％,而消极评价的比例高达 55％。意大利有 72％的受访者对中国影响力持负面看法,是所有受访国家中最高的;紧随其后的是德国的 71％;法国、葡萄牙和西班牙对中国持负面看法的比例也超过半数,分别是64％、54％、54％。不但如此,从纵向看,2006—2010 年欧洲国家民众对华好感度呈现出下降的趋势,虽然这两年有小幅改善,但与其他国家和地区相比,仍处于较低水平。[4]正因为如此,中国大陆护照的亨氏签证受限指数只有 41,排名为并列第 92 名,仅领先于一些贫穷、战乱动荡的国家,而中国香港护照排名高达第11 名。[5] 又如,由于当前国人在西方人眼中的形象不佳,于是,当中国 16 岁小将叶诗文在 2012 年伦敦奥运会 400 米、200 米混合泳中展现出惊人表现并成为混合泳双冠王时,随即就引来西方媒体的质疑,某些外国记者逼问叶诗文是否使用

① 翟慧霞.国际民调中的欧洲民众对华态度[N].中国社会科学报,2011-01-04(13).
② 刘涛.中国形象的全球传播[N].中国社会科学报,2011-02-01(12).
③④ 翟慧霞.国际民调中的欧洲民众对华态度[N].中国社会科学报,2011-01-04(13).
⑤ 谢振宇摘.哪国护照最好用[J].读者,2012,(24):47.

了兴奋剂。英国奥林匹克协会主席莫尼翰（Lord Moynihan）不得不于 2012 年 7 月 31 日出面澄清："我们清楚世界反兴奋剂机构（WADA）的专业性，她通过了 WADA 的所有测试，争论可以到此为止了。"

为塑造和提升中国国家形象，中国政府精心制作了中国国家形象宣传片，并于 2011 年 1 月 17 日（胡锦涛总书记 2011 年 1 月 18 日访美的前一天）开始，在美国纽约曼哈顿的时报广场户外大屏幕不断播放。这则宣传片以中国红为主色调，在短短 60 秒时间内，展示了包括邓丽华、吴宇森、宋祖英、刘欢、朗平、姚明、丁俊晖、袁隆平、吴敬琏、杨利伟在内的、涵盖文艺、体育、商界、智库、模特、航天等各行各业的数十位杰出华人，以"智慧、美丽、勇敢、才能、财富"等品质诠释中国人形象。在接下来的 4 周时间内，每天从早晨 6 点至次日凌晨 2 点，这则宣传片会在时报广场这块大屏幕上每小时出现 15 次。与此同时，在美国华盛顿特区画廊广场的户外大屏幕也正同步播放这则宣传片。浓缩为 30 秒的中国国家形象宣传片《人物篇》还曾于 2011 年 1 月 17 日，通过美国有线电视新闻网（CNN）的各个频道在 4 周内覆盖全球播放。①

不过，据英国广播公司 2013 年 5 月 23 日报道，最新的英国广播公司国家形象民调结果出炉，全球 25 个国家的超过 2.6 万人参与了调查，参与者被问及全球 16 个国家和欧盟在他们眼中的形象如何。调查结果如图 2-2 所示。由图 2-2 可知，德国是最受欢迎的国家，59％的受调查者认为德国国家形象十分积极，而中国的排名比 2012 年略有下降，屈居第九。

（三）"缺德者无敌"不能成立的理由

"缺德者"显然不可能"无敌于天下"，这是毫无疑问的。古今中外无数史实表明，马基雅弗利主义适于短线交易，却悖于长期博弈；虽能够帮助个体或组织获一时之利，却会让个体或组织丢掉长远利益；短期看可能会利人，长远看必定是在害人害己。因此，讲究严格自律和高度职业操守的行业往往排斥马基雅弗利主义、排斥缺德者。② 为什么缺德者往往不得善终呢？缘由至少有以下三方面。

1. 缺德者会受到正义力量的应有惩罚

俗话说："邪不压正。"缺德者（无论是普通人还是位高权重者）或缺德单位（不论是不知名的小单位还是盛极一时的大单位）终会因恶行而受到正义力量施

① 佚名.中国国家形象宣传片闪耀曼哈顿时报广场[N].中国社会科学报，2011-02-01(12).
② 汤舒俊，郭永玉.正确对待当前社会中的马基雅弗利主义现象[N].中国社会科学报，2011-01-25(9).

			自2012年以来的积极变化	自2012年以来的消极变化
	☐ 总体积极	☐ 总体消极		
德国	59	15	3	−1
加拿大	55	13	2	−1
英国	55	18	4	−2
日本	51	27	−7	6
法国	49	21	1	−1
欧盟	49	24	1	−1
巴西	46	21	1	3
美国	45	34	−2	1
中国	42	39	−8	8
韩国	36	31	−1	4
南非	35	30	−2	5
印度	34	35	−6	8
俄罗斯	30	40	−1	4
以色列	21	52	0	2
朝鲜	19	54	0	4
巴基斯坦	15	55	−1	4
伊朗	15	59	−1	4

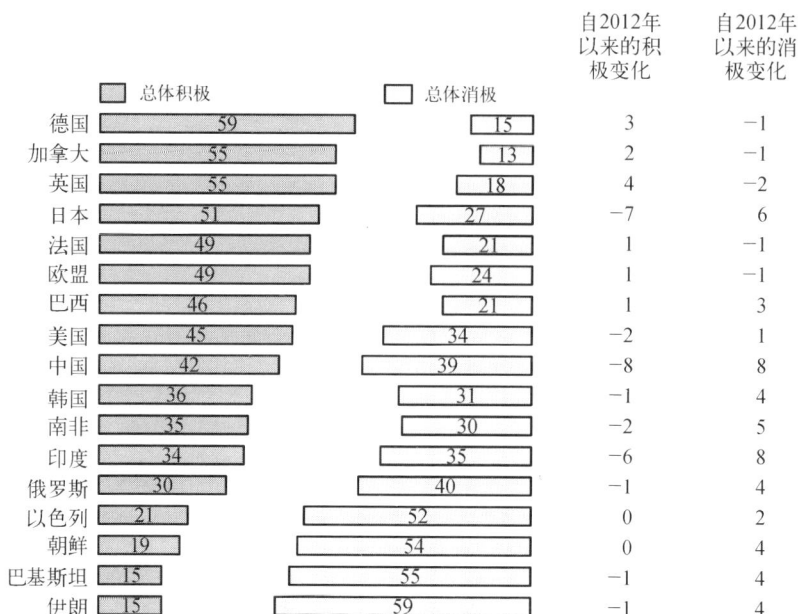

图 2-2　2013 年英国广播公司国家形象调查结果排名[①]

予的应有惩罚。像东汉末年出尔反尔的吕布、残害忠良的宋代奸吏秦桧、无恶不作的德国前元首希特勒、民国时期卖国求荣的汪精卫等缺德小人,虽都曾一时得志,但最终都受到应有的严厉惩罚,终究都没有好下场。又如,为了整顿中国足球,中国足坛掀起"打假反赌扫黑"活动,原足协官员张健强、曾有"金哨"美名的陆俊以及黄俊杰(裁判)和周伟新(裁判)等相继落网。当记者问陆俊:"作为中国裁判界曾经的第一人,现在愿意给中国足协、球迷和其他裁判说些什么?"陆俊的回答是:"我现在这种身份,好像没资格再说什么了。我觉得只能从中吸取教训,不管你怎么努力,如果不遵守法律,分不清守法和犯罪的界限,一切都等于零,而且有的时候连零都不如。特别是我的同行,要吸取我的教训,不要再犯同样的错误。"[②]从这段话里可以读出陆俊的悔过之心,可惜世上本无"后悔药"可吃。正所谓"早知现在,何必当初!"

事实上,从进化心理学的角度看,人类为了更好地生存与可持续发展,一个常用做法是:选择一些积极的天性(如"同情心"、"爱心"等),使之不断进化。为

①　英国广播公司. BBC 全球国家形象调查:德国第一 中国第九[J/OL]. http://news.xinhuanet.com/politics/2013-05/24/c_124756308.html.
②　佚名.陆俊供黑幕:吹赢申花比赛和足协官员各分 35 万[N].现代快报,2011-03-31(封 6).

此,赋予一些拥有高超智慧的人及其言论或论著以崇高的地位,从而让后人不断加以学习和模仿。与此同时,淘汰极端无道却有聪明才智之人的生平事迹及其言论或论著;对于那些对人类生存造成极大危害者(如希特勒),则尽可能做到从肉体到精神上都予以彻底消灭掉,从而收到"杀鸡儆猴"的强大威慑作用。这既能让其他想干缺德事的人有所收敛,也让所有正义人士时时警惕缺德者的图谋不轨,让缺德者的阴谋最终无法得逞。因此,在古今中外历史上,一些拥有高超智慧的人(像孔子、孟子、庄子等)可能在世时吃尽人间辛苦,但因其言行与思想里充满了智慧,有利于人类的更好生存与可持续发展,最终都获得崇高的声誉,成为后人学习的楷模。与此相反,一些不讲道德却有聪明才智之人生前虽享尽人间荣华,像战国时期的张仪、苏秦生前都曾风光无限,苏秦最风光时更是身佩六国相印,较之孟子和庄子的生活窘境要好得多,简直可说一个在天上,一个在地上。但历史是公正的,经过历史的大浪淘沙,今天仍知道张仪和苏秦的人已很少,而孔子、孟子和庄子等人的英名却如雷贯耳,稍有中国文史知识的人都知道。至于缺德者尤其是丧尽天良的人往往不得善终,终将受到正义力量的严惩,像日本战犯东条英机最终就被远东国际军事法庭判处死刑,并于 1948 年 12 月 23 日被绞死。或者,自己因预感到会受到正义力量的严惩,只好被迫自行了断,像希特勒最终就选择了自杀身亡,并且嘱咐其属下将其尸体用火烧掉。希特勒当年写的一些煽动人心的论著后也被正义人士列为禁书,不再允许其随意传播。

2. 缺德会损害个体的身心健康

现代医学研究表明,正常的人自身本有一个功能完善的免疫系统,它确保人不生病。不过,人的免疫系统受到神经系统和内分泌系统的调节,这两种调节系统都受到人的心理因素的影响,其中,神经系统更是深受人的心理因素的影响。在诸种心理因素之中,道德品质因素是最重要的心理因素之一。因为道德感是人的社会性高级情感,一个人若能提高自己的道德修养,就有利于自己保持心情安静,减少心理冲突,这对维持神经系统和内分泌系统的正常运行具有良好的促进作用,而神经系统和内分泌系统的正常运行,又有利于个体自身的免疫系统保持正常状态,甚至还有可能提高个体自身免疫系统的功能,从而提高个体自身的免疫力,结果,自然不容易生病。因此,良好的道德修养对促进身心健康是有利的。事实上,心理卫生学研究已表明,大凡高寿者多性格开朗、情绪乐观,具有良好的品德修养。一个人若缺乏基本道德修养,势必斤斤计较,患得患失,内心也就难以保持恬淡的状态。正如《论语·述而》所说:"君子坦荡荡,小人长戚戚。"①这就易造成其神经系统和内分泌系统的失调,进而降低其自身免疫力;进一步言之,品德败坏之人的心理往往长期处于紧张、恐惧、内疚或不安等状态,更易造成其神经系统和内分泌系统的失调,进而更易使其免疫系统失调,降低其自身免疫力,当然更容易生病。因此,道德高尚的君子易长寿,而道德修养差的小人则难长寿(如图 2-3 所示)。

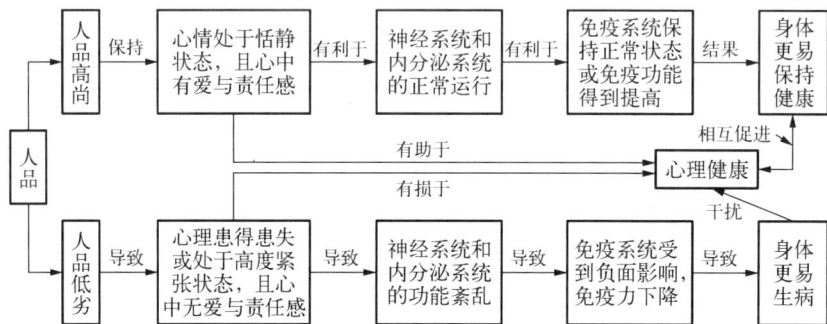

图 2-3 品德因素对个体身心健康影响示意图

巴西医生阿尼塞托·马丁斯的研究也证明这点。马丁斯对腐败贪官的健康等问题进行了 10 年的研究。他对 583 名被指控犯有各种贪污受贿罪的官员和 583 廉政官员的健康状况做了对比调查研究,结果发现:失廉官员中 60% 的生病,其病为癌症的占 53%;心脏病(含心肌梗死、心绞痛、心肌炎等)占 17%;脑梗塞、脑溢血等其他病占 30%,在 1—6 月内死亡 5/6。廉政官员 583 名中,只有 16% 的人生病,无死亡。同时,对失廉的 583 人做了心理测验,70% 的人心理状况极差,经常服用镇静剂。又对受到免职的 16 名官员作调查,其平均年龄 41 岁,16 人免职后,在其他部门得到重新任职,其中 15 人在 1 年内生病,6 人死亡,只有 1 人无病。马丁斯最后认为,腐败官员生病的缘由是:长期精神紧张,心理失衡,生活失律;神经功能、新陈代谢、内分泌、消化与排泄功能等紊乱,所以腐败官员极易损害健康,亦难长寿。②

可见,缺德者若不及时醒悟,迷途知返,即便一时幸运,逃过道德和法律的制裁,仍会因长期的焦虑、紧张等情绪而损害身心健康。

3. 缺德者"因黑吃黑"而不得善终

在生活里,即便一个人再坏,总有比其更坏的;即便一个人再狠,总有比

① 杨伯峻. 论语译注[M].北京:中华书局,1980:77.
② 陈正平.腐败损健康,贪官难长寿[J].家庭医生,1997,(2):40.

其更狠的。正如民谚所说："恶人自有恶人磨。"于是，终有一天，缺德者一旦落在比自己更坏、更狠的人的手中，往往会受尽折磨，并不得善终。从这个意义上说，一个人一旦信奉"缺德者无敌"的观念，不但会给他人、社会和国家带来消极后果，而且会给自己或自己的后人带来消极后果，真可谓既害人又害己！

四、"只要拥有强大家庭背景就可无敌"

（一）信奉"只要拥有强大家庭背景就可无敌"的具体表现

"只要拥有强大家庭背景就可无敌"的意思是，一个人只要拥有强大的家庭背景，即便自己无德无才，也可无敌于天下。在此观念的影响下，一些中国人相信"学好数理化，不如一个好老爸"、"爹妈罩我去战斗"的说法。这种说法在"我的爸爸是李刚"①、"福建省屏南县财政局下属单位的定向招聘"②与"局长儿子没毕业就当公务员"③等三个真实个案里得到证实。同时，由于当代一些中国人相信"只要拥有强大家庭背景者就可无敌"，于是，一些"不幸"生于"寒门"的人为了在所谓的"成功之路"或"幸福之路"上能走捷径，殚精竭虑地想让自己傍上"一棵大树"，结果，所谓的"傍傍族"就应运而生了：结婚要傍大款，理财要傍巴菲特，办事要傍有权力的人。④

（二）信奉"只要拥有强大家庭背景就可无敌"造成的后果

"只要拥有强大家庭背景就可无敌"的事件一旦发生，就会让一些出身贫寒却真正有才华的人士"英雄无用武之地"，且"报国无门"，这既严重损害社会的公正、公平秩序，也埋下社会不和谐的祸根。同时，会给其他有强大家庭背景者树立不好的"榜样"，并产生错误的心态：只要自己身在豪门，无论自己是否有良好的品德修养与才华，都会有良好的工作岗位与未来。历代一些豪门之所以会"富不过三代"，结果被一些纨绔子弟败家，甚至连累整个家庭，多是由于其后代中有一些子弟受此种不良心态影响的结果。从这个意义上说，一个人一旦信奉"有强大家庭背景者无敌"的观念，不但会给他人、社会和国家带来消极后果，而且会给自己或自己的后人带来消极后果，同样是害人又害己！

---

① 2010年10月25日晚上央视"新闻1+1"节目，主持人是董倩，评论员是白岩松。新华网石家庄2010年10月25日电（记者 朱峰）。
② 侯希辰，肖春道，陈钟兰. 福建屏南财政局曝出雷人招聘 疑是量身定造[N]. 台海网，2010-11-25（社会民生版）. 陈强. 福建屏南县财政局长因暗箱操作将提出辞职[J]. 中国青年报，2010-11-25（1）.
③ 新华社. 局长儿子没毕业就当公务员[N]. 现代快报，2010-12-27（A8）.
④ 邹丽云等摘. 言论[J]. 读者，2011，（5）：15.

（三）"只要拥有强大家庭背景就可无敌"不能成立的理由

"只要拥有强大家庭背景"是否真的"无敌于天下"呢？答案显然也是否定的。这是因为：一个人所处的家庭背景的强大，那是其祖辈或父辈努力的结果，自己在其中并未扮演重要角色。强大的家庭背景虽然可以给自己的成长带来诸多便利之处，但是，若自己不努力提高自身的修养与才华，这些外在的资源终究是会越用越少的，"坐吃山空"一语讲的就是这个道理；如果自己将强大家庭背景作为自己为恶的"靠山"，那更是错上加错了。读者只要想想历朝末代皇帝的下场，就知道这个说法显然是不能成立的。因为身为一朝之皇帝，他肯定有强大的家庭背景，但是，如果自己既不修德又无才华，不但不能有效治理国家，常常还会落个身首异地的悲惨下场。

第二节　一荣俱荣，一损俱损：德与才
之间关系的本来面貌

为什么在世间万事万物中，只有智慧是唯一对人有百利而无一害的东西？从心理学角度看，这是由于智慧是聪明与善的合金，这样，智慧就将良好品德与聪明才智有机地统一起来，从而让良好品德与聪明才智之间产生互为促进、相得益彰的一荣俱荣的关系。自然而然地，拥有德才兼备型智慧素质的个体，若入世谋发展，就会获得一定的社会成就；若隐世过隐士生活，也往往能超然物外，怡然自得。与此不同的是，一个人若未真正习得智慧，就不能将其良好品德与聪明才智有机地统一起来，结果，良好品德与聪明才智之间就容易产生一损俱损的关系，自然而然地，只拥有聪明素质却道德修养不佳的个体若入世谋发展，就有可能"聪明反被聪明误"；若隐世过隐士生活，因自己的道德修养不够，也容易闷闷不乐或生出其他不愉快的事情来。与此类似，只拥有高尚道德品质却缺少聪明才能的个体，若入世谋发展，就既有可能因经常上他人的当而屡遭挫折，也可能因自己的才华不够而碌碌无为或好心办坏事；若隐世过隐士生活，虽能过安稳的生活，也容易闷闷不乐或生出其他不愉快的事情来。

一、聪明才智的运用与良好品德的发展
（一）聪明才智运用得当可促进个体良好品德的发展

如上文所论，虽然聪明才智永远填补不了道德的缺陷，不过，聪明才智若运

用得当,却可促进个体良好品德的发展。所以,东汉王符在《潜夫论·赞学》里说得好:

天地之所贵者,人也。圣人之所尚者,义也。德义之所成者,智也。明智之所求者,学问也。虽有至圣,不生而智;虽有至材,不生而能。故志曰:黄帝师风后,颛顼师老彭,帝喾师祝融,尧师务成,舜师纪后,禹师墨如,汤师伊尹,文、武师姜尚,周公师庶秀,孔子师老聃。若此言之而信,则人不可以不就师矣。夫此十一君者,皆上圣也,犹待学问,其智乃博,其德乃硕,而况于凡人乎?①

之所以"德义之所成者,智也",是由于"美德即知识"(苏格拉底语),而由下文第四章第一节所论,若将聪明才智作进一步分解,它主要由三部分构成:正常乃至高水平的智力;足够用的实用知识(包括元认知知识、默会知识);良好思维方式(内含善于发现问题和高效解决问题的策略)。由此可见,一个人如果拥有良好的聪明才智,不但其已掌握足够用的实用知识,而且由于其往往拥有正常乃至高水平的智力、良好的思维方式以及善于发现问题和高效解决问题的策略,自然更有助于其进一步高效地学习和掌握关于自然界和人类社会方面的丰富知识,这样,若运用得当,并将之灵活地迁移到自己的做人过程中,使得人们更容易充分利用客观规律来为自己服务,而不是受制于客观事物,就有助于人的自由发展,从而可促进个体良好品德的发展,更易个体生成和展现自己的做人智慧。

(二) 聪明才智运用不当会阻碍个体良好品德的发展

一个人即便有聪明才智,即使本领高强,若没有良好品德的引导,将聪明才智运用不当,只知为自己或自己的小集团谋利益,而不知为绝大多数谋取福祉,就会阻碍个体良好品德的发展,此时个体往往会"聪明反被聪明误",并容易让自己干出非常愚蠢的举动来。历史上一些臭名昭著的人物(如吕布、秦桧、汪精卫、希特勒等)、落马的官员(如尼克松)、一些大案(如"问题奶粉事件"或麦道夫诈骗案等)的主角之所以既聪明又愚蠢,都是因为他们将自己的聪明才智用错地方,结果干出一些伤天害理的事情,不但将自己先前树立的美好形象毁于一旦,甚至为此要承担相应的法律制裁与道德谴责。在这方面,运用"庞氏骗局"骗翻全球许多有钱人的伯纳德·麦道夫(Bernard Madoff, 1938—   )就是才与德失衡的经典个案。从麦道夫骗局这一事件里,人们至少可以得到四个启示:第一,一个人如果道德低劣却拥有高水平的聪明才智,那么,一旦此人将其聪明才智仅用来为自己谋取私利时,极容易给他人与社会造成巨大的人员或财产损失。第二,即

① 〔汉〕王符.潜夫论笺校正[M].〔清〕汪继培笺,彭铎校正.北京:中华书局,1985:1.

使像美国这样法制建设如此发达的国家,在金融监管方面也存在 些漏洞。因此,从国家的层面上说,只有法律建设与道德建设并重,齐抓共管,方能收到良好管理效果。从个人的层面说,任何一个人都只有加强自我道德修养,才不至于"聪明反被聪明误"。第三,贪欲的确易干扰人的心智。在麦道夫骗局里,不但麦道夫本人是被自己的无穷贪欲引诱,逐渐让自己犯下可能是华尔街历史上最大的欺诈案;那些受骗者里的一些人不同样也是被贪求高额回报的贪欲迷惑从而上当受骗的吗? 从这个角度上说,曾子之所以要"吾日三省吾身",重要目的之一便是让自己时刻对自己内心滋生的贪念保持高度警惕。身处泰国曼谷西郊的一座寺院的索提那克法师将此道理说得更通俗易懂,索提那克法师的下述言论启迪人们:在日常生活里,人们只有像修剪草坪一样,时时修剪自己的贪欲,才不至于被贪欲所惑。索提那克法师说:

> 施主,你知道为什么当初我建议你来修剪树木吗? 我只是希望你每次修剪前,都能发现,原来剪去的部分,又会重新长出来。这就像我们的欲望,你别指望完全消除。我们能做的,就是尽力把它修剪得更美观。放任欲望,它就会像这满坡疯长的灌木,丑恶不堪。但是,经常修剪,就能成为一道悦目的风景。对于名利,只要取之有道,用之有道,利己惠人,它就不应该被看作是心灵的枷锁。①

第四,一个人一旦犯错误,一定要及时迷途知返,切不可越陷越深,否则,不但自己将会受到应有的惩罚,甚至还有可能连累自己身边的人(如自己的家人、朋友、领导或属下等)。

(三) 个体若缺乏聪明才智会阻碍其品德的发展

一个人如果缺乏起码的聪明才智,典型者如智商在 70 以下的智能不足者,②那么其在学习做人或做事的过程中,一般而言,效率非常低,自然难以有效地掌握丰富的有关做人或做事的知识、方法与技巧,也就往往不能对生活里遇到的一些客观现象——如日食或月食之类的自然现象、从众或众从之类的社会现象——作正确解释,这就极易使自己滋生迷信、盲从等心态,使自己受制于客观事物,最终阻碍自己生成更高层次的做人智慧。古今中外历史上存在的一些因"无知"而产生盲信、盲从的事例,讲的就是这个道理,生活里一些弱智者往往其言行也不具有道德意义,更不可能拥有高水平的人慧(德慧是其中的一种)或物

---

① 赵功强.修剪欲望[J].伴侣(B版),2010,(16):31.
② 在心理学中,一般认为,智商在 70 以下者为智能不足者,也叫弱智者或智障者(retarded person),分三个等级:轻度,智商为 70~50;中度,智商为 50~25;重度,智商为 25 以下。

慧,其内在根源之一也在此。

同时,有德无才或德多才少的人一般也只是一个"没用的好人",不但难成大器,还容易将事情办得一塌糊涂,进而会阻碍其道德品质的进一步发展。

二、品德的良善与聪明才智的发展

(一) 良好品德促进个体聪明才智的发展

人们如果在日常生活里注重道德教育和道德学习,使自己逐渐拥有高尚的品德,往往能有效促进个体聪明才智发展的功能。正如《管子·内业》所说:"德成而智出。"[①]具体地说,良好品德常常可以从以下四个方面来促进个体聪明才智的增长。

1. 养成良好人生态度和学习态度,促进聪明才智的发展

液态智力和晶体智力理论(theory of fluid and crystallized intelligence)由卡特尔(Raymond Bernard Cattell,1905—1998)1963 年正式提出,由霍恩(John L. Horn,1929—2006)和卡特尔于 1965—1967 年加以充实。依液态智力和晶体智力理论,按心理功能的差异,一个人的智力实际上是由液态智力和晶体智力两个因素构成的。液态智力是指一个人生来就能进行智力活动的能力,即人与生俱来的、可以进行学习和解决问题的能力,它依赖于个人先天的禀赋。因此,液态智力一般是与基本心理过程有关的能力,如知觉、记忆、运算速度和推理能力,它较少地依赖于文化和知识的内容,多半不依赖于学习,其个体差异受教育文化的影响较少。晶体智力是一个人通过其液态智力学到的能力,是通过学习语言、数学或其他经验而发展起来的能力,它决定于后天的学习,与社会文化有密切的关系。晶体智力是经验的结晶,所以称为晶体智力。晶体智力依赖于液态智力,液态智力是晶体智力的基础。假若两个人具有相同的经历,其中一个有较强的液态智力,那么他将发展出较强的晶体智力。但是,一个有较高液态智力的人如果生活在贫乏的智力环境中,那么他的晶体智力的发展将是低下的或平平的。[②]同时,心理学研究表明,智力是随着年龄的增长而变化的,一般而言,液态智力随机体的生理生长而变化,在 20 岁左右时达到顶峰,随即保持一个相当长的水平状态直到 30 多岁,之后开始出现逐渐下降的迹象,到 60 岁左右迅速衰退。晶体

---

① 黎翔凤. 管子校注[M]. 梁运华,整理. 北京:中华书局,2004:931.

② Cattell, R. B. (1963). Theory of fluid and crystallized intelligence: A critical experiment. *Journal of Educational Psychology*, 54(1):1-22. Horn, J. L. & Cattell, R. B. (1966). Refinement and test of the theory of fluid and crystallized general intelligences. *Journal of Educational Psychology*, 57(5):253-270. 黄希庭. 心理学导论(第二版)[M]. 北京:人民教育出版社,2007:539-540.

智力的衰退很慢,它随着个体年龄的增加不仅能够保持,而且还能有所增长,一般到 60 岁左右才开始缓慢衰退。[①] 这意味着,一个人即使有很高的液态智力,如果其不好好学习,以此来发展自己的晶体智力,那么,随着其年龄的增长,他或她也会逐渐沦落为一个智力平平的人。王安石《伤仲永》一文里所讲的方仲永就是一个典型个案。由此可见,不善于学习的人不但其晶体智力不会很高,而且最终将导致其整个智力水平都不会很高。而一个人不善于学习,一般常见原因主要有二:没有养成良好的学习态度;没有学会有效学习的方法。其中,第一个原因更重要,因为一个人即便一时没有学会有效学习的方法,只要拥有良好的学习态度,迟早会掌握有效学习的方法。

虽然人的液态智力主要是天生的,一旦产生,教育对它无能为力。但是,人的晶体智力的成长与否同其积累知识经验的多寡有明显的正相关。在拥有类似液态智力和外部环境的前提下,影响一个人积累知识经验的重要因素就是其对待人生的态度和对待学习的态度。如果一个对人生持乐意虚度光阴的态度,同时,对己不自信、不自强,待他人不谦虚、好高骛远、不思进取、意志不坚定或注意力不集中……,其学习效率能高吗? 一个人若其学习效率不高,其积累知识经验的效率就会不高,其晶体智力也就不能得到有效提高,最终其聪明才智就不能得到有效发展。与此相反,假若一个待人谦虚、脚踏实地、积极进取、意志坚定、持之以恒……,往往能获得最佳的学习效果。《淮南子·泰族训》说得好:"人莫不知学之有益于己也,然而不能者,嬉戏害人也。人皆多以无用害有用,故智不博而日不足。……以弋猎博弈之日诵诗读书,闻识必博矣。"一个人假若能充分利用时间来勤奋学习,一定能增加自己的见识。一个人一旦拥有较好的学习效率,自然能通过高效学习来有效促进其晶体智力乃至其聪明才智的发展。同时,一个人若想获得良好学习效果,"秘诀"之一就是乐学,这样才能激发自己长久的学习兴趣与学习动力。因此,据《论语·雍也》记载,孔子早就说过:"知之者不如好之者,好之者不如乐之者。"孔子本人就是一个好学、乐学的榜样人物。据《论语·公冶长》记载,孔子曾自豪地说:"十室之邑,必有忠信如丘者焉,不如丘之好学也。"《淮南子·缪称训》说:"故同味而嗜厚脯者,必其甘之者也;同师而超群者,必其乐之者也。弗甘弗乐,而能为表者,未之闻也。"张载在《经学理窟·大学原下》里说:"学者不论天资美恶,亦不专在勤苦,但观其趣向着心处如何。……此

---

① Horn, J. L. & Cattell, R. B. (1967). Age differences in fluid and crystallized intelligence. *Acta Psychologica*, 26: 107-129.

始学之良术也。"在《经学理窟·学大原上》里，张载又说："'乐则生矣'，学至于乐则自不已，故进也。"《二程遗书》卷十一说："学至于乐则成矣。笃信好学，未知自得之为乐。好之者，如游他人园圃；乐之者，则己物尔。"同样是强调乐学的重要性。

2. 抵御和戒除贪欲，保持和促进聪明才智的发展

人的需要有多种类型，从不同角度可以作出不出的区分。从合理与不合理的角度分，可以将人的需要分为合理需要（或好的需要）与不合理需要（或不好的需要）两种形式。如下文第四章所论，在一切人为因素中，凡是有益于绝大多数人（包括自己与他人）、仁爱且正义的社会和自然界健康生存与可持续发展的东西，都是道德或道德的；反之，就是不道德或不道德的。依此推论，凡是有益于绝大多数人（包括自己与他人）、仁爱且正义的社会或自然界健康生存与可持续发展的需要，都是合乎道德的需要，简称"合理需要"或"好的需要"；反之，凡是有损于绝大多数人（包括自己与他人）、仁爱且正义的社会或自然界健康生存与可持续发展的需要，就是不道德的需要，简称"贪欲"或"不好的需要"。

从理论上讲，贪欲在人的身心成长过程中具有四种负面作用：（1）贪欲往往能干扰个体良心的正常活动，是导致个体产生不道德行为或违法行为的心理根源之一。正如《二程遗书》卷二十五所说："人之为不善，欲（指不好的需要，引者注）诱之也。诱之而弗知，则至于天理灭而不知反。"陆九渊在《养心莫善于寡欲》一文也说："夫所以害吾心者何也？欲（也是指不好的需要，引者注）也。欲之多，则心之存者必寡；欲之寡，则心之存者必多。"（2）贪欲常常能干扰人们正常的认知活动和思维活动，导致人们在认知上发生偏差，产生偏见或错误的认识。[①] 明代朱载堉著有《中吕·山坡羊·十不足》，将人的无穷贪欲写得入木三分：

逐日奔忙只为饥，才得有食又思衣。

置下绫罗身上穿，抬头又嫌房屋低。

盖下高楼并大厦，床前缺少美貌妻。

娇妻美妾都娶下，又虑出门没马骑。

将钱买下高头马，马前马后少跟随。

家人招下数十个，有钱没势被人欺。

一铨铨到做知县，又说官小势位卑。

一攀攀到阁老位，每日思想要登基。

一日南面坐天下，又想神仙下象棋。

① 罗国杰.中国传统道德(简编本)[M].北京：中国人民大学出版社,1995：275.

洞宾与他把棋下，又问哪是上天梯。

上天梯子未做下，阎王发牌鬼来催。

若非此人大限到，上到天上还嫌低。①

（3）贪欲往往能影响人的情绪，使人的情绪朝着不好的方向发展，进而导致人们作出错误的行动。正如《尸子·广泽》所说："因井中视星，所视不过数星，自丘上以视，则见其始出，又见其入，非明益也，势使然也。夫私心，井中也；公心，丘上也。故智载于私，则所知少；载于公，则所知多矣。何以知其然？夫吴越之国以臣妾为殉，中国闻而非之；怒则以亲戚殉一言。夫智在公，则爱吴越之臣妾；在私，则忘其亲戚。非智损也，怒弆之也。好亦然，语曰：'莫知其子之恶也。'非智损也，爱弆之也。是故夫论贵贱、辨是非者，必且自公心言之，自公心听之，而后可知也。"②这告诫人们：人一旦有了私心杂念，就会使自己的聪明才智大打折扣，只有持有公心，才能充分发挥自己的聪明才智。犹如古代吴越两国有以奴仆殉葬的恶习，中原人士听后都会予以谴责，谓之不仁。但也有中原之人因一言不合，发怒相斗，直至触犯法律，使亲戚都连坐去陪葬了。可见，人有公心，就会爱护吴越之国的奴仆；若有私心杂念，连自己的亲戚都会被忘记。所以，《尸子·治天下》声称："无私，百智之宗也。"③（4）贪欲易导致个体在心理上患得患失、心理上紧张、心理的失衡，等等，从而有损个体的身心健康。这里重点探讨贪欲与个体认知发展之间的关系。从贪欲与个体认知发展之间的关系看，贪欲往往会干扰个体的心智，让个体暂时或永远失去正确判断和抉择的能力，因此才有"利令智昏"和"财迷心窍"之类的成语。而修养良好品德则可以让个体有效抵御或戒除贪欲对自己心智的不良影响，进而能让个体保持或提高自己的聪明才智。

保持自己的聪明才智，在这里的含义是指：一个人本来通过先前的努力已获得一定的聪明才智，此后此人因不断修养自己的品德，有效抵御或戒除贪欲对自己心智的不良影响，从而使自己的聪明才智能够善始善终。例如，1853年，克里米亚战争爆发。英国政府询问科学家迈克尔·法拉第可否制造用于战场上的毒气，法拉第回答，技术上可以，但本人绝不参与。④ 与此相反，德国物理化学家、合成氨的发明者弗里茨·哈伯（Fritz Haber，1868—1934）于1918年获得诺贝尔化学奖。一些英、法科学家认为哈伯没有资格获取诺贝尔奖，重要原因之一

---

① 冯树纯.元明清词曲百首[M].天津：新蕾出版社，1986：177.
② ［战国］尸佼.尸子译注[M].［清］汪继培辑.朱海雷撰.上海：上海古籍出版社，2006：37.
③ 同上：30.
④ 王波.只用科学侍奉上帝[J].读者，2009，(6)：13.

便是,1914年第一次世界大战爆发,民族沙文主义煽起的盲目的爱国热情将哈伯深深地卷入战争的漩涡。他领导的实验室成了为战争服务的重要军事机构:哈伯承担了战争所需材料的供应和研制工作。错上加错的是,哈伯认为毒气进攻乃是一种结束战争、缩短战争时间的好办法,从而担任了大战中德国施行毒气战的科学负责人。根据哈伯的建议,1915年4月22日在德军发动的伊普雷战役中,在6公里宽的前沿阵地上,在5分钟内德军施放了180吨氯气,约一人高的黄绿色毒气借着风势沿地面冲向英法阵地(氯气比重较空气大,故沉在下层,沿着地面移动),进入战壕并滞留下来,这股毒浪使英法军队感到鼻腔、咽喉疼痛,随后有些人窒息而死。据估计,英法军队约有15 000人中毒,这是世界军事史上第一次大规模使用杀伤性毒剂的现代化学战。不过,欧洲各国人民一致谴责使用毒气进行化学战,科学家们更是指责这种不人道的行径。鉴于这一点,英、法等国科学家理所当然地反对授予哈伯诺贝尔化学奖,哈伯也因此在精神上受到很大的震动。1919年第一次世界大战以德国失败而告终。战争结束不久,哈伯害怕被当作战犯而逃到乡下约半年。通过对战争的反省,后来哈伯把全部精力都投入到科学研究中。在哈伯卓有成效的领导下,德国威廉物理化学研究所成为世界上化学研究的学术中心之一。根据多年科研工作的经验,哈伯特别注意为他的同事们创造一个毫无偏见并能独立进行研究的环境;在研究中,哈伯又强调理论研究与应用研究相结合,从而使他的研究所成为世界一流的科研单位,培养出众多高水平的研究人员。为了改变大战中给人留下的不光彩印象,哈伯积极致力于加强各国科研机构的联系和各国科学家的友好往来,哈伯的实验室里将近有一半成员来自世界各国。友好的接待、热情的指导,不仅得到科学界对他的谅解,同时使哈伯的威望日益增高。然而,1933年希特勒篡夺德国的政权,建立法西斯统治后,开始推行以消灭"犹太科学"为己任的所谓"雅利安科学"的闹剧。尽管哈伯是著名的科学家,但因为他是犹太人,和其他犹太人同样遭到残酷的迫害。哈伯于1933年4月30日庄严地声明:"40多年来,我一直是以知识和品德为标准去选择我的合作者,而不是考虑他们的国籍和民族,在我的余生,要我改变认为是如此完好的方法,则是我无法做到的。"随后,哈伯被迫离开德国,应英国剑桥大学的邀请,到鲍波实验室工作。4个月后,以色列的希夫研究所聘任哈伯到那里领导物理化学的研究工作,但是,在去希夫研究所的途中,哈伯心脏病发作,于1934年1月29日在瑞士逝世。①

---

① 佚名.哈伯.[EB/OL][2010-10-24]http://baike.baidu.com/view/132492.html.

提高自己的聪明才智,在这里的含义是指:一个人虽然通过先前的努力已获得一定的聪明才智,不过,此人后来因不断修养自己的品德,不但有效抵御或戒除贪欲对自己心智的不良影响,而且还使自己的聪明才智得到进一步发展。

也许有人会说,品德高的人自然能抵御或戒除贪欲,不过,一个人没有贪欲却不见得就会促进其聪明才智的发展。因为没有贪欲的人虽然不好名利,但由此也可能会缺少进取心,没有进取心的人自然也就不会去努力学习。所以,只有在那些有志于学习或爱好学习的人群中,品德高尚才是促进其智力发展的重要因素之一;如果一个人不志于学习,或者不爱学习,那么品德高尚就不能促进其智力的发展。这种观点是一种似是而非的看法。理由主要有三:(1)没有进取心的人自然不会努力学习,但是,这与不好名利没有必然联系;换言之,一个没有贪欲的人虽不好名利,却不能说不好名利的人就会缺少进取心或不爱学习。恰恰相反,古今中外的许多史实告诉人们,许多不好名利的人都热爱学习,真正的大学问也往往多是由淡泊名利的学人做出来的。(2)一个人如果不热爱学习,不善于学习,怎么可能会获得高尚的德性? 毕竟人的德性主要是通过后天习得的,而不是天生的。这意味着,有高尚德性的人往往都热爱学习,不爱学习的人的品性也不会很高。(3)根据霍恩和卡特尔的液态智力和晶体智力理论,不爱学习的人不但其晶体智力不会很高,而且最终将导致其整个智力水平都不会很高。而一个人不爱学习,一般常见的原因主要有三:学习态度不端正、意志力不强或受到一些贪欲的影响。所以,有效抵御或戒除贪欲对自己心智的不良影响,的确是提高个体智力的有效途径之一。至于如何有效抵御或戒除贪欲的方法,在本书第五章第一节有详细探讨,为免累赘,这里不多讲。

3. 妥善调控情绪,促进个体情绪智力的发展

情绪智力(emotional intelligence)是指一个人准确地觉知、评价和表达情绪的能力,理解情绪及情绪知识的能力,调节情绪以使情绪和智力更好发展的能力。加德纳(Howard Gardner, 1943—   )在 1983 年出版的《智力的结构》(*Frames of mind: The theory of multiple intelligence*)一书中提出多元智力理论(theory of multiple intelligence),[①] 该理论中所讲的"人际间智力"(interpersonal intelligence)和"内省智力"(intrapersonal intelligence)已涉及情绪

---

① [美] Gardner, Howard. 再建多元智慧——21 世纪的发展前景与实际应用[M]. 李心莹译. 台北:远流出版事业股份有限公司,2000:100 - 104.

智力,但"情绪智力"一概念却是由美国心理学家迈耶和萨洛维1990年首次正式提出。① 随后,情绪智力的研究受到人们的广泛重视。1995年美国心理学家戈尔曼(Daniel Jay Goleman,1946—　)在《情绪智力》(*Emotional intelligence: Why it can matter more than IQ*)一书中提出情绪智力(emotional intelligence)的理论,论述了情绪智力的内涵、生理机制、对成功的影响以及情绪智力的培养等问题,初步形成情绪智力的基本观点和理论体系。戈尔曼将情绪智力界定为五个方面:(1) 自我认知能力,它指个人觉察并了解自己的感受、情绪和本能冲动的能力以及其对他人的影响;(2) 自我调控能力,它指自动调节控制冲动和心情以及谨慎判断、三思而后行的能力;(3) 自我激励能力,它指不断激励自己努力的能力;(4) 认知他人情绪并产生同感的能力,它指有同情心或了解他人情绪结构的能力及适当响应他人情绪反应的能力;(5) 社会与人际关系处理能力,它指显示个人在管理人际关系和建立人际网络的能力,也包含寻找共同点与建立亲善关系的能力。② 后来迈耶和萨洛维等人将情绪智力定义为四个主要成分:(1) 准确适当地知觉、评价和表达情感的能力;(2) 运用情感以促进思考的能力;(3) 理解和分析情感,有效地运用情感知识的能力;(4) 调节情绪,以促进情感和智力发展的能力。根据上述观点,良好情绪在智力功能中能起积极作用,即良好情绪可以使思维更聪明,人们可以聪明地思考他们与其他人的情感;③反之,不良情绪则会干扰人的心智,"意乱情迷"之类的话语讲的就是这个道理。而一个人若修养其品德,往往能有助于其妥善调控自己的情绪,达到提高其情绪智力的效果,自然也就能提高其智力。

4. 体验舒畅心境,产生旺盛的创造力

有关品德与创造力之间的关系,概括起来主要有三种:(1) 主张品德与创造力之间存在一定的正相关:个体的品德越高,其创造力越高;或者,个体的创造力越高,其品德也越高。例如,通过对孔子、马丁·路德·金、爱因斯坦和圣雄甘地等个案研究发现,他们不但人品崇高,而且创造力也极高。(2) 品德与创造力无关:个体的品德与其创造力之间没有关系。因为无论从历史上看还是从现当

① Mayer , J. D. , Dipaolo, M. & Salovey, P. (1990). Perceiving affective content in ambiguous visual stimuli: A component of emotional intelligence. *Journal of Personality Assessment*, 54 (3&4): 772 - 781.
② Goleman, D. (1995). *Emotional intelligence: Why it can matter more than IQ*. New York: Bantam Books.
③ Mayer, J. D. & Salovey, P. (1997). What is emotional intelligence? In P. Salovey & D. Sluyter (Eds.), *Emotional development and emotional intelligence: Implications for educators* (pp. 3 - 31). New York: Basic Books. Mayer, J. D. , Salovey, P. , Caruso, D. L. , & Sitarenios, G. (2001). Emotional intelligence as a standard intelligence. *Emotion*, 1: 232 - 242. 理查德·格里格,菲利普·津巴多. 心理学与生活(第16版)[M]. 王垒等译. 北京: 人民邮电出版社,2003: 271.

代看,在品德高的人群中,既有拥有高创造力的人(像孔子等),也有基本没有创造力的人(像生活中常见的普通老实人);与此同时,在拥有高创造力的人群里,既有道德高尚的人(像爱因斯坦等),也有缺德甚至丧尽天良的人(像哈伯等)。既然如此,就可知品德与创造力之间没有关系。(3)品德与创造力之间存在负相关:个体的品德越高,其创造力越低;或者,个体的创造力越低,其品德越高。

需要指出,尽管从总体上看,我们也赞成品德与创造力无关的观点,不过,那是从总体上讲的,若具体到某个具体的个体身上,我们相信品德与创造力之间存在一定的正相关。这是因为:一个道德修养高深的人在调节自我内心状态、身心关系、自我与他人及社会的关系、自我与自然的关系等诸种关系时,往往容易达到"天人合一"、"人我合一"、"自我身心合一"的良好状态,个体一旦与体内外诸种事物之间形成真正和谐的关系,其身心就会油然产生一种极其舒畅的体验,这种身心极其舒畅的状态一旦产生,往往能促使个体产生旺盛的创造力,这自然也就让个体更易展现出自己的聪明才智。所以,《大学》说:"富润屋,德润身,心广体胖。""胖",音盘,指身体安适。可见,一个人的道德品质高尚了,则心境宽广,神清气爽,从而气血通畅,身体健壮。《易传》说得更直接、更周全:"君子黄中通理,正位居体,美在其中,而畅于四肢,发于事业,美之至也。"①"黄中"指人的天性,乃一身之君。"黄中"的集中点在上丹田,田是土地之意,上丹田位居人的中央所在地,五行中央属土,色黄,因此叫"黄中",道家叫"黄庭"。黄中直通天理,所以叫"黄中通理"。执中精一,独守黄中,参悟宇宙自然育化天地万物、万物回归自然的原理,就是穷理尽性,穷神知化。可见,这段话的含义是,君子行合中道,内怀正德,这使他们精神饱满,心生愉悦,以至四肢强健,事业有成。② 典型例证之一便是,古往今来,一些道德修养达到高水平的学人、道德高尚的政治家与得道高僧,等等,因为他们的道德修养已达极高境界,他们的身心就经常能够体验到前所未有的舒畅状态,进而激发出高水平的创造力出来。③

也许有人会反驳道:古今中外的一些名人成长经历都表明,当一个人处于艰苦情境并由此生发出巨大的精神动力,往往是促使其获得成就甚至巨大成就的内因;换言之,只有当个体身心关系、人我关系等处于非常紧张、压抑甚至痛苦的状态下,才能激发出个体巨大的创造潜能。中国古人常说的"发愤著书"观、西方学人像精神分析学派创始人弗洛伊德提出的升华作用(sublimation),讲的都

---

① 南怀瑾,徐芹庭,注译. 周易[M]. 重庆:重庆出版社,2009:64.
② 刘长林. 养生是一种高尚的审美活动[N]. 中国社会科学报,2011-02-15(18).
③ 此观点得益于南京师范大学心理学院的刘昌教授。

是这个道理。这种反驳乍看有道理，实则不然。因为我们虽相信个体身心体验到极其舒畅心境而促使其产生旺盛的创造力或顺境出人才的道理，但并不否认逆境出人才的道理和事实。换言之，古今中外的诸多事实都表明，适度的顺境和逆境都有助于人才或智慧者的生成。但是，在全国人民都在努力建设社会主义和谐社会的当代中国，过度宣扬逆境出人才的道理显得既不人道也不合时宜，所以，本书出于自己的研究旨趣，才大力倡导个体通过不断提高自己的道德修养，以使自己身心体验到极其舒畅心境而促使自己产生旺盛的创造力。同时，为了帮助更多个体能够体验到身心极其舒畅的状态，我们主张个体在修德时，一个重要做法是要让自己去充分想象、捕捉和体验生活里展现人性美好一面的事物或言行，然后尽力让自己通过实际行动去展现自己人性中美好的一面，这样做往往更易让自己体验到身心舒畅状态。

（二）不良德性阻碍个体聪明才智的发展

一个人即便有聪明才智，但若没有良好品德的引导，一旦心术不正，缺乏起码的品德，迟早会因如下四个方面因素中的一个或多个的影响，而阻碍其聪明才智的发展，使其变得非常愚蠢，古今中外历史上存在许多有才无德的人最终"聪明反被聪明误"的事实，讲的都是这个道理：第一，通过让人养成不良学习态度而阻碍其聪明才智的发展；第二，通过让人纵欲或被贪欲迷惑而阻碍其聪明才智的发展；第三，通过让人纵情或为情所困而阻碍其情绪智力甚至整个聪明才智的发展；第四，让个体身心经常处于疲惫状态，从而阻碍其创造力的生成或发展。

（三）小结

根据上文所论，良好品德之所以能够促进个体聪明才智的发展，往往是因为它能促进个体养成良好学习态度，让人抵御或戒除贪欲，让个体妥善调控自己的情绪或让个体身心体验到舒畅心境；不良品德之所以能够阻碍个体聪明才智的发展，往往是因为它能让个体养成不良学习态度，让人纵欲或为贪欲所迷惑，让个体纵情或为情所困以及让个体身心经常处于疲惫状态，如图2-4所示。由此可见，德性是影响个体聪明才智能否发展以及个体能否最终取得成就的一个重要因素。《尸子·四仪》说得好："行有四仪：一曰志动不忘仁，二曰智用不忘义，三曰力事不忘忠，四曰口言不忘信。慎守四仪，以终其身。"①这告诉人们，在实施自己的志向时不要忘记仁爱，在运用自己的聪明才智时不要丢掉义，在做事时不要忘记尽忠，在说话时不要忘记诚信。若能做到这四点，就能善始善终。《尸

---

① ［战国］尸佼.尸子译注［M］.［清］汪继培辑.朱海雷撰.上海：上海古籍出版社，2006：12.

子》又说:"十万之军无将,军必大乱。夫义,万事之将也。国之所以立者,义也。人之所以生者,亦义也。"①"贤者之于义,曰:'贵乎? 义乎?'曰:'义。'是故尧以天下与舜。曰:'富乎? 义乎?'曰:'义。'是故子罕以不受玉为宝。曰:'生乎? 义乎?'曰:'义。'是故务光投水而殪。三者人之所重,而不足以易义。"②"草木无大小,必待春而后生;人待义而后成。"③上述引言提醒人们,义是成万事的将帅,国家之所以能够建立,依靠的就是义。人之所以能够生存于世间,依靠的也是义。权势、财富、生命虽都是人们重视的东西,却不足以取代义。一个人只有拥有义才能有所成就。

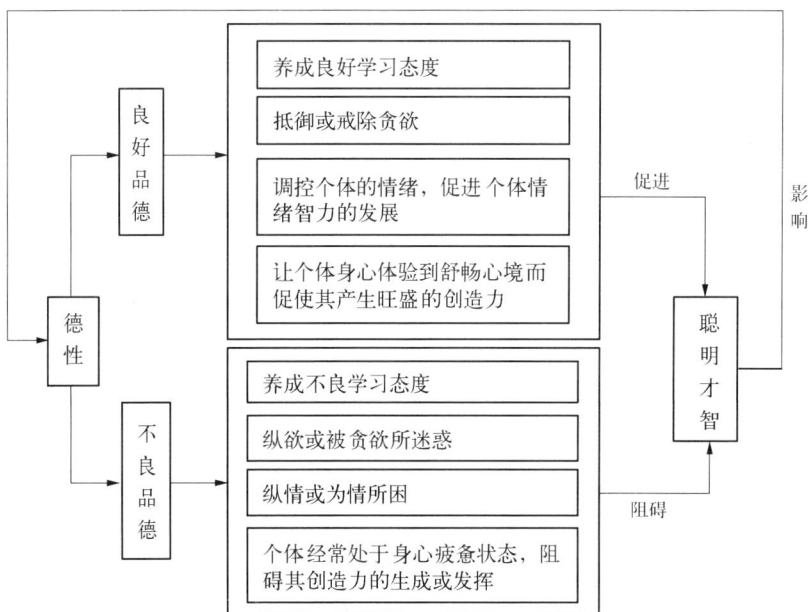

图 2‑4　良好品德与聪明才智的关系示意图

第三节　促进德与才和谐发展:
智慧教育的应有旨趣

一、智慧教育应追求良好品德与聪明才智的和谐发展

如上文所论,既然德与才之间存在一荣俱荣、一损俱损的关系,而且若非经

① [战国]尸佼.尸子译注[M].[清]汪继培辑.朱海雷撰.上海:上海古籍出版社,2006:86.
② 同上:86‑87.
③ 同上:86.

过学习与实践,德与才之间相互促进的正向关系不可能牢固地建立起来。这样,从正面讲,作为以成人为旨趣的德育,理应将培育良好品德与聪明才智和谐发展的智慧者作为自己的应有旨趣,告诉人们:做人就要做个德才兼备的智慧之人,为此要通过自身努力,在发展自己的德性与聪明才智的同时,在德与才之间建立起牢固的相互促进的正向关系(用"⇄"表示),这就是我们倡导智慧教育的根本原因。因为从培育身心健全人的角度看,一个人在做人过程中,只有在"人"字左边的一撇上写上"良好品德"(个体通过道德教育和自我心性修养功夫来持久培育自己的善心),在"人"字右边的一捺上写上"聪明才智"(体现在做人做事过程中),良好品德与聪明才智和谐发展,才能生成一个真正意义上的智慧之人、健全之人。换言之,"人"这个字,左一撇,右一捺,只有相互支撑,相互依靠,才能站得稳,立得住;缺了哪一半都站不稳,立不住。祖先将"人"字造成这样就是为了提醒后人:在做人过程中,自己要做到持久地修善、行善,深刻领会并切实履行"帮助他人就是帮助自己"的做人道理;[1]与此同时,要持久地发展自己的聪明才智,认真体会"只有自己先能做到自立自强才能更好地助己助人"的道理,如图 2-5 所示。

正由于智慧的本质是良好品德与聪明才智的合金,妥善解决了良好品德与聪明才智之间的关系,使得具有德才兼备素质的智慧之人若入世,往往能取得一定成就甚至丰功伟业;若退隐,也能过上幸福的生活(详见第三章),从而受到世人的推崇。正如《荀子·君道》所说:"故知而不仁不可,仁而不知不可,既知且仁,是人主之宝也,而王霸之佐也。"对德才兼俱之人推崇备至!董仲舒也说:

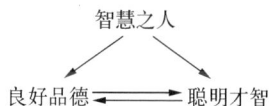

图 2-5　智慧之人与良好品德和聪明才智的关系示意图

> 莫近于仁,莫急于智。不仁而有勇力材能,则狂而操利兵也;不智而辩慧猥给,则迷而乘良马也。故不仁不智而有材能,将以其材能以辅其邪狂之心,而赞其僻违之行,适足以大其非而甚其恶耳。其强足以覆过,其御足以犯诈,其慧足以惑愚,其辨足以饰非,其坚足以断辟,其严足以拒谏。此非无材能也,其施之不当而处之不义也。有否心者,不可籍便埶,其质愚者不与利器。《论》之所谓不知人也者,恐不知别此等也。仁而不智,则爱而不别也;智而不仁,则知而不为也。故仁者所以爱人类也,智者所以除其害也。[2]

① 刘志召. 江湖救急[J]. 故事会,2011 年 11 月下半月刊·绿版:79-80.
② 苏舆. 春秋繁露义证[M]. 钟哲点校. 北京:中华书局,1992:257.

据《王文公文集》卷二十六《杂著·三不欺》记载，王安石说：

昔论者曰："君任德，则下不忍欺；君任察，则下不能欺；君任刑，则下不敢欺，而遂以德察刑为次。"盖未之尽也。此三人者之为政，皆足以有取于圣人矣，然未闻圣人为政之道也。夫未闻圣人为政之道，而足以有取于圣人者，盖人得圣人之一端耳。且子贱之政使人不忍欺，古者任德之君宜莫如尧也，然则驩兜犹或以类举于前，则德之使人不忍欺岂可独任也哉？子产之政使人不能欺，夫君子可欺以其方，故使畜鱼而校人烹之，然则察之使人不能欺岂可独任也哉？西门豹之政使人不敢欺，夫不及于德而任刑以治，是孔子所谓"民免而无耻"者也，然则刑之使人不敢欺岂可独任也哉？故曰：此三人者未闻圣人为政之道也。

然圣人之道有出此三者乎？亦兼用之而已。昔者尧、舜之时，比屋之民皆足以封，则民可谓不忍欺矣。放齐以丹朱称于前，曰：'嚣讼可乎？'则民可谓不能欺矣。四罪而天下咸服，则民可谓不敢欺矣。故任德则有不可化者，任察则有不可周者，任刑则有不可服者。然则子贱之政无以正暴恶，子产之政无以周隐微，西门豹之政无以渐柔良，然而三人者能以治者，盖足以治小具而高乱世耳，使当尧、舜之时所大治者，则岂足用哉？盖圣人之政，仁足以使民不忍欺，智足以使民不能欺，政足以使民不敢欺，然后天下无或欺之者矣。[①]

在王安石看来，一名优秀的管理者必须兼备高尚的道德品质和杰出的才华，并具备足够的施政本领，才能收到如下效果：由于他有高尚品德，人们便不忍欺骗他；由于他有杰出的聪明才智，人们也无法欺骗他；由于他善于施政，人们也不敢欺骗他。

孙宝瑄(1874—1924，李鸿章的侄女婿)在《忘山庐日记》里也说：

人有才与智而无德者，但能自用其才，自用其智而已。惟德、才、智兼备之人，不但用己之才，兼能用天下之才；不但用己之智，兼能用天下之智。盖有德者，其量大，量大则不妒人，天下人之才皆为其所用；有德者，其心虚，心虚则不自是，天下人之智皆为其所用。[②]

爱因斯坦则说："用专业知识教育人是不够的。通过专业教育，他可以成为一种有用的机器，但是不能成为一个和谐发展的人。要使学生对价值(指社会伦理准则——编译者注)有所理解并产生热烈的感情，那是最基本的。他必须获得对美和道德上的善有鲜明的辨别力。否则，他，连同他的专业知识，就更像一只

---

① ［宋］王安石.王文公文集[M].唐武标校.上海：上海人民出版社,1974：305-306.
② 孙宝瑄.忘山庐日记[M].上海：上海古籍出版社,1983：802.

受过很好训练的狗,而不像一个和谐发展的人。为了获得对别人和集体的适当关系,他必须学习去了解人们的动机、他们的幻想和疾苦。"①因此,"学校的目标始终应当是,青年人在离开学校时,是作为一个和谐的人,而不是作为一个专家"。②

综上所论,智慧教育或德育的最理想目标正是为了培育德才兼备的智慧之人。因为中国教育常见的重要弊病之一就是,未妥善处理良好品德与聪明才智的关系。同时,随着物联网、云计算、三网融合等技术和应用的日益成熟,"智慧城市"建设在全国逐步开展。③ 可见,现在许多有识之士都逐渐达到如下共识:只有通过智慧教育培育出大量拥有智慧素质④的个体,对个体本人而言,不但将有助于其身心素质的和谐发展,而且有助于其过上幸福的生活;对社会与国家而言,既有助于一国之内和谐社会的建设和综合国力的提高,也有助于建设和谐的国际社会及促进整个国际科技水平的提升。

二、智慧教育应避免两类"残疾人"的产生

由图 2 - 4 可知,一个人在做人过程中,如果不能妥善处理良好品德与聪明才智的关系,势必会让自己成为两类身体健全但品德或才智有缺陷的"残疾人"中的一种,智慧教育理应尽量避免这两类"残疾人"的产生。

(一) 缺少善心的聪明人

缺少善心的聪明人,是指一个人虽聪明却无善心。缺少善心的聪明人与智慧者的相通之处是:二者都很聪明,拥有才智甚至高超的才智。缺少善心的聪明人与智慧者的区别主要有二:(1) 前者缺少善心,后者拥有一颗善良之心;(2) 前者的聪明才智因缺乏善的引导而既可为善(若其良心发现)也可为恶(若其良心未觉醒),后者的聪明才智往往会受到其善心的引导和监督,一般会用到为善上。

如果一个人未在"人"字左边的一撇上写上"良好品德",而只在"人"字右边的一捺上写上"聪明才智",那么此人就是一个缺少善心的聪明人,这是一种"只有聪明才智而没有善心式的残疾人"。根据图 2 - 5 可知,缺德之人即便有聪明

---

① 爱因斯坦. 爱因斯坦文集(第三卷)[M]. 许良英等编译. 北京:商务印书馆,1979:310.
② 同上:146.
③ 项凤华. 省人大常委会委员高同庆:建设"智慧城市",打造"智慧江苏"[N]. 现代快报,2011 - 02 - 12(A6).
④ "素质"一词的含义有四:(1) 白色的质地;(2) 本质;(3) 素养,如政治素质、思想素质;(4) 在心理学上,指人的先天的解剖生理特点,主要是感觉器官和神经系统方面的特点。是人的心理发展的生理条件,但不能决定人的心理内容和发展水平。某些素质的缺陷可以通过实践和学习获得不同程度的补偿(夏征农,陈至立. 辞海(第六版缩印本)[M]. 上海:上海辞书出版社,2010:1799.)。根据这一解释,本书在使用"素质"一词时,若无特别说明,均指"素养"。

才智,也没有智慧可言。可见,一个人如果将智慧简单地看作是一种纯粹的认知概念,从而忽视智慧中本有的良知与善情成分,这将是对智慧的最大误解。此误解一旦根深蒂固,就不能保证个体正确合理地使用其拥有的聪明才智或掌握的知识,个体一旦持有错误的世界观、人生观和价值观,把才华用错了地方,将其聪明才智或掌握的知识用于恶的目的,最终必将"聪明反被聪明误",从而易做蠢事,像希特勒等有才无德的人之所以最终非常愚蠢,其缘由主要在此。① 因此,孔子说:"知及之,仁不能守之;虽得之,必失之。"②这告诉人们一个道理:一个人的聪明才智即便一时足以帮助其获得成功甚至巨大的成功,假若其不修仁德,就不可能长久地保持它,而是会很快地丧失掉,甚至最后让自己为世人所不齿!

(二) 缺乏才智的善人

古往今来,大凡真正成功的人士本是既有较高的德性,也要有相当的才华,二者的相互结合才是取得成功的不二法门。若过于强调道德修养而忽视必要的生活技能和自然科学知识的教育与学习,就会使仁者变成有德无才或德多才少的"缺陷人"或"残疾人",这对个体自身的成长和社会的进步都是不利的。但是,中国传统文化的实质是一种泛道德文化,过于强调人们要进行德性修养,只注重道德文章,忽视学习必要的生活技能和科学技术知识,这就使得许多人如果不能获取功名,虽有一颗善心,但往往因其文(才)不足以治国,其武(艺)不足以安邦,且缺乏必要的谋生本领,常常给人"一无是处"的感觉,正所谓"百无一用是书生"。可令人遗憾的是,由于文化的惯性力量以及一些人没有真正认清"仁者无敌"之类说法背后的不足,导致在当代中国社会里仍有一些人按此理念育人或做人,于是就出现缺乏才智的善人。

缺乏才智的善人,也叫"有德无才者",是指一个人虽智力正常且有善心,但其才智一般甚至愚蠢。缺乏才智的善人与弱智者的相通之处是:二者都易作出愚蠢的举动。缺乏才智的善人与弱智者的区别主要有二:(1) 前者智力正常,后者智商低于 70;(2) 前者有善心且常常能够展现出善行来,后者的言行往往没有道德意蕴(amoral)。因此,为了避免不必要的误解的产生,在本书中,采用心理学上的一般做法,智能不足者或弱智者只来指称智商在 70 以下者;一个人若智力正常且有善心,但其才智一般甚至愚蠢的,就用缺乏才智的善人或有德无才者来指称。

---

① Sternberg,Robert J. (2004). Why smart people can be so foolish. *European Psychologist*,9 (3):145 - 150.

② 杨伯峻. 论语译注[M]. 北京:中华书局,1980:169.

假若一个人虽智力正常，却只在"人"字左边的一撇上写上"善心"，而未在"人"字右边的一捺上写上"聪明才智"，那么此人就是一个缺乏才智的善人，这种人当然也是一种"残疾人"。此种人若身居要职，往往只会"无事袖手谈心性，临危一死报君恩"。此种人若身为普通百姓，在日常生活里常常由于其智力不足以分辨忠奸善恶、是非曲直，而容易上智商较高却道德败坏的坏人的当，这从民谚"人善被人欺"一语可见一斑，因为，在此民谚里，前一个"人"字就是指缺乏才智的善人，他们与智商较高却道德败坏的坏人交往，当然容易吃亏。若是既有善心又有聪明才智的人，就不易被智商较高却道德败坏的坏人欺骗。

可见，在做人过程中，一个人若智力正常，却只做成缺乏才智的善人，那也是非常失败的，因为这种人往往"上"对自己身处的世界和国家的生存与可持续发展没有太大的益处，"中"对自己身处的社会或单位的生存与可持续发展没有太大的益处，"下"对自己的家庭和自己个人的生存与可持续发展没有太大的益处，其极端者简直是"一无用处"。所以，真正会做人的人，一般是不会做缺乏才智的善人的。

（三）小结

智慧之人是全面发展的人吗？对于这个问题，我们的回答如下：

人的全面发展，是指人的体力和智力的充分、自由、和谐的发展。恩格斯说："教育可使年轻人很快就能够熟悉整个生产系统，它可使他们根据社会的需要或他们自己的爱好，轮流从一个生产部门转到另一个生产部门。因此，教育就会使他们摆脱这种分工造成的片面性。"①马克思主义从分析现实的人和现实的生产关系入手，指出人的全面发展的条件、手段和途径。在纵向系统性上，马克思把人的发展划分为三个历史阶段："人的依赖关系（起初完全是自然发生的），是最初的社会形态，在这种形态下，人的生产能力只是在狭窄的范围内和独立的地点上发展着。以物的依赖性为基础的人的独立性，是第二大形态，在这种形态下，才形成普遍的社会物质交换，全面的关系，多方面的需求以及全面的能力体系。建立在个人全面发展和他们共同的社会生产能力成为他们的社会财富这一基础上的自由个性，是第三个阶段。第二个阶段为第三个阶段创造条件。"②在横向系统性上，马克思对人的发展的全面性作了科学阐述："个人的全面性不是想象的或设想的全面性，而是他的现实关系和观念关系的全面性。"③可见，马克思主

---

① 马克思恩格斯选集(第1卷)[M].北京：人民出版社,1977：223.
② 马克思,恩格斯.马克思恩格斯全集(第46卷上)[M].北京：人民出版社,1980：104.
③ 同上：36.

义经典作家设想的"人的全面发展"是资本主义走向灭亡、无产阶级革命取得胜利的必然结果,是人类社会发展的终极目标。马克思主义关于"人的全面发展"原理是通过教育方针的制定而实现中国化的,这一过程完成于 20 世纪 50 年代。1957 年毛泽东在《关于正确处理人民内部矛盾的问题》中提出"我们的教育方针,应该是使受教育者在德育、智育、体育几方面都得到发展,成为有社会主义觉悟的有文化的劳动者"①的重要论断,奠定了中国教育方针 50 余年来发展的基调。随后,邓小平在 1978 年 4 月全国教育工作会议上提出,要造就"有理想、有道德、有文化、有纪律"的社会主义"四有"新人。江泽民在第三次全国教育工作会议上强调"以培养学生的创新精神和实践能力为重点,努力造就有理想、有道德、有文化、有纪律的德育、智育、体育、美育等全面发展的社会主义事业建设者和接班人"。新中国的三代领导人所处的历史时期和历史背景不同,但都将"促进学生德智体美全面发展"作为教育的根本目标。这与马克思主义经典作家最初设想的那种只有在共产主义社会才会实现"人的全面发展"的理想目标相比,具有本土化(当孔子说"君子不器"②时,就已明确告诉人们不可片面发展)、世俗化和制度化的鲜明特征。③ 秉承上述思想,我们一向也赞成"整体大于部分之和"的教育理念,促进学生身心的健全发展,进而主张教育宜将培养"健全的人"作为自己的重要目的。健全的人,是指身心(心主要包括德、智、情、意等四个方面)④均得到健全发展的人。健全的人是平常人,却不一定是伟人。因为伟人可以只在某一方面(如智)或某些方面(如智与意)非常杰出,而在其他方面则可能存在明显不足。像项羽勇力盖世,智谋与胸怀却颇为不足,虽一时拥有"西楚霸王"的称号,终落得个在乌江自刎的下场。相反,刘邦虽然制定战略不如张良,用兵不如韩信,做后勤工作不如萧何,但他心智健全,既知自己的不足,又善用他人之长来弥补,终得天下。因此,虽然我们非常渴望伟大的祖国能够代代皆有伟人辈出,不过,对中国社会多数人来讲,却希望他们都能够成为健全的人,也就是希望当代中国社会尽可能多地出现具备健全人格的人。伟人的作用不能说是无限的,但健全的人却不论有多少,都是中国社会所需要的。⑤

---

① 毛泽东. 毛泽东著作选读(下)[M]. 北京: 人民出版社,1986: 780 - 781.
② 杨伯峻. 论语译注[M]. 北京: 中华书局,2006: 18.
③ 周存生,刘伊. 对于马克思主义人的全面发展理论中国化进程的认识[J]. 今日南国,2008,(4): 226 - 228. 姚巧华. 马克思主义人的自由发展理论中国化历史进程研究[D]. 天津: 南开大学博士学位论文,2009.
④ 这里,涩泽荣一用的本是"完人"一词,但本书考虑到中国人一向相信"金无足赤,人无完人"一语,为免歧义,将"完人"一词改作"健全的人"。同时,在涩泽荣一看来,心主要包括智、情、意等三个方面,本书考虑到中国人一向有重德的传统,以为宜加一个"德",故也作了相应的变化。
⑤ [日]涩泽荣一. 论语与算盘: 人生・道德・财富[M]. 王中江译. 北京: 中国青年出版社,1996: 61.

同时，健全的人虽是全面发展的人，却不是完人，完人本指在身心各方面都发展得相当完善的人。借用《论语》的话说，就是《论语·宪问》所讲的"成人"：

子路问成人。子曰："若臧武仲之知，公绰之不欲，卞庄子之勇，冉求之艺，文之以礼乐，亦可以为成人矣。"曰："今之成人者何必然？见利思义，见危授命，久要不忘平生之言，亦可以为成人矣。"①

根据这段对话可知，在孔子眼中，全人有两种类型。上佳的全人是大智、大勇、多才多艺、清心寡欲、懂礼乐、有文采的合金；换言之，要像鲁国大夫臧武仲那样聪明，②要像孟公绰那样清心寡欲，要像卞庄子那样勇敢，要像冉求那样多才多艺，然后再用礼乐来成就自己的文采，这样的人才算是上佳的全人。正如《尸子·分》所说："爱得分曰仁，施得分曰义，虑得分曰智，动得分曰适，言得分曰信。皆得其分而后为成人。"③即，恰到好处的爱叫仁，恰到好处的施舍叫义，恰到好处的思虑叫智，恰到好处的行为叫适，恰到好处的言语（说话得体）叫信，只有同时做到这些的人才可谓"成人"（即"全人"）。退而求其次的"全人"是这样一种人：看见利益便能够想起该得该不得，遇到危险便肯付出生命，经过长久的穷困日子都不忘记平日的诺言。④ 在孔子看来，能够按照"见利思义，见危授命，久要不忘平生之言"的标准去做"退而求其次式的全人"已非常困难，若要做到上佳的全人那几乎是不可能的，所以孔子所讲的上佳的全人实际上仅是一个"拼盘"：将真实生活里许多真人的优秀素质拼合在一起的结果。这意味着，在孔子看来，其实现实生活里是找不出一个真实的、上佳的完人的。

事实上，世界上无所谓完人，只要是人就都可能有缺点，所谓"金无足赤，人无完人"。如古今中外历史上一些天才和大师的身上往往存在许多明显的缺陷，有的甚至是与生俱来的：亚里士多德喜欢边创作边咬指甲、阮籍狂、米芾痴、唐寅风流、歌德怕死、达·芬奇多疑、叔本华不相信人、大仲马古怪、凡·高性格乖僻、毕加索胆小、安徒生敏感脆弱、辜鸿铭怪……所以，亚里士多德说："但凡优秀的人都免不了是半个疯子！"柏拉图说："有天才的人常有道德上的缺陷，如行为卑鄙，甚至声名狼藉，不一而足。"事实的确如此，古往今来的那些天才、大师人物，他们常常为强烈的好奇心和旺盛的求知欲所驱使，具有顽强的进取精神、高涨的激情、坚定的信心、专注的目标、执著的探求精神，甘于吃苦，敢于走前人没

---

① 杨伯峻. 论语译注[M]. 北京：中华书局，1980：149.
② 据《左传·襄公二十三年》记载，臧武仲，鲁国大夫，人很聪明，他逃到齐国之后，能预见齐庄公的被杀而设法辞去庄公给他的田。
③ [战国] 尸佼. 尸子译注. [清] 汪继培辑. 朱海雷撰. 上海：上海古籍出版社，2006：17.
④ 杨伯峻. 论语译注[M]. 北京：中华书局，1980：149.

有走过的道路,能够忍受一般人不能忍受的痛苦和孤独,不达目的誓不罢休,不计较个人的名誉、地位。他们具有强烈的自我意识,追求人格的独立,不墨守陈规,洒脱不羁,甚至自命不凡和狂妄。他们敏感、悟性好、直觉强、感情容易冲动,有着极其敏锐的洞察力。他们善于独立思考,绝不人云亦云。他们拒绝完全社会化,因为他们知道人的价值就在于其独特性、不可替代性和不可重复性。他们大多数相当怪癖、沉默寡言、压抑和孤独。超凡而不免有点古怪,辉煌而难免有几丝尘埃。这就是历史上那些大师的真实面目。[①] 从上述事实至少可得出两个结论:(1) 天才与大师虽都拥有旺盛的创造力,从而在某一或多个领域取得巨大成就,不过,他们都有这样或那样的缺陷,算不上是"完人",有的甚至算不上是一个真正的智慧者。因为某些天才与大师只是在事业上成就卓著,但在性格或人格上却存在重大缺陷,或有品德低劣之嫌,这不但不符合本书主张的智慧的内涵,在真实世界里,这些天才与大师的真实生活也往往很不幸。(2) 一个人若想有高超的创造力,就必须拥有坚定的自信心、稳定的独立人格、意志坚强、强烈的好奇心。

与完人不同,健全的人只是在身心均得到健全发展,而不要求有相当完善的发展;换言之,在健全的人的身体或心理方面可能也存有某种程度的欠缺,不过,这种欠缺应是不至于对其身心的健康发展造成重大伤害甚至致命伤害的。中国古代教育的一大缺陷是,虽然明知完人(即圣人)是不可能在真实生活里存在的,却固执地将完人(即圣人)作为教育的唯一目标,结果,漫长的封建社会没有培养出一个真正意义上的完人,相反,随处可见的是假完人(或叫假圣人)。所以,当代中国教育要吸取这一教训,不能将完人作为教育的目标。世上虽无完人,但健全的人还是有的。一个人只要身心均得到健全发展就是一个健全的人。根据上述分析可知,本书所讲的智慧之人与全面发展之人(或人的全面发展)在精神实质上是一致的。

---

① 史飞翔. 大师的缺陷与怪癖[J]. 读者,2011,(5):20-21.

第三章 智慧及其分类：
回顾与反思

　　既然智慧教育的目标是培育智慧之人，就必须系统、科学地研究，为此，智慧的内涵除了要汲取一般工具书对智慧的界定里蕴含的精义思想之外，更要汲取哲学界和心理学界对智慧的界定。事实上，中西哲学思想史和心理学思想史里都有多种关于智慧的看法，对它们逐一进行详细的回顾与反思，既有助于今人正确看待它们，更有助于做到"接着说"（冯友兰语），从而提出我们自己的智慧观。

第一节　中西哲学史上的经典智慧观

　　在第一章的"看清中西智慧观的文化差异"一小节里，我们曾详细指出中西文化背景下两种智慧观存在的明显差异，为免赘述，有关这方面的内容此节不再重复。而且，鉴于其中有一些内容又已在本章第二节或第三节从心理学思想史的角度进行了探讨，下面只简要阐述中西哲学界对智慧内涵的余下看法。

一、西方哲学史上的经典智慧观

　　杨世英在《智慧的意涵与历程》一文中对西方哲学史上的经典智慧观进行了详细梳理，[①]下面主要根据杨世英的观点，再汲取斯腾伯格的见解，分三个阶段探讨西方哲学史上的经典智慧观。

（一）古希腊的经典智慧观

　　在西方哲学界，早在约公元前 2500 年，古埃及便有文献探讨智慧，对于古埃及人而言，智慧的定义包含对人生历程中的种种不公平与不公正的待遇和困境

① 杨世英.智慧的意涵与历程[J].本土心理学研究,2008,(29)：188-192.

保持信心。① 《不列颠百科全书》(*Encyclopedia Britannica*,又译作《大英百科全书》)中更记载了公元前 2400 年左右,埃及大臣普塔霍特普(Ptah-hotep)以有智慧著称,他留下的智慧格言教导特殊阶级的人如何实践伦理以成就美好的人生(*Encyclopedia Britannica*,1959:683 - 684)。

古希腊三贤中的苏格拉底(Socrates,前 469—前 399)、柏拉图(Plato,前 428/427—前 348/347)、亚里士多德(Aristotle,前 384—前 322)对智慧都有明确的探讨与论述。由于古希腊文化对追求真理极为重视,所以智慧也被界定成领悟真理过程中的产物。其中,苏格拉底在面对审判时曾描述自己为了追求真理而到处明察暗访,进而主张"承认无知乃是智慧之源",强调人们应该认识社会生活的普遍法则和"人啊,要认识你自己"。②

柏拉图在《理想国》第四卷里,③借其老师苏格拉底之口和格劳孔(Glaucon)对话,提出四德说,其核心内容就是:假定在一个国家和在每一个人自己的灵魂里,有着数目相等、性质相同的四个组成部分——智慧、勇敢、节制和正义四种美德。进而认为,智慧是"一种好的谋划",而"好的谋划这东西本身显然是一种知识,因为其所以好的谋划,乃是由于有知识而不是由于无知。"④当然,"这种知识并不是用来考虑国中某个特定方面事情的,而只是用来考虑整个国家大事,改进它的对内对外关系的"。⑤ 而且,在《柏拉图对话集》(*Platonic dialogues*)里出现"索菲娅(sophia)"、"实践智慧(phronesis)"和"认知智慧或知识智慧(episteme)"三种类型的智慧(详见本章下文)。综上所论,柏拉图实际上将智慧视作一种知识。具体地说,在柏拉图看来,智慧是一种用来考虑整个国家大事的好谋划,并相信这种好谋划本身是一种知识。这里显然蕴含"德才兼备是智慧的本质"的思想,这颇有见地。因为若对整个国家而言称得上是一个"好谋划"的,一定要既能惠及绝大多数人(这体现出高超道德品质),又要能妥善解决各类难题(这体现出"杰出才华")。不过,仅将智慧视作一种用来考虑整个国家大事的好谋划,也有窄化智慧之嫌。

稍后,与柏拉图类似,亚里士多德实际上也将智慧视作一种知识。亚里士多

① Holliday, S. G. & Chandler, M. J. (1986). Wisdom: Explorations in adult competence. *Contributions to Human Development*, 17: 1 - 96.
② McKee, P. & Barber, C. (1999). On defining wisdom. *The International Journal of Aging and Human Development*, 49 (2): 149 - 164.
③ [古希腊] 柏拉图. 理想国[M]. 郭斌和,张竹明译. 北京:商务印书馆,1986: 145 - 176.
④ 同上: 145.
⑤ 同上: 146.

德曾说："（智慧由普遍认识产生，不从个别认识得来）······智慧就是有关某些原理与原因的知识。"①而且，亚里士多德将智慧分为实践智慧和理论智慧两种类型，这在本章第三节有详论，这里不多讲。

稍加对比可知，古希腊三贤的智慧观对后来的柏林智慧模式产生了深远影响。

（二）中世纪欧洲的经典智慧观

随着基督教的兴起与发展，古希腊的理性精神被中世纪的神学非理性主义取代，基督教文化一度主导西方世界。在《旧约圣经》箴言九章 10 节，智慧被定义为"敬畏神是智慧的开端"（The fear of the Lord is the beginning of wisdom）。与此相一致，当时的西方人相信：只有超越凡人、永恒存在的神才能拥有智慧。而且，不同于古希腊、罗马时期的多神论（其中各神各有其专司的领域），基督教强调宇宙中只有惟一真神，即上帝。上帝是万能的，其能力之大、之广、之高，超越人的想象。结果，经过基督文化洗礼的智慧概念，其影响发挥的范围被扩展至涵盖宇宙与全人类；在时间向度上，其涵盖的既有过去，也有现在，还有未来。人由于其本身视野的渺小和生命的短暂，不能全然掌握智慧的奥秘，只能拥有真正智慧的很小部分。也正由于此，人的智慧往往表现在对神的信仰与理解上，或是在日常生活中遵行神谕。② 所以，早期基督信徒在看待智慧时非常强调：一个人如果将其生命的价值定在追求上帝和绝对真理上，那就是智慧的人生。受此教义的影响，直到今天，大多数基督信徒仍然坚信，一个人只有深刻理解其生存的物质世界、精神世界及两种世界之间的关系，才是智慧的。③

（三）文艺复兴以来西方的经典智慧观

进入文艺复兴以后，西方哲人主张用"一切为了人"取代"一切为了神"，开创以人为核心、以人为本的"人文时代"。在智慧这一主题上，笛卡尔（René Descartes，1596 —1650）在希腊、罗马文化中内核与表象、思与用的二分世界观中融进基督教洗礼之后扩大的宇宙概念，提出"普世智慧"（universal wisdom）的概念。虽然笛卡尔认为智慧的范围也包含通情达理地处理日常生活琐事，却强调只有哲学才是研究智慧的不二法门。在《指导心灵的规则》（*Rules for the Direction of the Mind*）——探讨人应如何正确思辨的一本书——中，第一条思辨规则便是解释智慧的范围：

---

① ［古希腊］亚里士多德. 形而上学［M］. 吴寿彭译. 北京：商务印书馆，1959：2 - 3.
② 杨世英. 智慧的意涵与历程［J］. 本土心理学研究，2008，(29)：188 - 190.
③ Sternberg，Robert J. (1998). A balance theory of wisdom. *Review of General Psychology*，2(4)：348.

科学的整体就是智慧,其本质亘古不变。即使应用到不同的学科上,它也不会有丝毫的改变,正如同阳光照到不同的物件上,阳光本身却不会改变是一样的道理……科学的价值不在其本身,而在其对人类普世智慧的贡献,因此心智运作的第一条规则即为应运用心智来追求符合真理与明智的判断。因为唯一一个可以使我们偏离追求真理道路的做法,就是当我们忽略了普世智慧所追求的一般性目的,开始为了特殊用途而学习。①

同时,在笛卡尔看来,得到普世智慧的方法就是对未获证实的论述保持"怀疑"(doubt)的态度。而且,在笛卡尔的身心二元论中,智慧属于抽象而普遍之心智范畴的产物,它具有驾驭情感(passion)的功能,但本身并不参杂情感的成分。可见,笛卡尔继承了苏格拉底的未知、柏拉图的"索菲娅"、亚里士多德的哲学智慧以及基督教义里的神学智慧等西方传统。②自此之后,智慧一直是西方哲学界讨论的一个重要主题。

在当代一些英文词典里也都有对智慧的定义。例如,《新韦氏国际英语大辞典第三版》(*Webster's Third New International Dictionary*,1986:2624)认为,"wisdom"(智慧)一词在现代通常指称:accumulated information(积累的信息);philosophical or scientific learning(与哲学或科学相关的学习);knowledge(知识);the intelligent application of learning(聪明地运用所学);ability to discern inner qualities and essential relationship(洞悉内在特质或关系的能力);the teaching of the ancient wisemen(古代智者的教导)。③《牛津英语词典》(*The Oxford English Dictionary*,1989:421-422)认为,"wisdom"一词目前存在四种通用定义,除了一条用来描述典籍的用法之外,其他三条分别为:capacity of judging rightly in matters relating to life and conduct(在与生命相关的事物上作出正确判断的能力);knowledge, especially of a high or abstruse kind(知识,尤指高深奥秘的知识);wise discourse or teaching(智慧的论说及教导)。由此可见,就总体上看,西方文化传统对智慧的定义侧重逻辑思维的判断和知识技能的习得;④当然,其内有时也含有某些"善"的因子,如"正确判断"里"正确"一词便不仅仅指"判断"要符合客观规律,还指"判断"要合乎绝大多数的福祉,后者便是"善"。

---

①② 杨世英. 智慧的意涵与历程[J]. 本土心理学研究,2008,(29):190-191.
③ 同上:191-192.
④ 同上:192.

二、中国哲学史上的经典智慧观

（一）儒、道、墨、法诸家的智慧观

1. 儒、墨、法诸家关于智慧的论述

在中国哲学界，至少自老子和孔子开始也一直关注智慧，导致"智慧"一词在中国古籍里是常用词；而且，不同哲学家对智慧的看法不尽相同。笔者于2007年12月8日在迪志文化出版社和上海人民出版社共同出版的《文渊阁四库全书》电子版里输入"智慧"一词检索，共检索到1 121卷，1 797个匹配。由此可见，"智慧"一词不但在中国古已有之，而且使用频率颇高。

据《辞源》解释，古汉语中的"智慧"一词的含义有二：

（1）聪明，才智。《墨子·尚贤中》："……夫无故富贵、面目佼好则使之，岂必智且有慧哉。若使之治国家，则此使不智慧者治国家也。国家之乱，既可得而知己。"《孟子·公孙丑上》说："齐人有言曰：'虽有智慧，不如乘势；虽有镃基，不如待时。'"又作"智惠"。《荀子·正论》说："天子者……道德纯备，智惠甚明。"

（2）佛教指破除迷惑证实真理的识力。梵语般若的意译，有彻悟意。《大智度论》四三说："般若者，一切诸智慧中最为第一，无上无比无等，更无胜者，穷尽到边。"注："般若，秦言智慧。"[1]

若按《辞源》的上述解释，除佛教之外（佛教的智慧观留在稍后探讨），古籍里的"智慧"一词均指"聪明，才智"。这种看法值得商榷。在我们看来，《辞源》之所以将古汉语的"智慧"作如上解释，是因为它缺少一个更加科学的智慧观去观照古人的智慧观。若用智慧的德才兼备理论去观照古人的智慧观，就会发现一个事实：在中国古籍里，智慧的含义虽多是指"聪明；才智"，但有时也从"德才兼备方是智慧"的角度来谈智慧。

在汉语典籍里，"智慧"一词原先认为最早出自通行本《老子·十八章》："大道废，有仁义；智慧出，有大伪；六亲不和，有孝慈；国家昏乱，有忠臣。"[2]同时，《老子·十九章》说："绝圣弃智，民利百倍；绝仁弃义，民复孝慈；绝巧弃利，盗贼无有。"[3]于是，后人误认为"智慧"一词最早出自老子，而且老子有"绝圣弃智"、"绝仁弃义"之说。不过，1993年湖北荆门郭店村战国楚墓出土三种《老子》摘抄本，其中便有当今世界上最古老的《老子》抄本。通过对郭店村战国楚墓出土的

---

① 辞源(修订本)[M].北京：商务印书馆,1983：1443.
② 陈鼓应.老子注译及评介[M].北京：中华书局,1984：134.
③ 同上：136.

竹简整理与研究,1998 年由北京文物出版社印行了《郭店楚墓竹简》①。这时人们才恍然大悟:老子并无"绝圣弃智"、"绝仁弃义"之说。"绝圣弃智"见于《庄子·胠箧》(庄子后学的作品)、《庄子·在宥》,"攘弃仁义"见于《庄子·胠箧》,传抄《老子》者据以妄改《老子》所致。② 所以,陈鼓应认为,帛书及通行本均衍出"智慧出,有大伪"句,而郭店简本无此句,当据删。这样,《老子·十八章》的内容本是:"大道废,有仁义;六亲不和,有孝慈;国家昏乱,有忠臣。"③既然如此,那么"智慧"便最早出自墨子。《墨子·尚贤中》说:

今王公大人有一衣裳不能制也,必藉良工;有一牛羊不能杀也,必藉良宰。故当若之二物者,王公大人未知(当作'未尝不知',引者注)以尚贤使能为政也。逮至其国家之乱,社稷之危,则不知使能以治之。亲戚则使之,无故富贵、面目佼好则使之。夫无故富贵、面目佼好则使之,岂必智且有慧哉。若使之治国家,则此使不智慧者治国家也,国家之乱既可得而知已。④

王充在《论衡·辨祟》里也说:"夫倮虫三百六十,人为之长。人,物也,万物之中有知慧者也。"⑤《墨子》和王充在这里所讲的"智慧"(或"知慧")不仅仅是指"聪明;才智",而是指"人的一种德才兼备的综合心理素质";而且,在《墨子》看来,智慧是个人的特质,或是稳定而持久的思考风格或认知结构,其作用体现在治国或领导上。《墨子》还有"心知为智"的思想,这方面的内容在本章下文有详论,这里不多讲。

在先秦也有人所讲的"智慧"或"智惠"相当于今人所讲的"智"、"智谋"或"智巧",在词性上倾向于中性,有时有贬义。如《孟子·公孙丑上》说:"齐人有言曰:'虽有智慧,不如乘势;虽有镃基,不如待时。'"⑥《荀子·正论》说:"天子者……道德纯备,智惠甚明。"顺便指出,有人认为,《孟子·公孙丑上》是先秦儒家经典中唯一出现"智慧"一词的地方。⑦ 这个说法不甚完备,因为荀子所用的"智惠"同"智慧"。所以,更加准确的说法是,若不算《荀子·正论》所用的"智惠"一词,《孟子·公孙丑上》是先秦儒家经典中唯一出现"智慧"一词的地方。《韩非子·解老》说:"故欲利甚于忧,忧则疾生;疾生而智慧衰,智慧衰则失度量。"⑧《孟

---

① 陈鼓应. 老子注译及评介(修订增补本)[M]. 北京:中华书局,2009:5.
② 同上:134.
③ 同上:132.
④ [清] 孙诒让撰. 墨子闲诂[M]. 孙启治点校. 北京:中华书局,2001:55.
⑤ 黄晖撰. 论衡校释[M]. 北京:中华书局,1990:1011.
⑥ 杨伯峻. 孟子译注[M]. 北京:中华书局,2005:57.
⑦ 杨世英. 智慧的意涵与历程[J]. 本土心理学研究,2008,(29):200.
⑧ [清] 王先慎撰. 韩非子集解[M]. 钟哲点校. 北京:中华书局,1998:146.

子》、《荀子》与《韩非子》所讲的"智慧"都相当于今人所讲的"聪明；才智"。①

2. 儒、道两家关于智的论述

中国古人用词简洁，常以单个汉字为词，除了用合成词"智慧"之外，古汉语里的"知"、"智"在许多场合均指智慧。例如，《论语》中虽未出现"智慧"一词，但据杨伯峻的统计，"知"字在《论语》中共出现 116 次，其中作"聪明，有智慧"义有25 次。② 概括起来，在儒学传统中，"智"除有"智谋"或"智巧"的含义之外，主要有三种含义：第一，指善于知人与自知。如《论语·颜渊》记载："樊迟问仁。子曰：'爱人。'问知（智）。子曰：'知人。'"③《荀子·子道》也说："知者知人，……知者自知。"与儒家类似，《老子·三十三章》也说："知人者智，自知者明。"④这表明，儒家孔子与道家老子都有这样一种相通的思想：一个人只要善于知人（这个"人"中包括自己），善于鉴别人（这个"人"中同样包括自己），就是一个智慧者；反过来说，一个人若想成为智慧者，就要在日常生活里学会知人，学会鉴别人。第二，指实事求是的态度。如《论语·为政》说："知之为知之，不知为不知，是知也。"《荀子·正名》也说："所以知之在人者谓之知，知有所合谓之智。所以能之在人者谓之能，能有所合谓之能。"⑤杨倞注："知之在人者，谓在人之心有所知者。知有所合，谓所知能合于物也。"⑥ 可见，在荀子看来，只有当人的认识与客观事物相吻合，方可称作"智"。第三，指对是非、善恶的正确认知和辨别，这是作为道德规范的智的最基本的、最主要的内容与要求。如《论语·子罕》说："知（智）者不惑。"《孟子·告子上》说："是非之心，智也。"《荀子·修身》主张："是是、非非谓之知，非是、是非谓之愚。"可见，由于儒家将道德视作人生和生命的本质和价值体现，与此一致，儒家的智慧观在价值取向上偏重人伦关系和社会关系上，主要从人事、人伦方面探讨智慧，这种智慧相当于本书第四章所说的道德智慧。⑦

另外，如本章下文所论，孟子对智慧的论述较偏重善情与善德，在此前提下也适当重视智。

（二）佛教的智慧观

佛教也从一个独特的角度来谈智慧。根据上文所引《辞源》的解释，在佛教

---

① 杨伯峻. 孟子译注[M]. 北京：中华书局，2005：58.
② 杨伯峻. 论语译注[M]. 北京：中华书局，1980：256.
③ 同上：131.
④ 陈鼓应. 老子注译及评介（修订增补本）[M]. 北京：中华书局，2009：192.
⑤⑥ ［清］王先谦. 荀子集解[M]. 沈啸寰，王星贤点校. 北京：中华书局，1988：413.
⑦ 姚新中，洪波. 知识·智慧·超越——早期儒学与犹太教智慧观的伦理比较[J]. 伦理学研究，2002，(1)：
　　83 - 89.

中,用"智慧"一词指破除迷惑证实真理的识力。梵语般若的意译,有彻悟意。《大智度论》四三说:"般若者,一切诸智慧中最为第一,无上无比无等,更无胜者,穷尽到边。"注:"般若,秦言智慧。"

佛教典籍里大量使用"智慧"一词。例如,据《坛经·行由品》记载,"惠能曰:惠能启和尚,弟子自心常生智慧,……"①"汝等各去,自看智慧,……"②"望和尚慈悲,看弟子有少智慧否?"③《坛经》有"般若品"一章,"'般若'即智慧。"④ 据《坛经·般若品》记载:"吾今为说摩诃般若波罗密法,使汝等各得智慧,……摩诃般若波罗密是梵语,此言大智慧到彼岸。"⑤等等。这说明"智慧"一词在《坛经》里是一个高频词。在佛教教义里,明白一切事相叫作智;了解一切事理叫作慧。决断曰智,简择曰慧。俗谛曰智,真谛曰慧。《大乘义章九》曰:"照见名智,解了称慧,此二各别。知世谛者,名之为智,照第一义者,说以为慧,通则义齐。"⑥

同时,佛教的重要观点之一是主张"转识成智"。在创始人为玄奘(600—664)及其弟子窥基(632—682)的唯识宗(也叫法相宗)看来,只有最高本体"识"是永恒不变的真实存在,所以又叫"真如";其他的东西——无论是客观世界的万有("法"),还是能思的主体自我("我")——都是由最高本体"识"变现出来的,这样,"我"和"法"都不是真实的存在,正如《成唯识论》卷一所说:"我"和"法""但由假立,非实有性。"⑦人们若想摆脱由"识"变现出来的现实世界而进入佛的天国,就要经历一系列的宗教修行,破除"我"、"法"二执,"悟此真如,便得涅槃"(《成唯识论》卷九)。⑧ 这就是所谓的"转识成智"。可见,"转识成智"中的"识"本指由最高本体"识"变现出来的现实世界;"智"本指智慧,也就是"真如"。因此,"转识成智"的本义是指:一个人经历一系列的宗教修行,破除"我"、"法"二执,摆脱由"识"变现出来的现实世界而进入佛的天国的过程。⑨ 换言之,只有通过"般若"(智慧)对世俗认识的否定,体认永恒真实的、超言绝象的"实相"、"真如"、"第一义谛",才能达到觉悟解脱。⑩

---

① 陈秋平,尚荣译注. 金刚经·心经·坛经[M]. 北京:中华书局,2007:119.
② 同上:122.
③ 同上:128.
④ 同上:150.
⑤ 同上:151.
⑥ 同上:121.
⑦ 释延寿. 宗镜录(第四十七卷)[M]. 杨航整理,李利安主编. 西安:西北大学出版社,2006:857.
⑧ 同上:1474.
⑨ 方克立. 中国哲学史上的知行观[M]. 北京:人民出版社,1982:120-121.
⑩ 圣辉. 佛教为什么要求人们寻求"解脱"[J]. 选自文史知识编辑部编. 佛教与中国文化[M]. 北京:中华书局:1988:351.

(三) 小结

从二十五史中观察"智慧"一词在中华文化中的演变可见，自汉代至隋唐之前，智慧延续先秦时期的定义，多指称个人的特质或认知能力。自隋唐之后，中文的智慧意涵中加入佛教智慧观的含义，结果，在隋唐以来的一些中国人看来，智慧便有"指称人超越诸法，破除迷惑，证得真理，进而通达一切"之义。[①]

同时，当"智慧"取"聪明，才智"、"智"取"智谋"或"智巧"的含义时，其内往往不具有"善"的含义，此时的"智"或"智慧"与"intelligence"（智力）非常接近，基本上是一个无涉道德的（amoral）、纯粹认知领域的概念，[②]所以《孟子》才常将智与仁合称作"仁且智"。如《孟子·公孙丑下》才说："王自以为与周公孰仁且智？"当"智"和"智慧"取"人的一种德才兼备的综合心理素质"这种含义时，其内已"天然地"具有"善"的含义，此时即便单说一个"智"字，也已是"仁且智"了，这种"智"或"智慧"类似于"wisdom（智慧）"。注意到这种区别，才能准确理解古籍里某些有关智或智慧的言论，从表面看它们似乎自相矛盾，实际上却颇高明。

再者，既然佛教的显著特点之一是"慈悲为怀"，大乘佛教又有"普度众生"的宏愿，这样，佛教的智慧观虽然用了一套独特的用语体系，不过，究其实，在佛教徒眼中，"智慧"实也是一种德才兼备的综合心理素质，尽管其所说的德与才跟世俗社会所说的德与才在内涵上不尽相同，而是有同有异。

综上所论，在古汉语里，"智慧"（简称"智"）一词主要有三种含义：(1) 指"聪明，才智"、"智谋"或"智巧"，是一个无涉道德的、纯粹认知领域的概念；(2) 指人的一种德才兼备的综合心理素质；(3) 在佛教中，"智慧"指破除迷惑证实真理的识力。在"智慧"的这三种含义里，后两种含义都是"仁且智"的。

第二节　中西心理学中的经典智慧观

虽然心理学自 1879 年便从哲学中独立出来，不过，主要由于智慧这个概念包含的范围较大，在当时不好研究；智慧这个概念不是当时的科学工具可以精确测量的对象；智慧不属于人类异常症状的一部分，故未引起精神分析学派的重

---

① 杨世英. 智慧的意涵与历程[J]. 本土心理学研究,2008,(29)：201 - 202.
② Yang Shih-ying & Sternberg, Robert J. (1997). Conceptions of intelligence in ancient Chinese philosophy. *Journal of Theoretical and Philosophical Psychology*,17(2)：112.

视；①行为主义心理学派的流行，导致一些人只关注研究行为；智力测验和智商（IQ）观念的流行，导致许多人关注智力理论与智力测验等五方面原因，在1970年之前，较少有心理学家有意识地系统研究智慧，结果，智慧概念在1970年以前只约略出现于埃里克森（Erik Homburger Erikson，1902—1994）的人格发展八阶段理论（也叫"心理社会发展阶段理论"），不过，在1984年之后因有关高龄者智能发展的研究而渐受瞩目，到1990年代后期，智慧的主题又因积极心理学（positive psychology）的鼓吹而更受重视。② 目前在心理学界，各种智慧理论或观点纷至沓来，学者们各自主张从不同角度研究智慧，③导致中外学术界至今都没有给出一个有关智慧的权威定义，致使至今人们对智慧的定义还处于见仁见智、各据山头的阶段。根据杨世英的研究，概括起来，可以将心理学界产生的有关智慧理论的研究分为隐性理论（implicit theory）和显性理论（explicit theory）：前者指一般人在日常生活中对智慧各自所持的非正式理论；后者指心理学家运用一定方法与知识建构出来并经由科学方式验证的正式智慧理论。④

强调应从隐性理论角度研究智慧的学者，主张智慧的本质存在于语言的使用中，我们必须从语言的运用情形来界定智慧的最大概念范围。只有在理清概念的核心范畴之后，心理学才有可能发展出较精确的显性理论。因此，隐性理论重点调查一般人心目中所持的非正式理论，其方法论基础是维特根斯坦（Ludwig Josef Johann Wittgenstein，1889—1951）提出的正式哲学理论。在维特根斯坦看来，因为要适应不同的情境，任何一个概念在经过特定文化社群的成员长时间使用之后，在意义与语法上必然有许多的延伸。所以，概念本身往往并没有绝对的界线，人们也无法以严谨的概念性定义来清楚地界定概念。要弄清楚某个概念，往往必须通过概念在语言中各种用法间的"家族相似性"（family resemblance）着手分析。以智慧概念为例，在不同的情境与时空中，人们心目中认定的智慧者的原型（prototype）也有所不同，智慧这个概念就存在于不同智者原型间的"家族相似性"之中。这样，研究智慧最好的方式是调查某一文化中一般人心目中有智慧的人，并在众多对有智慧的人的描述中找到共通点，而这些共通点就是智慧在某一文化中定义的核心要素。从隐性理论的观点看，每种文化

---

① 杨世英.智慧的意涵与历程[J].本土心理学研究,2008,(29)：192-193.
② Baltes, P. B. & Staudinger, U. M. (2000). Wisdom: A metaheuristic (pragmatic) to orchestrate mind and virtue toward excellence. *American Psychologist*, 55：122-136.
③ 杨世英,张铟富,杨振昇.智慧与领导的关系：探究透过领导呈现的智慧[J].教育政策论坛,2006,9(4)：120. 杨世英.智慧的意涵与历程[J].本土心理学研究,2008,(29)：194-198.
④ 杨世英.智慧的意涵与历程[J].本土心理学研究,2008,(29)：193.

对智慧的定义都不尽相同。其中，针对美国人的智慧隐性理论研究结果显示：智慧包含个体在认知（cognitive）、情意（affective）与反思（reflective）上各项能力的整合（Clayton & Birren,1980），而其核心要素是推理能力（reasoning ability）、明智（sagacity）、能从不同的理念和环境中学习（learning from ideas and environment）、判断力（judgment）、精简而有效地使用信息（expeditious use of information）和明察颖悟力（perspicacity）（Sternberg，1985）。一个有智慧的人通常能够作出非常有洞察力的判断，具有内敛自省的人格倾向，并一般具有需要大学学历以上的职业（Hershey & Farrell,1997）。从中不难看出，受到自古希腊以来西方文化传统影响的美国人，其智慧的隐性理论也多偏重以认知与思辨能力去界定智慧。[①]

在智慧的显性理论中，关于智慧的内涵，现有观点多种多样，杨世英将之概括为四种：（1）把智慧视作是个人的特质或能力；（2）把智慧视作是个体在经历各个发展阶段后发展出的高级认知结构或是心理自我强度；（3）把智慧视作是人类文化中所有生命的实用知识的集合；（4）把智慧视作一系列在现实生活中展现的历程。[②] 这一概括有一定启示，但不够全面、细致。因为：第一，归类有交叉之嫌。虽然将埃里克森的智慧观和皮亚杰的智慧观归入"智慧是个体在经历各个发展阶段后发展出的正向结果"是不错的，不过，"把智慧视作是个人的特质或能力"与"把智慧视作一系列在现实生活中展现的历程"等何尝不也是个体在经历各个发展阶段后发展出的正向结果？毕竟人的智慧是在后天成长过程中逐渐习得的。若如此，就存在交叉之嫌。第二，有重要遗漏。在这四种智慧中，除了杨世英将自己的观点列进去之外，基本上未涉及其他中式智慧观，这就有重要遗漏。第三，对一些观点的评述不够深入。鉴于此，我们在借鉴上述观点的基础上，将现有显性智慧理论概括为六种观点，并在下文逐一进行细致评析：（1）智慧主要是人的一种良好生活方式；（2）智慧主要是人的一种特殊思维方式；（3）智慧是人类文化中所有有关生命的重要且实用知识的集合；（4）智慧主要是人的一种智力或能力；（5）智慧主要是人的一种综合素质；（6）智慧是一种历程。这六种智慧观有关智慧的定义，各基于不同的哲学背景。就其界定的范围来看，将智慧定义为个人的一种良好生活方式、一种特殊思维方式、一种智力或能力以及一种综合素质，其牵涉的范围主要限定在个体上；将智慧定义为人类文

---

① 杨世英.智慧的意涵与历程［J］.本土心理学研究,2008,（29）：194-195.
② 杨世英,张钿富,杨振昇.智慧与领导的关系：探究透过领导展现的智慧［M］.教育政策论坛,2006,9（4）：121-123. 杨世英.智慧的意涵与历程［J］.本土心理学研究,2008,（29）：195-198.

化中所有有关生命的重要且实用知识的集合或是在现实生活展现的一系列的历程，则牵涉范围较广，所以智慧的产生也不是单凭个体本身就可以论断。① 如下文所论，这六种智慧观既有得也有失，若想进一步建构一个更加完善的显性智慧理论，就必须在此基础上作进一步思考。

一、智慧主要是人的一种良好生活方式

在中外思想史上，一向就有人从人类的积极生活态度或积极生活方式的角度来研究智慧，智慧主要是人的一种良好生活方式，这种观点以老子、宗教人士（如基督信徒、佛教信徒）与埃里克森等人为代表。

（一）智慧即有爱心且超然脱俗的理智生活态度或生活方式

1. 核心内容

在中国思想史上，先秦时期儒家的孔子和孟子以及道家的老子和庄子等人都从人类的积极生活态度或积极生活方式的角度来研究智慧，并将智慧视作是人的一种积极的心理素质。在他们眼中，智慧是个体关于宇宙（天道）、人生（人道）及二者之间关系的根本原理的大彻大悟式认识。② 个体一旦拥有智慧，就能让自己洞察人生，妥善处理自己的主我与客我、自己与他人、自己与社会、自己与自然之间的复杂关系，并让自己过上幸福的生活。正如《老子·二十五章》所说："人法地，地法天，天法道，道法自然。"③力倡效法自然是一条贯穿天、地与人的大法则，有智慧的人在做任何事情时都会自觉遵守这条大法则。

据《孟子·尽心上》记载：

孟子谓宋勾践曰："子好游乎？吾语子游。人知之，亦嚣嚣；人不知，亦嚣嚣。"曰："何如斯可以嚣嚣矣？"曰："尊德乐义，则可以嚣嚣矣。故士穷不失义，达不离道。穷不失义，故士得己焉；达不离道，故民不失望焉。古之人，得志，泽加於民；不得志，修身见于世。穷则独善其身，达则兼善天下。"④

"嚣嚣"，赵岐《注》说："自得无欲之貌。"⑤从上段话可知，孟子明确主张，一个有智慧的人必须做到崇尚德，喜爱义，并以此自得其乐。这样，当其穷困时，仍能坚持修养自己的德性，让自己不失掉义，从而以自己拥有良好的德行而立于世，并能做

---

① 杨世英，张钿富，杨振昇. 智慧与领导的关系：探究透过领导展现的智慧［M］. 教育政策论坛，2006，9(4)：122-123.
② 冯契. 冯契文集(第一卷). 认识世界和认识自己［M］. 上海：华东师范大学出版社，1996：413.
③ 陈鼓应. 老子注译及评介(修订增补本)［M］. 北京：中华书局，2009：159.
④ 杨伯峻. 孟子译注［M］. 北京：中华书局，1960：303-304.
⑤ 同上：304.

到自得其乐；当其得意时，更能做到惠泽百姓，让百姓不致对自己感到失望。①

据《庄子·至乐》记载：

庄子妻死，惠子吊之，庄子则方箕踞鼓盆而歌。

惠子曰："与人居，长子、老、身死，不哭，亦足矣，又鼓盆而歌，不亦甚乎！"

庄子曰："不然。是其始死也，我独何能无概然！察其始而本无生，非徒无生也而本无形，非徒无形也而本无气。杂乎芒芴之间，变而有气，气变而有形，形变而有生，今又变而之死，是相与为春秋冬夏四时行也。人且偃然寝于巨室，而我嗷嗷然随而哭之，自以为不通乎命，故止也。"②

与庄子共同生活多年且与之生儿育女的妻子因年老而死了，按人之常情，庄子理应非常悲伤。但庄子一反常人，不悲反喜，而且这种喜悦之情不是暗藏在心中，而是通过"敲着盆而歌唱"的方式来表达。庄子的这种怪异做法连其好友惠子都看不下去，批评庄子不近人情。庄子反驳惠子说：我不是不近人情。事实上，当我妻子刚死的时候，我也曾悲痛万分。但是，后来想想，她起初本来就是没有生命的，不但没有生命而且没有形体，不但没有形体而且没有气息。在若有若无之间，变化成气，气变而成形，形变而有生命，现在又变而为死，这样生来死往的变化就好像春夏秋冬四季的运行一样。人家静静地安息在天地之间，若我还在哭哭啼啼，我以为这样做是不通达生命的道理，所以才不哭了。③庄子对生死的这番洞见，才让人理解了庄子从表面上看不近人情的做法的真谛。原来，庄子既是通人情的，也是有爱心的，只不过庄子是一个对生命有大彻大悟体验的大智者，他因对生命看得极透彻、极洒脱、极智慧，才作出俗人不易理解的举动，连其好友惠子一时也误解了庄子。从庄子对生命的这种极其洒脱的理解里可以看出，庄子显然持"智慧即有爱心且超然脱俗的理智生活态度或生活方式"观。

2. 简要评价

"智慧即有爱心且超然脱俗的理智生活态度或生活方式"观主要是从人类生活态度或生活方式的角度来研究智慧，所以这种对智慧内涵的理解就有如下优点：既符合日常生活中人们对智慧的一种常识性看法，也带有一定的救世情怀，因为儒家明确提出"舍生取义"与"达则兼善天下"的主张，从而对后世中国人的生活方式产生了深远的影响。同时，这种智慧观与宗教人士的智慧观也有相通之处，从而促进了儒、道、佛的交融。因为宗教人士（如基督信徒、佛教信徒）也早

① 杨伯峻. 孟子译注[M]. 北京：中华书局，1960：304.
② 陈鼓应. 庄子今注今译（第2版）[M]. 北京：中华书局，2009：484-485.
③ 同上：485-486.

就从人类的积极生活态度或积极生活方式角度探讨智慧。如上文所论,早期基督信徒在看待智慧时,非常强调如下含义:一个人如果将其生命的价值定在追求上帝和绝对真理上,那就是智慧的人生。受此教义的影响,直到今天,大多数基督信徒仍然坚信,一个人只有深刻理解其生存的物质世界、精神世界及两种世界之间的关系,才是智慧的。[①] 当然,"智慧即有爱心且超然脱俗的理智生活态度或生活方式"观也有不足:(1) 从内涵上看,仅将有爱心且超然脱俗的理智生活态度或生活方式视作智慧,这有窄化智慧之嫌。事实上,展现智慧的东西绝不仅仅停留在洞察生死问题上,而是包含更丰富的内容。(2) 孔子、老子和庄子所讲的智慧,其内虽包含一定的救世情怀,但由于他们又往往有意无意地赞赏"穷则独善其身"的做人方式,这导致有时其智慧里包含的德性往往只是一种私德,而不是真正关心如何增进绝大多数人的福祉。

(二) 埃里克森的智慧观

1. 埃里克森智慧观的核心观点

新精神分析学派代表人物之一埃里克森(Erikson,1959)提出人格发展八阶段理论,任何一个人的人格发展都会经历八个阶段:(1) 婴儿期,信任对不信任(infancy,trust vs. mistrust,出生至 1.5 岁);(2) 学步儿童期,自主对羞怯和疑虑(toddler,autonomy vs. shame & doubt,1.5～3 岁);(3) 游戏期,主动对内疚(play age,initiative vs. guilt,3～6 岁);(4) 学龄期,勤奋对自卑(school age,industry vs. inferiority,7～12 岁);(5) 青春期,同一性对角色混乱(adolescence,identity vs. role confusion,12～19 岁);(6) 成年早期,亲密对孤独(young adulthood,intimacy vs. isolation,19～34 岁);(7) 成年期,发展对停滞(adulthood,generativity vs. stagnation,35～60 岁);(8) 成年后期,完善对失望(late adulthood,integrity vs. despair,60 岁以上至死亡)。如果一个人能够顺利度过前七个阶段,他或她就会拥有充实、幸福的生活,心理就会产生充实感和完善感,对社会有所贡献,这种人不惧怕死亡,他们在回忆过去的一生时,自我是整合的、完善的;反之,当一个人回顾自己的一生时感觉到过去失去了很多机会,走错了方向,想重新再开始又感到为期太晚,就会经常体验到失望,他们对死亡没有思想准备。不过,当个体面临失望时,常常会从两个方面进行自我整合:一是肯定自己一生中的成绩,以弥补失望之感;二是以洒脱的态度接受自己生命将走到尽头的事实,并产生将自己的知识传授给后人的责任感。假若这一阶段的危

---

① Sternberg,Robert J. (1998). A balance theory of wisdom. *Review of General Psychology*,2(4):348.

机得到积极解决(即整合成功),就形成智慧的美德;如果危机是消极解决(即整合失败),就会形成失望、毫无意义甚至是绝望感。[1] 这表明,埃里克森是从个体心理与社会发展层面来强调智慧是个体在成功经历八个人生阶段之后发展出的自我强度(ego strength)。智慧被埃里克森描述为个体"面对死亡时对生命表现的既深切又超离的关怀"(Erikson,1982,p. 61);[2]换言之,智慧实际上是指个体对人生所持的一种内含爱心且超然脱俗的理智生活态度或生活方式。所以,通常情况下,一个人的智慧只有在其生命发展周期的第八个阶段才会出现,[3]它是个体成功解决因死亡威胁产生的心理危机之后的产物。[4]

2. 简要评价

埃里克森继承了从人类的积极生活态度或积极生活方式的角度来研究智慧这一传统,也重视从人类的积极生活态度或积极生活方式的角度来研究智慧,[5]并将个体持有的一种内含爱心且超然脱俗的理智生活态度或生活方式视作智慧。这种对智慧内涵的理解至少有三个长处,从而对于后来者(如柏林智慧模式、斯腾伯格的智慧观和积极心理学的智慧观等,详见下文)探讨智慧产生了一定影响:(1) 契合中西方传统文化从哲学和宗教学角度来界定智慧的传统。例如,英国哲学家、数学家和社会活动家罗素,其对人生的看法非常豁达。罗素说:"有些老人因对死亡的恐惧而郁郁寡欢……克服这一点的最好方法——至少在我看来是这样——就是使你关心的事情逐步地变得更广泛和超越个人圈子,直至自我之墙逐渐远离,你的生命就会日益融合于宇宙万物的生活之中。个人的存在应该像一条河流——开始很小,狭窄地处在河的两岸;以后汹涌奔腾,经过巨石,越过瀑布,渐渐地河面变得宽阔,两岸后撤,河水流动得更为平静;最终,滔滔不绝汇入大海,并且毫无痛苦地失去独自的存在。上了年纪而能这样看待生活的人,就不会害怕死亡而感到痛苦,因为他关怀的事物将继续下去。同时,如果疲惫随着精力的衰退而增长,由此而有安息的想法也未尝不可。"[6]正由于罗素对人生的看法如此豁达,再加上心中有爱与正义(罗素被后人誉为"欧洲的良心"),所以,罗素不但拥有高超的智慧,且能享年98岁,也就不足为奇了。(2)

① Erikson, Erik H. (1959). *Identity and the Life Cycle*. New York: International Universities Press.
② 杨世英,张钿富,杨振昇. 智慧与领导的关系:探究透过领导展现的智慧[J]. 教育政策论坛,2006,9(4): 121.
③ 侯祎. 中国人的智慧观. 南京:南京师范大学基础心理学专业博士学位论文开题报告(p. 2,7),2007 - 12 - 10.
④ 张卫东. 智慧的多元—平衡—整合论[J]. 华东师范大学学报(教育科学版),2002,(4): 63.
⑤ 侯祎. 中国人的智慧观. 南京:南京师范大学基础心理学专业博士学位论文开题报告(p. 2). 2007 - 12 - 10.
⑥ [英] L. G. Alexander. 新概念英语(第四册)[M]. 张德富等译注. 合肥:安徽科技出版社,1992: 79 - 81.

合乎毕生发展心理学的相关研究成果。毕生发展心理学的相关研究表明,智慧与默会知识、经历、经验甚至生理成熟密切相关,是一种随生命进程而展露出来的心理现象,通常情况下,智慧在个体生命的早期甚至成年早期都难表现出来,[①]因为人的智力(包括液态智力和晶体智力)、知识、经验和生理的成熟都需要足够的时间才能充分完成。(3)符合日常生活中人们对智慧的一种常识性看法。例如,当一个人在读了中国先秦时期的老子和庄子或英国现代哲学家罗素关于生死的看法的言论之后,对于他们以洒脱的方式看待生死问题,都会油然而生"这三人个个都是智(慧)者"的感叹!

当然,埃里克森对智慧的内涵的见解也有三点不足:(1)从内涵上看,仅将具有爱心且超然脱俗的理智生活态度或生活方式视作智慧,这有窄化智慧之嫌。事实上,展现智慧的东西绝不仅仅停留在洞察生死问题上,而是包含更丰富的内容。(2)由于埃里克森所讲的智慧主要体现在个体妥善地解决年老时面临的生死问题,势必导致其将个体出现智慧的时间定在个体生命发展周期的第八个阶段上,从时间上看,这有太晚之嫌。许多事实都表明,虽然在正常情况下,智慧在个体生命的早期甚至成年早期都难表现出来,而必须在成年的中后期才可能出现,即智慧一般多是晚慧型的;但是,如果拓展智慧的内涵,也有少数人的智慧可以很早出现,这就是人们常说的早慧型。如下文所讲的曹冲,就属早慧型的一个真实例子。(3)埃里克森所讲的智慧之内虽包含一定的伦理道德因素,但体现出来的主要是一种私德,而不是公德,因为它关心的主要是个体如何妥善解决自身面临的生死问题,而不是关心如何增进绝大多数人的福祉。[②]

二、智慧主要是人的一种特殊思维方式

智慧主要是人的一种特殊思维方式,这种观点以皮亚杰与新皮亚杰学派等为代表。

(一)皮亚杰的智慧观

1. 皮亚杰智慧观的核心观点

虽然皮亚杰用以指称"智慧"的词语译作英文是"intelligence",而不是"wisdom",不过,在现代心理学史上,一般认为皮亚杰是最早从生物进化与思维方式角度来探讨智慧的心理学家。早在 1942 年,皮亚杰就在法国法兰西学院讲

---

① Paris, S. G. (2001). Wisdom, snake oil and the educational marketplace. *Educational Psychologist*, 36 (4): 257 - 260.
② 汪凤炎,郑红. 五种西式经典智慧观的内涵及得失[J]. 自然辩证法通讯,2010,32(3):94 - 95.

授智慧心理学,此讲稿原为法文版,并于 1946 年出版,①英译本于 1950 年出版。1955 年皮亚杰在日内瓦创建"发生认识论国际中心",致力于儿童智慧发展的国际合作研究,他在 1971 年退休后仍任该研究中心的主任,足见他对儿童智慧发展研究的重视。② 皮亚杰的智慧观包含智慧是适应、智慧具有逻辑性这两个要点。

在皮亚杰看来,智慧是生物适应性的一种特殊表现形式,③也就是说,智慧是生命在其演化过程中采取的一种适应形式。用皮亚杰的原话说,即"智慧是适应"。④ 适应(adaptation)本是一个来源于生物学的名词,用来表示能增加有机体生存机会的那些身体上和行为上的改变。心理学中用适应来表示个体对环境变化作出的反应。皮亚杰认为,智慧的本质从生物学来说是一种适应。它既可以是一种过程,也可以是一种状态。有机体是在不断运动变化中与环境取得平衡的。它可以概括为两种相反相成的作用:同化与顺应。适应是这两种作用之间取得相对平衡的结果,⑤即"可以把适应解说为同化和顺应之间的平衡,也就是主体同客体之间相互作用的平衡"。⑥ 换句话说,"适应"是指"有机体对于环境的作用与环境对于有机体的作用之间的平衡"。⑦进而言之,"智慧是一切适应过程的扩展和完善:智慧的逻辑运演使外界同思维之间构成一种灵活易变的而同时又有持久性的平衡"。⑧

当然,"智慧本身不是一类孤立的、截然不同的认识过程,确切地说,智慧并不是一种独特形式的结构过程;智慧是从知觉、习惯和低级的感觉—运动性机制中产生出来的一切结构过程所趋向的那种平衡形式"。⑨ "当主体同作为主体动作对象的客体之间的通道,不再是简单的而形成越来越复杂的时候,我们可以说,行为就成为比较'智慧性的'了。"⑩换言之,"智慧所构成的就是一切感觉—运动性和认识性连续适应所趋向的一种平衡状态,正如有机体同环境之间的一切同化性和顺应性相互作用所趋向的平衡状态那样"。⑪ 因此,"智慧仅是一个

① Piaget, J. (1946). *La psychologie de l'intelligence* [*The psychology of intelligence*]. Paris: Presses Universitaires de France.
② [瑞士]彼阿热(现一般译作"皮亚杰"). 智慧心理学[M]. 洪宝林译. 北京:中国社会科学出版社,1992:207-208.
③ 同上:1.
④⑦ 同上:6.
⑤ 朱智贤. 心理学大词典[M]. 北京:北京师范大学出版社,1989:618.
⑥ [瑞士]彼阿热. 智慧心理学[M]. 洪宝林译. 北京:中国社会科学出版社,1992:7.
⑧ 同上:6.
⑨ 同上:5.
⑩ 同上:9.
⑪ 同上:9-10.

种的称谓,用以标志认识结构的组织或平衡的较高形态"。"从这一意义上说,智慧就不仅是一种适应,而是一种适应过程的不断扩张的完备化。"①

皮亚杰相信智慧具有逻辑性。② 而且,皮亚杰借用康德先验图式(scheme)的思想,认为儿童以图式为基础,通过同化与顺应的方式,经历平衡、不平衡到新的平衡……的螺旋式上升过程,形成本质各不相同的心理结构,也是智慧发展的基本形式;同时,皮亚杰又借用"运算"(operation)这一数理逻辑概念来显示智慧发展的外在表现形式,运算的水平由低到高经历前运算阶段、具体运算阶段和形式运算阶段,智慧最终就变成各种因素系统相联系,有融合、有组织、有结构的心智整体。③

2. 简要评价

皮亚杰从生物进化角度来阐释智慧定义的做法显然受到达尔文进化论的影响,这是同一时期心理学家普遍具有的学术背景。④ 皮亚杰主张,智慧的本质从生物学来说是一种适应,适应既可以是一种过程,也可以是一种状态。这种智慧观具有四个显著优点,从而在一定程度上触及智慧的本质:(1)清楚地认识到个体智慧的发展需要其思维方式的发展为前提与基础,从而重视从个体认知发展尤其是个体思维方式发展的角度来探讨个体的智慧及其发展;与此同时,又未将智慧等同于思维,而是主张智慧的范围大于思维,思维是在婴幼儿 1 岁半左右以后逐渐发展为智慧的核心。⑤ (2)明确指出智慧具有生物适应性和逻辑性的双重性质,⑥并用平衡来解释智慧,对后继者(如斯腾伯格等)研究智慧产生了积极的影响。(3)指出智慧的本质是个体有效率地解决自己所面对问题的一种能力。(4)强调智慧发展的内在性和主动性。⑦

不过,皮亚杰的智慧观也存在一些不足,除去有学者指出皮亚杰的逻辑结构观即运算水平的逻辑发展规律和平衡概念既太抽象而难以操作,这种逻辑模式在数学或数理逻辑上也有错误(Flavell,1963;Brainerd,1976;Ennis,1975)外,⑧主要的还有五点:(1)未严格区分由本能产生的适应与由智慧产生的适应之间的界限。虽然克拉帕雷德(Édouard Claparède,1873—1940)和施太伦

---

① 皮亚杰. 皮亚杰发生认识论文选[M]. 左任侠,李其维主编. 上海:华东师范大学出版社,1991:38.
② [瑞士]彼阿热. 智慧心理学[M]. 洪宝林译. 北京:中国社会科学出版社,1992:7.
③ 郑传芹,彭金洲. 智慧理论的新发展[J]. 郧阳师范高等专科学校学报,2004,(6):89-90.
④ 同上:90.
⑤ [瑞士]彼阿热. 智慧心理学[M]. 洪宝林译. 北京:中国社会科学出版社,1992:220.
⑥ 同上:1-2.
⑦ 张春兴. 教育心理学[M]. 杭州:浙江教育出版社,1998:99-100.
⑧ 郑传芹,彭金洲. 智慧理论的新发展[J]. 郧阳师范高等专科学校学报,2004,(6):90.

(William Stern,1871—1938)早就主张,智慧①是指个体有意识地以思惟活动来适应新情境的一种潜力,②简要地说,智慧是对新情境的心理适应;而本能和习惯是对情境的遗传的或习得的适应。③ 但是,皮亚杰似乎不太认同他们两人对本能、习惯与智慧的区分,仍主张"智慧是适应",④这就有将由本能产生的适应与由智慧产生的适应相混淆之嫌。而心理学一般认为,有机体凭借本能适应环境一般不能称作智慧,因为智慧主要是个体后天习得的。(2)未看到在解决简单问题和复杂问题时个体内在心智加工过程的本质区别。因为适应有繁简之别,简单适应环境只是运用过去习得的本领(包括通过遗传获得的本能)来解决面临的问题,它仅是一种已有(知识)经验的运用,其中不包含复杂的心智加工过程;个体在面临复杂情境时,只有先将脑海中已有的经验进行复杂的心智加工,才能使自己较好地适应环境,这种适应才可能是智慧。(3)适应是一个中性词,其本身无善恶之分,因此,并不是所有的适应都是智慧,只有指向为大众谋福祉的适应才可能涉及智慧;如果一个道德败坏的人以"物竞天择,适者生存"作为自己的做人准则,虽也是一种适应,但此内绝不包含智慧。(4)尽管皮亚杰清楚地认识到,情感生活和认识生活虽有差异,却是不可分割的,于是,智慧活动包括对能量的内部调节(兴趣、努力、心情舒畅等)和外部调节(对探求到的解决办法的评价,以及在探求中对有关客体的评价),⑤也就是说,智慧里包含情感成分,但在实际研究中,皮亚杰又主要从认知角度来探讨智慧,更倾向于将智慧视作一个偏向认知的概念,这从他使用"intelligence"而不是"wisdom"一词来指称"智慧"的事实里就可见一斑(关于 intelligence 与 wisdom 的区别,请见下文),这就有忽视智慧中本有的善良情感与良好品德成分之嫌。(5)过于强调智慧发展的内在性和主动性,未充分重视环境尤其是良好环境在个体智慧发展中的重要作用,这种思想不利于引导和激发人们通过创造良好的后天环境与教育来促进个体智慧的发展。⑥

(二) 新皮亚杰主义的智慧观

1. 新皮亚杰主义智慧观的核心观点

一些新皮亚杰主义者或深受新皮亚杰主义影响的心理学家(如 Kitchener &

---

① 如下文所论,英文"intelligence"一词一般译作"智力",但也可译作"智慧",所以,在中国,多数人都将"intelligence"译作"智力",但也有人将它译作"智慧",如本书所引洪宝林的观点,就是将"intelligence"译作"智慧"的。朱智贤主编的《心理学大词典》因是出自多人之手,其中也采纳了将"intelligence"译作"智慧"的观点,如上文所引《心理学大词典》对"适应"一词的解释就是如此。

② 朱智贤.心理学大词典[M].北京:北京师范大学出版社,1989:953.

③ [瑞士]彼阿热.智慧心理学[M].洪宝林译.北京:中国社会科学出版社,1992:8.

④ 同上:6.

⑤ 同上:4.

⑥ 汪凤炎,郑红.五种西式经典智慧观的内涵及得失[J].自然辩证法通讯,2010,32(3):93-94.

Brenner,1990；①Labouvie-Vief,1980,②1990③)沿着皮亚杰从思维方式角度探讨智慧的道路继续前进,主张用后形式运算思维(post-formal-operational thinking)来指称智慧。在他们看来,后形式运算思维既具有反省思维和辩证思维(think reflectively or dialectically)的特点,也能够以更加开放的态度来对待相互冲突的观点,善于将不同的甚至相反的知识加以整合(a synthesis of knowledge from opposing points of view,Kitchener & Brenner,1990),还能容忍生活的不确定性(uncertainty),④这样,智慧实际上就是一种超越皮亚杰智力发展阶段第四个阶段——形式运算阶段——而位于其上的第五个思维阶段(a stage of thought beyond Piagetian formal operations)。依此智慧观,个体的认知发展一旦达到第五个思维阶段,也就拥有智慧。⑤ 例如,阿林(Arlin,1990)主张这种基于后形式运算思维发展出的更高层次的认知结构是一种能让个体"发现问题"(problem-finding)的认知结构;从这个角度来看,智慧与个体发现问题的能力有关。也有学者认为智慧的产生必须以辩证式的推理(dialectical reasoning)或是相对主义的推理(relativistic reasoning)作为基础(Clayton & Birren,1980;Kramer,2000)。换句话说,有智慧的人懂得整合各方的观点,透过正、反、合等辩证思考的历程得到更高一层的领悟。同时,有智慧的人因有更高层次的认知结构,在思考时不仅能整合内在的各种信念、动机、情绪,还能容纳外在环境中各种不同的逻辑与价值系统,并在认知上作出妥当的整合。因此,有智慧的人在作判断时会周全地将情境、历史、文化、个体差异等因素放进考虑,而不是绝对地以某种单一的价值观衡量一切人、事、物(Labouvie-Vief, 2000)。⑥

2. 简要评价

新皮亚杰主义智慧观的长处是,看到了智慧中体现出的思维方式具有的一些重要特点,如反省性、辩证性、开放性、对话性、宽容性和(将认知、需要、情感融为一体的)整合性(the integration of cognitive, conative, and affective aspects of

① Kitchener, K. S. & Brenner, H. G. (1990). Wisdom and reflective judgment：Knowing in the face of uncertainty. In R. J. Sternberg (Ed.), *Wisdom: Its nature, origins, and development*. New York：Cambridge University Press. pp. 212 - 229.
② Labouvie-Vief, G. (1980). Beyond formal operations：Uses and limits of pure logic in life span development. *Human Development*, 23：141 - 161.
③ Labouvie-Vief, G. (1990). Wisdom as integrated thought：Historical and developmental perspectives. In R. J. Sternberg (Ed.), *Wisdom: Its nature, origins, and development*. New York：Cambridge University Press. pp. 52 - 83.
④ 张卫东.智慧的多元一平衡一整合论[J].华东师范大学学报(教育科学版),2002,(4)：64.
⑤ Sternberg,Robert J. (1998). A balance theory of wisdom. *Review of General Psychology*, 2(4)：350.
⑥ 杨世英,张钿富,杨振昇.智慧与领导的关系：探究透过领导展现的智慧[J].教育政策论坛,2006,9(4)：121 - 122.

human abilities)等。事实上，假若一个人能以此种思维方式看待世界，的确容易被视作是有智慧的。例如，中国先秦时期的思想家老子和《周易》的作者之所以被后世中国人普遍视作是有智慧者，原因之一就在于从他们的著作里能看到明显的辩证思维、反省思维。[①]

　　新皮亚杰主义智慧观的不足是，尽管它强调整合性，其内已有"需要、情感、价值观"等因素；而且，反省性、辩证性、开放性、对话性、宽容性和整合性也蕴含了良好品德与聪明才智合为一体的思想，因为二者之间存在明确的正相关：一旦个体同时拥有良好品德与聪明才智，更易用反省性、辩证性、开放性、对话性、宽容性和整合性的方式去看待问题和解决问题；与此同时，个体一旦能经常地用反省性、辩证性、开放性、对话性、宽容性和整合性的方式去看待问题和解决问题，也表明其同时拥有良好品德与聪明才智。不过，若只从思维方式角度来界定智慧，势必将智慧看作是一个纯粹的认知范畴，自然容易忽略智慧中本有的伦理道德属性，进而难以保证智慧与思维方式或智力之间保持恰当的距离，留有将智慧等同于某种特定的思维方式或智力的潜在风险。而如下文所论，智慧虽与智力有一定关系，二者却有较大差异。同时，能否将有智慧的人的思维方式都归入单一的某种特定思维方式，如"后形式运算思维"，这可能也是一个值得再推敲的话题。在这方面，推孟的智力或智慧观就是一个恰当的反思"靶子"。在中国，既有人视推孟为研究智力的专家，[②]也有人视推孟为研究智慧的专家，如，认为推孟曾说："智慧是　种抽象思维的能力。"[③]推孟的这种智力观或智慧观的优点，是看到了智力或智慧的本质之一是一种思维能力；不过，它将智力或智慧与抽象思维能力相等同，不但窄化了智力或智慧的范围（例如，直觉思维虽不是抽象思维，但拥有较强直觉思维的人，例如爱因斯坦，显然也是一种高智力或智慧之人），还有误解智力或智慧之嫌，若照此逻辑推论，计算机最有智力或智慧，这显然是荒谬的。因此，更加科学的看法似乎是：具有智慧的人的思维方式多种多样，其中有些有智慧的人的思维方式达到后形式运算水平，也有一些人虽然其思维方式不属于后形式运算水平，但仍有智慧。[④]

---

①　Yang Shih-ying & Sternberg, Robert J. (1997). Conceptions of intelligence in ancient Chinese philosophy. *Journal of Theoretical and Philosophical Psychology*，17(2)：114-115.

②　朱智贤. 心理学大词典[M]. 北京：北京师范大学出版社，1989：953.

③　瞿葆奎. 教育与人的发展[M]. 北京：人民教育出版社，1989：512.

④　汪凤炎，郑红. 五种西式经典智慧观的内涵及得失[J]. 自然辩证法通讯，2010，32(3)：96.

三、智慧是一种知识

也有一些人把智慧视作一种知识,其中代表性观点主要有二:一是柏拉图和亚里士多德的智慧观;二是柏林智慧模式主张的智慧观。柏拉图和亚里士多德的智慧观在本章第一节已有述评,下面只论柏林智慧模式主张的智慧观。

将智慧主要视作人类文化中所有有关生命的重要且实用知识的集合,这种智慧观以柏林智慧模式为代表。① 这种智慧观是在汲取柏拉图和亚里士多德智慧观的基础上逐渐发展起来的,它虽主张智慧包括知识与行为两个方面,但将重点放在知识上。

(一) 柏林智慧模式的核心观点

自 20 世纪 80 年代以来,在德国心理学家巴尔特斯(Paul B. Baltes,1939—2006)等人的带领下,马克斯·普朗克人类发展研究所开展了柏林智慧模式(the Berlin model of wisdom)的研究。巴尔特斯及其同事主张,智慧是成人晚期可能发展出的高级认知功能,他们对智慧最主要的论点是:智慧是人类文化中所有有关生命的重要且实用的知识(knowledge of the fundamental pragmatics of life)的集合,而人们拥有的智慧往往只是这个大集合的一小部分。② 于是,他们将智慧定义为"一种有关生命的重要且实用知识(the fundamental pragmatics of life)的专家知识(和行为)系统(an expert knowledge and behavior system),此专家知识(和行为)系统内包括对复杂的、不确定的人类生活情境的杰出的直觉、判断和建议"。③ 具体地说,这种由有关生命的重要且实用的专家知识(和行为)系统构成的智慧包括五个子方面的知识:(1) 有关生命的重要且实用的事实性知识;(2) 有关生命的重要且实用的策略性知识;(3) 有关生活情境和社会变化的知识;(4) 有关考虑生活不确定性的知识;(5) 有关考虑价值和生活目标相对性的知识(如图 3-1 所示)。④

这样,对个体而言,智慧是个体运用晶体智力来学习这些知识,并在个体生涯规划(life planning)、个体生活管理(life management)、人生回顾(life review)中加以运用。⑤ 因此,相对于其他人,有智慧的人在拥有的有关生命的重要且实

①② 杨世英,张钿富,杨振昇. 智慧与领导的关系:探究透过领导展现的智慧[J]. 教育政策论坛,2006,9(4):122.

③ Baltes,Paul B. & Staudinger, Ursula M. (1993). The search for a psychology of wisdom. *Current Directions in Psychological Science*, 2(3):76.

④ Ibid.:77.

⑤ Baltes,Paul B. & Staudinger,Ursula M. (2000). Wisdom: A metaheuristic (pragmatic) to orchestrate mind and virtue toward excellence. *American Psychologist*, 55(1):125.

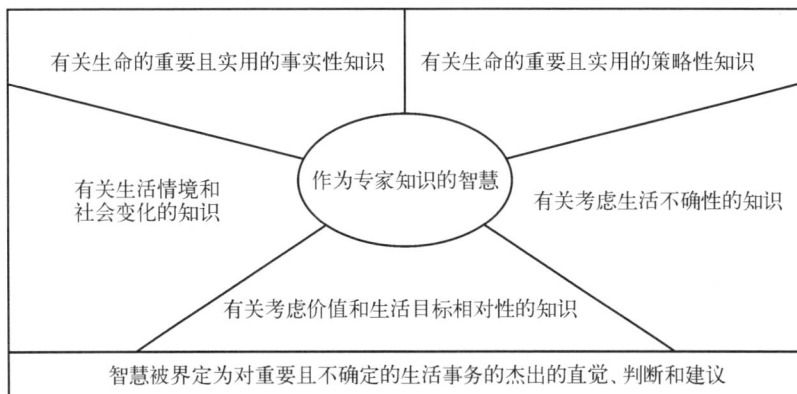

图 3-1　柏林智慧模式所讲的智慧及其五种成分构成图①

用知识的数量上，以及运用这些知识的手法上可以说已经达到专家的程度。他们除了拥有过人的有关生命的重要且实用的事实性与程序性知识（factual and procedural knowledge）之外；在面对世事时，有智慧的人也会自然地考虑到生活的不确定性（uncertainty）与人生发展的情境化思维（life-span contextualism），进而以相对性的价值观（relativism）来作决定或下判断。②

　　进而，他们先后提出评估个体智慧的六个标准：（1）有关生命的重要且实用的事实性知识的丰富性程度［rich factual（declarative）knowledge about the fundamental pragmatics of life］；（2）有关生命的重要且实用的程序性知识的丰富性程度（rich procedural knowledge about the fundamental pragmatics of life）；（3）是否有关于人生发展的情境化思维（life-span contextualism）；（4）能否有效地认识到价值和生活目标具有的相对性（relativism）；（5）能否识别和管理生活的不确定性（uncertainty）。③（6）是否拥有旨在帮助自己和他人获得福祉的善良动机（wisdom involves good intentions. It is used for the well-being of oneself and others）。④ 因为他们相信，智慧必须：（1）有助于帮助自己与他人获得福祉；

① Baltes, Paul B. & Staudinger, Ursula M. (1993). The search for a psychology of wisdom. *Current Directions in Psychological Science*, 2(3): 76.
② Baltes, Paul B. & Staudinger, Ursula M. (2000). Wisdom: A metaheuristic (pragmatic) to orchestrate mind and virtue toward excellence. *American Psychologist*, 55(1): 125. 杨世英，张钿富，杨振昇. 智慧与领导的关系：探究透过领导展现的智慧[J]. 教育政策论坛, 2006, 9(4): 122.
③ Baltes, Paul B. & Staudinger, Ursula M. (1993). The search for a psychology of Wisdom. *Current Directions in Psychological Science*, 2(3): 78.
④ Baltes, Paul B. & Staudinger, Ursula M. (2000). Wisdom: A metaheuristic (pragmatic) to orchestrate mind and virtue toward excellence. *American Psychologist*, 55(1): 123.

（2）有助于个体高效协调自己的认知过程和善良道德品质。[1] 前面两个特征是任何专家知识都具有的特征，后四个是专门针对智慧的标准。[2]

（二）柏林智慧模式的得失

1. 柏林智慧模式的优点

柏林智慧模式的长处主要有五：（1）将智慧定义为"一种有关生命的重要且实用的专家知识（和行为）系统"，这意味着，具有智慧的人在解决有关生命的问题时往往具有高效、灵活、巧妙、正确的特点，这符合人们对智慧者的部分看法。从这个意义上说，虽然智慧几乎与生俱来，即存在于（inheres）人、任务和情境之中，但一个人在此情境里有智慧，并不意味着其在另一个情境里一定也有智慧；同时，生活中有些人比另一些人可能更有智慧，但几乎没有一个人在任何时候都是智慧的。[3] 但仍然可以说，在某一领域（如在有关生命的问题上）称得上是有智慧的人，在绝大多数情况下，较之在此领域智慧不多的人，其在解决此领域的问题时一定会显示出既好又快的特点。（2）看到了智慧与知识之间的密切联系，从而为人们通过教育来培育个体的智慧提供了理论基础。（3）所讲智慧的内涵颇为饱满，除包含知识之外，还包含价值观、情感、道德成分[4]、动机、社会因素和生活背景（life contexts）[5]等因素，使智慧的内涵变得越来越丰富多彩，既增强了解释力，又将智慧与智力明确区分开来。（4）其所讲的智慧之内包含明显的公德意识，因为它关注人类的福祉。（5）提出了六条评估智慧的标准，增强了对智慧研究的可操作性。

2. 柏林智慧模式的不足

柏林智慧模式的不足之处主要有三：（1）正如斯腾伯格所说，柏林智慧模式对智慧的定义，更多地将重点放在知识本身，而不是强调人们如何运用其拥有的知识。[6] 这就存在一个明显的隐患：容易将智慧等同于知识。但事实上，知识与

[1] Baltes, Paul B. & Staudinger, Ursula M. (2000). Wisdom: A metaheuristic (pragmatic) to orchestrate mind and virtue toward excellence. *American Psychologist*, 55(1): 123-125.
[2] 侯炜. 中国人的智慧观. 南京: 南京师范大学基础心理学专业博士学位论文开题报告, 2007年12月10日, 第8—9页.
[3] Sternberg, Robert J. (2004). Words to the wise about wisdom? A commentary on Ardelt's critique of Baltes. *Human Development*, 47: 287.
[4] Baltes, Paul B. & Staudinger, Ursula M. (2000). Wisdom: A metaheuristic(pragmatic) to orchestrate mind and virtue toward excellence. *American Psychologist*, 55(1): 123.
[5] Baltes, Paul B. & Kunzmann, Ute (2004). The two faces of wisdom: Wisdom as a general theory of knowledge and judgment about excellence in mind and virtue vs. wisdom as everyday realization in people and products. *Human Development*, 47: 290-299.
[6] Sternberg, Robert J. (2004). Words to the wise about wisdom? A commentary on Ardelt's critique of Baltes. *Human Development*, 47: 287.

智慧之间本有一定的距离，二者不是一回事（详见下文）。（2）只将"有关生命的重要且实用的专家知识（和行为）系统"称作智慧，实有窄化智慧之嫌。虽然有关生命的问题几乎涵盖人生的所有领域，不过，依柏林智慧模式的论述，他们主要将有关生命的专家知识（和行为）系统里包含的知识主要限定在一些与个体生涯规划（life planning）、个体生活管理（life management）、人生回顾（life review）①——如何看待自己已往的生活史——等内容相关的知识上，并未突出科学技术知识，所以，在有关生命的问题上展现出来的智慧主要是一种道德智慧，却几乎并不包含物慧（关于物慧的内涵请见下文）在内。（3）测量个体智慧的方法不太完善。巴尔特斯等人主张用最佳行为来测量智慧（use the maximal-performance approach to measuring wisdom），其具体做法是：事先设计一些有关个体生活管理方面的问题，然后根据被试对这些问题的解答来评价其智慧水平的高低。② 这属于用假设情境（hypothetical scenarios）来测量个体的智慧，它有一定的欠缺，为免重复，有关这方面的内容，留待下文评价阿德尔特（Monika Ardelt）的思想时一并探讨。

四、智慧主要是人的一种智力或能力

智慧主要是人的一种智力或能力，这种观点可以简称为"智慧即智力或能力观"，它在中西方文化里都有代表。

（一）"智慧即智力或能力观"的内涵与证据

什么是智力？多数智力研究者（Gottfredson，1997a，p. 13）认可关于智力（intelligence）的这一定义："智力是一种一般的心理能力，与其他事物一样，包含推理、计划、问题解决、抽象思维、理解复杂思想、快速学习和从经验中学习等能力。"③

关于智慧的实质，中西方学术界都有学人主张"智慧即智力"或"智慧即某种能力"。由于一些学人多不严格区分智力与能力这两个概念，"智慧即智力"与"智慧即某种能力"看似有一定区别，实则大同小异。

在西方，英国近代哲学家、教育家洛克说："我对于智慧的解释和一般流行的

---

① Baltes，Paul B. & Staudinger，Ursula M. (2000). Wisdom：A metaheuristic (pragmatic) to orchestrate mind and virtue toward excellence. *American Psychologist*，55(1)：125.

② Baltes，Paul B. & Staudinger，Ursula M. (1993). The search for a psychology of wisdom. *Current Directions in Psychological Science*，2(3)：77.

③ 理查德·格里格，菲利普·津巴多. 心理学与生活(第16版)[M]. 王垒等译. 北京：人民邮电出版社，2003：264.

解释是一样的，它使得一个人能干并有远见，能很好处理他的事务，并对事务专心致志。这是一种善良的天性、心灵的努力和经验结合的产物。"①罗素在《教育与美好生活》中认为，智慧主要是指人的求知好奇心和求知的能力。② 克莱顿和比伦(Clayton & Birren，1980)强调智慧是一种掌握变化万千又时有矛盾的人性的能力。霍利迪和钱德勒(Holliday & Chandler，1986)在调查加拿大人之后主张，智慧是个体统整了哈贝马斯提出的技术、实用、解放等知识旨趣(technical，practical，and emancipatory knowledge interests)而表现出的才干(competencies)。米查姆(Meacham，1983)主张智慧是个体平衡了"知"与"疑"(knowing and doubting)之后发展出的一种成熟的态度，③这种态度实际上也是一种能力。《韦氏大词典》(Webster's New World College Dictionary，1997)认为："智慧是个体以知识、经验、理解力等为基础，正确判断并采取最佳行动的能力。"④

在古代中国，如本章第一节所论，自先秦《墨子》开始直至隋唐之前，智慧多指称个人的特质或认知能力。在当代中国，有一些学人也主张智慧是一种能力。如，王海明早在2001年由商务印书馆出版的《新伦理学》里就提出下述智慧观，在2008年出版的修订版《新伦理学》里，几乎"原封不动地"复述了这一智慧观。王海明写道：

智慧是相对完善的认知能力，更通俗地说，是相对完善的精神活动能力，是相对完善的思想活动能力。

智慧是相对完善的认知能力，一方面是因为智慧总是有时间性的，总是一定时代、一定地点的人们的智慧，因而只有对于一定时代、一定地点才能成立，而不可能对于一切时代一切地点都成立。……另一方面是因为任何一个人的智慧和认知总是某些方面的，而不可能是全面的。任何人都不可能具有完全的智慧，而只可能具有某些方面的智慧：完全的智慧是人类之和所具有的。所以，说一个人有智慧只是相对于某些方面的精神能力才能成立，而不可能对于一切精神能力都成立。韩信有的是军事智慧，却没有政治智慧。诸葛亮有的是军事、政治智慧，却没有养生智慧。

每个人的智慧都是相对的、不完全的，所以，智慧是多种多样的。做人有做

① [英]约翰·洛克.教育漫话[M].傅任敢译.北京：教育科学出版社，1999：117.
② 靖国平.论智慧的涵义及其特征[J].湖南师范大学教育科学学报，2004，3(2)：14.
③ 杨世英，张钿富，杨振昇.智慧与领导的关系：探究透过领导展现的智慧[J].教育政策论坛，2006，9(4)：121.
④ Webster's New World College Dictionary (3rd，ed.). New York：Simon & Schuster，1997. p.1533.

人的智慧，做学问有做学问的智慧，治国平天下有治国平天下的智慧，耕田种地、打造家具、谈情说爱、吸引异性也有智慧。一句话，只要是人的认知能力，只要它在某一方面达到了相对完善，便都是智慧。

……就智慧这种主观心理功能的性质来说，如所周知，智慧主要有五种类型：一是观察智慧，即相对完善的观察能力；二是记忆智慧，即相对完善的记忆能力；三是思维智慧，即相对完善的思维能力；四是想象智慧，即相对完善的想象能力；五是创造智慧，即相对完善的创造能力。

……以智慧这种客观心理内容的性质为依据，可以划分智慧为道德智慧和非道德智慧：道德智慧，是从事道德活动的智慧，亦即从事人己利害活动的相对完善的认知能力；非道德智慧则是无关道德活动的智慧，是无关人己利害活动的相对完善的认知能力。①

王海明主张"智慧是相对完善的认知能力"；"智慧总是有时间性的"；"任何人都不可能具有完全的智慧，而只可能具有某些方面的智慧：完全的智慧是人类之和所具有的"；"智慧是多种多样的"。这些观点都有可取之处。不过，由于王海明主张"智慧是相对完善的认知能力"，便有了"非道德智慧则是无关道德活动的智慧，是无关人己利害活动的相对完善的认知能力"的说法，这显然是将智慧等同于无涉善的、纯粹的聪明才智。同时，也正由于王海明将智慧等同于无涉善的、纯粹的聪明才智，进而他根据中国心理学界一般认为"智力由观察力、想象力、思维力、记忆力、注意力五个基本因素组成"的观点，并将其中的"注意力"换成"创造力"，于是推导出他的五种类型的智慧观，即：就智慧这种主观心理功能的性质来说，智慧主要有观察智慧、想象智慧、思维智慧、记忆智慧和创造智慧五种类型。根据本书第二章与第四章的相关论述可知，王海明的这些论述表明他显然没有看到智慧的本质是德才兼备，因为他的这种智慧分类观实是一种能力分类观。而且，王海明又以智慧这种客观心理内容的性质为依据，将智慧分为道德智慧和非道德智慧。这种智慧分类其实说不通，因为所有智慧之内都天然地含有善，不存在无关道德活动的智慧。正由于此，下文在综述智慧的分类观时，不再论及王海明的智慧分类观。顺便指出，王海明所说的道德智慧与下文我们主张的道德智慧（简称"德慧"）是一对名同实异的概念：王海明所说的道德智慧实际上是"道德＋智慧（即相对完善的认知能力）"，此时，"智慧"是一个中性词，其内不含"善"，所以，必须在"智慧"前加上"道德"这个修饰语，以此来表明要靠

它来引导"智慧"去为善。与此不同,我们主张的道德智慧,是指在解决复杂人生问题时展现出来的智慧,此时的"智慧"是一个褒义词,其内天然地含有"善";换言之,在我们所讲的道德智慧中,"道德"作为一个修饰语,只表明这种智慧的独特领域或类型,以此与其他子类型的人慧(如语言智慧等)和自然智慧(简称"物慧")相区分(详见第四章),而不是说要靠它来引导"智慧"去为善。

同时,从一些权威工具书关于"智慧"的界定中可看出"智慧即智力或某种能力"的主张。《心理学大词典》对智慧(wisdom)的界定是:"人的智力,亦即人认识客观事物及其规律并用以解决实际问题的能力。"①这是一种明确的"智慧即智力观"。2009 年版《辞海》对智慧的解释是:① 对事物能认识、辨析、判断处理和发明创造的能力。如智慧过人。② 犹言才智,智谋。《孟子·公孙丑上》说:"虽有智慧,不如乘势。"③ 见"般若"。②"般若",梵语 Prajnā 的音译,亦译"波若","智慧"之意。佛教用以指如实了解一切事物的智慧。佛教认为,般若智慧非世俗人所能获得,是一种超越世俗认识的特殊认识,通过般若可达涅槃彼岸,为成佛所必需。为表示它和一般智慧不同,故用音译。大乘佛教称之为"诸佛之母"。③ 与此同时,2009 年版《辞海》对智力的解释是:"① 通常称'智慧'。指学习、记忆、思维、认识客观事物和解决实际问题的能力。其核心是思维能力。② 智谋和力量。《三国志·魏志·武帝纪》:'吾任天下之智力,以道御之,无所不可。'"④《汉语大词典》对智慧的解释是:智慧亦作"智惠"。① 聪明才智。② 梵语"般若"的意译。佛教谓超越世俗虚幻的认识,达到把握真理的能力。⑤《现代汉语词典》(第五版)对"智慧"的解释是:辨析判断、发展创造的能力。⑥ 第11 版《新华字典》对智慧的解释是:"对事物能迅速、灵活、正确地理解和解决的能力。"⑦第 11 版《新华字典》与《韦氏大词典》对智慧的看法几乎如出一辙。

通过比较 2009 年版《辞海》与《辞源》对智慧(wisdom)的界定可知,2009 年版《辞海》对智慧的解释是一种融会中西的解释,其中第一种含义的智慧采用的是现代心理学(即西方心理学)对智力的界定,其内同样蕴含"智慧即智力"的观点,所以,才在解释智力时,说智力"通常称'智慧'"。第二、第三种含义的智慧采

① 朱智贤. 心理学大词典[M]. 北京:北京师范大学出版社,1989:953.
② 夏征农,陈至立. 辞海(第六版彩图本)[M]. 上海:上海辞书出版社,2009:2995.
③ 同上:179.
④ 同上:2995.
⑤ 罗竹风. 汉语大词典(第 5 卷)[M]. 上海:汉语大词典出版社,1990:765.
⑥ 现代汉语词典(第五版)[M]. 北京:商务印书馆,2005:1759.
⑦ 新华字典[M]. 北京:商务印书馆,2011:652.

纳的是古汉语中所用智慧的含义。同时，很显然，在 2009 年版《辞海》对智慧所列的三种含义里，现代中国心理学界多用第一种含义的智慧，此种含义的智慧实是指纯粹认知心理学领域内的智力，其内并不包含任何德性的成分，已是典型的西式智力观。至于《心理学大词典》、《新华字典》、《汉语大词典》与《现代汉语词典》(第五版)对智慧的解释，其观点与 2009 年版《辞海》的观点类似。可见，若想准确理清现代汉语中的智力和智慧的含义，就必须先理清英文 intelligence 和wisdom 的含义。

（二）智力与智慧含义相通

如上文所论，在古汉语里，智力和智慧在含义上有相通之处。在英文心理学论著中，智力一般用 intelligence，智慧一般用 wisdom，但在许多西方心理学家的论著里，并不是非常严格地区分这两个概念。依《英汉大词典》的解释，intelligence"有五种含义：① 智力，才智，智慧；聪颖；灵性，悟性；② 情报；情报工作，搜集情报，交换情报；情报机构，情报人员；③（古）消息，信息；④［计］智能；⑤［I-］［宗］智力的人格化(指鬼神)。[①] wisdom 有六种含义：① 智慧；② 知识，学问；③ 明智；④ 看法，意见；⑤ 古训，至理名言；⑥［常作 W -］，＜古＞哲人。[②]由此可见，在英文里，intelligence 与 wisdom 在含义上均有"智慧"之义。也正由于无论从古汉语的角度看，还是从英文词汇角度看，智力和智慧，或 intelligence和 wisdom，在含义上都有一定的相通之处，于是，无论是在中国还是西方，都有很多人并不在严格区分的意义上使用智力（intelligence）和智慧（wisdom)，而是将它们作为一对可以互训的词，在同等意义上使用它们。这说明中西方传统文化对于智慧与智力关系的看法有一定的相通之处，即中西文化里实都有"智慧即智力"或"智力即智慧"的思想。例如，皮亚杰所讲的 intelligence 就不仅仅是指"智力"，实指"智慧"。在张厚粲等人主编的《现代英汉—汉英心理学词汇》(修订版)中，就将 intelligence 译作"智能，智力，智慧"。[③]《心理学大词典》和《辞海》也是在这种意义上将智慧等同于智力。

（三）intelligence 与 wisdom 的区别

从语义学角度看，英文 intelligence 与 wisdom 之间有三个重要区别[④]，导致二者不能随便相混。

---

① 　陆谷孙. 英汉大词典(第 2 版)[M]. 上海：上海译文出版社，2007：986.
② 　同上：2344.
③ 　张厚粲等. 现代英汉—汉英心理学词汇(修订版)[M]. 北京：中国轻工业出版社，2006：165.
④ 　有关智慧与智力的联系将在第四章予以探讨。

1. intelligence 与 wisdom 的词义差异

从词源和词义角度看，在英文里，intelligence 更倾向于指个体与生俱来的聪颖度，所以它有"灵性"和"悟性"之义；而且，由于 intelligence 更倾向于先天获得性，它就具有一定的普世性。wisdom 更倾向于指个体通过后天的知识经验而获得的聪慧度，故而它有"知识，学问"之义；也正由于 wisdom 与"知识，学问"有密切关系，而在不同社会里，人们认可的"知识，学问"是有一定差异的，这样，wisdom 就内在地具有一定的文化相对性和后天习得性。

2. intelligence 主要涉及聪明才智，wisdom 是聪明才智与良好品德的合金

在西方文化传统里，一般将 morality 与 intelligence 区分开来，将人视作非道德性、聪明的个体，在此前提下来研究个体的智力（intelligence）。[1] 正由于此，虽然有一些现当代西方心理学家不断拓展智力的内涵，提出"社会智力"、"情绪智力"、"人际间智力"和"内省智力"等概念，导致智力中不断增加情感成分和伦理道德成分。不过，如上文斯腾伯格的辨析所讲，即便西方的智力概念里已涉及情绪和伦理道德成分，仍不能从总体上改变西方智力概念主要只涉及聪明才智的状况，即西方的智力概念在价值上仍偏向中立色彩，这使得西方的智力概念是一个较中性的概念，其本身无善恶之分。[2] 而智慧是聪明才智与良好品德的合金，智慧本身是善的，所以智慧是一个褒义词。这样，人们可以用高智商去形容像希特勒之类的恶徒，却不能说希特勒之类的恶徒有智慧，更不能说希特勒之类的恶徒有卓越智慧。

3. intelligence 与 wisdom 在实用价值上有差异

有大量研究表明，高智力或聪明本身只是一种"有条件的善"（康德语），而且 intelligence 与个体获取有益于人类文明进步的成就和体验到生活的幸福感之间的正相关不高。这意味着，一个人即使拥有超常智力，也不一定就会帮助其获得有益于人类文明进步的成就或过上幸福的生活，这就与心理学的重要任务之一——调控将要发生的事情，从而提高人类生活的质量[3]——相去甚远，从而大大降低了智力研究的实用价值。而如上文所论，从心理学角度看，智慧是聪明与善的合金，这样，智慧就将良好品德与聪明才智有机地统一起来，从而让良好品

[1] Yang Shih-ying & Sternberg, Robert J. (1997). Conceptions of intelligence in ancient chinese philosophy. *Journal of Theoretical and Philosophical Psychology*, 17(2): 112.
[2] Sternberg, Robert J. (1998). A balance theory of wisdom. *Review of General Psychology*, 2(4): 359-360.
[3] [美] 理查德·格里格,菲利普·津巴多. 心理学与生活(第16版)[M]. 王垒等译. 北京：人民邮电出版社, 2003: 6.

德与聪明才智之间产生"一荣俱荣"的相互促进关系，智慧成了一种"无条件的善"（康德语），这就是为什么在世间万事万物中，只有智慧才是唯一对人有百利而无一害的东西的内在根源。结果，智慧自然有助于个体获取有益于人类文明进步的成就或过上幸福的生活，因此智慧与个体的成就和生活满意度（或幸福感）之间存在明显的正相关。自然而然地，一个有智慧尤其是卓越智慧的人，若入世谋发展（像春秋时期的名相管仲和美国首任总统华盛顿），往往能取得一番辉煌的事业；若退隐过隐士生活（像中国先秦时期的庄子或德国哲学家康德），往往能够自得其乐，过上幸福的生活。与此不同，一个人若未真正习得智慧，就不能将其良好品德与聪明才智有机地统一起来，结果，良好品德与聪明才智之间就容易产生"一损俱损"的关系，自然而然地，只拥有聪明素质却道德修养不佳的个体若入世谋发展，就有可能"聪明反被聪明误"；若隐世过隐士生活，因自己的道德修养不够，也容易闷闷不乐或生出其他不愉快的事情来。与此类似，只拥有高尚道德品质却缺少聪明素质的个体若入世谋发展，就有可能因经常上他人的当而屡遭挫折；若隐世过隐士生活，虽能过安稳的生活，也容易闷闷不乐或生出其他不愉快的事情来。这意味着，心理学一旦能够将智慧研究透彻，既能帮助积极入世的个体获得有益于人类文明进步的成就，也能帮助广大民众过上幸福的生活，这就非常吻合心理学旨在提高人类生活的质量的目的，若果真如此，自然会大大提高心理学的实用价值。这就是当代心理学重视研究智慧的内在根源。

4. 小结

正是由于 intelligence 和 wisdom 在语义上有上述的内在区别，因此，当早期的心理学家更倾向于研究人的具普世性的心理与行为或与生俱来的聪颖度并侧重纯学术研究时，自然就会更倾向于用 intelligence。当代心理学家由于更注重心理学的实用性，强调心理学要为增进人类的幸福而努力；①同时，当代许多心理学家现已充分认识到人的心理与行为和其所处文化之间的密切关系，为了提高研究成果的文化生态效度，必须自觉地在自己的研究中加入文化的因素；而且一些心理学研究者已逐渐认识到单纯研究 intelligence 的局限性。主要基于这三个方面的缘由，现在已有一些心理学研究者转而更倾向于研究人通过后天习得的聪颖度，于是就越来越多地使用和重视 wisdom。此时，即便有一些心理学家——如，卡特尔（Raymond Bernard Cattell，1905—1998）和加德纳（Howard Earl Gardner，1943—　）——仍在使用 intelligence，其义也更多地向后天习得性

---

① 与此相呼应，当代西方心理学中兴起积极心理学的研究取向。

靠近,即越来越有 wisdom(智慧)一词的含义。逐渐地,在当代心理学界尤其是西方心理学界,一些人越来越有这样的共识:将智力与智慧混为一谈可能是一种不明智的选择,换言之,在看到二者相通之处的同时,有必要将二者区分开来进行研究。在这方面,当代做得最好的心理学家之一就是美国心理学家斯腾伯格。斯腾伯格曾撰"有关智力、创造力和智慧的内隐理论"一文;①斯腾伯格又提出三元智力理论(triadic theory of intelligence)②和智慧的平衡理论。③ 在这些论著里,斯腾伯格一般明确区分使用 intelligence 和 wisdom,用 intelligence 指称智力,用 wisdom 一指称智慧。斯腾伯格的这种研究思路无疑是正确的。

(四)"智慧即智力或能力"观的得失

1. "智慧即智力或能力"观的优点

将智慧等同于智力或某种能力,或将智慧一词仅视作智力这一概念的通俗说法,其优点主要有二:(1)看到智慧与智力在词义上的相通之处,吻合汉语和英语的用语习惯。"智慧即智力"观指明智慧与智力之间关系密切,颇为吻合中国传统文化对智力与智慧的看法。因为在古汉语中,智力有"智谋,材能"④之义,智慧有"聪明,才智"之义,⑤这表明二者在含义上有相通之处;而且也与英文用法有相通之处,因为在英文里,intelligence 与 wisdom 均可称作"智慧"。⑥(2)指出智慧实是一种能力,这在一定程度上揭示智慧的实质。这种观点可以《新华字典》为代表。如前文所述,《新华字典》对智慧的解释与西方的《韦氏大词典》对智慧的解释大致相同。按《新华字典》与《韦氏大词典》对智慧的界定,智慧实际上是一种能力,这种能力通过解决问题体现出来,而且这种能力具有三个基本特征:(1)迅速。那些脍炙人口的、饱含智慧的故事之所以令人拍案叫绝,其中一个重要因素是当事人的机敏与当机立断。(2)灵活。智慧之所以充满魅力,就在于它的呈现方式并不是单一的、刻板的或套路化的,而是因人、因事、因时、因地而灵活多样的。(3)正确。事后证明,体现智慧的问题解决方式往往都是最佳行动方式,因而是正确的。⑦

---

① Sternberg, R. J. (1985). Implicit theories of intelligence, creativity, and wisdom. *Journal of Personality and Social Psychology*, 49(3): 607 - 627.
② R. J. 斯腾伯格. 超越 IQ——人类智力的三元理论[M]. 俞晓林,吴国宏译. 上海:华东师范大学出版社,2000.
③ Sternberg, R. J. (1998). A balance theory of wisdom. *Review of General Psychology*, 2(4): 347 - 365.
④ 辞源(修订本)[M]. 北京:商务印书馆,1983: 1442.
⑤ 同上: 1443.
⑥ 陆谷孙. 英汉大词典(第2版)[M]. 上海:上海译文出版社,2007: 986,2344.
⑦ 张红. 做个有智慧的班主任[J]. 班主任,2011,(4): 1.

2.“智慧即智力或能力”观的不足

将智慧等同于智力或某种能力，这种观点的不足之处是，由于无论是当代中国心理学界还是当代西方心理学界，人们使用的智力与智慧都已有特定含义，而此含义与中西方传统文化所讲的智力与智慧的含义已相差甚远。具体地说，就汉语而言，智力和智慧这两个概念本都是古今汉语里固有的概念，而不是舶来品。但是，在内涵上，古今汉语所用智力和智慧这两个概念均有较大差异。据《辞源》解释，在古汉语里，智力指“智谋，材能”。如《韩非子·八经》说：“故听言不参则权分乎奸，智力不用则君穷乎臣。”《论衡·定贤》说：“夫贤者才能未必高也而心明，智力未必多而举是。”①智慧也可指“聪明，才智”，这样，古汉语里的智慧与智力这两个概念在内涵上有相通的地方，且略相当于 2009 年版《辞海》对智力所作的第二种解释（即指“智谋和力量”之义）。这里需要特别指出的是，虽然古今汉语里都使用智慧与智力这两个概念，但是二者的含义有一定区别：如前文所论，在古汉语里，智慧（简称“智”）主要有三种含义：指“聪明；才智”、“智谋”或“智巧”，此时它是一个无涉道德的、纯粹认知领域的概念；指人的一种德才兼备的综合心理素质；在佛教中，智慧指破除迷惑证实真理的识力。具备第二、第三种含义的智慧，其内充满德性的意蕴，是一种“必仁且智”式的综合心理素质。具备第一种含义的智慧与智力一样，都是一个无涉道德的、纯粹认知领域的概念。现代汉语里使用的智慧仍保持了古汉语智慧的三种含义；现代汉语里使用的智力虽类似古汉语的智力，但在具体含义上主要采纳了现代西方心理学中智力的内涵；不过，它的属性仍未变，即仍是一个无涉道德的、纯粹认知领域的概念，基本上已没有德性的意蕴。可见，在当代语境下，将智慧等同于智力是欠妥的，这样做时不但忽略了上文所讲的智慧与智力之间的三个重要区别，而且没有准确看到中国古代文化里智慧内含德性的成分这一事实。② 也正由于此，才误将智慧界定为“对事物能认识、辨析、判断处理和发明创造的能力”或“聪明才智”，依下文所论，此种智慧实为高智商，而不是真正意义上的智慧，毕竟其仅是纯粹的聪明才智，而未包含善。如果一个人将其拥有的“对事物能认识、辨析、判断处理和发明创造的能力”或“聪明才智”用来为绝大多数谋福祉，此时，“对事物能认识、辨析、判断处理和发明创造的能力”或“聪明才智”与良好品德的合金才构成物慧；假若一个人将其拥有的“对事物能认识、辨析、判断处理和发明创造的

① 辞源(修订本)[M]．北京：商务印书馆，1983：1442.
② Yang Shih-ying & Sternberg, Robert J. (1997). Conceptions of intelligence in ancient Chinese philosophy. *Journal of Theoretical and Philosophical Psychology*, 17(2)：112.

能力"或"聪明才智"用来为自己谋私利,为此而不惜牺牲他人的利益,此时,"对事物能认识、辨析、判断处理和发明创造的能力"或"聪明才智"就与恶结合了,其结果只能造成更大的恶。① 可见,"善良的聪明"和"邪恶的聪明"尽管都是聪明,二者实有天壤之别:前者是人成就智慧者的通途,后者是人沦为恶魔的邪道。② 所以,绝不可将智慧等同于聪明、高智商或本能。当大家都准确把握智慧的实质后,便不会再有"如果没有善良的人心作为后盾,纯粹的智慧绝不可能万能"③之类的不准确说法了。同时,由于发明创造有真发明创造与类发明创造之分,一个人"对事物能认识、辨析、判断处理的能力",或是"认识客观事物及其规律并用以解决实际问题的能力",有时只是已有知识的简单运用,算不上是智慧,而只能说是一种记忆力。④

五、智慧主要是人的一种综合素质

智慧主要是人的一种综合素质,这种观点以美国佛罗里达大学的阿德尔特(Monika Ardelt)等人为代表。其思想来源主要有二:一是东方的智慧思想;二是埃里克森的智慧思想。当然,对于这种综合素质的具体构成,不同学者的观点略有差异。

(一) 智慧是能力与人格特质的综合体

阿德尔特继承东方智慧思想与埃里克森的智慧思想,将智慧主要视作能力与人格特质的综合体。阿德尔特(Ardelt,1997,2000a,2003)对智慧的定义是:基于东方传统内隐智慧理论和外显智慧理论的一种人格特质(personality characteristics),尤其应将智慧视作认知性、反省性和情感性这三种特性的统一体。⑤ 进而,在测量智慧的方法上,与柏林智慧模式用假设情境(hypothetical scenarios)来测量个体智慧的做法不同,阿德尔特认为假设情境并不能充分测量出个体的智慧,⑥他主张在个体的真实生活情境里测量个体的智慧,即用"最典型行为来测量智慧"(uses the typical-performance approach to measuring wisdom)。在斯腾伯格看来,巴尔特斯和阿德尔特的做法都有一定的合理之处,

① Sternberg, Robert J. (2004). Why smart people can be so foolish. *European Psychologist*, 9 (3): 145 - 150.
② 辜正坤.中西智慧观与中西文化走向 ——从《智慧书》论到中国文化[J]. 博览群书,2001, (2): 12 - 15.
③ 同上:14.
④ 汪凤炎,郑红. 中国文化心理学(增订本)[M]. 广州:暨南大学出版社,2013:379.
⑤ Ardelt, M. (2003). Empirical assessment of a three-dimensional wisdom scale. *Research on Aging*, 25 (3), 284.
⑥ 汪凤炎,郑红. 五种西式经典智慧观的内涵及得失[J]. 自然辩证法通讯,2010,32(3): 95 - 96.

因为有时候人可以从众多他人给予的建议中明智地选择最妥当的办法解决问题，而有时，人必须独自进行明智的思考，然后才能妥当解决自己面临的问题，所以人要善于根据不同情境运用智慧，不可偏执一端。同时，如果说巴尔特斯等人主张的用"最佳行为来测量智慧"的做法是一种典型的能力测验（typical of ability testing），那么阿德尔特主张用"最典型行为来测量智慧"的做法就是一种典型的人格测验（typical of personality testing）。这两种测量方法都有一定的风险。因为，要测量一个人的最佳行为，势必要求此人去解决一些富有挑战性的难题，所以，（衡量）最佳行为的指标的可靠性仅仅与记分性题目及其使用方法是一样的；要测量一个人的最典型行为，势必要求此人用某种方式去描述其在面临一个情境时的典型反应，相应地，（衡量）最典型行为的指标的可靠性仅仅与测量一个人的诚实度的指标是类似的，其所用题目与"大五人格"问卷来测量人格特质的题目是类似的。可见，用"最典型行为来测量智慧"这种做法实际上是一种典型的人格测验（typical of personality testing），[1]而不是智慧测验。

也有一些研究智慧的学者将焦点放在智慧者具有的特质上（Clayton & Birren，1980；Holiday & Chandler，1986；Sternberg，1985；Yang，2001），他们通过调查有智慧的人的人格特质或能力来研究智慧。大体而言，这些研究结果显示一般人对智慧者的描述包括相关的能力与人格特质，有智慧的人往往被认为具有下列的能力：博学有才干（Yang，2001），具有一般能力、有推理能力、沟通技巧、人际技巧、对日常经验有卓越的理解力（Holliday & Chandler，1986），能从环境与他人的想法中学习、有好的判断以及能善用拥有的信息等（Sternberg，1985）；同时，有智慧的人拥有的人格特质主要有：仁慈有爱心、开明有深度、谦虚不嚣张（Yang，2001），以及其他整合认知、情意、反思、行动四方面的特质（Ardelt，2003；Clayton & Birren，1980）。[2]

"智慧主要是能力与人格特质的综合体"与"智慧主要是人的一种智力或能力"相比，二者的相通之处是，都强调智慧里包含某种重要的能力或智力；二者的区别是：前者主张智慧里还应包括一些良好的人格特质，后者则未凸显良好人格特质在成就智慧中的重要作用。而许多事实已表明，良好人格特质在成就智慧中的确常常扮演着重要作用。由此可见，该观点较之"智慧主要是人的一种智

---

① Sternberg，Robert J. (2004). Words to the Wise about Wisdom? A Commentary on Ardelt's Critique of Baltes. *Human Development*，47：287－288.

② Ardelt，M. (2003). Empirical assessment of a three-dimensional wisdom scale. *Research on Aging*，25 (3)，277－280. 杨世英，张钿富，杨振昇. 智慧与领导的关系：探究透过领导展现的智慧[J].教育政策论坛，2006,9(4)：121.

力或能力"更有可取之处,而且它与中国经典的智慧思想和埃里克森的智慧思想
也有相通的地方。不过,良好人格特质仍偏向是一个中性词,例如,意志力坚强、
勤奋、乐群(善于与人沟通)、自力自强,当机立断等都属于良好人格特质,虽然品
德良好者一旦拥有这些人格特质,更有利于其为善,但品德不良者一旦拥有这些
人格特质,却更有利于其为恶。所以,良好人格特质并不能保证个体一定拥有
善,相应地,智慧是能力与人格特质的综合体,这一观点并未真正把握智慧的
实质。

(二) 智慧是人的一种综合素质及相应的行为方式

也有一些中国学人主张智慧主要是人的一种综合素质及相应的行为方式。
在持此观点的人看来,智慧是一个将某些重要心理素质与相应行为方式有机融
合在一起的概念。这种观点以《21 世纪大英汉词典》为代表。《21 世纪大英汉词
典》对智慧的解释是:"① 聪颖;智慧;明智。② 知识;学问。③(先哲的)格言;
名言;教训。④ 明智的行为;明智的打算。"[①]《21 世纪大英汉词典》对智慧的这
一界定,其优点是在看到智慧里包含学识与能力的同时,还看到智慧里包含明智
的行为;其不足是未深入、准确地探讨智慧的内涵。

顺便指出,靖国平也持类似观点。在他看来,智慧主要是指人们运用知识、
经验、能力、技巧等解决实际问题和困难的本领,同时它更是人们对于历史和现
实中个人生存、发展状态的积极审视、观照和洞察,以及对于当下和未来存在着
的、事物发展的多种可能性进行明智、果断、勇敢地判断与选择的综合素养和生
存方式。智慧的要义有三:(1)智慧指向人的实践能力或实际本领,智慧的对象
是实际的问题与现实的困惑,智慧的方式是具有实践性、探索性、创造性的活动。
(2)智慧指向人的明智的、良好的生存和生活方式。正如杜威在《人的问题》一
书里所说:"智慧与知识不同,智慧是应用已知的去明确地指导人生事物之能
力。"(3)智慧指向人的主体性、价值性、自觉性、自由性等人的"类本质"特征,智
慧的道路通往人的自由发展和人的解放。智慧的这三点要义,实际上包含着心
理学、社会学和哲学等三个不同的认识维度。在心理学意义上,智慧是
"intelligence",即指人的聪明才智,智力发达,思维有创造性,能够解决认识上的
问题等。在社会学意义上,智慧是"sensibleness",即指人在日常社会生活中是敏
感的、明智的和明白事理的,其思想和行为等是切合实际的,是合情合理合法的,
是有效和实用的。在哲学意义上,智慧是"wisdom",即指人在世界观、价值观和

---

① 李华驹.21 世纪大英汉词典[M].北京:中国人民大学出版社,2003:2378.

人生观等方面具有的智慧、才智、明智、知识、德性、学问、常识等，也指人的自由自觉的特性、人的类主体性获得了比较充分的发展。心理学意义上的智慧、社会学意义上的智慧和哲学意义上的智慧分别代表着智慧的三个基本层次，同时三者之间又有着纵横交错的联系。① 虽然在靖国平的智慧里也潜藏有德才兼备的意韵，不过，根据我们在前文所作的分析以及第四章提出的智慧的德才兼备理论看，他主张智慧在心理学意义上是"intelligence"，在社会学意义上是"sensibleness"，在哲学意义上是"wisdom"，并认为它们代表着智慧的三个基本层次，这种见解是值得商榷的。因为这表明他实未有意识地看到智慧的本质是德才兼备。而且，尽管从心理学、社会学和哲学的角度研究智慧，会在研究视角、研究方法与研究内容等方面存在一定差异；不过，同一事物（如智慧）在不同学科中的性质是不变的，故不可能存在所谓心理学意义上的智慧、社会学意义上的智慧和哲学意义上智慧等三种智慧类型。

六、智慧是一种历程

智慧是一种历程，此种智慧观以"知而获智"观与斯腾伯格等为代表，但二者对这种历程的看法有一定的差异。

（一）"知而获智"观

1. "知而获智"观的核心内容及相关证据

中国传统文化对智慧的一种重要而有价值的见解是主张"知而获智"。"知而获智"也叫"转识成智"，②其中的"知"或"识"指"知识"或"认识"，而且是广义的，即与无知相对，以便将常识和科学知识③、道德知识与科技知识或明确知识（explicit knowledge）与默会知识（tacit knowledge）④都包括在内；"智"指智慧。相应地，"转识成智"或"知而获智"的含义是：一个人只要不断地积累知识，并作恰当的创造性转换，就有可能通过"变知识为智慧"的途径逐渐获得智慧。它主要是从获得智慧的途径的角度来探讨智慧的实质，是中国传统文化对智慧的一种重要而有价值的见解。之所以说中国先哲提出"知而获智"观，主要是基于文

---

① 靖国平. 论智慧的涵义及其特征[J]. 湖南师范大学教育科学学报，2004，3（2）：14 - 15.
② 如上文所论，"转识成智"原为佛教用语，这里仅是借用唯识宗的"转识成智"来指称中国传统文化对智慧的一种重要而有价值的见解：变知识为智慧。
③ 冯契. 冯契文集（第一卷），认识世界和认识自己[M]. 上海：华东师范大学出版社，1996：412.
④ "明确知识"与"默会知识"是迈克尔·波兰尼明确提出的一对概念，不过，中国传统文化里虽没有这两种"名"，却有这两种"实"（汪凤炎. 中国心理学思想史[M]. 上海：上海教育出版社，2008：207 - 212），因此，这里借用波兰尼的这两个概念，含义与波兰尼讲的也基本一样。

字学和先哲相关言论这两方面的证据。

在古汉语里,知往往与智相通,要准确把握中国人对智慧的看法,必须从知、智和慧入手进行探讨。知与智将在下文作详解,这里先论慧的含义。据《汉语大字典》解释,慧的含义主要有六:① 聪明;智慧。《说文·心部》:"慧,儇也。"徐锴《系传》:"儇,敏也。"② 狡黠。《增韵·霁韵》:"慧,妍黠也。"③ 佛教用语。了悟。《正字通·心部》:"慧,梵书言了悟也。"《五灯会元·章敬晖禅师法嗣》:"帝曰:'云何为慧?'对曰:'心境俱空,照览无惑名慧。'"④ 方言。病愈。《方言》卷三:"南楚病愈者谓之差……或谓之慧。"⑤ 轻爽;清爽。⑥ 中医学指眼睛清明。①由此可见,当作"聪明;智慧"解时,"慧"与"智慧"同义。而且,甲骨文无"慧"字,②表明慧比智要晚出一些(但如上文所论,"慧"字至迟不会晚于墨子生活的时代,因为《墨子·尚贤中》里已有"智慧"一词),故下文不多论慧。

说中国传统文化里有"知而获智"观,来自文字学上的证据主要有二:一是"智"字从字形上看与"知"相通;二是"智"字从字义上看与"知"相通。

"智"字从字形上看与"知"相通。从字形上看,对于"知"字,第二版《汉语大字典》列出六种字形变化图,如图 3-2 所示。

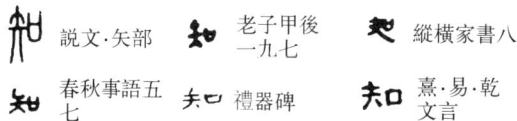

图 3-2 "知"字字形变化图③

在图 3-2 中,所列"知"字字形最早的写法是取自《说文》,并没有列出"知"字字形更早的写法。由于"知"字在汉字史上出现颇早,为了弄清"知"字字形的早期写法,有必要再看看"知"字在甲骨文和金文中的写法。但是,遍查《殷墟甲骨文实用字典》④、《甲骨文字典》⑤、《金文常用字典》⑥与《简明金文词典》⑦等工具书,都没有发现"知"字更早的字形图。不过,马如森在《殷墟甲骨文实用字典》里解释"矯"字时写道:

---

① 汉语大字典编辑委员会编纂. 汉语大字典(第二版 九卷本)[M]. 成都:四川出版集团·四川辞书出版社,武汉:湖北长江出版集团·崇文书局, 2010:2506.
② 徐中舒. 甲骨文字典(第2版)[M]. 成都:四川辞书出版社,2006:14.
③ 汉语大字典编辑委员会编纂. 汉语大字典(第二版 九卷本)[M]. 成都:四川出版集团·四川辞书出版社,武汉:湖北长江出版集团·崇文书局, 2010:2763.
④ 马如森. 殷墟甲骨文实用字典[M]. 上海:上海大学出版社,2008.
⑤ 徐中舒. 甲骨文字典[M]. 成都:四川辞书出版社,1998.
⑥ 陈初生. 金文常用字典[M]. 西安:陕西人民出版社,2004.
⑦ 王光耀. 简明金文词典[M]. 上海:上海辞书出版社,1998.

《说文》："矯，识词也，从白、从亏、从知。"……《集韵》："一曰知也，或作智。"王延林："古文中知智音义相同，知智可训识觉。……'知道'、'知识'皆引申义。"①

事实上，许慎早在《说文解字》里就说："知，词也，从口矢。"段玉裁的注是："白部曰：'矯，识词也，从白、从亏、从知。'按此，'词也'之上亦当有'识'字。知矯义同，故矯作知。识敏，故出于口者疾如矢也。"②据《字源》解释，"矯、智、知"三字始于同一个字，其字形即"䏁"③。张弢在其编著的《金文艺用字典》一书里，在"知"字下面所列"知"的金文写法是"ᗣ啤"或"㘞"。④ 从字形上看，对于"智"字，第二版《汉语大字典》列出了9种字形变化图，如图3-3所示。明眼人一看就知，"智"字的甲骨文和金文写法，与"知"完全相同。

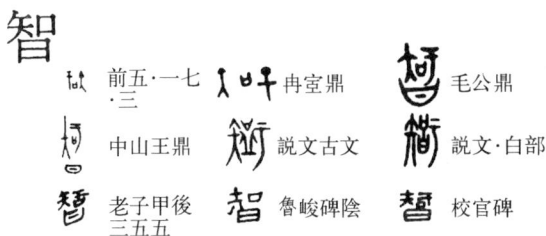

图3-3　"智"字字形变化图⑤

综合上述解释可以得出结论，现代汉语通行的"知"与"智"二字在先秦时期其实本是同一个字，甲骨文都写作"䏁"，金文都写作"ᗣ啤"或"㘞"，小篆隶定后则写作"矯"。正如马如森所说："古文中知智音义相同，知智可训识觉。……'知道'、'知识'皆引申义。"⑥稍加分析"䏁"、"ᗣ啤"与"㘞"等三个字可知：金文"ᗣ啤"在写法上类似于甲骨文"䏁"，只是其中的ᗜ、ᗤ、ᗥ的排列次序与甲骨文"䏁"里的ᗜ、ᗤ、ᗥ顺序略有不同而已；金文"㘞"只是在"ᗣ啤"的下部增加一个"甘"字，⑦其内除了隐含"有智慧的人生如蜜一样甘甜"之义外，其余的与"䏁"或"ᗣ啤"并无不同，故下文只重点分析"䏁"字。

从造字法上看，甲骨文"䏁"本是一个会意字："䏁"字左边类似"亏"的符号指

① 马如森．殷墟甲骨文实用字典［M］．上海：上海大学出版社，2008：91．
② ［汉］许慎，撰，［清］段玉裁注．说文解字注［M］．上海：上海古籍出版社，1981：227．
③ 约斋．字源［M］．上海：上海书店影印出版，1986：203．
④ 张弢．金文艺用字典［M］．郑州：中州古籍出版社，2003：262．
⑤ 汉语大字典编辑委员会编纂．汉语大字典(第二版，九卷本)［M］．成都：四川出版集团·四川辞书出版社，武汉：湖北长江出版集团·崇文书局，2010：1628．
⑥ 马如森．殷墟甲骨文实用字典［M］．上海：上海大学出版社，2008：91．
⑦ 陈初生．金文常用字典［M］．西安：陕西人民出版社，2004：418．

"气"。正如段玉裁注："锴曰：亏亦气也。"①中间的符号是"口"的象形字，②右边的符号一看就是"箭"的象形字。合起来看，甲骨文"𰼶"字左边的"气"表示"力量"，与右边的"箭"合起来后，既有"箭速很快"之义，也含有"有的放矢"之义；将之与位于中间的"口"合在一起，其义恰恰是"知"字里蕴含的如下重要含义："识敏，故出于口者疾如矢也"；③"凡知理之速，如矢之疾也，会意。"④约斋在《字源》里解释"𰼶、智、知"三字时说得好："知识的作用是无形的，只得借矢来代表，本作矢于口，谓矢射及的情形，后增日，跟口重复，仍省作智作知。"⑤根据上文分析可知，约斋的这一解释从总体上看颇有见地，但是，根据下文所论，"后增日，跟口重复"这一解释没有准确看到"增日"的真正价值，这是其不足之处。对于"𰼶"与"智"的关系，《汉语大字典》在解释"智"字字形时提供了一个重要线索："徐灏注笺：'知𰼶本一字，𰼶隶省作智。'"⑥依徐灏的解释，"𰼶"字本是"智"的古体字，"智"字是从"𰼶"字的隶书字体里演化出来的：小篆"𰼶"字中的"白"本"乃从甘之讹"，⑦在用隶书字体书写"𰼶"时，将右边的"亏"字省略掉，将下边的"白"字"以讹传讹"地写成"日"字，就成了现代通行的"智"字。这表明，在汉字史上，是先有"𰼶"、"𰼶"或"𰼶"等三字，继而有"𰼶"字，后有"智"字。徐灏指出"智"字是在用隶书字体书写小篆"𰼶"时产生的，这有一定的见地，这说明"智"字产生的时间虽不如"𰼶"早，但也已有一定的历史了。因为据"史说汉字（四）：隶行天下"讲，汉字的隶变可能在战国中期已出现。最保守估计，在战国末期已出现汉字的隶变，至秦代便已大量使用"秦隶"。所以，传说中的秦朝人程邈因罪入狱后在狱中发明"隶书"的故事是不能成立的。李斯"书同文"中的"文"，在理想上是"小篆"，而实际上通行的是"秦隶"（即"古隶"）。明白了这一点，就能很好地解释这一现象：今人只在泰山石刻上发现李斯的"小篆"，在其他考古发现里看到的秦代一些有文字记载的实物（如竹简等）上面，其文字都是用秦隶（而不是用小篆）撰写的。西汉初期仍延用秦隶，但不久就从量变逐渐达到质变，至汉武帝时便形成"汉隶"（即"今隶"），至"熹平石经"时，汉隶已达到成熟，成为汉朝的标准字体。

① 汉语大字典编辑委员会编纂. 汉语大字典(第二版 九卷本)[M]. 成都：四川出版集团·四川辞书出版社，武汉：湖北长江出版集团·崇文书局，2010：1628.
② 同上：613.
③ [汉]许慎撰，[清]段玉裁注. 说文解字注[M].上海：上海古籍出版社，1981：227.
④ 汉语大字典编辑委员会编纂. 汉语大字典(第二版 九卷本)[M]. 成都：四川出版集团·四川辞书出版社，武汉：湖北长江出版集团·崇文书局，2010：2763.
⑤ 约斋. 字源[M].上海：上海书店影印出版，1986：203.
⑥ 汉语大字典编辑委员会编纂. 汉语大字典(第二版 九卷本)[M]. 成都：四川出版集团·四川辞书出版社，武汉：湖北长江出版集团·崇文书局，2010：1628.
⑦ 王光耀. 简明金文词典[M].上海：上海辞书出版社，1998：354.

从隶书开始叫“今文字”，以前的就叫“古文字”，方块字就是在隶变过程中逐渐形成的。[①] 隶书字体的主要特点是改曲为直，取消逆笔，简化偏旁，混同偏旁，省略篆文中的一部分。[②] 不过，只认为“智”下的“日”是将“𥏼”下的“白”字“以讹传讹”地写成“日”字的结果，这实也未深究“智”字下“加‘日’”的用意。窦文宇和窦勇对智的解释是：“由‘知’和‘日’构成。‘知’有知识的含义，引申有聪明、智慧和见识的含义，其下加‘日’是为了与‘知’字的其他含义区别开，专门表述上述含义。”[③]看到“知”与“智”在字形与字义上的联系是对的，不过也未深究“智”字下“加‘日’”的用义，而只说“智”下加“日”是为了与“知”字的其他含义区别开，用以专门表述聪明、智慧和见识的含义，这一见解值得商榷。综上所论，从字形看，甲骨文、金文和小篆的“智”字与“知”字实都是同一个字，而且都源自“[illegible]”；对于“智”字下“加‘日’”的解释，虽然学人有不同的看法，但一般只将其解释为以讹传讹的结果。为什么在“知”下加“日”使之成为“智”，而不是在“知”下加别的什么字或符号，使之既与“知”区分开，又能够表达“聪明、智慧和见识”的含义呢？对于这个问题，已有解释多未深究。

从文化心理学角度看，一种文字的创造，必因有此种需要而起。正如陶德怡所说：“文字之发生，在当时乃代表普遍的或重要的事实。原人类之创造一事一物必有其创造之背景与原因；而此背景与原因，尤为众人之所急务，然后所创造之事物，方能传播广远，为大多数所采取。……文字者，乃补助语言之不足，代表思想之工具，为人类之一最重要发明，其为一般社会之需要，自属尤甚。”[④]同时，新创造的某一文字之所以会被众人运用，必有人们需要运用它的理由。正如陶德怡所说：“凡文字之历久不灭者，必其所代表之事物，在形体上尚未消灭，或在精神上尚可通用，盖文字之创造，既因需要而起，则其为人所应用，必有需要之所在，否则人人将弃之而不顾，无形中自归消灭。‘凡物用则发达，不用则废，’乃宇宙之公例，天演之通则，无有能越此范围者。故凡文字已经过多数年代而尚存在者，其字必有存在之价值及实用的需要。即或其所代表之事物，因进化之故，变其形体，然其意义必尚大概相似，或可引伸得之。”[⑤]因此，后来汉语之所以普遍使用“智”字而不是“𥏼”字或“知”字来表述“聪明、智慧”之义，其原因主要有二：

---

① “史说汉字(四)：隶行天下”于 2009 年 3 月 15 日晚在中国中央电视台第十频道(CCTV-10，科学与教育频道)的“探索与发现”节目里播出。
② 窦文宇，窦勇. 汉字字源：当代新说文解字[M]. 长春：吉林文史出版社，2005：5.
③ 同上：61.
④ 陶德怡. 善恶字汇. 载张耀翔. 心理杂志选存(上册)[M]. 上海：中华书局，1932：226-227.
⑤ 同上：227.

是使得"智"字书写起来更加方便、简洁(因"智"字较之"嚞"字笔划要少),既显得更为实用,又吻合汉字一向是朝着实用、简化和规范方向发展的规律;二是将"嚞"字内蕴含的"转识成智且是日积月累式的"的思想更加清晰地表露出来。较之"智"字,"知"字的笔划虽要少一些,不过,若将"知"字用来指称"聪明;智慧"的含义,不但无法有效地将其与读作"zhī"时的"知"的诸种含义区分开;更重要的是,无法让人一眼从字形上就能看出"转识成智"的思想。而"智"字之字形,其上为"知",其下为"日",这个"日"字蕴含三种含义:(1)"日积月累",即要通过日积月累的方式逐渐让自己获得广博的知识,才有可能让自己变得越来越智慧。(2)"日日行之"。由于中国先哲在论学时大都信奉如下道理,此道理虽由荀子明确阐述出来,但实是至少自孔子以来就有的,而且一直为通晓儒家教育精义的人身体力行之:

> 不闻不若闻之,闻之不若见之,见之不若知之,知之不若行之,学至于行之而止矣。行之,明也。明之为圣人。圣人也者,本仁义,当是非,齐言行,不失毫厘,无它道焉,已乎行之矣。故闻之而不见,虽博必谬;见之而不知,虽识必妄;知之而不行,虽敦必困。不闻不见,则虽当,非仁也其道百举而百陷也。①

> 君子之学也,入乎耳,箸乎心,布乎四体,形乎动静,端而言,蝡("蠕"的异体字)而动,一可以为法则。小人之学也,入乎耳,出乎口。口耳之间则四寸耳,曷足以美七尺之躯哉!②

根据上述两段引文可知,经由"知行脱节"式的"小人之学"中获得的"知",是无法有效地帮助学习者获得智慧的,只有经由"知行合一"式的"君子之学"中获得的"知",才能有效地帮助学习者获得智慧,因为智慧本是"知行合一"的。所以,"智"字下面的这个"日"字也有"日日行之"之义,即通过日日力行的方式,使所学知识逐渐变成自己的素质。因为当一个人学习某种知识后,若能真正做到"入乎耳,箸乎心,布乎四体,形乎动静,端而言,蠕而动,"那么,可以肯定的是,这种知识就已经内化为此人的内在素质。而要达到这一学习境界,显然需要个体日日力行才行。这意味着,从字形上看,"智"本有"将'知识'日日力行,使之不断从陈述性知识转换成程序性知识"之义。(3)"日行一善",即个体要将通过日积月累一些经过实践证明是正确的程序性知识用来为绝大多数人谋福祉。需要指出,由于中国古代官学与私学传授的主要是道德知识,而不是今人所讲的科技知识,

---

① 〔清〕王先谦.荀子集解[M].沈啸寰,王星贤点校.北京:中华书局,1988:142.
② 同上:12.

这样，古人在讲"知而获智"时，虽经常未明言"真善合一"，实际上已内在地隐含"真善合一"。但是，当代人所学的知识多是科技知识，若想"转识成智"，一定要将所学知识用来为绝大多数人谋福祉；若少了这个"临门一脚"的功夫，那前面做得再好也是徒劳无益的。通过上述三个关键步骤，一般就能将"知识"转换成"智慧"。可见，从"智"字字形里也可看出其内明显潜藏有"知而获智"、"转识成智"和"知行合一"的思想。

"智"字从字义上看与"知"相通。从字义上看，在古汉语里，当"知"读作"zhī"时，本有"晓得；知道"、"知识或认识能力"、"知觉"之义。[①] 第二版《汉语大字典》对"知"的解释则更为全面：

《说文》："知，词也，从口，从矢。"徐锴《系传》："凡知理之速，如矢之疾也，会意。"当读作"zhī"时，其义有 17 种：一指"知识"。二指"知觉；感觉"。三指"知道；了解"。四指"使知道；告知"。五指"识别；区别"。六指"记忆；记住"。七指"表现；显露"。八指"主持；掌管"。九指"优遇；赏识"。十指"交游；交往"。十一指"相契；要好"。十二指"知己；知交"。十三指"病愈"。十四指"欲念"。十五指"匹配；配偶"。十六指用作"助词。用在句内起调节音节的作用。"十七是同"是"。读作"zhì"时，其义有三：一同"智"。智慧。《集韵·置韵》："智，或作知。"清人徐灏在《说文解字注笺·矢部》里说："知，智慧即知识之引申，故古只作知。"二通"志"。志气。三是用作姓氏。[②]

从"识敏，故出于口者疾如矢也"一语看，"知"里本有"个体通过日积月累、日日行之，从而已非常熟练地掌握了某种知识，并能熟练运用之"的含义，而这恰恰是有智慧的表现，毕竟一个人若要做到"识敏，故出于口者疾如矢"，显然不是一朝之功。正由于此，清人徐灏在《说文解字注笺·矢部》里才明确地说："知，智慧即知识之引申，故古只作知。"[③]读者于此千万要注意一个细节：徐灏只说"智慧即知识之引申"，"引申"二字表明智慧虽从知识中来，但智慧并不等同于知识，所以徐灏并未说"智慧即知识"。由此可见，在中国先哲心里，"知"与"智"既有一定的差异，又有内在的一致性与相通性。这样，当"知"读作"zhì"时，与"智"（即智慧）是相通的。所以，许慎在《说文解字》里说："𥄂，识词也，从白亏知。"段玉裁的注是："此与矢部'知'音义皆同，故二字多通用。锴（指徐锴，引者注）曰：'亏亦气也。'

---

① 夏征农，陈至立.辞海（第六版彩图本）[M].上海：上海辞书出版社，2009：2933.
② 汉语大字典编辑委员会编纂.汉语大字典（第二版 九卷本）[M].成都：四川出版集团·四川辞书出版社，武汉：湖北长江出版集团·崇文书局，2010：2763-2764.
③ 同上：2764.

按：从知会意，知亦声。"①《说文解字》又说："㣉，古文智。"《集韵·真韵》说："智，或作知。"②事实上，在古汉语里，的确有许多"知"通"智"的用法。如《周易·蹇》说："见险而能止，知矣哉!"《论语·里仁》说："里仁为美。择不处仁，焉得知?"陆德明释文："知，音智。"《礼记·中庸》说："好学近乎知。"等等。这些引文里的"知"均通"智"。③

《汉语大字典》对"智"字字义的解释是：一指智慧；聪明。二指机智；谋略。三指聪明、有智慧的人。四指知识。五通"知(zhī)"，知道。六指春秋时晋国地名，在今山西省永济市北。七用作姓氏。④《汉语大字典》对"㣉"字的解释是：同"智"。《说文·白部》："㣉，识词也。"朱骏声借义证："经典多用知为㣉，间用智字以别之。"《正字通·矢部》："㣉，古文智。"⑤《汉语大字典》对"㣉"字的解释是：同"㣉(智)"。《说文·白部》："㣉，识词也。从白、从亏、从知。㣉，古文㣉。"⑥2009年版《辞海》则说，"智"有聪明与智慧、智谋之义。如《孟子·公孙丑下》："王自以与周公孰仁且智?"此处"智"一般作"聪明"解。《淮南子·主术训》："众智之所为，无不成也。"《史记·项羽本纪》："吾宁斗智，不能斗力。"这两处的"智"一般作"智慧、智谋"解。⑦综上所引可知："㣉"字本是"智"的古体字，"知"与"智"二字在古汉语里常通用。正如朱骏声所说："经典多用知为㣉，间用智字以别之。"⑧由"知"通"智"的事实可看出，"知"与"智"二字的字义里潜藏有"知而获智"的智慧观。

上面通过对"知"与"智"这两个字的字形和字义的分析可知，中国传统文化里蕴含"知而获智"的智慧观。不但如此，更重要的是，在中国古代出现明确主张"知而获智"智慧观的言论。假若说来自文字学上的证据只是一种间接证据的话，那么出自先哲相关言论的证据不但是一种直接证据，更是一种"铁证"。在先哲阐述"知而获智"的相关言论里，颇为经典的言论主要有如下几条。

如前文所引，据《论语·颜渊》记载："樊迟问仁。子曰：'爱人。'问知(智)。子曰：'知人。'"《老子·三十三章》说："知人者智，自知者明。"这表明，儒家孔子与道家老子都相信：一个人只要善于知人(这个"人"中包括自己)，善于鉴别人

---

① [汉]许慎撰，[清]段玉裁注.说文解字注[M].上海：上海古籍出版社，1981：137.
②③ 汉语大字典编辑委员会编纂.汉语大字典(第二版 九卷本)[M].成都：四川出版集团·四川辞书出版社，武汉：湖北长江出版集团·崇文书局，2010：2764.
④ 同上：1628－1629.
⑤⑥ 同上：2769.
⑦ 夏征农，陈至立.辞海(第六版彩图本)[M].上海：上海辞书出版社，2009：2955.
⑧ 汉语大字典编辑委员会编纂.汉语大字典(第二版 九卷本)[M].成都：四川出版集团·四川辞书出版社，武汉：湖北长江出版集团·崇文书局，2010：2769.

（这个"人"中同样包括自己），就是一个智慧者；反过来说，一个人若想成为智慧者，就要在日常生活里学会知人，学会鉴别人。这之中明显含有"知而获智"观，只不过一个人通过这种途径获得的智慧主要是德慧。①《墨子·经说上》说："知也者，所以知也。"②这里，第一个"知"同"智"，其义是：智生于知，知而获智，转知或识而成智。《墨子·经上》说："恕，明也。"③《墨子·经说上》的解释是："恕也者以其知论物，而其知之也著，若明。"④"恕"不但是古"智"字，⑤而且是《墨子》里独有的字，此字字形从知、从心，这说明，从字形上看，墨家已有"心知为智"的思想，即"心中知道"是"智"的主要表现形式之一。⑥ 在墨家看来，一个人如果能够根据自己已有的知识去推知未知的事物，就能使自己拥有的知识越来越明确、显著和深刻；能够以这种方式做学问，并心怀"兼爱"的动机，也就达到智慧的层次。孟子在《尽心上》说："知者无不知也，当务之为急；仁者无不爱也，急亲贤之为务。尧、舜之知而不遍物，急先务也；尧、舜之仁不遍爱人，急亲贤也。不能三年之丧，而緦、小功之察；放饭流歠，而问无齿决，是之谓不知务。"⑦在这里，孟子既相信智者无所不知，又认为智者之所以是智者，能够准确把握哪些事情是当前必须优先知道的，知道事情的轻重缓急。正如康有为在《孟子微》卷三《礼智第五》里所说："此言仁智无穷，而人之当先，则以当务急亲贤为先。当务，则时时不同，人人不同，要皆有当者。如吏之于政，士之于学，商之于货，工之于艺，农之于产，是其当务，其他虽有妙道，在所后也。皆指点人下手之处，故知迂阔而远事情，非儒者也。"⑧所以，《孟子·公孙丑上》说："是非之心，智之端也。"《孟子·告子上》干脆说："是非之心，智也。"《庄子·外物》说："心彻为知，知彻为德。"这表明《庄子》已有"心灵通彻是智，智慧通彻是德"的思想。⑨ 如上文所引，《荀子·正名》也说："所以知之在人者谓之知，知有所合谓之智。"认为只有当人的认识与客观事物相吻合，方可称作"智"。西汉末期的思想家扬雄（前53—后18）在《法言·问道》里说："智也者，知。夫智用不用，益不益，则不赘亏矣。"其义是："凡物用之则亏，益之则赘。智者以不用为用，以不益为益。用而不用，是不亏也；益而不益，

---

① 汪凤炎，郑红. 中国文化心理学（增订本）[M]. 广州：暨南大学出版社，2013：375.
② [清] 孙诒让. 墨子闲诂[M]. 孙启治点校. 北京：中华书局，2001：333.
③ 同上：310.
④ 同上：334.
⑤ 同上：310.
⑥ 燕国材. 心理学思想史·中国卷[M]. 长沙：湖南教育出版社，2004：412.
⑦ 杨伯峻. 孟子译注[M]. 北京：中华书局，1960：322.
⑧ 康有为. 孟子微[M]. 楼宇烈整理. 北京：中华书局，1987：58.
⑨ 陈鼓应. 庄子今注今译[M]. 北京：中华书局，1983：721.

是不赘也。"①扬雄在《太玄·离摛》里又说:"见而知之者智也。"这显然是对"知而获智"观的一种简明解释。据《白虎通·情性》记载,班固说:"智者,知也。独见前闻不惑于事,见微知著也。"东汉刘熙在其所撰的《释名·释言语》②里说:"智,知也,无所不知也。"③明确用"知"来释"智",并认识到智者的知识极其丰富,这有一定的见地;当然,生活中不可能存在在任何领域都"无所不知"的智者,只能说智者在其擅长的领域比一般人要知道得多。刘劭在《人物志·自序》里说:"夫圣贤之所美,莫美乎聪明。聪明之所贵,莫贵乎知人。知人诚智,则众材得其序,而庶绩之业兴矣。"主张"知人诚智",这显然是继承孔子与老子等人所讲的"知人者智"思想的结果。《河南程氏粹言》卷一《论学篇》说:"子曰:'致知则智明,智明然后能择。'"④这显然也是对"知而获智"观的一种简明解释。据《陆九渊集》卷三十三《好学近乎知》记载,陆九渊曾说:"夫所谓智者,是其识之甚明,而无所不知者也。夫其识之甚明,而无所不知者,不可以多得也。然识之不明,岂无可以致明之道乎? 有所不知,岂无可以致知之道乎? 学也者,是所以致明致知之道。向也不明,吾从而学之,学之不已,岂有不明者哉? 向也不知,吾从而学之,学之不已,岂有不知者哉? 学果可以致明而致知,则好学者可不谓之近智乎? 是所谓不待辩而明者也。"⑤在这段言论里,陆九渊继承前人"知而获智"的智慧观,主张一个人通过持续不断的学习来增长自己的知识,进而将之转换成智慧,从而将智慧、知识与学习三者之间的关系讲得颇为透彻。清人徐灏在《说文解字注笺·矢部》里更是说得好:"智慧即知识之引申。"⑥等等。

2. "知而获智"观的优点与不足

用现代心理学的眼光看,"知而获智"观具有两大显著优点:(1)"知而获智"观定义智慧的视角恰当。"知而获智"的智慧观注重从知识角度来定义智慧,与现代西方心理学界定智慧的主流视角(如,柏林智慧模式和斯腾伯格的智慧观)相暗通,显示出中国先哲的远见卓识。三者均承认由知识可以获得智慧,当然,在巴尔特斯和斯腾伯格等人生活的时代,心理学家对知识分类的看法已有进一

---

① 汪荣宝. 法言义疏[M]. 陈仲夫点校. 北京:中华书局,1987:123.
② 《释名》,训诂书,共 27 篇,分八卷,东汉刘熙撰,或说始作于刘珍,完成于刘熙。体例仿《尔雅》,而专用音训,以音同、音近的字解释意义,推究事物所以命名的由来,其中虽有穿凿附会之处,但于探求语源、辨证古音和古义,很有参考价值。夏征农,陈至立. 辞海(第六版彩图本)[M]. 上海:上海辞书出版社,2009:2081.
③ 任继昉. 释名汇校[M]. 济南:齐鲁书社,2006:173.
④ [宋]程颢,程颐. 二程集[M]. 王孝鱼点校. 北京:中华书局,2004:1191.
⑤ [宋]陆九渊. 陆九渊集[M]. 钟哲点校. 北京:中华书局,1980:372.
⑥ 汉语大字典编辑委员会编纂. 汉语大字典(第二版 九卷本)[M]. 成都:四川出版集团·四川辞书出版社,武汉:湖北长江出版集团·崇文书局,2010:2764.

步的加强，这样，巴尔特斯和斯腾伯格等人都明确告诉人们，智慧的重要本质之一是程序性知识，而不是陈述性知识。更重要的是，它的确在一定程度上揭示智慧的本质，即任何智慧就其内在的组成成分看必然包含丰富而实用的知识，换言之，智慧的重要成分之一本是知识，而不是其他东西。由于知识大都是可以教、可以学的（默会知识虽不能用讲授法来教，不能通过书本或口头传授来学，教师实可通过示范法来教，学生则可做中学），这实际上就将智慧纳入可以学、可以教的范围之内，涤除罩照在智慧身上的其他一切神秘光环。这是"知而获智"智慧观的一个精髓之处。从一定意义上说，正是由于中国人很早就认识到智慧是可以教、可以学的；同时，一个人一旦拥有真正意义上的智慧，入世（如春秋时名相管仲）可以帮助其在事业上获得一定的成就甚至丰功伟业，隐世（如战国时期的庄子）可以帮助其过上恬静、幸福的生活。这样，中国人才一向重视教育、重视学习，希望借此来"开民智"。（2）"知而获智"观蕴含"转识成智"的思想。"转识成智"中的"转"字很关键，它向人表明，知识与智慧之间本有一定距离，二者不是一回事，千万不可"以'知'代'智'"。同时，先哲虽然没有像波兰尼那样将知识明确区分为明确知识与默会知识等两种类型，不过，先哲又的确看到知识的不同类型。如《墨子·经说上》曾说："知，传受之，闻也；方不障，说也；身观焉，亲也。"[1]明确将"知"分为三种类型："传闻之知"指得自他人传授的知识；"说知"指超越一般的可见之物或媒介，通过推论才获得的知识；"亲知"指个体自己通过亲身观察事物或亲身实践而获得的知识。[2] 而且，中国传统文化里有丰富的"言不尽意"思想，其重要内容之一就是探讨明确知识与默会知识之间的关系问题，这意味着，中国传统文化里虽没有这两种"名"，却有这两种"实"。因此，为了避免"纸上谈兵"、"隔靴搔痒"、"言不尽意"等现象的发生，为了让人更好地做到"转识成智"，先哲一般鼓励学人要多"亲知"与"做中学"，也注重"以心传心"，这之中实没有忽视默会知识在成就个体智慧中作用的思想。这是"知而获智"观的又一个精髓之处。此思想与斯腾伯格等人所讲的智慧观相暗通。

"知而获智"观自身最明显的不足主要有四：（1）表述不系统。从表现形式上看，先哲多未有意识地对"知而获智"观作系统而深刻的论述，往往只在只言片语里论及它，使得关于智慧的这一重要见解在中国经典文献里时隐时现。（2）未明言"转识成智"的途径与方法，易让人误将智慧与渊博知识相等同。尽

---

[1] ［清］孙诒让. 墨子闲诂［M］. 孙启治点校. 北京：中华书局，2001：350.
[2] 燕国材. 心理学思想史·中国卷［M］. 长沙：湖南教育出版社，2004：88.

管先哲已点明,一个人若想通过"知"获得智慧,就必须善于做到"转识成智",所以"知而获智"观的精义思想之内本没有将知识等同于智慧的思想。但是,由于古汉语里的"知"与"智"可互通,且"知"往往既指知又指智;更重要的是,中国传统文化既没有告诉人们将"知"转变成"智"的有效途径或方法,也没有明确探讨默会知识与明确知识的主要差异,从而让一些没有真正掌握"知而获智"观真谛的人在操作层面上并不知如何才能"转识成智",结果不但导致"转识成智"流于空谈,而且让一些对"知而获智"观只有一知半解的人容易产生将智慧与渊博知识相等同的误解。于是,只注重陈述性知识的学习,而不注重将陈述性知识创造性地转换成程序性知识,或者仅重视明确知识的学习,而不注重默会知识的学习,自然难以习得真正的智慧。毕竟,就智慧的组成成分看,其内既有陈述性知识,更有程序性知识;既有明确知识,更有默会知识。之所以会这样,是因为先哲并没有明确而系统地探讨智慧与知识之间的联系与区别(详见下文),使得这方面的知识主要停留在默会知识的层面上,没有变成明确知识,让很多后来者不知如何"转识成智"。(3)未看到个体解决简单问题与复杂问题的心智加工过程的本质区别。简单问题指个体仅凭记忆就能正确解决的问题。个体在解决简单问题时不需要运用复杂的心智加工过程,只要有相关的知识经验,若个体脑海里拥有足够的、牢固的相关知识经验,一旦"知"了,就能将问题解决掉,可见,个体在解决简单问题时展现的本只是记忆力,而不是真正意义上的智慧。复杂问题指个体脑海中没有现成的答案可用,必须经过将脑海中的已有知识经验进行系列化的心智加工过程才能予以正确解决的问题。个体在遇到复杂问题时,仅凭记忆是解决不了的,必须运用复杂的心智加工过程,此中展现出来的聪明才智才可能是真正意义上的智慧。"知而获智"观内虽暗含智慧的实质本是一种程序性知识,而且暗含智慧之内实包含一系列的心智加工过程,但是,它又的确没有明确告诉人们,从心智加工历程看,智慧之内包含心智加工过程的显著特点是创造性,个体若仅仅只知将陈述性知识转换成程序性知识的道理,而在做这种"转换"时,若无任何创造可言,总是按常规思维进行转换,仍是不可能真正拥有智慧的。这可说是"知而获智"观的又一个不足之处。(4)易让人误将智慧看作是一种纯粹的认知概念。虽然在中国传统文化里,知识首先主要是指关于做人的知识,其次才指科学技术知识;在当代中国学术界,人们也都相信:完整的知识之内本包含自然科学知识和做人知识。这样,无论是在古汉语语境里,还是在现代汉语的语境里,"知而获智"观都已明确告诉人们:转"知"或"识"的确能够助人成就智慧。但是,在实际操作中,一些不理解"知而获智"观真谛的人容易产生一种误解：以为此种"知"只是一种纯粹的认知概念，认为一个人只要拥有"知"，并能够做到"活学活用"；或是在一定的知识基础之上作出明智的选择，趋利避害或见微知著，也就拥有智慧。① 正如《易经·蹇卦·彖传》所说："见险而能止，知矣哉！"正是在这种误解的影响下，中国古代一些所谓的"智者"力倡，一个人若想拥有智慧，就须做到要知可知不可、通权达变，因为行权知化就是智慧。为此，要正确识别利害，就必须对事物的发展变化有正确认识和决断。因此，《战国策·赵策三》说："愚者于成事，智者见于未萌。"《吕氏春秋·知化》说："凡智之贵也，贵知化也。"② 在现当代中国，"学好数理化，走遍天下都不怕"一语在一些学子和家长中广为盛行，由是很多人只知科技知识的重要性，却低估道德知识的价值。而事实上，"知"本需要善心的引导，因为真正意义上的智慧本是聪明才智与善的合金；而纯粹认知领域的聪明才智本是中性的，它既可助人为善，也可为虎作伥。所以，没有善心的引导与催化，只追求私利的"智"只能称作"小聪明"，不是真正意义上的智慧。例如，一个人若从私心出发，信奉"见险而能止，知矣哉"的做人格言，那么，在他们看来，像林则徐那样信奉"苟利国家生死以，岂因祸福避趋之"（林则徐：《赴戍登程口占示家人》）的人便是傻瓜了。孰不知，从长远眼光看，后者才是真正的智慧者。可见，"行权知化"只是聪明才智，而不一定是智慧。只有一心为人民，在此前提下再做到"行权知化"，才算拥有智慧。因此，一个人在做人过程中，只有在"人"字左边的一撇上写上"善心"，在"人"字右边的一捺上写上"聪明才智"，"善心"与"聪明才智"的和谐发展，才能构成一个完整意义上的智慧之人（详见第四章）。③

（二）智慧是一系列在现实生活中展现的历程

上述智慧观对智慧的定义多着重于个体的人格特质、自我强度、认知结构或知识，也有一些学者对智慧提出较为广泛的定义，认为智慧这个概念包含的内容并不限于个体。对于这些学者而言，虽然智慧起源于个体的心思意念，但智慧的整个历程还包含将思维付诸实现的行动以及其后带来的影响。从这个角度来看，智慧似乎是在现实生活中展现的一系列发挥正向影响力的历程。智慧这个历程是否真正在真实世界中产生，往往必须靠个体以及其他承受个体行为后果的相关人士来共同断定。④ 此种智慧观以斯腾伯格和杨世英为代表。如，杨世

---

①② 姚新中，洪波. 知识·智慧·超越——早期儒学与犹太教智慧观的伦理比较［J］. 伦理学研究，2002（1）：83.
③ 汪凤炎，郑红."知而获智"观：一种经典的中式智慧观［J］. 南京师大学报（社会科学版），2009，（4）：104 - 110.
④ 杨世英等. 智慧与领导的关系：探究透过领导展现的智慧［J］. 教育政策论坛，2006，9（4）：122.

英(Yang,2001,2006)也主张以历程来定义智慧,认为智慧是经由思考上的统合,经由行动实践之后,于现实生活中发挥正面的影响力而展现的一系列历程(process)。在日常生活中,智慧起始于个体在思考上统整了多种体系的想法与价值观(integration),进而形成了能对人类美好生活有所增进的愿景(good-life promoting vision),在经由具体实践(embodiment)其愿景之后,为个体本身和承受个体行为后果的周遭他人带来正面的影响(positive effects)。① 虽然在日常生活中智慧并不易见,但是在逻辑上每个人都有可能在日常生活中展现智慧。② 当然,相对而言,斯腾伯格的观点影响要大一些,下面重点讨论斯腾伯格的观点。

1. 斯腾伯格智慧观的核心观点

斯腾伯格对其智慧的平衡理论有一个不断完善的过程(Sternberg, 1998, 2000,2001,2003,2004)。③ 受波兰尼(Michael Polanyi,1891—1976)提出的默会知识(tacit knowledge)概念的启发,在早期,斯腾伯格将默会知识视作智慧的平衡理论的核心。在斯腾伯格看来,默会知识是以行动为指向的,它有三个主要特征:它是程序性的;它与人类重视的目标的实现相关;它常常是在没有他人帮助的情况下获得的。所以,默会知识是实践智力(practical intelligence)的重要组成部分,而且是从斯腾伯格的三元智力理论衍生出来的。不过,不是所有的默会知识都与智慧有关,只有当默会知识朝向公共利益时才可能触及智慧。④ 体现此思想,斯腾伯格早期主张智慧是以价值观为中介,运用默会知识,通过平衡个人内部(intrapersonal)、人际间(interpersonal)和个人外部(extrapersonal)的利益,从而在适应现存环境(adaptation to existing environments)、塑造现存环境(shaping of existing environments)和选择新环境(selection of new environments)等三者中获得平衡,以获取公共利益(common good)的过程。⑤ 如图3-4所示。

斯腾伯格本不忽视创造性与智慧的关系,早在1985年就曾发表《关于智力、创造力和智慧的内隐理论》一文,探讨创造性与智力和智慧的关系。⑥ 不过,在这项研究中,他发现在艺术、商业、哲学、自然科学与技术以及百姓心中,智慧与

① Yang, S. Y. (2001). Conceptions of wisdom among Taiwanese Chinese. *Journal of Cross-Cultural Psychology*, 32:662-680.
② 杨世英等. 智慧与领导的关系:探究透过领导展现的智慧[J]. 教育政策论坛,2006,9(4):122.
③ Sternberg,Robert J. (2004). Words to the wise about wisdom? A commentary on Ardelt's critique of Baltes. *Human Development*,47:287.
④ Sternberg,Robert J. (1998). A balance theory of wisdom. *Review of General Psychology*, 2(4):351.
⑤ Ibid.:347.
⑥ Sternberg,Robert J. (1985). Implicit theories of intelligence, creativity and wisdom. *Journal of Personality and Social Psychology*. 49(5):607-627.

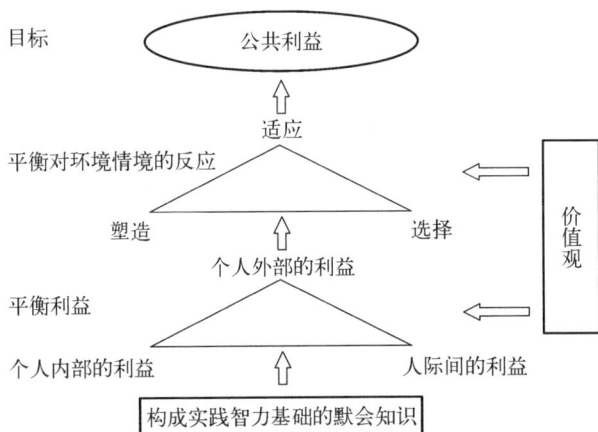

图 3 - 4　智慧的平衡理论示意图①

创造性的相关度都很低，最高的只有 0.48（艺术），在商业领域甚至还出现负相关（-0.24）。② 随后，在《智力、智慧和创造力：三个好于一个》一文里，斯腾伯格先用肯尼迪总统（John Kennedy, 1917—1963）作出"入侵猪湾"的决定（the decision to invade the Bay of Pigs）与尼克松总统（Richard Nixon, 1913—1994）在"水门事件"中所犯的错误等事例告诉人们，没有智慧的指导，光有智力往往是一件非常危险的事情。③ 他进而用问卷法探讨人们关于智力、智慧与创造力的内隐理论时，求得智力与智慧之间的相关系数是 0.68（median r＝0.68），智力与创造力之间的相关系数是 0.55（median r＝0.55），智慧与创造力之间的相关系数至少有 0.27（median r＝0.27）。而且，三者之间存在正相关，这意味着：高智力往往伴随着高智慧，高智慧往往伴随着高创造性，高智力往往伴随着高创造性。只有一项是例外，那就是在商业领域，智慧与创造性之间出现负相关（-0.24），这意味着，在商业领域，聪明的人被看作是很少有创造性的，反之亦反。④ 在这项研究中，虽然发现除商业领域外，高智慧往往与高创造性之间存在正相关，但是智慧与创造力之间的相关系数仍只在"0.27"之上。结果，在事隔 12 年后，斯腾伯格在其对智慧所作的界定中并未突显出智慧的重要属性：创造性。其中的一些研究似乎也证实智慧与创造性之间关系不大。例如，保卢斯等人的一项研

---

① Sternberg, Robert J. (1998). A balance theory of wisdom. *Review of General Psychology*, 2(4): 354.
② Ibid.: 612.
③ Sternberg, Robert J. (1986). Intelligence, wisdom and creativity: Three is better than one. *Educational Psychologist*, 21(3), 177.
④ Ibid: 178 - 179.

究结果也得到与斯腾伯格类似的结果：在排名前 15 位的高智商者、高创造性者与高智慧者名单中，达·芬奇（Da Vinci，1452—1519）、莫扎特（Wolfgang Amadeus Mozart，1756—1791）、莎士比亚（William Shakespeare，1564—1616）与曼德拉（Madonna）同时进入高智商者与高创造性者的名单，两份名单之间的重合率达到约 27%（4/15≈0.27）；只有温弗瑞（Oprah Winfrey，1954—　）一人同时进入高智慧者与高创造性者的名单，两份名单之间的重合率只有约 7%（1/15≈0.07）；没有一人同时进入智慧者与创造性者的名单。[①]

不过，一个人如果只是熟练地掌握做事或做人的知识，虽然也能平衡各种关系，但是，如果其在平衡各种关系时没有任何创见，只会"萧规曹随"，不见得会被人视作是有智慧的。同时，虽然智慧中有自悟自得的成分，许多大哲（像儒家中的孟子、陆九渊和王阳明及禅宗弟子等）在论智慧时也都有类似思想，真可谓"英雄所见略同"，但是将"它常常是在没有他人帮助的情况下获得的"作为默会知识——智慧的平衡理论的核心——重要特征之一，仍有将智慧神秘化的倾向，不利于智慧的培育。而事实上，他人尤其是有智慧者的友善而高明的指导与帮助，常常是促进一个后学增长智慧的重要途径或方式。这就是首倡默会知识的波兰尼也十分重视并强调传统手工业时代的学徒制形式在当代教育中的借鉴作用的内在原因（详见下文）。其实，斯腾伯格本人也主张通过教育情境来培育个体的智慧。[②] 或许是后来斯腾伯格自己也意识到他早期对智慧所作的上述界定中存在这两个明显"内伤"，再加上近年来斯腾伯格非常重视"WICS"（WICS stands for Wisdom，Intelligence，Creativity，Synthesized）的研究。[③] 于是，在 2004 年的论述中，斯腾伯格对智慧定义又作了一些修订，最明显的地方主要有三：一是明确增加"创造力"（creativity）与"智力"（intelligence）两词；二是将"默会知识"拓展为"知识"（knowledge）；三是在"平衡各种利益"（balance of interests）之前加上"短期和长期"（over short-and long-term）一语。经过这番"修改"，从而将上述两个"内伤"医好了。[④] 相应地，斯腾伯格对智慧定义的 2004 年版的表述是：以价值观为中介，运用智力、创造力和知识，在短期和长期之内通过平衡个人内部、人

① Paulhus, D. L., Wehr, P., Harms, P. D., & Strasser, D. I. (2002). Use of exemplar surveys to reveal implicit types of intelligence. *Personality and Social Psychology Bulletin*, 28: 1054.
② Sternberg, Robert J. (2001). Why schools should teach for wisdom: The balance theory of wisdom in educational settings. *Educational Psychologist*, 36(4): 227 - 245.
③ Sternberg, Robert J. (2003). *Wisdom, intelligence and creativity synthesized*. Cambridge: Cambridge University Press, pp. 3 - 188.
④ 汪凤炎, 郑红. 五种西式经典智慧观的内涵及得失[J]. 自然辩证法通讯, 2010, 32(3): 93 - 97.

际间和个人外部的利益，从而更好地适应环境、塑造环境和选择环境，以获取公共利益的过程。[1]

2. 斯腾伯格智慧观的优缺点

斯腾伯格对智慧的上述见解，其长处主要有七：（1）明确强调智慧的首要特征是平衡。虽然皮亚杰明确用平衡来解释智慧，埃里克森在论智慧时所讲的"整合"一词之内实有平衡的思想，柏林智慧模式强调"协调"时实也蕴含平衡自我利益和他人利益，平衡认知、情感和道德等的关系的思想，等等，但是斯腾伯格向前走得更远，明确强调智慧的首要特征是平衡，即通过平衡个人内部、人际间和个人外部的利益，从而在适应环境、塑造环境和选择环境三者中取得平衡，以获取公共利益的过程，而且这种平衡的要义是，个体要知道根据具体情境采取恰当的行为方式，[2]这既说明斯腾伯格所讲的"balance（平衡）"里实有"协调；和谐"的思想，[3]与儒家在《中庸》里所说的"君子而时中"的思想也相暗通。（2）在看到智慧与知识之间密切联系的同时，指出智慧与知识的三个重要区别，从而消除了将智慧等同于知识的隐患：第一，未像柏林智慧模式那样将智慧定义的重点放在知识本身，而是强调人们如何运用拥有的知识。[4]第二，知识本身并不能保证个体对它加以正确合理的使用，人们既可以将知识用于善的目的，也可以将知识用于恶的目的。如一些臭名昭著者往往是高智商且受过良好教育的人，然而他们却将自己的聪明才智用来作恶，最终"聪明反被聪明误"，如希特勒（Adolf Hitler, 1889—1945）等人。这种人无疑是聪明的，且有知识与才能，却不是智慧。[5]智慧与知识、智力、创造力等概念的一个显著差异，就是体现了价值观的调节作用，不可能在价值观之外来理解智慧，一个智慧的人必然会拥有正确的道德认知与道德判断。第三，知识、能力并不能确保人们的主观幸福感，一些掌握丰富知识或拥有高超能力的人虽然有着一般社会认知的成功与成就，但他们的生活并不一定就很快乐；而智慧能有效地提高个体的主观幸福感。[6]（3）指出展现智慧的重要方式之一是，妥善平衡针对环境的各种反应，这既是对皮亚杰思想的继承，

[1][2] Sternberg, Robert J. (2004). Words to the wise about wisdom? A commentary on Ardelt's critique of Baltes. *Human Development*, 47：287.

[3] 陆谷孙. 英汉大词典（第2版）[M]. 上海：上海译文出版社，2007：131-132.

[4] Sternberg, Robert J. (2004). Words to the wise about wisdom? A commentary on Ardelt's critique of Baltes. *Human Development*, 47：287.

[5] Sternberg, Robert J. (2004). Why smart people can be so foolish. *European Psychologist*, 9 (3)：145-150.

[6] Sternberg, Robert J. (2004). Four alternative futures for education in the United States：It's our choice. *School Psychology Review*, 33 (1)：67-78.

更是对其思想的发展。因为,与皮亚杰不同的是,斯腾伯格既看到个体运用智慧适应环境和凭借本能适应环境的差异,也看到适应本身的价值中立性质,为了避免产生不必要的混淆,在其智慧定义中巧妙地运用三种方式来排除本能及与善无关的适应的干扰:第一,明确指出个体运用知识来适应环境,而个体的知识主要靠后天习得,不是与生俱来的。第二,强调个体既要善于适应现有环境,也要善于选择新环境,有必要时还要善于塑造现存环境,个体对环境作出的这些反应(尤其是后者)主要就不是依本能能完成的,而是靠后天的不断学习才能完成的。第三,智慧行为只能是个体在超越自身利益、努力平衡多方利益进而实现为绝大多数人谋福祉的行为。凡是只考虑到个人或小集团利益(扩而言之,只考虑到本民族或本国利益)却要牺牲绝大多数利益的行为,都不属于智慧行为。(4)强调智慧既包含待人的智慧,也包含待己的智慧,相信智慧里包含元认知成分,使得智者知自己之所知、不知与不可知,[①]显得更加全面。美国心理学家加涅(Robert Mills Gagné, 1916—2002)早就指出,智力技能(intellectual skill)指运用概念和规则对外办事的能力,实质上是一套关于"怎么做"的知识,即程序性知识,而不是陈述性知识。斯腾伯格将知识尤其是程序性知识视作智慧的核心,此见解与加涅的观点相通。当然,加涅的智力技能观也有一个小缺陷:内涵较小。因为加涅将人们运用概念和规则对内调控的程序性知识称作认知策略(cognitive strategy),并认为认知策略和智力技能是两个东西,这无形中缩小了智慧的内涵,事实上,根据中国人一贯主张的"知人者智,自知者明"的传统和教育心理学特别看重元认知的事实,加涅所讲的认知策略也是一种(待己的)智慧。与加涅不同的是,斯腾伯格强调个体应用知识来平衡个人内部、人际间和个人外部的利益,这之中显然既包含对待他人的智慧,也包含待己的智慧,显得更为合理。(5)既强调智慧内在的伦理道德性,又明确指出这种伦理道德性体现出来的主要是一种公德意识(为了获取公共利益),而不是私德意识(为了"独善其身",以便获取个人私利)。(6)明确区分智慧与其他相关概念之间的关系,让人对智慧自身的独特性一目了然。在斯腾伯格看来,实践智力、社会智力(social intelligence)、情绪智力(emotional intelligence)、人际间智力及内省智力(interpersonal and intrapersonal intelligences)等概念虽与智慧有某种相关,但它们之间的区别也颇明显:实践智力和社会智力都是中性概念,它们既可以助人为善,也可以助人为恶;而智慧是一个褒义词,它只在助人为善或在为人们谋取

---

① 张卫东.智慧的多元—平衡—整合论[J].华东师范大学学报(教育科学版),2002,(4):64.

公共利益而非仅谋取个人利益的事情中才会体现出来。情绪智力包含理解、判断和调节情绪的意蕴，这些技巧虽也是构成智慧的重要组成部分，但是，在理解、判断和调节情绪的过程中如何作出明智选择，却是情绪智力本身难以完成的，它需要智慧的参与。人际间智力仅是指与人交往且能与人和睦相处的能力，内省智力仅指对自身内部世界的状态与能力具有极高的敏感水平的能力；①而为了获取公共利益，智慧不但能够平衡个人内部和人际间的利益，还能平衡个人外部的利益。由此可见，智慧与智力之间有重要区别，二者不能相混。②（7）对智慧的描述同时包含能力（即个体如何运用其认知能力来表现智慧）和个体发挥的影响（即整个历程还包含个体将其思维付诸实现的行动以及其后带来的影响），相信智慧是在个体现实生活中展现出的一系列发挥正向影响力的历程。换言之，智慧中包含正义社会推崇的行动模式。这与人们对智慧的常识看法是吻合的。③

　　斯腾伯格的智慧观也有六点值得商榷：（1）若将平衡视作智慧的首要属性，就应告诉人们如何平衡善心与聪明才智之间的关系；进言之，宜确定一个衡量善心与聪明才智之间平衡关系的标准，并告诉人们实现善心与聪明才智之间平衡的途径或方法。可惜的是，斯腾伯格并没有这样做。（2）能否仅用价值观来体现智慧内在的善的属性，这是一个值得进一步深入研究的话题。智慧的平衡理论的一大特色是将善心（最主要的判断标准是看一个人的行动目的是否在追求公共利益）与聪明才智（最集中地体现在创造性上）的平衡视作将智慧从诸如知识或智力等其他心理学概念中区别出来的重要指标，这无疑是正确的。不过，价值观本身很难确定其性质的好坏，仅凭价值观有时很难引导个体更好地追求公共利益，从这个意义上说，与其用价值观来表明智慧内在的善的属性，不如直接用良好德性或良好品德来表明智慧内在的善的属性，毕竟，较之价值观，良好德性或良好品德具有更直接明了、内涵更丰富、相对更稳定等优点。正由于此，下文我们才明确主张智慧的德才兼备理论。（3）从下文关于人慧与物慧的视角看，一个人为了获取公共利益而善于平衡各种关系，这里面展现出来的智慧主要是人慧中的德慧，个体在处理复杂的自然科学与技术问题时，仅靠平衡各种关系可能无法解决，而必须展现出一定的创造性才行。这或许是斯腾伯格过于重视

① ［美］理查德·格里格，菲利普·津巴多．心理学与生活（第16版）［M］．王垒等译．北京：人民邮电出版社，2003：270-271.
② Sternberg, Robert J. (1998). A balance theory of wisdom. *Review of General Psychology*, 2(4): 359-360.
③ 杨世英等．智慧与领导的关系：探究透过领导展现的智慧［J］．教育政策论坛，2006，9(4)：122.

价值观在智慧中扮演重要角色的结果。这有窄化智慧之嫌,因为其内基本缺乏物慧(关于物慧的内涵请见第四章第一节)。我们认为,不能将智慧仅局限在个体处理复杂的人事问题上展现出来的创造性与善心上,而是要适当拓展智慧的范围,使之包含个体在处理复杂人文社会问题和复杂自然科学与技术问题时展现出来的创造性与善心;同时,如第四章所论,由于智慧是良好品德与聪明才智的合金,这样,智慧有其自身的边界或范围,人们一定要让智慧保持适当的边界,使之与单纯的善良、聪明或创造性相分开,而不能使之无所不包。(4)斯腾伯格的智慧观是一种单一类型、单一水平的智慧观,而不是一种多类型、多水平的智慧观,没有明确提及真智慧与类智慧或大智慧与小智慧之间的联系与区别,从而不能很好地用来指导实际的智慧教育(详见第四章)。[1] (5)把智慧视作一种特殊的心智过程,而不是人的一种心理素质与相应的行为方式,这既不利于培养智慧,也不利于测量智慧。(6)虽然斯腾伯格对智慧的描述同时包含能力和个体发挥的影响,但是其理论的重点主要仍是强调个体如何运用其认知能力来表现智慧。在斯腾伯格新近的相关著作中,智慧往往和智力、创造力等相提并论,[2]这似有倒退之嫌。

第三节　智慧的分类: 回顾与反思

一、真智慧与伪智慧

用现代心理学的眼光看,中国人很早就开始探讨智慧的类型,其中最常见的一种分类是将智慧分为真智慧与伪智慧。

真智慧,也叫"大慧"或"大知"(即"大智"),实指"大智慧"。伪智慧也叫"小慧"、"小知"或"小智",也就是俗话说的"小聪明"。据现有文献记载,"小慧"一词出自《论语》。据《论语·卫灵公》记载,孔子说:"群居终日,言不及义,好行小慧,难矣哉!"[3]"小智"一词出自《吕氏春秋》。《吕氏春秋·贵公》曰:"处大官者,不欲小察,不欲小智,故曰:大匠不斫,大庖不豆,大勇不斗,大兵不寇。""小知"与"大知"二词在《庄子·外物》里都有记载:"去小知而大知明"。这里,"小慧"、"小智"与"小知"三词同义,就是"小聪明"之义。综观中国古人对小智与大智慧的论

① 汪凤炎,郑红. 五种西式经典智慧观的内涵及得失[J]. 自然辩证法通讯,2010,32(3):96-97.
② 杨世英等. 智慧与领导的关系:探究透过领导展现的智慧[J]. 教育政策论坛,2006,9(4):122.
③ 杨伯峻. 论语译注[M]. 北京:中华书局,1980:165.

述，其具体内涵是：小智＝伪智慧＝有智无德，且多指"雕虫小技"中的小聪明。因此，小智看似是智慧，实则不是真正意义上的智慧，而是一种伪智慧。与此相对应，大智＝真智慧＝必仁且智，且多指一个人在处理大是大非问题中表现出来的智慧。所以，大智才是真正意义上的智慧。在中国先哲看来，拥有小智的人往往偏知；与此相对应，具有大智慧的人往往能够做到既讲原则，也能因时制宜。正如柳宗元在《断刑论下》里所说："知经（原则）而不知权（因时制宜），不知经者也；知权而不知经，不知权者也。偏知而谓之智，不智者也；偏守而谓之仁，不仁者也。知经者，不以异物害吾道；知权者，不以常人怫吾虑。合之于一而不疑者，信于道而已者也。"这种强调"智慧即是中庸"的智慧观是有见地的，并且与斯腾伯格的智慧观有一定的相通之处。同时，正由于小智或小慧是伪智慧，只有大智或大慧才是真智慧，所以，一个人如果不能做到去伪存真，即去掉小智而追求大慧，就不可能使自己拥有真正的智慧。正如《文子·上德》所说："人不小觉，不大迷；不小慧，不大愚。"《庄子·外物》则说："去小知而大知明，去善而自善矣。"《淮南子·说山训》也说："人不小学，不大迷；不小慧，不大愚。"

中国先哲能够认识到智慧有真伪之别，并力倡人们要成就真智慧而去掉伪智慧，这是难能可贵的。不过，先哲在表达这一思想时，以小智或小慧指称伪智慧，以大智或大慧指称真智慧，这在术语使用方面是不规范的。由是，进而容易让后人误解小智慧与大智慧之间的辩证关系。严谨地说，为了避免不必要的误解，既不宜用小智或小慧来指伪智慧，也不宜用大智或大慧来指真智慧，而宜直接用真智慧与伪智慧这一对术语来表达上述思想。退一步言之，若一定要用小智（或小慧）与大智（或小慧）这一对概念，就必须进行如下严格界定。

其一，从性质上说，小智或小慧＝有智无德；与此相对应，大智或大慧＝德才兼备或必仁且智。在此含义上，既不能将小智或小慧等同于下文中的物慧，也不能小智或小慧等同于下文中的小智慧，因为无论是物慧还是小智慧，只要其属智慧，其在性质上就都必须做到必仁且智，而有智无德的小智或小慧属纯粹的认知范畴，类似于现代心理学上讲的智力。如果一个人将其聪明才智只用于为自己或自己所属小集团谋取私利，而不惜为此牺牲绝大多数人的利益，那么此种有智无德的小智就属典型的伪智慧，它与真善合一的真智慧之间的确是你死我活的对立关系。从这个意义上说，中国先哲要人去掉小智以成就大慧，此思想至今仍有一定道理；若一种教育果真"只教给学生一些小智，却让学生丢了大慧"，那是一种严重失误！像马加爵之类个案正是由这类存在严重失误的教育滋生出来的。智慧教育的目的正是要弥补这类教育存在的缺失，进而促进个体良好品德与聪明才智的和谐发展,使个体逐渐成长为身心健全发展的人。

其二,从数量上说,小智或小慧＝小智慧,指一个人拥有较少的智慧;与此相对,大智或大慧＝大智慧,指一个人拥有较多甚至卓越的智慧。在此含义上,小智或小慧与大智或大慧之间只有数量上的差异,无本质上的不同,毕竟二者同属真智慧的范畴。此时,小智慧与大智慧之间并不存在你死我活的尖锐对立关系,而是存在着相辅相成的关系,因为大智慧正是由一些小智慧慢慢发展而来,即积小智慧而成大智慧。

二、理论智慧、实践智慧与认知智慧

在西方,早在古希腊时期,就有哲人从哲学角度探讨智慧的类型。柏拉图认为,在世界多变表象的里层,有一些真实且永恒存在的形式(form),这些形式构成宇宙的基本原理与结构。人一般要通过理性思辨(reason)才能理解这些不能靠感官而得知的形式,而且人只有在理解这些抽象形式之后才能臻于至善(the Good)的境界。[1] 柏拉图由此认定理性思辨是区别人与兽的核心特质。这表明,在柏拉图心中,智慧是理性思辨的产物,一个有智慧的人不但能以基本逻辑论证来理解真理,也能清楚地判断某些论点的前提假设是否符合真理。[2] 约略与柏拉图同时,孟子在《告子上》里给人下定义时,主张促使人可以追求善并与兽产生差异的是恻隐、羞恶、辞让、是非等"四善端"。两相比较可知:柏拉图对智慧的论述较偏重抽象思维与理性认知,尤其是对自然的理性认知;[3] 而孟子对智慧的论述较偏重善情与善德,在此前提下也适当重视智。当然,如上文所论,孔子、老子和荀子论智慧也重在智上,不过,孔子等中国先贤所讲的智主要是人事之智,而不是自然之智(详见第二章);当然,在中国传统文化里,如第二章所论,智的重要性远不如仁。

同时,据鲁宾逊(Robinson,1989,1990)的观点,在《柏拉图对话集》(*Platonic dialogues*)里就出现三种类型的智慧:[4](1)索菲娅(sophia)。它指在那些追求真理的哲学家身上体现出来的智慧,此种智慧后来人们一般用理论智慧

---

[1] Kaufmann, W. & Baird, F. E. (1994). *Ancient philosophy*. Englewood Cliffs, NJ: Prentice-Hall.

[2] Labouvie-Vief, G. (1990). Wisdom as integrated thought: Historical and developmental perspectives. In R. J. Sternberg (Ed.), *Wisdom: Its nature, origins, and development* (pp. 52 - 83). New York: Cambridge University Press.

[3] 杨世英. 智慧的意涵与历程[J]. 本土心理学研究, 2008, (29): 188 - 189.

[4] Sternberg, Robert J. (1998). A balance theory of wisdom. *Review of General Psychology*, 2(4): 317 - 348.

(theoretical wisdom)来指称。(2)实践智慧(phronesis)。它指政治家和立法者拥有的涉及实际事务的实践智慧，它使其可以作出明智的选择，不受激情的驱策和感官的欺骗。① 此种智慧后来人们一般用"practical wisdom"(实践智慧)来指称。(3)认知智慧或知识智慧(episteme)。它指在那些用科学眼光来理解事物的人身上体现出来的认知智慧或知识智慧。② 换言之，它指某种形式的科学知识，而这样的知识只有那些深悉事物本性以及控制行为的原则的人才能发展起来。③

亚里士多德延续了柏拉图对表象与抽象原理、肉体与灵魂(精神)的二分法，认为灵魂具有理性与欲望，理性又可分为理智理性与实践理性，并从中发展出两种类型的智慧：一是哲学智慧(philosophical wisdom)，也叫理论智慧(theoretikes)；另一是实践智慧(practical wisdom，即《柏拉图对话集》里所讲的phronesis)。哲学智慧的主要功能是让人寻求接近真理的基本原理，而这包含一切科学以及形而上学的范围。实用智慧包含运用适当的尝试来衡量现时的情景，并通过适当的选择来增进人世间的共善。④ 在亚里士多德看来，哲学智慧是一种高级智慧，它与最高形式的知识有关，只有神能完全拥有这样的知识；实践智慧涉及对事物好坏的判断和选择，与个体追求美好生活的行动有关，可以透过人的行为来展现(Small，2004)。⑤

古希腊哲学家的上述智慧分类观对今人准确把握智慧的类型仍有一定的借鉴意义。例如，今人常说的"理性智慧"(logos wisdom，rational wisdom)一词，就可追溯到古希腊哲学家提出的上述智慧观。不过，古希腊哲学家的上述智慧分类观主要从哲学角度进行论述，显得有些"大而化之"，不够精细、准确。

三、常规智慧与应变智慧

美国学者卡恩(Kahn，2005)主张将智慧分为常规智慧(conventional wisdom)和应变智慧(emergent wisdom)。常规智慧指在正常的自然科学与技术

①③ 姚新中，洪波.知识·智慧·超越——早期儒学与犹太教智慧观的伦理比较[J].伦理学研究，2002，(1)：83.

② Sternberg，Robert J.(1998). A balance theory of wisdom. Review of General Psychology，2(4)：347-348.

④ Clayton，V. P. & Birren，J. E.(1980). The development of wisdom across the lifespan: A reexamination of an Ancient topic. In P. B. Baltes & O. G, Brim Jr.(Eds.)，Life-Span Development and Behavior (vol. 3, pp. 103-135). New York: Academic Press.

⑤ 杨世英.智慧的意涵与历程[J].本土心理学研究，2008，(29)：189.姚新中，洪波.知识·智慧·超越——早期儒学与犹太教智慧观的伦理比较[J].伦理学研究，2002，(1)：83. Sternberg，Robert J.(1998). A balance theory of wisdom. Review of General Psychology，2(4)：347-348.

和社会环境中,人们用来增进人类福祉的一整套行为信念和规范。常规智慧往往不被人们意识到,它通常是通过教育和社会知觉(social awareness)而纳入人们的思维之中。在环境系统能够持续、稳定地为人类提供福祉的时期,人们通常用到和依赖的便是常规智慧。然而,当自然科学与技术或社会环境发生巨大变化时,常规智慧并不能让人更好地适应新情境,在这种情况下,人们便需要另一种类型的智慧:应变智慧。应变智慧为人们提供一套新的行为信念和规范。与常规智慧提供一套稳定的行为信念和规范来帮助人们适应常态环境不同,应变智慧努力寻求的是思维和行动的变化,这个过程非常具有创造性:首先,它要求人们从目前的行动中退后一步,以获得更广阔的视野;其次,通过对视野中各个成分的功能更为深刻的洞察而增强视野;最后,新方法的有效应用必须基于它们实践的可行性。[①]

卡恩基于进化心理学的视角,从是适应常态环境还是异常环境这个角度对智慧进行分类,并看到智慧具有有效性和德才兼备等两大特性,这有一定的见地。不过,卡恩的智慧分类观也存在两点不足:(1)常规智慧更像是一种、一套或多套实用知识(包括经验在内)和记忆的正常应用。如上文所论,所有这些内容并不一定能被描述为智慧,因为其内并不一定包含智慧的重要特征——新颖性。(2)对智慧的分类应将智慧的内部心智过程考虑在内,若仅根据行为信念和规范是否适应于环境的变化来划分智慧的类型,不但不能更好地让人把握住智慧的本质,还容易让人将智慧误认为与聪明是一样的东西,因为聪明也能在一段时间内帮助个体更好地适应环境的变化。

四、个人智慧与一般智慧

依据在智慧地解决复杂问题时,个体是置身其中还是置身其外,米克勒和施陶丁格(Mickler & Staudinger,2008)将智慧分为个人智慧与一般智慧。个人智慧(personal wisdom)指一个人在自己生活中展现出的智慧(a person's insight into his or her own life),其焦点集中在"一个人在处理自己生活里的不确定性事件和难题时展现出来的智慧"上。一般智慧(general wisdom)指一个人以观察者的身份或视角,在处理一些一般生活问题时展现出来的智慧。例如,如果你的一个正处于婚姻危机中的朋友来找你,此时你就需要运用一般智慧;但是,假若此时你的婚姻同样也正处于危机当中,或者,你正在考虑离婚之事,而且你将自

---

① Kahn,Alan R. (2005). A way to wisdom: The next step. *ReVision*, 28(1): 42.

己从处于婚姻危机当中获得的经验或解决办法传授给你的那位朋友，那么此时你就在使用个体智慧。①

施陶丁格主张将定义智慧的视角分为与自我相关的(self-related)或个人智慧的视角和一般智慧的视角，认为个人智慧与一般智慧之间的主要区别是：在智慧地解决某种复杂问题时，若问题解决者本人是置身其中，那么在其身上体现出来的智慧就属个人智慧；若问题解决者本人是置身其外，那么在其身上体现出来的智慧就属一般智慧。用上述主张进行观照，相对而言，埃里克森、阿德尔特和拉博维-菲夫等人的智慧定义偏向个人智慧的视角，而新皮亚杰主义者、柏林智慧模式和斯腾伯格等人的智慧定义偏向一般智慧的视角。同时，若用德才兼备的智慧理论(详见第四章)的眼光看，个人智慧与一般智慧之间的主要相通之处是：二者的实质相同。无论是个人智慧还是一般智慧，只要是智慧，就是聪明才智与善的合金。

区分个人智慧与一般智慧有助于理解如下事实：生活中，有人擅长智慧地解决事关自己的难题，却不擅长智慧地解决事关他人的难题。与此相反，有人虽不善于智慧地解决事关自己的难题，却善长智慧地解决事关他人的难题。如，难审家庭案的清官就属此类人。他是清官，说明他善长智慧地解决事关他人的难题；他难审家庭案，说明他不善于智慧地解决事关自己的难题。正由于此，《老子·三十三章》曰："知人者智，自知者明。"②俗话说："当局者迷，旁观者清。"但是，个人智慧与一般智慧这对概念易引起误解，以为前者是在解决个人问题中展现出的智慧，而后者是在解决一般问题中体现的智慧。故这种分类有值得完善的地方。

五、个体智慧与集体智慧

根据展现智慧的主体是一个人还是多个人，智慧分为个体智慧(individual wisdom)与集体智慧(group wisdom)。在一个人身上展现出来的智慧叫个体智慧；由多个人(至少要有两个或两个以上的人)共同贡献出来的智慧叫集体智慧。若用这个眼光看，米克勒和施陶丁格讲的个人智慧和一般智慧都属于个体智慧，因为它们都是在一个人身上展现出来的智慧。

个体智慧与集体智慧既有区别又有相通之处。二者的主要区别是展现智慧

---

① Mickler, C. & Staudinger, Ursula M. (2008). Personal wisdom: Validation and age-related differences of a performance measure. *Psychology and Aging*, 23(4): 787.
② 陈鼓应. 老子注译及评介[M]. 北京：中华书局，1984: 198.

的主体的人数不同。展现个体智慧的主体只有"孤家寡人"一个;展现集体智慧的主体往往有两个或两个以上的主体。二者的主要相通之处是它们的实质相同。无论是个体智慧还是集体智慧,只要是智慧,就是真与善的合金。正由于此,下文在探讨智慧类型时就不再强调展现智慧的主体是一个人还是多个人。不过,正由于个体智慧与集体智慧之间既有相通之处也有重要区别,导致二者之间的关系颇为复杂。

就二者关系的积极面而言,个体智慧与集体智慧存在一定的相互促进关系:一个个体如果能够很好地利用集体智慧,往往能够有效促进个体智慧的发展。正如科学家牛顿所说:"我之所以能够看得更远,是因为我站在巨人的肩膀上。"毫无疑问,这里讲的"巨人的肩膀"实就是前辈们积累的集体智慧,它可以是前辈所写或所说的能给你智慧启迪的论文、书籍或言论,可以是给你指点迷津的良师益友,等等。一滴水只有融入大海才不会枯竭,个体也只有融入集体才能更好地发挥和发展自身的智慧。一个集体如果拥有许多智慧的个体,他们相互团结,齐心协力,往往能够发挥出"整体大于部分之和"的惊人力量,自然也就能够有效提高这个集体的智慧。

就二者关系的消极面而言,个体智慧与集体智慧存在一定的相互牵制关系:一个人尤其是拥有权势的人如果只知"自以为是",不善于甚至有意压抑集体的智慧,集体智慧不但难以发挥出来,最后势必也会阻碍个体智慧的发展。例如,当年大权在握的慈禧太后因循守旧,只知想方设法维护自己的权力,不善于甚至有意压抑中华民族的集体智慧,最终不但使中国加速沦落成半殖民地半封建社会,自己因此也遗臭万年。从这个意义上说,在当今世界普遍强调"对话、合作与共赢"的大背景下,必须认识到"个体智慧固然重要,但集体智慧也重要"的道理。与此同时,在通常情况下,"集体"往往比"个人"的力量大,有时集体智慧也会毫不留情地扼杀个体智慧,在充分发挥集体智慧的同时,也要尊重个体智慧,不能小看或漠视个体智慧的价值。

第四章 智慧的德才兼备理论：对智慧的新探索

在植根于中国传统智慧思想精义的基础上，借鉴现代西方心理学里的智慧思想，我们主张智慧的德才兼备理论，以促进人们对智慧内涵、智慧结构、智慧分类、智慧的影响因素与智慧教育等问题的认识。智慧的德才兼备理论，是指从德才兼备的角度界定智慧，主张良好品德与聪明才智的有机统一乃智慧本质的一种理论。它主要包括相互关联的四个要点：对智慧概念的界定；对智慧结构的看法；对智慧的分类；对影响智慧生成与发展因素的探讨。之所以用智慧的德才兼备理论来命名，其依据主要有二：（1）中式经典智慧观里蕴含浓厚的德才兼备方是智慧的思想，[①]于是中国人自孔子开始就主张做人要做到"必仁且智"。《荀子·君道》说得好："故知而不仁不可，仁而不知不可，既知且仁，是人主之宝也，而王霸之佐也。"对德才兼备之人推崇备至！同时，中式经典智慧观之一——"知而获智"观——里蕴含"注重从知识角度来定义智慧"与"转识成智"的精义思想，所以继承此思想，我们同样主张一个人只要不断地积累知识，并将之作恰当的创造性转换，就能通过"变知识为智慧"的途径逐渐获得智慧；而且我们明确了"转识成智"中"转"的途径：既要努力学习大量实用的明确知识，并将其内的陈述性知识创造性地转换成程序性知识，又要努力学习大量实用的默会知识，使之达到"熟能生巧"的程度，还要将其目的指向为绝大多数人谋福祉，从而涤除式经典"知而获智"观潜藏的不足。（2）也适当借鉴了西方心理学中智慧观里蕴含的"德才兼备方是智慧"的思想。如第三章所论，新皮亚杰主义智慧观强调思维要有反省性、辩证性、开放性、对话性、宽容性和整合性，其内蕴含良好品德与聪明才智合为一体的思想。柏林智慧模式与斯腾伯格等人的智慧定义里也都包含德

---

① 汪凤炎，郑红."知而获智"观：一种经典的中式智慧观[J].南京师大学报（社会科学版），2009，（4）：104-110.

与才的成分。进言之,分析现代西方心理学界几种有代表性的智慧定义,可以发现其中都蕴含"德才兼备方是智慧"的思想(如表4-1所示)。

表4-1 智慧的定义与成分①

作者(年份)	定 义	成 分	
		良好品德(德)	聪明才智(才)
Baltes & Staudinger (2000)	一种有关生命的重要且实用的专家知识系统,包括对复杂的、不确定的人类生活情境的杰出洞察、判断和建议	使用智慧帮助自己或他人获得福祉的动机—情感	丰富的陈述性知识与程序性知识、对毕生发展的生活情境和未知事件的认知与管理
Sternberg (1998,2004)	以价值观为中介,运用智力、创造力、知识,在短期和长期内通过平衡个人内部、人际间和个人外部的利益,从而更好地适应环境、塑造环境和选择新环境,以获取公共利益的过程	朝向公共利益的价值观	智力、创造力、知识
Ardelt(2003)	智慧是一种认知、反思与情感相整合的人格特质	情感(如同情、怜悯、关爱他人)	认知、反思
Webster (2003)	智慧是一种多维度整体结构,包括生活经验、回忆与反思、经验开放、情绪管理与幽默五个方面	情绪管理、幽默(如为自己或他人减压,亲社会目的)	生活经验、回忆与反思、经验开放
Bluck & Glück(2005)	智慧是一种具有重要价值的美德,由认知能力、洞察力、反思态度、关怀他人和解决现实问题的技能构成	关怀他人、反思态度(对他人、世界和自己的深刻思考)	认知能力(包括液态智力与晶体智力)、洞察力、解决现实问题的技能
Brown & Greene (2006)	智慧是由自我认知、理解他人、判断能力、生活知识、生活技能、学习意愿六个相互关联的维度构成的结构	理解他人	自我认知、判断能力、生活知识、生活技能、学习意愿
Meeks & Jeste(2009)	智慧主要由亲社会态度/行为、社会决策/生活中的实用知识、情感稳定、反思/自知之明、价值观相对主义/包容、认识与有效处理不确定性/模糊性等成份构成	亲社会态度/行为、情感稳定、价值观相对主义/包容	社会决策/生活中的实用知识、反思/自知之明、认识与有效处理不确定性/模糊性
Hall(2010)	智慧包括情绪管理、价值判断能力、道德推理、同情心、谦逊、利他、耐心、处理不确定性等维度	情绪管理、同情心、谦逊、利他、耐心	价值判断能力、道德推理、处理不确定性

① 陈浩彬,汪凤炎.智慧:结构、类型、测量及与相关变量的关系.心理科学进展,2013,21(1):109.

　　由此可见,中西式智慧观虽然表述方式不太相同,若提取"最大公约数"后可以发现一个事实：都主张智慧是良好品德与聪明才智的有机统一。既然如此,倡导智慧的德才兼备理论只不过是将上述诸种智慧观里本有的"德才兼备方是智慧"的思想进一步明确化、细致化、系统化而已。同时,综览古今中外历史上一些优秀人才的成长史可以发现一个事实：优秀人才往往是德才兼备型的,中国人如周公、孔子、孟子、老子、庄子、狄人杰、包公、王阳明等,外国人如华盛顿、林肯、罗斯福、马丁·路德·金、爱因斯坦、曼德拉等。从这个意义上说,智慧的德才兼备理论属事后解释型理论,即先有某种事实,然后建构一种理论来对此事实进行合理性解释。

第一节　智慧的德才兼备理论：理论建构

一、对智慧的界定

(一) 什么是智慧

　　根据第三章所论,中西方学人对智慧的已有界定有许多合理之处,但多不完善。在当今六大智慧观中,除了斯腾伯格的智慧观明确将智慧与智力和知识区分开来之外,其余的智慧观——如"知而获智"观、皮亚杰的智慧观、埃里克森的智慧观、柏林智慧模式和新皮亚杰主义的智慧观——都存在将智慧等同于某种能力、某种知识或某种思维方式等的弊病。导致出现上述情况的重要原因之一是,许多人没有清楚地认识到智慧的本质。例如,有人说：

　　东方的智慧标准是计谋权术,西方的智慧标准是发明创造。按照东方的智慧标准,牛顿、爱迪生、爱因斯坦不过几个书呆子而已。牛顿遇到诸葛亮,肯定被诸葛亮玩得像如来佛手心里的软糖一样,谁敢在诸葛亮面前谈天才。而按西方的智慧标准,诸葛亮不过是一个擅长计谋的政治人物而已,连一个高等数学方程式都解答不了,谁敢在牛顿面前谈智慧。美国前国务卿基辛格之类擅长计谋的政治老腕,不会被列入西洋天才人物的行列。[①]

当主张"东方的智慧标准是计谋权术,西方的智慧标准是发明创造"时,实际上其内蕴含三个值得推敲的问题：果真有东西方两套智慧标准吗？如果有东方的智慧标准,它真是计谋权术吗？假若有西方的智慧标准,它真是发明创造吗？稍加分析便可知,这三个问题都是假问题。事实上,只要是智慧,其本质就是同一的,

① 田婴.东方智慧和西方智慧的比较[J].百姓,2003,(5)：30-32.

并无东西方两套智慧标准；换言之，无论在东方还是在西方，无论从内隐
（implicit）智慧观还是从外显（explicit）智慧观看，东西方人所讲的智慧在本质上
均是一致的，即：智慧在本质上是良好品德与聪明才智的合金。正如英国近代
哲学家、教育家洛克也说："我对于智慧的解释和一般流行的解释是一样的，它使
得一个人能干并有远见，能很好处理他的事务，并对事务专心致志。这是一种善
良的天性、心灵的努力和经验结合的产物。"①在这个意义上说，我们也赞赏阿德
尔特对智慧的下述看法：智慧是人的一种人格特性，尤其应将智慧视作是认知
性、反省性和情感性等三种特性的统一体。② 所以，不能说"东方的智慧标准是
计谋权术，西方的智慧标准是发明创造"，因为这种说法实际上混淆了智慧与聪
明、权术之间的区别。

　　当然，尽管东西方学人都主张"智慧在本质上是良好品德与聪明才智的合
金"，不过，如下文所论，东西方推崇的智慧类型有一定差异：东方人重人慧，尤
其是重人慧中的德慧，典型者如中国古人便是如此；与此不同，西方人既重人慧
尤其是其中的德慧，更重物慧。同时，斯腾伯格等人所说的"知识"＋"独特的思
维方式"（或"良好思维方式"）还可以作进一步概括，即将之概括成"聪明才智"；
而"良好的人格特质"＋"良好的情绪与情绪反应"＋"善良动机"也可作进一步概
括，即将之概括成"良好品德"（详见"智慧结构"一小节）。因为，与"良好品德"相
比，"良好的人格特质"与"良好的情绪与情绪反应"更倾向于是一个中性词，像
"意志力坚强"之类的良好人格特质以及善于调控和表达情绪，不但为真正的智
慧者所拥有，像希特勒这样的愚蠢者也拥有。而且，依中国文化传统，人们更习
惯用"良好品德"来指称善。因此，为了凸显智慧中的善性，同时，为了更好地贴
近中国文化传统，我们就用"良好品德"一语。

　　可见，从表达方式上看，不同学者对智慧的实质的看法略有差异，但根本观
点基本上是一致的：从智慧的独特性角度看，一般都主张智慧在本质上是良好
品德与聪明才智的合金，是良知与良行的有机统一，从长远的眼光看，真正的智
慧必须保证其结果不但不会损害他人的正当权益，而且能长久地增进他人或自
己与他人的福祉，智慧以此与智力、聪明、善良之类的概念区分开。正由于此，在
智慧的定义里必须明确体现良好品德与聪明才智和谐统一的思想。为此，在借
鉴已有多种智慧定义精髓的基础上，根据我们近几年所做研究的成果，将2007

① ［英］约翰·洛克.教育漫话［M］.傅任敢译.北京：教育科学出版社，1999：117.
② Sternberg, Robert J. (2004). Words to the wise about wisdom? A commentary on ardelt's critique of Baltes. *Human Development*, 47：287.

年提出的智慧定义不断优化，①于是就有了对智慧更清晰且严密的新定义：

　　智慧是指个体在其智力与知识的基础上，经由经验与练习习得的一种德才兼备的综合心理素质。个体一旦拥有这种综合心理素质，就能让其在身处某种复杂问题情境中做到适时产生下列行为：个体在其良心的引导下或善良动机的激发下，及时运用其聪明才智去正确认知和理解所面临的复杂问题，进而采用正确、新颖、灵活、巧妙且最好能合乎伦理道德规范的手段或方法高效率地解决问题，并保证其行动结果不但不会损害他人的正当权益，还能长久地增进他人或自己与他人的福祉。

根据此定义，若用一个示意图来表示智慧，则如图4-1所示。

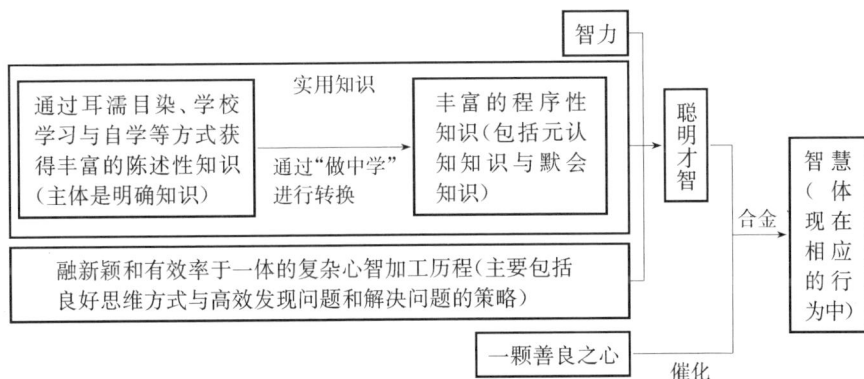

图4-1　智慧的内涵示意图

　　根据图4-1所示，若用一个公式来表示智慧，即：良好品德（或一颗善良之心）＋聪明才智＝智慧。这意味着，德才兼备方是智慧。换言之，智慧就是良好品德与聪明才智的完美合金。如果用"开小汽车为例"作个形象的比喻，可将"智力"比作小汽车的整体结构与性能，将"实用知识"比作汽油，将"融新颖和有效率于一体的复杂的心智加工过程"比作驾驶员开车的技术，将"良心"比作驾驶员的良心。那么，在通常情况下，"QQ"肯定跑不过"宝马"，因为在汽车的整体结构与性能上，"QQ"天生就不如"宝马"，不过，"宝马"虽整体结构与性能优于"QQ"，但如果没有汽油，肯定也跑不过拥有满箱汽油的"QQ"。进言之，"宝马"虽然车况好，也加满了油，若驾驶员的开车技术差，也不一定能跑过车技良好的人开的"QQ"。一个车技良好的人驾驶一辆车况良好、也装有满箱汽油的宝马

① 郑红,汪凤炎.论智慧的本质、类型与培育方法[J].江西教育科研,2007,(5)：10-13.汪凤炎.中国传统德育心理学思想及其现代意义(修订版)[M].上海：上海教育出版社,2007：140.

车,是不是一定就能开好宝马车呢? 答案是也不一定。因为他如果没有良好的道德修养,既不知珍惜他人的生命,也不知珍惜自己的生命,喝醉酒后仍要开宝马车,且凭着酒劲还开飞车,可能正因为宝马车性能太好,而导致其死得更快。与此同理,一个智商在 70 以下的人是不可能拥有智慧的,更别奢谈拥有高水平的智慧,因为弱智者不但缺少良好的思维方式,也无法高效习得知识与良好品德。一个人即使拥有正常乃至超常的智商与一颗善良之心,若没有足够的实用知识与良好的思维方式,其智商和善良的效用往往也会大打折扣。生活里一些心地善良、智力正常的普通民众,之所以一般只至多拥有小智慧而没有高水平的智慧,重要原因之一就是由于他们没有受过良好教育尤其是良好的高等教育和社会教育,从而未拥有足够的实用知识和良好思维方式。同时,个体拥有的聪明才智若没有良心的指引,也极易沦作为虎作伥的工具。像中国历史上的吴起与李斯之徒,虽然才高八斗,却将品德视作毫无用处的东西,不注重修德,只知道运用自己的聪明才智去一味地追求所谓的事功,结果前者虽成长为一代名将,后者也曾贵为秦国的宰相,但最后两人都不得好死,两人的人品也为后世有良知的人所不齿。可见,真正智慧的人,关键之处不在于他能解决问题,而在于他总能正确地做事情。这里的“正确”主要是指“善”。所以,《孝经·圣治章》说得好:“子曰:……不在于善,而皆在于凶德,虽得之,君子不贵也。”[1]

(二) 澄清两种误解

智慧是良好品德与聪明才智的完美合金,这表明智慧是一个褒义词,因此,在行家心中,它与作为中性词的聪明或高智商、创造性、高情商、社会智力、人际智力、内省智力和渊博知识之间的区别本一目了然。例如,斯腾伯格在《智慧的平衡理论》一文中便将智慧与实践智力、社会智力、情绪智力、人际间智力及内省智力等概念区分开来(详见第三章)。不过,为了让非心理学出身的读者能看清智慧与这些相关概念的联系与区别,除了本书前文已有论述之外,下文将就这一话题作一补充阐述。为免重复,这里仅澄清两种误解。

1.“智慧是良好品德与聪明才智的完美合金”的观点消解了智慧

也许有读者会说,“智慧是良好品德与聪明才智的完美合金”,这就意味着智慧是一种极平常的心理素质,实际上也就消解了智慧,让人体会不到智慧的“高贵品质”。此观点乍看有一定道理,实不正确。

一方面,将智慧视作是良好品德与聪明才智的完美合金,丝毫没有降低智

[1]　胡平生.孝经译注[M].北京:中华书局,1996:20.

慧的"身价"。因为此话看似平常，实则做起来颇有难度；若想做到极致，更不是一般人所能达到的：不但良好品德与聪明才智都各有无限发展的空间，而且还必须将二者及时地有机结合起来。生活中一些人正是由于或未持久地修德，或未持久地提升聪明才智，或未养成将德与才有机结合起来看待问题、思考问题和解决问题的习惯与相应能力，才易犯《周易·系辞下》中所说的"德薄而位尊，智小而谋大，力小而任重"等三大错误。所以，若模仿《老子·七十章》①的话说，就是："吾言甚易知，甚易行。天下绝大多数人莫能知，莫能行。"

　　另一方面，将智慧视作是良好品德与聪明才智的完美合金，进而根据个体聪明才智的发展类型，将智慧分为人慧与物慧；又根据个体良好品德与聪明才智的发展程度，将纯粹人慧型、纯粹物慧型与人慧物慧兼有型三类智慧各自分为小智慧、中智慧、大智慧等三个等级（详见下文），不但使智慧教育能够做到因材施教、循序渐进，而且有助于个体智慧的生成。因为个体一旦知道智慧只是良好品德与聪明才智的完美合金，而不是什么高深莫测的东西，又知道智慧类型的多样性、智慧水平的层级性，就能增强学习智慧的自信与自觉。

　　2. "智慧是良好品德与聪明才智的完美合金"的观点遗漏了智慧的某些重要心理成分

　　又有人认为，智慧是一个内涵极丰富的概念，将它说成是"良好品德与聪明才智的完美合金"，是否会遗漏某些重要的心理成分？例如，智慧本身包含智力（广义）方面的因素和非智力方面的因素，但非智力方面的因素是否仅仅是德？这值得商榷。像心理弹性（resilience）、心理抗压能力、情绪管理能力或情绪智力等似乎也是智慧的一部分，但未必属于德的范畴，是否有必要从心理管理方面探讨智慧的结构成分问题？对于这种质疑，我们的回答是：如第二章所论，情绪管理能力或情绪智力属于人事之智，仍属于聪明才智的范畴。心理弹性与心理抗压能力则是一种综合能力，与适应性之间存在正相关：心理弹性越大，个体对环境的调控能力越强，其适应性能力也越高。何谓心理弹性？一般有三种定义：②（1）能力性定义。将心理弹性看作是个体具有的一种较为稳定的能力或品质。如，沃纳（Werner，1995）认为，心理弹性是个体能够承受高水平的破坏性变化，并表现出尽可能少的不良行为的能力。③（2）结果性定义。重点从发展结果上

①　陈鼓应. 老子注译及评介（修订增补本）[M]. 北京：中华书局，2009：314.
②　席居哲，桑标. 心理弹性（resilience）研究综述[J]. 健康心理学杂志，2002，10（4）：314 - 318. 马伟娜，桑标，洪灵敏. 心理弹性及其作用机制的研究述评[J]. 华东师范大学学报（教育科学版），2008，26（1）：89 - 96.
③　Werner, E. E. (1995). *Resilience in development* (p. 23). Washington, DC: American Psychological Society.

定义心理弹性。如,马斯滕(Masten,2001)认为,心理弹性是指个体身处逆境时仍能获得较好适应或发展顺利而不会被压垮的结果的一种现象。① (3) 过程性定义。将心理弹性视作一种适应过程,重点关注心理弹性的动态发展。如,卢塔尔等人(Luthar,Sharon,Cohan et al. ,2006)认为,心理弹性指个体在不利环境中对良好状态进行调试的动态过程。② 虽然研究视角不尽相同,但三者都公认心理弹性的两个操作性定义要素:个体遭遇逆境;个体成功应对(或适应良好)。③ 若将上述三个有关心理弹性的定义综合起来看,那么能力性定义是核心,个体只有具备相应心理素质,才能在身处逆境时进行成功应对,并产生良好结果。而这个良好结果若想属于"积小胜成大胜"的类型而不是"积小胜成大败"(详见第二章)的类型,那么就不但要有良好的能力素质,还要有高尚的道德品质;换言之,只有那些同时具备良好品德和一定聪明才智的人,才能真正拥有良好的心理弹性与心理抗压能力,所以仍可将它们进一步分解成良好品德与聪明才智两个方面来阐述。

(三) 智慧与智慧者的联系与区别

通过问卷调查发现,在日常生活里,很多人弄不清智慧与智慧者这两个概念之间的联系与区别,常常将智慧等同于智慧者。事实上,智慧与智慧者虽是密切相关的两个概念,却不是同一个概念。

1. 智慧与智慧者的联系

智慧与智慧者之间的联系是:智慧往往体现在智慧者的言行中,由智慧者展现出来;同时,真正拥有智慧的人就是一个真正的智慧者。这样,根据上文所讲的智慧的定义,真正的智慧者在自己擅长的领域都是真正的又红又专型专家,因此,真正的智慧者除了有高尚的道德品质之外,在自己擅长的领域往往能够做到:(1) 善办事。在自己擅长的领域,智慧者已非常熟练地掌握丰富的实用型知识,懂得该领域事物变化发展的内在规律,在处理该领域的诸多事情时,自然做得又好又快,容易给人留下善办事的深刻印象。(2) 善辩证思维。它包括两个方面的内容:一是智慧者往往能够做到具体问题具体分析,从而具有良好的变通能力;二是智慧者善于用一分为二的观点看待事物与问题,从而既善于利用一切有利因

---

① Masten, A. S. (2001). Ordinary magic: Resilience processes in development. *American Psychologist*, 56: 227 – 238.
② Luthar, C. , Sharon, L. , Cohan et al. (2006). Relationship of resilience to personality, coping and psychiatric symptoms in young adult. *Behaviour Research and Therapy*, 44: 585 – 599.
③ 马伟娜,桑标,洪灵敏.心理弹性及其作用机制的研究述评[J].华东师范大学学报(教育科学版),2008,26(1):90.

素为自己服务，又善于消除或避开负面因素对自己的影响。（3）善包容。智慧者往往懂得世界是多样性的统一的道理，能够容忍事物的多样性，能够尊重不同人的人格特点，并善于做到"和而不同"。（4）善反思。智慧者往往具有自知之明，知道自己在哪些方面有优势，在哪些方面存在不足；知道哪些事情可以做，哪些事情不可以做。同时，"人非圣贤，孰能无过"，此话同样适用智慧者。这意味着，智慧者不是永远不犯错误，而是在自己擅长的领域做到尽量少犯错误，尤其是不会犯弥天大错；而且，一旦偶尔犯错误，往往善于通过事后反思，做到"吃一堑，长一智"，避免同一个错误"屡错屡犯"。因此，对于智慧者而言，若犯错误，一般同一类型的错误至多只会犯一至两次，且由错误引起的不良后果往往不会太严重。（5）善预测。在自己擅长的领域，智慧者已非常熟练地掌握丰富的实用型知识，懂得该领域事物变化发展的内在规律，自然对该领域事物的未来发展具有良好的预测力。

2. 智慧与智慧者的区别

智慧与智慧者之间的区别：（1）性质不同。智慧是一种特定的心理素质及相应的行为方式；智慧者是拥有智慧的个体。（2）二者不存在一一对应的关系。当一个人在解决某个复杂问题时，如果其动机是善的，且其行为结果有利于长久地增进他人或自己与他人的福祉，而且其行为结果有利于长久地增进他人或自己与他人的福祉，其行为方式展现出新颖、有效率与合乎伦理道德规范的特点，那么其内就蕴含智慧，而无论他或她是偶尔作出一次，还是经常呈现这类问题解决方式。当然，只有一个人在解决某一领域的许多复杂问题时，其动机都是善的，其行为结果从总体上看是有利于长久地增进他人或自己与他人福祉的，其行为方式能够经常符合新颖、有效率与合乎伦理道德规范这些标准，才表明此人在此领域已拥有稳定的智慧素质，这就意味着此人已成为此领域的智慧者。

同时，虽然正如斯腾伯格说，智慧几乎与生俱来即存在于（inheres）人、任务和情境之中，一个人在此情境里有智慧，并不意味着其在另一个情境里一定也有智慧；而且，生活中有些人比另一些人可能更有智慧，但几乎没有一个人在任何时候都是智慧的。[1] 这表明生活中的人的智慧往往都有一定的领域性。不过，对于一个智慧者而言，在其擅长的领域里处理复杂问题时，虽然也存在"智者千虑，必有一失"的概率，但在大多数情况下，往往能够经常展现出自己的智慧：在解决某一领域的疑难问题时，在此领域被人公认为智慧者的人一定会比此领域

---

[1]　Sternberg, Robert J. (2004). Words to the wise about wisdom? A commentary on Ardelt's critique of Baltes. *Human Development*, 47：287.

称不上有智慧的人来得既好又快,这表明智慧者的智慧具有一定的稳定性。从这个意义上说,我们认为柏林智慧模式有一定的合理性,因为其将智慧视作一种专家知识系统,实际上也就承认智慧者的智慧具有一定的稳定性。

当然,承认智慧者的智慧具有一定的稳定性,并不否认智慧有一定的可变性,这是由于人的品德与才能虽有一定的稳定性,但也有一定的可变性;而且,相对而言,人的品德的可变性要大于人的才能的可变性。这意味着,一个曾经有智慧的人可能也会因种种诱因(常见的主要是贪欲)的影响而逐渐变得不智慧,甚至变得愚蠢,最终犯下致命错误,从而让自己的一世英名毁于一旦,而且至死都不知悔过,像汪精卫之类的人就是如此;与此相反,也有一些曾经干过一些傻事的人,经由"吃一堑长一智"的途径而逐渐变成智慧者。同时,正由于真正的智慧尤其是大智慧必须具备"从长远的眼光看,其行为结果不但不会损害他人的正当权益,而且还能长久地增进绝大多数他人或自己与绝大多数他人的福祉"这个条件,所以,一个人或一个团队的所作所为,其结果能否最终赢得"有智慧"的评价,有时很难做当下的评判,甚至必须等到"盖棺"时才有定论;有时"盖棺"仍无定论,而必须经由历史的检验之后才能"揭开谜底"。这样,就一个具体的人而言,评价其是不是一个真正的智慧者,说到底要靠时间来检验,只有经得起岁月的考验,才能最终确定一个人是否真是一个智慧者。例如,当今人说孔子、老子、秦国蜀郡太守李冰等人是智慧者时,就是因为历史已证明,这些人的言行是有利于中国文明乃至世界文明的发展的。汪精卫之徒之所以最终是一个愚蠢者,也是因为历史已证明了这点。有些人(如乾隆皇帝,即爱新觉罗·弘历,1711—1799)在死时赢得"有智慧"的评价,但随着历史的推移,对其"有智慧"的评价则越来越低;也有些人(如美国首任总统华盛顿,1732—1799)在死时虽赢得智慧的名声,但声名并不足够大,不过,随着历史的推移,后人越来越意识到其智慧的博大。[1]既然每个人的价值或其存在的意义,最终都是由其对人类文明的贡献度来衡量,而不是由其掌握的权力大小或在世时的风光度来衡量,那么,对于每一个活在世上的个体或团队而言,若想最终赢得"有智慧尤其是大智慧"的评价,一定要慎言慎行,一定要让自己的行为经得起历史的考验!

二、智慧结构

斯腾伯格曾说,从构成成分上看,智慧主要是由知识(包括默会知识和元认

---

[1] 吴晓波.假如乾隆遇见华盛顿[J].读者,2012,(4):16.

知知识)、独特的思维方式(如具有公正性与辩证性等)、良好的人格特质(如宽容与意志力坚强等)、良好的情绪与情绪反应、善良动机等因素组成的,是这些优秀心理素质的恰当整合,智慧中包含受社会推崇的行为模式。[①] 我们对智慧成分的认识与斯腾伯格的上述观点基本一致,只是比他讲得更简洁、更系统。

具体地说,既然良好品德与聪明才智的合金乃智慧的本质,同时,一套独特的发现问题与解决问题的策略以及相关的能力,可看成是一套独特的思维方式。这样,若将图 4-1 智慧的内涵示意图作进一步的归纳与细化,可以将智慧的结构作图 4-2 式表述。

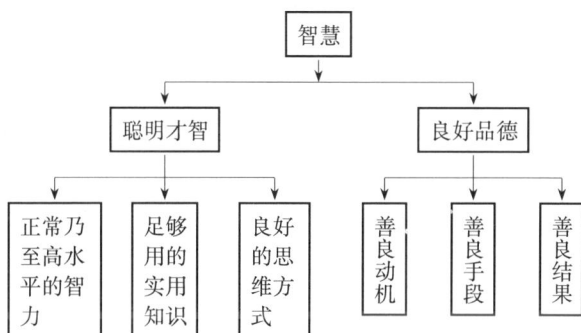

图 4-2　智慧的结构示意图

根据图 4-2,可以将智慧的结构作如下细致阐述。

(一) 智慧包含足够的聪明才智

智慧在本质上是良好品德与聪明才智的合金,智慧中必定包含足够的聪明才智,这样才能保证个体在身处某个复杂问题情境时,能够做到正确认知和理解面临的复杂问题,进而采用正确、新颖、灵活、巧妙且最好能合乎伦理道德规范的手段或方法去高效率地解决复杂问题。什么是聪明才智? 它简称"聪明"。何谓"聪明"? 据 2009 年版《辞海》解释,其义有二: ① 视听灵敏。《管子·内业》:"耳目聪明,四枝(肢)坚固。"亦指视听、闻见。 ② 聪敏;有智慧。《管子·宙合》:"聪明以知,则博。"很显然,本书所用"聪明"的含义之一类似于《辞海》所讲的"聪敏",却不等同于"智慧"。但是,"聪敏"仍是需要再作界定的一个概念。亚当·斯密说得好:"平常的智力之中无才智可言。"这一思想颇有见地。因此,如果要下一个操作性定义的话,那么,本书所用"聪明"的含义之一,类似于现代心理学"智力的 CHC 理论"所讲的"高智商"的概念,即智商大于 120 者。如果一个人的

① Sternberg, Robert J. (1998). A balance theory of wisdom. *Review of General Psychology*, 2(4): 350.

智商在 120 分以上,那就属于聪明的人;若其智商在 140 分以上,那就是超常聪明者。当然,现代智力测验主要是测量个体偏重自然科学领域的智力,人慧里展现出来的聪明才智则主要是偏重人文社会科学领域的聪明才智,所以,在衡量一个人在人文社会科学领域展现出来的聪明才智时,并不能完全用现在通行的韦氏智力量表第四版去测量。需指出,"高智商"只是本书所用"聪明才智"的含义之一,除此之外,本书所用"聪明才智"还包含良好思维方式与丰富的实用知识在内。这意味着,个体的聪明才智主要是在其液态智力的基础上,对经由后天学习而获得的晶体智力等能力、实用知识与良好思维方式进行恰当整合后形成与发展起来的。所以,若将这种聪明才智作进一步分解,它主要由三部分构成:正常乃至高水平的智力;足够用的实用知识(包括元认知知识与默会知识);良好思维方式(内含善于发现问题与高效解决问题的策略)。

1. 智慧中包含正常乃至高水平的智力,需看到智慧与智力的联系与区别

如第三章所论,无论从古汉语还是从英文词汇角度看,智力(intelligence)和智慧(wisdom)在含义上有一定的相通之处。而且,从心理学角度看,智力是构成智慧的基础与前提条件。不过,在洞察智慧与智力之间密切联系的同时,必须将二者准确区分开来,不能简单地将智力等同于智慧。智慧与智力的区别已在第三章进行详细探讨,下面只详细探讨智慧与智力的联系。

由于智力是构成智慧的基础与前提条件,而且智慧的重要属性之一是创造性,而心理学研究已表明:智力与创造性之间存在着一种相对独立的、在一定条件下又相关的非线性关系:第一,低智商者不可能有高创造性;第二,高智商者可能有高创造性,也可能有低创造性;第三,低创造性者的智商水平可能很高,也可能很低;第四,高创造性者必须有高于一般水平的智商。[①] 与此相类似,我们倾向于认为,智商的高低是影响智慧发展的重要因素之一,因为智慧与智力之间存在着类似于创造性与智力的关系,即智慧与智力之间存在着一种相对独立在一定条件下又相关的非线性关系:第一,低智商者既然不可能有高创造性,当然也就不可能有高智慧。日常生活里智商在 70 以下者几乎都没有高智慧的事实就能证明这一点。第二,高智商者可能有高创造性,也可能有低创造性,相应地,高智商者也就既可能有高智慧,也可能有低智慧。虽然像爱因斯坦之类具有高智慧的人,其智商也是公认为高水平的。不过,如前文第二章所论,一些高智商者若不修德,经常是"聪明反被聪明误",自然也就谈不上真正有智慧,更别奢谈

① 黄希庭.心理学与人生[M].广州:暨南大学出版社,2005:217-218.

有高智慧。第三，低创造性者的智商水平可能很高，也可能很低，相应地，低智慧者的智商水平可能很高，也可能很低。日常生活里的广大普通民众的智慧水平尤其是真智慧（不是指类智慧）水平一般都不是很高，不过，在这个人群里，既有高智商的人，也有智商一般的人。这一事实就证明低智慧者的智商水平是随意的：可能很高，也可能很低。第四，既然高创造性者必须有高于一般水平的智商，相应地，高智慧者也必须有高于一般水平的智商。例如，曹冲之所以有高智慧，除了他有一颗善良之心外，还因他有高智商，所以，曹冲"生五六岁，智意所及，有若成人之智"（详见本章第二节）。这样，曹冲才有能力将一些事情办好。

　　之所以会如此，是因为智慧本是聪明才智（其核心是创造性）与良好品德的合金，这样，真智慧既需要有中高水平的创造性，还同时需要个体将这种中高水平的创造性的最终目的指向为绝大多数人谋福祉，二者缺一不可，所以智慧与单纯的创造性之间并不存在一一对应的关系。同时，智慧的人在自己擅长的领域一般都显得很聪明，但聪明的人不一定都很智慧，因为有时候"聪明反被聪明误"。这是因为，从构成成分看，聪明主要是由于个体具有高智商、良好记忆力或个体同时拥有高智商与良好记忆力的结果，其内并不天然地包含善的成分，因此，一个人既可以将其聪明用于为绝大多数人谋福祉，也可以将其聪明仅用于为个人或小集团谋私利，为此不惜牺牲其他大多数人的利益。当一个人将其聪明用于为绝大多数人谋福祉时，此时他或她的聪明才智由于已被其良好的品德指导，已是德与才的良好结合，所生出来的自然是智慧；假若一个人将其聪明仅用于为个人或小集团谋私利，为此不惜牺牲其他大多数人的利益，此时他或她的聪明才智由于未被良好的品德指导，甚至是被邪恶的品德误导，结果就会让个体作出更大的恶来，结果势必受到相应的惩罚，当然是"聪明反被聪明误"。

　　2. 智慧中包含足够用的实用知识，需看到智慧与知识的联系与区别

　　不同学科常常从不同角度来定义知识。从心理学角度看，皮亚杰对知识作了较权威的界定："知识是主体与环境或思维与客体相互交换而导致的知觉建构，知识不是客体的副本，也不是由主体决定的先验意识。"与此相适应，此处所讲的"知识"，采纳教育心理学中常见的观点，指主体通过与其环境相互作用而获得的信息及其组织。这样，贮存于个体脑海中的知识就是个体的知识；用一定方式记录下来且贮存于个体外的知识就是人类的知识。[①] 根据这个定义，人们常说的"文盲"只是缺乏文字知识，从而既无法用文字将自己的所知所感表达出来，

----

① 邵瑞珍.教育心理学（修订本）[M].上海：上海教育出版社，1997：58.

也无法识别由文字记载的知识。不过,文盲虽无文字知识,却可有丰富的人生知识与默会知识。这种知识观其实是中国古代的一贯传统。例如,据《邵雍集·伊川击壤集》卷八记载,邵雍在《知识吟》中说:"目见之为识,耳闻之谓知。奈何知与识,天下亦常稀。"①既然"目见之为识,耳闻之谓知",那么,一个人只要不是天生的既盲又聋的残疾人,便都能通过自己的眼睛观察而不断积累"见识",通过耳听而不断积累"闻知"。

从智慧与知识的关系看,智慧与知识的密切联系:智慧的组成成分的主体本是程序性知识(包括元认知知识与默会知识),而不是什么其他神秘东西。因此,智慧主要是在明确知识与默会知识的基础上,通过"转识成智"的方式逐渐生成的;而且,个体一旦习得智慧,又能反过来指导其更好地掌握各类知识和运用各类知识。英国当代哲学家、数学家怀特海(Alfred North Whitehead,1861—1947)说得好:"智慧是掌握知识的方式。它涉及知识的处理,确定有关问题时知识的选择,以及运用知识使我们的直觉经验更有价值。这种对知识的掌握便是智慧,是可以获得的最本质的自由。古人清楚地认识到——比我们更清楚地认识到——智慧高于知识的必要性。"②在怀特海看来,智慧高于知识,智慧是处理具体问题时对知识恰当的选择、处理和运用,知识是生成智慧的基础。同时,智慧与知识之间存在以下八个重要区别。

第一,心理成分不尽相同。知识既可以是陈述性的,也可以是程序性的;同时,知识既可以是明确知识,也可以是默会知识。与此不同,智慧是良好品德与聪明才智的合金,其内既有强烈的认知色彩,也蕴含浓厚的伦理道德色彩和人文关怀,即蕴含善良情绪与情感以及善良意志。而且,就知性的一面而言,智慧之内虽包含陈述性知识,但智慧的实质本是程序性知识,并且其内包含元认知知识与默会知识。正如杜威所说:"智慧与知识不同,智慧是应用已知的去明智地指导人生事务之能力。"③说得形象些,假若说智慧中的智包含的程序性知识的主体属于明言知识(明确知识)与理性的范畴,那么智慧中的慧包含的程序性知识则更多地属于默会知识。④

第二,获得的方式或方法不尽相同。对于知识而言,其中的陈述性知识部分主要是依靠背诵与理解的方式获得,其中的程序性知识(包括默会知识)主要是

①　[宋]邵雍. 邵雍集. 郭彧整理. 北京:中华书局,2010:297.
②　怀特海. 教育的目的[M]. 徐汝舟译. 北京:生活·读书·新知三联书店,2002:54.
③　杜威. 人的问题[M]. 傅统先等译. 上海:上海人民出版社,1965:4.
④　张红. 做个有智慧的班主任[J]. 班主任,2011,(4):1.

在技能学习与相应的实践中获得的。与此类似，由于智慧中的智包含的程序性知识的主体属于明确知识与理性的范畴，因此，它也主要是通过背诵、理解、技能学习与相应的实践中获得的；不过，由于智慧中的慧包含的程序性知识更多地属于默会知识，所以它的习得必须更多地诉诸个体心灵的感悟，从而带有强烈的个人色彩与风格。[①] 同时，智慧中的善良情绪与情感以及善良意志的获得，则主要是依靠个体平日的道德学习以及修身养性功夫获得的。

第三，习得的速度不同。一般而言，习得知识的速度相对要快一些，其中，尤以陈述性知识的习得速度最快，程序性知识的习得速度相对要慢一些。不过，较之知识，智慧的习得速度普遍要慢一些，因为它不但要求个体习得程序性知识（包括默会知识），还要习得善良情绪与情感以及善良意志，并把它们融会贯通。

第四，价值度不同。知识既可以是有用的或有价值的，也可以是无用的或无价值的；在有用或有价值的知识中，有的知识有大用或大价值，有的知识只有小用或小价值。与此不同的是，智慧里包含的知识的主体一定是有大用或大价值的。所以，从有利于成就智慧的角度看，个体必须具备有足够的高价值度、高度、深度、广度、精度和新度的"六度"型知识，[②]从而善于对面临的难题产生"真知灼见"，才能不断提升自己的聪明才智，促进智慧的生成。反之，一个人若仅仅是习得如下四种知识，则无法让知识产生力量（尤其是巨大的力量），自然也无助于智慧的生成：（1）当知识仅指知道时。例如，科举制度在哪年废除的？一个知道很多事实而不知如何处理的人，现在人们已经不叫他"知识分子"，而称之为"知道分子"。知道而无见识，徒增谈资，于世无益。（2）当知识仅指常识时。例如，一周有 7 天。掌握一些人人都知道的常识，并不能让自己处于领先地位。[③]（3）当知识仅停留于意见时。例如，当下中国大陆一些城市房价奇高，如何破解它？对此问题，一些人往往是高谈阔论。此类意见若无实证数据的支撑，是对是错都难确定，何能产生力量？（4）当拥有的知识已陈旧过时时。例如，一个人掌握的计算机知识还是五年前的，在这五年中因转行而没有及时更新，那么，在计算机知识日新月异的今天，他脑海中一些陈旧的计算机知识几乎毫无用处，何来力量？可见，既然知识有价值大小之分，所以要正确看待"知识就是力量"一语。"知识"的英文为 knowledge，其中第一个音节"know"是"知道"、"精通"，并由此产生有独到见解的"真知灼见"；[④]中间的"l"是"热爱"（love）、是"学习"（learn）、是"生

---

① 张红.做个有智慧的班主任[J].班主任,2011,(4)：1.
② 汪凤炎,燕良轼.教育心理学新编(第三版)[M].广州：暨南大学出版社,2011：499－501.
③④ 方柏林.知识不是力量[M].上海：华东师范大学出版社,2011：3.

活"(live);①末尾是"edge",是"边缘、领先"。② 这意味着,若想让知识产生力量,第一步是个体要具备有足够的高价值度、高度、深度、广度、精度和新度的"六度"型知识(详见第五章),从而能对问题产生"真知灼见";随后,要热爱自己的"真知灼见"、反思自己的"真知灼见"、在生活中践行自己的"真知灼见",只有这样做才能让自己处于"领先"(leading edge)的地位,才能让"知识"成为一种力量。与此类似,中文的"知识"一词也告诉人们,只有"知"与"识"相结合,才能让自己处于"领先"的地位,才能让"知识"成为一种力量。③ 另外,依智慧的德才兼备理论,知识仅是一个中性词,这样,"知识就是力量"是中性表述。一个人若将其拥有的丰富实用知识用于为绝大多数人谋福祉,才能生出巨大的正能量;反之,若仅为自己或自己的小集团谋私利,并为此不惜侵害他人的合法权益,就会生出巨大的破坏力。

第五,抽象与概括程度不同。知识重分析与抽象,重有分别的领域,把握的是一个个事实和一条条定理。与此不同的是,智慧(尤其是大智慧)重综合,以把握整体;重"求穷通",以打通宇宙人生的根本原理。④ 正如古希腊哲学家亚里士多德所说:"(智慧由普遍认识产生,不从个别认识得来)……智慧就是有关某些原理与原因的知识。"⑤这意味着,智慧是对事物本质和发展规律的把握,谁能够把握事物最普遍、最基本的事理和规律,并将其用来为大众谋福祉,谁就是智慧者。

第六,性质不同。知识虽然既包含自然科学知识,也包含做人的知识,不过,只要其还只是知识,就主要仍停留在认知领域,且更偏向是一个中性词。与此不同,智慧是良好品德与聪明才智的合金,所以智慧是一个褒义词。相应地,智慧者必须同时具备三方面的素质:良好品德、聪明才智以及将德与才结合在一起思考问题和解决问题的习惯与能力。这样,将来假若要想编制一个信度效度俱佳的智慧量表,那么它应包括三个子测验:测验1用于测量个体的道德发展水平;测验2用于测量个体聪明才智的发展程度;测验3用于测量个体将德与才结合在一起思考问题和解决问题的习惯与能力。如果这种习惯与能力越高,表明个体越善于将德与才结合在一起思考问题和解决问题,反之亦反。而且,三个子测验的分值宜按总分的30%∶30%∶40%的比例分配,三个子测验所获分数之

① 方柏林. 知识不是力量[M]. 上海:华东师范大学出版社,2011:5.
② 同上:3.
③ 同上:3-5.
④ 冯契. 冯契文集(第一卷:认识世界和认识自己)[M]. 上海:华东师范大学出版社,1996:418-420.
⑤ [古希腊]亚里士多德. 形而上学[M]. 吴寿彭译. 北京:商务印书馆,1959:2-3.

和便是个体所获智慧的原始分数,然后再将之与智慧常模分数进行匹配,便可得知其智慧水平。之所以测验 3 要占总分数的 40%,而不是"三分天下有其一",是因为它在成就智慧时可起到"画龙点睛"的关键作用。否则,即便个体的品德或聪明才智发展水平高,若未养成将德与才结合在一起思考问题和解决问题的良好习惯,便易因滋生两类不良后果而无法修成智慧:一是做好事时因未及时用上聪明才智,导致好心做不成(好)事、好心做坏事,或善心被人利用后而让自己上当受骗;二是聪明才智因未得到善心的及时引导,导致"聪明反被聪明误"。

第七,其中的知行关系不尽相同。知识有陈述性知识与程序性知识之分,只有程序性知识才与行联系紧密,而其中的陈述性知识与行的联系较松散。这意味着,在陈述性知识学习里知与行既可以合一也可以分离,在程序性知识学习里知与行必须合一。于是,在陈述性知识领域,一个人只要知道某一方面的知识,往往可以立即成为该领域的专家,而不一定要自己去亲自践行。例如,一个文艺评论家可以对别人的作品点评得头头是道,但自己却可以不会创作文艺作品,这丝毫不损害他文艺评论家的称号。当然,在程序性知识领域则有一个知与行是否能够合一的问题。例如,具有数学、几何学的知识,当然可以是数学家、几何学家,但光有建筑的知识,停留于纸上谈兵,并不能成为建筑师。因此,在这类程序性知识领域,要将知变为行,需要相当的中间环节,如需要实际的利害动力和实际的技术等,[①]否则,就不可能成为该领域的真正专家。[②] 与知识不同,智慧不但是知行合一的概念,其内还一定包含受正义社会推崇的行为模式。[③]

第八,包含的心智加工方式不尽相同。知识里蕴含的心智加工方式既可以仅仅是记忆,也可以包含记忆与创新。与此不同的是,智慧里蕴含的心智加工方式虽有记忆,但更有创新。

正由于知识与智慧之间存在上述八个重要差异,因此,虽然在一些情况下具有渊博知识的人也往往有较高的智慧,但是仍不能将智慧与渊博知识相等同。正如赫拉克利特所说:"博学并不能使人智慧。"[④]因为一个人若其脑中拥有渊博知识,只表明此人的知识在数量上是非常多的,但是,从知识的内容上看,这类渊博知识既可能是纯粹的科学技术知识,也可能是包含科学技术知识和做人知识在内的完整知识;从知识的性质上看,这类渊博知识既可能是丰富的陈述性知

① [德]黑格尔.哲学史讲演录(第二卷)[M].贺麟等译.商务印书馆,1997:69.
② 汪凤炎,郑红.良心新论——建构一种适合解释道德学习迁移现象的理论[M].济南:山东教育出版社,2011:5.
③ Sternberg,Robert J.(1998). A balance theory of wisdom. *Review of General Psychology*,2(4):350.
④ 北京大学哲学系外国哲学史教研室.西方哲学原著选读(上卷)[M].北京:商务印书馆,1981:26.

识,也可能是丰富的经过转换之后的程序性知识;从知识的价值上看,这类渊博知识既可能是大量的无用的陈旧知识、无实用价值的知识,也可能是大量的新知识、实用知识;从知识的心智加工方式上看,一个人既可以仅用记忆来加工知识,也可以用包含记忆与创新的方式来加工知识;从知识的用途上看,一个人既可以将其拥有的渊博知识用作为自己谋私利,也可以将其用作为大众谋福祉。一个人如果只拥有大量科学技术知识,却缺乏必要的做人知识,是不能很好地促进其智慧发展的,"科学是一把双刃剑"和"马加爵事件"等事实证实了这个道理;一个人拥有大量无用的陈旧知识或无实用价值的知识,不但不能促进其智慧的发展,反而可能使其越学越笨,"屠龙术"之类典故讲的就是这个道理;一个人即使拥有大量的新知识或内含实用价值的知识,若只将其停留在陈述性知识的层面,而不将其作程序性知识的转换,或者只用记忆(而不用创新方式)来加工其知识,那只会使自己变成"活动的书厨",同样不可能拥有真正的智慧,"纸上谈兵"之类典故讲的就是这个道理;一个人即使拥有大量实用的程序性知识,也知道加以创造性地运用,但如果只将其用来为自己或自己的小集团谋私利,而不将其用作为大众谋福祉,更是不可能真正拥有智慧,秦桧和希特勒之徒的行径无可辩驳地证实了这个道理。所以,人们只有将大量实用的、本属陈述性知识的完整知识(包含足够的道德知识与科技知识)作根本的转换,使之成为程序性知识(包括元认知知识与默会知识),并通过做中学的途径习得大量的默会知识,然后加以创造性地运用,同时,不但将其行动动机与目的都指向为绝大多数人谋福祉,并最好保证其行为结果不但不会损害他人的正当权益,而且能长久地增进他人或自己与他人的福祉,只有这样做才能使自己的知识"转变"成智慧,即"转识成智"。① 人也正是在这种创造性的"转识成智"过程中,达到物我两忘、天人合一的境界,获得身心、德性和人格等方面的自由发展。② 所以,既不能像柏林智慧模式那样简单地将知识等同于智慧,也不能仅以明确知识来释智慧,从而忽略默会知识在成就个体智慧中的作用,而要像斯腾伯格那样,既突出知识(包括默会知识)在生成智慧中所起的重要作用,又将智慧与知识区分开。

另外,还需指出两点:(1)必须将智慧与本能分开。既然知识是智慧的重要构成成分之一,而人的知识主要是后天习得的。这样,从先天本能与后天习得素质的关系看,既要看到个体与生俱来的本能是个体生成智慧的基本前提,又要将

---

① 汪凤炎,郑红. 中国文化心理学(第三版). 广州:暨南大学出版社,2008:272 - 273.
② 冯契. 冯契文集(第一卷:认识世界和认识自己)[M]. 上海:华东师范大学出版社,1996:418 - 420.

智慧主要视作是个体后天习得的一种心理素质，从而将智慧与本能区分开来。只有这样做才能为通过后天教育培育个体的智慧提供理论依据，而不能再像皮亚杰那样混淆智慧与本能的关系。于是，在我们的智慧定义中，通过"经验与练习"和"运用其知识"等界定，就表明智慧主要是个体后天习得的，这就将智慧与本能和"个体与生俱来的灵性、悟性"区分开。（2）必须通过突显创造性将智慧与良好记忆力区分开。从智慧与创造性和记忆力的关系看，由于智慧的重要组成成分是知识，而个体若想习得丰富的知识，必须依赖一定的记忆力，相应地，智慧里必然包含一定的记忆力。但是，良好记忆力只是成就智慧的一个必要条件，而不是智慧本身。因为从智慧的心智加工方式看，展现智慧的问题解决方式之内一般均蕴含融新颖的复杂心智加工方式。如，依斯腾伯格新近的智慧观，其内包含创造性，[1]而创造性的实质是新颖性或独特性。依柏林智慧模式，智慧既然是一种专家知识系统，[2]其内蕴含的问题解决方式必是集"正确、新颖、灵活、巧妙、高效率[3]于一体"的。依问题解决的一般常识，都是将知识的简单运用（即概念与原理的简单应用或在熟悉情境中的应用）与复杂问题的解决相区分的，因为在知识的简单运用中涉及的往往只是一个记忆问题，其答案已蕴含在个体掌握的已有知识之中，个体只要将其正确地提取出来就能将问题予以正确解决，其结果自然并不能让人习得新的概念、新的规则（包括高级规则）或新的解决问题的策略。而在真正的问题解决中，问题的答案显然并不明显地蕴含在个体已有知识的之中，个体必须创造性地运用其已掌握的知识，才能将问题予以正确解决，其结果往往能使个体习得新的概念、新的规则（包括高级规则）或新的解决问题的策略。智慧显然蕴含在真正的问题解决之中。这意味着，虽然对不同人或同一个人在不同的年龄阶段而言，复杂问题的类型与复杂程度是有差异的，某个问题对甲而言是复杂问题，但对乙可能却属简单问题，或者，某个问题在甲仅有10岁时属复杂问题，但当甲长至20岁时便属简单问题，但是仍需指出，在通常情况下，一个人的智慧就体现在其运用新颖的手段来解决复杂问题或疑难问题的行

① Sternberg, Robert J. (2004). Words to the wise about wisdom? A commentary on Ardelt's critique of Baltes. *Human Development*, 47：287.
② Baltes, Paul B. & Staudinger, Ursula M. (1993). The search for a psychology of wisdom. *Current Directions in Psychological Science*, 2：76.
③ 虽然"低效的创造性"是一个不太容易进行界定的概念，例如，像爱迪生之类的大发明家或大科学家经过无数次失败后才"发明"一个新事物（如电灯泡）或发现一个新定律，这一过程是算高效率还是低效？对于这个问题，本书的见解是：像爱迪生那样的人，既然被世人公认为"大发明家"或"大科学家"，这说明他们的"发明"或"发现"从总体上看仍是高效率的，只不过由于他们从事的事业往往都包含"前无古人"的真创造，必然会遇到一些挫折。但是，在一些明显过于低效的创造尤其是明显过于低效的"类创造"的过程中是难觅真正智慧的影子的。

为方式上,而不是体现在其仅用记忆力便能解决的简单问题上。因为智慧的重要属性之一是创造性:个体在遇到一个复杂问题时,只有予以创造性地解决,才有可能被人称作是一种智慧;若只是凭记忆就能予以解决,这之中就不包含智慧的成分,只能说明此人有良好的记忆力。当然,如上文所论,虽然智慧的重要属性之一是创造性,不过,智慧与创造性之间又不存在一一对应的关系。

3. 智慧中包含良好的思维方式,需看到智慧与思维方式的联系与区别

智慧的核心品质之一是创新。在试图突破既有现状、追求创新的过程中,往往没有成熟的"样本"可供仿效,而必须靠个体自己运用良好思维方式去努力钻研,寻求新突破。就像乔布斯(Steve Jobs,1955—2011)那样,"敢为天下先",不断创新,终于制造出风靡全球的 iPad、iPhone 等电子产品,深刻改变了当代全球计算机、手机和视频等技术。所以,从智慧与思维方式的关系看,智慧之内必然包含一套独特的思维方式,这是致使有智慧的人能够高效且正确地解决复杂问题的重要心因之一。

良好思维方式,是指个体在养成善于运用整体思维或分析思维、直觉思维或逻辑思维、形象思维或抽象思维并善于容忍不确定性事件的基础上,还善于进行独立思维(去除权威思维方式)、批判性思维、辩证思维、中庸思维、反省思维、对话思维与创新思维的思维方式或思维习惯,那其思维方式才算上佳(详见第五章第二节)。当然,虽然良好思维方式是智慧的有机组成部分之一,不过,却不能像皮亚杰或新皮亚杰主义者那样将智慧里蕴含的思维方式仅局限于抽象思维或后形式运算思维。毕竟,无论从理论上讲还是从现实生活看,智慧的类型与发展水平多种多样,不同类型与发展水平的智慧里必然包含不完全相同的思维方式,不能将之单一化。①

同时,从智慧和发现问题与解决问题的策略与能力的关系看,智慧之内必然包含一套独特的发现问题与解决问题的策略以及相关的能力(其实质仍主要是一套独特的思维方式),这是致使有智慧的人能够高效发现问题、迅速且正确地解决问题的一个重要心因。不过,却不能将智慧等同于高效发现问题与解决问题的策略以及相关能力,因为智慧本是良好品德与聪明才智的合金,而高效发现问题与解决问题的策略以及能力只能算作聪明才智的有机组成部分之一。

(二)智慧包含足够的善

由于智慧在本质上是良好品德与聪明才智的合金,所以智慧中必定包含一

---

① 汪凤炎,郑红.五种西式经典智慧观的内涵及得失[J].自然辩证法通讯,2010,32(3):93-97.

颗善良之心,这样才能保证个体在身处某个复杂问题情境时,能够做到将"保证
其行动结果不但不会损害他人的正当权益,还能长久地增进他人或自己与他人
的福祉"既作为自己行动的初衷,又作为自己行动追求的最终目标。这里所讲的
善良之心,简称良心。2009 年版《辞海》对良心的定义是:人们对自己行为的是
非、善恶的自我反省和认同道德责任的自觉意识、心理机制。一定的道德认识、
道德情感和道德意志在个人意识中的统一。社会道德教育和道德修养的结果。
是社会的、具体的历史范畴。其作用主要表现在行为主体的内在制裁和袪恶向
善。① 本书将良心定义为:一个人分辨是非善恶的智能,连同一种有爱心并最好
能公正地行动或做一个善良并最好能公正的人的义务感或责任感(这种义务感
或责任感在一个人做了好事时常能使人从内心产生愉快或幸福感之类的积极情
绪,而在做了坏事时常能使人从内心体验到羞愧、内疚、悔恨或有罪之类的负面
情绪)以及相应的行为方式。② 这意味着,即便是其内蕴含融新颖、有效率、巧妙
于一体的复杂心智加工历程的程序性知识,也不一定就能够称得上是智慧,因为
它还可能只是一种"冷冰冰的东西",从而既可助人为善,也可为虎作伥;只有当
它再加上善良之心(内含善情与善良意志以及人文关怀)这个"药引"或"催化
剂",并指向为大众尤其是为全人类谋福祉时,才能最终"修成正果",即转换成智
慧。由此可见,从伦理道德角度看,智慧必须含有足够的善,这是智慧区别于其
他概念的一个重要前提。当然,若从不同角度对智慧中的善作进一步区分,又有
不同的分法。

1. 智慧中蕴含善

从构成成分角度看,若将智慧中善的成分作进一步区分,那么它一般是由道
德认识、道德情感③、道德意志和道德行为等四部分组成。由于道德有广义与狭
义之分,而且广义道德是个中性词,狭义道德才是个褒义词(详见本章下文)。这
样,作为智慧中善的成分,其包含的道德认识、道德情感、道德意志和道德行为中
的道德均是指狭义的。

道德认识,也叫道德认知,指个体对道德关系、原则、规范和道德活动的认
识,包括道德概念的掌握、道德判断能力的训练和道德信念的确立等。是通过道

---

① 夏征农,陈至立.辞海(第六版彩图本)[M].上海:上海辞书出版社,2009:1375.
② 汪凤炎,郑红.荣耻心的心理学研究[M].北京:人民出版社,2010:46.
③ 在现代西方心理学里,人们较多使"emotion"(情绪)一词,而较少使用"feeling"(情感)一词;在当代中国心
理学界,常将"情感"视作比"情绪"更高级的概念。为了融通这两种观点,本文不严格区分"情绪"与"情
感",而是将之作为可以换用的一对概念使用。

德知识和理论的学习,并在道德实践中逐渐形成和发展的。① 个体只有知道了该如何行动和了解到为何要这样行动,才有可能自觉地作出相应的行为。正如孔子所说:"知者不惑。"(《论语·子罕》)即个体只有在认识与掌握道德规范之后,其言行才不致被外物迷惑。《朱熹语类》卷九说:"若讲得道理明时,自是事亲不得不孝,事兄不得不弟,交朋友不得不信。"同时,个体若掌握丰富的道德知识,也可自觉地为自己的言行定下一定的规矩,而不必依靠外在的强制力量来迫使个体产生道德的行为。正如朱熹在《白鹿洞书院教条》里所说:"苟知理之当然,而责其身以必然,则夫规矩禁防之具,岂待他人设之而后有持循哉?"所以,道德认识在品德形成中具有重要作用。要想形成一定的道德认识,就必须掌握一定的道德知识、产生一定的道德评价能力和树立一定的道德信念,因为掌握道德知识是形成道德认知的一个前提条件;道德评价是个体道德认识的主要表现形式,也是其道德认知逐渐形成的主要标志;道德信念是系统化了的、深化了的道德知识,是道德认知发展的最高形态,也是个体道德生活的指南。可见,道德概念的掌握、道德评价能力的提高和道德信念的确立是道德认知的三个基本环节。②

道德情感,亦称"道德感"或良情(善良情绪或情感的简称),指人们对道德行为的一种或好或恶的内心感受,即对符合道德准则的行为感到满意、愉快、光荣,对不符合道德准则的行为感到义愤、内疚、羞耻。③ 依情绪的两极性特点,良情必然包括两方面的内容:(1) 积极的良情。它指那些能从正面增进个体道德素养或让个体趋善避恶的情感。例如,一个人在做了好事时,其从内心一般都会产生愉快或幸福感,这种愉快或幸福感相当于一种内在的自我强化,具有增进此人今后继续努力做好事的功能,所以这种情感就是一种积极的良情。在诸种积极的善良情绪或情感里,重要的有道德责任感、亲爱之心、恻隐心或同情心与正义感,因这方面的内容在《良心新论》里已有详论,为免赘述,这里不多讲。④ (2) 消极的良情。它指那些能从反面增进个体道德素养或让个体趋善避恶的情感。例如,当一个人内心产生了坏念头或做了坏事时而从内心体验到的羞愧、内疚、悔恨或有罪之类的负面情绪,就是一种消极的良情。因为它常常既能阻止个体进一步做坏事,又能让个体弃恶从善。消极的良情也有多种,其中重要的是羞耻心、内疚与畏惧。当一个人内心产生了坏念头或做了坏事受到他人的谴责或惩

---

① 夏征农,陈至立. 辞海(第六版彩图本)[M]. 上海:上海辞书出版社,2009:409.
② 汪凤炎,燕良轼. 教育心理学新编(第三版)[M]. 广州:暨南大学出版社,2011:395-396.
③ 夏征农,陈至立. 辞海(第六版彩图本)[M]. 上海:上海辞书出版社,2009:409.
④ 汪凤炎,郑红. 良心新论——建构一种适合解释道德学习迁移现象的理论[M]. 济南:山东教育出版社,2011:152-163.

罚时，如果不能从内心体验到羞愧、内疚、悔恨或有罪之类的负面情绪，那么他或她的良心也就根本不存在了，进而也就不能称作真正意义上的人了（只能算作衣冠禽兽）。因这方面的内容在《良心新论》里已有详论，这里也不多讲。①

2009 年版《辞海》认为，道德意志指人们在决定道德行为的过程中表现出的顽强坚持精神。②《心理学大辞典》主张：道德意志指个体为达到更有意义但此时并不吸引他或她的道德目的，而克服那些直接的、从情绪上吸引他或她的动机、需要或愿望的心理过程，是个体通过理智的权衡解决道德生活中的内心矛盾、作出决策与支配行为的力量。③ 此两种定义与普通心理学上所讲的意志"不好接轨"。有鉴于此，本书将道德意志重新界定为，人为了一定的道德目的，自觉地组织自己的道德行为，并克服困难以实现预定道德目的的心理过程。可见，这里讲的善良意志，含义与康德所讲的善良意志不尽相同。道德意志具有一般意义上的意志的三个基本特征：(1) 有明确的预定目的才表现人的意志，那种盲目的行为不属于意志的范畴（这是衡量一种心理现象是不是意志的重要前提）；(2) 通过克服困难集中表现出来（这是意志的核心）；(3) 直接支配人的行动。同时，道德意志还具有一般意义上的意志不一定具有的第四个基本特征：它的功用在于帮助人们去趋善避恶。这意味着意志本是一个中性词，一个人在逐恶的过程中展现出的意志是邪恶意志，一个人只有在求善的过程中展现出来的意志才是道德意志。因此，人们可以说希特勒有意志或邪恶意志，但不能说希特勒有道德意志；与此相反，一个人可以说英国前首相邱吉尔有道德意志。对于广大个体而言，一个人只有具备优秀的道德意志，才能在日常生活中自觉抵制不道德的动机的干扰，才能在遇到困难时保证自己能坚定地按自己的道德信念去待人处世。

一种良好道德品质必须最终落实到相应的道德行为中，否则就是空洞的，甚至是虚假的。那么，何谓道德行为？关于这方面的内容本章稍后有详论，这里不赘述。

2. 智慧中的三种善

从善的类型角度看，若将智慧中的善作类型划分，这些善主要有三种：动机上的善（善良动机）、效果上的善（具有利他或既利他又利己的效果）与手段上的

① 汪凤炎，郑红.良心新论——建构一种适合解释道德学习迁移现象的理论[M].济南：山东教育出版社，2011：163-170.
② 夏征农，陈至立.辞海（第六版彩图本）[M].上海：上海辞书出版社，2009：409.
③ 林崇德，黄希庭，杨治良.心理学大辞典[M].上海：上海教育出版社，2003：198.

善。当然,在通常情况下,只有手段上的善可以迅速作出判断,而动机上的善与效果上的善不易作出准确判断,因为动机是内在的,外人不易准确觉察与判断;而行动结果的好与坏往往要通过时间这个无情"老人"来检验,在短时内能获得好的效果并不意味着从长远眼光看也有好效果,反之亦反。

心理学界对动机(motivation)的内涵有不同看法,中国心理学界一般倾向于将动机界定为,激发和维持个体进行活动,并导致该活动朝向某一目标的心理倾向或动力。依此推论,善良动机,是指激发和维持个体进行活动,并导致该活动朝向为他人或自己与他人谋福祉这一目标的心理倾向或动力。能够称得上是智慧的行为,其行为的动机一定是要出自为绝大多数人谋福祉,这一点是最重要的,任何一种能够称之为智慧的东西,其内一定要有此种善良动机,这就是为什么我们在界定智慧时,要用"个体在其良心的指引下"这一限定语的内在缘由。因为德国哲学家康德的思想与美国心理学家科尔伯格(Lawrence Kohlberg,1927—1987)的有关道德认知发展的系列成果清楚地告诉人们,一种行为是不是有道德的行为,要看这种行为之前有无道德判断或善良动机,若有则是有道德的行为,若无则不能用"道德或不道德"的视角来衡量,这就将道德行为与一般的行为(如偶然性行为或反射行为)区别开来。依据科尔伯格等人的思想,真正的道德行为强调既要有道德的动机又要有道德的结果。与此相类似,如果一个人先对其遇到的情境作一个较清晰或很清晰的道德判断,然后再作出某种行为,或者在作出一个较清晰或很清晰的道德判断的同时,随即作出相应的某种行为,那么这种行为才可能称得上是有道德的行为;与此相反,假若一个人未对其遇到的情境作任何程度的道德判断,他或她在其后作出的任何行为,即便其结果是利他性的,也不能将这种行为称作良心行为,而只能将之视作空心的利他行为、巧合式利他行为或歪打正着式利他行为,这三种行为"貌似"有道德的行为,实非有道德的行为,因为这类行为之前缺乏一个道德判断。空心的利他行为,是指一种内心并无相应的道德认识或道德判断,只是机械地或条件反射地作出来的单纯利他行为。例如,智能机器人按人的指令成功将一个人从危险的地方救出来,此智能机器人的行为就属一种"空心"的利他行为。巧合式利他行为,是指一个人无意中作出的、恰巧对他人或社会有益的行为。因为行为之前没有道德判断,故不是真正的道德行为。歪打正着式利他行为,是指一个人本意(或动机)是想伤害对方,但其作出的伤害对方行为的结果在客观效果上却起到了利他作用。例如,历史上罪恶的贩卖黑奴活动,让许多非洲黑人死于非命,但是,不可否认,极少数被贩卖到北美洲的黑奴的后代,由此在美国过上了幸福的生活。但人们却不可因此发出"还是贩卖黑奴的制度好"的感叹！由此可见，歪打正着式利他行为与巧合式利他行为的相似之处主要有二：一是二者在客观上都是利他的；二是这两种利他行为之前都不包含道德判断。歪打正着式利他行为与巧合式利他行为的明确区别是：歪打正着式利他行为之前包含一个邪恶的动机；巧合式利他行为之前只有一个非道德性认识，却并不包含邪恶的动机。①

　　效果上的善也叫行为结果上的善或善良结果，即保证其行为结果不但不会损害他人的正当权益，而且能长久地增进他人或自己与他人的福祉。在伦理学上，作为元伦理概念的善与作为规范伦理概念的善不是同一个概念：作为元伦理概念的善，是指一切善的事物的共性，即善性（goodness），正如摩尔（George Edward Moore，1873—1958）所说，乃是善本身，而不是善的事物。从词源上看，中文的善与义、美同义，都是好的意思。《说文解字》中称："善，吉也，从言从羊，此与义、美同义。"善在英文里写作"good"，自然也有"好"之义。事实上，《牛津英语辞典》就是这样解释的："善（good）……表示赞扬的最一般的形容词，它意指在很大或至少令人满意的程度上存在这样一些特性，这些特性或者本身值得赞美，或者对于某种目的来说有益。"作为规范伦理概念的善指道德善或善事物。② 亚里士多德曾说："善事物就可以有两种：一些是自身即善的事物，另一些是作为它们的手段而是善的事物。"③自此之后，对善的一种常见分类是，主张它有内在善与外在善之分：内在善（intrinsic good）也叫"目的善"（good as an end）或"自身善"（good-in-itself），是其自身而非结果就是能够满足需要、就是人们追求的目的的善。例如，健康长寿能够产生许多善的结果，像更多的幸福、更多的成就，等等，不过，即便没有这些善的结果，健康长寿自身就是人们追求的目的，就是善，所以健康长寿就是一种内在善。与此不同，外在善（extrinsic good）也叫"手段善"（instrumental good）或"结果善"，是其结果而非其自身是能够满足需要，从而是人们追求的目的的善。例如，一个人平日注重养生，有助于其健康长寿，此时，养生是达到健康长寿的手段，所以养生是一种外在善或手段善。④ 当然，内在善与外在善的区分是相对的，因为内在善往往同时也可以是手段善，反之亦然。例如，健康长寿可以让人建功立业，从而成为建功立业的手段，所以它也是手段善。自由可以使人实现自己的创造潜能，是通向自我实现的手段，因此是手段善；与

① 汪凤炎，郑红. 荣辱心的心理学研究[M]. 北京：人民出版社，2010：49-50.
② 王海明. 新伦理学（修订版，上册）[M]. 北京：商务印书馆，2008：197-198.
③ ［古希腊］亚里士多德. 尼各马可伦理学[M]. 廖申白译注. 北京：商务印书馆，2003：15.
④ 王海明. 新伦理学（修订版，上册）[M]. 北京：商务印书馆，2008：198-199.

此同时,自由本身就是善,所以它也是内在善。可见,内在善与外在善中的善的范围极广,且并不限于伦理道德领域,因为它的内涵类似于中国先秦时期人们说的"德"或古希腊时期亚里士多德所讲的"德性"(arete)。在先秦时期,"德"可以"指事物具有的某种出众的性质和属性。"当它用于人时,自然就是指"人"在做人过程中逐渐得来的某种出众的性质或属性,人以此不但与其他万物相区分,而且以此而贵于万物。按中国传统文化尤其是儒家文化对人贵论①的主流解释,这类性质或属性首先是指人的德性,然后才指人的聪明才智。如,荀子在《王制》篇里就说:"水火有气而无生,草木有生而无知,禽兽有知而无义,人有气、有生、有知亦且有义,故最为天下贵。"在亚里士多德那里,德性(arete)的涵义较广,往往泛指使事物成为完美事物的特性或规定:"每种德性都既使得它是其德性的那事物的状态好,又使得那事物的活动完成得好。比如,眼睛的德性既使得眼睛状态好,又使得它们的活动完成得好(因为有一双好眼睛的意思就是看东西清楚)。同样,马的德性既使得一匹马状态好,又使得它跑得快,令骑手坐得稳,并迎面冲向敌人。"②依照这种观点,德性显然并不限于道德的领域。③ 不过,亚里士多德紧接着又说:"人的德性就是既使得一个人好又使得他出色地完成他的活动的品质。"④这表明,当德性用于人时就属一纯粹伦理道德的范畴了。⑤ 因为依亚里士多德的观点,"人的活动是灵魂的一种合乎逻各斯的实现活动与实践,且一个好人的活动就是良好地、高尚[高贵]地完善这种活动;如果一种活动在以合乎它特有的德性的方式完成时就是完成得良好的,那么人的善就是灵魂的合德性的实现活动,如果有不止一种的德性,就是合乎那种最好、最完善的德性的实现活动。不过,还要加上'在一生中'。一只燕子或一个好天气造不成春天,一天的或短时间的善也不能使一个人享得福祉。"⑥稍加比较可知,我们所讲的效果上的善与上述的目的善或结果善不是同一个概念,差别主要有二:一是二者所讲善的内涵的范畴有差异。效果上的善局限在伦理道德领域;"泛指事物具有的某种出众的性质和属性"的善不限于伦理道德领域。二是效果上的善既可能仅是一种内在善,也可能是一种外在善(即"结果善"),还有可能兼有内在善和外在善,故与作为外在善代名词的结果善不是同一个概念。

① 汪凤炎.中国心理学思想史[M].上海:上海教育出版社,2008:60-69.
② 亚里士多德.尼各马可伦理学[M].廖申白译注.北京:商务印书馆,2003:45.
③ 杨国荣.道德系统中的德性[J].中国社会科学,2000,(3):85-97.
④ 亚里士多德.尼各马可伦理学[M].廖申白译注.北京:商务印书馆,2003:45.
⑤ 汪凤炎.中国传统德育心理学思想及其现代意义(修订版)[M].上海:上海教育出版社,2007:70-71.
⑥ 亚里士多德.尼各马可伦理学[M].廖申白译注.北京:商务印书馆,2003:20.

从行为效果上看，能够称得上是智慧的行为，要保证其行为具有结果上的善。因此，除"天不帮忙"这种情况之外，在其他时候能够称之为智慧的东西必须具备效果上的善。所谓"天不帮忙"，指个体将其聪明才智一心用在为他人长久地增进福祉上，可惜天不遂人愿，其行为结果并没有达到长久地增进他人或自己与他人福祉的目的。当然，若想赢得大智慧的评价，那么其行为结果不但不会损害他人的正当权益，而且能长久且高效地增进绝大多数他人或自己与绝大多数他人的福祉。用这个眼光看，以下三种情形都不能称作真正的智慧行为：（1）如果行为结果有损他人尤其是多数他人的正当权益（哪怕此行为结果能够给少数他人带来好处），那么这种行为就无智慧可言。（2）如果某种行为的结果虽然无损他人的正当权益，但也丝毫不能长久地增进他人或自己与他人的福祉，那么这种行为的背后也无智慧可言。（3）如果某种行为的结果虽然暂时既未损害他人的正当权益，又能增进他人或自己与他人的福祉，但从长远眼光看却会损害自己或他人的福祉，那么这种行为的背后充其量只有小智慧，却无大智慧。

手段上的善，指解决问题的方式、手段或方法本身是善的。根据上文所论，我们所讲的手段上的善与上文的手段善也不是同一个概念，差别主要也有二：一是二者所讲善的内涵的大小有差异。我们所讲的手段上的善局限在伦理道德领域，其内涵较小；"泛指事物具有的某种出众的性质和属性"的善的范围颇大，且不限于伦理道德领域。二是我们所讲的手段上的善仅强调解决问题的手段是善的，此种手段上的善就其结果而言，既可能产生我们所讲的效果上的善，也可能不会产生我们所讲的效果上的善；作为结果善的代名词手段善按其定义，一定会产生结果上的善。

在我们看来，能够称得上是智慧的行为，其解决问题的方式、手段或方法"最好"要是善的。所谓"最好"，是指在正常情况下，能够称之为智慧的东西必须具备手段上的善，即行为本身最好是善的，而不是恶的。这意味着，在通常情况下，人们切不可用一个本身不道德的行为去完成一个道德的目的。不过，在某些特定情境中（如奸人当道，或生活在有浓厚"差序公正、差序关怀"的环境里），人们又不可偏执于手段上也要善，而是要懂得"行正道何必拘小节"的道理，否则，不但自己难为民众谋取大的福祉，甚至还有可能招来杀身之祸。像中国南宋的岳飞，虽一心爱国，且有帅才，但因生性太过耿直，不会妥善处理与当权派的关系，最终在事业鼎盛时期做了冤魂。与此形成鲜明对比的是，明代的戚继光为了国家的安宁和百姓的幸福，不惜忍辱负重，费尽心机地处理好与徐阶、高拱和张居正等三任首辅的关系，最终荡平为患南方数十载的倭寇，成为中国历史上著名的民族英雄。① 可见,正确处理"经"与"权"关系是做个智慧者必备的素质。这里,"经"指具有恒定性质的道德原则和道德规范,它一般以"天经地义"或"常行道理"的形态出现。"权"指道德主体在具体境遇中,针对特殊情况,在比较轻重利害、大小本末后,对道德原则和规范的一般规定所作的变通。② 孟子对于人在具体境遇中处理"经"与"权"关系的通权达变能力的重要性有一段经典论述:

《孟子·离娄上》:"淳于髡曰:'男女授受不亲,礼与?'孟子曰:'礼也。'曰:'嫂溺,则援之以手乎?'曰:'嫂溺不援,是豺狼也。男女授受不亲,礼也;嫂溺,援之以手者,权也。'曰:'今天下溺矣,夫子之不援,何也?'曰:'天下溺,援之以道;嫂溺,援之以手——子欲手援天下乎?'"③

《孟子·离娄上》:"孟子曰:不孝有三,无后为大。舜不告而娶,为无后也,君子以为犹告也。"④

在孟子看来,在嫂溺于水的非常情况下,应当以人的生命为重,对嫂嫂"援之以手",这虽然违反"男女授受不亲"的常礼,但却符合"仁道"的根本精神。圣人舜之所以不告而娶,是因为舜的父亲多次加害于舜,告则不得娶。为了传宗接代,舜自当违背"娶妻必告父"和"遵父母之命"这一常礼。这两个例子虽然看似违背了常礼,但却尊崇了更为重要的"仁道"。要正确做到它,需要人们知道事情有大小、轻重与缓急之分,道德原则及规范有等级序列,这就需要人们运用自己的道德智慧体认蕴含在"经"这一常行道德原则及规范背后的仁的精神和本质,即:"明乎经变之事,然后知轻重之分,可与适权矣。"⑤唯有如此,才能真正成为一个具备道德智慧的人。《礼记·丧服四制》说:"恩者仁也,理者义也,节者礼也,权者知也。仁义礼知,人道具矣。"⑥可见,"权"本是智德的重要内涵之一。因为"权"虽看似有背于作为常理的"经",但实质上却是为了维护"经"所支撑的"仁道"原则。《春秋公羊传·桓公十一年》说得好:"权者何? 权者反于经,然后有善者也。权之所设,舍死亡无所设。行权有道,自贬损以行权,不害人以行权,杀人以自生,亡人以自存,君子不为也。"⑦朱熹在《论语集注》卷五里说:"程子曰:'……权,称锤也,所以称物而知轻重者也。可与权,谓能权轻重,使合义也。'杨

---

① 赵倡文. 行正道何必拘小节[J]. 读者,2012,(23): 8 - 9.
② 林贵长. "智者不惑"的道德意涵[J]. 伦理学研究,2008,(3): 92.
③ 杨伯峻. 孟子译注[M]. 北京: 中华书局,1960: 177 - 178.
④ 同上: 182.
⑤ 苏舆. 春秋繁露义证[M]. 北京: 中华书局,1992: 75.
⑥ [清] 朱彬撰. 礼记训纂[M]. 饶钦农点校. 北京: 中华书局,1996: 912.
⑦ 旧题[周]公羊高撰. [汉]何休解诂. [唐]徐彦疏. 春秋公羊传注疏. 载: 四库全书(第 145 册)[M]. 上海: 上海古籍出版社,1987: 95.

氏曰：'……知时措之宜，然后可与权。'"①这表明，"权"之所以反经是为了"合义"，为了更大的善，"行权"本身有道义的要求；"权"实际上是对于道德原则及规范的灵活运用，体现了原则性与灵活性的统一。在道德实践过程中要真正做到"权"，需要人们对道德原则和道德规范有全面深刻的理解和把握。所以，"权"并非随意变通，而是一种极高的道德智慧。②　因此，据《论语·子罕》记载，在孔子看来，"权"是相当难的事情："可与共学，未可与适道；可与适道，未可与立；可与立，未可与权。"③朱熹在《论语集注》卷五里说："洪氏曰：'……权者，圣人之大用。未能立而言权，犹人未能立而欲行，鲜不偾矣。'"④

综上所论，在理想情况下，称得上智慧的心理素质，其内一定兼有动机上的善、手段上的善和效果上的善；退而求其次，称得上智慧的心理素质，其内一定兼有动机上的善和效果上的善；再退而求其次，称得上智慧的心理素质，其内一定要有动机上的善。完全不包含善的心理素质绝不是智慧，完全不包含善的行为绝不是智慧行为。因此，若迫不得已，可综合权衡动机上的善和效果上的善，然后在各种手段上作一个最佳选择，为此，有时甚至不得不暂时牺牲手段上的善。换言之，在某些特殊情况下，为了追求动机的善和效果的善而不惜牺牲手段的善，仍是道德的或善的。例如，在美国大片《拯救大兵瑞恩》（*Saving Private Ryan*）中，若从手段上看，不惜牺牲其他八名美军士兵的性命去救一位名叫詹姆斯·瑞恩的美军士兵的性命，这显然是不道德的，因为每个人的性命都值得珍惜；但是，美军上级之所以作出这种决定，是鉴于瑞恩兄弟4人都上了战场，而且现在只剩下瑞恩一人还活着，瑞恩的其他3个兄长都已为国捐躯，若瑞恩再战死，瑞恩一家就断子绝孙了。为了不让这位不幸的母亲再承受丧子之痛，美国作战总指挥部的将领决定派一支特别小分队，将她仅存的儿子瑞恩安全地救出战区，让其平安回家，这是一个善良的动机。从效果上看，一旦将瑞恩拯救出来，这对于维护美国人推崇的平等、民主、自由、公正之类价值观是有利的（详见下文）。综合这几方面权衡，所以拯救大兵瑞恩是善的。另外，也需指出，在某些特殊情况下，为了追求动机的善和效果的善而不惜暂时牺牲手段的善，虽然这样做仍是道德的或善的，不过，切记它是不得已而为之的行为，千万不能在"动机善、效果善与手段善三者可兼得"的情况下一味地牺牲手段的善，也不可有如下错误想法：只要动机是善的，目标是善的，或者动机与目标都是善的，就可采取一切手

---

① 朱熹.四书章句集注[M].北京：中华书局，1983：116.
② 林贵长."智者不惑"的道德意涵[J].伦理学研究，2008，(3)：92.
③④ 朱熹.四书章句集注[M].北京：中华书局，1983：116.

段(包括极其卑劣或残暴的手段)去达成目标的善,哪怕为此而不惜牺牲手段的善。

3. 衡量智慧中蕴含善的基本原则

在阐述衡量智慧之内蕴涵善的基本原则之前,有必要阐明道德的内涵。关于什么是道德,中国当代教育家鲁洁教授曾说:将道德仅限定在调节人与人的关系准则上,这实际上是窄化了道德的内涵。事实上,依中国传统文化对道德的理解,道德不仅可以用来调节人与人之间的关系,还可用来调节人的诸种"我"(如大我与小我)以及人与其他万物(包括自然界)的关系。从这个意义上说,何谓"道德"? 凡是有益于人(包括自己与他人)、社会和自然界生存与可持续发展的东西,都是道德或道德的;反之,就是不道德或不道德的。依此推论,凡是有益于人(包括自己与他人)、社会或自然界生存与可持续发展的行为,都是道德行为;反之,凡是有损于人(包括自己与他人)、社会或自然界生存与可持续发展的行为,就是不道德行为。① 鲁洁教授对道德和道德行为的这一界定虽是在研讨会时口头说出来的,并未在语辞上做细致推敲,所以稍有不完善的地方,因为此观点未区分自然因素和人为因素。实际上,一切自然因素,即便有益于人(包括自己与他人)、社会和自然界生存与可持续发展,但它们本身却算不上是道德或道德的,因为它们本身并不包含善良动机在内。例如,水、空气和食物等东西虽也有益于人(包括自己与他人)、社会和自然界生存与可持续发展,但它们本身却算不上是道德或道德的。不过,即便如此,鲁洁教授对道德的这一界定较之2009年版《辞海》的如下见解仍显高明:

道德,指以善恶评价的方式调节人际关系的行为规范和人类自我完善的一种社会价值形态。属于社会意识形态之一。②

"道德行为"与"非道德行为"相对。可作善恶评价的行为。在一定的道德意识支配下的、有关于他人或社会利益的行为,是道德行为。不涉及他人和社会的利益,没有道德意义的行为,或不是在道德意识支配下的行为,称为非道德行为。③

我们之所以作出上述判断,理由主要有以下四方面。

其一,所讲道德共同体的大小有差异。道德共同体(moral community),指

① 依鲁洁教授于2009年6月24日下午在南京师范大学随园校区田家炳楼7楼会议室召开的"《德育原理》教材提纲编写研讨会"上的发言整理而成。
② 夏征农,陈至立.辞海(第六版彩图本)[M].上海:上海辞书出版社,2009:408.
③ 同上:409.

人类应该道德地对待的对象的范围。当代哲学常以"道德代理人"(moral agent)和"道德顾客"(moral patient)表示之。一般而言，人们只应在自己认可的道德共同体内讲道德，对于不包括在道德共同体之内的对象，一般是不讲道德的。例如，在"二战"时期，日本侵略军属于中国人的敌人，自然不在中国人的道德共同体之内，中国人自然可以欺骗他们，甚至依法杀死一些无恶不作的日本侵略军。而"飞虎队"中的美军将士则在中国人的道德共同体之内，故中国人善待他们。①

从 2009 年版《辞海》对道德与道德行为的界定里可以看出，它所讲的道德实际上仍主要是用来调节人与人之间关系的，这实际上是一种典型的西式道德观，却不吻合中国的道德传统。因为从道德共同体角度看，在西方哲学史上，道德共同体的范围仅限于人类，范围显得较窄小，由此自然易导出人类中心主义。如，亚里士多德在《政治学》第 1 卷第 8 章里说："植物活着是为了动物，所有其他动物活着是为了人类。……自然就是为了人而造的万物。"②托马斯·阿奎那说："根据神的旨意，人类可以随心所欲地驾驭之，可杀死也可以其他方式役使。"③笛卡尔主张意识是决定道德身份的根据；动物不具有意识，所以不是道德关怀的对象。④ 康德认为，道德身份只限于主体和目的，"只有有理性的人才有道德价值"；我们对于动物"不负有任何直接的义务"，"动物不具有自我意识，仅仅是实现一个目的的工具，这个目的就是人"；"我们对于动物的义务，只是我们对于人的一种间接义务。"⑤只是到了现代，才有西方学者倡导将道德共同体的范围扩大到动植物身上，以消除人类中心主义的弊端。⑥ 例如，当代美国生态伦理学家泰勒有一句名言是："弄死一株野花犹如杀死一个人一样错误。"⑦

但是，据《史记·殷本纪》记载："汤出，见野张网四面，祝曰：'自天下四方皆入吾网。'汤曰：'嘻，尽之矣！'乃去其三面，祝曰：'欲左，左。欲右，右。不用命，乃入吾网。'诸侯闻之，曰：'汤德至矣，及禽兽。'"⑧可见，对生命表示出普遍尊重的态度，将德行惠及鸟兽，这一传统在中国至少可上溯到成汤。所以，据《尸子·绰子》记载："尧养无告，禹爱辜人，汤武及禽家。"⑨继承了汤的这个优良传统，在

① 王海明.道德哲学原理十五讲[M].北京：北京大学出版社,2008：57.
②③ 戴斯·贾丁斯.环境伦理学——环境哲学导论[M].林官明,杨爱民译.北京：北京大学出版社,2002：106.
④ 同上：106-107.
⑤ 何怀宏.生态伦理——精神资源与哲学基础[M].保定：河北大学出版社,2002：343.
⑥ 王海明.道德哲学原理十五讲[M].北京：北京大学出版社,2008：59.
⑦ Nash, R. F. (1989). *The rights of nature: A history of environmental ethics*. The University of Wisconsin Press, p. 155.
⑧ [汉] 司马迁.史记[M].[宋] 裴骃集解.[唐] 司马贞索隐.[唐] 张守节正义.北京：中华书局,2005：70.
⑨ [战国] 尸佼.尸子译注.[清] 汪继培辑.朱海雷撰.上海：上海古籍出版社,2006：40.

儒家道德文化中,道德共同体的范围不局限在人上,还包括动物、植物直至泥土瓦石等整个无机自然界,范围显得非常宽广,由此自然不易出现人类中心主义。正如《尸子·处道》所说:"德者,天地万物得也;义者,天地万物宜也;礼者,天地万物体(各得其所,引者注)也。使天地万物皆得其宜、当其体者,谓之大仁。"① 又如,孟子在阐述仁术时说:"无伤也,是乃仁术也,见牛未见羊也。君子之于禽兽也,见其生,不忍见其死;闻其声,不忍食其肉。是以君子远庖厨也。"②在《尽心上》篇中,孟子又明确提出"爱物"的思想:"君子之于物也,爱之而弗仁;于民也,仁之而弗亲。亲亲而仁民,仁民而爱物。"③明确把道德共同体扩展到外物。在《周礼》《仪礼》《礼记》《春秋》三传等典籍中,道德地对待山河大地的思想已经有系统的表达。张载在《正蒙·乾称篇》里声称:"民吾同胞,物吾与也。"程颢主张:"仁者,浑然与物同体。"④等等。在这诸多论著中,以董仲舒的阐述最为明确、系统。董仲舒说:"质于爱民,以下至于鸟兽昆虫莫不爱。不爱,奚足谓仁?"⑤董仲舒还系统提出爱护动物、植物、泥土、山水的主张。⑥ 董仲舒在《春秋繁露·五行顺逆》里说:

> 恩及草木,则树木华美,而朱草生;恩及鳞虫,则鱼大为,鳝鲸不见,群龙下。……恩及于火,则火顺人而甘露降;恩及羽虫,则飞鸟大为,黄鹄出见,凤凰翔。……恩及于土,则五谷成,而嘉禾兴。恩及倮虫,则百姓亲附,城郭充实,贤圣皆迁,仙人降。……恩及于金石,则凉风出;恩及于毛虫,则走兽大为,麒麟至。……恩及于水,则醴泉出;恩及介虫,则鼋鼍大为,灵龟出。⑦

综上所论,在中国传统道德文化中,道德共同体的范围一向不局限在人上,还包括动物、植物直至泥土瓦石等整个无机自然界,这与西方人过去仅将道德共同体局限于人类是有明显差异的。⑧ 所以,正如鲁洁教授说,若将道德仅局限在主要是用来调节人与人之间关系,这实际上是窄化了道德的内涵。与此不同的是,鲁洁教授对道德的定义就显得更加全面,因为它涉及自我、他人和自然界三者之间的关系。

虽然中国传统道德文化将道德共同体的范围扩展到宇宙万物,比西方人过

① [战国]尸佼.尸子译注.[清]汪继培辑.朱海雷撰.上海:上海古籍出版社,2006:42.
② 杨伯峻.孟子译注[M].北京:中华书局,2005:15.
③ 同上:322.
④ [宋]程颢,程颐.二程集(上册)[M].王孝鱼点校.北京:中华书局,2004:16-17.
⑤ [清]苏舆.春秋繁露义证[M].钟哲点校.北京:中华书局,1992:251.
⑥ 乔清举.论"仁"的生态意义[J].中国哲学史,2011,(3):22-23.
⑦ [清]苏舆.春秋繁露义证[M].钟哲点校.北京:中华书局,1992:372-380.
⑧ 乔清举.论"仁"的生态意义[J].中国哲学史,2011,(3):21-23.

去仅将道德共同体局限于人类要大得多，不过需看到两个事实：（1）在现实生活中，绝大多数中国人心中的道德共同体比绝大多数西方人的道德共同体要小得多。具体地说，在中国，自古至今，只有极少数道德非常崇高的人才能真正做到将宇宙万物纳入同一个道德共同体之内，这便是张载所说的"民吾同胞，物吾与也。"对于绝大多数中国人而言，受儒家重血缘关系和讲究等级观念思想的深刻影响，其道德共同体基本上又仅局限在自己的熟人圈之内。与此不同，现代西方人受基督教思想的深刻影响，相信"上帝之下人人平等"；再加上保障人权观念，民主、公正、法制等观念在西方深入人心，结果，在现实生活中，绝大多数现代西方人多将道德共同体扩展至本国全体同胞之内。两相比较可知，绝大多数中国人心中的道德共同体比绝大多数西方人的道德共同体要小得多，这便是中国社会至今仍只流行"差序公正"①、"差序仁爱"②而西方发达国家基本上已实现在全国范围内流行一视同仁式公正、一视同仁式博爱的心因之一。（2）随着世界文明的不断向前发展，生态道德理念越来越受到全人类的共同关注，结果，现代也有许多西方人将其道德共同体的范围扩展到宇宙万物身上。在中国，党的"十八大报告"也用一个专篇论述"大力推进生态文明建设"。

其二，在利他与利己之间关系的看法上有差异。从 2009 年版《辞海》对道德与道德行为的界定里可以看出，其内蕴含明显的"赞成利他而否定利己"的思想，这就割裂了利他与利己之间的辩证关系，也就无形中降低了道德的亲和力与吸引力。

与此不同，从鲁洁教授对道德的定义里可以看出，其内蕴含明显的"德得相通"或"德福一致"的思想，这不但吻合中国道德文化传统，③而且实际上已明确告诉人们：道德、道德教育不是一种约束人、限制人的异己力量，而是一种与个人自身不断发展、完善相一致的力量。这就无形中增强了道德的亲和力与吸引力，进而从内在逻辑上增强了人们自觉地去加强自身道德修养的动力，自然就大大增强了道德、道德教育的魅力与实效性，有助于人们将道德视为自己终身追求的目标与信仰。

其三，评判道德的标准有差异。当 2009 年版《辞海》主张"道德指以善恶评价的方式调节人际关系的行为规范和人类自我完善的一种社会价值形态"时，其

---

① 燕良轼，周路平，曾练平. 差序公正与差序关怀：论中国人道德取向中的集体偏见［J］. 心理科学，2013，36（5）：1168－1175.
② 汪凤炎. 中国心理学思想史［M］. 上海：上海教育出版社，2008：314－315.
③ 中国传统道德文化的精义之一是，其内蕴含"德福一致"的理念。如《广韵·德韵》说："德，福也。"《淮南子·修务训》说："君子修美（指善，引者注），虽未有利，福将在后至。"等等。

"以善恶评价的方式"一语存在循环论证的弊病,因为当一个人判断何谓善何为恶时,本身就涉及一个道德标准问题,一个人若无相应的道德标准,如何能做到"以善恶评价的方式"去评价和调节人的行为? 正所谓"没有母,何来子?"而且,"以善恶评价的方式"一语显得过于抽象,还带有极大的文化相对性,自然是既不易操作,又为"伪善"的存在留下了生存空间。

与此不同,当鲁洁教授将"是否有益于人(包括自己与他人)、社会和自然界生存与可持续发展"作为评定某种东西是不是道德的标准时,此标准就既有较强的可操作性,还有较强的普遍性与一定的终极性。因为道德评价的最终根据之一便在于行为的效果是否具有利害社会的效用:凡是对于社会的存在与可持久发展不具有利害关系的习俗或规范,都是无涉道德的习俗或规范。例如,用筷子或刀叉吃饭,这种习俗或规范因对社会的存在与可持久发展不具有利害关系,所以,到底是用筷子吃饭还是用刀叉吃饭,就只是一种文化习俗或饮食习惯,它无所谓道德或不道德。凡是对于社会的存在与可持久发展具有利害关系的习俗或规范,都是涉及道德的习俗或规范;①其中,那些倾向或被人们相信要产生为人类希望的效果的习俗或规范以及相应的行为,一般会被人类看作是善的或正当的,与它们对立的习俗或规范以及相应的行为则受到人们的谴责与禁止。② 例如,诚实、节制、公正之类的规范有益于社会的存在与可持久发展,因而是道德与道德的;欺骗、放纵、不公正之类的规范有损于社会的存在与可持久发展,因而是不道德与不道德的。③

其四,对广义道德与道德行为和狭义道德与道德行为的看法有差异。从2009年版《辞海》对道德与道德行为的界定里可以看出,其所讲的道德与道德行为均是中性词,属于广义的道德与道德行为,结果就有了"道德行为里包括有道德的行为和不道德的行为"的说法,但没有论及道德与道德行为这两个概念有广义与狭义之分,自然没有论及狭义的道德与道德行为的内涵。这与人们日常生活里的惯用说法有一些不太协调。

与此不同,从鲁洁教授对道德的界定可看出,该词具有明显的褒义,吻合人们的日常说法,便于沟通与交流;当然,只将道德视作褒义词,也缩小了道德的内涵,毕竟广义的道德本是中性词。

正是基于上述思考,在借鉴鲁洁教授等人的上述观点的基础上,本书将道

①③ 王海明. 道德哲学原理十五讲[M]. 北京:北京大学出版社,2008:48.
② 弗兰克·梯利. 伦理学概论[M]. 何意译. 北京:中国人民大学出版社,1987:83.

德、道德行为与不道德行为重新作如下界定。

　　道德（morality）有广义与狭义之分。广义的道德指一套依靠社会舆论、习俗制定与传承，并为传承此种社会舆论、习俗的人群所普遍认可的行为应当如何的规范，①用以规范人的心理与行为，调节人与万物之间的关系和利益分配。包括道德意识、道德规范和道德实践。英文"morality"源于拉丁文"mores"，后者意为风俗与习惯。②从"morality"本源于"mores"的事实看，"morality"之内本就有"习俗"或"道德习俗"的含义，只是后来人们才将"morality"与"mores"分作两词使用，此时"mores"的含义有三：①指群体或社会体现道德观的风俗与习惯；②道德观念；③风俗与习惯。③中文"道德"一词始见于《荀子·劝学》："故学至乎礼而止矣，夫是谓道德之极。"其中的"礼"实就是一套流行于当时（即先秦时期）的习俗。正如《管子·心术上》所说："礼者，因人之情，缘义之理，而为之节文者也。故礼者，谓有理也。理也者，明分以谕义之意也。故礼出乎理，理出乎义，义因乎宜者也。"④据《朱子语类》卷四十二记载，朱熹也说：

　　所以礼谓之"天理之节文"者，盖天下皆有当然之理。今复礼，便是天理。但此理无形无影，故作此礼文，画出一个天理与人看，教有规矩可以凭据，故谓之"天理之节文"。⑤

这是说，为了维护良好的社会秩序，以便达到和谐共存，人在与万物（其内自然也包含人，尤其是他人）相处时必须遵循一定的规矩，以便规范和约束自己的心理与行为。其中，抽象的规矩就是天理，将天理具体化，就是礼。所以，天理与礼的关系实是一里一表的关系，二者本是息息相通的。正因为如此，早在《左传·昭公二十五年》里就声称："夫礼，天之经也，地之义也，民之行也。"将礼的存在以及人们依礼而行视作天经地义的事情。人们一旦能正确做到以礼待人，不但能正确做到以人情待人，而且实是在以德待人。可见，中英文的道德都有广义道德的含义。此种广义的道德正如休谟所说，无非是人们通过约定俗成的方式制定的一套契约，因而具有主观任意性，具有优良与恶劣或正确与错误之分：符合下文所讲狭义道德定义的道德习俗，就是优良或正确的道德习俗；反之，就是恶劣或错误的道德习俗。例如，在中国古代曾有"女子无才便是德"与"三纲"等道德习俗或规范，用今天的眼光看就是一种错误的道德习俗或规范。世界其他地方也

① 王海明. 道德哲学原理十五讲[M]. 北京：北京大学出版社，2008：2.
② 朱贻庭. 伦理学大辞典[M]. 上海：上海辞书出版社，2002：15.
③ 陆谷孙. 英汉大词典（第2版）[M]. 上海：上海译文出版社，2007：1257.
④ 黎翔凤. 管子校注（中）[M]. 梁运华整理. 北京：中华书局，2004：770.
⑤ ［宋］黎靖德. 朱子语类（三）[M]. 王星贤点校. 北京：中华书局，1994：1079.

曾流行诸如此类的错误道德习俗或规范，①以致达尔文(Charles Darwin，1809—1882)曾感叹道："极为离奇怪诞的风俗和迷信，尽管与人类的真正福利与幸福完全背道而驰，却变得比什么都强大有力地通行于全世界。"②正由于广义道德是一个中性词，所以，为了避免歧义，在具体运用时，若无法从前后文中清晰推导出其准确含义，常在其前加一些修饰语，如明德、敏德、暴德、凶德，等等。例如，《孝经·圣治章》有"凶德"③一词，"凶德"指逆德、逆礼。孔传：昏乱无法为"凶德"。④《尚书·周书·召诰》："王其德之用，祈天永年。"联系上下文看，这句话里的德就只能是"明德"，而不是"暴德"或"凶德"。⑤

与广义道德相对的是狭义道德。何谓"狭义的道德"？在一切人为因素中，凡是有益于绝大多数人(包括自己与他人)、仁爱且正义的社会和自然界健康生存与可持续发展的规范，都是道德或道德的；反之，就是不道德或不道德的。根据狭义道德的定义，狭义道德本身是善的。

道德有广义与狭义之分，与此相一致，道德行为自然也有广义与狭义之分。⑥广义道德行为，与"非道德行为"相对，指可作善恶评价的行为，即，在一定的道德意识支配下的、有关于他人或社会利益的行为。与此相对，不涉及他人和社会的利益，没有道德意义的行为，或不是在道德意识支配下的行为，称为非道德行为。广义道德行为里包括有道德的行为和不道德的行为等两类。⑦狭义的道德行为指有道德的行为，它指个体或团体在一定的道德(狭义)意识的指引下，主动或被动地从有益于绝大多数人、仁爱且正义的社会和自然界健康生存与可持续发展的动机出发，作出的从长远的眼光看其行为结果的确有益于绝大多数人、仁爱且正义的社会和自然界的健康生存与可持续发展的行为。与此相反，凡是动机或结果有损于绝大多数人、仁爱且正义社会和自然界健康生存与可持续发展的行为，就是不道德行为。⑧

在阐明道德的内涵之后，下面来阐述衡量智慧蕴涵善的基本原则或者说判定善的标准。

---

① 王海明.道德哲学原理十五讲[M].北京：北京大学出版社，2008：2.
② Darwin, Charles(1871). *The descent of man, and selection in relation to sex*. London: John Murray, Albemarle Street. p. 186.
③ 胡平生.孝经译注[M].北京：中华书局，1996：20.
④ 同上：22.
⑤ 王德培.《书》传求是札记(上)[J].天津师范大学学报，1983，(4)：71-72.
⑥ 道德与道德行为虽有广义与狭义之分，但本书在多数情况下所用道德与道德行为均是指狭义的，只是出于行文简洁，才将"狭义的"三字省略，读者只要细心留意，自然能分辨出来。
⑦ 夏征农，陈至立.辞海(第六版彩图本)[M].上海：上海辞书出版社，2009：409.
⑧ 汪凤炎，郑红.荣耻心的心理学研究[M].北京：人民出版社，2010：52-54.

　　对于道德到底是相对的还是绝对的,中外学术界至今存在争议,这两种观点针锋相对,各有利弊。"道德是绝对的"观点的优点主要有二:(1)能维护道德的权威性及标准的统一性;(2)使道德规范对人的心理与行为产生巨大的约束力。绝对主义道德观的缺点:(1)因道德的合法性不容置疑,导致为"吃人道德"留下了生存空间;(2)优势文化倡导的道德处于绝对优势地位,弱势文化倡导的道德若与之矛盾,则无生存的空间,结果扼杀了多元道德观产生的可能性。"道德是相对的"观点的优点主要有三:(1)为各种道德观的生存留下了生存空间,有利于促进多元道德观的产生;(2)多元道德观的存在可以满足不同人的需要;(3)可以减少"吃人道德"存在的可能性。不过,相对主义道德观也有两个缺点:(1)道德的权威性下降,致使道德对人心理与行为的约束力下降;(2)多元道德观的存在导致道德标准多样而难以作出正确选择。其实,任何一个国家或地区在某一特定历史时期存在的伦理道德规范(moral conventions),往往既具有一定的文化相对性,也有一定的普世性(universality),这意味着,流行于某个国家或地区的道德规范中,有些道德是绝对的,也有些道德是相对的。那么,如何筛选呢? 具体做法有二:(1)从实然的角度出发,提取"最大公约数"。也就是,通过分析多个国家的德育教材、文件、报纸中有关道德的记载,从中抽出各类道德观,然后提取"最大公约数"(即尽量多的共同的道德要素),归入"最大公约数"中的道德就是绝对道德;余下的不能归入"最大公约数"的道德则是相对道德(如谦虚、讲孝道就只是中国人推崇的道德)。这种做法的优点是易操作;缺点是在获取绝对道德时可能有重要遗漏,因为任何一个人对他国的道德文化都不可能有十分准确、全面的把握。(2)从应然的角度出发,重新建构。通过深入分析与论证,重新建构绝对道德与相对道德的思想体系。这种做法的优点是易建构得非常圆满;缺点是不易操作,且易脱离实际。不过,即便存在绝对道德和相对道德,也不能判断其本身是善还是恶,因为既不能说绝对道德是善的而相对道德是恶的,也不能说绝对道德是恶的而相对道德是善的。而智慧尤其是大智慧一定是合乎普世性的伦理道德规范要求的。这样,衡量一颗心是不是"善良之心",其标准在通常情况下虽然一般是一定社会的主流价值观(具体到一个国家或地区,往往是该国或该地区官方认可的价值观所认可的伦理道德规范)。不过,借鉴古今中外人类发展史的经验与教训看,在某些特殊情况下(例如在纳粹德国时期,当时纳粹德国官方认可的伦理道德规范其实本是不道德的),判断某种道德规范本身是否合乎人类道德,必须跳出特定社会环境的主流价值观所认可的伦理道德规范的狭隘视域,而从"是否有益于绝大多数人、仁爱且正义的社会和自然界健康生存与可持续发展"的角度进行判断。因为从人类历史的角度进行考察就可发现这样一个事实:人类之所以将某种东西作为自己的德性,本是试图通过它们而使自己变得更加优秀,从而使自己更好地适应环境、更好地生存发展。① 同时,根据科尔伯格的见解,"道德原则(moral principle)与规则(rule)之间截然不同。道德原则包含两方面的意义:一方面,它不是指'你应该'或'你不应该'做某种行为,而是指个体在两种规则相冲突时看待问题的方式,它是一种道德选择的方法;另一方面,它是规则背后的东西,是法律背后的精神,而不是规则本身,它是产生规则的态度或观念,它比规则更一般、更普遍。"②

为了增加可操作性,可以将判定某种人为的东西是否属于道德的标准具体化为如下三个原则,因为这三个原则都是有益于绝大多数人(包括自己与他人)、仁爱且正义社会或自然界健康生存与可持续发展的东西,因而都是道德或道德的。(1)仁爱原则。虽然在中国传统文化里,"仁爱"是一种人与人之间相互亲爱的原则,孔子言"仁",其含义极广,大致以"爱人"为核心,包括恭、宽、信、敏、惠、智、勇、忠、恕、孝、弟等内容;并以"己所不欲,勿施于人"和"己欲立而立人,己欲达而达人"为实行的方法。③ 不过,这里讲的仁爱原则(principle of benevolence)是妥善借鉴儒家"仁爱"思想、道家"慈爱"思想、墨家"兼爱"思想、佛教文化与西方文化中的"博爱"思想等的结果,其要义是:使人类获得最大的相互关爱和最小的相互仇恨的原则。④ (2)公正原则。这里所讲的公正原则主要是指康德的公正原则(Kant's principle of justice),它是指一种尊重人的人格或尊严的原则,它把每个人视作自己的目的而不是自己的手段。⑤ 即"你的行动,要把你自己人身中的人性,和其他人身中的人性,在任何时候都同样看作是目的,永远不能只看作是手段。"⑥(3)功利原则。这里讲的功利原则也叫"最大功利原则",主要是指英国哲学家约翰·斯图亚特·密尔(John Stuart Mill,⑦ 1806—1873)的功利原则(principle of utility),其要义是:使人类获得最大的幸福或福利和最小的痛苦的原则。⑧ 换言之,就是要为大众尤其是为全人类谋福

① 汪凤炎.中国传统德育心理学思想及其现代意义(修订版)[M].上海:上海教育出版社,2007:89-90.
② Kohlberg,L.(1984). *The psychology of moral development*. San Francisco:Harper & Row, p.526.
③ 夏征农,陈至立.辞海(第六版彩图本)[M].上海:上海辞书出版社,2009:1888.
④ 汪凤炎,郑红.荣耻心的心理学研究[M].北京:人民出版社,2010:60.
⑤ Kohlberg,L.(1984). *The psychology of moral development*. San Francisco:Harper & Row, p.526.
⑥ 康德.道德形而上学原理[M].苗力田译.上海:上海人民出版社,1986:81.
⑦ 也译作约翰·斯图亚特·穆勒或约翰·穆勒,是功利主义哲学家詹姆斯·密尔(James Mill,1773—1836)的长子.
⑧ Kohlberg,L.(1984). *The psychology of moral development*. San Francisco:Harper & Row, p.526.

祉。① 因此，作为"功利原则"的"功利"是指"绝大多数人的公共利益"，而不是指"个人私利"或"某个小集团的私利"。从功利原则看，一个人若只将其聪明才智用于为自己个人或自己所属的小集团谋福祉，为此而不惜牺牲他人甚至绝大多数人的福祉，那么，此人就不但没有善心，而且也没有智慧。如下文所论，张伯伦（Arthur Neville Chamberlain，1869—1940）在 1937—1940 年任英国首相期间执行纵容德、意法西斯侵略的绥靖政策，使自己沦落为一个"只顾小利，牺牲大义"、十足的愚蠢之人。②

　　在反对功利原则的人看来，功利原则存在三个缺陷：（1）若一味考虑最大多数人的最大利益，可能会让少数人的正当权益受到伤害，这对少数人是不公平或不公正的。（2）能否将世上所有东西的价值都按某个标准进行量化，这是值得商榷的。例如，人的生命、人的某种高尚品质能否量化就值得商榷。如果不易或者无法将世上所有东西的价值都按某个标准（如以美元为单位）进行精确量化，那么最大功利该如何计算呢？③（3）从功利主义谈道德，最终有可能取消道德。因为过于重视功利主义，极易引导人们过分追求功利，为了一个所谓更高尚的功利，可以残酷对待某些人。如，在"文革"中，一些红卫兵可以凭所谓"革命"的理由来迫害所谓的"右派"。其中，一些迫害手段不但本身恰恰是极端不道德的，还易给周围人的良知蒙上阴影，逐渐使他们也丧失对他人境况的道德敏感性，丧失人与生俱来的良知良能，产生道德冷漠。反对功利原则的人指出功利原则可能存在的上述三个缺陷的确值得人们去深思，其中，相对而言，第一个缺陷易弥补：先本着仁爱原则与康德的公正原则去对待每一个人，然后再来充分考虑最大多数人的最大利益，在这样做时尽量做到不牺牲少数人的正当权益。第二个缺陷未对功利原则产生致命威胁，因为它并未真正反对功利主义，只是指出功利主义者存在"如何科学计算功利"的问题，一旦能科学计算功利，此缺陷也就迎刃而解了。虽然在一些场合的确存在"如何科学计算功利"这个难题，但在现实生活中，人们实际上又常常是将人的生命、人的某种高尚品质进行量化的。毕竟，若因不易量化而干脆不量化，可能也是欠妥当的，甚至也是不道德的。于是，无论是在当代欧美发达国家还是在当代中国，对于因车祸等事故而导致非正常死亡的人，

① Sternberg，Robert J.（1998）. A balance theory of wisdom. *Review of General Psychology*，2（4）：347 - 365.
② Sternberg，Robert J.（2004）. Why smart people can be so foolish. *European Psychologist*，9（3）：145 - 150.
③ 哈佛大学名为"公正（justice）"的开放课程的第二讲"给生命贴上价格（Putting a Price Tag on Life）"，主讲教师是桑德尔（Michael J. Sandel）。

在依法追究相关责任人应负责任的同时,往往会对死者家属支付若干数量的金钱进行赔偿或补偿。在这样做时,尽管无法准确估量一个生命的真实价值,但都会依法制定一个赔偿标准。虽然这个赔偿标准在不同国家有高有低,不过,赔偿金标准的制定就意味着已对生命的价值作了估量。一旦能及时按此标准向受害者家属支付赔偿金,受害者家属以及周围人或多或少都能体验到"受害者已获公正对待"的印象。例如,在美国"9·11"事件中,平均每位死者家属获得的补偿是208.2万美元。① 至于"从功利主义谈道德,最终有可能取消道德"这个说法是不成立的。因为根据上文所讲的狭义道德的定义,狭义道德实际上也是一种利,只不过这种利是有益于绝大多数人(包括自己与他人)、仁爱且正义的社会和自然界健康生存与可持续发展的利,而不是个人或小集团的私利。同时,若有人为了一个所谓更高尚的功利,而不惜牺牲甚至有意损害他人的正当权益,这显然是有违下文所讲的帕累托标准的,当然也不是真正的功利主义者,而是冒用功利主义来达到自己的自私目的。

功利原则也常被人用美国当代伦理学家哈曼设计的两个思想实验进行责难。一个思想实验是这样设计的:

一个医生,如果把极其有限的医药资源用来治疗一个重病患者,就会导致另外五个患者必死无疑;假若用来救活这五个患者,又会导致那个重病患者必死无疑。此时医生应该怎么办? 医生应该为了救活那五位患者而让那一个重病患者死掉吗?

另一个思想实验是这样设计的:

有五个分别患有严重心脏病、肾病、肺病、肝病、胃病的人和一个健康人。这五个患者如果不立即进行器官移植,都会必死无疑,但现在医院里没有合适的器官可用;如果杀死那一个健康人,把他的这些器官分别移植于这五个患者身上,这五个病人就一定能活命,而且会非常健康,但结果必然是导致那个健康人的死亡。此时医生应该怎么办? 医生应该为了救活那五位患者而杀死那一个健康人吗?②

这两个思想实验包含的难题是:为什么第一个案例应该为救活五人而牺牲一人,而第二个案例却不应该为救活五人而牺牲一人? 哈曼自己不但难倒了自

---

① 高美. 波士顿案中国遇难者获赔 219 万美元[N]. 新京报,2013-07-09(A26).

② Pojman, L. P. (1995). *Ethical theory: Classical and contemporary readings*. Wadsworth Publishing Company, pp. 478-479. 在桑德尔(Michael J. Sandel)主讲的哈佛大学名为"公正(justice)"的开放课程的第一讲"谋杀的道德侧面/同类相残案"(A Moral Side of Murder)里,也使用了此思想实验。

己,也一直令中西学者困惑不已。① 对于这个难题,王海明给出的答案是:当道德规范之间发生冲突时,无疑应该牺牲较不重要的道德规范而服从更为重要的道德规范或道德原则,最终应该服从最为根本的道德原则,亦即道德终极标准:增进每个人的利益总量。具体地说,它由"一总两分"组成:一个总标准和两个分标准。总标准是在任何情况下都应该遵循的道德终极标准:增进每个人的利益总量。② 两个分标准分别是:(1)帕累托标准。"增进每个人利益总量"这个道德终级标准在人们利益不发生冲突而可以两全情况下表现为帕累托标准(Pareto criterion)或帕累托最优状态(Pareto optimum):"在不损害任何人利益的前提下增加利益总量"或"无害一人地增加利益总量"。正如《孟子·公孙丑上》所说:"行一不义,杀一不辜,而得天下,皆不为也。"③这意味着,在人们利益不相冲突的情况下,只有无害一人地增进社会利益总量的行为,亦即使每个人的境况都变好或使一些人的境况变好而不使其他人的境况变坏的行为,才符合"增进每个人利益总量"的道德终极总标准,因而才是应该的、道德的;反之,在人们利益不相冲突的情况下,如果为了最大利益净余额而牺牲某些人的利益,那么,不论这样做可以使利益净余额达到多么巨大的、最大的程度,不论这样做可以给最大多数人造成多么巨大的、最大的幸福,都违背了"增进每个人利益总量"这一道德终极标准,因而便都是不应该、不道德的。④ (2)"最大利益净余额"标准。"增进每个人利益总量"这个道德终级标准在人们利益发生冲突而不能两全的情况下,则表现为"最大利益净余额"标准——它在他人之间发生利益冲突时,表现为"最大多数人的最大利益"标准;而在自我利益与他人或社会利益发生冲突时,表现为"无私利他、自我牺牲"标准。⑤ "最大利益净余额"是在人们利益发生冲突而不能两全时作出选择最小损害而避免更大损害、选择最大利益而牺牲最小利益,从而使利益净余额达到最大化,因而也是应该的、道德的。⑥

根据上述标准,在第一个思想实验中,五个人与一个人的利益发生了冲突:保全五个人的利益必定损害那一个人的利益:五个人要活命必定导致那一个人死;反之亦然。因此,在这种情况下,医生救活五人而让那一个重病人死亡,符合利益冲突时的道德终极标准,亦即最大多数人最大利益标准和"最大利益净余额

---

① 王海明. 新伦理学(修订版,上册)[M]. 北京:商务印书馆,2008:484.
② 同上:486.
③ 杨伯峻. 论语译注[M]. 北京:中华书局,1980:63.
④ 王海明. 新伦理学(修订版,上册)[M]. 北京:商务印书馆,2008:483-486.
⑤ 同上:470-482,486-487.
⑥ 同上:472.

标准",因而是道德的。在第二个思想实验中,五个病人与一个健康人的利益并没有发生冲突:保全这个健康人的利益和性命并没有损害那五个病人的利益和性命,这个健康人的利益和性命并不是用这五个病人的利益和性命换来的。因为并不是那个健康人要活命,就必定导致那五个病人的死;也不是那五个病人的死亡才换来那个健康人的活命。那五个人的死亡是他们的疾病所致,与那个健康人的活命没有任何关系。没有关系,怎么会发生利益冲突呢?因此,在这种利益不相冲突的情况下,医生如果为救活五个病人而杀死那一个健康人,虽然符合利益冲突时的道德终极标准(亦即最大多数人最大利益标准和"最大利益净余额标准"),却违背了利益不相冲突的道德终极标准(即无害一人地增进利益总量),因而是不道德的、不应该的。这就是为什么第一个思想实验应该为救活五人而牺牲一人,第二个思想实验却不应该为救活五人而牺牲一人的缘故。①

应该说,王海明给出的"增进每个人的利益总量"这个道德终极标准的答案对于解决类似哈曼设计的两个思想实验里蕴含的道德两难问题是有启发意义的。不过,"增进每个人的利益总量"这个道德终极标准仍不能妥善解决"为什么应该不惜牺牲其他八名美军士兵的性命去救一位名叫詹姆斯·瑞恩的美军士兵的性命"之类的道德难题。因为一方面,八名美军士兵本来与瑞恩分属不同的作战单位,他们与瑞恩也互不相识,彼此本无关系,自然八名美军士兵的生与死本来与瑞恩也毫无关系。若按王海明的上述逻辑,这本属于利益不发生冲突而可以两全的情况,本应遵循"在不损害任何人利益的前提下增进利益总量"或"无害一人地增进利益总量"的标准行事,才是道德的。若如此,就不应该命令八名美军士兵冒死去瑞恩,否则,虽然增加了瑞恩的利益,但损害了八名美军士兵的利益,自然是不道德的。另一方面,若将八名美军士兵的生与死和瑞恩的生与死视作人们利益发生冲突而不能两全的情况,那么,此时只有遵循"最大利益净余额"标准行事才是道德的,若如此,命令八名美军士兵冒死去救瑞恩自然也是不道德的,因为虽然人的生命无法计价,但八名美军士兵的利益显然大于一个瑞恩的利益。可见,"增进每个人的利益总量"这个道德终极标准并不能解决上述道德两难问题。

如前文所论,要妥善解决"为什么应该不惜牺牲其他八名美军士兵的性命去救一位名叫詹姆斯·瑞恩的美军士兵的性命"之类的道德难题,必须同时兼顾仁爱原则、公正原则和功利原则,并从更大的范围、更长的时效而不仅仅是就某一

---

① 王海明. 新伦理学(修订版,上册)[M]. 北京:商务印书馆,2008:484-485.

件事看待功利原则。按此思路，虽然在"不惜牺牲八名美军士兵的性命去救一位名叫詹姆斯·瑞恩的美军士兵的性命"的个案里，这样做的结果并没有取得最大的效益，但是，通过这个个案让其他更多的美军将士和美国民众从中真实体验到美国政府和美军将领对普通民众（如瑞恩和他的母亲）和普通士兵（如瑞恩）的爱，从中真实体验到美国政府和美军将领将每一个普通民众或每一位普通士兵都视作目的而不是手段，从而能激发更多的美军将士和美国普通百姓对国家的爱，这对于维护美国人推崇的自由、民主、平等、博爱、公正之类价值观是有利的。这样，从更大的范围、更长的时效看，不惜牺牲其他八名美军士兵的性命去救瑞恩的美军士兵的性命，能让美军、美国政府、美国人民获得最大的利益，因而这样做是道德的。顺便说一下，为什么正义社会和正义人士都视厚黑学为缺德的东西，而将仁爱、忠诚、诚信视作高尚德性加以推崇？原因就在于，厚黑学虽能够帮助个体或组织获一时之利，却会让个体或组织丢掉长远利益；短期看厚黑学可能会利人，长远看它必定是害人害己。① 与此相反，信奉仁爱、忠诚、诚信并身体力行的人，虽可能在短期会吃亏，但从长远看，它必定是利人利己的。

　　综上所论，判断一种或一套规范是不是合乎人类道德的道德规范，判断一颗心是不是真正意义上的良心，不能简单地、机械地看它是否合乎本国或本地区官方认可的伦理道德规范，而要看它是否符合上述三个原则：从长远眼光（不是鼠目寸光）与更大范围（不是仅局限于自己或自己所处的小集团）看，完全符合这三个原则的规范或良心是上佳的合乎人类道德的道德规范或良心，符合其中两个原则的规范或良心是中等的合乎人类道德的道德规范或良心，符合其中一个原则的规范或良心是下等的合乎人类道德的道德规范或良心；完全不符合这三个原则的规范是不道德的道德规范，一颗心若完全不符合上述三个原则，也就不能称作真正的良心。这也同样表明，智慧虽有一定的文化相对性，但也有一定的普世性。②

三、智慧的新分类及其教育意义

　　要对智慧进行分类，就必须认可如下假设：如果智慧是多类型的，就可以依据不同标准对其进行分类。中西思想史上都曾对智慧进行分类，故这一假设是成立的。不过，历史上的分类并未穷尽智慧类型。借鉴中西方学人对智慧的已

---

① 汤舒俊,郭永玉.正确对待当前社会中的马基雅弗利主义现象[N].中国社会科学报,2011-01-25.
② 汪凤炎,郑红.荣耻心的心理学研究[M].北京：人民出版社,2010：60-64.

有分类,并充分考虑中国古今教育实践的得与失,可以从三个方面对智慧进行新分类:(1) 将智慧分为人慧和物慧;(2) 将智慧分为类智慧和真智慧;(3) 对生活中常见的小智慧、中智慧和大智慧的内涵及其同与异进行清晰的学术界定。进而细致剖析人慧与物慧的内涵、区别与联系以及类智慧与真智慧的内涵和陈述使用人慧、物慧、真智慧与类智慧等概念的理由。这样做不但是一种既具科学性又非常吻合中西方文化传统的智慧分类,有助于人们正确认识智慧的类型,而且有助于人们正确开展智慧教育。

(一) 人慧与物慧

1. 什么是人慧与物慧

依据智慧里包含的才能或能力的性质不同,或者依据个体要解决的问题的性质,可以将智慧分为人慧与物慧。

人慧(wisdom in humanities and social sciences)是指个体在其智力与人文社会科学知识的基础上,经由经验与练习习得的一种德才兼备的综合心理素质。个体一旦拥有这种综合心理素质,就能让其在身处某种复杂人文社会科学问题情境时能够适时产生下列行为:个体在其良心的引导下或善良动机的激发下,及时运用其在人文社会科学领域展现出来的聪明才智去正确认知和理解面临的复杂人文社会科学方面的问题,进而采用正确、新颖、灵活、巧妙且最好能合乎伦理道德规范的手段或方法高效率地解决这些复杂问题,并保证其行动结果不但不会损害他人的正当权益,还能长久地增进他人或自己与他人的福祉。由此可见,人慧有广义与狭义之分。狭义的人慧是指个体或集体在处理复杂人文社会科学问题时展现出来的智慧,与之相对的是下文将阐述的物慧。广义的人慧是指人类的智慧(human wisdom)。换言之,广义的人慧是"人类智慧"的简称,与之相对的是动物的智慧(animal wisdom)和神的智慧(god wisdom or divinity wisdom)。当然,限于本书旨趣,若无特别说明,本书所讲的智慧均指人类的智慧,而不是动物的智慧或神的智慧;而且,若无特别说明,本书所讲的人慧均是指狭义的人慧,而用人类智慧或人类的智慧来指称广义人慧。同时,罗希(Rosch,1975)提出的原型说(prototype theory)告诉人们:概念主要以原型即它的最佳实例来表示的,人们主要从最能说明概念的一个典型实例来理解概念。① 从这个角度看,孔子、甘地(Gandhi)与马丁·路德·金(Martin Luther King)②等人可

① Rosch, E. (1975). Cognitive representations of semantic categories. *Journal of Experimental Psychology: General*, 104(3): 192-233.
② 从 1986 年起,美国政府把每年 1 月第三个星期一定为马丁·路德·金诞辰日,成为联邦法定假日。

以视作人慧者的原型，他们身上展现出来的智慧可以视作人慧的原型。因此，典型的人慧者一般是"人文社会学家＋良好道德品质或善人"的合金。

物慧是"自然智慧"（natural wisdom）的简称。虽然早在 2007 年我们便对物慧作过界定，不过，现在可以对它作更完善的界定：指个体在其智力与自然科学知识的基础上，经由经验与练习习得的一种德才兼备的综合心理素质。个体一旦拥有这种综合心理素质，就能让其在身处某种复杂自然科学与技术问题情境时，能够适时产生下列行为：个体在其良心的引导下或善良动机的激发下，及时运用其在自然科学领域展现出来的聪明才智去正确认知和理解所面临的复杂自然科学与技术方面的问题，进而采用正确、新颖、灵活、巧妙且最好能合乎伦理道德规范的手段或方法高效率地解决这些复杂问题，并保证其行动结果不但不会损害他人的正当权益，还能长久地增进他人或自己与他人的福祉。依据原型说，爱因斯坦可以视作物慧者的原型，他身上展现出来的智慧可以视作物慧的原型。所以，典型的物慧者一般是"自然科学家＋良好道德品质或善人"的合金。而且，若与下文所引的保卢斯等人的一项研究结果相比较，物慧与科学智力等两个概念对应的原型几乎是一样的，这暗示物慧与西方心理学家所讲的科学智力可能是两个名异实同的概念。不过，科学智力更倾向于是一个中性词，而物慧则明显是一个褒义词，所以，基于我们的研究旨趣，最终决定用物慧一词。之所以用物慧来简称自然智慧，是因为自然科学的研究对象是没有主体性的纯粹客观事物，故个体在处理自然科学问题时展现出来的智慧便可称作物慧；同时，人与物并举，也符合汉语习惯。若用科学智慧来指称物慧，易让人产生它是"'科学的智慧'的简称"的误解。

2. 人慧与物慧的关系

人慧与物慧的区别主要体现在以下七个方面。

其一，人慧与物慧涉及的才能或能力的性质不同。依人慧的定义，人慧主要体现在处理复杂人文社会科学领域问题上。如果一个人在处理复杂人文社会科学领域问题的过程中，能从善的动机出发，经常展现出正确、新颖、灵活且最好能合乎伦理道德规范的高效问题解决方式，同时，其结果一般不但不会损害他人的正当权益，还能长久地增进他人或自己与他人的福祉，往往就能赢得"有智慧（实是有人慧）"的评价。依物慧的定义，物慧主要体现在处理复杂自然科学与技术问题上。一个人在处理复杂自然科学与技术问题的过程中，若从善的动机出发，能经常展现出正确、新颖、灵活且最好能合乎伦理道德规范的高效问题解决方式，同时，其结果一般不但不会损害他人的正当权益，还能长久地增进他人或自己与他人的福祉,常常就能赢得"有智慧(实是有物慧)"的评价。

由此可见,作为智慧之下两个子类型的人慧与物慧的根本区别是:二者之内包含的才能的性质有差异:人慧里的才能主要是人文社会科学方面展现出的才能;物慧里的才能主要是科技才能。而且,人慧中的德慧并不表现为个人投机钻营式的"理性狡侩"和在人我关系上权衡利害得失的聪明,也不是聪明人"舍此求彼"、"舍近求远"式的"远虑"或和"机智",而总是表现为对待和处理人际社会利益关系的不计个人利害得失的大智大睿,显示出为人处事的明智和"泰然行将去"的大家气象。这在一般人的眼光中便是"大智若愚"。所以,人慧又是同人具有的"致广大"、致深远的情怀和气度紧密相关的,是一个人站得高、看得远所显示的理性光辉。从这一意义上说,人慧就是人作为主体超越自我以至最大限度地完善自我、他人和社会的大智慧。[①]

其二,人慧与物慧的首要属性有差异。人慧的首要属性是一颗高水平的善良之心,然后才兼有创造性。若用一个数学公式来形象地展现人慧的心理要素,那就是:

$$Wh = C \times Ch$$

其中,Wh 是英文"wisdom in humanities & social sciences"的缩写,意指"人慧";"C"是英文"conscience"的第一个字母,指"(一个人的)良心";"Ch"是英文"creativity in studying humanities & social sciences"的缩写,指"一个人在处理复杂人文社会科学问题时展现出来的创造性";"×"表示乘法。在此公式中,对"良心的发展水平"的要求相对较高,即要求有高水平的良心;在同一创造性水平上,一个人在解决复杂人文社会科学问题时越有高水平的良心,其人慧的水平越高;对"一个人在处理复杂人文社会科学问题时展现出来的创造性"的要求相对不高,只要有一定的创造性即可(当然,创造性越高越好)。不过,如果一个人只有高水平的良心,但在处理复杂人生问题时不能展现出一点创造性,那就只能算一个善人,而不能算一个拥有人慧的人(因为其人慧是:高水平的良心×0=0)。

与此不同的是,虽然一个人在处理纯粹的自然科学与技术问题的过程中也不能突破绝大多数善良的人认可的伦理道德底线,否则会遭到有良心人的责备,若一意孤行,最终定将沦落为历史的罪人,自然无智慧可言。但是,在符合绝大多数善良人认可的基本伦理道德规范的前提下,判断一个人是否有物慧的首要

① 龙兴海.论道德智慧[J].湖南师范大学社会科学学报,1994(4):37.

条件，是看他在面临一个个复杂自然科学与技术问题时，能否经常向人展现出正确、新颖、灵活、巧妙且高效率的问题解决方式：若能经常展现出来，获得"有智慧"评价的概率就会增大；若不能经常展现出来，获得"有智慧"评价的概率就会小。因此，若用一个数学公式来形象地展现物慧的要素，那就是：

$$Wn = Cn \times C$$

其中，Wn 是英文"natural wisdom"的缩写，意指"在解决复杂自然科学与技术问题时展现出来的智慧"，简称"物慧"；"Cn"是英文"creativity in studying natural sciences"的第一个字母，指"一个人在研究自然科学与技术问题中展现出来的创造性"；"C"是英文"conscience"的第一个字母，指"（一个人的）良心"；"×"表示乘法。在此公式中，对良心的要求相对而言要低一些，良心水平只要"在绝大多数善良的人认可的伦理道德底线之上"即可，当然，良心的发展水平自然也是越高越好；对"一个人在解决复杂自然科学与技术问题时展现出来的创造性"的要求较高，要经常在处理复杂自然科学与技术问题中展现出一定的创造性，当然，展现出来的创造性的水平越高自然也越好；在同一良心水平上，一个人在解决复杂自然科学与技术问题时越有创造性，其物慧的水平越高。不过，假若一个人在解决复杂自然科学与技术问题时只有高创造性，却良心泯灭，那就不能称作一个真正拥有物慧的人（因为其物慧是：高创造性×0＝0)，而只能算一个纯粹的高智商者或一个具有"小聪明"的人。由此可见，物慧的首要属性是创造性，但也兼有一颗善良之心。

当然，一个人如果既有善心，又善于用正确、新颖、灵活、巧妙的方式来高效解决复杂人文社会科学问题或复杂自然科学与技术问题，且其行动结果能给绝大多数人增进福祉，那么他就拥有大智慧。

其三，衡量人慧与物慧的标准有差异。衡量一个人是否有人慧的标准有二：（1）至少有超越底线伦理的品德，当然品德越高越好。从伦理道德谱系的角度看，不同的伦理道德规范或品德在伦理谱系里往往处于不同的位置。怎样确定伦理道德的底线呢？综合中外伦理道德思想史及做人的实践，大致而言，一切积极意义的伦理道德规范（如"爱人"）及其背后蕴含的相应道德品质（如"具有爱人的品质"）的实行都必须满足一定的前提条件，但现实生活里未必每个人都有相应的条件来实行。[①]例如，一个人若想爱人，不但要有一颗爱心，还应具备最基

① 杨伯峻. 论语译注[M]. 北京：中华书局，1980：167.

本的爱人条件,否则,"爱人"就会变成一句空话。所以,在伦理道德谱系里,较之一切消极意义的伦理道德规范(如"不损人")及其背后蕴含的相应道德品质(如"具备不损人的品质"),一切积极意义的伦理道德规范及其背后蕴含的相应道德品质都处于较高位置甚至很高的位置。一切消极意义的伦理道德规范由于只从反面折射出善,而不是直接对真正意义上的善的规定,并且它的实施往往只需基本的条件,甚至无需任何条件,而是人人都能做到,所以,在伦理道德谱系上,消极意义的伦理道德规范都处于积极意义的伦理道德规范之下。消极意义的伦理道德规范有很多,例如,"不麻烦人"或"不给人添麻烦"就是一条消极意义的伦理道德。在诸种消极意义的伦理道德里,宜将"不损人"视作"伦理道德的底线"。因为"不损人"不但是人人都可以做得到的,因而具普世性;而且,一旦一个人在做人时突破了它,沦落到它之下,往往就会给他人或自己造成损害,也就伤害了自己的德性。而像"不麻烦人"虽也是消极道德,其序列位置却在"不损人"之上。因为一个人有时即便时常给人"添麻烦",但这些"麻烦"也可能并不损人。所以,在做人过程中,有较高道德修养的人往往能够做到"不麻烦人",至少是不经常"给人添麻烦",但退一步讲,一个人即便偶尔给人添麻烦,甚至经常给人添麻烦,只要这些麻烦不会给当事人带来损害,仍是无伤大雅的。同时,妥善借鉴《墨子》"爱人不外己,己在所爱之中"[①]的思想以及中西方人本主义思想,"不损人"中的"人"既包括他人也包括自己,这意味着,"不损人"的含义是:最好是既不损害他人也不损害自己的利益;若人我利益无法兼顾,则绝不损人,且要尽量少损己。个体在做人过程中如果时刻牢记"不损人"的"金科玉律"并身体力行,就表明其良心水平已在绝大多数善良的人认可的伦理道德底线之上。在此前提下,个体若能继续持之以恒地修养自己的道德更佳,即便终身只停留在"不损人"上,也不会影响其智慧的生成。(2)至少在人文社会科学的某一领域展现一定的聪明才智,当然聪明才智越高越好。综上所论,一个人的心理素质只要同时满足上述两项标准,就拥有人慧。

与此不同的是,衡量一个人是否有物慧的标准有二:(1)至少在自然科学领域展现出一定的聪明才智,当然越高越好。(2)至少有超越底线伦理的品德,当然品德越高越好。一个人的心理素质只要同时满足这两项标准,就拥有物慧。

其四,人慧与物慧里中的客观性与主观性成分的比例大小有差异。人慧里包含的主要是做人的智慧与审美的智慧,做人与审美虽也要遵循某些超越时空

---

① [清]孙诒让.墨子闲诂(下)[M].孙启治点校.北京:中华书局,2001:405.

界限、表现极稳定的普世性规则(前者像仁爱、公正、宽恕与责任等，后者像"和为美"等)，但也带有明显的文化相对性和个体差异性。因为一定时代、某一具体国家或地区民众普遍认可的伦理道德规范与审美理念往往都具有时代性与民族性等特点，这必然导致存在于某一具体时代的某一具体国家或地区的民众习得的品性和审美观念具有一定的时代性与民族性；同时，生活在同一时代、同一国家或地区的民众，虽然绝大多数人追求的核心价值观或认可的基本伦理道德规范与审美理念是大致相同的，不过，在此前提下，不同人因其兴趣、爱好、价值观、审美观、人生观和世界观的差异，导致彼此之间认可的伦理道德规范体系与审美观也不完全相同，进而导致不同人习得的品性和审美观念也不尽相同，这样，人慧在本质上是主观的。所以，人慧虽有一定的客观性、普世性，但更具文化相对性和个体差异性。

与此不同，物慧里包含的聪明才智说到底要符合自然界中的客观事物的内在规律。虽然自然界中的客观事物的内在规律也要人去发现、去建构，这使得物慧也带有一定的主观性，但是，相对于人慧而言，物慧里拥有的客观性更多，这导致物慧说到底是不依任何人的意志、兴趣、爱好等主观因素而转移的，因而也不受文化因素的影响，具有浓厚的普世性。

其五，人慧与物慧和人心的关系不同。人慧是在解决复杂人生问题过程中展现出来，而且像历史、文学、美术、音乐、管理心理学、社会心理学和人际关系心理学等人文社会科学，因其与人心密切相关，实都是人生问题的衍生物，一个人若想在这些人文社会科学领域有一定甚至高深的造诣，一个必备前提是：自己必须逐渐学会洞察人心。否则，即使其掌握相应的知识与技巧，也不可能创造出高质量的作品。这就能很好地解释这一事实：历史、文学、美术、音乐、管理心理学、社会心理学和人际关系心理学等人文社会科学领域一些刚出校门的"高材生"往往创造不出高质量的作品，只有像司马迁、曹雪芹、八大山人、阿炳这些人生经历异常丰富且看透人性的人，才能创作出《史记》、《红楼梦》、八大山人风格的国画、《二泉映月》等不朽作品，只有像曹操这样的人才能准确把握住复杂的人心，然后做到知人善任，成就一番事业。由此可见，人慧与人心之间关系密切，一个人若想获得人慧，必备前提条件之一是必须能够看透人心。

与人慧不同的是，如上文所论，在纯粹的自然科学研究中，科学家或发明家只要不违背道德底线，即便其在做人方面乏善可陈，不会影响到其聪明才智的展现，也不会影响到他人对其聪明才智的认可，只要其在自然科学研究中取得足够分量的成绩，照样会赢得"拥有智慧(实是物慧)"的评价。例如，《万物简史》的作者告诉人们,牛顿绝对是一个怪人:牛顿常常离群索居,沉闷无趣,敏感多疑,注意力也不集中。牛顿曾经把一根大针塞进自己的眼窝里,就是要看看会不会发生什么。牛顿曾瞪大眼睛望着太阳,能看多久就看多久,结果眼睛受到严重伤害,为此他不得不在暗室里待了几天,直到眼睛恢复过来。牛顿还用了一生中将近一半的时间研究和科学不怎么沾边的炼金术。牛顿逝世后,有人对他的一缕头发所做的分析发现,头发里汞含量高度超标,这与他沉迷炼金术有关。但与牛顿的非凡天才相比,上述这些奇异性格和古怪特点根本算不了什么。牛顿不但撰写并于1687年出版了力学的经典著作《自然哲学的数学原理》,建立起经典力学完整而严密的体系,由此改变了世界,而且在数学和光学等他涉足的每个科学领域都作出了重要贡献。这样,尽管牛顿在为人处世方面存在性格孤僻、固执、贪财等毛病,不过,其人品未出现严重道德缺陷,于是,人们常引用亚历山大·蒲珀的一句话来说明牛顿在科学史上的重要性:"大自然和大自然的法则藏匿于黑暗之中。上帝说,让牛顿出世吧! 于是世界一片光明。"[①]由此可见,物慧与人心之间关系较松散,一个人若想获得物慧,必备前提条件之一是自身要有敏锐的创新思维和足够的科技知识,能否洞察人心则不是一个紧要的影响因素。

其六,人慧与物慧涉及的学科领域不同。一般而言,纯自然科学的研究对象是纯客观的物体,相应地,一个人在解决纯自然科学——如数学、化学、生物学、天文学等——里的复杂问题时展现出来的智慧主要是物慧。纯人文社会科学的研究对象是带主观价值的人心,相应地,一个人在解决纯人文社会科学——如音乐、美术、社会学、伦理学等——里的复杂问题时展现出来的智慧主要是人慧。依此类推,一个人在解决某一兼具自然科学属性与人文社会科学属性的交叉学科——如心理学——里的复杂问题时展现出来的智慧则可能或偏重人慧,或偏重物慧,或兼有人慧与物慧的双重属性。

其七,人慧与物慧在中西方文化里的命运不尽相同。受儒学的深刻影响,在态度上,中国人尤其是中国古人偏爱人慧中的德慧(者),不太看重甚至蔑视物慧(者)与人慧的其他子类型;在生活中,较之物慧,中国人尤其是中国古人更擅长人慧尤其是德慧。这样,典型的中式智慧者一般多是在人文社会科学领域有高深造诣且会做人的人,像老子与孔子都是其中的佼佼者(详见第一章);只有像墨子之类的少数人既有人慧也兼有物慧。与中国人不同,在态度上,西方人尤其现代西方人是人慧(者)与物慧(者)并重;在生活中,西方人尤其是近现代西方人与

---

① 陈邑.上帝说 让牛顿出世吧[J].读者,2011.(6):50.

中国人一样擅长人慧，但比中国人更擅长物慧。这样，至今为止，人类文明史上最杰出的物慧者一般多来自西方国家。有关这方面的内容在本章第二节有详论，这里不多讲。

综上所论，人慧与物慧的区别主要体现在上述七个方面，其中，前六个区别是人慧与物慧之间内在的区别，最后一个区别实是中西方人对待人慧与物慧的态度有差异。同时，由于人慧与物慧之间内在地存在上述六种主要区别，不但导致在现实生活里智慧者的种类是多种多样的，而且导致不同智慧类型之间不具有可比性。例如，一个人既不好说"孔子的智慧高于爱因斯坦的智慧"，也不好说"爱因斯坦的智慧高于孔子的智慧"，因为他们的智慧类型有差异：孔子虽仅具有德慧，但将德慧发展到极高水平；爱因斯坦以物慧见长。而且，正由于人慧与物慧之间存在较大差异，致使在现实生活里能够在人慧与物慧上都获得较高发展的智慧者相对而言较少，大多数智慧者多只在一个智慧领域获得一定水平或者较高水平的发展。也正由于中西方人对待人慧与物慧的态度有差别，更进一步增强了智慧的文化相对性。顺便指出，可能是由于以下一个或多个原因的影响，才导致在古今中外的现实生活里能够在人慧与物慧上都获得较高发展的智慧者相对较少：(1) 未意识到智慧类型是多元的。受到个体人生观、世界观、价值观和已有知识经验等因素的影响，有些人没有意识到智慧有人慧与物慧等两个子类型，而且在这两个子类型下还有子类型，在自己的一生中，只将主要精力关注其中的一个方面，无意中忽略了其他方面，导致自己无法兼得人慧与物慧。(2) "不愿为"。受到个体人生观、世界观、价值观和已有知识经验等因素的影响，有些人只对德慧抱有浓厚的兴趣，不愿意去获取物慧和人慧的其他子类型；也有些人只对物慧抱有浓厚的兴趣，不愿意去获取人慧。例如，孔子就属于只对德慧抱有浓厚兴趣的人，因此，他不但自己不愿意从事自然科学研究，而且，当学生问他有关农业和园艺业方面的知识时，他也不愿意学生去学习这类知识。结果，孔子就没有物慧，因为终其一生，他都没有在自然科学领域获得什么成就。但是，以孔子的高尚品德、良好的聪明才智与长寿，假若他愿意去几十年如一日地钻研自然科学问题，一定是能够学有所成甚至学有大成的。可惜的是，他根本没有这方面的兴趣，从而不愿意这样做。在中外历史上，像孔子这种"偏科"的人有很多，只不过，有些人像孔子一样偏向人文社会科学，对自然科学几乎是毫无兴趣；也有些人刚好相反，偏向自然科学，对人文社会科学兴趣不多。"偏科"的结果自然导致个体无法兼得人慧与物慧。(3) "不能为"或"来不及做"。芸芸众生之中，有一些人试图通过自己的努力让自己能够获得一定的人慧与物慧，可惜的是,因时运不济,在自己年龄处于最佳学习或科研的时期,恰逢一个政局动荡、战争频繁或政府压抑文人创作的年代,于是,因缺乏起码的科研环境与条件等缘由,致使这些人无法进行长期、有效的学术研究,结果,能够在人慧或物慧方面取得一点成就已属大幸,根本不可能兼得人慧与物慧。有些人虽道德高尚、智商正常甚至很高、自己也很勤奋好学,可惜,英年早逝,致使自己最终无法兼得人慧与物慧。像孔子的高足颜回与身为魏晋玄学主要创始人之一的王弼(226—249)最终只有人慧,基本上没有物慧,原因之一就在此。(4)"无能力做到"。也有一些人试图通过自己的努力让自己能够获得一定的人慧与物慧,可惜的是,因才智平平、努力不够或道德修养不够等缘由,致使这些人几乎没有能力做到让自己兼得人慧与物慧。

人慧与物慧既然同属于智慧下面平行的两个子类,二者之间显然也有一定的联系:从本质上看,二者都是良好品德与聪明才智的合金,所以二者之内都蕴含一定的良好品德。只不过,二者涉及的聪明才智的性质不同而已:人慧里蕴含的聪明才智主要体现在人文社会科学领域,物慧里蕴含的聪明才智主要体现在研究自然科学方面,如图4-3所示。

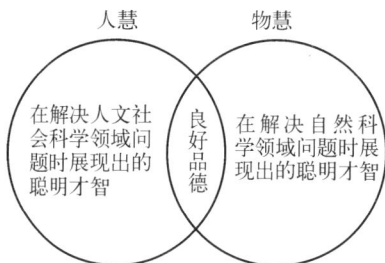

图4-3 人慧与物慧的关系示意图

正因为如此,人慧与物慧之间存在天然的联系,一个人慧者如果继续学习和钻研理、工、农或医等自然科学,并善于在做人过程中做到"人法自然",自然也能更好地促进其人慧的不断完善;更进一步言之,如果一个人慧者能够在理、工、农或医等纯粹自然科学方面取得一定的造诣甚至很高的造诣,并将其用来为绝大多数人谋福祉,他就会使自己最终发展成为一个兼具人慧与物慧的智慧者。与此类似,一个具有物慧的人如果继续学习和钻研人文社会科学领域的知识,并将之身体力行,同样也能更好地促进其物慧的不断完善;更进一步言之,假若一个物慧者能够在人文社会科学领域取得一定的造诣甚至很高的造诣,并将其用来为绝大多数人谋福祉,他同样也会使自己最终发展成为一个兼具人慧与物慧的智慧者。

3. 为什么要使用人慧、物慧与德慧的概念

"人慧"与"物慧"是笔者模仿"德慧"一词而造出的一对新词。如第二章所讲,"德慧"一词最早出自《孟子·尽心上》:"孟子曰:'人之有德慧术知者,恒存乎

疾疾。'"①当然，"德慧"一词虽出自孟子，不过，孟子并未对它作精确界定，从而引起后人对它作不同解释。如第三章所论，有人从能力的角度界定道德智慧，其中，王海明早在 2001 年由商务印书馆出版的《新伦理学》里提出的"以智慧这种客观心理内容的性质为依据，可以把智慧分为道德智慧和非道德智慧"，可算是提出时间较早且颇知名的道德智慧观。不过，王海明所说的道德智慧与我们主张的道德智慧是一对名同实异的概念。有人认为：道德智慧是一种知人、知己、知物的综合意识和能力，是人能恰当地处理人与自然、人与社会、人与自己之间关系的综合意识和能力，是人觉察到宇宙万事万物之根源同体的心灵觉悟状态。它发端于人对宇宙、生命、生活、人生的意义和价值的深切关怀和理解，建立于广泛的人类知识和智慧大厦基础之上，是已被内在化并表现在行为中的、对个人的身心起调控和导向作用的践履性品质系统，是从反躬自身到求良知并进而致力于知行合一的过程。道德智慧分为宇宙道德智慧、生活道德智慧、生命道德智慧、人生道德智慧等四种不同的形态，其间的价值运作原理是道—德—得相通。② 也有人认为，道德智慧是人们运用道德知识、道德经验和能力对自己和他人、社会、自然关系作出的积极的道德审视、道德觉解与道德洞见。凭借它，人们能够对他人、社会和自然给予面向历史和未来的多种可能性关系的明智果敢的判断和选择。③ 等等。这些有关道德智慧内涵的见解，虽有一定的见地，但未能明确凸显智慧的德才兼备的本质，从而未能将智慧与能力或智力区分开。正由于此，我们首次赋予德慧合乎现代科学规范的精确定义（详见下文）。综上所论，"德慧"一词来自孟子，不但有颇深的文化渊源，而且吻合中国文化传统与当今时代潮流。除此之外，我们之所以使用"人慧"、"德慧"与"物慧"这三个概念，还有如下五个主要缘由。

其一，为了提高研究的新度和深度。稍有心理学基础的人都知道，概念是人脑对具有共同关键特征的一类事物的概括性认识，是思维的最基本单位，是思想的重要载体。新颖、独特的思想往往是由新颖、独特的概念来承载的。因此，说一种文化或一个人有自己的"思想"，正是由于此种文化或此人创造出一个、多个或一系列为其所处学术共同体内的一些同仁（甚至包括一些"外行"）熟知的新颖、独特的概念。例如，为什么人们（无论是中国人还是外国人）都承认中国传统

① 杨伯峻. 孟子译注（第 2 版）[M]. 北京：中华书局，2005：308.
② 吴安春. 回归道德智慧——转型期的道德教育与教师[M]. 北京：教育科学出版社，2004. 吴安春. 论道德智慧的四重形态[J]. 教育科学，2005：22 - 25.
③ 张茂聪. 道德智慧：生命的激扬与飞跃[J]. 教育研究，2005，(11)：28 - 31.

文化有自己的独特思想,其内在依据之一便是,谈及中国传统文化,人们自然就会想到中国先哲独立创造出的诸如"阴阳"、"五行"、"八卦"、"道"、"德"、"仁"、"气"、"气功"、"道法自然"、"天人合一"等一系列新颖、独特的概念。而提到皮亚杰(Jean Piaget,1896—1980)的认知发展阶段理论,自然就会提到"运算"、"图式"、"同化"、"顺应"、"平衡"、"守恒"等概念。

当然,由于大多数概念都包含概念名称、概念定义、概念属性和概念例子等四个方面,这样,一种文化或一个人有时也可以借用另一种文化或另一个人创造出来的概念名称,然后再赋予其崭新的内涵,此时,虽然后一种概念与原先的概念在名称上一样,但却是名同实异,因而也算得上是前者创造出来的新概念。例如,皮亚杰所用的"运算"与"同化"等概念本是借自逻辑学与生物学,但皮亚杰对它们作出了自己的新解释,于是它们都成了皮亚杰思想的有机组成部分之一。

所以,假若一种文化或一个人使用的概念名称及其内涵都是来自另一种文化或他人,那么就很难让人信服此种文化或此人拥有新颖、独特的思想。既然如此,虽然我们不主张研究者草率地生造概念,但是,我们也不能仅仅满足于引用或借用外国尤其是西方学人(主体是古希腊学人和近现代英、德、美、俄、法、意、日①等国学人)提出的概念,或固步自封地死守中国先哲提出的概念。正是在这个意义上,我们一向反对在研究中出现如下两种错误倾向:一是先想当然地自造一个或多个新名词,然后再"从头开始讲",给人一种"空中楼阁"②或"换汤不换药"③的感觉;二是一味盲从西方尤其是美欧的心理学,凡是西方人所用的概念都"简单拿来"使用,既不管它是否适合中国的原生态文化,也不考虑中国文化里是否可能有类似且更恰当的概念。与此相反,我们主张:为了追求学术的原创性,只要言必有据,中国的研究者(尤其是从事人文社会科学研究的学人)在自己的研究里要勇于创造新概念、善于创造新概念,以便能够更好地提出自己的新思想或表达自己的新思想。我们尝试朝着这个方向努力,于是提出"人慧"、"德慧"与"物慧"三个概念,以试图提高研究的新度和深度。我们在下文之所以提出"真智慧"与"类智慧"这对概念,动机与缘由之一也在此。

其二,为了更好地弘扬中国传统的智慧文化。如第三章所论,"智慧"一词不

---

① 日本在地理位置上属东亚国家,但自"脱亚入欧"后,许多日本人都自认为是欧洲人,而不是亚洲人。
② 这里所讲的"空中楼阁"的含义是:整个研究缺乏扎实的思想文化背景或根基,让人觉得来得"非常突然"的一类做法。
③ 这里所讲的"换汤不换药"的含义是:除了使用一些自造或借来的"新名词"之外,整篇文章或整部书实际上都是在"炒别人的剩饭",并未提出自己的新观点或新思想的一类做法。

但在中国古已有之，且使用频率颇高；同时，由于无数中国先哲都曾对智慧提出过自己的观点，漫长的中国历史积累起厚重的智慧文化，其中重要贡献之一就是对智慧提出了一些中国式的重要概念。今天我们在继续研究智慧时，就要善待中国文化尤其是中国传统文化里关于智慧的一些重要概念，不能仅是引用或借用外国学人的智慧概念，因为"为往圣继绝学"（张载语）是每一位后来的学人应尽的义务，这里的"往圣"虽然既包括外国的"往圣"，但更主要指中国人自己的"往圣"。毕竟，在当代西学占优势的大背景下，外国的"往圣"即便中国人不去继承和弘扬，自有其自己国家的学人去继承和弘扬。而中国人自己的"往圣"若连中国学人都不去继承和弘扬，还能指望外国学人去发扬光大吗？答案显然是否定的。不妨举一个经典个案加以说明。

在道教众多经典中，《太乙金华宗旨》至多只能算是其中的一种，其重要性远不及《老子》（又名《道德经》或《道德真经》）、《文子》（又名《通玄真经》）、《庄子》（又名《南华真经》）、《列子》（又名《冲虚真经》）、《太平经》、《周易参同契》、《抱朴子内篇》、《抱朴子外篇》、《养性延命录》、《黄庭内景五脏六腑补泻图并序》、《重阳立教十五论》、《重阳真人授丹阳二十四诀》、《丹阳真人语录》与《中和集》等。不过，后因机缘巧合，《太乙金华宗旨》受到德国汉学家维尔海姆（Richard Wilhelm，1873—1930，中文名字叫"卫礼贤"）与瑞士心理学家和精神分析医师、分析心理学的创立者荣格（Carl G. Jung，1875—1961）的大力推崇，维尔海姆将之译成德文并作注释，荣格对之作大篇幅的心理学评论，后以两人合著的方式出版，书名译作英文是："*The Secret of the Golden Flower: A Chinese Book of Life*"（《金花的秘密：中国生命之书》）。在德文原版中，放在书的最前面的是荣格的评论，随后是维尔海姆对译文的注解，最后是维尔海姆对正文的译本；后来在英译本中，荣格建议译者将正文的译本放在前面，随后是维尔海姆对译文的注解，最后才是荣格的评论。[①]《金花的秘密：中国生命之书》现已成为西方人了解中国传统文化的一部经典之作。从这件事可以看出，当"春色满园关不住，一枝红杏出墙来"时，这枝出墙的"红杏"可能并不见得是此园中最好的"红杏"，而只是靠墙最近的"红杏"。所以，要想准确把握此"园"中的"春色"，还是要亲自身入"园"中，认真寻觅、认真比较才行。同时，外国学者在学习和研究中国传统文化时，心中往往有自己的目的和旨趣，这个目的和旨趣虽千差万别，但有一点可以肯定：靠"墙内开花墙外香"的方式来弘扬中国传统文化，有时也会出现较大偏差,甚至会出现"捡了芝麻,丢了西瓜"的情形。所以,要想中国文化能够早日真正复兴,每一位中国学人(尤其是从事人文社会科学研究的学人)在自己的研究里,要善待中国文化尤其是中国传统文化里的一些重要概念,通过"诠释、转换与创新"等方式,让中国文化尤其是中国传统文化里的一些重要概念重新换发出勃勃生机!所以,本书对孟子的德慧概念进行既有继承更有一定创新的界定,有利于弘扬中国传统的智慧文化。

其三,进一步明晰人慧与物慧在中西文化里的不同命运。一旦将智慧作人慧、德慧与物慧的划分,进而探讨人慧与物慧之间的区别与联系,人们就很容易看出人慧与物慧在中西文化里的不同命运,进而有助于人们正确看待智慧的类型,避免将智慧视作单一类型。

按理说,完整的学科体系本包括人文社会科学与自然科学两大类,而且人文社会科学与自然科学之下均各自包含多种子学科,相应地,两大学科门类之下均包括多方面的聪明才智。例如,在人文社会科学中,人际沟通才华、文学才华、美术才华与音乐才华就是四种有较大差异的才华。这样,在人文社会科学领域某一子学科上展现出来的聪明才智与善的合金,就能在人慧中产生一种新的智慧子类型。于是,人慧本身又包括德慧、语慧(在口头言语或书面言语表达上展现出来的智慧)与艺慧(在艺术领域展现出来的智慧)等多种子类型,它们之间的细微差别主要体现在各自需要某种特定的聪明才智上;各种子类型的人慧均有其应有价值。同理,在自然科学中,数学才华、物理才华、化学才华、天文学才华等之间也有明显的差异。这样,在自然科学领域某一子学科上展现出来的聪明才智与善的合金,就能在物慧中产生一种新的智慧子类型。于是,物慧本身又包括数学智慧、物理学智慧、化学智慧和天文学智慧等多种子类型,它们之间的细微差别主要体现在各自需要某种特定的聪明才智上;各种子类型的物慧均有其应有价值。可见,智慧本是多元的。

但是,受儒学的深刻影响,中国传统文化有浓厚的尚德色彩,导致中国传统文化虽是一种多元文化,不过,毫无疑义,其中道德文化扮演十分重要的角色。与此相一致,在中国历史上,许多人非常重视做人问题,并多将历史、文学、美术、音乐、书法等与人心密切相关的其他人文社会科学看作是人生问题的衍生物,将数学、物理、化学等自然科学看成是"雕虫小技"。一个人若在做人方面乏善可陈,既往往会成为其妥善处理其他问题的严重阻碍,也会影响到他人对其在人文社会科学其他领域或自然科学领域展现出来的聪明才智的认可,正所谓:"德存则存,德亡则亡。"如,汪精卫虽然写得一手好字,但因其人品存在严重问题(汪精卫是臭名昭著的汉奸），结果，汪精卫的书法作品就为后人所不齿，绝没有一个正义人士会以收藏汪精卫的书法作品为荣。在此背景下，在诸种智慧类型中，中国人最终独独挑出德慧加以大力倡导，对于物慧和其他子类型的人慧则不予深究，结果，许多中国人最终将智慧与德慧相等同，他们心中存在"智慧实质上主要是指道德智慧"的偏颇看法。① 这样，在态度上，中国人一向偏爱德慧（者），轻视物慧（者）和其他子类型的人慧（者）；在生活中，较之物慧和其他子类型的人慧（者），中国人尤其是中国古人更擅长德慧。与此相一致，老子与孔子等人所讲的"知人者智"中的"智"在很多情况下实都是指人事之智或德慧，也可将老子与孔子视作德慧者的原型，将他们身上展现出来的智慧视作德慧的原型。并且，由于儒家和道家都重德慧，结果，偏爱德慧的价值是中国传统智慧教育的一大鲜明特色。也正因为如此，下文在探讨人慧时将重点放在探讨德慧上。

何谓德慧？它是"道德智慧"（moral wisdom）的简称。虽然早在 2007 年我们便对德慧作过界定②，不过，由于我们现在对智慧的定义作了进一步的完善，这样，根据上文我们对智慧所作的最新定义，遵循演绎推理的方式，可以将德慧进行更完善的界定：指个体在其智力与道德知识的基础上，经由经验与练习习得的一种德才兼备的综合心理素质。个体一旦拥有这种综合心理素质，就能让其在身处某种复杂人生问题情境时，能够适时产生下列行为：个体在其良心的引导下或善良动机的激发下，及时运用其做人方面的聪明才智去正确认知和理解所面临的复杂人生问题，进而采用正确、新颖、灵活、巧妙且最好能合乎伦理道德规范的手段或方法高效率地解决复杂人生问题，并保证其行动结果不但不会损害他人的正当权益，还能长久地增进他人或自己与他人的福祉。③ 由此可见，典型的德慧者一般是"良好道德品质或善人＋人事之智"的合金。

同时，妥善借鉴《墨子・大取》中"爱人不外己，己在所爱之中"④和梁漱溟将人世间的问题分为"人对物的问题"（物质生活方面的问题）、"人对人的问题"（社会生活方面的问题）和"人对其自身的问题"（精神生活方面的问题）等三大类⑤的思想，从德慧解决的复杂人生问题主要是涉及主我客我关系还是人我关系或

① 龙兴海. 论道德智慧［J］. 湖南师范大学社会科学学报，1994，(4)：36.
② 郑红，汪凤炎. 论智慧的本质、类型与培养方法［J］. 江西教育科研，2007，(5)：10 - 13. 汪凤炎. 中国传统德育心理学思想及其现代意义(修订版)［M］. 上海：上海教育出版社，2007：140.
③ Wang Fengyan & Zheng Hong (2012). A new theory of wisdom: Integrating intelligence and morality. *Psychology Research*, 2(1)：71.
④ ［清］孙诒让. 墨子闲诂(下)［M］. 孙启治点校. 北京：中华书局，2001：405.
⑤ 梁漱溟. 东西文化及其哲学［M］. 北京：商务印书馆，1999：19.

物我关系角度看,德慧可细分为"个体对待自己的智慧"(简称"待己智慧",英文译作"wisdom in treating I-me")、"个体对待他人的智慧"(简称"待人智慧",英文译作"wisdom in treating others-me")与"个体对待他物的智慧"(简称"待天智慧",英文译作"wisdom in treating nature-me")等三种子类型。待己智慧解决的主要是主我(I)与客我(me)之间的复杂关系,在这方面,中国人和中国文化追求的最高境界是:个体通过接受良好的道德教育与进行长期的自我心性修养功夫,让自己真正达到"从心所欲,不逾矩"的自由境界。待人智慧解决的主要是自我(self)与他人(others)、社会(society)和国家(country)等之间的复杂关系,在这方面,中国人和中国文化追求的最高境界是:个体通过自身努力,能够早日达到"人我合一"的境界。待天智慧解决的主要是自我与除人之外的外界其他客观事物之间,尤其是自我与自然环境(nature)之间的复杂关系,在这方面,中国人和中国文化追求的最高境界是:个体通过自身努力,能够早日达到"天人合一"的境界。如果将这三者融会贯通,达到通天、地、人的境界,那便是大儒。所以,《法言·君子》说:

通天、地、人曰儒(注:道术深奥。),通天、地而不通人曰伎(注:伎艺偏能。)①

[疏]"通天、地、人曰儒"者,《春秋繁露·立元神》云:"天、地、人,万物之本也。天生之,地养之,人成之。天生之以孝悌,地养之以衣食,人成之以礼乐。三者相为手足,合以成体,不可一无也。"又《春秋繁露·王道通三》云:"古之造文者,三画而连其中谓之王。三画者,天、地与人也;而连其中者,通其道也。取天、地与人之中以为贯而参通之,非王者孰能当是?"按:仲舒云"通天、地、人谓之王",子云云"通天、地、人曰儒"者,《学记》云:"师也者,所以学为君也。"《法言·学行》亦云:"学之为王者事,其已久矣。"即其义。"通天地而不通人曰伎"者,《说文》:"技,巧也。"古通作"伎"。伎谓一端之长。《荀子·解蔽》云:"凡人之患,蔽于一曲,而闇于大理。"杨注云:"一曲,一端之曲说也。"伎即曲也。此承上章而言。《荀子·解蔽》云:"庄子蔽于天而不知人。"《法言·问神》云:"言天、地、人经,德也;否,愆也。"齐死生,同贫富,等贵贱,即蔽于天而不知人之说,乃一曲之论,非经德之言也。②

与中国人不同,在态度上,西方人尤其现代西方人是人慧(者)与物慧(者)并

① 汪荣宝.法言义疏[M].陈仲夫点校.北京:中华书局,1987:514.
② 同上:514-515.

重；在生活中，西方人尤其是近现代西方人与中国人一样擅长德慧，但比中国人更擅长物慧和其他子类型的人慧。与此一致，苏格拉底曾说："美德整个地或部分地是智慧。"①这表明，苏格拉底的思想里也潜藏有德慧的思想。而且，虽然西方直至 1997 年才由哈佛大学心理学家科尔斯（Martin Robert Coles, 1929—　　）明确提出道德智力（moral intelligence）的概念，这与孟子（约前 372—约前 289）提出德慧概念的时间相比，整整晚了 2300 年左右的时间。不过，根据保卢斯等人的研究结果可知，保卢斯等人所讲的道德智力与德慧可能是两个名异实同的概念，因为这两个概念都可以用相同的原型进行指称。同时，保卢斯等人以及我们的研究结果都表明，在智慧者提名研究中，西方都有人进入德慧者名单，世界排名前 10 名或 15 名的物慧者名单更是全部来自西方（详见本章第二节）。

　　顺便指出两点：（1）燕良轼根据智慧活动的方向，将智慧分为外铄型智慧与内求型智慧。外铄型智慧是指向外部世界的智慧，它指人类一切征服外部世界的活动。外铄型智慧又可分为知物的智慧和知人的智慧，前者指向物质、指向自然界的智慧，后者指向人际社会的智慧。内求型智慧是指向个体内心世界的智慧。进而，燕良轼指出，两种智慧之间存在六个主要区别：一是与功利的关系不同。外铄型智慧是功利型的，它以获取最大利益和最小消耗为基本评价标准。在其他条件相当的情境中，获利越大，外铄型智慧水平越高。内求型智慧则正相反，它以摆脱利益的大小来衡量智慧的高低。个体越远离名利，其内求型智慧水平越高。所以，人们常将超然物外的人称作大智慧者。二是与道德的关系不同。外铄型智慧与道德是分离的，它也可能在道德约束下运行或发挥作用，但它本身不含有道德的成分，它本身不是道德，道德不是它天然的组成成分。而内求型智慧与道德是融为一体的，所以内求型智慧本身就是一种道德，于是，人们在修炼道德和提升自己的精神境界时，也就是在修炼和提升自己的人生智慧。三是与情感的关系不同。外铄型智慧是无情的，与情感是分离的，人们在提高智力或从事智慧活动时并不必然地伴有某种情感，它可以是一种无情无义的心理活动。而内求型智慧则不同，它自始至终都是有情有义的心理活动（同情、怜悯等），人们只有在深切的情感状态下，才能走进领悟、觉解、觉悟的境界。四是与身心的关系不同。这又体现在消耗的身体能量以及与身心的距离两个方面。外铄型智慧对人身体能量消耗较大，外铄型智慧使用越多、越频繁，消耗的身体能量越多。

---

① 　北京大学哲学系外国哲学史教研室.古希腊罗马哲学[M].北京：商务印书馆，1961：166.

内求型智慧使用越多、越频繁,对于身体健康越有益;内求型智慧能够起到修养和保护身体、促进身心健康的作用。外铄型智慧与身体的距离较近,受制于身体,对身体的超越程度有限,这就是古人所说的"心为行役",因此心灵的自由度和心灵的独立性较低。而内求型智慧与身心距离较远,心灵能最大程度地摆脱身体的束缚,心灵获得最大程度的独立与自由。五是获取的方式不同。外铄型智慧是在遗传素质提供可能性的基础上通过认知、思维获得的,而内求型智慧获得的方式则是通过向内领悟通过觉知、觉解、觉悟获得的。外铄型智慧能拓宽人类的视野,使人更好地认知外部世界和人际关系;内求型智慧则更好地认知内心世界,通过不断与内部世界的对话、修养提高自己的精神境界,内求型智慧是使人能够提升自己心灵高度的智慧。六是在年龄分布上有差异。青少年更多关注外铄型智慧,努力向外部探索;而中年以后更多关注内求型智慧,因为中年以后,人们才有更多的反思能力。① 燕良轼根据智慧活动的方向不同而将智慧分为外铄型智慧与内求型智慧两种的见解,对于人们理解智慧的类型有一定的启示意义。稍加比较可知,在燕氏智慧分类观里,其"知物的智慧"类似于我们所讲的"物慧",其"知人的智慧"类似于我们所讲的"待人智慧",其"内求型智慧"类似于我们所讲的"待己智慧",其"知人的智慧＋内求型智慧"类似于我们所讲的"德慧"。当然,从"德才兼备方是智慧"的角度看,燕良轼将"人类一切征服外部世界的活动称作外铄型智慧",认为外铄型智慧里不包含良好品德,从而未凸显良好品德在外铄型智慧中的价值,这实有"将外铄型智慧等同于聪明才智或创造力"之嫌;同时,认为"内求型智慧本身就是一种道德",这又有"将智慧等同于道德或善"之嫌。(2)保卢斯等人在一项研究中,区分出五种智力并分别指出相应的典型代表:科学智力(scientific intelligence),典型代表是爱因斯坦(Einstein)与霍金(Hawking);艺术智力(artistic intelligence),典型代表是莫扎特(Mozart)与莎士比亚(Shakespeare);企业家智力(entrepreneurial intelligence),典型代表是图灵(Turing)与盖茨(Gates);言语表达智力(communicative intelligence),典型代表是总统(president)与温弗瑞(Winfrey,美国"脱口秀"主持人);与道德智力(moral intelligence),典型代表是甘地和马丁·路德·金。② 稍加比较可知,德慧与道德智力这两个概念对应的原型几乎是一样的,这暗示德慧与西方心理学家

① 燕良轼.外铄与内求:中国传统文化中两种智慧取向及其关系.第十六届全国心理学大会之"理论心理学与心理学史"专题论坛三·中国文化背景下智慧心理学的理论探索与实证研究[C].2013-11-03.南京:中国,c2013.
② Paulhus, D. L., Wehr, P., Harms, P. D., & Strasser, D. I. (2002). Use of exemplar surveys to reveal implicit types of intelligence. *Personality and Social Psychology Bulletin*, 28:1053.

所讲的道德智力可能是两个名异实同的概念。不过，如前文所论，道德智力仍倾向于是一个中性词，而德慧则明显是一个褒义词，且在中国有悠久的传统，因此，基于我们的研究旨趣，最终决定用德慧一词。同时，一个拥有艺术智力的人，若将其艺术智力用来为大多数人谋福祉，他就拥有艺慧；余此类推。若再加上物慧（其内也今有不同的子类型智慧），智慧的类型实是多种多样的。可见，智慧的德才兼备理论里实蕴含多元智慧观。

其四，更好地理解智慧的德才兼备属性。在西方心理学界，人们虽然使用智慧一词，但至今没有人使用道德智慧一词，而是使用道德智力一词。如上文所论，尽管德慧与道德智力等两个概念对应的原型几乎是一样的，这暗示德慧与道德智力可能是两个名异实同的概念，不过，科尔斯等人所讲的道德智力主要指人们进行公平道德判断的能力，其内虽含有善情，但实际上仍主要是一种道德判断力；[①]而且，由于道德本身既具有一定的普世性，又具有一定的地域性与时代性，这导致道德智力仍是一个颇中性的概念，其内虽常常含有善的成分，却不能完全保证其在任何情境中都作出善的选择。与此不同，德慧实仍一种存在和体现在个体道德实践里的智慧，它较之科尔斯所讲道德智力概念的内涵要丰富得多；而且，它让人一眼就看出其是智慧的一个子类型，从而将德才兼备的属性——无论哪种类型，只要是智慧，就具备德才兼备的属性——明确地展现在世人的面前，不至于让人将德慧视作一种中性概念。

所以，若用人慧、物慧与德慧的思想进行观照，那么在加德纳的多元智力理论中，语言智力、逻辑-数学智力、空间智力、灵性智力（spiritual intelligence）、肢体-动觉智力和自然主义智力，均属于中性的概念，假若个体运用善去引导这些智力，使之用于为绝大多数人谋福祉，由此发展出来的智慧均属于物慧。如果个体只运用其语言智力、逻辑-数学智力、空间智力、音乐智力、肢体-动觉智力和自然主义智力去为自己或自己所属的小集团谋私利，那其内就没有任何物慧可言了，也就谈不上有物慧了。同时，根据物慧的上述定义可知，物慧与科技才华相通的一面是：它们都涉及一个人处理自然科学与技术方面问题的能力，拥有高超物慧或科技才华的人都善于解决自然科学与技术方面的难题。不过，物慧与科技才华相异的一面是：物慧是一个褒义词，拥有物慧的人将其聪明才智用来为绝大多数人谋福祉；科技才华是一个中性词，拥有科技才华的人既可将其聪明

---

① 理查德·格里格，菲利普·津巴多. 心理学与生活(第16版)[M]. 王垒等译. 北京：人民邮电出版社，2003：270 - 271. M. 艾森克. 心理学——一条整合的途径[M]. 阎巩固译. 上海：华东师范大学出版社，2000：668.

才智用来为绝大多数人谋福祉，也可用来为自己或自己所属的小集团谋私利。

与此同时，加德纳所说的人际智力、内省智力、音乐智力和存在主义智力（existential intelligence）[1]，美国心理学家迈耶和萨洛维等人所讲的情绪智力（详见第二章）以及桑代克（Edward Lee Thorndike，1874—1949）所说的社会智力（social intelligence）[2]（类似于加德纳所说的人际智力）虽与德慧有相通的一面：它们都涉及一个人处理人际关系的能力，拥有高超德慧、人际智力、内省智力、情绪智力或社会智力的人都善于与他人打交道。不过，德慧与人际智力、内省智力、情绪智力、社会智力等概念相异的一面是：德慧是一个褒义词，拥有德慧的人将其善于处理人际关系的能力用来为绝大多数人谋福祉；人际智力、内省智力、情绪智力或社会智力是一个中性词，拥有人际智力、内省智力、情绪智力或社会智力的人既可将其善于处理人际关系的能力用来为绝大多数人谋福祉，也可将其用来为自己或自己所属的小集团谋私利。假若个体运用善去引导自己的人际智力、内省智力、情绪智力或社会智力，使之用于为绝大多数人谋福祉，由此发展出来的智慧均属于德慧；如果个体只运用其人际智力、内省智力、情绪智力或社会智力去为自己或自己所属的小集团谋私利，那其内就没有任何智慧可言了，也就谈不上有德慧了。

其五，为了更好地开展因材施教与有针对性地选择人才。将智慧作人慧与物慧的分类，对各级各类教育而言，有助于开展因材施教；对各级各类管理部门而言，有利于根据工作岗位的特点，有针对性地选择人才。关于这点，在下文有详论，这里不多讲。

4. 德慧与君子人格

根据我们的前期研究发现，[3]自孔子开始，当中国人将君子和小人用来指称人格类型时，君子意指"有才德的人"，小人意指"无德之人"。这样，孔子等人倡导的"君子—小人"二分式人格类型说，指主要以合乎中国古代社会要求的德行的高低（兼顾才智大小）为标准，将人分为君子和小人两种类型的一种人格类型说。以什么标准来判断一个人是在做君子还是在做小人呢？综观《论语》里记载的孔子言论、孔门弟子的相关言论以及明显受到孔子思想影响的其他流派的著作，孔子判断一个人是在做君子还是在做小人的标准主要有十四个，其后孟子又

---

[1] Gardner, H. (1999). *Intelligence reframed: Multiple intelligences for the 21st century.* New York：Basic Books, pp. 1 - 292.
[2] Thorndike, E. L. (1920). Intelligence and its use. *Harper's Magazine*, 140：227 - 235.
[3] 汪凤炎, 郑红. 孔子界定"君子人格"与"小人人格"的十三条标准[J]. 道德与文明, 2008, (4)：46 - 51.

力倡诚，结果，判断一个人是在做君子还是在做小人的标准主要有十五个：仁、义、礼、智、信、忠、恕、诚、勇、中庸、孝、文质彬彬、和而不同、谦虚和自强。依中国传统文化尤其是儒家文化的解释，君子与小人之间的心理素质和言行表现是泾渭分明的，一个人在做人过程中，凡是从整体上较好地体现出这十五种素质的人就是君子；反之，凡是基本上不具备这十五种素质的人就是小人。正如《淮南子·泰族训》说："圣人一以仁义为之准绳，中之者谓之君子，弗中者谓之小人。君子虽死亡，其名不灭；小人虽得势，其罪不除。"①这里之所以用"较好"和"基本上"这两个限定词，是考虑到中国传统文化的多元性，不同学者对这十五种素质的态度并不完全一样。同时，在孔儒心中，上述十五种人格特质的重要性是不一样的。若借用人格心理学家卡特尔（Raymond Bernard Cattell，1905—1998）的术语，上述十五种特质中的后十一种特质只是君子人格的表面特质（surface traits），前四种特质才是君子人格的根源特质（source traits）。因为，第一，孔子曾说："仁者必有勇，勇者不必有仁。"②可见，一个人一旦有仁，其内必有勇的素质。第二，孔子曾说："夫仁者，己欲立而立人，己欲达而达人。"③并将宽视作仁者的品质之一，④而宽本有"宽恕"之义，这说明忠（即"己欲立而立人，己欲达而达人"，这是一种积极的恕道）和恕（即"己所不欲，勿施于人"，这是一种消极的恕道）本就是仁者具备的两个重要品质。第三，以谦虚谨慎、和而不同、诚信、重孝和自强不息的方式做人，以中庸的方式待人接物，这都体现了一个人的高超智慧，换言之，拥有高超智慧的君子也就拥有中庸、谦虚、诚信、重孝道、和而不同与自强不息等表面特质。第四，一个人若能做到"博学于文，约之以礼"，自然既儒雅又有礼貌，能给人文质彬彬的良好印象。正由于仁、智、义、礼四种特质是君子人格的根源特质。深知孔子思想精义的孟子才在《离娄下》里说："君子所以异于人者，以其存心也。君子以仁存心，以礼存心。仁者爱人，有礼者敬人。爱人者，人恒爱之；敬人者，人恒敬之。"⑤

　　可见，依德慧与君子的定义，德慧与君子有密切关系：具备君子人格的人一定拥有德慧，而具备德慧素质的人中的典型人物也正是典型的君子。因为一个人只要具有德才（主要体现在做人方面）兼备的素质，就是一个拥有德慧的人；而依孔儒的论述，一个典型的君子不但要有德才（主要体现在做人方面）兼备的素

①　刘文典.淮南鸿烈集解[M].冯逸，乔华点校.北京：中华书局，1989：685.
②　杨伯峻.论语译注[M].北京：中华书局，1980：146.
③　同上：65，167.
④　同上：183.
⑤　汪凤炎，郑红.孔子界定"君子人格"与"小人人格"的十三条标准[J].道德与文明，2008，（4）：46-51.

质,还要有谦虚与文质彬彬等方面的素质。换言之,依孔子等人的言论,君子一般是用一颗善良之心和做人方面的聪明才智来妥善处理天与人、人与我、人与社会、个体的主我与客我(包括身与心)等的关系,以期达到"兼容多端而相互和谐"(张岱年语)的效果。因此,君子人格实际上是一种具有仁爱、平等、尊重、宽恕、灵活、机智(主要体现在做人方面)等人格特质,且具共生取向、和谐发展的独立人格。用德育心理学的眼光看,正是由于个体通过修身养性的方式使自己获得仁、义、礼、智四种根源特质,从而使自己成为君子,这样,于内可以使自己恰如其分地调节自己的身与心,从而实现"身心之和"和"主客我之和";于外则能够做到用善良之心与"兼容多端而相互和谐"的思想来处理天人关系与人我关系。一方面,君子本着"地势坤,君子以厚德载物"①的精神,以"有所为有所不为"的方式实现"天人之和"。"有所为",指君子在与自然打交道的过程中,往往积极进取,善于利用自然来为自己服务。正所谓:"天行键,君子以自强不息。"②"有所不为",指君子在与自然打交道的过程中,善于做到适可而止,为了使自己能与外部环境和谐相处,必会自觉地约束自己的言行,做到"畏天命,畏大人,畏圣人之言",③以使自己的言行"与天地合其德,与日月合其明,与四时合其序。"④例如,据《论语·述而》记载:"子钓而不纲,弋不射宿。"为什么孔子钓鱼时不用大绳横断流水来取鱼,用带生丝的箭来射鸟却不射归巢的鸟呢?⑤ 这就体现出孔子的生态智慧。因为孔子认识到,用大鱼网横断水流的方式来捕鱼,将会将河里的大鱼小鱼一网打尽,如果人人都以这种方式捕鱼,河里终将无鱼可捕。归巢的大鸟往往要为巢里的小鸟带去食物,如果射杀归巢的大鸟,巢里的小鸟将会饿死,若人人都这样做,鸟类最终将灭亡。所以,人们可以捕鱼,但不能将小鱼全部捕获;人们可以射鸟,但也要留给大鸟喂小鸟的机会。只有这样做,人们生存的环境才可能做到可持续发展。另一方面,君子本着"地势坤,君子以厚德载物"的精神,运用"克己复礼"与"和而不同"等策略实现"人我之和"。正如孔子所说:"君子和而不同,小人同而不和。"⑥《大学》所讲的"三纲领八条目"表达的正是此意:自"致知在格物。物格而后知至,知至而后意诚,意诚而后心正,心正而后身修"讲的是"修身功夫",凭此而使个体具备君子的素养,其中极少数做到极高明处的个

---

① 周振甫. 周易译注[M]. 北京:中华书局,1991:13.
② 同上:3.
③ 杨伯峻. 论语译注[M]. 北京:中华书局,1980:177.
④ 周振甫. 周易译注[M]. 北京:中华书局,1991:9.
⑤ 杨伯峻. 论语译注[M]. 北京:中华书局,1980:73.
⑥ 同上:141.

体就具备"内圣"的素质，正如北宋邵雍在《皇极经世·观物篇四十二》里所说："圣也者，人之至者也"；自"身修而后家齐，家齐而后国治，国治而后天下平"讲的正是君子宜努力去做的"推己及人与物"的"外王功夫"。

综上所论，拥有君子人格，不但已拥有德慧，而且最能真切体悟德慧的实质，并身体力行和谐伦理精神。明白了这一点，就能理解：何以孔子愿意花那么大的力气来宣扬君子人格，何以孟子明确提出德慧的概念，何以秦汉以降的中国传统文化如此推崇君子人格，何以宋明理学家将本只是《礼记》中的一篇的《大学》抬高到"四书五经"之首！

孔儒对君子的要求甚高，因为在孔儒心中，典型的君子不但拥有德才（主要体现在做人方面）兼备的心理素质，还兼有文质彬彬等方面的素质，甚至还可能兼有自然科学与技术方面的聪明才智。① 而本书所讲的具有德慧的人则只要拥有德才（主要体现在做人方面）兼备的心理素质即可，并不一定非要拥有文质彬彬等方面的素质，也不需要兼有自然科学与技术方面的聪明才智。因为孔儒所讲的诸如文质彬彬的素质实是一种锦上添花的素质，孔儒所讲的诸如谦虚的素质则带有深深的自身文化烙印，并不是所有类型的文化都完全认可的；拥有德慧的人无需拥有丰富的自然科学知识，只要具备一定的自然科学知识即可。同时，孔儒倡导的君子的德性主要是符合儒家伦理道德规范的德性，其中固然有一些具有普世性，自然也有一些是要与时俱进的。所以，用今天的眼光（这种眼光的特点是：既弘扬中国优秀文化传统，又主张放眼看世界，兼收并蓄他国优秀文化）看，如果将孔儒倡导的君子人格作现代诠释与转换，②使之生成适合当代中国国情的新型君子人格，那么新型君子人格与本书所讲的德慧的内涵基本上就是一致的，培育新型君子人格实就是培育德慧。

这样，为了区别流行于中国古代社会的旧"君子—小人"二分式人格类型说，这里用了一个"新式"的限定词。新式"君子—小人"二分式人格类型说，指主要以合乎当代中国社会要求的德行的高低（兼顾才智大小）为标准，将人分为君子和小人两种类型的一种人格类型说。同时，既然孔子等人倡导的"君子—小人"二分式人格类型说里只有仁、义、礼、智四种特质才是君子人格的根源特质，③相应地，新式君子人格的根源特质也只有仁、义、礼、智四种。具体地说，新式君子

---

① 汪凤炎,郑红.孔子界定"君子人格"与"小人人格"的十三条标准[J].道德与文明,2008,(4)：46-51.
② 例如,一个人只要具备新型仁、义、礼、智四种根源特质,即使没有文质彬彬之类的表现特质,也仍可以将之称作君子,因为这种新型君子同样是一个真正的德慧者。
③ 汪凤炎,郑红.孔子界定"君子人格"与"小人人格"的十三条标准[J].道德与文明,2008,(4)：46-51.

人格,指在整体上较好地具备(真)仁、(大)义、(大)礼("真知礼与真行礼")、(大)智(主要体现在做人而不是自然科学研究中)四种根源特质,从而在行为中较好地体现出"个体的身心内外之和"、"人际之和"、"天人之和"的人格。小人人格,则指只有假仁、小义、小礼或无礼、小智(小聪明)四种根源特质,从而在行为中不能较好地体现出"个体的身心内外之和"、"人际之和"、"天人之和"的人格。

由此可见,新旧式"君子—小人"二分式人格类型说的共通之处是:判断君子与小人的标准在形式上是一致的,毕竟,新式"君子—小人"二分式人格类型说是在继承与借鉴以孔子为首倡者的旧式"君子—小人"二分式人格类型说上提出来的。因为以孔子为首倡者的旧式"君子—小人"二分式人格类型说对中国人的做人方式产生了深远影响,至今仍在一定范围与程度内深深地影响着许多中国人的做人风格。新旧式"君子—小人"二分式人格类型说的主要区别是:判定君子与小人的标准在内容上有一定的差异,这种差异主要体现在两个方面:(1)新式"君子—小人"二分式人格类型说强调用合乎当代中国社会要求的伦理道德规范与才能要求为标准,旧式"君子—小人"二分式人格类型说强调用合乎中国古代社会要求的伦理道德规范与才能要求为标准。(2)将一些诸如文质彬彬之类的锦上添花的素质与诸如谦虚之类具儒道文化特色的素质涤除掉,不再将之作为评判新式君子人格的重要标准。

这样一来,新式君子人格与德慧就是两个基本可以互换的概念。也就是说,新式君子人格也可称作德慧,指一种拥有德才(主要体现在做人方面)兼备的心理素质的人格。

5. 物慧与君子人格

在中国传统社会,君子一般都不具备自然科学与技术领域的才华,相应地,旧式君子一般都没有物慧。如,孔子本人是一个典型的旧式君子,但他基本上就没有物慧,而只拥有卓越的德慧。当然,也有极少数旧式君子兼有德慧与物慧。

同理,具备新式君子人格的人既可以拥有物慧,也可以没有物慧。而纯粹只具备物慧素质的人往往也没有德慧,因为他们虽拥有德才兼备的心理素质,但其才华主要体现在自然科学与技术领域,却不能在做人方面展现出聪明才智。不过,生活中的人是复杂多样的,有些人既拥有物慧,也兼有一定的德慧,那么这种人就既是一个君子,也是一个拥有物慧的人。

6. 物慧与待天智慧

物慧与待天智慧有一定的联系与区别。根据上文的界定,物慧与待天智慧的相通之处是:二者指向的对象都有客观事物,都是个体在对待客观事物时展现出来的智慧。物慧与待天智慧的区别主要有三：（1）二者指向的对象不尽相同。物慧指向的对象是没有主体性的客观事物，所以，在物慧指向的对象中，一般不包括研究者自身；待天智慧指向的对象是除人之外的其他客观事物与自我之间的关系。（2）物慧与待天智慧的评价指标不同。物慧是个体在研究客观事物的内在规律的过程中展现出来的智慧，这样，一个人若想获得"拥有物慧"的评价，必须在自然科学与技术的研究中获得新的突破甚至要有大的突破，进而获得有重要社会价值或经济价值的科研成果；待天智慧是个体在处理物我关系过程中展现出来的智慧，这样，一个人若想获得"拥有待天智慧"的评价，只需在处理物我关系的过程中提出新的观点或作出新的表率即可，无需获得新颖且有重要社会价值或经济价值的科研成果。（3）个体在研究客观事物的内在规律的过程中，最重要的一个影响因素是研究者自身要有敏锐的创新思维和足够的科技知识，是否能够洞察人心则不是一个重要的影响因素；与此不同，个体在研究自我与除人之外的其他客观事物的关系的过程中，虽然有时也要求研究者自身有敏锐的创新思维和一定的科技知识，但研究者自身能否能够洞察人心则是一个更加重要的影响因素，否则会影响个体待天智慧的生成与展现。

7. 德慧与物慧的区别与联系

德慧属于人慧下的一个重要子类，它与物慧的区别类似于人慧与物慧的区别，为免累赘，故不多论。同时，德慧与物慧之间也有一定的联系：从本质上看，二者都是良好品德与聪明才智的合金，所以二者之内都蕴含一定的良好品德，只不过，二者涉及的聪明才智的性质

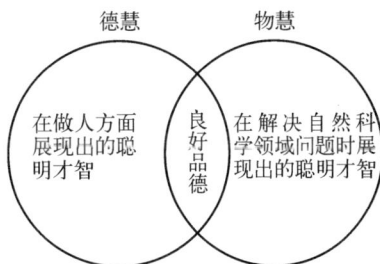

图4-4 德慧与物慧的关系示意图

不同而已：德慧里蕴含的聪明才智主要体现在做人方面，物慧里蕴含的聪明才智主体体现在研究自然科学方面（如图4-4所示）。

（二）小智慧、中智慧与大智慧

尽管中外学术界至今未出现一个公认的、具操作性的、判断智慧发展程度高低的标准，不过，从辩证唯物主义有关量变与质变关系的论述和人本主义心理学的角度看，智慧从数量上讲仍可以有大小之分，即同一类型但不同层次的智慧之间存在水平差异，从而可以有小智慧、中智慧或大智慧之类的说法。换言之，依智慧里包含的才能或能力的大小差异，或者依据个体要解决的问题的难度高低，可将智慧分为小智慧、中智慧与大智慧等不同水平。小智慧也是智慧的一种，具

有智慧素质(无论智慧程度是高还是低)且能经常展现的人均可称作智慧者。毕竟,无论是小智慧、中智慧还是大智慧,三者只是在数量上存在差异,其实质都是一样的:只要是智慧,就是良好品德与聪明才智的合金。更重要的是,大智慧是在小智慧的基础上逐渐发展起来的(如图 4 - 5 所示)。

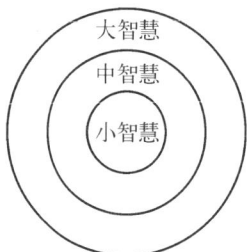

图 4 - 5 小智慧、中智慧与大智慧关系示意图

1. 小智慧、中智慧与大智慧的内涵

综合考虑思维的新颖性、思维成果带来的受益以及思维成果具有的良好社会价值的持续时间三个因素,可以将智慧分为小智慧、中智慧与大智慧三种类型。小智慧、中智慧和大智慧三个概念虽是生活中常见的概念,但人们通常是在常识水平上使用它,下面对它们作严格的界定,使之从前科学概念转变成科学概念。

小智慧是指个体在其智力与知识的基础上,经由经验与练习习得的一种较低水平的德才兼备型综合心理素质。拥有这种综合心理素质,个体就能在身处某种难度系数较低的复杂问题情境时能够适时产生下列行为:个体在其良心的引导下或善良动机的激发下,及时运用其聪明才智去正确认知和理解面临的某种难度系数较低的复杂问题,进而采用正确、较新颖、较灵活巧妙且最好能合乎伦理道德规范的手段或方法高效率地解决这些难度系数较低的复杂问题,并保证其行动结果在短时期内不但不会损害他人的正当权益,还能让某些他人或自己与某些他人的福祉得到小小的提升。例如,在"司马光砸缸"的典故中,年少的司马光出于善良的动机,能够恰当地运用自己的聪明才智,及时通过砸缸的方式,将掉进大水缸并有可能被水淹死的同伴救出来,就显示出年少的司马光已有一定的智慧。当然,从智慧大小的角度看,这种智慧只能算是一种小智慧,因为"砸缸救人"本身的难度系数并不大,而且"司马光砸缸"后的受益者基本上只是溺水者及其家人而已。

中智慧是指个体在其智力与知识的基础上,经由经验与练习习得的一种中等水平的德才兼备型综合心理素质。拥有这种综合心理素质,个体就能在身处某种难度系数中等的复杂问题情境时能够适时产生下列行为:个体在其良心的引导下或善良动机的激发下,及时运用其聪明才智去正确认知和理解面临的某种难度系数中等的复杂问题,进而采用正确、较新颖、较灵活巧妙且最好能合乎伦理道德规范的手段或方法高效率地解决这些难度系数中等的复杂问题,并保证其行动结果在较长时期内不但不会损害他人的正当权益,还能让一部分他人或自己与一部分他人的福祉得到中等程度的提升。例如，在"曹冲智救库吏"的故事中，年少的曹冲展现出来的智慧就属于中智慧，因为救库吏这件事情在当时的社会背景下是一件颇困难的事情，但曹冲出自善良动机，并凭其聪明才智妥善做到了。

大智慧是指个体在其智力与知识的基础上，经由经验与练习习得的一种高水平的德才兼备型综合心理素质。拥有这种综合心理素质，个体就能在身处某种难度系数很大甚至极大的复杂问题情境时能够适时产生下列行为：个体在其良心的引导下或善良动机的激发下，及时运用其聪明才智去正确认知和理解面临的某种难度系数很大甚至极大的复杂问题，进而采用正确、非常新颖、非常灵活、非常巧妙且最好能合乎伦理道德规范的手段或方法高效率地解决这些难度系数很大甚至极大的复杂问题，并保证其行动结果不但不会损害他人的正当权益，还能长久地让绝大多数他人或自己与绝大多数他人的福祉得到大幅的提升。用这个眼光看，孔子、李冰、爱因斯坦等人都属于典型的拥有大智慧的人。

2. 小智慧、中智慧与大智慧的异同

根据上述定义可知，小智慧、中智慧与大智慧的共同之处是：三者都属于智慧的范畴，所以，三者不但都是聪明才智与良好品德的合金，而且其心理结构与心智加工过程也是类似的。小智慧、中智慧与大智慧的差别之处主要有二：(1) 三者蕴含的善和聪明才智在发展水平上有低、中、高之分：相对而言，小智慧之内蕴含的善和聪明才智在发展水平上是最低的；中智慧之内蕴含的善和聪明才智在发展水平上处于中等水平；大智慧之内蕴含的善和聪明才智在发展水平上处于最高水平。(2) 三者在增进他人或自己与他人福祉的效果上也有差异。由于小智慧、中智慧与大智慧三者之内蕴含的善和聪明才智在发展水平上有低、中、高之分，这样，三者在增进他人或自己与他人福祉的效果上也有差异：小智慧一般只能较长久地让少数他人或自己与少数他人的福祉得到低水平的提升，或者只在短时间内让大多数人的福祉得到提升；中智慧一般可较长久地让一些人的福祉得到中等水平的提升；大智慧一般能长久地让绝大多数人的福祉得到高水平的提升（如表 4-2 所示）。因此，衡量一个人是否拥有大智慧的标准，除了其要有大善之外，还要有高超的聪明才智，以保证其行为结果能长久地让绝大多数人的福祉得到高水平的提升。用这个眼光看，虽从善的动机出发，但只能在短时间能让绝大多数人受惠，而从长远眼光看可能会让绝大多数人福祉受到损害的行为，不但算不上真正的智慧行为，更不是大智慧。例如，前段时间，中国一些地方为了片面追求 GDP，不惜以牺牲环境为代价，引进一些高污染企业，虽短时间内给当地财政带来一些收益,但这种做法本身却属于典型的饮鸩止渴行为,其内无智慧可言。

表 4-2 大智慧、中智慧、小智慧的同与异

	实　质	善与聪明才智的发展水平	受益人数	受益程度	良好效果持续时间
小智慧	善与聪明才智的合金	低	少或多	低	持续时间一般较短
中智慧	善与聪明才智的合金	中	少或多	中	持续时间较长
大智慧	善与聪明才智的合金	高	多	高	持续时间很长或极长

(三) 真智慧与类智慧

1. 真智慧与类智慧的内涵

从创造是真创造还是类创造的角度,可以将智慧分为真智慧与类智慧。

真智慧是指个体在其智力与知识的基础上,经由经验与练习习得的一种德才兼备型综合心理素质。个体一旦拥有这种综合心理素质,就能让其在身处某种复杂问题情境时能够适时产生下列行为:个体在其良心的引导下或善良动机的激发下,及时运用其聪明才智去正确认知和理解面临的复杂问题,进而采用正确、新颖、灵活、巧妙且最好能合乎伦理道德规范的手段或方法高效率地解决复杂问题,同时,既取得一项或多项针对全人类已取得的文明成果而言都具有新颖性且有社会价值的成果,又能保证其行动结果不但不会损害他人的正当权益,还能长久地增进他人或自己与他人的福祉。

类智慧是指个体在其智力与知识的基础上,经由经验与练习习得的一种德才兼备型综合心理素质。个体一旦拥有这种综合心理素质,就能让其在身处某种复杂问题情境时能够适时产生下列行为:个体在其良心的引导下或善良动机的激发下,及时运用其聪明才智去正确认知和理解面临的复杂问题,进而采用正确、新颖、灵活、巧妙且最好能合乎伦理道德规范的手段或方法高效率地解决复杂问题,同时,既取得一项或多项针对自己取得的已有成果而言都具有新颖性且有社会价值的成果,又能保证其行动结果不但不会损害他人的正当权益,还能长久地增进他人或自己与他人的福祉。

2. 真智慧与类智慧的异同

根据上述定义可知,真智慧与类智慧的共同之处是:二者不但都是聪明才

智与良好品德的合金，而且其心理结构与心智加工过程类似。真智慧与类智慧的区别在于：真智慧能产生对全人类而言都具新颖性且有社会价值的创造性成果；而类智慧只能产生虽有社会价值，但只对自己而言具新颖性而对他人而言并不具有新颖性的创造性成果（如图 4－6 所示）。

3. 真智慧一定是大智慧而类智慧一定是小智慧吗

也许有人会说：真智慧一定是大智慧而类智慧一定是小智慧。真的是这样吗？答案显然是否定的。因为某些真智慧里蕴含的真创造只属于小发明、小创

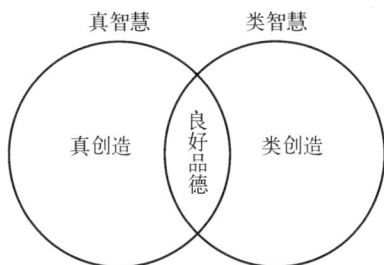

图 4－6 真智慧与类智慧的关系示意图

造，其社会价值并不是很高，所以这类真智慧并不能进入大智慧的行列。与此不同，在某些特殊情况下，包含类创造的类智慧的价值却是很大甚至极大的。这种特殊情况主要有二：(1) 某种知识或技术虽由张三发现或发明，但由于种种原因现已失传，若李四能够通过自己的独立研究将之完全复制出来，那么李四的这种创新虽只是一种类创造，但这种类创造仍是极有价值的。例如，为了掌握全国地震动态，东汉时期张衡经过长年研究，终于在阳嘉元年（132 年）发明了候风地动仪，这是世界上第一架地动仪。[①] 据《后汉书·张衡传》记载：

阳嘉元年，复造候风地动仪。以精铜铸成，圆径八尺，合盖隆起，形似酒樽，饰以篆文山龟鸟兽之形。中有都柱，傍行八道，施关发机。外有八龙，首衔铜丸，下有蟾蜍，张口承之。其牙机巧制，皆隐在尊中，覆盖周密无际。如有地动，尊则振龙机发吐丸，而蟾蜍衔之。振声激扬，伺者因此觉知。虽一龙发机，而七首不动，寻其方面，乃知震之所在。验之以事，合契若神。自书典所记，未之有也。尝一龙机发而地不觉动，京师学者咸怪其无征。后数日驿至，果地震陇西，于是皆服其妙。自此以后，乃令史官记地动所从方起。[②]

可见，候风地动仪"以精铜铸成，圆径八尺"，"形似酒樽"，上有隆起的圆盖，仪器的外表刻有篆文以及山、龟、鸟、兽等图形。仪器的内部中央有一根铜质"都柱"，柱旁有八条通道，称为"八道"，还有巧妙的机、关。樽体外部周围有八个龙头，按东、南、西、北、东南、东北、西南、西北八个方向布列。龙头和内部通道中的发动

---

① 唐红丽. 追踪张衡地动仪的"前世今生"[N]. 中国社会科学报，2011－03－01.
② 范晔. 后汉书[M]. 北京：中华书局，2007：561.

机关相连,每个龙头嘴里都衔有一个铜球。八个蟾蜍蹲在地上,个个昂头张嘴,对着龙头,准备承接龙头嘴里落下的铜球。当某个地方发生地震时,樽体随之运动,触动机关,使发生地震方向的龙头张开嘴,吐出铜球,落到铜蟾蜍的嘴里,发生很大的声响。根据此记载,候风地动仪虽不能预报地震,只能当"事后诸葛亮",但毕竟候风地动仪诞生于近 1900 年前,自有其应有的价值。[①] 可惜的是,候风地动仪早已失传。[②] 假若真有人能够复制出候风地动仪,那这种类创造的价值也是功德无量的,因为至少可通过它启迪智慧、普及科学知识、开展爱国主义教育。[③] (2) 某种知识或技术虽由张三发现或发明,但由于保密等原因,张三或张三所在的国家绝不允许此种知识或技术外泄给他人或他国,他人或他国若想获得此种知识或技术,就只能靠自力更生了。在这种背景下,他人或他国科技人员通过自力更生获得此种知识或技术,虽然从世界范围看并不新颖,但是这种类创造的价值也是很大的,尤其是对提升一国国力和促进世界和谐发展都会有一定的积极意义。

可见,真智慧和类智慧中均既有小智慧也有大智慧。所以,在评价一个人智慧的大小时,既要考虑其思维方式或其最终生产出来的产品的新颖性或原创性,更要考虑其思想成果产生社会价值的大小,切不可一味地追求新颖性而轻视社会价值,从而过于强调真智慧的重要性而贬低类智慧的价值。

(四) 智慧类型多样化与智慧教育目标多样化

1. 智慧类型的多样化

无论从学理角度看还是从现实角度看,智慧类型都是多种多样的,而不是单一类型的,毕竟智慧不但有类型上的差异,还有数量上的差异;与此相对应,智慧者同样既有类型上的差异,也有数量上的差异。

其一,存在不同的智慧子类型。从智慧的性质上看,智慧存在人慧与物慧之分,二者经不同的排列组合,就构成不同的智慧子类型(如表 4-3 所示)。相应地,在实际生活中,存在三大类五个子类真正意义上的智慧者:第一大类的智慧者是只拥有人慧的人,如中国哲学家孔子和老子、诺贝尔和平奖获得者特丽莎修女等。第二大类的智慧者是只拥有物慧的人,如中国的鲁班、美国发明家爱迪生(Thomas Edison,1847—1931)和"互联网之父"蒂姆·伯纳斯·李(Tim Berners Lee,1955—)等。第三大类的智慧者兼具物慧与人慧,根据人慧与物慧搭配的

---

① 唐红丽.古代科技精神值得继承发扬——访清华大学教授刘兵[N].中国社会科学报,2011-03-01.

② 唐红丽.复原,穿越千年的对话[N].中国社会科学报,2011-03-01.

③ 唐红丽,冯锐.我们的复原均有史料依据[N].中国社会科学报,2011-03-01(4).

表 4 - 3　由人慧与物慧组合成的三大类五个子类智慧类型及相应的智慧者

类　型		公　式	心理或行为的典型特征
真正的智慧者（简称「智慧者」）	只拥有人慧的人，其典型人物之一是孔子	良好品德（至少有高于常人的良好品德）＋聪明才智（主要在人文社会科学领域展现出来）	只善于创造性地解决人文社会科学领域的复杂问题，在不损害他人正当权益的前提下，还将行动动机指向为他人或自己与他人谋福祉，并常常能收到一定甚至良好效果
	只拥有物慧的人，其典型人物之一是鲁班	品德（至少要有超越底线伦理的品德）＋聪明才智（主要在自然科学领域展现出来）	只善于创造性地解决复杂的自然科学与技术问题，在不损害他人正当权益的前提下，还将其行动动机指向为他人或自己与他人谋福祉，并常常能收到一定甚至良好效果
	兼具人慧与物慧的人　人慧与物慧平衡发展的人，其典型人物之一是墨子	良好品德＋聪明才智（在人文社会科学与自然科学上都能和谐地展现出来）	良好品德与聪明才智都和谐发展，善于创造性地解决复杂的自然科学与技术问题和人文社会科学问题，在不损害他人正当权益的前提下，还将其行动动机指向为他人或自己与他人谋福祉，并常常能收到一定甚至良好效果
	兼具物慧，更以人慧见长的人，其典型人物之一是诸葛亮	良好品德＋聪明才智（主要在人文社会科学领域展现出来，有时在自然科学上也能展现）	兼具良好品德与聪明才智，最善于创造性地解决人文社会科学领域的复杂问题，也能创造性地解决部分复杂的自然科学与技术问题，在不损害他人正当权益的前提下，还将其行动动机都指向为他人或自己与他人谋福祉，并常常能收到一定甚至良好效果
	兼具人慧，更以物慧见长的人，其典型人物之一是朱载堉	良好品德＋聪明才智（主要在自然科学领域中展现出来，有时在人文社会科学领域中也能展现）	兼具良好品德与聪明才智，最善于创造性地解决复杂的自然科学与技术问题，也能创造性地解决人文社会科学领域的部分复杂人生问题，在不损害他人正当权益的前提下，还将其行动动机都指向为他人或自己与他人谋福祉，并常常能收到一定甚至良好效果

不同比例，还可以将这类智慧者进一步细分为三种子类型：第一类是人慧与物慧平衡发展的人，如中国的墨子和英国哲学家罗素（Bertrand Russell, 1872—1970）等；第二类是兼具物慧但更以人慧见长的人，如中国古代的诸葛亮，若引进数量的观念，在这种类型的智慧者中仍有一定的差异；第三类是兼具人慧但更以物慧见长的人，如明代的朱载堉（曾提出"十二平均律"，将 8 度音平均分为 12 个半音，每个半音之间是绝对相等的，比欧洲人提前数十年[①]）、"世界杂交水稻之

① ［英］李约瑟.中国科学技术史（第四卷第一分册）［M］.北京：科学出版社，上海：上海古籍出版社，2003：208,210-214.戴念祖.朱载堉——明代的科学和艺术巨星［M］.北京：人民出版社，1986：138.2003 年 7 月 4 日晚中国中央电视台 10 台"教科文行动·综合篇"栏目的"音乐与科学"专题报道。

父"袁隆平、科学家爱因斯坦和美国微软公司前董事长比尔·盖茨等,若引进数量的观念,在这种类型的智慧者中仍有一定的差异。

根据上文所论,不能将"有聪明才智却无善心"的人称作智慧者,只能将这种只拥有中高水平"纯智力"(即纯粹属于认知领域的智力,以有别于像情绪智力之类渗入情绪或品德因素的智力概念)称作中高型智商者;也不能将那些只具备"中高水平的善心却无聪明才智"的人视作德慧者,只能将这种只拥有中高水平善心的人称作善人或类德慧者。因为从学理角度看,一个人若真是善人,不但要有为人称道的善心,也必须拥有一定的道德认知能力,知道何者为善何者为恶,否则也做不了真正的善人。这表明善人既有德也有一定的智,是德智合一之人。不过,普通的善人拥有的智达不到聪明才智这个程度,所以还未真正步入德慧者之列,只能是一个类德慧者。事实上,中国传统文化基本上也是按此思路来界定善人的。例如,据《论语·述而》记载,"子曰:'圣人,吾不得而见之矣;得见君子者,斯可矣。'子曰:'善人,吾不得而见之矣;得见有恒者,斯可矣。亡而为有,虚而为盈,约而为泰,难乎有恒乎。'"依杨伯峻的翻译,这里的"有恒者"指能固守一定操守的人。① 根据上下文的语气可推知,在这里,善人显然比"有恒者"要"高贵"一些,"有恒者"既然是能固守一定操守的人,那么善人自然是指德智合一之人。但是,据《论语·先进》记载,"子张问善人之道。子曰:'不践迹,亦不入于室。'"杨伯峻的翻译是:善人不踩着别人的脚印走,学问道德也难以到家。② 依此解释,善人显然指那种虽拥有德智合一素质但二者都无杰出之处的人,所以,在孔子看来,这种人只有继续努力,才能将自己的学问道德提升到一个更高的层次,即使自己成为真正拥有德慧尤其是高水平德慧的人。正由于善人虽拥有德智合一素质但二者都不杰出,所以,据《论语·子路》记载,孔子才说"'善人为邦百年,亦可以胜残去杀矣。'诚哉是言也!"(善人治理国政连续到 100 年,也可以克服残暴免除虐杀了。)③"善人教民七年,亦可以即戎矣。"(善人教导人民达 7 年之久,也能够叫他们作战了。)④在肯定善人的同时,实际上也委婉地指出他们办事能力并不是很强。综上所论,善人=品德(至少有超越底线伦理的品德)+平常的智力,而德慧=品德(至少要有高于常人的良好品德)+聪明才智(主要在做人上展现出来)。一个人虽然智力平平,但只要具善心,此人就可被称为善人。

---

① 杨伯峻.论语译注[M].北京:中华书局,1980:73.
② 同上:116.
③ 同上:137.
④ 同上:144.

因此，善人虽具德智合一的素质，但若想成为真正高水平的德慧者，还需要通过学习获得做人方面的聪明才智才行。

　　其二，同一类型但不同层次的智慧之间存在水平差异。从智慧的发展程度上看，上文所讲的三种智慧子类型中，每一种智慧子类型又可以存在数量上的差异，相应地，在这三种类型的智慧者中，每一种又可以分出不同的发展水平；每一种典型智慧者发展到最高程度，都是真正的大智慧者。不同智慧类型与智慧发展的不同程度之间进行排列组合，可以生出无数个新的智慧子类型，这意味着真实生活中的智慧者的类型是多种多样的，发展水平也是有高有低的。同时也表明，虽然拥有真正智慧的人的道德品质与聪明才智都同时得到较高程度的发展，不过，属于不同类型与发展水平的真智慧者，其良好品德与聪明才智的和谐发展程度或水平仍有一定差异（如表 4‑4 所示）。

表 4‑4　由不同类型或水平的良好品德与聪明才智组成的智慧者

类型 ＼ 水平	具备小智慧者的典型心理与行为特征	具备中等智慧者的典型心理与行为特征	具备卓越智慧或大智慧者的典型心理与行为特征
只拥有人慧	只善于"创造性"①地解决人文社会科学领域难度较低的问题，将其行动的动机指向为绝大多数人谋福祉，并常常能收到一定的良好效果	善于创造性地解决人文社会科学领域难度适中的问题，将其行动的动机指向为他人或自己与他人谋福祉，并常常能收到一定的良好效果	善于创造性地解决人文社会科学领域高难度的问题，将其行动的动机指向为绝大多数人谋福祉，并常常能收到一定甚至极佳的效果
只拥有物慧	只善于"创造性"地解决难度较低的自然科学与技术问题，将其行动的动机指向为他人或自己与他人谋福祉，并常常能收到一定的良好效果	善于创造性地解决难度适中的自然科学与技术问题，将其行动的动机指向为他人或自己与他人谋福祉，并常常能收到一定的良好效果	善于创造性地解决高难度的自然科学与技术问题，将其行动的动机指向为绝大多数人谋福祉，并常常能收到一定甚至极佳的效果
兼具人慧与物慧的人（兼具物慧，更以人慧见长）	兼具一定的良好品德与聪明才智，最善于"创造性"地解决人文社会科学领域难度较低的问题，也能"创造性"地解决部分难度较低的自然科学与技术问题，将其行动的动机都指向为他人或自己与他人谋福祉，并常常能收到一定的良好效果	兼具良好品德与聪明才智，善于创造性地解决人文社会科学领域难度适中的问题，也能创造性地解决部分难度适中的自然科学与技术问题，将其行动的动机指向为他人或自己与他人谋福祉，并常常能收到一定的良好效果	兼具美德与聪明才智，最善于创造性地解决人文社会科学领域高难度的问题，也能创造性地解决部分高难度的自然科学与技术问题，将其行动的动机指向为绝大多数人谋福祉，并常常能收到一定甚至极佳的效果

①　在"创造性"上加双引号，这里的含义是，说明它只是"类创造"，而不是"真创造"。

类型\水平		具备小智慧者的典型心理与行为特征	具备中等智慧者的典型心理与行为特征	具备卓越智慧或大智慧者的典型心理与行为特征
兼具人慧与物慧的人	兼具人慧，更以物慧见长	兼具一定的良好品德与聪明才智，最善于"创造性"地解决难度较小的自然科学与技术问题，也能"创造性"地解决人文社会科学领域部分难度较小的问题，将其行动的动机都指向为他人或自己与他人谋福祉，并常常能收到一定的良好效果	兼具良好品德与聪明才智，善于创造性解决难度适中的自然科学与技术问题，也能创造性地解决人文社会科学领域部分难度适中的问题，将其行动的动机指向为他人或自己与他人谋福祉，并常常能收到一定的良好效果	兼具美德与聪明才智，最善于创造性地解决高难度的自然科学与技术问题，也能创造性地解决人文社会科学领域部分高难度的问题，将其行动的动机指向为绝大多数人谋福祉，并常常能收到一定甚至极佳的效果
	人慧与物慧平衡发展	良好品德与聪明才智初步获得了和谐发展，能"创造性"地解决人文社会科学领域和自然科学领域难度较低的问题，将其行动的动机指向为他人或自己与他人谋福祉，并常常能收到一定的良好效果	同时拥有中等水平的良好品德与聪明才智，能创造性地解决人文社会科学领域和自然科学领域难度适中的问题，将其行动的动机指向为他人或自己与他人谋福祉，并常常能收到一定的良好效果	兼具美德与聪明才智，能创造性地解决人文社会科学领域和自然科学领域高难度的问题，将其行动的动机指向为绝大多数人谋福祉，并常常能收到一定甚至极佳的效果

2. 智慧教育目标的多样化

根据智慧的德才兼备理论可知，智慧的类型与发展水平是多种多样的，不同类型与水平的智慧的不同排列组合，更是能生出纷繁复杂的智慧子类型（如图4-7所示）。与多元智慧相一致，现实生活里智慧者的类型实也是多种多样的。同时，从智慧教育的角度看，一个人能够做到具有真智慧固然很好，能够最终成为一个大智慧者那自然是更好，不过，任何一个人的品德发展总有一个循序渐进的过程，不同人之间的智商有高中低之别，不同的人拥有的知识经验与机遇也有多寡之分……一句话，由于主客观方面的因素不同，不能要求人人的品德都很高尚，更不能要求人人的才智都获得高水平发展。这就意味着，不能将智慧教育的目标只锁定在培育大智慧者上，还宜将培育小智慧者作为其目标之一，对于教育对象是年少的儿童的学前教育和中小学教育以及教育对象是智能不足者的特殊教育而言，一般更是只能将培育小智慧者作为其教育目标。毕竟，由不同类型或水平的品德与才智组成的六种类型人物中（如表4-5所示），只有大恶人、小恶人和小聪明者等三种人是绝不能成为教育的目的的，而各式各类的智慧者、善人与常人则都可以成为某一类型或某一阶段教育的目标。

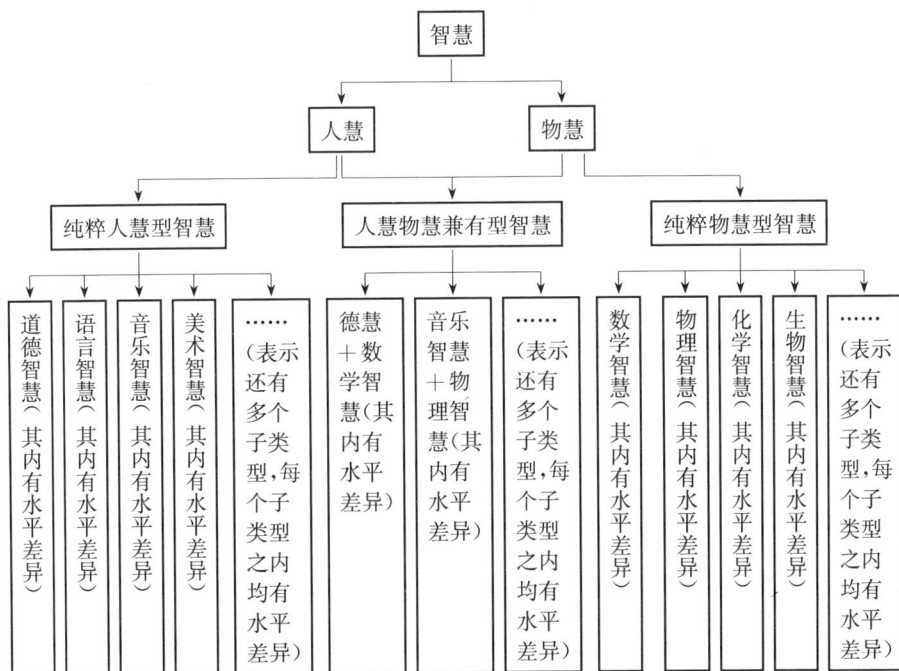

图 4-7　多元智慧示意图

表 4-5　由不同类型或水平的品德与才智组成的六种类型人物

类　型	公　式	心理或行为的典型特征
智慧者(包括纯粹的人慧者、物慧者以及人慧物慧兼有者三大类)	品德(至少有超越底线伦理的品德)＋聪明才智(经常体现在做人或做事上)	善于创造性地解决复杂的人文社会科学领域的问题或自然科学与技术方面的问题，将其行动机指向为他人谋福祉，并保证其行为结果不但不会损害他人的正当权益，而且能长久地增进他人或自己与他人的福祉
善人(类德慧者)	中高水平的品德＋才智平平	拥有一颗中高水平的善心，能长时间地与人为善，并常常能收到一定的效果，却不善于创造性地解决自然科学与技术领域或人文社会科学领域的问题
常人(普通人)	中低水平的品德(至少位于底线伦理道德之上)＋才智平平	拥有一颗中低水平的良心，能够应付日常生活问题，基本上无力创造性地解决自然科学与技术领域或人文社会科学领域的问题
智能不足者或准常人	智能不足＋前良心水平或中低水平的品德(受智能不足的影响，其品德发展水平不会很高)	不能有效地或只能勉强地应付日常生活问题；其行为基本不具有道德意义，但有些人也习得善心，导致其能作出相应的道德行为

续　表

类　型		公　式	心理或行为的典型特征
小聪明者		聪明才智＋低水平品德(有时甚至沦落至底线伦理道德之下)	善于创造性地解决自然科学与技术领域或人文社会科学领域的问题,却有自私自利倾向(只为自己或自己的小集团谋福祉,为此而不惜牺牲他人或绝大多数人的福祉),不过,在受到来自他人或自己的良心的指责后,也多能悔过自新
恶人	大恶人	聪明才智＋丧尽天良(良心已完全被贪欲遮蔽)	善于创造性地解决自然科学与技术领域或人文社会科学领域的问题,为了谋取自己或自己的小集团的利益,却不惜有意牺牲绝大多数的利益或幸福,所以往往给他人、社会甚至全人类带来巨大的灾难
	小恶人	才智平平＋缺德(良心已部分被贪欲遮蔽,其品德已沦落至底线伦理道德之下)	经常为了一己私利想害人,但因自己才智平平或者内心还藏有一分善心而造成的危害较小

根据上述分析,智慧类型的多样化意味着智慧教育目标的多样化,所以各种类型的智慧者都是智慧教育追求的育人目标之一。于是,在实际教育中,宜根据学生的身心发展特点以及不同学生拥有的不同外部教育资源,选择适合学生情况的智慧类型作为智慧教育的育人目标,切不可一味地简单拔高教育目标,也不可将教育目标"一刀切",将本是多姿多彩的教育目标弄成"千人一面"的单一教育目标,否则会阻碍教育的正常发展。概要地说,在确定育人目标时至少做如下两个方面。

其一,将人慧、德慧与物慧都纳入育人的目标。从智慧的类型上看,要将人慧、德慧与物慧都纳入智慧教育的育人目标体系,不能偏执一方,否则就可能潜藏危机。在现实教育中,一种教育若对德慧或物慧偏执一端,容易给教育和社会带来一些消极影响,中国古代和当代教育留给人们的经验教训就是一个明证。

如上文所论,中国古典智慧偏重在德慧上,与此相适应,中国古人一向将"立德"作为确立自己人生价值观的三大方式之首与核心。正如《左传·襄公二十四年》所说:"'大上有立德,其次有立功,其次有立言。'虽久不废,此之谓不朽。"[①]在这"三不朽"中,"立德"是要求个体持久地通过修身养性等"内圣"功夫来不断提高自己的道德修养,最终使自己的"道德声誉"能够做到"万古长青"。在"不朽"的方式里,它的"档次"最高。"立功"是要求个体用自己的高尚德行和聪明才

---

① 杨伯峻. 春秋左传注(修订本)[M]. 北京:中华书局,1990:1088.

智去实现人生的价值，并取得巨大成就（这是所谓的"外王"功夫），个体凭此而让自己的"英名"万世流芳。在"不朽"的方式里，它的"档次"较之"立德"要低一些。"立言"是要求个体说出或写下关于"如何更好地让自己或他人实现内圣外王之道"的"金玉良言"，个体凭此而让自己的"大名"流传千古。在"不朽"的三种方式里，它的"档次"最低。可见，"三不朽"的核心实乃一个"德"字。所以，汉代徐干在《中论·治学》里才说："昔之君子，成德立行，身没而名不朽。"张载在《经学理窟·义理》里也说："道德性命是长在不死之物也，己身则死，此则长在。"冯友兰也说：中国传统哲学的功用"不在于增加积极的知识，而在于提高心灵的境界"。① 于是，中国古代教育将单纯提高个体的道德品质作为教育的唯一目标，正如《大学》所说："大学之道，在明明德，在亲民，在止于至善。"为达此教育目的，进而将大量的人力、物力、财力和精力都用在道德教育上，而不注重科学知识与技术的教育与学习，致使中国历史上的大量才俊都将心思放在做"道德文章"上，不但最终导致中国传统文化未能自然孕育出科学来，进而导致中国传统文化在与西方近现代文明的碰撞中"节节败退"，几无可以容身之所；而且由于一些人未真正辩证看待良好品德与聪明才智（主要体现在做人方面）的关系，导致在中国古代社会，真正能够拥有德慧尤其是高水平德慧的德慧者不多，大多数人只是一个才华平平的善人或狡诈的聪明人。

与此不同的是，当代大多数中国人没有真正看清良好品德与聪明才智（主要体现在研究自然科学与技术上）的关系，进而未真心看重道德教育和道德学习，而只一门心思地学习与研究自然科学与技术。不过，由于一些人未确立正确的价值观、人生观与世界观，他们努力学习自然科学知识或技术的目的常常只是为了将来找一份"好工作"、方便出国留学或移民，而没有做到像钱学森等人那样站在"为中华之崛起而努力读书和科研"的高度，于是削弱了其学习自然科学与技术的动机，制约了其创新能力，导致在中国当代社会，真正能够拥有物慧尤其是高水平物慧的物慧者不多，大多数人只是中、低水平的物化型人才（指将人培育成没有善良情感的机器），于是才有了著名的"钱学森之问"。同时，由于种种因素交互作用的结果，当代中国一些学校（包括大中小学）表面上也重视智慧教育，但实际上却偏重培养人的聪明才智，与此相一致，当代中国无论是学校教育还是家庭教育乃至社会教育，实际上大都将重点放在培育科学家上，进而将大量的人力、物力、财力和精力都用在科学技术教育上（请与第二章第一节参照看）。不过，这种科学

---

① 冯友兰.中国哲学简史[M].北京：北京大学出版社，1996：4.

家往往只是一种聪明型人才或物化型人才上，而不是物慧者，因为这种科学家往往只具备钻研自然科学的素养，却因未受到扎实的道德教育或未经历过认真的道德学习，一般不具备良好的道德品质。这从当代一些颇有名气的科学家在申报重大科研项目、申报国家级奖励、申报院士时作假的事实里就可见一斑。另外，相对于学习和研究自然科学与技术的人而言，学习和研究人文社会科学的人普遍处于劣势地位，结果，在当代中国，真正能够拥有人慧尤其是高水平人慧的人慧者更是犹如凤毛麟角一般稀少。

综上所论，为了避免偏执于培养善良人与科学家带来的消极影响，就必须将人慧、德慧与物慧同时纳入智慧的范围之内，这样做，让人看到智慧类型的多样性，表明生活中的智慧者是多种多样的，每种类型的智慧者往往各有其擅长的领域。这不但有利于人才的培养，还有助于人才的选拔和量才而用。例如，在人才培养方面，若一个人的志趣在人文社会科学领域，就宜将之培养成人慧型人才；若一个人的志趣在自然科学领域，就宜将之培养成物慧型人才。在人才选拔方面，像理、工、农、医诸科的科研院所在录用人员时就宜多选拔一些物慧型人才，因为这些单位一般需要专业性强且有良好道德品质的人；像高校的辅导员一类的岗位就宜选择德慧型人才去担任，因为这类岗位只需要拥有良好道德品质且善于与人沟通的人。

根据上文所论，智慧教育在培育智慧的人时，既要上接中国文化的精义，重视对德慧型人才的培育，也要适当借鉴西方教育思想的精义，重视物慧型人才与其他人慧型人才的培育，因为二者各有其应有的价值。

不重视品德修养容易给聪明人带来巨大损失，而一旦重视人慧尤其是德慧的养成，不但能有效消除这些负面影响，还能带来新的收获：（1）有助于促进个体身心和谐发展，提高个体身心健康水平；（2）有助于个体获得和谐人际关系，提高个体适应社会的能力；（3）有助于个体更好地协调自我与自然环境的关系；（4）有助于提高个体生活的质量；（5）有助于中国人重塑新型"礼仪之邦"的形象。人慧为什么会有如此功效？这是由于，一个人一旦拥有人慧，就同时拥有良好的道德品质与做人的丰富知识和技巧，这样，当其在处理主我与客我关系，自我与他人、社会和国家的关系以及自我与自然界的关系时，才能做到恰如其分。

片面强调"以德统智"既容易给中国人造成双面人格，又致使中国传统文化里缺少科学因子。与此不同的是，一旦在教育里重视物慧的养成，不但能弥补这两个缺失，也能带来新的收获：（1）能保证自然科学与技术研究健康、可持续地发展。在当代中国，有一些学人信奉"学而优则仕"的做人理念，也不管自己是否适合做官，却从心底里渴望做官，进而将做学问视作敲开仕途的"敲门砖"。结果，虽最终弄到"一官半职"，却因自己不具备做官的素质，最终官也做不好，而先前的学问也丢了。这种人说到底就只有一定的偏向自然科学与技术领域的聪明才智，但却没有真正的物慧。（2）能保证科技成果转换为促进人类文明进步的力量。（3）有助于提高个体生活的质量。

其二，将小智慧与类智慧都纳入育人的目标。大家知道，斯腾伯格提出学校要"为智慧而教"并在美国中学展开智慧教育的实验后，引发了一些争论。帕里斯等人认为，"为智慧而教"的课程是无法在中学实现的，因为正如毕生发展心理学所表明的那样，智慧与个体的生理成熟、经验和默会知识关系密切，是一种随生命进程而展露的特质。① 巴尔特斯等人 2008 年的一个研究成果也表明，与智慧有关的知识最初出现的年龄阶段一般在成年早期和青少年晚期。② 可见，在通常情况下，智慧在个体生命的早期甚至成年早期都很难表现出来，所以很难通过智慧课程的教育让年轻的中学生学会智慧地思维或习得智慧。③

对于这类批评，斯腾伯格在"教智慧是多么的明智：对五个评论的回答"④一文里所作的回应是：如果不让儿童从小就开始学会智慧地思考，等到他们成人后再来教他们智慧，那就太迟了；更何况，任何一个年龄阶段的学龄儿童都不会因为自己太年轻而不去思考有关自己与他人的关系、有关影响自己决定的价值观问题、有关自己行动的责任等问题。⑤ 斯腾伯格进而指出，在目前美国的教育体制下开展智慧教育的实验将会遇到四个困难：美国现有的教育模式很难改变；许多美国人看不到智慧教育的价值；由于智慧与生理成熟、经验和默会知识关系密切，较之知识与智力，它不但更难发展，也更难通过直接传授而习得；智慧的最终目标是实现公共利益，这会招来一些既得利益者的反对⑥

从帕里斯等人的上述批评以及斯腾伯格的回应里可以看出，斯腾伯格及其批评者实都犯了一个同样的错误：误将多水平、多类型的智慧视作单一类型与

---

① Paris, S. G. (2001). Wisdom, snake oil and the educational marketplace. *Educational Psychologist*, 36(4): 258.

② Baltes, Paul B. & Smith, Jacqui (2008). The fascination of wisdom: Its nature, ontogeny, and function. *Perspectives on Psychological Science*, 3(1): 60.

③ Paris, S. G. (2001). Wisdom, snake oil and the educational marketplace. *Educational Psychologist*, 36(4): 258.

④ Sternberg, Robert J. (2001). How wise is it to teach for wisdom? A reply to five critiques. *Educational Psychologist*, 36(4): 269-272.

⑤ Ibid.: 271.

⑥ Sternberg, Robert J. (2004). Four alternative futures for education in the United States: It's our choice. *School Psychology Review*, 33(1): 67-77.

水平的智慧。这种错误的实质是：只承认真智慧才是智慧。只有真智慧才是智慧的不足之处至少有三：(1)一旦将智慧类型单一化，就不能很好地用来解释日常生活里存在的智慧本有水平差异的事实；(2)一旦将智慧类型单一化，就容易将智慧看作是中老年人的专有物(像埃里克森那样)，就无法解释有少数青少年也拥有大智慧的事实；(3)一旦将智慧类型单一化，就容易使人将智慧误解成突变的产物，而不是循序渐进中生成的，这不利于个体智慧的培育与生成。

要避免上述不足之处，就必须将小智慧和类智慧也各视作一种智慧类型，其理由除了上文所讲的"为了提高研究的新度和深度"之外，主要还有四个：(1)有助于提高个体尤其是广大青少年学子的自信心与自尊心。一旦将小智慧和类智慧纳入智慧的范畴，智慧就不再是极少数极其聪慧之人或大人物(如大科学家或大政治家等)的专有物，而变成极平常的东西，犹如"旧时王谢堂前燕，飞入寻常百姓家"，自然能有助于提高个体尤其是广大青少年学生的学习自信心与自尊心。(2)有助于提高发展中国家科学家的自信心与自尊心。一旦将小智慧和类智慧纳入智慧的范畴，也有助于发展中国家民众正确看待类智慧的价值，从而提高发展中国家科学家的自信心和自尊心。这点在上文已有论述，这里不多讲了。(3)有助于贯彻执行以人为本与赏识教育的教育理念。一旦将小智慧和类智慧纳入智慧的范畴，必将有助于广大家长与各级各类教师在教书育人过程中切实贯彻执行以人为本与赏识教育的教育理念，因为这会让家长与教师清楚地意识到自己面对的教育对象不是一个个"无知者"或"空心有机体"，而是一个个拥有发展程度高低不一的智慧者或类智慧者。(4)有助于智慧教育的开展。小智慧与大智慧、类智慧与真智慧之间都拥有类似的心理结构与心智加工方式，如果人们尤其是广大学子在学习与其他日常生活过程中经常展现出类智慧，必将能促进其真智慧的萌芽、产生与发展，毕竟任何一种事物都不可能是"空穴来风"、突然产生的，而是要经历一个酝酿、产生与发展壮大的过程。对于真智慧而言，也是如此。人们尤其是广大青少年只有先拥有一定数量和水平的类智慧，才能生成真正的智慧甚至大智慧。事实上，根据巴尔特斯等人的最新研究成果，与智慧有关的知识最初出现的年龄阶段一般在成年早期和青少年晚期。[①] 古今中外的许多事实也印证了巴尔特斯等人的这一最新研究成果的正确性。所以，当个体在成年早期和青少年晚期开始出现与智慧有关的知识时，教育者若能及时给予

---

① Baltes, Paul B. & Smith, Jacqui (2008). The fascination of wisdom: Its nature, ontogeny, and Function. *Perspectives on Psychological Science*, 3(1): 60.

引导与开发，自然容易开出更加灿烂的智慧之花；否则，它有时犹如昙花一现，瞬间就消失得无影无踪了。

综上所论，如果将智慧看作是多类型、多水平的，从而将智慧教育的目标也多类型化、多层次化，进而将不同类型和不同水平的智慧都纳入智慧教育的目标体系，从而生成一个多类型、多层次的智慧目标系统，以便满足不同个体的不同需要，就能有效开展智慧教育。具体地说，要树立如下两种理念，并将它们落实到实践中，才有可能避免招来类似人们对斯腾伯格"为智慧而教"的批评。

从群体角度看，对于中小学生乃至幼儿园的小朋友而言，鉴于其身心发展基本上尚处在发育、逐渐成熟过程的特点以及较少的人生阅历，一般而言，宜将他们中的绝大多数人的教育目标定在培育小智慧或类智慧上，以此为个体将来生成更高水平的智慧打下良好基础；而不宜急于求成，将"培育个体的真智慧或大智慧"定作中小学乃至幼儿园的教育目标，毕竟，"心急吃不了热豆腐"。对于大学生乃至硕士生和博士生，才可将"培育真智慧甚至大智慧"作为智慧教育的主要目标。

从个体角度上看，对于绝大多数中小学生和学前儿童而言，要充分尊重并考虑到不同学生的身心发展特点以及个性特点，引导他们朝着初步拥有纯粹类人慧的智慧者、初步拥有纯粹类物慧的智慧者、初步兼具类物慧但更以类人慧见长的智慧者、初步兼具类人慧但更以类物慧见长的智慧者、初步拥有和谐发展的类人慧与类物慧的智慧者的目标努力；对于极少数早慧型的中小学生，则要引导他们朝着拥有中等水平甚至高水平纯粹真人慧的智慧者、拥有中等水平甚至高水平纯粹真物慧的智慧者、兼具中等水平物慧但更以真人慧见长的智慧者、兼具中等水平人慧但更以真物慧见长的智慧者、拥有中等水平甚至高水平和谐发展的真人慧与真物慧的智慧者的目标努力。随着个体的生理成熟以及经历、经验、明确知识与默会知识等的不断丰富，在个体的成年中期和晚期，将"培育真智慧甚至大智慧"作为智慧教育的主要目标。

可见，本书在心理学界首次将智慧作人慧、物慧与德慧以及类智慧与真智慧的类型划分，又对常见的小智慧、中智慧和大智慧进行严格界定，这样做至少有四个方面的价值：第一，能让今人更清楚地看到人慧与物慧在中西方文化里的不同命运，从而清醒地认识到智慧是一个具有浓厚文化色彩的概念；第二，对于人们正确看待智慧的类型、纠正长期以来多数人心中存在"智慧实质上主要是指道德智慧"的偏颇看法①或将智慧视作单一类型等都颇有益处;第三,为妥善开展智慧教育提供扎实的理论依据;第四,为量才而用提供理论依据。

四、影响智慧生成与发展的因素

(一) 五因素交互作用论

影响个体智慧生成与发展的因素复杂多样,概括起来,主要有遗传、成熟、环境、教育和主体性等五个变量。通过问卷调查(详见附录2),被试对下述问题的作答情况如表4-6所示:

下面关于影响个体智慧生成与发展因素的四种说法中,您更赞成哪一种?

A. 影响个体智慧生成与发展的主要因素是个体的遗传素质。

B. 影响个体智慧生成与发展的主要因素是个体所处的家庭环境与学校教育。

C. 影响个体智慧生成与发展的主要因素是个体所处的社会环境。

D. 遗传、成熟、环境、教育和主体性(尤其是自我努力)共同影响个体智慧的生成与发展。

表4-6　被试的作答情况

	A	B	C	D	总计
在校本科生	4(2.4%)	15(9.0%)	5(3.0%)	143(85.6%)	167(100%)

根据表4-6所示,在167名被试中,有85.6%选择了D,这表明他们主张"遗传、成熟、环境、教育和主体性(尤其是自我努力)共同影响个体智慧的生成与发展"。这就证明大多数人都主张智慧主要是后天习得的。遗传、成熟、环境、教育取大家所公认的定义,故这里不再多讲;主体性,指个体的需要、兴趣、爱好、价值观、人生观或世界观,以及个体根据它们对来自体内外的诸种刺激进行判断、选择、吸收、利用或改造的能力。其中,自我观察、自我反省、自我激励等,是保证个体生成智慧的重要因素。在智慧的生成与发展过程中,这五种因素扮演的角色虽有差异,不过,正是由于它们之间的交互作用,才最终决定了个体能否生成智慧以及能生成多大的智慧,这就是本书倡导的五因素交互作用论。若模仿拓扑心理学家勒温(Kurt Lewin,1890—1947)提出的公式 B=f(P,E),其含义是,人的行为(B)是个体的综合因素(P)和环境因素(E)的函数,那么可以将五因素交互作用论用下列公式来表示:

---

① 龙兴海.论道德智慧[J].湖南师范大学社会科学学报,1994,(4):36.

$$W_P = f(H, M, E1, E2, S)$$

该公式的含义是，人的智慧是遗传（H）、成熟（M）、环境（E1）、教育（E2）和主体性（S）的函数。五因素交互作用论也可用图 4-8 示意。

根据图 4-8，个体智慧的形成与发展程度是由四面体 ABCD 的体积决定的，四面体 ABCD 的体积大，表明个体智慧发展的程度就较高；反之，四面体 ABCD 的体积小，表明个体智慧发展的程度就较低；而四面体 ABCD 的

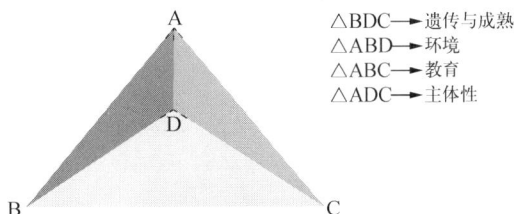

△BDC —→ 遗传与成熟
△ABD —→ 环境
△ABC —→ 教育
△ADC —→ 主体性

图 4-8 五因素对个体智慧形成与
发展的影响示意图

体积大小是由其四个面的大小决定的，这表明遗传、成熟、环境、教育和主体性在个体智慧发展中都有自己的作用。之所以将遗传与成熟放在同一个维度，是因为成熟是遗传的展开；之所以以四面体的底面 △BDC 称指遗传与成熟，是考虑到遗传与成熟是个体智慧形成与发展的基础与前提条件。这样，根据加拿大管理心理学家彼得（Lawrence Johnston Peter）提出的木桶理论（canikin law），假若将这个四面体比作一个容器，那么，要想其装的水越多，四面体的底首先要正常，至少不能有漏洞，更不能有大漏洞，否则其他三面再好，这个四面体容器也装不了水，即使一时勉强装了水，过不了一段时间就会全部漏掉；如果四面体的"底"是正常的，其装水的多少就取决于其他三面的质量高低：假若其他三面质量都好，面积都大，这个四面体装的水就会很多；如果其他三面中有一面或两面或三面质量不好，这个四面体实际装水的多少取决于最差那块板子的高低。同理，一个人要想其智慧获得良好的发展，先要有起码的遗传素质（以智商为例，若从正态分布的角度看，其智商至少必须处于正常水平，若能偏高则更佳），并保持其成熟过程是一个健全的过程，在此基础上再来营造一个良好的外部环境（包括教育环境），而且主体自身也要不断持之以恒地求善、求真，这些因素"一个都不能少"，假若少了一个或是某一个因素有明显的缺陷，那就势必会影响个体智慧的形成与发展。另外，四面体中指向 A 点的三条线以及指向 D 点的两条线各有一小段用虚线表示，这是表明个体身心发展及环境的利用空间均有一定的潜力或弹性空间，很少有人能通过后天努力并充分利用各类环境因素而将其遗传素质全部展开，从而达到身心发展的极限。

1. 遗传与成熟是影响个体智慧生成与发展的前提

根据上述定义,智力是影响个体智慧生成与发展的重要因素之一,而心理学研究已表明,良好的遗传因素和生理发育是个体智力正常发展的物质基础。遗传因素为个体的智力形成和发展提供了最基本的自然条件。没有这种条件和前提,就谈不上智力的形成,更不用说智力的发展。同时,品德是影响个体智慧生成与发展的又一重要因素,而正如美国哲学家弗兰克·梯利(Frank Thilly,1865—1934)在其《伦理学概论》(*Introduction to Ethics*)一书里所说,如果进化论的遗传学理论是正确的,就可以设想,人的一些道德情感也是可以通过所有者一代代地遗传给后人的。例如,有些人看来天性比另一些人更富有同情心,这表明这类感情在他们身上比别人更容易产生。从这个意义上讲,说一个人遗传有对道德法则的尊敬,只意味着,假若他得到适当的训练,他将更易发展这些感情。因此,如果说人的气质是可以遗传的,为什么不能说人的情绪也是可以遗传的呢? 人们不仅遗传抽象意义上的畏惧或畏惧的能力,而且遗传对某些特别事物——如黑暗、蛇等——的畏惧。当然,这并不意味着一个人生来就具有某种道德情感,而只意味着,较之那些从未存在于一代代祖先身上的素质而言,在适当的时候与适当的条件下,人类更容易生成那些曾存在于一代代祖先身上的素质。所以,尽管人的道德情感的丰富与成熟需要一定的时间,也需要必要的相关训练,但人们并不能由此就反对道德情感可以遗传的观点。毕竟,像人的其他本能一样,它们也不可能马上成熟,它们也需要适当的刺激物,但人们不能否认这些本能的天赋性质。[①] 与此相一致,个体智慧的生成与发展自然离不开遗传与成熟因素。而且,尽管学术界至今未运用科学手段找到记载心理遗传信息的载体,不过,鉴于身心合一的事实,[②]可以大胆推测,既然脱氧核糖核酸(Deoxyribonucleic acid,DNA)记载了人的生理上的遗传信息,那么其内也极可能记载了人的心理上的一些遗传信息,只是目前研究者还没有用科学手段与方法将之捕捉到而已。

这样,为了保证子代有一个良好的遗传素质,以使子代不输在人生真正的起点上,父代在准备要子女时就宜先掌握一些优生学的知识,做到优生优育。当然,又不能过于强调遗传与成熟的这种重要影响作用,因为生活中的许多事例都

---

① 弗兰克·梯利. 伦理学概论[M]. 何意译. 北京:中国人民大学出版社,1987:67-69.
② 为强调身心合一,具身认知(embodied cognition)成为认知心理学发展中的一个新理念[Wilson, M. (2002). Six views of embodied cognition. *Psychonomic Bulletin & Review*, 9(4):625-636. Tversky, B. & Hard, B. M. (2009). Embodied and disembodied cognition: Spatial perspective-taking. *Cognition*, 110:124-129. 叶浩生. 具身认知:认知心理学的新取向[J]. 心理科学进展,2010,(5):705-710.]。

表明,即便子代长大后在某些心理特征方面倾向于更像其亲生父母,但这种心理特征从内容上看一般多倾向于生理色彩颇浓的气质方面的特征;而且,个体的身体或心理特征受遗传影响并不意味着它像刻在石头上一样,许多遗传特征都是可以改变的,即便是遗传因素作用最强的某些疾病,也要受到教养方式、生活中的压力和紧张、个体的决策、社会关系等很多因素的影响。一句话,遗传和经验对人们心理特征是共同发挥作用的。① 子代只要努力进行相应的自我修养,一般是可以使自己的心理特征从总体上看带上深深的自己的个性色彩,而不是父代的个性色彩。

不过,也正由于成熟是影响智慧生成与发展的一个重要因素,再加上如下文所论,知识经验是影响智慧生成与发展的又一个重要因素,这样,一般而言,除了极少数人之外,大多数个体在其年少之时,由于其智力、思维方式和身体等的发展都不成熟;而且,由于年少的原因,其阅历、经验与知识也不够丰富,因此,绝大多数处于年少的个体基本上没有智慧尤其没有高水平的智慧。也正由于此,作出同样一件既内含善良动机又有利他效果的行为,若是由年少者展现出来,较之由年长者展现出来,前者获得"有智慧"评价的概率较之后者会更高;而且,同等水平的智慧,展现者的年龄越低,对其智慧水平的评价越有增高的趋势。例如,"司马光砸缸"的典故之所以能在中国代代相传,就是由于故事中的主人翁司马光当时作出"砸缸"的举动时年龄尚小;若一个成人通过砸缸的方式救出掉进缸中的小溺水者,不但不会受到"有智慧"的评价,可能还要受到谴责,因为成人完全可以用更好的方式救出掉进缸中的落水者(例如,成人可直接将缸中的小孩用手提出来,或者自己跳进缸中将小孩抱出,等等),而不必砸破一个大缸,造成不必要的浪费。同时,同样一件"砸缸救溺水儿童"的行为,若一个是由一位年满 8 周岁的儿童作出的,另一个是由一位年满 12 岁儿童作出的,显然人们对前者的评价会更高。

2. 环境与教育是影响个体智慧生成与发展的外部变量

如前文所论,知识尤其是程序性知识是智慧的重要组成成分之一,这导致知识是影响智慧生成与发展的又一个重要因素。人的知识不是天生的,主要是通过后天习得的,这样,个体所处的环境和所受的教育就成为影响个体智慧生成和发展的两个重要外部变量。这里的环境既包括胎儿在母体内所处的环境、家庭环境、自然环境与社会文化大环境;这里所讲的教育既包括各级各类

---

① 黄希庭.心理学与人生[M].广州:暨南大学出版社,2005:26.

学校开展的教育,也包括个体的自我教育,个体正是在各种类型的教育与学习和实践中获得大量的知识(既包括道德知识与科技知识,也包括明确知识与默会知识)。因此,一般而言,拥有类似遗传素质的个体,在后天受到的教育越良好,所处的物质环境越优越、人文环境越道德,越易生成高水平的智慧;反之亦反。

3. 遗传、成熟、环境和教育四因素通过主体性发挥作用

从辩证唯物主义观点看,外因是变化的条件,内因是变化的根据,外因必须通过内因起作用。依据这一原理,遗传、成熟、环境和教育对个体心理产生什么样的影响,以及影响的程度,说到底要取决于人这个主体的应对方式。例如,同样身有残疾,有人会因此而形成自卑心理,有人如精神分析学家阿德勒却由此而形成自强心理,写出不朽著作《自卑与超越》。这些例子都证实这一道理:外部刺激(S)与主体反应(R)之间并不存在如极端行为主义所主张的那种直接联系,它们之间有一个重要的中介变量,那就是人自身(P),只有充分考虑到不同人的不同的主体性,才能较为合理地解释人的复杂心理与行为方式。假若忽视人这个最重要的变量,而仅从环境或教育的角度来解释人的心理的形成与发展,那就是一种外在论的解释,或者仅从遗传与成熟的角度来解释人的心理的形成与发展,那就是一种纯粹的生物学的解释,这后两种解释都不可能准确把握影响人的心理(包括智慧)形成与发展诸因素之间的真正关系,从而也就不可能真正揭示人的心理(包括智慧)形成与发展的本质规律。从这个角度看,个体智慧的生成与发展既不是个体内心良知、良能的自然展现,也不是个体在外部影响下直接实现的变化,而是由主体与环境相互作用引起的一种心理结构的变化的结果。在智慧生成的这个过程中,个体的主体性起着重要作用,因为遗传等四因素对人的智慧的形成与发展的影响必须通过人这个中介变量才能真正实现,如图4-9所示。

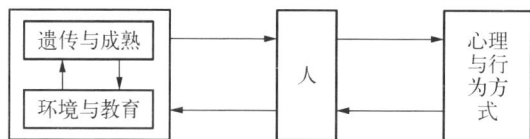

图4-9　遗传等四因素需通过人这个中介变量影响人的心理与行为

4. 五因素在个体一生发展过程中起着不同作用

假若引入时间因素,从发展的角度来看遗传等诸因素在个体身心发展(包括智慧的生成与发展)在不同年龄阶段所起的作用,就会发展这样一个事实:遗传

等因素在个体的不同身心发展阶段所起的作用是不同的，在不同身心发展阶段起最主导作用的影响因素也是不同的。

其一，在受精卵的形成阶段，个体身心发展受遗传因素影响最大。受精卵的形成阶段是个体生命最初形成的阶段，在这一阶段，个体的身心素质受遗传因素影响最大；换言之，父母双方生理遗传素质的质量高低在很大程度上决定了其子代生理遗传素质的质量高低，父母双方心理遗传素质的类型与质量高低在很大程度上决定了其子代心理遗传素质的类型与质量高低。所以，从医学生理心理学的角度看，受精卵一旦形成，一个独特的生命个体的遗传基因就已完全定型，此后，此个体的身心素质都是在这个遗传素质基础上形成与发展起来的。这样，为了保证子代有一个良好的遗传素质，以使子代不输在人生真正的起点上，父代在准备要子女时就宜先掌握一些优生学的知识，做到优生优育。当然，也不能过于强调遗传的作用，因为生活中的许多事例都表明，即便子代长大后在某些心理特征方面倾向于更像其亲生父母，但这种心理特征从内容上看一般多倾向于生理色彩颇浓的气质方面的特征；而且，个体的身体或心理特征受遗传影响并不意味着它像刻在石头上一样。[①] 子代只要努力进行相应的自我修养，一般是可以使自己的心理特征从总体上看带上深深的自己的个性色彩，而不是父代的个性色彩。在受精卵的形成阶段，个体生命尚处于最初的形成，"人形""八字都还没有一撇"，当然不可能有什么主体性，毕竟只有"形具"才能"神生"。同时，既然此时个体还没有一点"人形"的样子，当然教育也就"英雄无用武之地"了；在此阶段，环境虽然对受精卵的形成有影响，但这种影响只能促进或延缓遗传素质的自我发展和自我表露，不能改变它的本质。

其二，自受精卵形成后至青春期结束为止，个体身心发展受成熟因素影响最大。受精卵一旦形成，自此之后开始至青春期结束为止，此时虽然个体的身心发展也受到环境（包括教育）因素与个体的主体性的影响，但从总体上看，个体身心发展受成熟因素影响最大。成熟的含义有四：果实或谷实长到可以收获的程度；比喻事物已经发展到能有效果的程度；机能生理的成熟，即机体器官的形态、结构和功能达到完备的状态；机能心理的成熟，即个体的认知、情感、意志和社会适应达到完备状态。[②] 本章所用"成熟"主要采用其中的第三、四种含义。就身体发展而言，处于这一阶段的个体的身体发展主要受成熟因素的影响，因为个体

---

① 黄希庭. 心理学与人生[M]. 广州：暨南大学出版社，2005：26.

② 夏征农，陈至立. 辞海(第六版缩印本)[M]. 上海：上海辞书出版社，2010：228

生理发展的两次高峰(人类从出生到发育成熟要经过两个生长高峰:第一个生长高峰发生在婴儿期,第二个发生在青春期)都处于这一年龄阶段。并且,无论是女子还是男子,一般情况下,当青春期结束而进入成人之后,其生理素质已完全成熟。就心理发展而言,根据格塞尔的同卵双生子爬梯实验的结果证实,成熟在婴儿的心理发展中起着决定性的作用。根据皮亚杰的认知发展阶段理论,对于绝大多数正常个体而言,当其青春期结束后,一般其认知发展水平都已成熟了。同时,在此阶段尤其是在此阶段的后半期,随着个体年龄的增长和阅历的增加,个体的主体性对其心理发展将发挥越来越大的作用。但是,由于这一阶段个体的自我或人格先只处于萌芽水平后也至多只处于初步形成的水平,故而多数人的主体性都不强,既不会太"固持己见",一般也难以作出准确的判断与选择,从而必须发挥教育者的主体性来帮助个体进行正确的判断和选择,"孟母三迁"故事讲的就是这个道理。

其三,自青春期结束至自己的稳定人格形成之前,个体身心发展受环境和教育因素影响最大。按中国现行的教育体制,多数儿童满6周岁后一般要进入小学开始接受系统、正规的学校教育,环境和教育对儿童的心理发展影响的比例逐渐增大,但是,参照皮亚杰的认知发展阶段论,只有当个体度过青春期以后,此时个体的身体发展和思维方式才基本处于成熟水平,遗传与成熟在影响个体的身心发展方面所起的作用将越来越小,环境和教育对个体身心尤其是教育的影响第一次超过遗传与成熟的作用;而且,至个体的稳定人格形成之前,环境和教育在影响个体身心发展的诸因素中将一直起着最为重要的作用。可见,在个体稳定人格形成之前的时期都是心理可塑性强的时期。个体的心理可塑性很强,也就从一个侧面证明其主体性不强;换言之,此时虽然个体的心理发展会受到其主体性的影响,不过,因个体的主体性还没有真正成熟,还没有完全定型,他还没有特别强烈的主体意识,从而给环境和教育的影响留下非常大的可塑性空间。

其四,自个体的稳定人格形成后起,个体的主体性首次在影响个体身心发展的诸因素上起着第一重要的作用。自个体的稳定人格形成后起(时间不能确定,有人早些,有人迟些,有人终其一生也不见得能形成稳定的人格),个体的主体性首次在影响个体身心发展的诸因素上起着第一重要的作用,而且将长期起着最重要的作用,直至个体老死为止。具体地说,虽然个体自呱呱落地开始就具有最低水平的主体意识,此后,随着个体年龄的增长,这种主体性在其中所起作用的比例越来越大,而且遗传等因素对个体身心的影响说到底都要经由个体的主体性这一中间环节。不过，还是可以这样说，至个体形成稳定的人格之前，遗传、成熟、环境和教育对个体身心的影响要比主体性对个体身心的影响要大。但是，个体一旦形成稳定人格，其心理发展受其主体性影响最大。只有到这时，主体性对个体身心发展的影响才第一次超过环境与教育对其身心发展的影响；也只有到这时，环境和教育对个体有无影响、有什么样的影响或影响的大小情况怎样，从根本上讲都要取决于个体自己的选择与决定。

　　当然，各阶段之间并无明显的分界线，与"长江后浪推前浪"的情形类似，在前一个阶段未完全结束时，后一个阶段的特性已酝酿在其中。遗传、成熟、环境、教育和主体性五因素对个体身心发展产生的影响依个体年龄的不同而呈现出不同的发展曲线：遗传与成熟在个体成长的早期影响最大，此后，遗传与成熟对个体身心发展产生的影响从总体上看随个体的年龄的逐渐增长而日渐减小，至个体的身心均已基本成熟以后，遗传与成熟对个体身心发展的影响降至最低点。在个体稳定人格未形成之前，环境和教育对个体身心发展产生的影响随个体的年龄的逐渐增长而日渐增大，并在个体的认知思维达到成熟水平后逐渐占据最重要的位置；不过，在个体稳定的人格形成之后，环境和教育对个体身心发展产生的影响又会逐渐下降。主体性对个体身心发展产生的影响，随个体的年龄的逐渐增长而日渐增长，不过，在个体的稳定人格未形成之前，它的影响要小于环境和教育对个体身心的影响，故而在这一时期其曲线均在指称环境和教育的曲线之下；但是，至个体形成稳定的人格之后，主体性对个体心理发展的影响第一次超过环境和教育对个体心理的影响，而达到最高峰，在此之后个体的心理发展主要受其主体性控制，犹如练习曲线中出现的高原期一样（如图 4 - 10 所示）。①

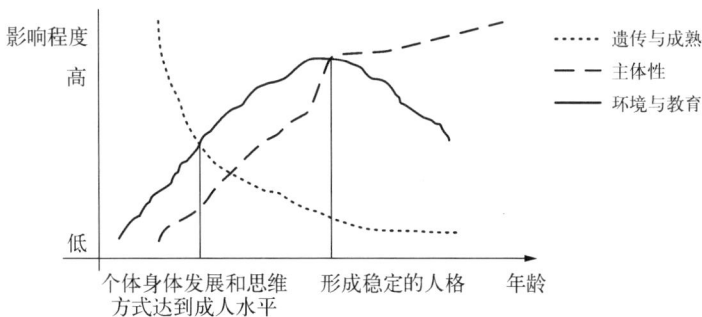

图 4 - 10　五因素对个体身心的影响随年龄增长而变化之示意图

---

① 汪凤炎. 从五因素交互作用论看德育的作用[J]. 南京师范大学报(社会科学版)，2006，(6)：90 - 94.

(二) 五因素交互作用论中的继承与创新

个体智慧的形成与发展受五个因素影响的论点既有继承也有创新。皮亚杰主张影响儿童认知发展的主要因素是成熟、环境和自我调节作用(即平衡化)。根据皮亚杰的解说,成熟是指机体的成长,特别是指神经系统和内分泌系统的成熟,这表明其成熟因素里实包含遗传因素;环境因素中包括物理环境和社会环境,这暗示着皮亚杰所讲的环境因素里实包含教育因素;自我调节作用相当于本书所讲的主体性。[①] 从这个意义上说,皮亚杰的交互作用论既是三因素交互作用论,实也是五因素交互作用论。换言之,我们主张五因素交互作用论是受到皮亚杰思想的影响,只是将他所讲的成熟和环境两因素作进一步的细分而已。不过,五因素交互作用论与皮亚杰观点的最大不同之处在于:前者强调五种因素在个体不同年龄阶段起着不同的作用,而皮亚杰的观点里似乎没有考虑时间的因素。现代教育心理学家加涅(Robert Mills Gagné,1916—2002)曾说,人的发展取决于生长与学习两个因素。这两个因素是相互作用的,但不能忽略生长与学习之间最重要的区别:影响生长的因素绝大多数是由遗传决定的;而影响学习的因素主要是由学生所处环境中的各种事件决定的。这些事件将决定学生学什么,而且在很大程度上将决定学生成为什么样的人。[②] 假若在影响学习的因素中再加入主体性这一因素,加涅的观点与我们的观点就是相通的。不过,从加涅的上述言论看,其中有明显的二因素论的色彩,而且较为看重环境的作用而忽视主体性的作用,又显示出其有浓厚的行为主义色彩,这是与五因素交互作用论不同之处。[③]

第二节　智慧的德才兼备理论：实证研究

根据智慧的德才兼备理论,德才兼备方是智慧,具备德才兼备素质的个体才是智慧者。同时,根据智慧里包含的才能的性质不同,将智慧分为人慧与物慧;又认为人慧与物慧在中西方文化里的命运不同:中国人(扩而言之包括整个东方人)尤其是中国古人在态度上重视人慧中的德慧而轻视物慧和人慧的其他子

① 施良方.学习论——学习心理学的理论与方法[M].北京:人民教育出版社,1994:187-188.
② 同上:319.
③ Wang Fengyan & Zheng Hong(2012). A new theory of wisdom: Integrating intelligence and morality. *Psychology Research*，2(1)：70-71.

类型；较之物慧，在生活中更擅长德慧。与此不同，西方人尤其是近现代西方人在态度上是人慧与物慧兼顾；在生活中，既擅长人慧更擅长物慧。在本节，我们专门做了"中德大学生智慧者提名的跨文化研究"、"智慧者/愚蠢者提名的问卷研究"和"智慧的正例与反例研究"三项实证研究，以期寻求支撑智慧的德才兼备理论的实证证据。

一、中德大学生智慧者提名的跨文化研究

为了寻求支撑智慧的德才兼备理论的证据，王立皓等人专门做了一项"中德大学生智慧者提名的跨文化研究"。[1] 智慧者提名研究，是指研究者要求被试推选出他们心中认为最智慧的人，从而得出被试心目中的智慧者原型，并以此推测智慧特征的一种研究。保卢斯等人（Paulhus，Wehr，Harms，& Strasser，2002）运用开放式问卷，让大学生选出自己能想到的最智慧的人，结果显示，在总共486 名美国和加拿大的大学生心中，排名前15 位的智慧者的姓名按降序排列依次为甘地（Ghandi）、孔子（Confucius）、耶稣基督（Jesus Christ）、马丁·路德·金（Martin Luther King）、苏格拉底（Socrates）、特蕾莎修女（Mother Theresa）、所罗门（Solomon）、佛（Buddha）、罗马教皇（Pope）、温弗瑞（Oprah Winfrey）、温斯顿·邱吉尔（Winston Churchill）、达赖喇嘛（Dali Lama）、安·兰德斯（Ann Landers）、曼德拉（Nelson Mandela，南非前总统）、女皇伊丽莎白（Queen Elizabeth）。[2] 侯祎同样运用开放式问卷，指导语为："请列举出您心目中有智慧的人。"与保卢斯等人不同的是，侯祎调查了河南、江苏、北京、广州等四个地区的 472 名中国大学生，结果显示，排在前 15 位的智慧者依次为周恩来（73，"73"指频数）、诸葛亮（49）、爱因斯坦（48）、毛泽东（36）、孔子（33）、邓小平（29）、父亲（23）、牛顿（22）、母亲（16）、比尔·盖茨（13）、霍金（11）、爱迪生（11）、温家宝（10）、马克思（8）、老师（8）。[3] 这两项智慧者的提名研究所用方法完全相同，只是被试的取样不尽相同。通过分析可以发现，两项研究相同的地方是：结合每位个体的生平事迹看，进入智慧者名单里的个体或角色一般都具有德才兼备的素质；而且两份名单里

[1]　本项研究原是在汪凤炎的指导下，由南京师范大学基础心理学专业 2008 级博士生王立皓完成的，并作为王立皓的博士毕业论文的有机组成部分之一（王立皓. 中德大学生智慧隐含理论的跨文化研究[D]. 南京：南京师范大学基础心理学专业博士学位论文. 2011.）。随后，汪凤炎在王立皓博士研究的基础上，重点对"前言"与"分析讨论"等两部分作了较大幅修改后，才收录于此书中。同时，要衷心感谢德国"茨维考应用科技大学"（University of Applied Sciences of Zwickau）的 Doris Weidemann 教授在取样方面为我们提供的帮助！
[2]　Paulhus, D. L., Wehr, P., Harms, P. D., & Strasser, D. I. (2002). Use of exemplar surveys to reveal implicit types of intelligence. *Personality and Social Psychology Bulletin*, 28：1054.
[3]　侯祎. 谁是大学生眼中的智者——大学生提名智慧者研究[J]. 中国青年研究，2011，(1)：82-83.

都包含孔子。两项研究不同的地方有三：（1）德慧型智慧者与物慧型智慧者所占比重不同。若用智慧的德才兼备理论进行观照，在保卢斯等人的研究中，排名前15位的智慧者中，除了"脱口秀女王"温弗瑞和专栏作家安·兰德斯只主要拥有语言智慧之外，其余的基本都属于德慧型智慧者，并且还多同时拥有语言智慧（如邱吉尔、马丁·路德·金等）。在侯祎的研究中，排名前15位的智慧者中，主要属于德慧型的有周恩来、诸葛亮、毛泽东、孔子、邓小平、温家宝、马克思7人，约占46.7%；主要属于物慧型的有牛顿、爱因斯坦、霍金、爱迪生、比尔·盖茨共5人，约占33.3%；无法确定到底是德慧型还是物慧型的有父亲、母亲与老师三种角色，占20%。（2）智慧者来自宗教界与世俗社会的比例不同。在保卢斯等人的研究中，属于精神或者宗教界的有耶稣基督、特蕾莎修女、所罗门、佛、罗马教皇与达赖喇嘛，共6位，占40%，排名第一；属于通过和平或者具有同情心的方式来改变世界的人有甘地、孔子、马丁·路德·金、曼德拉4位，占26.7%，排名第二。[①] 还有2位属于美国人耳熟能详但多数中国人未曾听说者，他们是温弗瑞与安·兰德斯。在侯祎的研究中，排名前15位的智慧者名单全部来自世俗社会，没有一位出自宗教界。（3）出自中国的智慧者所占比重不同。在美国和加拿大大学生提名的15名智慧者，出自中国的只有孔子与达赖喇嘛，约占13.3%；其中达赖喇嘛是西藏佛教中与班禅并列的两大宗教领袖之一，它是一种称号，并不专属于某一人。在中国大学生的智慧者提名中，出自中国与外国的智慧者各有6位，各占40%，还有父亲、母亲与老师三种角色无法判定其国籍，占20%。两项研究结果显示的这种明显差异暗示智慧者的提名研究与被试所处文化背景有关：被试更倾向于提名那些在其所处文化圈中非常知名且德才俱佳的人物作为其心目中的典型智慧者。同时，西方人有厚重的宗教精神，他们提名的智慧者名单往往与宗教密切相关；与此不同，多数中国人在历史上受儒学的影响，在现代受辩证唯物主义思想的影响，多是无神论者，结果前15位智慧者中没有一位来自宗教。并且，在西方被试提名的出自东方的智慧者如孔子和释迦牟尼都是典型的德慧型智慧者；中国被试提名的牛顿、爱因斯坦、爱迪生都是典型的物慧型人物，比尔·盖茨虽兼有德慧，但更以物慧见长。如果把中西方被试提名的智慧名单汇总，最知名的物慧型智慧者全部出自西方文化背景。这暗示：中国和西方被试都重视德慧，但较之物慧，东方人似乎更擅长德慧，而西方人既擅长德慧更擅长物慧。综上所论，上述两项研究所获的诸发现中，"结合每位个

---

① 侯祎. 谁是大学生眼中的智者——大学生提名智慧者研究[J]. 中国青年研究，2011，(1)：83.

体的生平事迹看,进入智慧者名单里的个体或角色一般都具有德才兼备的素质"
与"中国和西方被试都重视德慧,但较之物慧,东方人似乎更擅长德慧,而西方人
既擅长德慧更擅长物慧"等两个发现能够证实智慧的德才兼备理论是成立的,但
上述两项研究所获智慧者名单出现巨大差异,这可能与被试取样不同有密切关
系。为了用更加令人信服的数据来验证智慧的德才兼备理论成立与否,有必要
将中西大学生的智慧者提名进行直接对比,为此,特进行中德大学生智慧者提名
的跨文化研究。结合以往研究和相关文献,"中德大学生智慧者提名的跨文化研
究"的假设有三:

假设 1:如果德才兼备方是智慧,那么获得中德大学生智慧者提名者均拥有
德才兼备的素质。

假设 2:如果中国和西方被试都重视德慧,但较之物慧,东方人更擅长德慧,
而西方人既擅长德慧更擅长物慧,那么在中德大学生的智慧者提名中,排名前
10 位的德慧型智慧者将主要来自东西方,而排名前 10 位的物慧型智慧主要出
自西方。

假设 3:如果智慧者提名与文化认可度之间存在正相关,那么中德大学生在
对智慧者提名时,将更倾向于提名在自己所处文化圈内颇为知名且德才俱佳者
为智慧者。

(一) 方法

1. 被试

选取在校大学生作为被试,在中国发放问卷 200 份,回收有效问卷 153 份;
其中男性 66 人,女性 87 人;平均年龄 18.31 岁。在德国发放问卷 120 份,回收
有效问卷 102 份;其中男性 60 人,女性 42 人;所有被试均能用英语流利阅读书
写;平均年龄 19.10 岁。中德被试专业发布均较为分散。

2. 工具

采用自编"智慧者提名问卷",该问卷包括两个开放式问题:(1)您认为谁是
"最智慧的人"?(2)请用尽可能多的词汇或短语来描述这个人物。该问卷英文
版由高校专职英语老师翻译完成后,交由一名在中国生活多年、精通汉语的美
国籍大学外教进行回译,把回译结果与原版中文问卷进行对比并进行修改,重
复上述步骤直至没有显著语义上的差别。该问卷包括的三个问题本身并无文
化倾向性,具有较高的文化效度;而且,翻译程序严谨可信,可最大限度减少项
目内容因语言差异可能对研究结果产生的"污染",保证了研究工具的跨文化
对等性。

3. 施测程序

中国被试大多在课堂间隙由受过训练的心理学老师担任主试并宣读指导语后,当场填写并回收;少部分被试被告知"问卷星"网络版问卷网址,由被试自主选择时间上网填写。德国部分由受过训练的心理学专业留学生利用课程间歇时间发放问卷,要求其用英文填写,当场填写并回收。作答时间在 10 分钟左右。若问卷有下列情况之一则不纳入分析:没有回答完全部 2 个问题;对问题二的回答少于 2 个词汇。

4. 内容分析

4.1 分析单元

以语段作为分析单位,即用有独立含义的、离开背景文本也能读懂的一段文字作为分析单元,内容可以是字、句子、短语和词汇。句子按其含义拆分为可编码的短语或者词汇。

4.2 频次统计

统计每个描述语单元被选择的频次,一个单元只在一个类目上计算。同义词、近义词进行合并,若合并后的某单元被选频次仍低于 3,则认为该单元不具备代表性,其数据不进入最后统计处理(为消除中德被试数量不一带来的影响,德国被试的频次数全部乘以 1.5)。

5. 数据处理

采用 SPSS18.0 进行数据分析。

(二) 结果

1. 中德智慧者提名前 10 位的相关情况

中国被试共选出 70 名智慧者,德国被试共选出 58 名智慧者。表 4 - 7 分别列出了中德被试选择最多的前 10 位智慧者。中国被试选出的 10 位智慧者中 9 位来自东方文化,仅爱因斯坦 1 位来自西方文化。德国被试选出的 10 位智慧者中 7 位来自西方文化,孔子、释迦牟尼和甘地来自东方文化(所罗门王来自以色列,曼德拉来自南非,从地域上划分他们并非来自西方;这里是按照文化和宗教习俗等进行归类,把他们划归为西方文化)。

2. 被试国别与被提名智慧者类型的列联表卡方检验

中国被试选择的智慧者中 9 名为德慧型,1 名为物慧型。德国被试选择的智慧者中 6 名为德慧型,4 名为物慧型。经列联表卡方经验,中德被试在智慧类型的选择上没有显著差异($\alpha=0.05$),中德被试都倾向选择德慧型智慧者,结果见表 4 - 8。

表 4-7　中德智慧者提名结果一览表(前 10 位)

位次	中国被试提名　n=153			德国被试提名　n=102		
	姓名 (频次)	(德慧型/物慧型)	(文化出处)	姓名 (频次)	(德慧型/物慧型)	(文化出处)
1	诸葛亮 (33)	(德慧型)	(东)	上　帝 (20)	(德慧型)	(西)
2	孔　子 (17)	(德慧型)	(东)	所罗门王 (11)	(德慧型)	(西)
3	毛泽东 (13)	(德慧型)	(东)	爱因斯坦 (10)	(物慧型)	(西)
4	周恩来 (12)	(德慧型)	(东)	孔　子 (9)	(德慧型)	(东)
5	鲁　迅 (9)	(德慧型)	(东)	曼德拉 (8)	(德慧型)	(西)
6	老　子 (7)	(德慧型)	(东)	爱迪生 (8)	(物慧型)	(西)
7	爱因斯坦 (6)	(物慧型)	(西)	霍　金 (7)	(物慧型)	(西)
8	邓小平 (4)	(德慧型)	(东)	释迦牟尼 (6)	(德慧型)	(东)
9	温家宝 (3)	(德慧型)	(东)	甘　地 (4)	(德慧型)	(东)
10	秦始皇 (3)	(德慧型)	(东)	牛　顿 (3)	(物慧型)	(西)

表 4-8　被试国别与被提名者智慧类型的卡方检验表

	中国被试	德国被试	X^2	p
德慧型	9	6		
物慧型	1	4	2.400	0.303

3. 被提名智慧者文化出处与其智慧类型的列联表卡方检验

涤除同名者,在总共选出的 18 名智慧者中,11 位出自东方文化,全部为德慧型智慧者;7 位出自西方文化,其中 3 位为德慧型智慧者,4 位为物慧型智慧者。进行被提名者智慧类型与文化出处的列联表卡方检验,卡方值显著(α=0.05),东方文化似乎更"盛产"德慧型智慧者,西方文化似乎更"盛产"物慧型智慧者,结果见表 4-9。

表 4-9　提名者智慧类型与文化出处的卡方检验表

	东方文化	西方文化	X^2	p
德慧型	11	3		
物慧型	0	4	8.082	0.011

4. 被提名智慧者特征描述单元内容

经过语段和语句的拆分,同义词、近义词合并和删除被选频次过少的描述语,共得到 54 个描述单元,大部分为词语,少部分为成语。具体内容见表 4-10(表格内的描述单元被选频次都大于等于 3,排列顺序和频次高低无关)。

表 4-10　被提名智慧者特征描述单元内容汇总表

描　述　单　元
属于良好品德方面的有 32 个,分别是:平易近人、豁达开朗、真诚坦白、乐于助人、民主的、爱好和平的、感恩、有奉献精神、果断、勇敢(有胆识)、坚持、有耐心、有锐气、勤奋、能吃苦、公正、无私的、务实(脚踏实地)、有责任心、冷静沉稳、有仁慈关爱之心、大度(有包容心)、谨慎、有抱负、儒雅、幽默、乐观、自信、谦虚低调、与众不同的、令人敬畏的、心态开放 　　属于聪明才智方面的有 22 个,分别是:能言善辩、兴趣广泛、善于他人沟通、运筹帷幄、善抓机遇、多才多艺、善于用人、机敏(灵活)、经历丰富、创新(不循规蹈矩)、有远见、有主见、好学(求知欲强)、善于分析、有洞察力、理智、识大体、想象力丰富、无所不知的、善于反省、有直觉能力、具有批判精神

(三) 分析与讨论

1. 中德智慧者提名中的所有个体都具备德才兼备的素质

由表 4-7"中德智慧者提名结果一览表"可以看出,涤除同名者,中德大学生总共选出 18 名智慧者,逐一分析这 18 位智慧者的生平事迹可知,这 18 位智慧者都拥有德才兼备的素质,并都对历史作出了积极贡献。同时,表 4-10"被提名智慧者特征描述单元内容汇总表"显示,可将中德大学生提名智慧者特征描述单元内容概括为良好品德与聪明才智两个方面。[①] 这个结果证实本研究假设 1,即:由于德才兼备方是智慧,因此获得中德大学生智慧者提名者均拥有德才兼备的素质。这表明中德大学生对智慧内涵有明显共识。

2. 德慧与德慧型智慧者在中德文化中都受到重视,但物慧与物慧型智慧者在两种文化中的受重视程度不同

从表 4-7 和表 4-8 的结果可以看出,在中德被试提名的智慧者里,德慧型智慧者都占了大多数,对二者进行的检验结果表明没有显著差异。由此可见,以往有人(如田婴和林思云)认为只有中国人才重视德慧或德慧型智慧者,西方人只重视物慧或物慧型智慧者,这种观点很可能是凭"感觉"产生的一种误解。[②] 同时,虽然对德慧型智慧者的重要性都有充分认识,结果,中德被试都记住并提名了更多的德慧型智慧者,但表 4-9 结果显示,被中德大学生提名的智慧者中,排名前 20 位的知名德慧型智慧者大多来自东方文化,少量来自西方文化,而排名前 10 位的知名物慧型智慧者则全部出自西方文化。这表明,中国人既重视德慧与德慧型智慧者,也有一些人擅长德慧,但却轻视物慧与物慧型智慧者,也不太擅长物慧;与此不同,西方人对德慧与德慧型智慧者和物慧与物慧型智慧者并

---

① 王立皓.中德大学生智慧隐含理论的跨文化研究[D].南京:南京师范大学基础心理学专业 2011 届博士学位论文.
② 田婴.东方智慧与西方智慧的比较[J].百姓,2003,(5):30-32. 林思云.东西方智慧的差异[J].学习月刊,2005,(5):20.

重,也有一些人擅长物慧或德慧。此结果证实本研究假设 2 是成立的,即:中国和德国被试都重视德慧,但较之物慧,东方人更擅长德慧,而西方人既擅长德慧更擅长物慧,结果,在中德大学生的智慧者提名中,最知名的德慧型智慧者来自东西方,但东方居多,而最知名的物慧型智慧全部出自西方。

导致这一结果的主要原因是:如前文所论,受具有浓厚尚德色彩的儒学的深刻影响,经典中式智慧偏重做人的智慧,所以,中国古人心中的智慧者一般多是德慧型智慧者,像老子与孔子都是其中的佼佼者;只有像墨子之类的少数人既有德慧也兼有物慧。而中国近代历史是一部半殖民地半封建社会的历史,许多仁人志士都将毕生精力用于救国图强,几乎无时间、无精力、无条件关注自然科学的研究。中国现代历史也颇艰辛,先是要反抗北洋政府的腐朽统治,随后又进行了土地革命战争、抗日战争与解放战争。新中国成立后,又经历了十年文化大革命。因此,至 1978 年改革开放时,中国的科技水平由于多次丧失黄金发展机遇,已与国际先进水平拉开极大差距。虽经过三十多年的奋起直追,不过,终因底子薄、教育(包括基础教育与高等教育)以及科研管理方面存在一些问题等原因,中国的科技水平从总体上看至今仍落后于以美国为代表的发达国家。与此相一致,中国大陆不但至今未诞生获得诺贝尔物理学奖、化学奖、生理学或医学奖或诺贝尔经济学奖的科学家,更是少有世界闻名的大科学家,也未诞生能与爱因斯坦、牛顿齐名的科学家,自然就影响了物慧型智慧者的生成,因为物慧型智慧者基本上是"良好品德＋著名自然科学家"的合金,所以至今中国仍未诞生能在全世界排名进入前 10 位的物慧型智慧者。

与中国人不同,如前文所论,西方人自古希腊以来更倾向于认为人类的智慧主要体现在对宇宙自然的深刻理解与认识上,西方人心中的智慧者一般多是亚里士多德、牛顿、爱因斯坦之类"在与自然斗争中取得巨大成就"且将其成就用来为绝大多数人谋福祉的人,这类人往往都是在自然科学领域拥有较高或极高造诣的著名科学家,但一般都不是人生哲学家。受此观念的持久、深刻影响,尽管西方古代也有一定数量的德慧之人(尤其是在宗教人物中),不过,西方古人一向偏爱物慧,西式古典智慧者也多擅长物慧。再加上近现代意义的科学不但诞生于西方,而且也主要是在西方兴旺发展,闻名世界的顶级科学家多诞生于西方,这导致直至现在,西方科学都一直处于世界领先地位。与此相适应,较之东方人,西方人更擅长物慧。同时,西方人自古希腊以来本也有许多学人重视做人,并卓有成就。自基督教(后分为天主教、东正教、新教等三大派别以及其他一些影响较小的派别)在西方社会得到广泛传播后,基督教逐渐成为西方人的普遍信仰,受此思想的深刻影响,西方人多有厚重的宗教精神,自然将耶稣视作智慧的化身。而当西方历史进入近现代社会后,伴随文艺复兴运动、立宪运动、人权运动和非暴力运动等,又诞生了一些崇尚人权与正义、乐善好施的人士,他们通过自己的长期努力,终于让自己成长为拥有德慧的著名人物,像美国国父华盛顿、诺贝尔和平奖获得者特蕾莎修女和美国著名的黑人民权运动领袖、诺贝尔和平奖获得者马丁·路德·金都是其中的典型代表。其后,随着两次世界大战都源起于高度重视科学与技术的欧洲,许多西方有识之士又自觉反省一味重视科学与技术的消极后果,他们逐渐将目光转向东方,一些有远见卓识的近现代西方思想家逐渐认识到以孔子为代表的儒学、以释伽牟尼为代表的佛学的时代意义,现当代更有一些西方人慢慢爱上了德慧。受上述文化背景的影响,德慧型智慧者与物慧型智慧者都出现在德国大学生的智慧者的提名中,也就成为一件极自然的事情。

3. 被试更倾向于选择与自己具有同样文化背景的智慧者

在中国大学生提名且排名前 10 位的智慧者名单中,中国人竟然有 9 人,高达 90%;外国人仅有 1 位,占 10%。与此截然相反,德国大学选中的排名前 10 位的智慧者中,中国人竟然只有 1 人,仅占 10%;非中国国籍的竟然有 9 位,高达 90%,此结果与保卢斯等人获得的结果基本一致,因为若提取排名前 10 位的智慧者,在保卢斯等人获得的结果中,也仅有孔子 1 人是中国人。并且,德国大学选中的排名前 10 位的智慧者中,勉强算得上德国人的只有 0.5 位,[①]仅占 5%,这表明仅就此次智慧者提名研究的结果看,德国大学生比中国大学生有更加开阔的国际视野;不过,除了孔子、释迦牟尼和甘地来自东方文化之外,其余 7 位基本上都出自西方文化。

同时,在中国大学生提名且排名前 10 位的智慧者名单中,全部来自世俗社会,没有一位出自宗教界,此结果与侯祎的研究结果完全一致;而在德国大学生提名且排名前 10 位的智慧者名单中,上帝和释迦牟尼都来自宗教界,所罗门王也与宗教有密切关系,此结果与保卢斯等人的研究结果是类似的。

上述研究都表明:被试倾向于选择与自己同一文化背景的智慧者。这就证明本研究的第三个假设是成立的,即智慧者提名与文化熟悉度之间存在正相关,于是中德大学生在提名智慧者时更倾向于提名属于本文化的智慧者。这个事实可用文化熟悉度与认知失调理论来解释:一般而言,被试对自己所属文化圈既熟悉又有高度的认同感,这样,被试既易有意或无意地选择与自己同一文化背景

---

① 此人为爱因斯坦,他虽是出生于德国的犹太裔,但最终放弃了德国国籍,成了拥有美国、瑞士两国国籍的人。

的智慧者,而且在这样做时不易引起自己认知上的失调。

(四) 结论

第一,中德被试提名的智慧者名单中的所有个体都具备德才兼备的素质。

第二,在态度上,中国和德国被试都重视德慧,因此,在中德智慧者的提名中,德慧型智慧者居多;同时,较之物慧,东方人更擅长德慧,而西方人既擅长德慧更擅长物慧,结果,在中德大学生的智慧者提名中,最知名(世界排名前 20 位)的德慧型智慧者来自东西方,但东方居多,而最知名(世界排名前 10 位)的物慧型智慧却全部出自西方。

第三,在对智慧者进行提名时,被试更倾向于选择与自己同一文化背景的智慧者。

二、智慧者/聪明者/愚蠢者的提名研究

保卢斯等人、侯祎与王立皓等人所做的上述三项智慧者提名研究,所用方法完全相同,只是被试的取样不尽相同,所获智慧者名单上的个体虽都具备德才兼备的素质,不过也有明显差异:(1) 相同智慧者名单过少。三份智慧者的名单中,相同姓名者过少,除了"孔子"在三份智慧者名单里都曾出现,而且排名靠前之外,其余姓名出现的频率与排名有较大出入;(2) 出现明显具个性化色彩的智慧者名单;(3) 一些智慧者的得票数与得票率偏低。例如,侯祎的研究结果显示,排在前 15 位的智慧者依次为周恩来(73/15.5%,其中,"73"指频数,"15.5%"指在 472 位被试中的得票率,下同)、诸葛亮(49/10.4%)、爱因斯坦(48/10.2%)、毛泽东(36/7.6%)、孔子(33/7.0%)、邓小平(29/6.1%)、父亲(23/4.9%)、牛顿(22/4.7%)、母亲(16/3.4%)、比尔·盖茨(13/2.8%)、霍金(11/2.3%)、爱迪生(11/2.3%)、温家宝(10/2.1%)、马克思(8/1.7%)、老师(8/1.7%)。这组数据中,其中频数是侯祎在其论文中给出的,智慧者的得票率是笔者运用"频数/472"计算出来的。从这组数据可知:排名第一的"周恩来"的得票率仅有 15.5%,排名第二的"诸葛亮"的得票率仅有 10.4%,至排名第十五名的"老师"的得票率仅有 1.7%。在王立皓等人的研究中,在 153 名被试中,排名第一的"诸葛亮"仅得 33 票,得票率仅有约 21.6%;排名第 10 的"秦始皇"仅得 3 票,得票率仅有约 2.0%。这种极低的得票率显然易导致重测时结果的不稳定;而且,这种极低的得票率显然与采用开放式问卷的研究方法有密切关系:开放式问卷任由被试自行构思、自由发挥,自然会导致所获智慧者的提名过于分散、得票率偏低,呈现明显的个性化色彩。再者,仅用得票率的高低来排名,这种统计方法也稍有粗糙之嫌,因为即便两人获得同样的得票率,常常也并不表明此两人在投票者心中具有同等水平的智慧。所以,有必要用更加科学的方法计算智慧者的排名。而为了验证是否开放式问卷导致智慧者提名研究的得票率过低,又有必要用更加科学的方法来再次做智慧者的提名研究。

同时,假若智慧的德才兼备理论能够成立,那么通过智慧者提名研究获得的智慧者名单上所显示的个体一定都具备德才兼备的素质,与此相反,通过愚蠢者提名研究获得的愚蠢者名单上所显示的个体一定都缺乏德才兼备的素质。

再者,如上文所论,王立皓等人的研究结果显示,在单一的智慧者提名中,德国大学生给出的排名前10名的智慧者名单里,物慧型智慧者占了40%,德慧型智慧者占了60%,表明此时德国大学生对德慧型智慧者与物慧型智慧者都颇看重。但是,保卢斯等人的研究结果显示,当要求美国和加拿大的大学生同时提名"聪明者或高智商者"(intelligent persons)、"高创造力者"(creative persons)、"智慧者"(wise persons)与"只纯粹有名者"(famous persons/ sheer fame)时,美国和加拿大的大学生将甘地、孔子、耶稣基督与马丁·路德·金等15人视作智慧者,这15人在自然科学领域大多没有高深造诣;将爱因斯坦、克林顿、达·芬奇、首相(Prime Minister)、比尔·盖茨、莎士比亚、霍金、温弗瑞、牛顿、莫扎特、爱迪生、Suzuki、曼德拉、戈尔巴乔夫(Gorbachev)与特鲁多(Trudeau)等人视作聪明者,这些人中有许多是在自然科学领域有杰出成就者。[1] 这暗示,若在智慧者提名研究中加入聪明者提名这个变量,那么,一些西方大学生可能倾向于将智慧等同于德慧,而将物慧视作聪明或高智商,于是,将物慧型智慧者视作聪明者。在有着良好科学传统的西方文化里成长起来的西方大学生都有将物慧型智慧者视作聪明者的倾向,那么,在明显重视德慧文化的土壤中成长起来的中国大学生理就更有可能存在这种倾向,因为王立皓等人的研究结果已显示,在单一的智慧者提名中,中国大学生给出的排名前10名的智慧者名单里,物慧型智慧者仅占10%,德慧型智慧者占到90%。从侯祎所做的智慧者提名结果看,在中国大学生提名的智慧者名单里,德慧型智慧者也占了大多数。综合起来看,似乎人们更易将智慧视作德慧;并且,一旦加入聪明者提名这个变量,人们就不易区分物慧与聪明,易将物慧型智慧者看作聪明者。为了考察聪明者提名是否真会影响到中国大学生对物慧者的提名,我们在"智慧者/愚蠢者提名的问卷研究"中特意插

① Paulhus, D. L., Wehr, P., Harms, P. D., & Strasser, D. I. (2002). Use of exemplar surveys to reveal implicit types of intelligence. *Personality and Social Psychology Bulletin*, 28: 1054.

入一项"聪明者提名"。

这样，为了寻求支撑智慧的德才兼备理论的强有力证据，我们又专门做了一项"智慧者/聪明者/愚蠢者提名的问卷研究"。智慧者提名研究的内涵已在上文作了论述，这里不多讲。聪明者提名研究，是指研究者要求被试推选出他们心中认为最聪明的人，从而得出被试心目中的聪明者原型，并以此推测聪明的特征的一种研究。愚蠢者提名研究，是指研究者要求被试推选出他们心中认为最愚蠢的人，从而得出被试心目中的愚蠢者原型，并以此推测愚蠢的特征，进而从反面印证智慧的特征的一种研究。聪明者提名研究类似于保卢斯等人所做的"高智商者（intelligent）＋高创造性者（creative）"的提名研究。愚蠢者提名研究虽然至今未见心理学界同仁做过，但愚蠢者提名研究与智慧者提名研究在基本步骤是类似的。于是，结合以往研究和相关文献，本项"智慧者/愚蠢者提名研究"的假设有三：

假设 1：如果知名度与文化认可度是影响智慧者/愚蠢者提名的两个重要因素，那么在德与才两方面同时在中国文化圈内拥有良好声誉者往往易被中国大学生视作典型的智慧者，而德少才多或德才俱少的臭名昭著者也更易被中国大学生认作是典型的愚蠢者。

假设 2：如果德才兼备方是智慧，那么获得智慧者提名者均拥有德才兼备的素质，而获得愚蠢者提名者均缺乏德才兼备的素质。

假设 3：如果加入聪明者提名这个变量，那么中国大学生虽能准确识别德慧型智慧者，却易将物慧型智慧者与聪明者相混同。

（一）方法

鉴于开放式问卷易导致被试对智慧者或愚蠢者提名时票数的分散，因此，有必要改变过去学人常用开放式问卷探讨智慧者提名问题的惯例，为此，本研究首次尝试运用结构式问卷来研究智慧者的提名问题，并参照此法来研究愚蠢者的提名。为了便于被试进行比较，也为了验证被试能否准确区分智慧者与聪明者，最终就形成了一个内含智慧者、聪明者、愚蠢者以及不易归入前三者者的结构式问卷。

1. 问卷的编制

第一步，根据前期的相关文献综述，笔者将现有的三项有关智慧者提名的研究中出现的姓名全部罗列出来，并去掉个性化色彩太浓的姓名共 2 位，即温弗瑞与安·兰德斯；去掉"父亲"、"母亲"、"老师"，因为它们都是"角色"，而不是"具体的某个人"；去掉易引起中国被试产生歧义的姓名 1 个，即达赖喇嘛；同时，若姓名有重复出现者,则只算 1 次,这样共获得 27 位智慧者的姓名,他们分别是孔子、耶稣基督、甘地、周恩来、诸葛亮、爱因斯坦、毛泽东、邓小平、牛顿、比尔·盖茨、爱迪生、温家宝、马克思、马丁·路德·金、苏格拉底、特蕾莎修女、所罗门、佛(释迦牟尼)、罗马教皇、温斯顿·邱吉尔、曼德拉、女皇伊丽莎白、鲁迅、老子、秦始皇、爱迪生、霍金。

第二步,笔者又运用给南京师范大学本科生上"博雅课"的机会,布置如下课堂作业:"每人自己找两个有关'智慧'的正例与反例,并分析其作为'智慧'正例或反例的证据。"整理全班学生共 50 人给出的智慧者名单,去掉个性化色彩太浓的姓名,即西门豹与谢安(淝水之战的指挥者);同时,若姓名有重复出现者,则只算 1 次,这样共获得 17 位智慧者的姓名,他们分别是舜、周公、姜尚、老子、孔子、墨子、苏格拉底、蔺相如、李冰、曹冲、释迦牟尼、诸葛亮、石匠李春(赵州桥的主要修建者)、司马光、达·芬奇、王守仁、岳飞。同时,得到有关智慧者的反例——即愚蠢者——共 13 位,分别为夏桀、商纣王、赵括(赵国将领)、李斯(秦相)、赵高(秦相)、秦桧、严嵩(明代奸臣)、慈禧太后、希特勒、汪精卫、凤姐(罗玉凤)、芙蓉姐姐、药家鑫。

第三步,将上述两步所获名单进行合并,然后笔者再根据相关文献资料以及自己的阅历,补充了一些姓名,尤其是加入一些可能易让人提名为聪明者的姓名,就得到初测问卷(详见附录 1)。

第四步,在南京师范大学、南京大学、河海大学、南京财经大学校内及校园周边,采取随机抽样的方式对 160 位在校大学生进行施测,收回有效问卷总计 147 份。按下文表 4-11、表 4-12 与表 4-13 中所讲方法整理初测结果,然后按得票率由高至低进行排序,将得票率小于或等于 3% 的名单删掉(以此排除个性化色彩太重的姓名),就得到正式问卷上所列名单(详见附录 2)。

表 4-11　中国大学生心目中排名前 20 名的智慧者名单[1]
(按智慧净得票率的高低进行排列;n=167)[2]

名次	姓名	智慧净得票率(%)	智慧净得票数	智慧总得票数	愚蠢总得票数	智慧类型	是否中国人或出自中国文化
1	老子	87.4	146	148	2	德慧	是
2	苏格拉底	87.4	146	148	2	德慧	否

[1] 之所以取排名前 20 名的智慧者名单,是为了更好地与保卢斯等人、侯祎与王立皓等人所做的三项智慧者提名研究进行对比,让人清晰地看到穆罕默德与耶稣等名单在中国大学生心中的地位。
[2] 表 4-11、表 4-12、表 4-13 中的数据均是在汪凤炎的指导下,由南京师范大学基础心理学专业 2009 级硕士生黄雨田完成的。

续 表

名次	姓 名	智慧净得票率(%)	智慧净得票数	智慧总得票数	愚蠢总得票数	智慧类型	是否中国人或出自中国文化
3	孔 子	86.8	145	148	3	德慧	是
4	孟 子	84.4	141	144	3	德慧	是
5	马克思	79.6	133	138	5	德慧	否
6	柏拉图	76.6	128	133	5	德慧	否
7	庄 子	74.2	124	132	8	德慧	是
8	墨 子	72.4	121	124	3	德慧+物慧	是
9	荀 子	71.9	120	122	2	德慧	是
9	亚里士多德	71.9	120	125	5	德慧+物慧	否
11	周恩来	70.7	118	119	1	德慧	是
12	恩格斯	70.7	118	122	4	德慧	否
13	邓小平	64.7	108	111	3	德慧	是
14	释迦牟尼	62.9	105	114	9	德慧	否
15	毛泽东	60.5	101	106	5	德慧	是
16	诸葛亮	59.9	100	105	5	德慧+物慧	是
17	周 公	49.7	83	90	7	德慧	是
18	爱因斯坦	49.7	83	86	3	物慧	否
19	耶 稣	47.9	80	93	13	德慧	否
20	穆罕默德	47.3	79	85	6	德慧	否

表 4-12 中国大学生心目中排名前 11 名的愚蠢者名单[①]
(按愚蠢净得票率的高低进行排列；n＝167)

名次	姓 名	愚蠢净得票率(%)	愚蠢净得票数	愚蠢得票总数	智慧得票总数	是否中国人或出自中国文化
1	"农夫与蛇"故事中的农夫	82.0	137	137	0	否
2	商纣王	70.7	118	122	4	是
3	阿斗	59.9	100	106	6	是
4	张伯伦	58.7	98	103	5	否
5	夏桀	57.5	96	98	2	是
6	芙蓉姐姐	55.7	93	102	9	是
7	凤姐	53.3	89	96	7	是
8	麦道夫	50.9	85	90	5	否
9	秦桧	41.9	70	82	12	是
10	袁世凯	40.1	67	80	13	是
11	汪精卫	37.7	63	72	9	是

---

① 之所以取排名前 11 名的愚蠢者名单,是以愚蠢净得票率≥30％为标准取的,因为某个姓名的愚蠢净得票率过低,易让人产生其不算非常愚蠢的印象。

表 4‐13 中国大学生心目中"聪明累积得票数—智慧累积得票数"
结果排名前 20 位名单(n=167)

名　次	人　　名	聪明累积票数	智慧累积票数	聪明累积票数—智慧累积票数
1	鲁　班	127	30	97
2	牛　顿	125	36	89
3	福尔摩斯	118	36	82
4	一　休	111	31	80
5	奥巴马	107	28	79
6	曹　操	117	40	77
7	阿凡提	108	35	73
8	达尔文	115	50	65
9	刘　邦	102	39	63
10	李嘉诚	100	38	62
11	韩　信	103	46	57
12	拿破仑	103	49	54
13	袁隆平	94	54	40
14	贝多芬	82	42	40
15	乔　丹	79	40	39
16	李　冰	85	49	36
17	诺贝尔	88	54	34
18	本杰明·富兰克林	92	58	34
19	普　京	86	61	25
20	李世民	90	67	23

2. 测试对象与测试方式

在南京师范大学、南京大学、河海大学、南京财经大学校内及校园周边,采取随机抽样的方式对 180 位在校大学生进行施测,收回有效问卷总计 167 份。

3. 测试时间

每次测试需用 30 分钟左右时间。

4. 测试结果处理

全部测试结果用 SPSS18.0 处理。

(二) 结果

为了更加科学地对表 4‐11 所获 20 名智慧者与表 4‐12 所获 11 名愚蠢者进行排名,又在南京师范大学随机选取 50 名大学生对这 20 名智慧者与 11 名愚蠢者进行等级排序(问卷请见附录 3),收回有效问卷总计 48 份,结果如表 4‐14 与表 4‐15 所示。

表 4-14 20 位智慧者的名次(等级排列法,n=48)[1]

评判者 人名	P	Z	名次	依智慧净得票率所获名次 —依等级排列法所获智慧者名次
老 子	0.85	1.04	4	−3
苏格拉底	0.87	1.13	3	−2
孔 子	0.88	1.18	2	1
孟 子	0.81	0.88	7	−3
马克思	0.84	0.99	6	−1
柏拉图	0.81	0.88	7	−1
庄 子	0.85	1.04	4	3
墨 子	0.77	0.74	14	−6
荀 子	0.78	0.77	11	−2
亚里士多德	0.78	0.77	11	−2
周恩来	0.80	0.84	9	2
恩格斯	0.78	0.77	11	0
邓小平	0.76	0.71	16	−3
释迦牟尼	0.75	0.67	17	−3
毛泽东	0.77	0.74	14	1
诸葛亮	0.79	0.81	10	6
周 公	0.70	0.52	18	−1
爱因斯坦	0.90	1.28	1	16
耶 稣	0.69	0.50	20	−1
穆罕默德	0.70	0.52	18	2

表 4-15 11 位愚蠢者的名次(等级排列法,n=48)

评判者 人名	P	Z	名次	依愚蠢净得票率所获名次— 依等级排列法所获愚蠢名次
"农夫与蛇" 故事中的农夫	0.86	1.08	8	−7
商纣王	0.92	1.41	1	1
阿 斗	0.92	1.41	1	2
张伯伦	0.86	1.08	8	−4
夏 桀	0.91	1.34	3	2
芙蓉姐姐	0.89	1.23	5	1
凤 姐	0.90	1.28	4	3
麦道夫	0.89	1.23	5	3
秦 桧	0.88	1.18	7	2
袁世凯	0.86	1.08	8	2
汪精卫	0.85	1.04	11	0

[1] 表 4-14 与表 4-15 中的数据均是在汪凤炎的指导下,由南京师范大学基础心理学专业 2010 级硕士生宋树梅完成。

(三) 分析与讨论

1. 知名度与文化认可度是影响智慧者/愚蠢者提名的两个重要因素

根据表 4-14 与表 4-15 所示,用智慧净得票率或愚蠢净得票率高低与等级排列法排出的智慧者或愚蠢者的名次虽有一定出入,但总体误差相差不大。这表明,得票率的高低基本能反映某人在此批投票者心中的智慧水平或愚蠢水平。同时,将表 4-11 与表 4-7 以及侯祎的研究结果相比可知,表 4-11 显示的智慧净得票率明显高于表 4-7 以及侯祎的研究结果,这就证实结构问卷所获智慧者名单较之开放问卷所获智慧者名单有更高的认同度。而根据表 4-11 所示,在 167 位中国大学生心中排名前 20 位的智慧者的姓名,与保卢斯等人所做的研究相比,相同之处有二:(1) 结合每位个体的生平事迹看,所有进入智慧者名单的个体都具有德才兼备的心理素质;(2) 在排名前 15 名的智慧者名单中,两项研究有三位是相同的,他们分别是孔子、苏格拉底、释迦牟尼,相同率是20%。差异之处也有二:(1) 虽然有三位相同的智慧者姓名,但在两项研究结果中的排序却不相同。在保卢斯等人所做的研究中,排名第一、三位的分别是甘地、耶稣;而在我们的研究中,排名第一、第三位的分别是老子、孔子,耶稣仅居第19 位,未进入前 15 名,甘地仅居第 21 位,未进入前 20 名。(2) 二者所获智慧者姓名有较大不同。在排名前 15 位的智慧者名单中,两份名单中不同的姓名有12 名,占 80%。同时,如前文所论,在保卢斯等人所做的研究中,前 15 位智慧者里只有 2 位中国人,仅约占 13.3%的坐席。在侯祎的研究中,排在前 15 位的智慧者里共有 12 个个体(父亲、母亲、老师是角色,不是个体),其中,中国人占 7位,约占 58.3%。在王立皓等人的研究中,中国被试选中的排名前 10 位的智慧者中,中国人竟然有 9 人,高达 90%;德国人选中的排名前 10 位的智慧者中,中国人竟然只有 1 人,仅占 10%。而在我们的研究中,前 15 位智慧者里却有 9 位中国人,占 60%;前 20 位智慧者里多达 11 位中国人,占 55%;而且,老子、孟子、墨子、马克思、毛泽东、邓小平、诸葛亮等德才兼备且在中国非常出名的人物都进入中国大学生前 20 位的智慧者名单。这表明,某位个体若想进入被试的智慧者提名名单,除了须具备德才兼备的素质之外,还有两个重要因素:一是此个体在被试心中要有高度的知名度;二是此个体要得到被试所处文化圈的高度认可,否则无法被被试提名。如,中国大学生受到中式教育与中式文化的深刻影响,马克思、毛泽东、邓小平、诸葛亮等人自然就进入其智慧者名单的前 20 名,但这些人却都没有进入美国、加拿大或德国大学生提名的智慧者名单之中。合言之,对某批被试而言,虽然无名之辈无法进入其认可的典型智慧者名单,但只纯粹拥有广泛知名度的人也不一定能够进入典型智慧者的名单，因为这种人的知名度可能并不是由于其拥有良好品德与卓越才华获得的。只有那些拥有良好知名度且在被试所处文化圈内被大多数人认可的德才俱佳者，才更易被人提名为智慧者，显示出知名度与文化认可度对智慧者提名的共同影响。此结果与保卢斯等人（Paulhus，Wehr，Harms，& Strasser，2002）的一项研究结果相类似。

与此类似，如表4-12所示，中国大学生心目中排名前11名的典型愚蠢者名单中，有8位来自中国，其中，夏桀、商纣王、阿斗、秦桧、袁世凯与汪精卫6人都是中国历史上的臭名昭著者，芙蓉姐姐与凤姐2人被许多中国大学生视作当代中国社会的"两个活宝"；"农夫与蛇"故事中的农夫、张伯伦与麦道夫虽来自外国，但大多数中国大学生对这三个人物几乎都已达到耳熟能详的程度。这同样显示出知名度与文化认可度对愚蠢者提名的共同影响，所以在一个文化圈内已臭名昭著者也更易被人认作是典型的愚蠢者。

2. 德才兼备是所有智慧者共有的素质

综合保卢斯等人、侯祎、王立皓等人与我们所做的这四项智慧者提名的研究结果看，虽然对智慧者的提名所获名单不完全一样，但有一点却是共同的：属于智慧者的个体一定拥有德才兼备的素质。这样，从才能角度看，虽然不同文化对才能的理解与要求既有同也有异，但属于智慧者尤其是著名智慧者的个体往往在其擅长的一个或多个领域都曾取得一定甚至巨大的成就；从品德角度看，虽然不同文化对道德的理解既有同也有异，但属于智慧者的个体一般都会自觉地、长期地努力为绝大多数人谋福祉。

与此相反，如表4-12所示，作为智慧的反例，愚蠢者一般缺乏德才兼备的素质，而往往是德少才多或德才俱少，并由此产生严重的不良后果：德少才多者，典型者如秦桧，最终因将其聪明才智用错了方向，结果毁掉了自己；德才俱少者，典型者如阿斗，不但无力守住父辈的基业，最终自己还从帝王沦落为亡国君主，终生一事无成。

综上所论，这就从正反两面证实从德才兼备的角度对智慧进行界定的视角是正确的。

3. 中国大学生更善识别和偏爱德慧型智慧者

由表4-11可知，在中国大学生心目中排名前20名的智慧者名单，纯粹属于德慧型智慧者共有16位，占80%；纯粹属于物慧型智慧者共有1位，占5%；属兼有德慧与物慧型的智慧者共有3位，占15%。这表明中国大学生更善于识别和更偏爱德慧型智慧者。此结果与保卢斯等人、侯祎与王立皓等人所做的上述三项智慧者提名研究所获研究结果有类似之处。其原因主要有二：（1）中国人受尚德的儒家文化的深刻影响，长期以来多数人心中存在"智慧实质上主要是指道德智慧"的偏颇看法。受此偏颇观念的深刻影响，多数人习惯将智慧视作人的认知德性、美德和理想人格的特质，并认为智慧中的"知"的内容范围虽然并不限于"善恶是非"之知和"德性之知"，但最主要的确实是使人从善、"致善"的"善恶是非"之知和"德性之知"。而智慧作为人的"善恶是非"之知和"德性之知"的最高表现形式，便是人的道德智慧。因此，在多数人心中，作为智德论、美德论和道德认知论的重要范畴的智慧，实质上主要是道德智慧。[①]（2）与本研究中特意插入一项"聪明者提名"有关。因为根据表4-13所示，一些本可能归入物慧型智慧者的名单（如牛顿），由于在聪明者的得票数上过大，分散了其在智慧者上的得票数，导致其智慧者排名未能进入前20名；也有一些本可能归入德慧型智慧者的名单（如一休），由于在聪明者上的得票数过大，分散了其在智慧者的上得票数，导致其智慧者排名也未能进入前20名。此结果与保卢斯等人的研究结果基本上是一致的。[②] 这表明，仅就本次问卷而言，与美国和加拿大的大学生相类似，一旦加入聪明者提名这个变量，许多中国大学生同样不能准确区分物慧与聪明，导致其对物慧型智慧者的评判可能不够精确。

（四）结论

第一，知名度与文化认可度是影响智慧者/愚蠢者提名的两个重要因素，这样，在德与才两方面同时在某文化圈内拥有良好声誉者往往易被本文化的人视作智慧者，而德少才多或德才俱少中的臭名昭著者也更易被本文化的人视作是典型的愚蠢者。

第二，德才兼备是所有智慧者共有的素质，缺乏德才兼备的素质是所有愚蠢者的通病，这就从正反两面证实智慧的德才兼备理论是成立的。

第三，一旦加入聪明者提名这个变量，中国大学生虽能准确识别德慧型智慧者，却易将物慧型智慧者与聪明者相混同。

三、智慧的正例与反例研究

斯腾伯格在其《聪明的人为什么会如此愚蠢》一文里，曾以美国前总统克林顿（Bill Clinton）与尼克松（Nixon）以及英国前首相张伯伦等人为例，剖析这些聪

① 龙兴海.论道德智慧[J].湖南师范大学社会科学学报，1994，(4)：36.
② Paulhus, D. L., Wehr, P., Harms, P. D., & Strasser, D. I. (2002). Use of exemplar surveys to reveal implicit types of intelligence. *Personality and Social Psychology Bulletin*, 28：1054.

明的人为什么会做出如此愚蠢之事，即：克林顿因与莱温斯基的暧昧关系而引发所谓的"莱温斯基危机"(the Monica Lewinsky crisis)、尼克松因"水门事件"(Watergate scandal)而辞去总统职务、张伯伦作出执行纵容德国与意大利法西斯侵略的绥靖政策的愚蠢举动，以此来证明其愚蠢的失衡理论(the imbalance theory of foolishness)的正确。[①] 借鉴斯腾伯格的这一做法，适当对一些展现智慧的肯定例证与否定例证进行个案分析，也能获得一些支撑智慧的德才兼备理论的证据。肯定例证(positive instances 或 positive examples)，也叫正例，指一切包括概念的本质特征和符合规则的事物。否定例证(negative instances 或 nonexamples)，也称反例，指一切不包括概念的本质特征、不符合规则的事物。[②] 假若智慧的德才兼备理论能够成立，那么一切因主人翁拥有德才兼备素质而产生良好行为后果的例子都会被人们视作是智慧的正例，一切因主人翁缺乏兼备素质而导致不良后果的例子都会被人们视作是智慧的反例。这样，本研究的假设主要有二：

假设 1：如果德才兼备方是智慧，那么展现主人翁因拥有德才兼备素质而将难题圆满解决的例子就是智慧的正例。

假设 2：如果德才兼备方是智慧，那么蕴含因主人翁缺乏德才兼备素质而导致严重不良后果的例子就是智慧的反例。

（一）方法

一是运用文本分析法，在《史记》等二十四史、经典寓言故事与童话故事、世界历史以及一些有关智慧与愚蠢主题的重要研究文献里查找一些公认的智慧案例与愚蠢案例；二是从上文的"智慧者/愚蠢者提名研究"中选择一些集中表明其为智慧者的智慧案例或集中表明其为愚蠢者的愚蠢案例。

（二）结果与分析

1. 对所获智慧正例的分析

通过研究发现，有关智慧的正例有很多，在人们耳熟能详的孔子、老子、墨子、圣雄甘地等著名智慧者身上都能展现出智慧的正例。限于篇幅，下面仅对"李冰与都江堰工程"、"曹冲智救库史"和"司马光砸缸"三个体现智慧的正例进行分析。

1.1 李冰与都江堰工程

对于"李冰修建都江堰"一事，《史记》第二十九卷《河渠书第七》里只有极简略的记载："于蜀，蜀守冰凿离碓，辟沫水之害，穿二江成都之中。此渠皆可行舟，

① Sternberg, Robert J. (2004). Why smart people can be so foolish. *European Psychologist*，9(3)：145 - 150.
② 汪凤炎，燕良轼. 教育心理学新编(第三版)[M].广州：暨南大学出版社，2011：327.

有馀则用溉浸,百姓飨其利。至于所过,往往引其水益用溉田畴之渠,以万亿计,然莫足数也。"①从这个记载只能确认:李冰确实修建了都江堰;都江堰建成后,对水运和灌溉都有好处,造福一方百姓。据王启涛教授主讲的《都江堰·古堰揭秘》可知,由战国时期秦国蜀郡太守李冰率众于公元前256年左右修建的都江堰水利工程,不但集中地展现出李冰的智慧,而且也是人类最高水准智慧的一次经典展现。理由是:

从动机上看,李冰修建都江堰的动机是出自为生活于成都平原的百姓彻底根除岷江水患和成都平原的旱灾,并没有其他私心杂念。

从建设过程上看,都江堰的选址科学,整个修建过程巧夺天工,采用了许多至今仍有现实意义的创新技术(如"无坝引水"、"自动分流"、"自动排沙"等),充分展现了李冰的杰出聪明才智;同时,整个修建过程都运用了合乎道德规范的手段。具体地说,都江堰的修建包括三个重要环节:(1)开凿宝瓶口。为了彻底消除岷江水患和保证成都平原的农业生产和人畜用水需求,李冰通过对地形和岷江水情的实地勘察后发现,岷江东面的玉垒山位于成都平原的"扇把"位置,且流经此处的岷江水与成都平原的落差只有200米左右,如果打通玉垒山,就能使岷江水顺利流向东边的成都平原,既能消除岷江的水灾,又能达到最佳灌溉效果。这是根治岷江水患和彻底消除成都平原干旱现象的关键环节。于是,李冰决心凿穿坚硬的玉垒山,以便将岷江向东引向成都平原。由于当时还未发明火药,李冰便命人先以火烧石,然后用冰冷的岷江水浇到高温的岩石上,使岩石爆裂,再辅之人工用铁器进行挖掘,经过8年的努力,终于在玉垒山凿出一条宽20米、高40米、长80米的沟渠(之所以要凿成这个容量,也是李冰经过精确计算后得出来的)。因其形状酷似瓶口,故取名"宝瓶口"。(2)修建金刚堤。宝瓶口引水工程完成后,虽然起到分流和灌溉的作用,但因岷江东岸地势较高,江水难以流入宝瓶口。为了使岷江水能够顺利东流且保持适度的流量,充分发挥宝瓶口的分洪和灌溉作用,在凿完宝瓶口后,李冰又决定在岷江中修筑分水堰,由于分水堰前端形状好像一条鱼的头部,所以被称为鱼嘴分水堰。又由于鱼嘴分水堰修建得非常牢固,就有了金刚堤或金堤的美誉。金刚堤选址恰当(刚好在岷江的弯曲处),修建巧妙,建成后收到三个重要效果:第一,自动分流。金刚堤位于岷江江中,经由金刚堤的"鱼嘴",将岷江上游奔流而来的江水一分为二:西边称为外江,它沿岷江河顺流而下;东边称为内江,它流入宝瓶口。第二,自动调节水流

---

① [汉]司马迁.史记[M].[宋]裴骃集解.[唐]司马贞索隐.[唐]张守节正义.北京:中华书局,2005:1196.

量。由于内江窄而深，外江宽而浅，这样，枯水季节水位较低，则60%的江水流入河床低的内江，保证了成都平原的生产生活用水；而当洪水来临，由于水位较高，于是大部分江水从江面较宽的外江排走，这种自动分配内外江水量的设计就是著名的"四六分水"，起到了"平潦旱"的效果。第三，自动排沙。由于岷江水中夹杂有大量泥沙，为了解决水利工程中常见的泥沙淤积难题，李冰巧妙利用弯道环流原理，将岷江水中80%左右的泥沙排入外江，使进入内江的泥沙只有20%左右，这就是著名的"二八分沙"。(3)修建飞沙堰。为了进一步控制流入宝瓶口的水量，起到分洪减灾与灌溉的双重效果；同时，为了进一步排除进入内江的泥沙(毕竟经过金刚堤的自动排沙，仍有20%左右的泥沙进入内江)，李冰又在金刚堤的尾部，靠着宝瓶口的地方，修建了分洪用的平水槽和溢洪道，并再次巧妙利用弯道环流原理，于是，在溢洪道前修有弯道，使江水形成环流，江水超过堰顶时，洪水中夹带的泥石便流入到外江，这样便不会淤塞内江和宝瓶口水道，故取名"飞沙堰"。飞沙堰采用竹笼装卵石的办法堆筑，堰的高度经过精确计算后确定为2.15米左右，以起到调节水量的作用。当内江水位过高的时候，洪水就经由平水槽漫过飞沙堰流入外江，使得进入瓶口的水量不会太大，保障内江灌溉区免遭水灾；同时，漫过飞沙堰流入外江的水流产生了游涡，由于离心作用，泥砂甚至巨石都会被抛过飞沙堰，因此能有效减少泥沙在宝瓶口周围的沉积。结果，飞沙堰修建后同样收到三个重要效果：第一，对进入内江的水再次进行自动分流。第二，对进入内江的水再次自动调节水流量，使进入宝瓶口的水量适度。第三，对进入内江的水再次进行自动排沙。经过两次自动排沙，不但使流入宝瓶口的水基本上是清澈的，而且解决了水利工程中常见的泥沙淤积难题。另外，为了观测和控制内江水量，李冰又雕刻了三个石桩人像放于水中，以"枯水不淹足，洪水不过肩"来确定水位。还凿制石马置于江心，以此作为每年最小水量时淘滩的标准。在李冰的组织带领下，人们克服重重困难，经过18年的艰苦奋斗，最终建成了都江堰。由于修建都江堰遵循了"乘势利导，因时制宜"的原则；采用"无坝引水"的疏导方式(而不是采取建大坝进行拦堵的方式)治理岷江；并且，都江堰的主体工程自上而下包括金刚堤、飞沙堰和宝瓶口等三个有机组成部分，又两次巧妙利用弯道环流原理，使金刚堤、飞沙堰、宝瓶口等主体工程相互依赖，功能互补，巧妙配合，天人合一，形成布局合理的系统工程，联合发挥自动分流、自动调节水流量、自动排沙的重要功能，起到了消除岷江水患、浇灌成都平原的重要作用。同时，配之以有效的管理都江堰的制度，例如，维修都江堰的一个重要口诀是"深淘滩　低作堰"。"深淘滩"指利用人力清除淤积在内江的泥沙，尤其是要清除淤积在一个名叫"凤栖窝"的积沙池中的泥沙。"低作堰"中的"堰"指飞沙堰,"低作堰"指不能将飞沙堰修建得过高。"深淘滩　低作堰"的工作一般每年在岷江的枯水期都要进行一次。

从效果上看,都江堰水利工程的建成,不但未损害他人的正当权益,而且增进生活于成都平原的广大百姓的福祉至今已达 2 250 多年。因为都江堰自修成之后至现在,均是坚不可摧,其间光是经历 7 级以上的地震就有 17 次之多(包括 2008 年汶川的 8 级大地震,都江堰当时离震中只有 20 公里),但几乎都毫发无损,至今仍在浇灌着 1 370 万亩农田,成为世界上修建年代最久、持续使用时间最长(至现在都江堰寿龄已高达 2 250 多岁)并至今仍在使用的唯一古代水利工程。由于都江堰水利工程的建成,使成都平原由过去的水灾旱灾频发,一变而成为中国著名的"天府之国",并且这种美誉保持至今,时间绵延已有 2 250 多年,更重要的是,都江堰还将一直造福生活在成都平原上的无数民众。[①]

1.2　曹冲智救库吏

据《三国志·魏书·武文世王公传第二十·邓哀王冲传》记载:

邓哀王冲字仓舒。少聪察岐嶷,生五六岁,智意所及,有若成人之智。时孙权曾致巨象,太祖欲知其斤重,访之群下,咸莫能出其理。冲曰:"置象大船之上,而刻其水痕所至,称物以载之,则校可知矣。"太祖大悦,即施行焉。时军国多事,用刑严重。太祖马鞍在库,而为鼠所啮,库吏惧必死,议欲面缚首罪,犹惧不免。冲谓曰:"待三日中,然后自归。"冲于是以刀穿单衣,如鼠啮者,谬为失意,貌有愁色。太祖问之,冲对曰:"世俗以为鼠啮衣者,其主不吉。今单衣见啮,是以忧戚。"太祖曰:"此妄言耳,无所苦也。"俄而库吏以啮鞍闻,太祖笑曰:"儿衣在侧,尚啮,况鞍县柱乎?"一无所问。冲仁爱识达,皆此类也。凡应罪戮,而为冲微所辩理,赖以济宥者,前后数十。太祖数对群臣称述,有欲传后意。年十三,建安十三年疾病,太祖亲为请命。及亡,哀甚。文帝宽喻太祖,太祖曰:"此我之不幸,而汝曹之幸也。"言则流涕。[②]

根据《三国志》的上述记载,曹冲,字仓舒,自幼聪慧,明察懂事,五六岁时的才智发展水平就已达到正常成人的水平,甚至高于正常的成人,属于典型的天才儿童。因为若用斯坦福—比纳智力测验中的比率智商的计算公式——智商

---

① 据中国中央电视台国际频道(CCTV - 4)"百家讲坛"于 2011 年 3 月 2 日 17 点 10 分播出的"蜀地探秘(一)"、"都江堰·李冰入蜀"和 2011 年 3 月 3 日 17 点 10 分播出的"蜀地探秘(二)"、"都江堰·古堰揭秘"(均由王启涛教授主讲)节目的内容整理而成。
② [晋] 陈寿. 三国志(二)[M]. 栗平夫,武彰译. 北京: 中华书局,2007: 586.

(IQ)＝心理年龄(MA)÷实足年龄(CA)×100——计算,将曹冲的实足年龄算成6整岁,将18岁作为"成人之智",即心理年龄,那么曹冲的智商就是300(18÷6×100＝300),与心理学中一般将"智商大于130或140"视作天才儿童的指标相比,300远大于130或140了。从"曹冲称象"的史实中也可看出,五六岁的曹冲的确已有成人之智。当时没有能够一次称出像大象那样重量的巨秤,当曹操想要了解孙权送给自己的一头巨象的重量并询问下属时,下属中没有一个能够给出有效解决办法。要知道,能够成为追随曹操左右的下属,多有真才实学,并非酒囊饭袋,由此可见,在当时,"给巨象称重"的确是一件非常困难的事情。但年幼的曹冲知道该事情后,马上提出一个切实可行的解决办法:先把大象牵到大船上,将船的吃水深度做个记号,然后将大象牵出大船,再用其他东西(如大石头)代替大象,使船达到刚才的吃水深度,最后称一下这些东西的重量,就知道大象的重量了。曹操听了非常高兴,当即就命人按此法进行,果然秤出大象的重量。①

假若说"曹冲称象"充分展现出曹冲的杰出聪明才智,那么曹冲智救库吏一事就充分展现出曹冲的智慧:东汉末年,人们身处乱世,刑法用得既严且重。一次曹操的马鞍在仓库被老鼠咬坏了,守卫仓库的官吏们认为自己这下必死无疑,经商议后准备把自己绑了去自首,但还是担心死罪不能免。曹冲知道此事后,对库吏说:"你们先等待三天,然后去自首。"为了救库吏,曹冲拿刀弄破自己的衣服,让人看起来像是被老鼠咬破的,又假装很不高兴,脸上流露出愁容。曹操见了问他有什么愁事。曹冲说:"民间认为衣服若被老鼠咬破,这对衣服的主人而言很不吉利,现在我的衣服被老鼠咬破了,我担心它对我不吉利,所以在发愁。"曹操说:"这种说法是胡说八道,不要担心它。"不久库吏如实报告曹操说马鞍被老鼠咬破了一事,曹操一下明白了曹冲的用意,笑着说:"我儿子的衣服就放在身边都会被老鼠咬,何况是挂在柱子上的马鞍呢?"于是没有追究这件事。②在智救库吏这件事中,曹冲的动机是为了救官小位卑的小库吏,这表明他有一颗非常善良而富有同情心的心。为了完成这个任务,曹冲年龄虽小,却懂得因势利导,把握曹操的心理极为准确,所用方法颇为巧妙且合乎伦理道德规范,结果是成功救下库吏,所以这之中展现出来的是智慧。而从"冲仁爱识达,皆此类也。凡应罪戮,而为冲微所辩理,赖以济宥者,前后数十。太祖数对群臣称述,有欲传后意。"这证明曹冲做过许多智慧的事情,挽救了许多人的生命。因此,曹冲是一个智慧者,并很得父亲曹操的欣赏,以至于曹操有意传位给曹冲。令人感到十分惋惜的

①②　[晋]陈寿.三国志(二)[M].栗平夫,武彰译.北京:中华书局,2007:587.

是,曹冲13岁时生病,不久即离开人世,曹操为此十分悲痛,对曹丕说:"此我之不幸,而汝曹之幸也。"并且"言则流涕"。这表明,曹冲是曹操25个儿子①中最令曹操感到满意的一个,曹冲若不是英年早逝,很可能会继承曹操的王位。这正应合了曹丕的一句话:"若使仓舒在,我亦无天下。"②

1.3　司马光砸缸

为什么说"司马光砸缸"这一行为背后蕴含智慧呢? 其理由有三:

从动机上看,年少的司马光砸破大水缸的目的,纯粹是为了救落入大水缸里的小伙伴的生命,而不是想凭此事而让自己获得好处。

从应对问题的方式看,在小伙伴不小心突然掉入大水缸,其他小伙伴被吓得目瞪口呆或作出错误应对方式(即赶紧去找大人来救)之时,司马光当机立断,果断地用石头将大水缸砸破,水缸里的水被及时放出,掉进大水缸的小伙伴也就得救了,事后证明,这显然是当然最正确的应对方式。

从效果上看,掉进大水缸的小伙伴得救了,而付出的代价仅仅是破了一个水缸,这个效果显然是非常理想的。

2. 对所获智慧反例的分析

通过研究发现,一切因主人翁一时或终身缺乏德才兼备素质而导致不良后果的例子,都会被人们视作是智慧的反例,或者是愚蠢的正例。像在夏桀、周幽王、阿斗刘禅、秦桧、希特勒和汪精卫等愚蠢者身上以及在"饮鸩止渴"、"杀鸡取卵"、"螳臂挡车"、"反裘负薪"("反裘负刍")、"舍本逐末"("本末倒置")、"买椟还珠"、"一叶障目"、"井底之蛙"、"夜郎自大"、"郑人买履"、"刻舟求剑"、"东施效颦"、"掩耳盗铃"、"邯郸学步"等成语或典故里展现的都是智慧的反例。当然,若作进一步的分析,一时或终身缺乏德才兼备素质的个体又可细分为三种情况:(1) 个体一时或终身都无德无才,典型者如弱智者;(2) 个体因德少才多而铸成大错,典型者如严嵩与汪精卫之徒;(3) 个体因德多才少而铸成大错,典型者如"农夫与蛇"故事中的农夫。因第一种情况一点便知,限于篇幅,下面仅举后两种类型的智慧反例进行分析。

2.1　张伯伦对纳粹德国实行绥靖政策

"张伯伦对纳粹德国实行绥靖政策"是一个典型的因主人翁才多德少而最终导致产生不良后果的个案。为什么说"张伯伦对纳粹德国实行绥靖政策"这一行

---

① ［晋］陈寿.三国志(二)[M].栗平夫,武彰译.北京:中华书局,2007:584.
② 王佳伟.曹操垂泪为几人[N].中国社会科学报,2011-03-24.

为背后无真正的智慧可言呢？这是因为，绥靖政策（policy of appeasement，也称姑息政策）是指一种对侵略者姑息、妥协、纵容，不惜牺牲他国的领土、主权甚至本国人民的利益，以求换得暂时和平和安全的政策。在第二次世界大战前夕，以张伯伦为首相的英国与法国等国家对纳粹德国和意大利实行绥靖政策，纵容德国和意大利的对外扩张，承认墨索里尼侵占埃塞俄比亚，默认希特勒吞并奥地利，以牺牲中欧、东欧一些国家的正当利益为代价，企图取得与德国和意大利侵略者妥协。1938 年张伯伦参与缔结《慕尼黑协定》，执行纵容德、意法西斯侵略的绥靖政策。① 张伯伦的这种绥靖政策不但没有给英国和法国带来和平，反而由于让纳粹德国和意大利的邪恶势力得到进一步的扩张，结果，英、法两国很快自食苦果：法国很快被德国占领，英国本土遭到德国的猛烈轰炸，张伯伦最后不得不下台，英国人民开始了艰苦卓绝的反法西斯战争。由此可见，张伯伦对纳粹德国实行绥靖政策，也许原本真以为自己为大英帝国尽心尽力了，但由于他无视被希特勒蹂躏的其他国家和民族的正当权益，忽视了人类的共同利益，实际上也就忽视了自己国家的长远利益。其后，不但导致自己在德国发动西线进攻时下台，而且也使英国国家的长远利益最终蒙受巨大损失，使自己沦落为一个"只顾小利，牺牲大义"、十足的愚蠢之人。可见，张伯伦的这一举动既损人又害己，自然是十分愚蠢的举动。②

2.2 "农夫与蛇"中的农夫

《伊索寓言》里"农夫与蛇"的寓言故事脍炙人口，其基本内容如下：

一个农夫在寒冷的冬天里看见一条蛇冻僵了，觉得它很可怜，就把它拾起来，小心翼翼地揣进怀里，用暖热的身体温暖着它。那蛇受了暖气，渐渐复苏了，又恢复了生机。等到它彻底苏醒过来，便立即恢复了本性，用尖利的毒牙狠狠地咬了恩人一口，使他受了致命的创伤。农夫临死的时候痛悔地说："我可怜恶人，不辨好坏，结果害了自己，遭到这样的报应。"

众所周知，过去人们对此故事常作如下解读：对恶人千万不能心慈手软，因为即使你对恶人仁至义尽，他们的邪恶本性也是不会改变的。这种理解虽有一定道理，但可能并不准确。蛇是冷血动物，在北半球的许多地区，冬季气温寒冷，蛇进化出靠冬眠来安全过冬的本领；不过，等到第二年温度适宜时，蛇就会从冬眠状态苏醒过来，又可开始新的生活。在"农夫与蛇"的寓言故事里，农夫虽然拥有一

① 夏征农，陈至立. 辞海(第六版彩图本)[M]. 上海：上海辞书出版社，2009：2172.
② Sternberg, Robert J. (2004). Why smart people can be so foolish. *European Psychologist*, 9 (3)：145 - 150.

颗善心,但显然缺乏有关蛇的上述知识,结果因自己不了解蛇的本性而导致自己最终命丧蛇口。从智慧的德才兼备理论角度看,它其实是在讲一个农夫因自己德多才少而最终命丧蛇口的寓言故事,该寓言故事至少告诉人们这一道理:不能将自己的善意用错了地方,因为善往往需要与足够的聪明才智合在一起,才能"修成正果"。在"农夫与蛇"的寓言故事中,假若农夫知道了蛇的习性,在替蛇做好相应保暖措施(如用枯草或旧衣服之类东西把冻僵的蛇小心包好)并保证蛇苏醒后能够自由爬出的前提下,将蛇放入他人不易发现或不易误入的洞穴中,随后自己再走开,若果真如此,那结果完全就不一样了。

(三) 结论

"李冰与都江堰工程"、"曹冲智救库史"和"司马光砸缸"是体现智慧的三个正例,这三个例证的相同之处是:主人翁都拥有德才兼备的素质,从而将事情圆满解决,并产生了良好效果。与此相反,"张伯伦对纳粹德国实行绥靖政策"、"农夫与蛇"是智慧的两个反例,这两个智慧的反例的相同之处是:主人翁都因缺乏德才兼备的素质,最终导致不良后果,张伯伦属典型的才多德少,"农夫"属典型的德多才少。综上所论,智慧的正例与反例从正反两面证实德才兼备方是智慧观点的正确性。

四、总讨论及总结论

第一,知名度、文化认可度、不同问卷方式以及不同被试取样是影响智慧者/愚蠢者提名的四个重要因素。由于知名度与文化认可度是影响智慧者/愚蠢者提名的两个重要因素。这样,虽然只纯粹拥有广泛知名度的人不一定能够进入典型智慧者的名单,因为这种人的知名度可能并不是由于其拥有良好品德与卓越才华获得的。但是,在德与才两方面同时在某文化圈内拥有良好声誉者往往易被本文化的人视作典型的智慧者,而德少才多或德才俱少中的臭名昭著者也更易被本文化的人视作是典型的愚蠢者。而且,由于知名度是影响智慧者提名的一个重要因素,而同一个体在同一文化圈内的不同人群中的知名度常常有一定甚至巨大的差异,因此,在智慧者的提名研究中,采用开放式问卷与采用结构式问卷,来自同一文化圈内的不同人群中的被试给出的智慧者提名名单有较大差异;与此同时,由于文化认可度是影响智慧者提名的又一个重要因素,而不同文化对道德与才华既有相同更有相异的认识,这导致同一个体在不同文化圈中的认可度常常有一定甚至巨大的差异,所以,在智慧者的提名研究中,采用开放式问卷与采用结构式问卷,来自同一文化圈内不同人群的被试、来自不同文化圈的被试给出的智慧者提名名单也会有较大差异。由此推论,臭名度、文化认可度、不同问卷方式以及不同被试取样可能也会影响愚蠢者提名研究的结果。

第二,所有进入智慧者名单的个体在本土文化圈的人看来都拥有德才兼备的素质。虽然知名度、文化认可度、不同问卷方式以及不同被试取样会导致最终获得的智慧者名单有较大差异,但是,结合每位个体的生平事迹看,所有进入智慧者名单的个体在本文化圈内的人看来都拥有德才兼备的素质,那些被绝大多数人公认为缺乏德才兼备素质的个体(如汪精卫或希特勒)是无法进入拥有正确价值观的人给出的智慧者名单的;① 同时,因缺乏德才兼备的素质而导致不良后果是所有愚蠢者的通病,这样,那些被绝大多数人公认为具备德才兼备素质的个体(如孔子)是不会进入拥有正确价值观的人给出的愚蠢者名单的。② 通过“智慧的正例与反例研究”也可得到类似的结论:在所有智慧的正例中,主人翁都拥有德才兼备的素质,从而将事情圆满解决,并产生了良好效果。与此相反,在所有智慧的反例——愚蠢个案——中,主人翁都因缺乏德才兼备的素质,最终导致不良后果。

第三,德慧与物慧在中西方文化里的命运。虽然在智慧者提名研究中一旦加入聪明者提名这个变量,中西方大学生都存在“将智慧(者)等同于德慧(者),将物慧(者)视作聪明(者)或高智商(者)”的倾向,但是德慧与物慧在中西方文化里仍有不同的命运,它的具体表现是:在态度上,中国人重德慧(者)轻物慧(者);在生活中,较之物慧,中国人更擅长德慧。反映到单一的智慧者提名上,中国大学生更善识别和更偏爱德慧型智慧者,因此其德慧者姓名要远多于物慧者姓名。与此不同,在态度上,西方人是德慧(者)与物慧(者)并重;在生活中,西方人与中国人一样擅长德慧,但比中国人更擅长物慧。反映到单一的智慧者提名上,西方大学生对德慧者与物慧者没有表现出明显的偏好。

第四,一旦加入聪明者提名这个变量,人们虽能准确识别德慧型智慧者,却易将物慧型智慧者与聪明者相混同。关于这方面的内容在上文已作详细探讨,这里不再赘述。

经由上述论证可以得到以下四个总结论:第一,知名度、文化认可度、不同问卷方式以及不同被试取样确是影响智慧者/愚蠢者提名的四个重要因素。第二,智慧

---

① 拥有错误价值观的人往往颠倒是非,于是,那些被绝大多数人公认为缺乏德才兼备素质的个体(如汪精卫或希特勒)也可能会进入其给出的智慧者名单之中。若果真如此,那它自然是一种错误的智慧观。
② 拥有错误价值观的人往往颠倒是非,于是,那些被绝大多数人公认为具备德才兼备素质的个体(如孔子)也可能会进入其给出的愚蠢者名单的。

者均拥有德才兼备的心理素质。第三,德慧与物慧在中西方文化里的确有不同的命运。第四,人们虽能准确识别德慧型智慧者,却易将物慧型智慧者与聪明者相混同。这四个研究结论共同证实,智慧的德才兼备理论的上述两个核心观点是成立的。

也许有人会说,主要以大学生为被试运用问卷法来验证智慧的德才兼备理论,若结论是支持智慧的德才兼备理论的,那不证明智慧的德才兼备理论不精妙吗? 如果结论是不支持智慧的德才兼备理论,那智慧的德才兼备理论能否成立又不得而知? 如何解决这个两难困境? 对于这个问题,我们的回答是:

一方面,如本章上文所论,从一定意义上说,智慧的德才兼备理论属事后解释型理论,古今中外历史上一些优秀人才均是德才兼备型的事实便可证明此理论的正确;并且,根据此理论可以预测,将来凡是能够赢得智慧者赞誉的人,一定拥有德才兼备的素养。于是,我们主张,智慧是良好品德与聪明才智的完美合金,这样,一种行为之内若能体现出良好品德与聪明才智的完美结合,便属于智慧行为。一个人一生中的主要工作若能体现出良好品德与聪明才智的完美结合,便属于智慧者;一个人一生中的主要工作若能体现出卓越品德与卓越才华的完美结合,便属于大智慧者。反之,一种行为之内若因个体的品德与聪明才智发生分离并由此而产生不良后果,便属于愚蠢行为;一个人一生中的主要工作若因自己的品德与聪明才智发生分离并由此而产生不良后果,便属于愚蠢者。所以,我们在寻找支持智慧的德才兼备理论的证据时,并不局限于从大学生被试身上找,而是从古今中外这个大范围内寻找。例如,在"智慧的正例与反例研究"中,所用五个个案中,前四个——李冰、曹冲、司马光、张伯伦——均是来自历史中的知名真实人物,用于分析的事例也是有史实依据的真实事例;最后一个则是一则闻名世界的寓言故事。

另一方面,一个人对智慧是不有正确看法是一回事,一个人自己是否是智慧者又是另一回事。保卢斯等人、侯祎与王立皓等人所做的三项智慧者提名研究以及我们所做的"智慧者/聪明者/愚蠢者的提名研究"的结果都表明,大学生群体总体上能够对智慧有一个较正确的看法,即能够认识到"德才兼备方是智慧"。

综上所论,上述实证研究展现的证据已能够证实智慧的德才兼备理论的核心观点是成立的;当然,读者若对这方面的内容感兴趣,还可参阅由我指导、由陈浩彬完成的题为《"智慧的德才兼备理论"的实证研究》[①]的博士毕业论文。同时,智慧的德才兼备理论是一个在融会中西智慧观精义思想基础上的原创型智慧观。

---

① 陈浩彬.“智慧的德才兼备理论”的实证研究[D].南京:南京师范大学基础心理学,2013.

第五章　修德育才：培育智慧的通用策略

《管子·权修》说得好："一年之计，莫如树谷；十年之计，莫如树木；终身之计，莫如树人。"[①]为了提高智慧与智慧教育研究的实用性，就必须细致探讨培育智慧的问题。当然，在这样做之前，下述假设必须成立：如果智慧主要是后天习得的，就可以采取一些有效方式对其进行培育。很显然，现有心理学研究成果已表明，人的智慧主要是后天习得的。而且，如前文所论，智慧的培育问题并不是一个崭新问题。在中国古代，由于孔子等先哲多主张人的智慧不是天生的，而是通过后天学习获得的；又多主张"知而获智"的智慧观，于是重视个体智慧的生成实际上一向是中国传统教育的精义之所在。[②]在当代中西方心理学界和教育界，智慧的培育问题也都是一个热门话题，仁者见仁，智者见智，其中尤以斯腾伯格对智慧教育的见解与做法相对最为系统。因为斯腾伯格不但有智慧理论，还有相应的智慧教育实践。斯腾伯格"为智慧而教"的一些观点与做法颇有见地，只要将之稍作变通，使之适合当代中国的国情，基本上都可以用作培育智慧的通用策略。

同时，智慧只是一个总称，从类型上看，一个人拥有的智慧往往是人慧、物慧或兼有人慧与物慧，而人慧与物慧本身有七个重要区别，相应地，培育人慧与物慧的策略自然也有一定差异，这意味着，有些策略是侧重培养人慧的，也有些策略是侧重培育物慧的。可见，将培育智慧的策略分为通用策略、侧重培育人慧的策略和侧重培育物慧的策略，不但是对培育智慧策略研究的一个重要突破，也有利于智慧教育的顺利实施。为便于实际操作，本章只论培育智慧的通用策略，下章探讨侧重培育人慧中的德慧与物慧的策略。这些培育智慧的策略，既可用于

① 黎翔凤.管子校注[M].梁运华整理.北京：中华书局，2004：55.
② 汪凤炎，郑红."知而获智"观：一种经典的中式智慧观[J].南京师大学报(社会科学版)，2009，(4)：104-110.

指导学校开展智慧教育,也可用来指导个体通过自学习得智慧。

也需指出,从影响智慧生成的因素角度看,个体的生理发展状态属于影响智慧生成和发展的生理因素,个体的智力、心智加工方式与知识等属于影响智慧生成和发展的心理因素,个体接受的教育环境以及所处的文化环境属于影响智慧生成和发展的外部环境因素,这样,不但妥善处理这些因素是智慧教育中应普遍注意的问题,而且要辩证看待学校教育在成就智慧中的作用。假若将才俊分为四大类:最杰出者叫天才;仅次于天才的才俊叫大才;仅次于大才的才俊叫中才;仅次于中才的才俊叫小才。同时,将没有才华的人称作愚才;将虽有才华却将才华用于坑人的人叫歪才。那么,学校教育虽能为天才的成长提供一定的帮助,但真正的天才却不是通过学校教育培养出来的,而是通过社会大教育培养出来的,即自学成才的。最好的学校教育常常至多只能培养出大才,却往往培养不出天才;一般的学校教育只能培养出中才或小才;不好的学校教育只能培养出小才、愚才甚至歪才。只要想想法拉第(Michael Faraday)、毛泽东、周恩来、比尔·盖茨、乔布斯(Steve Jobs)等人的成长经历,就能得出这种结论:法拉第仅上过小学,却对力场作出了关键性突破,永远改变了人类文明;毛泽东虽只拥有师范学校的文凭,后来却成长为新中国的开国领袖;周恩来的最高学力是南开高中毕业,但他的最高职位是中国总理;比尔·盖茨大学三年级时从哈佛大学退学,创建了世界著名的微软公司;乔布斯在里德学院(Reed College)仅读 6 个月就退学了,后创建了世界著名的苹果公司。爱因斯坦(Albert Einstein)虽于 1900 年本科毕业于苏黎世联邦工业大学,又于 1905 年从苏黎世大学获得博士学位,但稍知爱因斯坦成长历程的人都知道,与其说爱因斯坦的杰出才华是从学校习得的,不如说爱因斯坦有一个天才般的大脑,其杰出才华是通过其独立思考展现出来的。而大智慧往往是"大善+天才"的合金,可见,真正拥有上上智慧的智慧者是很难通过学校教育培养出来的,一定是经由社会大环境生成的。不过,综观古今中外历史,真正拥有上上智慧的人毕竟是少数,一个社会具备大中小智慧的人越多,社会也会越来越进步。所以,对于学校教育在成就智慧中的作用,既不能夸大也不能低估。

第一节　不断完善个体的道德品质

综览古今中外历史上一些天才与大师的成长史可以发现一个事实:一个人

若想有高超的创造力,就必须拥有坚定的自信心、稳定的独立人格、意志坚强、强烈的好奇心。美国心理学家的一项跟踪研究也得出类似的结论。他们曾对1 528名智力超常的人才跟踪调查50年,分析其中成就最大的800人发现,他们的差异不在于智力水平,而在于是否有良好的精神品格,如强烈的进取心、高度的责任心、良好的合作精神、热情、顽强、有坚持性、有信心等。① 由于良好的人格素质往往或可视作良好品德的有机组成部分,或是良好品德的具体展现,这样,想方设法不断提高和完善个体的道德品质,就是培育智慧的重要途径之一。

一、培育个体道德品质与人格素质必须坚守的原则

为了更好地培育个体的道德品质,平日的道德教育和智慧教育要坚持"方向性原则"(即以辩证唯物主义和历史唯物主义为指导,坚持为人民服务、为社会主义服务的方向,②旨在培养社会主义事业的接班人)、"人性化的原则"、"整体生成与发展的原则"、"将道德学习与科技知识学习作适当分开的原则"、"知行合一的原则"、"标举中庸"、"促进人的身心健全发展"、"坚守最高良知原则"、"将彬彬有礼与心地善良适当分开"与"从改变道德习俗入手"等重要的育人原则,除了后面四个原则之外,其余原则在《德化的生活——生活德育模式的理论探索与应用研究》③里都已有论述,为节省篇幅,下面只论后面四个原则。

(一) 促进人的身心健全发展

如果只注重向学生传授科技知识与常用的劳动技能,同时只一味地运用外在强化手段来激发学生的学习动机,却不真心重视引导学生学会做人,就会给教育与人的发展带来致命的内伤。正如爱因斯坦所说:"我确实相信:在我们的教育中,往往只是为着实用和实际的目的,过分强调单纯智育的态度,已经直接导致对伦理价值的损害。"④其直接造成的严重后果是容易将人异化为机器,将教育过程视作是生产高智能的"机器人"的过程,将各级学校尤其大学看成是职前培训中心,通过此类教育,轻则易将人培养成只顾自我利益而不顾他人利益的"自私之人"或只顾挣钱却不谈情感的"冷漠之人";重则易将人培养成拥有高学历、高学力或渊博知识的"杀人机器",从而招致时下人们经常用诸如"只教给学生

① 江苏省教委德育办公室.江苏中小学德育工作十年:1998年江苏省中小学德育工作会议材料汇编[M].南京:南京师范大学出版社,1999:59.
② 胡锦涛.坚定不移沿着中国特色社会主义道路前进 为全面建成小康社会而奋斗(中国共产党第十八次全国代表大会报告).2012－11－08.
③ 汪凤炎.德化的生活——生活德育模式的理论探索与应用研究[M].北京:人民出版社,2005:271－285.
④ 爱因斯坦.爱因斯坦文集(第三卷)[M].许良英等编译.北京:商务印书馆,1979:293.

一些小智,却让学生丢了大慧"之类的话语来批评当代中国的教育。为了纠正中国教育中存在的这种偏差,让人清楚地认识到智慧的实质,准确把握良好品德与聪明才智之间的和谐发展关系,在培育个体的道德品质与人格素质就必须坚守我们一向倡导的促进人的身心健全发展的教育新理念。当然,鉴于此理念在《德化的生活——生活德育模式的理论探索与应用研究》①已有详论,这里不再赘述。

(二) 坚守最高良知原则

古今中外的诸多事实表明,良心是人特有的高贵品质,人类与动物间的一切差异中,良心是最重要的差别。② 因此,良心理所当然地凌驾于人类其他一切行为准则之上。正如达尔文所说:

有些作家持有这样一个判断,认为在人和低等动物之间的种种差异之中,最为重要而且其重要程度又远远超出其他重要差别之上的一个差别是道德感或良心,我完全同意这一点。正如麦肯托希(甲 424)所说的那样,道德感"作为人类行动的一个原则,理应居于其他每一条原则之上";有一个简短而专横的字眼或词可以把它概括起来,就是"应"或"应该",这真是一个充满着崇高意义的字眼。在人的一切属性之中,它是最为高贵的,它导致人毫不踌躇地为他的同类去冒生命的危险,或者在经过深思熟虑之后,在正义或道义的单纯而深刻的感受的驱策之下,使他为某一种伟大的事业而献出生命。③

因此,坚守最高良知原则是做一个有道德之人的最后底气;尤其是在遇到强大外在阻力或遇到"乱命"时更是如此。④ 何谓"乱命"?"乱命"指人在神志不清时发出的命令。⑤ 与之相对的是"治命"。"治命"指人在神智清醒时发出的命令。⑥ 它们均出自《左传·宣公十五年》:

秋七月,秦桓公伐晋,次于辅氏。壬午,晋侯治兵于稷,以略狄土,立黎侯而还。及洛,魏颗败秦师于辅氏,获杜回,秦之力人也。

初,魏武子有嬖妾,无子。武子疾,命颗曰:"必嫁是。"疾病,则曰:'必以为殉!'及卒,颗嫁之,曰:"疾病则乱,吾从其治也。"及辅氏之役,颗见老人结草以亢杜回。杜回踬而颠,故获之。夜梦之曰:"余,而(同'尔',引者注)所嫁妇人之父

---

① 汪凤炎等. 德化的生活——生活德育模式的理论探索与应用研究[M]. 北京:人民出版社,2005:235-244.
② 我们不赞成"甚至在一般动物身上也有道德行为"这种观点,因为一般动物虽然可以作出利他行为,但这种利他行为一般不是出自清楚的道德认知与自愿的道德判断,而是出其与生俱来的本能。由本能决定的行为,从某种意义上说都是"被迫的",而不是"自愿的"。
③ 达尔文. 人类的由来(上册)[M]. 潘光旦,胡寿文译. 北京:商务印书馆,1983:148.
④ 严修. 治命与乱命[J]. 读者,2011,(18):57.
⑤⑥ 杨伯峻. 春秋左传注(修订本)[M]. 北京:中华书局,1990:764.

也。尔用先人之治命，余是以报。"①

　　既然唤醒和培育个体的良心是成就一个有道德之人的通途，那如何唤醒和培育个体的良心呢？关于这方面的内容，我们已撰有题为《良心新论——建构一种适合解释道德学习迁移现象的理论》的专著，②这里不多讲，下面再补充三点。

　　1. 两个经典案例

　　"青龙奇迹"与"抬高一厘米"两个经典案例从正反两面证明坚守最高良知原则是做一个有道德之人的最后底气，从而证明良心在成就一个有道德之人的过程中具有重要作用，值得当代广大中国人认真体会。

　　1.1　青龙奇迹

　　1976 年 7 月 28 日，唐山大地震带走了 24 万条鲜活生命，成为永远铭刻在中国人心中的伤痛。不过，在唐山大地震中，有一个鲜为人知的"青龙奇迹"——距唐山市中心仅 65 公里的青龙县，在大地震中，47 万人却无一人伤亡。根据作家张庆洲的梳理，人们看到了一个创造"青龙奇迹"的脉络：国家地震局以汪成民为代表的一批人坚持认为大震临近，但他们的意见没有受到重视，在一次会议上汪成民把"7 月 22 日到 8 月 5 日唐山、滦县一带可能发生 5 级以上地震"的信息捅了出去。青龙县科委主管地震工作的王春青听到消息后，火速赶回县里把"危言耸听"的消息向县领导汇报。县委书记冉广歧顶着被摘乌纱帽的风险拍了板，7 月 25 日，青龙县向县三级干部 800 多人作了震情报告，要求干部必须在 26 日之前将震情通知到每一个人。当晚几百名干部十万火急地奔向各自所在的公社。青龙县的百姓几乎全被"赶"到室外生活。7 月 28 日地震真的来了，青龙房屋倒塌 18 万间，但 47 万青龙百姓安然无恙，无人伤亡的青龙一度成为唐山的后方救急医院，还派了救援队，拉着食品、水赶往唐山。20 多年后，冉广歧接受采访，当被追问"您作为一把手发布临震预报，到底有啥压力"时，他的回答发人深思："说实话吧，我也有老婆孩子，也有自己的事业。我心里头，一边是县委书记的乌纱帽，一边是 47 万人的生命，反反复复掂哪。毛主席的话还真给我壮胆了，共产党员要具备'五不怕'啊，不怕杀头，不怕坐牢，不怕老婆离婚。不发警报而万一震了呢？我愧对这一方的百姓。嘴上可能不认账，心里头过不去——一辈子！"③

　　根据上段文字可知，正是由于县委书记冉广歧依循自己良心的引导，才作出

①　杨伯峻. 春秋左传注(修订本)[M]. 北京：中华书局，1990：763 - 764.
②　汪凤炎，郑红. 良心新论——建构一种适合解释道德学习迁移现象的理论[M]. 济南：山东教育出版社，2011：1 - 420.
③　行天. 追随良知的指引[N]. 中国青年报，2009 - 05 - 18.

了正确的抉择,挽救了数十万人的生命,产生了"青龙奇迹"。在这个案例中,良知犹如一道光,引导人走出危险的困境。从职责的角度,当然循规蹈矩更安全,即便有责任,那也是"集体领导负责",也轮不到自己负责。但一旦拍板错误,"散布谣言",在那个年代,摘掉乌纱帽可能都是轻的。官员手握公权力,也握着甚至决定着百姓生死的信息,在灾害来临时官员担负着重要责任。近年来,一些官员长期的官僚生活,令他们在民生疾苦面前已经很麻木了,干工作凭着自己一套"趋利避害"的逻辑作判断,作取舍,这使得他们可以有一套游刃有余的逃避责任的办法,却未必敢担当起最优的决策选择。"嘴上可能不认账,心里头过不去——一辈子!"这朴实的话语告诉人们,制度规章当然重要,而日常生活中官员最基本的良心教育与守护,不能在强化职责的时候被忽视。在某种意义上说,大灾来临时,官员的良心也是一种巨大的力量![①]

1.2 抬高一厘米

1989 年冬季的一天晚上,刚满 20 岁的东德小伙子克里斯·格夫洛伊企图偷越柏林墙逃向西德,可惜被东德卫兵发现,克里斯被一位名叫英格·亨里奇的东德卫兵当场用枪打死,成为柏林墙下最后一个遇难者,因为 9 个月之后柏林墙就被柏林人推倒。1992 年 2 月,柏林墙倒塌 2 周年后,"柏林围墙守卫案"开庭审理,接受审判的正是射杀克里斯的英格·亨里奇等 4 位曾经是柏林墙的东德守卫。亨里奇等人的律师辩护称,这些卫兵仅为执行命令,别无选择,罪不在己。然而法官西奥多·赛德尔并不这么认为:"作为警察,不执行上级命令是有罪的,但打不准是无罪的。作为一个心智健全的人,此时此刻,你有把枪口抬高一厘米的自主权,这是你应主动承担的良心义务。这个世界,在法律之外还有'良知'。当法律和良知冲突之时,良知是最高的行为准则,而不是法律。尊重生命,是一个放之四海而皆准的原则。"最终,亨里奇因蓄意射杀克里斯·格夫洛伊被判三年半徒刑,且不予假释。[②]

与"青龙奇迹"截然相反,在"抬高一厘米"的案例中,英格·亨里奇的良心没有觉醒,结果他死守职责,没有想到自己原来还应是一个人!其实,对英格·亨里奇而言,他首先是一个人,然后才是一名卫兵。"亨里奇案"作为"最高良知原则"的案例早已广为传扬。"抬高一厘米",是人类面对恶政时不忘抵抗与自救。这一厘米是让人类海阔天空的一厘米,是个体超于体制之上的一厘米,是见证人

① 行天. 追随良知的指引[N]. 中国青年报,2009-05-18.
② 熊培云. 抬高一厘米[J]. 读者,2011,(3):17.

类良知的一厘米。①

2."信仰是做一个有道德之人的源泉"观点的得失

为了提高道德德育的有效性,在当代中国学术界尤其是德育界,有一些学人主张开展信仰教育,认为信仰是做一个有道德之人的源泉,若没有信仰,道德与道德教育就成为无源之水,无本之木。这个观点有一定道理。因为信仰(belief)是指"对某种宗教或主义极度信服和尊重,并以之为行动的准则",②或者是指"从内心深处对某种理论、思想、学说的尊奉,并以此作为自己行动的指南"。③这样,一个人一旦对一套伦理道德规范产生信仰,不但能够做到"知行合一",还能够让个体产生极稳定的品德。不过,一个人有了信仰就一定能保证其品德高尚吗? 答案显然是否定的。这是由于信仰本身只是一个中性词,其内包含五花八门的内容,如共产主义信仰、无神论信仰、有神论信仰、天人合一信仰、宗教信仰(其内又分信仰上帝、信仰真主、信仰佛祖等)、科学信仰、金钱信仰、及时行乐信仰、"得过且过"("做一天和尚敲一天钟")信仰,等等。可见,信仰有盲目信仰(错误信仰)与正确信仰④之分。一个人只有拥有正确信仰,才能保证其产生道德行为;一个人若信奉错误信仰,不但不能保证其产生道德行为,还会引诱其产生邪恶行为。由此可见,"用信仰来引导个体做个有道德的人"与"用良知来引导个体做个有道德的人"之间有以下三个重要差别。

第一,信仰是中性的,而良知是褒义的。信仰本身是中性的,信仰本身并无好坏或善恶之分;与此不同,良知本身是一个褒义词,其内一般蕴含正确的价值观、人生观和世界观。

第二,信仰自身难断善恶,而良知自身能断善恶。信仰自身难以对自身、外在情境、人的某种具体心理与行为进行善或恶的判断,这样,一个人即便有了信仰,也不能保证其能够做一个真正有良好品德的人。与此不同,良知不但其本身就是善的,而且它完全可以依靠自身而无需外在判标就能对事物的善恶进行正确判断,并且这种监督与判断可以随时随地、深入细致地进行,正所谓"天不怕,地不怕,只怕自己的良心来说话"。这样,一个人一旦拥有不同发展水平的良心,实际上就已是拥有不同发展水平道德品质的人。

① 熊培云. 抬高一厘米[J]. 读者,2011,(3):17.
② 夏征农,陈至立. 辞海(第六版彩图本)[M]. 上海:上海辞书出版社,2009:2556.
③ 朱贻庭. 伦理学大辞典[M]. 上海:上海辞书出版社,2002:44.
④ 也有人将信仰分为盲目信仰与科学信仰。(朱贻庭. 伦理学大辞典[M]. 上海:上海辞书出版社,2002:44.)因科学信仰既有正确信仰之义,也有对科学的信仰之义,为免歧义,本书就采用正确信仰一词,将之与盲目信仰(错误信仰)相对。

第三,人初生无信仰,却有良心之端。任何人初生时并无信仰,信仰的形成常常需要一个漫长的过程,是信仰教育的最终结果。在现实生活中,虽也有少数人经过某种教育很早就确定正确且坚定的信仰,不过也有人终其一生也无法形成正确且坚定的信仰。因此,若将良好信仰视为做一个有道德之人的源泉,这个观点常常因其立意太高,一般难以在广大民众(包括大中小学学生)中大范围地推广。同时,如果只有等到个体有了正确且坚定信仰之后再开展道德教育,若个体没有正确且坚定信仰,就无法有效开展道德教育,这不但很难说得通(因其有循环论证之嫌),也不切实际。与此不同,良心之端与生俱来,任何一个心智正常的青少年或成人(哪怕无恶不作的歹徒)的心中都有良心,这样,平日只要稍加留心,就能将个体的良心彰显出来,从而引导个体做一个有良心(道德)的人,因此良心教育可以在所有人群中展开。

综上所论,在坚守最高良知原则的同时,虽可适当借鉴"信仰是做一个有道德之人的源泉"之类的观点,却不可将二者相混。

3. 妥善保护人的良知

若综合中国大儒孟子与王阳明、西方哲学家休谟和康德以及现代心理学家皮亚杰和马斯洛等人的研究成果,便可推知,犹如人的视觉能力是先天的(即与生俱来的)而视觉经验是后天获得的一样,人的良知良能(知善知恶的能力)也是先天的,但人的道德经验是后天习得的。因此,尽管有极少数人能在不道德的环境或习俗中始终保持一颗高水平的良心,做到"出淤泥而不染",但对于绝大多数人而言,往往是"近朱者赤,近墨者黑"。这样,假若后天的环境或习俗(如当年在延安等解放区盛行的优良革命作风)有利于人的先天道德能力的展现,他们就会逐渐生出对他人的道德敏感性,慢慢变得越来越有良知。反之,如果后天的环境或习俗——如"文革"中出现的一些不人道行为;当代中国社会出现的一些利用人的善心善行来敲诈的事例(如"南京彭宇案",时间 2006 年 11 月 20 日)、广东佛山的"小悦悦事件"(时间 2011 年 10 月 13 日)以及媒体经常曝光的"碰瓷"①现象等——不利于人的先天道德能力的展现,甚至到处充斥着丧尽天良的行为(如当年纳粹德国的党卫军用极其残忍的手段迫害和大肆屠杀犹太人),他们就会逐渐丧失对他人的道德敏感性,慢慢变得麻木不仁,即变得道德冷漠。同时,如前文第二章所论,根据德国心理学格林曼特通过"电梯实验"等的研究,培养善良、正义的行为,仅仅靠道德反省是不够的,还需构建一种积极强大的心理力量——

① "碰瓷"原属北京方言,泛指一些投机取巧、敲诈勒索的行为。

不让依赖、从众、恐惧、害羞、侥幸等心理因素打败自己的良心。[①] 有鉴于此，若想避免道德冷漠现象的发生，就要想方设法妥善保护每个人与生俱来的良知良能，尤其是要建立合乎良知的管理制度、营造合乎良知的道德习俗，以激发每个人的良知良能，形成一种积极强大的心理力量，才能使每个人逐渐都变得越来越有良知。

（三）将彬彬有礼与心地善良适当分开

彬彬有礼虽易给人有修养的印象，但文化、文明、彬彬有礼并不等于心地善良，所以，礼节并不一定是善意的表达，得体的举止也不一定就是善良的表现。在机场候机楼里，面对焦急等待误点飞机且已饥肠辘辘乘客的询问，一些工作人员应对得彬彬有礼，可就是不愿意为乘客解决诸如提供盒饭、误时补偿等实际问题。向"真正善良"迈出的第一步是心怀敬畏地对待他人。如果我们知道我们以不愿他人对我们自己的方式对待他人时，会给他人造成什么样的痛苦；如果我们有了对他人痛苦的敏感性，我们就能对他人的痛苦感同身受。[②] 因此，在培育个体良好品德的过程中，一定要将彬彬有礼与心地善良适当分开。

（四）从改变道德习俗入手

如第四章所论，道德习俗有好坏之分。凡是有益于绝大多数人（包括自己与他人）、仁爱且正义的社会和自然界健康生存与可持续发展的道德习俗，都是好的道德习俗；反之，凡是有损于绝大多数人（包括自己与他人）、仁爱且正义的社会和自然界健康生存与可持续发展的道德习俗，都是恶的道德习俗。同时，无论是好的道德习俗还是恶的道德习俗，都是经由一些人反复去做，使之成为一种普遍发生的行为后才逐渐"沉淀"下来的。这意味着，虽然习俗是反复出现、普遍发生的，而不是偶发的，某个个体偶然发生的行为不能算作习俗，也无法成为习俗；不过，多个个体多次作出的偶发行为，就可能演变成为一种新习俗。所以，多次偶发的"好人有好报"现象，就可能演化成一种人人乐做善事的道德习俗；多次偶发的道德冷漠现象，就可能演化成道德冷漠的不良习俗。并且，无论是好的道德习俗还是恶的道德习俗，它一旦形成，就变成一种"实然的道德规范"，对后来者的心理与行为产生巨大影响。换言之，道德习俗在绝大多数人的德性生成中起着重要作用，若道德习俗发生了相对持久的改变，生活在其内的绝大多数个体与群体的道德品质或迟或早都将发生相应的变化；与此

① 蒋骁飞.他们为什么会冷漠[J].读者,2012,(24)：7.
② 贺什·费里德曼.彬彬有礼不等于心地善良[J].沈畔阳译.读者,2012,(9)：44-45.

相一致,若道德习俗未变,而仅是个体所处的小环境发生改变,要让个体学习一些与道德习俗相背的德性,最多也只能事倍而功半。例如,在当代中国社会,信奉"谦虚是美德"的道德习俗并未发生根本改变,若仅有某个学校教其在校生不用谦虚做人,其教学效果一般很难维持长久。可见,虽然外在道德规范是通过影响个体的认知与行为而逐渐内化为个体的德性,但根据强化理论、社会学习理论、社会认同理论、社会优势理论以及认知失调理论,在多数情况下,只有当个体展现符合其所处社会通行的道德习俗的认知、态度或行为时,才更易得到周围人的认同与肯定,才做得自然、做得持久,才更易内化;反之,个体一旦展现有背于其所处社会认可的道德习俗的认知、态度或行为,就极易招来周围人的批评,甚至招来社会力量给予的惩罚。

既然如此,若想提高育德效果,德育的最佳切入路径自然就应放在改变道德习俗上。其中,就学校德育而言,其最佳切入点是从改变学校的道德习俗入手,花大力气加强学校良好道德习俗的建设,让每位师生都持久地生活在一个良好的道德习俗中,自然会使其良好德性在潜移默化中逐渐生成,并且是"少成若天性,习惯成自然"。当然,妥善借鉴"上行下效"的模仿学习规律,在加强学校良好道德习俗建设的过程中,要充分重视和发挥学校各级领导和教师的作用,学校领导和教师若能给学生起到良好的示范作用,自然有助于在学生中形成良好的道德习俗;反之亦然。例如,毋庸讳言,在某些学校里,正是由于一些学校领导和教师(居上位)形成了做事不认真的习俗,这又进一步助长了此不良习俗在学生(居下位者)中的流行。就家庭和社会生活德育而言,其最佳切入点是从改变本国、本地区的道德习俗入手,这就要充分发挥各级政府部门(包括部门领导和各级各类公务员的良好道德示范作用以及各类媒体的良好宣传与引导作用)、各类民间团体或组织、各类名人以及父母或家长在传承和建构良好道德习俗中的重要作用。因为这四种因素在传承已有优秀道德习俗以及改变旧道德习俗和形成新道德习俗的过程中起着重要作用。总之,只有个体、家庭、学校和社会齐努力,一旦在中国全社会真正建立起良好的道德习俗,那么生活在其中的绝大多数的人道德品质必将随之逐渐发生良好转变。若大环境没有根本性改变,仅指望单纯的学校德育来改变国民的道德品质;并且,学校德育又不在改变学校道德习俗上入手,而仅是三心二意地传授学生一些零散的道德知识或开展一些并不连贯的活动来育德,虽不能说是南辕北辙,但肯定收效不大。①

---

① 汪凤炎,郑红.改变道德习俗:生活德育的最佳切入路径[J].南京社会科学,2012,(6):113-119.

二、注重培育节制、责任、诚信、仁爱与公平公正等品质

　　毋庸讳言，像美国、英国和日本等当今世界上的发达国家留给去过那里的中国人印象最深的地方往往是，除了这些发达国家的自然环境非常整洁优美之外，更重要是的，他们通过多年努力，现已在全国范围内基本建立起一种公平、公正、讲诚信、守规矩、负责任、充满人性化管理的人文社会环境。与此不同，虽然中国大陆现在一些领域（尤其是经济领域）取得了举世瞩目的成就，但也付出了一定的代价，其中最主要的有二：（1）在一些地方（尤其是在城市），自然环境遭到一定程度的破坏；（2）一些中国人在与陌生人交往时，缺乏起码的责任心、诚信心、仁爱之心与公平公正之心，又不守规矩，习惯按"权力、人情大于法"的规则待人处事。出现这种情况的因素很多，如，管理经验不足，因缺乏足够专业人才而只能在发展之初走粗放型经济之路，等等。限于本书旨趣，下面只稍对其中的文化因素略作分析。自儒学产生尤其是在汉武帝采纳并实施董仲舒于元光元年（公元前 134 年）提出的"罢黜百家，独尊儒术"①政策后，深受儒学文化的影响，典型的中国文化是建立在家族血缘关系上，而不是建立在理性的社会基础之上。受此文化的深刻影响，时至今日，一些中国人通常无法认识到自己作为一名社会成员理应对国家、社会与他人承担的责任，而只关心自己家庭和直系亲属的权利或福祉，对陌生人可能遭受的苦难或正在遭受的苦难往往充耳不闻、熟视无睹，甚至还可能落井下石。伴随城市化进程的不断加快，在当代中国逐渐从过去的"乡土中国"、"熟人社会"（费孝通语）转型到"城市中国"、"陌生社会"的大背景下，上述这种以血缘关系为纽带的私德观易导致一些中国人在对待陌生人时显得极端自私自利，冷酷无情，缺乏起码的责任心、诚信心、公平公正之心与仁爱心。在一些中国人身上展现出来的这些不良素养现已成为阻碍当代中国社会向前发展的心理因素之一。

　　不过，令人鼓舞的是，党的"十八大"报告用一个专篇论述"大力推进生态文明建设"，又各用一个专篇论述"坚持走中国特色社会主义政治发展道路和推进政治体制改革"与"在改善民生和创新管理中加强社会建设"。相信在党中央和国务院的正确领导下，中国也能逐步拥有像发达国家那样良好的自然环境与人文社会环境，甚至比他们做得更好。所以，要想在当代中国社会重塑合乎时代精神的礼仪之邦，促进和谐社会的发展，就必须先妥善借鉴中西方伦理道德文化的

---

① 据《汉书·董仲舒传》记载，董仲舒主张："诸不在六艺之科孔子之术者，皆绝其道，勿使并进。"（［汉］班固撰. 汉书［M］. 北京：中华书局，2007：570.）

精义,再妥善汲取当代西方发达国家的管理经验与教训,并结合当代中国国情及道德教育现状,为当代中国的道德教育与道德学习提出一种切实可行、带"处方药"性质的对策。而先秦儒道两家倡导的德性共有十一种:仁(慈)、义、礼、智、信、忠、恕、孝、勇、谦(让)、俭。[①] 其中,前五种在汉代以降被中国人视作"五常"。西方传统伦理道德文化里所讲的德性的种类多种多样,但称得上达德或最重要德性的主要有四:智慧、公正、节制和勇敢。[②] 这样,本着上述思路,可以将一个人的道德品质简化为节制、责任、诚信、仁爱与公平公正等五个方面。在做人做事的过程中,一个人若能相对持久地体现出必要的节制、基本的责任感、待人以信、以仁待人、做人做事坚守公平公正,那就是一个有道德的人;若能在节制、敢于承担责任、讲诚信、有仁爱之心和有公平公正之心等五个方面持之以恒,在遇到艰难险阻情况下仍能身体力行,那就是一个大德之人。

当然,之所以将一个人的道德品质简化为节制、责任、诚信、仁爱与公平公正等五个德目,因为节制、责任、诚信、仁爱与公平公正之间虽相辅相成,一荣俱荣,一损俱损,不过,在培育它们五者的过程中却存在先后次序与难易之分。若综合考虑先后次序与难易程度,宜先培育节制,然后再培育责任心、诚信、公平公正之心与仁爱心。因为节制是实现其他优秀德性的基础,无节制则任何美德的生成与坚守都无从谈起,故需放在第一位进行培育。同时,鉴于他律型尽家庭角色或社会组织角色本分的责任心具有强制性,易用制度进行约束,于是,可以通过建立健全的管理制度,明确每个家庭角色与各种社会组织角色必须履行的职责,一旦有证据证明履行某一家庭角色或社会组织角色的个体未妥善地尽其职责,他就必须承担相应的惩罚。而且,也可通过完善相应的管理制度来推进诚信建设与公平环境的建设,让人逐渐生出诚信之心与公平之心。但爱心具有自愿性(若是基于强迫才展现的爱心,实不是真爱心),缺乏强制性,无法用制度进行规定,只能通过制度进行引导。说句到底的话,一个人即便没有爱心,仍可通过完善制度来限制他的贪欲,通过完善制度来培育他的他律型尽家庭角色或社会组织角色本分的责任心,也能通过完善相应的管理制度来推进诚信与公平环境的建设。可是,一个人若不能节制自己的需要与情绪,没有起码的责任心、诚信心与公平之心,是无法产生真正的爱心的。因为真正的爱心就意味着对他人、社会或自然界的担当。再者,公正之中天然地蕴含爱,而绝大多数中国人普遍存在"差序格

---

① 汪凤炎.中国传统德育心理学思想及其现代意义(修订版)[M].上海:上海教育出版社,2007:80.
② 同上:97.

局"（费孝通语）的心理与行为方式，所以，如果一个人的爱心不能"普照"道德共同体内的全体成员，也就无法生成高水平的公正之心。

（一）调控需要与情绪，做个善节制的人

1. 节制的重要性

这个世界太精彩，但精彩太多，诱惑便也太多。所以，《老子·十二章》曾说：

五色令人目盲；五音令人耳聋；五味令人口爽；驰骋畋猎，令人心发狂；难得之货，令人行妨。是以圣人为腹不为目，故去彼取此。①

如前文第二章所引，朱载堉在《中吕·山坡羊·十不足》里也指出，人的贪欲多种多样，真可谓欲壑无边。谭云山也说得好："人生是一个'迷'：或迷于名，或迷于利，或迷于色，或迷于势。……人生又是一个'苦'：无名苦，有了名更苦；无利苦，有了利更苦；无色苦，有了色更苦；无势苦，有了势更苦！"②而且，贪欲往往能干扰个体良心的正常活动，是产生不道德行为的根源之一；③贪欲又能干扰人们正常的认知活动，导致人们在认知上发生偏差，产生偏见、错误的认识与错误的行为；④贪欲还能干扰人们正常的情感，导致人们在情感的类型上产生偏差，在情感的表现上失度，产生偏激心理、冲动或道德冷漠，并伴随相应的不良行为。"冲动是魔鬼"，一个人若不能有效节制贪欲，节制冲动，节制不良情绪，不但任何良好道德品质都无法生成，而且还能将原有的良好道德品质消耗殆尽；同时，即便其有杰出的聪明才智，也会因无良好品德的引导而用错地方，最终酿成大错。这方面的实例——即聪明反被聪明误的实例——多不胜数。

因此，个体获想拥得智慧，必须时时注意节欲：努力消灭或克制自己的贪欲，以此达到修心养性的功效。正如据《尚书·虞夏书·大禹谟》记载，舜曾对禹说："人心惟危，道心惟微，惟精惟一，允执厥中。""允"，诚信之义；⑤"厥"读作"jué"，"其"之义。⑥ 这句话告诉人们：人心易受贪欲诱惑而起伏不安，若果真如此，就会导致道心（善心）被压抑而难以生成，所以个体必须精诚专一，认认真真、实实在在地实行中正之道，以此调节自己的言行，才能妥善调控人心，逐渐生出道心。这一直被尊奉为尧、舜、禹代代相传的"十六字心经"，对后世儒家及受儒

---

① 陈鼓应. 老子注译及评介（修订增补本）[M]. 北京：中华书局，2009：104.
② 柳亚子等. 新年的梦想（梦想的中国 梦想的个人生活）[J]. 东方杂志，1933，30(1)：(特)74.
③ 导致一些人犯错误的重要心因，归纳起来主要有四，分别是无知、贪欲、情绪表达不当（如溺爱与无耻等）和意志品质不佳（如意志薄弱等）。
④ 罗国杰. 中国传统道德（简编本）[M]. 北京：中国人民大学出版社，1995：275.
⑤ 夏征农，陈至立. 辞海（第六版缩印本）[C]. 上海：上海辞书出版社，2010：2360.
⑥ 同上：991.

学影响的人论心性修养与践行心性修养都产生了深远影响。例如,《荀子·解蔽》也说:"故《道经》曰:'人心之危,道心之微。'"①在北京故宫里,至今存有乾隆的御笔"允执厥中"四个字。《孟子·尽心下》也说:"养心莫善于寡欲。其为人也寡欲,虽有不存焉者,寡矣;其为人也多欲,虽有存焉者,寡矣。"吴佩孚也曾说:"率性而节欲,可庶几于圣贤;纵欲而灭性,则近于禽兽。"②一位老锁匠也说得好:"一个成功的锁匠,必须做到心无私念,对钱财视而不见,心中装的只有锁。否则,一念之差,用修锁的手去打开门锁,易如反掌,最终只能害人害己。我们修锁的人,每个人心上都要有一把不能打开的锁。"③心上这把不能打开的锁便是道德底线,一个人只有守得住道德底线,才能有效节欲。当然,寡欲不是要人无欲,正因为人类有对光明的渴望,才有了电灯。寡欲是叫人要懂得适可而止。④

2. 节制的层次

像其他万事万物一样,节制或节制力也有一定的层次。依诱惑力的大小,可以将节制或节制力分成不同的层次或水平。

高层次的节制力是能抵制对自己具有极大诱惑力的刺激。例如,一个人若能在突出其来的巨大声誉面前,或在手握大权之后,或在面对垂手可得的巨额财物时,或在俊男美女的极力引诱下仍能保持一颗平静、理智的心,决无非分之想,更无非分之举动;或者,在饿极时能自觉做到不吃"嗟来之食",在穷困之极时能自觉做到不偷不抢或拾金不昧,⋯⋯便已具有良好的节制力。

中间层次的节制力是能抵制对自己具有中等诱惑力的刺激。例如,一个人若能在突出其来的中等声誉面前,或在手握较大权力之后,或在面对垂手可得的数额适中的财物时,或在俊男美女的挑逗下仍能保持一颗平静、理智的心,决无非分之想,更无非分之举动,便至少已具有中等程度的节制力。

初级层次的节制力是能节制对自己具有较小诱惑力的刺激。例如,一个人在吃饭时若能做到荤素搭配平衡,一旦觉知自己有 8~9 分饱感时,即便这时看到刚上来一道自己较喜爱的美食,也能忍住不吃,便至少已具有初级层次的节制力。

如果在诱惑力的大小上再加上自觉程度和持续时间长短等评价指标,又引入量的指标,那么可以将节制力分成五花八门的不同层次或水平;其中,最高层

---

① [清]王先谦.荀子集解[M].沈啸寰,王星贤点校.北京:中华书局,1988:400.
② 告别奴性.吴佩孚的人格与国格[J].读者,2012,(17):30-31.
③ 佚名.锁匠的徒弟[J].儿童文学(中),2011,(1):5.
④ 孙睿.人往低处走[J].读者,2011,(7):39.

次的节制力是能始终如一、坚定且自觉地抵制对自己具有极大诱惑力的刺激。

3. 如何节制

为了克制自己的贪欲,有效做法由易到难有三种,即远离诱惑、因势利导、反省人生的真正意义或价值。

尽量让自己远离诱惑,这是最易做到的一种有效抵御或戒除贪欲的方法。因为绝大多数人抵御诱惑的能力常常既有限又很脆弱,一个人一旦面对诱惑,原本平静、安宁、清澈的心灵就易起"波澜",乃至让自己最终迷失心智,作出愚蠢的决定。所以,战胜诱惑最有把握的办法便是让自己远离诱惑。只有让自己远离诱惑,才能让自己坚守心灵的一方净土,凝神专注,涵养自己的心性。正如诸葛亮所说:"非淡泊无以明志,非宁静无以致远。"①

那么,怎样才能远离诱惑呢? 具体做法是做到"四勿"。个体在面临诱惑时,若能时刻认真体会并身体力行孔子主张的"非礼勿视,非礼勿听,非礼勿言,非礼勿动"等"四勿",往往是一种有效抵御或戒除贪欲的方法。在这方面,冯志圻的做法值得今人学习。据《清朝野史大观》记载:清道光年间,刑部大臣冯志圻酷爱碑帖书画。但他从不在人前提起这个爱好,赴外地巡视更是三缄其口,不吐露丝毫心迹。一次,有位下属献给他一本名贵碑帖,冯志圻原封不动地退回。有人劝他打开看看,冯志圻说:"这种古物乃稀世珍宝,我一旦打开,就可能会爱不释手,不打开,还可想象它是赝品,封其心眼,断其诱惑,怎奈我何?"②

当然,孔子的非礼勿视、勿听、勿言、勿动,假若不能正确把握其实质,简单地将之教条化,就会成为吃人的礼教,束缚人的心灵,让人变成像 19 世纪末俄国批判现实主义作家、短篇小说艺术大师契诃夫(Anton Chekhov, 1860—1904)所说的"装在套子里的人"。但是,正如王安石所说:

非礼勿听,非谓掩耳而避之,天下之物不足以干吾之聪也;非礼勿视,非谓掩目而避之,天下之物不足以乱吾之明也;非礼勿言,非谓止口而无言也,天下之物不足以易吾之辞也;非礼勿动,非谓止其躬而不动,天下之物不足以干吾之气也。③

这表明,若像王安石那样理解,并将礼作与时俱进的理解,由儒礼诠释为当代中国社会流行的社会主义的道德规范与法律制度,那么"四勿"之说中潜藏的让人消极躲避外物的思想就被彻底去掉,变成鼓励人们去看、去听、去言、去动外物,

①② 陈洪娟. 远离诱惑[N]. 大公报,2010-08-08.
③ 王安石. 荆公论议[M]. 上海:上海古籍出版社,1992:28.

只是要凭良心去看、去听、去言、去动外物，只是不要被外物（即贪欲）迷惑了自己的心智。①

　　为了有效抵御或戒除贪欲，另一个有效做法是因势利导。孙宝瑄在《忘山庐日记》里说得好："欲望之在人，犹水之行地也。水性趋下，人之欲望趋利。善治水者因势利导之，善治人之欲望者亦因势利导之。盖不因势利导而从事壅遏，则欲望之溃决泛滥，将无异于洪水也。"②

　　为了有效抵御或戒除贪欲，第三个有效做法是个体认真去反省人生的真正意义或价值。很多人之所以心中存有大量贪欲，一个重要心因是未能正确理解人生的真正意义或价值，错误地将外在财富、权力、地位、虚荣等视作人生的意义，却不知这些东西只是实现人生意义的手段，而不是人生意义本身。个体一旦真正树立起正确的人生观，往往更易有效抵御或戒除贪欲。一则《矛盾的人》的小文章就是从反面告诫人们要树立正确的人生观，正确对待人生。原文很短，摘录如下：

　　弟子问大师："我想知道人类最古怪的地方是哪儿？"

　　大师答道："他们的想法总是很矛盾。他们急于成长，然后又哀叹失去的童年；他们以健康换取金钱，不久后又想用金钱恢复健康。他们对未来焦虑不已，却又无视现在的幸福。因此，他们既不活在当下，也不活在未来。他们活着仿佛从来不会死亡；临死时，又仿佛他们从未活过。"③

那么，人生的意义或价值到底是什么呢？《左传·襄公二十四年》说："豹闻之：'大上有立德，其次有立功，其次有立言。'虽久不废，此之谓不朽。"④《左传·文公七年》说："正德、利用、厚生，谓之三事。"⑤同样是将"立德"或"正德"置于国家的三件大事之首。若以阳历推算，鲁襄公二十四年即公元前549年，⑥文公七年是公元前620年。⑦"立德"、"立功"、"立言"既称作"三不朽"，说明自先秦时期开始，它们就是中国人尤其是中国古人恒久追求的三大经典价值观。在这"三不朽"中，"立德"是要求个体持久地通过修身养性等功夫来不断提高自己的道德品质，最终使自己的"道德声誉"能够做到"万古长青"。在"不朽"的方式里，它的"档次"最高。"立功"是要求个体用自己的高尚德行和聪明才智去实现人生的价

①　贺麟.文化与人生[M].北京：商务印书馆，1988：288-293.
②　孙宝瑄.忘山庐日记[M].上海：上海古籍出版社，1983：777.
③　班超编译.矛盾的人[M].读者，2011，(9)：16.
④　杨伯峻.春秋左传注（修订本）[M].北京：中华书局，1990：1088.
⑤　同上：564.
⑥　同上：1085.
⑦　同上：554.

值,并取得巨大的成就(这是所谓的"外王"功夫),个体凭此而让自己的"英名"万世流芳。在"不朽"的方式里,它的"档次"较之"立德"要低一些。"立言"是要求个体说出或写下关于"如何更好地让自己或他人实现内圣外王之道"的"金玉良言",个体凭此而让自己的"大名"流传千古。在"不朽"的三种方式里,它的"档次"最低。可见,"三不朽"的核心实乃一个"德"字。受此传统的影响,《孟子·告子上》说:"鱼,我所欲也,熊掌亦我所欲也;二者不可得兼,舍鱼而取熊掌者也。生亦我所欲也,义亦我所欲也;二者不可得兼,舍生而取义者也。"它告诉人们,每个人都有两条"生命":一是"生理之命",另一是"精神之命"。人生的价值不在于保养生理之命,而在于通过自身的努力,而使精神之命万古长青。《荀子·王制》也说:"水火有气而无生,草木有生而无知,禽兽有知而无义,人有气、有生、有知,亦且有义,故最为天下贵也。"(如图5-1所示)

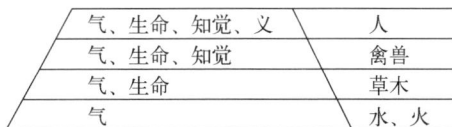

气、生命、知觉、义	人
气、生命、知觉	禽兽
气、生命	草木
气	水、火

图5-1　荀子的进化论思想示意图

根据图5-1所示,荀子从物种进化的角度立论,[1]由水火进化至草木再进化至禽兽再进化至人,前一级生物与紧接着的后一级生物之间的差别其实是很小的。例如,就禽兽与人而言,其差别就在于有无"义":无"义"者为禽兽,有"义"者为人。这样,一个人若无"义",那么他与禽兽就没有什么区别。[2]所以,荀子在《劝学》里曾说:"故学数有终,若其义则不可须臾舍也。为之,人也;舍之,禽兽也。"此思想为其后历代学者所承继,限于篇幅,此处仅举一例。扬雄(前53—后18)在《法言·修身》里说:"天下有三门:由于情欲,入自禽门;由于礼义,入自人门;由于独智,入自圣门。"认为个体若任情纵欲,则"入禽门",不得为"人"。个体若想做人,必由礼义才可入"人门";在此基础上,若能做到潜心涵养,进而不已,就可入"圣门"。这表明,只有"禽门"与"人门"是并列的,"圣门"不但是位于"人门"之内,且是在"人门"之内的极深处。一个人只有先入"人门",将做人做到完美无缺的程度,才有可能入"圣门",修成"圣人"。正如《孟子·离娄上》所说:"圣人,人伦之至也。"据《皇极经世·观物篇四十二》记载,北宋邵雍也说:"人也者,物之至者也;圣也者,人之至者也。"虽然鉴于自孔子以降,中国再无圣人的史实(只出了像孟子等少数几个亚

---

[1]　荀子未必有清晰的进化论思想,不过,从他的这一言论看,似乎也有朦胧的进化论思想,这里仅是将之明确化而已,并无美化古人之意。
[2]　[英]李约瑟著,王玲协助.中国科学技术史(第二卷科学思想史)[M].北京:科学出版社,上海:上海古籍出版社,1990:22—23.

圣），对于绝大多数中国人而言，"圣门"是可望不可及的，不过，人生的真价值的确又在追求做人的高境界。这个真境界若用北宋大儒张载的话说，就是："为天地立心，为生民立命，为往圣继绝学，为万世开太平。"①若用南宋汉族英雄文天祥所著《过零丁洋》里的诗句，就是："人生自古谁无死，留取丹心照汗青。"一个人若真按此去做，一定会节制自己的需要。

　　既然每个人的价值或其存在的意义，最终都是由其对人类文明的贡献度来衡量，而不是由其掌握的权力大小或在世时的风光度来衡量（与第四章参照着看），这样，一个人若真能认清人生的真正意义或价值，一定会放弃"强者通吃"的心理与做人法则。所谓"通吃"，本指赌博时庄家赢了其他各家；这里引申为：能战胜全部对手或全部好处都能得到。当代中国社会存在某些"强者通吃"现象，这些人因欲望过多，什么好处都想得到，从而一身兼多职：进得官场（指到公司、学校或政府部门担任要职）、入得学堂（指进高校当兼职教授，甚至兼任博士生导师）、上得工厂（指在工厂或公司也如鱼得水）、下得舞场（指善于交际）。看似八面玲珑，实则既浪费了社会资源（因手中掌握人事权、财权等权力，并名利双收，从而掌握太多社会资源，并滥用手中资源，从而造成资源浪费），又分散了自己的精力，最终让自己走进聪明人易犯的"无所不知，无所不能"思维误区，限制了自己的成就，不但无法使自己由成功走向卓越，而且有可能让自己由胜生骄，最终晚节不保，将一世英名毁于一旦。而放眼古今中外历史，大凡最终能成就大事者，其"不二法门"便是懂得放弃，懂得"月满则亏"、"弦满易折"、"有容乃大"②的道理，进而专注一事或少数几件事。像乔布斯就只专注于苹果公司，从而让苹果系列产品享誉全世界。若乔布斯也像中国某些所谓的成功人士那样，既当公司的董事长，又到高校兼职，再到政府兼职，并成天在交际场上忙于应酬，虽看上去风光无限，但肯定就无法集中才智钻研苹果业务，自然也就造不出卓越的苹果系列产品。

　　也需指出，通过认真反省人生的真正意义或价值来让自己抵御或戒除贪欲，这对个体自身的素养有严格要求，一般不太适合自控力弱的个体，所以不能要求人人都去做，否则易流于形式。

---

① 据宋人朱熹与吕祖谦合编的《近思录》卷二记载："横渠学堂双牖（读作 yǒu。段玉裁《说文解字注》：'交窗者，以木横直为之，即今之窗也。在墙曰牖，在屋曰窗，'可见，'牖'指开在墙壁上的窗，引者注），右书《订顽》，左书《砭愚》。伊川曰：'是起争端'，改《订顽》曰《西铭》，《砭愚》曰《东铭》。"原来，张载将其著作《正蒙·乾称》里的一段文字视为座右铭，以《订顽》为题录之于学堂右边的墙壁上，将《正蒙》中的另一段文字以《砭愚》为题录之于学堂左边的墙壁上。后来程颐将它们分别改称作《西铭》、《东铭》，其中《西铭》在后世影响甚巨。
② 此处"容"指有余地，有自由，而不是疲于奔命，有自由才有创造。

(二) 培育责任心,做个有责任心的人

虽然现在很多人都清楚地认识到如下事实:一些中国人缺乏最基本的责任心,既是导致他们作出某些缺德行为的重要心因,也是如今出现"轰轰烈烈搞形式,认认真真走过场"怪象的心因。可是,在生活中,人们对一个人的责任心多采取有或无的简单判断,认为一个人对于自己所做之事,要么有责任,要么无责任,要么必须负责任,要么无需负责任,它像白与黑一样泾渭分明,像电流要么通过要么被阻断那样一清二楚,中间不存在任何折中状态。不过,在一些真实事件中,对某人是否需要对某事负责任的认定往往取决于评判者看问题的视角,视角不同,结果也不尽相同,因为从施伦克尔等人提出的责任三角模型(详见本章下文)的角度看,行为者、事件和相关行为规则之间存在复杂关系。而且,在一些事件中,一个人要承担的责任并非只有"0"或"1"两种选择,而是存在一些"中间状态"。于是,在一些真实事件中,才会常听到如下说法:"从某个角度看,某人无需对某件事情承担责任。不过,从另一个角度看,某人需要对某件事情承担一定的责任。"这里,"从某个角度看"与"从另一个角度看"的字眼,表明认定某人是否需要对某事负责任的视角。"一定的责任"实指"部分责任",而不是"全部责任"。因此,如果人们没有看到责任心类型的多样性以及不同责任心之间存在的层级关系,不善于从不同角度看责任心的类型与层级,不但不易看清"在某件事中某人是否应承担责任"以及"若需承担责任时应承担多少责任"之类的问题,又易导致对不同年龄阶段个体(在学校教育中,年龄因素主要体现在年级上)的责任心教育太过单一、缺乏连续性,还易导致责任心教育或要求太高,或要求太低,结果收效不佳。在这种背景下,阐明责任心的重要性并探讨责任心的类型与层级关系,不但有助于人们看清在某件事中某人是否应承担责任以及若需承担责任时应承担多少责任之类的问题,还能为循序渐进地开展责任心教育以及为责任心的因材施教提供理论依据。

1. 责任心对成就一个智慧之人的重要性

当一个人出于自己的责任心而展现出来的行为,就是此人的责任行为。在康德心中,道德的第一个命题是:只有出于责任的行为才具有道德价值。[①] 可见,个体的责任心是使其成为一个有德性之人的重要基础。一个人如果能像在法律方面那样对自己的行为负责任,那么他在面对一种具体的生活情境时,往往就会作出认真、谨慎且负责任的判断、选择和行动。因此,责任心是一个人的一

---

① [德]康德. 道德形而上学原理[M]. 苗力田译. 上海:上海人民出版社,1986:49.

项基本心理素质,也是个人发展的动力基础之一。若想成为智慧的人,首先就要做一个有责任心的人。

2. 责任与责任心

什么叫责任或责任心(responsibility)?据《新华字典》的解释,"责任"指分内应做的事。① 如"负责任"、"尽责任"、"岗位责任"等中的"责任"均是此义。《汉语大词典》对"责任"的解释是:使人担当起某种职务和职责;谓分内应做的事;做不好分内应做的事,因而应当承担的过失。② 综合这两种工具书的观点,本着"提取最大公约数"和"完整性与经济性相统一"的原则,将"责任"作如下两种解释应该是说得通的:谓分内应做的事;没有做好分内应做的事,因而应当承担的过失。

在西方心理学界,施伦克尔等人(Schlenker,Britt,Pennington,Murphy,& Doherty,1994)提出由行为者(an actor)、事件(event)和相关行为规则(relevant prescriptionsthat should govern conduct)三要素构成的责任三角模型(triangle model of responsibility)。从责任三角模型的角度看,责任行为,作为一种心理黏合剂(psychological adhesive),将行为者、事件与相关行为规则三者连接(connects)在一起。于是,责任行为的强弱可以用这三要素之间的相互联结程度进行解释:(1)规则-事件联结(prescription-event link),适用于某事件的一组清晰且定义明确的规则;(2)规则-主体联结(prescription-identity link),行为者对适用于其自身的相关行为规则的认知程度;(3)主体-事件联结(identity-event link),行为者对事件的控制程度。研究表明,行为者、事件、相关行为规则三者之间的联结强度直接影响了对责任的归因;同时,人们在进行责任判断时,倾向于从行为者、事件、相关行为规则三者之间的联结中寻找相关信息。③ 责任三角模型看到行为者、事件和相关行为规则之间的复杂关系,这颇有道理;但将责任行为视作一种心理黏合剂,似未完全准确揭示责任和责任行为的本质。

在中国心理学界,《心理学大词典》认为,责任心是个性心理的重要品质,指一个人对其所属群体的共同活动、行为规范以及他承担的任务的自觉态度,包括责任认识、责任感、负责行为等三种成分。④ 燕国材主张责任心是由责任认识、

① 新华字典(第 10 版)[M].北京:商务印书馆,2004:603.
② 罗竹风.汉语大词典(全三册)[M].上海:汉语大词典出版社,1997:5955.
③ Schlenker, B. R., Britt, T. W., Pennington, J., Murphy, R., & Doherty, K. (1994). The triangle model of responsibility. *Psychological Review*, 101(4): 632-652.
④ 朱智贤.心理学大词典[M].北京:北京师范大学出版社,1989:930.

责任感、责任意志和责任行为四个因素有机结合而构成的一种个性品质。① 也有人将责任心界定为：一种自觉地把分内的事做好的重要人格特质，即个体对自我应负责任的自觉意识与积极履行的行为倾向。② 这三种观点的优点主要有二：(1) 将责任心界定为"一种自觉地把分内的事做好的重要人格特质"，这与汉语工具书对"责任"的界定有相通之处；(2) 将责任心视作一种人格特质或个性心理，与人们日常生活中对责任的理解也颇吻合。这三种观点的不足主要有二：(1) 在界定责任心时一旦放进"自觉"二字，实际上就窄化了责任心的内涵，因为如下文所论，除了有自律型责任心，还有他律型责任心；(2) 用责任来界定责任心，有循环定义之嫌。

在通常情况下，分内应做的事(简称"分内事")与角色密切相关。一个人扮演的角色不同，其承担的分内应做的事自然也不同。例如，作为一名学生，努力学习就是自己的分内事，是自己的天职，必须一以贯之；作为一名政府公务员，为人民服务就是自己的分内事，是自己的天职，也必须一以贯之。又如，抓小偷是警察这个角色的分内之事，却不是医生的分内之事；教书育人是教师这个角色的分内之事，却不是工人这个角色的分内之事。可见，分内事的合法性来源于个体扮演的角色，这意味着，责任的合法性往往来源于其所处社会的道德与法律对角色所作的相应规定，于是便有了角色道德(role-morality)的说法。③ "角色"(role)又称社会角色，是指个体在特定的社会关系中的身份及由此而规定的行为规范与行为模式的总和。要准确把握角色的内涵，必须掌握三个要点：第一，它是一套社会行为模式，每一种社会行为都是特定的社会角色的体现；第二，它是由人们的社会地位和身份决定的，角色行为一般反映出个体在群体生活和社会生活中所处的位置；第三，它是符合社会期望的，按照社会规定的行为规范、责任和义务等去行动的。④

这样，综合上述诸种有关责任或责任心观点的优点，可以将责任或责任心作如下界定：在一个肩负某种角色的人身上展现出来的一种尽力将自己分内事做好的重要人格特质，个体一旦拥有此重要人格特质，便能知晓自己所扮演角色的分内事，并积极去做自己所扮演角色的分内事；若没有做好自己所扮演角色的分内事，知道承担相应的后果。依据公认的将心理作知、情、意三分的观点，责任心

① 燕国材. 论责任心及其培养[J]. 中学教育,1997,(10)：3-7.
② 谭小宏,秦启文. 责任心的心理学研究与展望[J]. 心理科学,2005,(4)：991.
③ Boulette, M. (2010). Two concepts of role morality in search of a normative language of legal ethics. *Acta Iuridica Olomucensis*, 5(2)：9-36.
④ 朱智贤. 心理学大词典[M]. 北京：北京师范大学出版社,1989：348.

包括责任认知、责任感和责任行为意向等三种成分。责任认知是指一个肩负某种角色的人对自己分内应做的事的认知。责任感指一个肩负某种角色的人对自己是否妥当完成自己分内应做的事所作评价后产生的情感体验。具体地说，当自己妥当完成自己的分内之事时，应由此会体验到心安、愉快或自豪之类的积极情感；当自己没有做好自己的分内之事时，应由此会体验到内疚、羞愧或痛苦之类的消极情感。责任行为意向是指一个人根据自己的责任认知和责任感去试图作出负责任行为的心向，并且，假若没有做好自己的分内事，也愿意由此而承担相应的不良后果或强制性义务。当责任行为意向付诸实践时，便生出责任行为。

也需指出，由于责任与角色关系密切，而在现实生活中，绝大多数人都同时扮演多种角色，那么，当一个人扮演的多种角色发生冲突时，其责任心从何而来？这是一个既现实又颇难回答的问题。对于这个难题，我们的回答是：在发生角色冲突时，个体必须综合考虑自己身处国家或地区的道德与法律、文化习俗以及自己的价值观等后作出正确选择，从而让自己扮演一个最适合当时情境的正面角色（因此时只扮演一个正面角色，自不会产生角色冲突），或依次扮演几个适合当时情境的正面角色（因此时是先后扮演不同的正面角色，也不易产生角色冲突），然后再履行相应的责任，这样才能保证自己拥有正确的责任心。若作出错误选择，让自己扮演一个不恰当的角色或反面角色，必将履行错误的责任。若个体在众多角色之间无法作出选择，产生角色混乱，那暂时就无法有效履行其责任了。如果进一步发展为精神分裂症患者，在未治愈前，患者也自然无法有效履行其责任。

3. 责任心的种类

责任心有不同的类型，从不同角度进行区分，可以将责任心分为不同的种类。为便于读者理解，下面只阐述三种最常见的划分标准。

其一，正确责任心与错误责任心。既然责任与角色关系密切，而角色有正面角色和反面角色之分，相应地，责任心也有正确与错误之分。正确责任心指在一个承担某种正面角色的人身上展现出来的一种尽力将自己分内事做好的重要人格特质，个体一旦拥有此重要人格特质，便能对自己所扮演角色的分内事产生正确认知、情感及相应的行为倾向。错误责任心指在一个承担某种反面角色的人身上展现出来的一种尽力将自己分内事做好的重要人格特质，个体一旦拥有此重要人格特质，便会对自己所扮演角色的分内事产生错误认知、情感及相应的行为倾向。由此可见，一个人若没有正确责任心固然不好，但若拥有错误的责任心，有时结果会更糟。例如，在"二战"期间，一些纳粹军人持有错误的责任心，一丝不苟地执行上级下达的错误命令，大肆屠杀犹太人，结果犯下严重的"危害人类罪"（crimes against humanity）。又如，在当今中国大陆地区的一些高校中常见有如下这类广告："英语四、六级；专八（指专业英语八级，引者注）、专四、计算机（指计算机等级考试，引者注），包过，考后付款。后面留有QQ号或手机号。""需要发表期刊论文者，请拨某某某号（留有手机号），包发，发后付款。"这类广告语写得好像颇有诚信和责任感，但是，干这类"活"的人越有"责任"，就会给社会造成越多的危害。限于研究旨趣，若无特别说明，下面所讲的责任心均指正确责任心。

其二，他律型责任心与自律型责任心。妥善借鉴康德、皮亚杰和科尔伯格等人将人的品德分为他律与自律两个阶段的重要思想，[①]从他律与自律角度看，可将人的责任心分为他律型责任心与自律型责任心。这样，从他律与自律角度看，做有责任心的人有两种境界：一是做一个尽他律型责任心的人；二是做一个尽自律型责任心的人。他律型责任心，是指在一个身肩某种角色的人身上展现出来的一种需有外在力量的监督才会尽力将自己分内事做好的重要人格特质，个体一旦拥有此重要人格特质，在知觉到某种有形或无形的外部力量对自己的约束之后，便能对自己的分内事产生正确认知、情感及相应的行为倾向。自律型责任心，是指在一个身肩某种角色的人身上展现出来的一种自觉、努力将自己分内事做好的重要人格特质，个体一旦拥有此重要人格特质，便能完全只靠自己良心的指引就能对自己的分内事产生正确认知、情感及相应的行为倾向。从品德发展水平的高低看，显然自律型责任心要高于他律型责任心。

其三，硬角色责任心与软角色责任心。既然角色是指个体在特定的社会关系中的身份及由此而规定的行为规范与行为模式的总和，这样，在真实的社会生活中，绝大多数人都同时扮演着多种角色，集多种角色于一身，简直就是一个角色丛或角色集。角色丛（role-set）这个概念是1957年6月由美国社会学家默顿（Robert King Merton，1910—2003）在《角色丛：社会学理论中的问题》（The role-set: Problems in sociological theory）[②]一文中提出的，其后又收录到其1968年所著《社会理论和社会结构》（Social theory and social structure）一书中。默顿把角色丛用来指人们由于占有某一特殊的社会地位而具有的角色关系的全

① 汪凤炎，燕良轼.教育心理学新编（第三版）[M].广州：暨南大学出版社，2011：144-147，156.
② Merton, Robert K. (1957). The role-set: Problems in sociological theory. *British Journal of Sociology*, 8(2): 106-120.

部。① 这一概念表明了角色的复杂性。以张三为例,在自己子女面前扮演的是
父亲角色,在自己妻子面前扮演的是爱人角色,在自己父母面前扮演的是儿子角
色,在上级领导面前扮演的是下属角色,在单位职工面前扮演的是领导角色,在
美国人面前扮演的是中国人角色,在欧洲人面前还可扮演亚洲人角色,在宇宙苍
生面前可以扮演真正关心宇宙苍生的角色……

从道德与法律对某种角色应尽本分所作规定的强制性程度看,可将上述诸
种角色大致分为硬角色和软角色两种类型。(1)硬角色(hard-role)。美国哲学
家佩珀(Stephen Pepper,1891—1972)曾描述过"硬角色道德"(hard-role
morality)一词,却未对"硬角色"或"硬角色道德"作出明确的定义。② 何谓"硬角
色"? 它是指道德与法律对角色应尽的本分有强制性规定,一旦某个体扮演此角
色,就必须尽力去履行此角色应尽的本分;若未尽力去完成此角色应尽的本分,
轻会招来道德上的惩罚,重则招来法律上的制裁。法律上的制裁好理解,那么如
何进行道德上的惩罚? 道德上的惩罚通常以"让个体体验到自己良心上的愧疚
与折磨"或"让个体受到舆论的谴责而导致自己的名誉受损"等形式出现。最常
见的硬角色就是家庭角色和社会组织角色。③ 这是由于,家庭和社会组织是社
会赖以存在的"细胞",二者虽有所区分,但都是社会不可或缺的,二者之间并无
贵贱之分。正如歌曲《十五的月亮》中的歌词所说:"我守在婴儿的摇篮边,你巡
逻在祖国的边防线;……军功章啊,有我的一半,也有你的一半。"同时,为了社会
能够顺利运转,古今中外绝大多数国家或地区都会对家庭角色和社会组织角色
应尽的本分作一些强制性规定,并将之体现在相应的道德规范与法律制度中。
如,中国人常说的"父慈子孝",其中,"慈"就是对为人父母者的一种道德规定;
"孝"就是对为人子女者的一种道德规定。尽管这种规定不像法律条文那样具
体,即:对于父母而言,并未规定为人父母者每天(每月或每年)必须花多少时间
检查子女的作业、每天(每月或每年)必须与子女在一起共处多少时间……;对子
女而言,也未规定为人子女者每天(每月或每年)必须与父母在一起共处多少时
间、每月或每年孝敬父母的钱应是多少……,不过,它仍是有一些约定俗成的规
定。例如,为人父母者,理应尽力养育自己年幼的子女:要尽力让年幼子女身处
安全环境;要尽力让年幼子女吃饱穿暖;要从小教子女一些做人常识;要尽力让

---

① [美]罗伯特·K. 默顿. 社会理论和社会结构[M]. 唐少杰,齐心等译. 南京:译林出版社,2006:567.
② Boulette, M. (2010). Two concepts of role morality in search of a normative language of legal ethics. *Acta Iuridica Olomucensis*, 5(2):9-36.
③ 这里讲的"社会组织",若用当代中国大陆地区的话说,就是"单位",所以下文两词有时互用。

适龄子女上学；等等。为人子女者，理应尽心孝敬自己的父母，至于具体做法，则依自己的不同年龄而有不同要求。例如，据黄坚厚 1982 年通过对台湾师范大学教师所作小范围问卷（回收 132 份），发现台湾师范大学教师对儿童时期、青年时期、成年时期（35 岁以上）应当怎样履行孝行的看法就有一定的年龄差异。尽管这个问卷至今已过了 30 年，但仍可作为一种参考：一是儿童时期孝的实践：顺从父母的教导；帮助父母做些家事；注意起居饮食、维护身体健康；努力上学，用功读书；和兄弟姐妹保持友爱的关系；养成良好的生活习惯；出门时和返家时均向父母说明，以免父母挂念；不在外面惹事生非，不作犯规的事。① 二是青年时期孝的实践：原则上应顺从父母的教训和指导；尊重父母的意见，在观念上尽可能和父母沟通，重要的事（包括婚事）应请父母表示意见；帮助父母做家事和其他的工作，为父母分劳；养成良好的生活习惯，保持端正的品德；用功上学，努力充实自己，力争上游；爱护身体，保持健康，不参加危险性的活动；随时让父母知道自己的行止和活动的内容；慎交友，不和不良的青少年交往。② 三是成年时期（35 岁以上）孝的实践：尊敬父母的意见，必要时婉言进劝；以适当的方式奉养父母，让父母安享晚年；注意父母身体健康和心理上的需要，使其生活愉快，而无孤寂之感；定期省亲，和父母团聚，并应促使子女和祖父母建立亲密关系；努力工作，发展自己的事业，以安慰父母；保持家庭间的和谐关系，不让父母操心；建立良好端正的行为模式，期能受人尊重，归荣耀于父母；教导子女，善尽父母之责，保持家庭良好的名声。③ 由于中国文化对"如何做父母"与"如何做子女"有一套约定俗成的规定，如果一个为人子（女）者或为人父（母）者在做人与做事的过程中没有很好地履行为人子（女）者或为人父（母）者这个家庭角色的本分，轻则招来道德上的惩罚，重则招来法律上的制裁。前者如经常无故辱骂自己父母，就会被周围人视为不孝，并招来周围人的谴责；后者如无故将父母打残废，就会受到法律的应有惩罚。同理，个体若身为单位的职工，就必须履行自己所处岗位的职责（即需尽社会组织角色的本分），否则，轻则招来道德上的惩罚，重则招来法律上的制裁。（2）软角色（soft-role）。温德尔（W. Bradley Wendell）曾描述过"软角色道德"（soft-role morality）一词，但也未对"软角色"或"软角色道德"作出明确的定义。④ 何谓"软角色"？软角色也叫弹性角色，是指道德或法律只对角色

①② 黄坚厚. 现代生活中孝的实践. 载杨国枢. 中国人的心理[M]. 台北：桂冠图书股份有限公司,1988：37.
③ 同上：38.
④ Boulette, M. (2010). Two concepts of role morality in search of a normative language of legal ethics. *Acta Iuridica Olomucensis*, 5(2)：9-36.

需尽的本分有一种指导性规定(不是强制性规定),愿意扮演此角色的个体最好能尽力去履行此角色应尽的本分;若个体未尽力完成此角色应尽的本分,至多是不被人承认其拥有此角色,而不会招来道德上的惩罚或法律上的制裁。例如,张三某日心血来潮,想在宇宙苍生面前扮演起关心宇宙苍生的角色,由此而自费印一些宣传珍爱地球、倡导过低碳生活的材料,向路人分发;同时,自己停止购买真皮服装、真皮椅子,等等。但是,做过一段时间后,张三的新鲜感已过去,就停止了上述行动,重新恢复了往日的生活方式。张三曾经想扮演关心宇宙苍生的角色,并在一段时间内身体力行,自然在当时易引起周围人的赞赏。不过,关心宇宙苍生的角色对于张三而言属于软角色,所以,当张三后来不愿意继续履行此角色应尽的本分时,他人最多是不承认张三此时仍扮演了担负起关心宇宙苍生的角色(即便张三口头上仍表示自己在扮演此角色),却不能在道义或法律上惩罚张三。

由此可见,硬角色与软角色之间至少有三个显著区别:(1) 对角色应尽本分的强制性程度不同。流行于一个国家或地区的道德与法律对本国或本地区认可的硬角色应尽的本分往往有强制性规定,一旦扮演此角色的个体未尽力完成其本分,轻则招来道德上的惩罚,重则招来法律上的制裁。与此不同,流行于一个国家或地区的道德与法律对本国或本地区认可的软角色应尽的本分往往只有一种指导性规定,却没有强制性规定。(2) 角色的灵活度不同。在"国家"未出现之前或消失之后,由于人必须从人妈妈肚子里生出来,这样,个体一旦来到人世间,就一定拥有至少一种硬角色,即为人子(女)的角色。① 随着个体身心的逐渐成熟,此个体就必须逐渐肩负起为人子(女)这个硬角色应尽的责任,否则,就易招来人们的谴责。在中国,一个人若连为人子(女)这个硬角色的责任都不担当,甚至会招来"禽兽不如"的严厉批评。自"家庭"和"国家"出现后至"家庭"和"国家"未消失之前,虽然不同的人可以选择不同的硬角色,但来到人世间的所有个体几乎都必须扮演两种硬角色:一是家庭角色(包括为人子女的硬角色与为人父母的硬角色);二是作为国家的成员之一的角色,即公民角色。在此意义上说,硬角色的灵活性相对而言要低一些:有些硬角色(如为人子女的角色)几乎是与生俱来的,个体没有任何的选择余地;有些硬角色(如公民角色)虽有一定的选择空间,但选择的余地不大。例如,当年爱因斯坦脱离德国国籍后,本想做个"世界

① 将来,随着科技水平的发展和伦理道德规则的变迁,假若人完全可以像孙悟空那样从"石头缝"里生出来,而不必非要从人妈妈肚中生出来,这种"新人"或许可以不履行"为人子(女)这个硬角色"。

公民"（即没有特定国籍的人），可后来发现这样做会给自己的生活带来诸多不便，不得已，随后只好加入瑞士国籍，再后又加入美国国籍。与此不同，软角色是人自愿选择的，所以其灵活性相对要高一些，即：人们既可以选它，也可以不选它。虽然选它往往易赢得他人或社会的赞赏，但不选它却不会招来谴责或惩罚。

（3）角色拥有的人数不同。硬角色是一个国家或地区能够顺利运转的基本"部件"，与此相适应，每个人都至少拥有一种硬角色，有的人还同时拥有两种或多种硬角色。若一个人身上的两种或多种硬角色之间发生冲突，往往会给个体带来巨大的心理冲突。例如，在中国，"做子女"的角色是硬角色，扮演此角色的个体理应对自己的父母尽孝；与此同时，"做保家卫国的将士"的角色也是硬角色，扮演此角色的个体理应保卫祖国。若二者之间发生冲突，会让人产生"尽忠就不能尽孝，尽孝就难以尽忠"的心理冲突。正如《韩非子·五蠹》所说："楚之有直躬，其父窃羊而谒之吏，令尹曰：'杀之！'以为直于君而曲于父，报而罪之。以是观之，夫君之直臣，父之暴子也。鲁人从君战，三战三北，仲尼问其故，对曰：'吾有老父，身死，莫之养也。'仲尼以为孝，举而上之。以是观之，夫父之孝子，君之背臣也。"[①]与此不同，软角色不是保证一个国家或地区能够顺利运转的基本"部件"，而是让一个国家或地区能够变得越来越好的东西。与此相适应，在一个文明程度不高的国家或地区，虽然每个人都至少拥有一种硬角色，但可能有很多人都不会去扮演软角色。即便在文明程度很高的国家或地区，也不能奢望人人都愿意去扮演软角色。这表明，拥有硬角色的人数要远高于拥有软角色的人数。

这样，从"尽硬角色本分还是尽软角色本分"这个角度看，可将人的责任心分为硬角色责任心与软角色责任心。硬角色责任心，是指一个人只将自己看成肩负某种或某几种硬角色的人，然后由此硬角色规定自己应肩负某种具体职责后，由此职责规定自己应尽本分的责任心。硬角色责任心的合法性来源于道德与法律对某种硬角色应尽本分所作的相应规定。软角色责任心，是指一个人将自己看成肩负某种或某几种软角色的人，由此而让自己肩负起由该软角色规定的本分的责任心。软角色责任心的合法性来源于基于道义与良心对某种软角色应尽本分所作的相应规定。

两相比较可知，从某种意义上说，硬角色责任心是做个有责任心的人宜优先考虑需具备的责任心，软角色责任心是对做个有责任心的人提出的一种弹性要求。一般而言，只有当一个人的道德修养达到一定的水平，才有可

---

① ［清］王先慎撰. 韩非子集解［M］. 钟哲点校. 北京：中华书局，1998：449.

能拥有软角色责任心;对于一些道德水平尚未发展到足够高度的人而言,不能一味要求他们去追求此类责任心,否则,既易流于空谈,还易出现异化现象。

4. 责任心的层次

不但责任心的类型是多种多样的,而且一旦个体的心理发展从前道德阶段或道德零阶段步入前习俗水平,[①]自此开始,个体的责任心就不再是简单的有与无的关系,也不是一种平面关系,而是一个呈金字塔型的层级关系。就正确责任心而言,将他律型责任心与自律型责任心、硬角色责任心与软角色责任心进行排列组合,就生出发展水平高低不同的多层次责任心:其中,拥有他律型硬角色责任心,是做个有责任心之人的底线。一个人若想具备中等水平的责任心,有两种做法:一是拥有自律型硬角色责任心;二是拥有他律型软角色责任心。拥有自律型软角色责任心,是做一个有责任心之人的高境界。在此基础上,若再考虑到不同类型责任心在不同人身上拥有的量的差异,结果,就能生出无数个层级的责任心。为便于读者理解,下面探讨五种水平责任心中的典型类型。

其一,底线:拥有他律型硬角色责任心。一个人若想做个有责任心的人,首先就要有他律型硬角色责任心,即:在外在监督力量的影响下,一个人不但要逐渐清楚地认识到"恪守自己所扮演的硬角色的本职责任"是做一个有责任心的人的底线,而且要时时以此为准则,将之身力体行,做到"在其位,谋其政"。例如,一名学生若能在家长或老师的监督下做到努力学习,那就表明其已拥有他律型尽学生本分的责任心,反之亦反。作为一名政府公务员,若能在上级领导、相关组织、相关法律制度以及新闻媒体等的监督下努力去为人民服务,那就表明其已拥有他律型尽公务员本分的责任心,反之亦反。

可见,在意识到外在有形或无形的监督力量存在的前提下,去尽硬角色的本分,这是做一个有责任心的人的底线。个体一旦滑落到这个底线之下,"在其位,不谋其政",就会变成一个完全没有责任心的人。一旦一个人缺乏对自己所扮演硬角色的基本责任,做人做事就易马马虎虎,遇到难题时往往既不愿迎头而上,而且易推卸责任。若果真如此,长此以往,不仅会阻碍其品德的健康发展,也会严重影响其聪明才智的发展,最终不但导致其无法生成真正的智慧,而且极可能由于自己缺少责任心而作出违背道德与法律的事情,从而受到相应的惩罚。

其二,做一个拥有第二层次水平责任心的人。一个人若想具备第二层次水

---

① 汪凤炎,燕良轼. 教育心理学新编(第三版)[M]. 广州:暨南大学出版社,2011:155-156.

平的责任心,有两种做法：一是拥有一般水平的自律型硬角色责任心；二是拥有他律型软角色责任心。从自觉程度上看,前者高于后者；从角色大小角度看,后者大于前者。既然二者各有千秋,难分伯仲,就将二者视作类似水平。

假若一个人无需有外在力量的监督,就能够自觉履行自己所扮演硬角色的本分责任心,而且在这样做时无需付出太大的代价,那么此人的责任心就上升到第二个层次,即拥有一般水平的自律型硬角色责任心。在日常生活中,如果某人在未受到外来巨大压力的前提下,勤勤恳恳,自觉地、经常地履行自己所扮演硬角色的本分,就表明他已拥有一般水平的自律型硬角色责任心。

假若一个人在外在力量的监督下,不但能够恪守自己所扮演硬角色的本职责任,还能够尽到超出自己所扮演硬角色本分的责任心,那么此人就拥有他律型软角色责任心。① 从这个角度说,一个人在外在力量监督下完成了自己所扮演硬角色的责任,若有余力,且在必要的情况下,还宜担当起某些软角色的责任。切不可采取"事不关己,高高挂起"的态度,切不可以"这不是我的本职工作"、"这已超出了我的职责范围"或"这件事与我无关"之类的话为自己的"不作为"找借口,否则,不但会让自己逐渐变得冷漠,而且最终会害人害己。

其三,做一个拥有第三层次责任心的人。假若一个人在拥有一般水平的自律型硬角色责任心的基础上,还能做到在无需外在力量监督与无需付出太大代价的条件下,就能够自觉履行超出家庭与单位角色本分的责任心,此人的责任心就上升到拥有一般水平的自律型软角色责任心的水平。当然,综合考虑如下两种情况：一是根据尽到一般水平的自律型软角色本分时自己是否需要付出成本以及付出成本的大小进行衡量；二是根据一般水平的自律型软角色责任心中所蕴含大我的发展程度,可将一般水平的自律型软角色责任心分为以下两个子级水平。

第一级水平是要做到在拥有一般水平的自律型硬角色责任心的基础上,还能经常自觉且努力地去做一些绝不会给自己带来任何损失,却对本国苍生有利,但超出自己所扮演硬角色必须承担的具体职责之外的事情。例如,当一个已拥有一般水平的自律型硬角色责任心的青少年或成人在路上行走时,只要看到路边有一处脏物(如陌生人随手丢的脏手纸),就能在无需有形或无形外力的监督

---

① 如果一个人在外在力量的监督下,不能恪守自己所扮演硬角色尤其是单位硬角色的本职责任,却去尽超出自己所扮演硬角色本分的责任,要么是此人一时心血来潮或良心发现,要么是此人拥有错误的责任心或另有所图(并非真有责任心)。若是前一种情况,则是引导其产生正确责任心的一个良好契机；若是后一种情况,则在责任心教育中要谨慎地予以甄别,并要及时加以消除。

下,自觉地随手捡起并将其放入路边的垃圾筒内,就证明其已拥有最低限度的自律型软角色责任心。因为路边的脏物本是他人随手丢的,自己不是环卫工人,可以不必随手捡起并将其放入垃圾筒内。不过,养成随手将身边的垃圾捡起并放入垃圾筒的习惯,不会给自己带来任何损失;更有益的是,若每个人看到身边的垃圾都能随手捡起并将其放入垃圾筒内,而不是"熟视无睹",那么营造一个干净整洁的宜住环境就指日可待了。可见,在拥有一般水平的自律型硬角色责任心的基础上,再经常自觉且努力地去做一些绝不会给自己带来任何损失,却对本国苍生有利,但超出自己所扮演硬角色必须承担的具体职责之外的事情,这本是一件难度不大的事情,按理说,只要自己力所能及,每个人都宜有此层次的责任感,都可以去做,因为它既不需要人们付出什么成本,而且作出后还易让人带来至少短暂的愉悦心情。可惜的是,生活中一些人的责任心却达不到这个程度。导致这个结果产生的原因有很多,其中重要心因之一是一些人的功利心[①]太过严重,认为"凡是不能给自己带来好处的事情都不值得去做",所以,一些事情虽然做了不会给自己带来任何损失,但也不会给自己带来好处尤其是"眼见的好处",自然就不愿去做。可见,此种自私自利式功利心(简称自利心)不除,人的责任感就不可能得到大的提升。

第二级水平是要做到在拥有上述责任心的基础上,还能经常自觉且努力地去做一些虽可能会给自己带来某些不太大的损失,却能给他人、社会、本国或地球上的人与物带来益处,但超出自己所扮演硬角色必须承担的具体职责之外的事情。例如,一个已拥有一般水平的自律型硬角色责任心的普通百姓响应"保卫地球"的理念,平日自觉过低碳生活,注意节水节电,虽然由此而给自己生活带来某些不便(例如,放弃开私家车,改坐公交车,有时的确不方便),但却能自觉、持久地去做,就表明其责任心已达到第三层次责任心中的第二级水平。如果有人自觉且持久地这样做,国家、社会和他人都应及时给予适度的褒奖。当然,因尽这种责任心常常需要人们付出某些成本才能做到,不能强求每个人的责任感都必须达到这个层次,而只能引导人们朝这个方向努力。

其四,做一个拥有第四层次责任心的人。一个人若想具备第四层次水平的责任心,有两种典型做法:一是拥有高水平自律型硬角色责任心;二是拥有舍小我成大我且自律型软角色责任心。从所付代价大小角度看,两种类型责任心所

---

① 此处"功利心"实即"自利心",相当于英文的"self-interested"或"seeking self-benefit",而不是"utilitarian"或"utilitarianism",因为在道德哲学上,功利主义者(utilitarian 或 utilitarianism)是要为大众尤其是为全人类谋福祉,而不是为自己或自己所处小集团谋私利(详见第四章第一节)。

付代价一般都极高，有时甚至是牺牲自我也决不后悔，所以不是一般人能够做得到的。从角色弹性大小角度看，第一种类型责任心履行的是硬角色的本分，弹性较小；第二种类型责任心履行的是软角色的本分，弹性相对较大。从合情合理的程度高低角度看，第一种责任心的合情合理程度高，第二种责任心因含牺牲小我以成全大我的价值观，虽易获得他人与社会的高度认同，却可能会引起家人的不满。既然二者各有千秋，难分伯仲，就将二者视作类似水平。

　　如果一个人不但无需外在力量的监督，且在极端困难面前或者在清楚地意识到外在强大邪恶势力的打压下，仍能够做到自觉履行自己所扮演的某种硬角色的本分，甚至为了履行自己所扮演硬角色的本分，前赴后继，宁死不屈，那么此人的自律型硬角色责任心就上升到第四层次。如，据《左传·襄公二十五年》记载，齐臣崔杼（zhù）杀死齐庄公，当时的史家即据实直书："太史书曰：'崔杼弑（shì）其君。'崔子杀之。其弟嗣书，而死者二人。其弟又书，乃舍之。南史氏闻太史尽死，执简以往。闻既书矣，乃还。"[1]面对崔杼的淫威，当时的太史抱必死之信念，坚定地自觉履行自己的分内责任，将"崔杼弑（卑幼杀死尊长叫'弑'，引者注）其君"这个史实记载下来，为此而不惜牺牲两任太史，这样的史家没有理由不受到后人的尊重。[2]　当然，因尽这种责任心常常需要人们付出巨大成本，甚至为此有时要付出生命的代价，所以，不能强求每个人的责任心都必须达到这个层次，只能引导人们朝这个方向努力。但可以肯定，一个社会中具备这种责任心的人越多，这个社会里的人们就越少发生渎职行为，从而越易让人生安全感和责任感。

　　可见，在现实生活中人们常说，尽到家庭或单位角色的职责本分只是"自己应该做的事情"，不值得多说。因为"本分"没有崇高与不崇高之分，给"本分"贴道德标签，不是什么好事。[3]　不过，若深究，上述观点值得商榷，因为须结合自觉程度、持续时间长短和付出代价大小等三个因素来综合评判一个人安份守己或尽本分的情形：一个人（尤其是一个身心已成熟的正常成人）在做人做事过程中，如果是在正常状态且要有外在力量监督下才能基本上尽到家庭或单位角色的职责本分，那说明他已具备他律型硬角色责任心；如果是在正常状态且无需有外在力量监督下基本上都能长时间地尽到家庭或单位角色的职责本分，那说明他已有一般水平的自律型硬角色责任心；如果是在绝大多数情况下尤其是在极端困难面前或意识到有巨大压力的前提下仍能自觉尽到家庭或单位角色的职责

①　杨伯峻.春秋左传注(修订本)(三)[M].北京：中华书局,1990：1099.
②　方为.史学何以值得尊重——反思中国史学传统[N].中国社会科学报,2011-05-12.
③　张斗和.易中天妙解"教师"之职[J].读者,2012,(11)：21.

本分,那说明他已有高水平自律型硬角色责任心,这实是一件不容易的事情,并不是人人都能做得到的。所以,一个人若像前者与中间者那样做人,他人与社会应给予肯定与赞赏;若像后者那样做人,他人与社会应给予高度的肯定与赞赏。从这个意义上说,我们赞成罗尔斯(John Rawls,1921—2002)主张的"不能把'本分'视作过于平常化"的观点。同时,只有通过公平、公正的程序,让大家都能做到"人尽其才,才尽其用",在此基础上,大家都安分守己,才能建立起高水平的和谐社会。

一般水平的自律型软角色责任心与舍小我成大我且自律型软角色责任心的共通之处是:都已拥有自律型尽单位硬角色本分的责任心;都是在自觉地履行软角色的职责本分。二者的差异之处是:前者履行了家庭硬角色的本分;后者牺牲了家庭,没有很好地履行家庭硬角色的本分;前者付代价一般不如后者高。

中国有"尚公抑私"的传统,①一个人牺牲家庭责任而去履行软角色的责任是被认可的;而若牺牲单位责任而去履行软角色的责任,通常情况下是不被认可的,甚至为此会受到惩罚。在此背景下,假若一个人(如欧兴田②)虽未尽到家庭硬角色的本分,却已拥有自律型尽单位硬角色本分的责任心,在此基础上还能做到在无需外在力量监督的条件下,就能够自觉地、持久地履行超出家庭与单位硬角色本分的责任心,为此而不惜付出巨大代价,甚至作出巨大牺牲,那么此人的责任心就上升到一个高境界,即拥有舍小我成大我且自律型软角色责任心。当然,因尽这种责任心常常需要人们付出巨大成本,且为此而往往要给自己的家庭带来巨大牺牲,本着人性化的原则,不能强求或鼓励每个人的责任感都必须达到这个层次,否则,易给人留下"在关键时刻越是大义灭亲、泯灭基本伦理亲情或人性的人,越显得自己的人格伟大"③的怪印象。

其五,做一个拥有最高水平责任心的人。责任心的最高境界是排除万难、持久地拥有自律型真正关心宇宙苍生的大写之人本分的责任心,它是在一般水平的自律型软角色责任心的基础上发展起来的,它高于后者的地方主要有二:(1)拥有这种最高境界责任心的人,为了履行自己的职责,可以排除万难,可以作出任何牺牲,其自律程度已达最高水平;(2)拥有这种最高境界责任心的人,时时刻刻都将宇宙万物而不仅仅是"我们的人或物"纳入自己的道德共同体,成

① 汪凤炎.中国心理学思想史[M].上海:上海教育出版社,2008:308-312.
② 2011年6月7日晚香港凤凰卫视"冷暖人生"栏目播出的"陵园'集结号'"节目。从玉华.陵园里的"集结号"[J].读者,2012,(19):10-11.
③ 汪凤炎,郑红.中国文化心理学(第三版)[M].广州:暨南大学出版社,2008:80.

为自己关怀的对象。

历史上无数悲剧都源于集体沉默。例如，"二战"期间，普通德国人大多已经隐隐知道那些被推上火车的犹太人的下场，但是他们对此不闻不问，照常买牛奶面包，上班下班，并对迎面走来的邻居温和地说声"早上好"。在英文里有一句谚语："房间里的大象"，字面意思是：人们对于房间里的一头大象熟视无睹。引申之意是：人们对于那些触目惊心地存在着的事物故意视而不见，听而不闻，无动于衷。用泽鲁巴威尔（Eviatar Zerubavel）的话说，"房间里的大象"就是那些"我们知道，但是我们清楚地知道自己不该知道"的事。泽鲁巴威尔指出"房间里的大象"现象存在的三个原因：（1）某些沉默起源于善意和礼貌：比如在临终亲友面前，人们不愿意谈起他们的病情；比如和一个口吃的人聊天，人们假装注意不到他的口吃。（2）某些沉默源于怯懦。人们害怕权力，害怕高压，害怕失去升官发财的机会，害怕失去房子车子，于是沉默成了自我保护的机制。（3）某些沉默源于人们害怕被同类群体孤立。有时人们恐惧的并不是利益上的损失或者肉体上的暴力伤害，而是精神上被自己的同类群体孤立。出于对归属感的依恋，他们通过沉默来实现温暖的"合群"。①

德国基督教马丁·尼莫拉（Martin Niemöller，1892—1984）牧师于 1945 年在《波士顿犹太人大屠杀纪念碑铭文》里写道：

In Germany first they came for the communists （在德国，起初他们追杀共产党员，）
and I did not speak out— （我不说话—）
because I was not a communist. （因为我不是一名共产党员。）

Then they came for the Jews （接着他们追杀犹太人，）
and I did not speak out— （我不说话—）
because I was not a Jew. （因为我不是一名犹太人。）

Then they came for the trade unionists （继而他们追杀工会成员，）
and I did not speak out— （我不说话—）
because I was not a trade unionist. （因为我不是一名工会成员。）

① 刘瑜. 沉默不是金[J]. 读者，2012，(24)：48-49.

Then they came for the Catholics	（进而他们追杀天主教徒，）
and I did not speak out—	（我不说话—）
because I was a Protestant.	（因为我是一位新教徒。）

Then they came for me—	（最后他们追来杀我，）
and there was no one left	（此时再也没有一个人留下来）
to speak out for me.	（为我说话了。）①

　　马丁·路德·金也说："历史将会记录，在这个社会转型期，最大的悲剧不是坏人的嚣张，而是好人的过度沉默。"②德国达豪集中营入口处刻的 17 世纪一位诗人的警世名言是："当一个政权开始烧书的时候，若不加以阻止，它的下一步就要烧人！当一个政权开始禁言的时候，若不加以阻止，它的下一步就要灭口。"③在当代中国社会，重温上述名言，既有利于一些中国人正确看待"沉默"，对于培育当代中国人高水平自律型软角色责任心也颇有益处。

　　假若一个人在拥有一般水平的自律型软角色责任心的基础上，还能无需有外在力量的监督，就可排除万难，持久地自觉履行做个真正关心宇宙苍生的大写之人本分的责任心，此人的责任心就上升到最高层次，即拥有高水平自律型软角色责任心。此时，他们一般会信守"宇宙内事都是自己的分内事"的做人格言，并为此而激励自己终生朝此前进，为达此目的，若有需要，不惜付出任何代价。正如陆九渊所说："宇宙内事，是己分内事。己分内事，是宇宙内事。"④明代东林党领袖顾宪成所撰名联"风声雨声读书声声声入耳；家事国事天下事事事关心"与明末清初思想家顾炎武所说："保天下者，匹夫之贱，与有责焉耳矣"（"天下兴亡，匹夫有责"）讲的也都是这个道理。从这个角度看，做人要像梁漱溟那样，持久地、自觉地身体力行"以天下为己任"的做人格言，才能使自己尽快成长为有高水平责任心的人。

　　综上所论，责任心的层级可用图 5-2 示意如下。

　　根据图 5-2 所示，责任心有不同的层级。其中，低一层次责任心是发展高一层次责任心的前提与基础，每当个体的责任心向更高一层发展时，就意味着其道德发展水平或道德境界也上升到更高一层；当个体的责任心发展到高水平自律型软角色责任心时，就达到责任心的最高境界。不过，"千里之行，始于足下。"

---

① 左边的英文摘自：Sternberg, Robert J. (2004). Why smart people can be so foolish. *European Psychologist*，9 (3)：148. 右边的译文系自译。
② 山水等摘. 言论[J]. 读者，2011,(1)：20.
③ 李从渊等摘. 言论[J]. 读者，(9)：29.
④ ［宋］陆九渊. 陆九渊集[M]. 钟哲点校. 北京：中华书局，1980：273.

高水平自律型软角色责任心	最高水平责任心
高水平自律型硬角色责任心，或者舍小我成大我且自律型软角色责任心	第四层次责任心
一般水平的自律型软角色责任心	第三层次责任心
一般水平的自律型硬角色责任心，或者他律型软角色责任心	第二层次责任心
他律型硬角色责任心	底线责任心

图 5-2 责任心的层级示意图

做人先要尽到他律型硬角色责任心，然后若有余力，才可追求更高境界。既不可将他律型硬角色责任心说得过低，从而要求人们在未尽到他律型硬角色责任心的前提下就去追求软角色责任心；也不可将尽他律型硬角色责任心说得过高，从而只要求人们尽到他律型硬角色责任心即可，而不提倡人们去追求更高水平的责任心。同时，"责任心的层级示意图"不但在理论上是成立的，而且在现实生活中也能找到代表相应层次责任心的人群；当然，由于责任心的层级呈金字塔形分布，这样，从下往上，相应的人群会越来越少，能达到最高水平责任心的人是最少的，只有像孔子、马丁·路德·金与特蕾莎修女那样道德极崇高之人的责任心才能达到最高水平。[①]

5. 怎样培育个体的责任心

第一，加强社会道德与法律建设，明确每种硬角色的职责。由于责任心与角色关系密切，要想让个体树立责任心，就必须跳出单纯从道德教育谈培育个体道德品质的怪圈，从改善管理制度入手去探讨培育个体的道德品质。因为根据皮亚杰的道德发展阶段理论和科尔伯格的道德发展阶段理论，在通常情况下，人的道德品质发展的一个重要规律是：由他律向自律方向发展的规律。[②]这样，虽然对于一些道德高尚的人而言，激励他们前进的动力之一往往来自其自律型责任心。像梁思成就是出于自律型责任心，毅然投入毕生精力、力尽千辛万苦，系统地调查、整理和研究中国古代建筑的历史和理论，最终成为这一学科的开拓者和奠基者。不过，对于绝大多数人而言，培育个体的责任心必须先从改善管理制度入手，其中，关键措施便是先必须加强社会主义道德与法律建设，尤其是要完善法律制度的建设，进而制定科学的管理制度，明确每种硬角色的职责。正如哈耶克所说：

---

① 汪凤炎、郑红. 论责任心的类型与层级[J]. 心理学探新，2013，33(6)：483—488.
② 汪凤炎，燕良轼. 教育心理学新编(第三版)[M]. 广州：暨南大学出版社，2011：144,156.

　　在现代社会,过分地扩大个人责任的范围,与解除人们对自己行为结果的责任一样,都曾是造成责任感减弱的原因。既然我们赋予个人以责任是为了影响他的行为,所以责任只能限于他凭人力所能预见的行为结果以及我们靠理性所能希望他在一般条件下考虑的行为结果。为了有效起见,责任的范围必须既明确又有限,在感性和知性上都要与人的能力相适应。教导某人要为一切事物负责,与教导他不对任何事物负责一样,都会摧毁责任感。自由要求个人的责任只限于假定他能够判断的东西,要求个人在行动时必须就他所能预见的范围考虑结果,尤其要求个人只对他自己的行动(或者在他照顾之下的那些人的行动)负责——而不对其他人的行动负责,因为其他人同样也是自由的。①
并且,要将责任细化到每一个人身上,而不能由众人分担责任,因为如第二章所论,由众人分担责任,易产生“责任分散效应”,进而易产生道德冷漠。正如哈耶克所说:

　　为有效起见,责任必须是个人的责任。在一个自由社会里,不可能有某种一个组织成员的集体责任,除非他们通过协调行动已经使每人都各自负责。共同或分别承担责任都要求个人同他人相一致,因此也就会限制每个人的权力。如果让人们共同承担责任,而不在同时规定一个共同的义务和协调的行动,结果便经常是无人真正负责。每个人都拥有的财产实际上是无主财产,那么每人都承担的责任就是无人负责。②

同时,一方面要鼓励人们认真履行自己所扮演的硬角色职责,一旦自己没有做好分内应做的事,就必须勇于承担相应的过失,而不可想方设法推卸责任。在这方面,汇丰银行给人们作出了很好的榜样。

　　据英国媒体 2012 年 5 月 19 日报道,近日,在英国汉普郡利明顿附近的富裕小镇 Milford-on-Sea,汇丰银行在当地的一台 ATM 机发生故障,在顾客取款时会吐出双倍数额的现金,此消息不胫而走之后,闻讯赶来的人在 ATM 机前排起了长队,有的人甚至取走了数千英镑,在故障时间里共有 200 名顾客取走现金。故障时间持续了两个多小时,随后警方赶到现场,关闭了这台 ATM 机。同时警方通过社交网络平台 Twitter 发布关闭故障 ATM 机的消息,并表示,如果顾客在取现时已经发现 ATM 机发生故障,但仍继续取钱的话,那么银行方面可能会以欺诈罪追究顾客责任。不过,汇丰银行随后表示,他们不会追讨多支付的钱,因为出错的是银行,顾客不必为此负责。

---

①② 哈耶克.自由宪章.杨玉生等译.北京:中国社会科学出版社,1999:122.

另一方面，加大惩处力度，让那些故意不履行硬角色责任心的人为此而付出沉重的代价。只有先从培育个体的他律型硬角色责任心入手，才能逐渐让个体生成更高水平的责任心，最终唤醒其产生高水平的良心，并让自己的良心成为最好的"安检"。事实证明，这样做既切实可行且收效甚佳。

从正例看，明太祖朱元璋为了保证南京明城墙的质量，制定出一整套相应的管理措施，将责任明细到每一块砖上，以便一旦某块砖有质量问题，能够沿着砖上烧制的信息查到具体的责任人，并对有过错者施以严厉的惩罚措施。通过这种严格管理制度，将建设南京明城墙的每一位参与者的（他律）责任心都激发了出来，结果，南京明城墙虽历经 600 多年的风风雨雨，但至今仍几乎完整地屹立在原地！又如，为了办好北京亚运会、北京奥运会、上海世博会和广州亚运会，中国相应的管理部门都制定出细致、严格、完善的管理制度，从而将每位参与者的责任心都激发出来，结果，北京亚运会、北京奥运会、上海世博会和广州亚运会最终都取得圆满成功，受到国内外来宾的高度赞誉。

从反例看，在当代中国日常生活里，一些人之所以责任心不强，除了其道德修养水平不高之外，一个重要的原因是管理不到位，许多岗位的职责不清，自然就不易激发出个体的责任心。例如，一些中国工厂或企业在生产专在中国大陆销售的商品时，往往由于管理不严，无法有效激发每位员工的责任心，导致员工做事不认真，生产出来的一些产品质量不佳。再加上事后又缺乏严格的监督制度、完善的产品召回制度和有效的奖惩制度，更让一些工厂或企业有恃无恐，进一步降低了产品的质量。结果，不但在外国人眼中，"中国制造"等同于"低端货"，甚至许多中国人自己也认为中国生产的产品质量差，这不但是一些中国人热衷于买洋货而排斥国产货的心因之一，也是一些中国人热衷于海外移民和送子女出国留学的心因之一。因为从某种意义上，学校也是"工厂"，只不过，学校"生产"的"产品"是"人才"而已。若学校的信誉不佳，人们自然也怀疑其培育出来的毕业生的素养不高。

综上所论，改善社会管理制度有助于培育个体的责任心。从这个角度看，党的"十八大"报告用一个专篇论述"在改善民生和创新管理中加强社会建设"，这对于重塑当代中国人的责任心而言，无疑是一场"及时雨"。

第二，培育个体的责任心必须遵守"一丝不苟，积少成多"的原则。生活中的许多事情都是由很多小事情逐渐积累起来的，人的责任心（不论是哪种类型的责任心）的生成也遵循同样的原则，这样，在培养个体的责任心时必须切实履行"一丝不苟，积少成多"的原则。个中道理，可用一个数学游戏清晰地展现出来：

如果问"1乘1,乘10次,答案是多少?"稍有数学知识的人都会回答:"是1"。

如果问"1.1乘1.1,乘10次,答案是多少?"正确答案则是"2.85"。

如果问:"0.9乘0.9,乘10次,答案是多少?"正确答案是"0.31"。

可见,就是相差如此小的0.1,相乘10次后的差距却如此之大。巨大的差距就是在累积"0.1"的过程中不知不觉产生的。[①] 假若说这是一种"自然规律",那么,保龄球规则就是人为制定出来的希望打球者要追求卓越,不能满足于"差不多"的一种规则:如果每次都能够一次性地将10个保龄球打倒,一局结束时能够得240分;若每次只能将9个保龄球打倒,一局结束时只能够得到90分。这意味着,每次虽然只差一个球,但10次(一局共10次)之后二者之间竟然会相差150分,这便是保龄球效应。所以,在做人做事过程中,切不可小看这个"0.1"或"1"。与此同理,一个人在修养责任心时,从正面说,就必须态度认真,时时注意从小善做起,尽量将事情做得圆满,一个个小善的不断积累,终有一天就会成大善;从反面说,一个人若想防止自己产生不负责任的行为,必须时刻严格要求自己,不放过任何细微处,努力将所有不良因素都禁于渐始之际,不让其逐渐产生积累,否则,一个个小恶的不断积累,终有一天就铸成大错或大恶。在西方流传的下面这首民谣对此有形象说明:

丢失一个钉子,坏了一只蹄铁;坏了一只蹄铁,折了一匹战马;

折了一匹战马,伤了一位骑士;伤了一位骑士,输了一场战斗;

输了一场战争,亡了一个帝国。

马蹄铁上一个钉子的丢失,本是初始条件中一个十分微小的变化,但其长期效应却是一个帝国存与亡的根本差别。这就是军事和政治领域中的蝴蝶效应(butterfly effect)。蝴蝶效应是源于气象学的一个概念,1963年由美国气象学家爱德华·洛伦兹(Edward Norton Lorenz,1917—2008)提出,原意是:一只南美洲亚马孙河流域热带雨林中的蝴蝶偶尔扇动几下翅膀,可能会导致两周后在美国德克萨斯引起一场龙卷风。其原因在于:蝴蝶翅膀的运动导致其身边的空气系统发生变化,并引起微弱气流的产生,而微弱气流的产生又会引起它四周空气或其他系统产生相应的变化,由此引起连锁反应,最终导致其他系统的极大变化。广言之,蝴蝶效应是指在一个动力系统中,事物发展的结果,对初始条件具有极为敏感的依赖性,初始条件的极小偏差,将会产生巨大的连锁反应,并引起结果的极大差异。[②]

[①] 流水.差距不是0.1[J].读者,2011,(1):39.

[②] Lorenz,Edward. N. (1972). *Predictability: Does the flap of a butterfly's wings in Brazil set off a tornado in Texax*? Address at the 139th annual meeting of the American Association for the Advancement of Science, Sheraton Park Hotel, Boston, Mass., December 29, 1972.

同理，在培育责任心乃至下文所讲的爱心与公正心等心理素质的时候，同样也存在蝴蝶效应。蝴蝶效应告诉人们，在做人做事过程中，今人宜深刻领会《后汉书·陈蕃》里所讲的"一屋不扫，何以扫天下"的典故，深刻体会老子、荀子、《淮南子》等重积的思想，这些主张"要想成就大事，就应该从一点一滴的小事做起"观点至今看来仍有价值。《老子·六十四章》说："合抱之木，生于毫末；九层之台，起于累土；千里之行，始于足下。"①荀子在《劝学篇》里说："故不积跬步，无以至千里，不积小流，无以成江海。"《礼记·经解》说："《易》曰：'君子慎始，差若毫厘，缪以千里。'"《淮南子·缪称训》说："君子不谓小善不足为也而舍之，小善积而为大善；不谓小不善为无伤也而为之，小不善积而为大不善。是故积羽沈舟，群轻折轴，故君子禁于微。一快不足以成善，积快而为德；一恨不足以成非，积恨而成恶。故三代之善，千岁之积誉也；桀、纣之恶，千岁之积毁也。"②葛洪在《抱朴子内篇·极言》中说："故治身养性，务谨其细，不可以小益为不平而不修，不可以小损为无伤而不防。凡聚小所以就大，积一所以至亿也。若能爱之于微，成之于著，则几乎知道矣。"《魏书·乐志》说："但气有盈虚，黍有巨细，差之毫厘，失之千里。"

第三，要重视培育中国人的"个我"。在西方人尤其是存在主义者看来："一个人只有从所有的社会角色中撤出，并且以'自我'作为一个基地，对这些外铄的角色作出内省式的再思考时，他的'存在'才开始浮现。如果他缺乏这道过程，那么，他就成为了一个没有自己面目的'无名人'。'存在'的拉丁字源为'existere'，有'站出来'之义，与英语中表示'出去'之 exit 乃文字上之近亲。"③所以，西方人讲的自我只包括他自己，是真正意义上的个体自我、独立的自我，即个体对自己的自觉与反省，并不包括父母、爱人、子女、兄弟姐妹、好朋友与同事等。既然每个人都是独特的权利主体，每个人的行为都是自己选择的，那么便也要为自己的行为负责。④ 与西方人相反，由于许多中国人习惯用"我们"而不是"我"来指称自我，甚至干脆"无我"，这就会因存在责任分散效应而导致许多中国人缺乏个人责任感。同时，许多中国人身上的一些社会义务——如成家立业、生儿育女、孝敬父母等——都是由外铄的方式（如文化规定、父母要求或"上面规定"等）加上去的，个人几乎没有自主选择的权利与自由，这种他律式自我、他律式人格也导致

① 陈鼓应. 老子注译及评介(修订增补本)[M]. 北京：中华书局，2009：296.
② 刘文典. 淮南鸿烈集解[M]. 冯逸，乔华点校. 北京：中华书局，1989：340.
③ 孙隆基. 中国文化的深层结构(第2版)[M]. 桂林：广西师范大学出版社，2011：26.
④ 同上：286.

许多中国人既没有反省与批判意识,又没有个人责任意识。^① 可见,要培养中国人的个人责任意识,一定要重视培育中国人的"个我",切勿过分消解中国人的"个我"。

第四,培育个体责任心的具体做法。至于从教育层面培育个体责任心的一些具体做法,限于本书旨趣和篇幅,这里不多讲了,读者若对这个问题感兴趣,可参看拙著《德化的生活——生活德育模式的理论探索与应用研究》一书的相关章节。^②

(三) 培育诚信,做个诚信的人

1. 诚信的重要性

如前文第二章所论,由于当下有一些中国人身体力行"智者无敌"、"缺德者无敌"或"只要拥有强大家庭背景者就可无敌"的做人理念,为了追求一己私利,可以毫不顾惜他人的利益、社会的利益、国家的利益;再加上在社会管理方面又存在一些不尽完善的地方,结果,导致当下中国大陆在诚信建设方面存在颇为严重的问题,一般而言,除了"专吃亲人或熟人"的反常事件之外,中国人一般只在家人之间,关系亲密的亲戚、朋友、同事、师生之间讲诚信,在其他人际交往中许多中国人习惯骗人,导致人与人之间毫无诚信可言。正由于当下中国大陆存在严重的诚信缺失问题,导致人人最好都要有"火眼金睛",否则,随时都有可能上当受骗,这无形中增加了中国人的做人成本,也增加了中国社会的管理费用。所以,要妥善汲取孔子"民无信不立"^③的思想,在全社会大力推进诚信建设,扫除因某些人的诚信缺失而给社会和谐发展带来的诸种弊病。

2. 什么是诚信

这里所讲的诚,其含义主要是指真心诚意。《说文·言部》:"诚,信也。"用朱熹在《四书章句集注·中庸章句》中的话说:"诚者,真实无妄之谓,天理之本然也。诚之者,未能真实无妄,而欲其真实无妄之谓,人事之当然也。"这说明,在儒家心中,诚本义是真实无妄,它是一种天理;将诚落实到人事之中,就是告诉人们做人要诚实无欺,不说空话或弄虚作假。

这里所讲的"信",其含义主要是指"诚实;不欺"。《说文·言部》:"信,诚也。从人,从言,会意。"^④由此可见,在古汉语里,当作"诚实;不欺"之义解释时,诚与信可以互训。当然,若细分,诚与信有两个重要区别:(1) 诚与信有"内外之别"。诚说到底是指个体内心的一种"真实无妄"的状态,是一种内在的道德律令;而从

① 孙隆基. 中国文化的深层结构(第 2 版)[M]. 桂林: 广西师范大学出版社,2011: 286 - 287.
② 汪凤炎等. 德化的生活——生活德育模式的理论探索与应用研究[M]. 北京: 人民出版社,2005: 322 - 336.
③ 杨伯峻. 论语译注[M]. 北京: 中华书局,1980: 126.
④ 汉语大字典编辑委员会编纂. 汉语大字典(第二版 九卷本)[M]. 成都: 四川出版集团·四川辞书出版社,武汉: 湖北长江出版集团·崇文书局,2010: 200.

字形上看,信从"人"从"言",指说话算数、言行一致。这表明,信是一种外在的道德规律,更容易从一个人的言与行里推导出来。(2)诚与信在儒家伦理道德谱系上的地位不同。自孟子开始,儒家多将"诚"视作极重要的道德规则,这从《孟子·离娄上》里"是故诚者,天之道也"一语就可见一斑;如下文所论,信在儒家伦理道德谱系里的地位则较次要。

诚信待人,是指待人接物要做到说话算数、言行一致。依《论语》的记载,在孔子的言论中没有使用诚这个概念,孔子是通过仁与信来论诚。据《论语·学而》记载,孔子说:"君子不重,则不威;学则不固。主忠信。无友不知己者。过,则勿惮改。"据《论语·为政》记载,当子贡问怎样才能做一个君子时,孔子回答说:"先行其言而后从之。"等等。从这些言论可以看出,孔子明确将信作为正人君子做人的一种重要品质。受孔子这一观点的深刻影响,谚语也说:"君子一言,驷马难追。"与此相反,小人待人往往出尔反尔,言而无信。不过,孔子极力推崇中庸德性,并且也重义,而中庸和义里都本含有"时中"的思想,这表明,孔子并不将信看作是绝对的、无条件的,而是认为信要服从义,义为更高的原则,在信与义不可兼得这种特殊情况下,提倡人们牺牲信而成就义。正如孟子在《离娄下》里所说:"大人者,言不必信,行不必果,惟义所在。"如果一个人不问青红皂白而只管自己要信守诺言,那就是"小人",是末等的"士"。此思想从孔子与子贡的下述对话里可以明确看出来,据《论语·子路》记载,当"子贡问曰:'何如斯可谓之士矣?'子曰:'行己有耻,使于四方,不辱君命,可谓士矣。'曰:'敢问其次。'曰:'宗族称孝焉,乡党称弟焉。'曰:'敢问其次。'曰:'言必信,行必果,硁硁然小人哉!——抑亦可以为次矣。'"由此可见,孔子倡导的伦理道德谱系中的诸德目是有一定的先后次序的,若结合《论语》中的其他言论及儒学常被人称作仁学的事实看,孔子是将"仁"放在其伦理道德谱系中的首位的,而"信"的位置则要低许多,它不但排在仁、义、礼、智诸德目之后,比耻和孝的地位也要低。

孟子主张性善,认为可以通过人心之内在的善端来体现诚,并且首开儒家重诚的传统。《孟子·离娄上》说:"是故诚者,天之道也;思诚者,人之道也。至诚而不动者,未之有也;不诚,未有能动者也。"认为大自然的规律和现象是真实无欺的(如晴天即是晴天,雨天即是雨天),人要反躬自省,达到这种真实无欺的境界。天道用诚化育万物,人对己必须思诚才可产生真正的道德行为,对人必须用诚去感动他们,因为一旦一个人努力思诚,就可体现人性中的仁、义、礼、智。在这样做时,若能尽心知性知天,就有成为圣人的可能。据《孟子·尽心上》记载,"孟子曰:'万物皆备于我矣。反身而诚,乐莫大焉。'"这是从体上说诚。就用上说,孟子将诚落在事亲明善处。据《孟子·离娄上》记载,孟子说:"居下位而不获于上,民不可得而治也。获于上有道,不信于友,弗获于上矣。信于友有道,事亲弗悦,弗信于友矣。悦亲有道,反身不诚,不悦于亲矣。诚身有道,不明乎善,不诚其身矣。"孟子的此思想为其后历代学者所继承和发展。《荀子·不苟》说:"天地为大矣,不诚则不能化万物;圣人为知矣,不诚则不能化万民;父子为亲矣,不诚则疏;君上为尊矣,不诚则卑。夫诚者,君子之所守也,而政事之本也。唯所居以其类至,操之则得之,舍之则失之。操而得之则轻,轻则独行,独行而不舍则济矣。济而材尽,长迁而不反其初则化矣。"从"夫诚者,君子之所守也"之语可看出,诚是君子应具备的一种品德。诚在《礼记·中庸》里臻于完善。《礼记·中庸》对诚作了全面而完整的论述:

诚者,天之道也;诚之者,人之道也。诚者不勉而中,不思而得,从容中道,圣人也。诚之者,择善而固执之者也。……

自诚明,谓之性;自明诚,谓之教。诚则明矣,明则诚矣。

唯天下至诚,为能尽其性;能尽其性,则能尽人之性;能尽人之性,则能尽物之性;能尽物之性,则可以赞天地之化育;可以赞天地之化育,则可以与天地参矣。

其次致曲,曲能有诚,诚则形,形则著,著则明,明则动,动则变,变则化,唯天下至诚为能化。

至诚之道,可以前知。国家将兴,必有祯祥;国家将亡,必有妖孽。见乎蓍龟,动乎四体。祸福将至:善,必先知之;不善,必先知之。故至诚如神。

诚者自成也,而道自道也。诚者物之终始,不诚无物。是故君子诚之为贵。诚者非自成己而已也,所以成物也。成己,仁也;成物,知也。性之德也,合外内之道也,故时措之宜也。

故至诚无息。不息则久,久则征,征则悠远,悠远则博厚,博厚则高明。博厚,所以载物也;高明,所以覆物也;悠久,所以成物也。[1]

可见,一方面,《中庸》将诚视作世界的本源。诚不是由另外更高的东西产生的,而是自成的,并且是万物变化的开端和结局,没有诚就没有万物,这表明诚在《中庸》里被视作天地化育万物的原动力。另一方面,《中庸》将诚与人联系起来,为人的道德修养确立内在的依据,认为人的道德准则和道德教化都必须从诚的本性出发,按诚的本性来确立和开展。[2]

---

① 朱熹.四书章句集注[M].北京:中华书局,1983:31-34.
② 李春秋,毛蔚兰.传统伦理的价值审视[M].北京:北京师范大学出版社,2003:192-193.

诚这一规范后来受到中国文化的推崇，泛化为广大中国人做人力图达到的准则。谚语说："火要空心，人要实心。"历代父辈对子辈千叮万嘱的一句话也是："我们不图你将来有多大出息，只希望你要踏踏实实地做个人。"……这些言论都折射出中国人推崇做个诚实人的心态。可惜的是，在当代中国，中国悠久的重视诚信做人、诚信待人的传统并未得到很好的落实。

3. 诚信的层级

大家知道，中国人有明显的圈子心理。圈子心理，是指一个人在与他人交往时，有意无意地产生一种划圈子的心理习惯。而且，中国人的这种圈子常常是封闭的、界线分明的，犹如在中国一些地方常见的城墙一般。事实上，中国的"國"字就是在一个"口"（圈子）内用"干戈"管理着一批"人口"，这个圈子常常是城墙，它将圈内人与圈外人明确地分开，其用意常常是为了更好地防范圈外之人，保护圈内之人。在中国历史上，中国人不但用万里长城将自己与外界相隔离，而且许多城镇（尤其是都城）都建有规模大小不一的城墙。①

同时，根据费孝通的差序格局思想，对于中国人而言，划分圈内人与圈外人的界线是可进可退的，这导致圈内人与圈外人的疆界也是可大可小的，具有弹性的特征，犹如一组同心圆一般：圆心指个我或小己，圆心外面第一个圆圈代表核心家庭利益成员，圆心外面第二个圆圈代表大家庭的成员，中间的"……"表示此处还有许多个代表各式各样成员的圆圈，圆心最外面的圆圈代表天下人（与图 5-3 类似，故不画了）。其中，处于圆心位置的个我是绝对的圈内人，而且是包含人数最少的圈内人，用《庄子·杂篇·天下》话说，即"至小无内，谓之小一"。② 处于最外面、代表天下人的圈子是包含人数最多的圈内人，当个体将"天下人"都视作圈内人时，此时他便没有"圈外人"了，这便是《庄子·杂篇·天下》所说的"至大无外，谓之大一"；③ 此时此个体便已达到《论语·颜渊》所说"四海之内，皆兄弟也"④的境界。位于这两种"我"之间的其他"我"的地位是相对的：向里看，若与里面一个"我"相比，它属"圈外人"；向外看，若与外面一个"我"相比，它属圈内人。

从道德共同体的角度看，中国人一般是在圈内人中才讲诚信（上文讲的"责任"和下文讲的"仁爱"与"公平公平"均存在类似情况），这样，依其将道德共同体划在哪一层级的圈上，便能看出其诚信水平：一般而言，在较大的圈内讲诚信，

---

① 孙隆基. 中国文化的深层结构(第 2 版)[M]. 桂林：广西师范大学出版社,2011：347.
②③ 陈鼓应. 庄子今注今译(第 2 版)[M]. 北京：中华书局,2009：942.
④ 杨伯峻. 论语译注[M]. 北京：中华书局,1980：125.

说明其诚信水平高;若一个人在全世界人面前均讲诚信,那其诚信就达到最高境界。反之,在较小的圈内讲诚信,说明其诚信水平低;若一个人只能自己讲诚信,对其他任何人都不讲诚信,则其诚信水平便降至最低水平。

如果在圈之大小的基础上,再加上自觉程度和持续时间长短等评价指标,又引入量的指标,那么可以将诚信分出无穷无尽的层次或水平。

4. 如何做到诚信待人

第一,要充分认识到诚信的重要性。如前文所论,由于当代中国一些人不讲诚信,专做一些坑蒙拐骗之事,导致当代中国人的做人成本普遍偏高,许多人都活得很"累",为了改变这种不良风气,大家都要充分认识到诚信做人的重要性,待人待己都要有诚信,既不自欺,也不欺人。同时,要牢记并践行一些有关诚信的名言:"你可以一时欺骗所有人,也可以永远欺骗某些人,但不可能永远欺骗所有人。"(林肯)[①]"诚实和勤勉,应该成为你永久的伴侣。"(富兰克林)等等。

第二,要不断拓宽讲诚信的圈子。从在家中与家人讲诚信,逐渐拓展到在学校与老师和同学讲诚信,再拓展到与邻居和同事讲诚信,再拓展到与其他所有熟人都讲诚信,再拓展到与全体中国人都讲诚信,最后拓展到与全世界所有善良的人都讲诚信。

第三,妥善区分善意谎言与恶意谎言。善意谎言是指出自善良动机,且说谎后不但不会给交往双方带来不良后果或副作用,而且能增进双方良性互动的谎言。恶意谎言是指出自不良动机,且说谎后往往会给对方造成不良后果的谎言。换言之,恶意谎言是指说谎者通过隐瞒部分事实或全部事实、夸大或缩小部分事实等方式来达到自己邪恶目的的一种做法。在同一个道德共同体之内,讲诚信的人在与他人交往时,可以有善意谎言,却绝不可以有恶意谎言。乔布斯说得好:不要去欺骗别人,因为你能骗到的人,都是相信你的人。若因你的不诚信而最终让相信你的人受伤,并因而不相信你,那么,你的言行就没有人会相信了。到那时,你就会陷入举步维艰的困境。

第四,正确看待"为集体说谎"与"为个人说谎"。有研究表明,所有年龄的中国儿童对为集体说谎的评价都比对为个人说谎的评价更积极,而所有年龄的加拿大儿童对个人说谎的评价都比对为集体说谎的评价更积极。[②] 这显示出中

[①] 任本,庞燕雯,尹传红. 震惊世界的科学骗局[J]. 读者,2007,(12):44.

[②] Fu, G. Y., Xu, F., Cameron, C. A., Heyman, G., & Lee, K. (2007). Cross-cultural differences in children's choices, categorizations, and evaluations of truths and lies. *Developmental Psychology*, 2:278-293.

国儿童有明显的"群体优先"的思维方式,而加拿大儿童有明显的"个体优先"的思维方式。其实,"为集体说谎"与"为个人说谎"只是撒谎的对象——为谁撒谎——有差异,但并不意味着"为集体说谎"就比"为个人说谎"更值得原谅或宽恕,也不意味着"为个人说谎"就比"为集体说谎"更值得原谅或宽恕。在此问题上,正确的做法仍是看它是善意谎言还是恶意谎言:若是恶意谎言,那么,无论是"为集体说谎"还是"为个人说谎",说谎者都应该受到相应的惩罚;切不可因是"为集体说谎"就原谅或宽恕撒谎者,而因是"为个人说谎",就加以惩罚。反之,若是善意谎言,那么,无论是"为集体说谎"还是"为个人说谎",都应该得到理解或宽恕。

第五,让"信"服从"仁义"。这样,在做人过程中不能死守信,而要做到具体问题具体分析,并善于变通。所以,在孔子看来,颜回的缺点便是只知守信却不能变通。孔子的这一看法在西汉刘向著的《说苑·杂言》里有记载:

子夏问仲尼曰:"颜渊之为人也何若?"曰:"回之信贤于丘也。"曰:"子贡之为人也何若?"曰:"赐之敏贤于丘也。"曰:"子路之为人也何若?"曰:"由之勇贤于丘也。"曰:"子张之为人也何若?"曰:"师之庄贤于丘也。"于是子夏避席而问曰:"然则四者何为事先生?"曰:"坐,吾语汝。回能信而不能反,赐能敏而不能屈,由能勇而不能怯,师能庄而不能同。兼此四子者,丘不为也。夫所谓至圣之士,必见进退之利,屈伸之用者也。"①

根据上述引文可知,颜回、子贡、子路与子张四人在某一方面都贤于孔子,但孔子"见进退之利,屈伸之用",反而成为他们四人的先生。可见,一个人若能在坚守"信"要服从"仁义"的前提下,做到说话算数、言行一致,就是诚信待人;反之,若一味机械守信,不知变通,为此而不惜牺牲仁义,那就是本末倒置。下面讲一则《三八二十三》的小故事,希望读者从中能悟出此道理!

一天,孔子的弟子子路在市场上闲逛,见一位买者正与卖者争论。

卖者说:"我一尺鲁缟三钱,你要八尺,共二十四钱。"

买者回答道:"三八二十三,怎么会是二十四呢?"

子路听后笑着对买者说:"三八二十四是对的,你错了。"

买者仍不认错,并要与子路打赌。

子路性格爽直率真,说:"打赌就打赌,我愿以头上刚买的帽子作赌注,若输

---

① 〔汉〕刘向撰. 程翔译注. 说苑译注[M]. 北京:北京大学出版社,2009:446.

了,帽子归你。"

那个买者更是火气旺盛,说愿以自己的人头作注,输了将人头归子路。

二人击掌为誓后,去找孔子评理。

孔子听后笑着说:"子路,你错了,快将帽子给他吧。"子路很不情愿地把帽子给了买布的人,买布的人高兴地走了。

子路不服这种判决,等买布的人走后,当面指责老师孔子是"揣着明白装糊涂,实是在撒谎!"

孔子对子路说:"事情有是非轻重,你想帽子和脑袋哪个重要? 如果我说三八是二十三,你输的不过是一项帽子;假若我说三八是二十四,他输的可是一条人命呢!"

子路至此才恍然大悟![①]

第六,加强诚信制度建设。为了激励国人去诚信做人,就要完善相应的社会管理制度,通过诚信制度建设,对那些恶意撒谎、恶意欺骗的人依法实施严厉惩罚,让他们为自己的恶意欺骗付出沉重的代价,使其得不偿失;同时,对那些讲诚信的人要依法实施适当的奖励,做到德得相通,进而让那些讲诚信的人因自己的诚信获得益处。例如,能否科学探讨诚信档案制度的建设? 将一个人的诚信记录与其身份证号码相联系,以便在需要时通过履行一定的合法手续后一查便知。能否对恶意撒谎、恶意欺骗的行为加大惩罚力度? 如,若商家生产假货、出售假货,就罚到其倾家荡产为止;若有人敢在食品、药品上做手脚,就以故意杀人罪论处;等等。若果真如此,人们就不敢轻易去恶意撒谎、恶意欺骗,诚信社会就易建立起来。又如,鉴于公共权力是建立社会信任机制的核心,社会信任能否重建关键在于公权力信任的重建。于是,中国社会科学院社会学研究所王俊秀副研究员建议,应从以下三个方面提高社会信任水平:(1) 消除公共权力执行者权力的滥用,提高公共权力的诚信度;(2) 鼓励民众的公共参与和社会监督,让权力在监督下运行,通过信任民众获得民众的信任;(3) 打击背信、失信的组织行为和个人行为,健全相关法律,确立政府公信力在社会、经济活动中的中立、公正地位,形成信任良性运行机制。[②] 应该说,王俊秀的这个建议也颇有见地。

---

① 曲直.三八就是二十三[J].心理世界,2007,(2):28.(说明:遍查《论语》与《史记·孔子世家》,都未发现有此故事,所以此故事的真伪无从考证。曲直所著版本中的人物之一是颜回,有的版本又说是子路。如果结合《论语》等书看,此故事若真发生,其中的与人打赌行为则更符合子路的性格,因为子路性格爽直率真,有勇力才艺,敢于批评孔子,于是在此引用时将颜回改作了子路。)

② 李松.社科院报告显示中国社会陷入信任危机[N].中国新闻网,2013-01-12.

（四）培育仁爱心，做个仁爱的人

考古学家于 1950 年在伊拉克发掘了 9 具尼安德特人[①]的遗骨，通过对这些遗骨的深入研究发现，一个右臂萎缩、左眼失明的严重残疾的人居然活了 40 岁左右，这在那个年代是相当长寿的。在当年如此恶劣的环境中，一个身有严重残疾的人即便自己再努力，也是不可能养活自己的，没有伙伴的照料，他根本不可能存活。所以，他的长寿并非出于基因优异，而是由于在同伴的照料下，他没有经历过沉重的劳作，更不必冒生命的危险前去捕猎。要不是因为地震，这位幸运的人还将存活下去，并向我们现代人的寿命靠拢。但突然发生的地震让他居住的山洞轰然坍塌，并将他埋在其中。这个被灾难凝固下来的场景，证明从人类主体的角度看，早在 6 万年前的旧石器时代中期，人类就已经拥有同情、仁慈和爱。[②] 而发展心理学的研究也表明，从个体的角度看，个体在婴幼儿时期就已拥有一定水平的爱心。因此，若说沐浴在儒学传统下的当代一些中国人缺乏爱心，相信很多中国人都难以接受！因为一些中国人口口声声说仁爱、博爱，讲究父慈子孝，怎么会没有爱心呢？其实不然。从仁爱层面看，当代中国社会之所以会出现某些不和谐因素，其中重要原因之一是：一些人对仁爱品质的认识或修养存在某些欠妥之处，除了在圈内人之中讲仁爱之外，对于圈外人，则常常存在"假仁"、"小仁"甚至道德冷漠的弊病。结果，只存在"差序关怀"，[③]却未在全社会建立起关怀。因此，我们不能简单地说像颜艳红这样的人无爱心，而只能说他们无"一视同仁式兼爱心"，却存在"差序关怀"：仅关怀圈内人，对圈外人却显得极端冷酷无情。对于像颜艳红这样的人，墨子将之称作"别士"；至于那些能平等对待一切人的人，墨子将之称作"兼士"。"兼士"与"别士"的心理与行为差异正如墨子在《兼爱下》里所说：

谁以为二士，使其一士者执别，使其一士者执兼。是故别士之言曰："吾岂能为吾友之身若为吾身，为吾友之亲若为吾亲。"是故退睹其友，饥即不食，寒即不衣（陈澧云："此谓友饥而不馈以食，友寒而不赠以衣也。"），疾病不侍养，死丧不葬埋。别士之言若此，行若此。兼士之言不然，行亦不然，曰："吾闻为高士于天下者，必为其友之身若为其身，为其友之亲若为其亲，然后可以为高士于天下。"是故退睹其友，饥则食之，寒则衣之，疾病侍养之，死丧葬埋之。兼士之言若此，

---

① 尼安德特人的拉丁文学名是"Homo neanderthalensis"，英文名称是"Neanderthal"。尼安德特人是距今大约 20 万～3 万年生活在欧洲、近东和中亚地区的古人类。
② 李浅予. 6 万年前鲜花盛开［J］. 读者，2012，(21)：1.
③ 汪凤炎. 中国心理学思想史［M］. 上海：上海教育出版社，2008：314 - 315.

行若此。若之二士者,言相非而行相反与?[①]

可见,所谓差序格局之爱,指先将人与物依与自己的亲密程度高低为标准分为不同的层次,然后在展现自己的爱心时对他们加以区别对待的一种心理与行为方式。与此不同,所谓一视同仁式兼爱,指将全体同胞及与其有关联的事物都视作同一道德共同体,然后在展现自己的爱心时平等对待这个大的道德共同体内的全体成员的一种心理与行为方式。

假若能够在适当借鉴中国儒家"仁爱"与墨家"兼爱"思想精髓的基础上,将之作适当的现代诠释与转换,从而生成符合当代中国时代发展精神的新式"仁爱"理念(其核心是"真仁"、"大仁"),并将之作为重要内容注入当代中国教育尤其是德育里,不但是落实和谐文化、建设社会主义和谐社会的一个恰当做法,而且有助于培育个体的智慧尤其是德慧。那么,何谓"真仁"、"大仁"? 怎样才能有效地帮助个体逐渐生成"真仁"、"大仁"的仁爱品质呢?

1. 什么是仁

众所周知,孔子儒学思想的核心是仁,并将之扩展到各个领域:从主体修养角度看,恭、宽、信、敏和惠五种素质是实现仁的具体要求,一个人在做人过程中如果能体现出恭、宽、信、敏和惠五种素质,也就是在行仁。所以,据《论语·阳货》记载,当"子张问仁于孔子。孔子曰:'能行五者于天下为仁矣。''请问之。'曰:'恭,宽,信,敏,惠。恭则不侮,宽则得众,信则人任焉,敏则有功,惠则足以使人。'""子曰:'巧言令色,鲜矣仁。'"从血缘关系角度看,孝悌是为仁之本。从人我关系角度看,忠恕是为仁之道;从政治角度看,仁是礼的精神内核,仁礼一体。[②] 不过,仁的内涵是什么? 这是一个非常不好回答的问题,因为据《论语》记载,孔子不但没有明确给仁下一个终极性定义,而且还在不同场合用不同说法来界定仁。据 2009 年版《辞海》的解释,孔子言仁,其含义极广,大致以爱人为核心,包括恭、宽、信、敏、惠、智、勇、忠、恕、孝、弟等内容;并以"己所不欲,勿施于人"和"己欲立而立人,己欲达而达人"为实行的方法。[③] 其后,随着儒学成为经学,儒家提出的仁的范畴在中国传统文化中占据重要位置;并且,时至今日,仁的内涵与结构仍处在不断建构的过程之中。[④] 同时,在墨家看来,"兼即仁矣,义矣"。[⑤]所以,妥善汲取以孔儒和墨家思想,我们认为,如前文第四章所论,在中国

① [清] 孙诒让. 墨子闲诂[M]. 孙启治点校. 北京:中华书局,2001:116-117.
② 李宗桂. 中国文化概论[M]. 广州:中山大学出版社,1988:16.
③ 夏征农,陈至立. 辞海(第六版彩图本)[M]. 上海:上海辞书出版社,2009:1888.
④ 王立浩,汪凤炎. 大学生"仁"观结构研究[J]. 西南大学学报(社会科学版),2010,(3):7-12.
⑤ [清] 孙诒让. 墨子闲诂[M]. 孙启治点校. 北京:中华书局,2001:120.

道德文化中,道德共同体的范围一向不局限在人上,还包括动物、植物直至泥土瓦石等整个无机自然界,相应地,仁的含义与适用范围是"从爱人扩展至爱宇宙万物"。以此类推,当仁用作调节人与人之间关系的道德准则时,其核心内涵主要有二:一是真心爱人;二是推己及人。前者是基础,后者是前者的具体体现。换言之,一个人若想真心爱人,必须体现在其推己及人的行动中,而不能仅停留在口头上;与此同时,从一个人推己及人的具体行动中,可以推知其是否做到真心爱人以及真心爱人的程度与效果。至于仁的其他含义,基本上都是从这两个核心内涵里派生出来的。所以,紧紧抓住仁的这两个核心内涵,就能准确把握仁的实质。

第一,真心爱人。仁的核心内涵之一是真心爱人。借鉴墨家思想和现代西方哲学思想和德育思想的精义,这里的人,其下限是指个体所属道德共同体内的所有人,而不是仅指与个体有血缘关系或友情关系的亲朋好友,其上限指天下所有人。古人云:"感人心者莫先乎情。"此处的情乃是真情。因此,凡是虚情假义地去爱人,无论其花样有多新,都是假仁,不是真仁。这样,一个人若能"爱由心生"(繁体字"愛"中本有"心"),即出于自己的慈爱之心(对子代或晚辈)、敬爱之心(对父母或长辈)、恋爱之心(对恋人)、兄弟姐妹之爱心(对自己的兄弟姐姐)、恻隐之心、同情之心、友爱之心或博爱之心(对外人)去真心爱人,做到爱人之心出自肺腑,爱人之举动做得恰如其分且细至入微,不但是在真心行仁,而且是在正确行仁。因此,据《论语·颜渊》记载,当"樊迟问仁。子曰:'爱人。'"受孔子此思想的影响,后人一般都认可用爱人来释仁的做法。如《墨子·经说下》说:"仁,爱也。"[1]《广雅·释诂四》说:"爱,仁也。"《左传·昭公二十年》:"及子产卒,仲尼闻之,出涕曰:'古之遗爱也。'"王引之述闻:"家大人曰:爱即仁也,谓子产之仁爱有古人之遗风……《史记·郑世家》集解引贾逵注曰:'爱,惠也。'惠亦仁也。"[2]《韩非子·解老》说:"仁者,谓其中心欣然爱人也。其喜人之有福而恶人之有祸也,生心之所不能已也,非求其报也。故曰:'上仁为之而无以为也。'"[3] 董仲舒说得更透彻:

何谓仁?仁者憯怛爱人,谨翕不争,好恶敦伦,无伤恶之心,无隐忌之志,无嫉妒之气,无感愁之欲,无险诐之事,无辟违之行。故其心舒,其志平,其气和,其

① 吴毓江.墨子校注(上册)[M].北京:中华书局,2006:533.
② 汉语大字典编辑委员会编纂.汉语大字典(第二版 九卷本)[M].成都:四川出版集团·四川辞书出版社,武汉:湖北长江出版集团·崇文书局,2010:2487.
③ [清]王先慎撰.韩非子集解[M].钟哲点校.北京:中华书局,1998:131.

欲节,其事易,其行道,故能平易和理而无争也,如此者谓之仁。①

可见,爱人是既仁的重要内涵,又是行仁的必要条件。如果没有爱人之心、同情之心,一个人就不可能有真正的仁,此人也绝对不能称作仁者。例如,上海生产染色馒头的工人的一席话令人心惊:"我不会吃的,打死我都不会吃,饿死我都不会吃,我自己做的东西我知道能不能吃。"②可是,他却大量生产这种染色馒头给无辜的顾客吃,简直到了丧心病狂、麻木不仁的程度。所以,据 2011 年 4 月 18日的"江苏快报"报道,温家宝总理点名痛斥染色馒头,称道德滑坡到严重地步。

同时,真心爱人必须同时具备两个条件:一是爱人之心要出自肺腑;二是爱人之举动要做得恰如其分且细至入微。根据这两个标准,下述五类行为均不是真正的真心爱人行为:(1)爱人无心。它又可细分为三种:第一种是不用心爱人或以粗心大意的方式去爱人。例如,某些小学教师用幻灯片教学,本意是为了给学生提供更丰富多彩的教学内容,但由于粗心,经常将幻灯片制作得颇不清晰,久而久之,就让班上的一些学生得了近视,给学生今后的发展带来了某些障碍。第二种是逢场作戏式爱人或虚伪地、作秀地做一些爱人的举动。例如,某些单位领导临近春节,在当地电视台全程直播的前提下去慰问某些困难家庭,就属作秀式爱人行为。某些银行职员表面对客户热情有加,实际上是徒有其表,并未将客户真正放进自己心中。某些骗子为达骗人钱财目的而虚情假义地去爱人,以博取受害者的好感,然后伺机下手行骗,也属虚伪地爱人行为。第三种是机械地做一些爱人的举动。某些教师简单要求小学生回家给父母洗一次脚以表达对父母的爱,小学生即使因师命难违而机械地照做,也不见得能够让他们产生对父母的真爱。(2)溺爱。爱人太过以至于达到溺爱程度。如某些为人父母者溺爱自己的子女,结果让子女堕落。(3)爱人程度不够以至于让被爱之人无所知、无所感。犹如一个小伙子对一个姑娘产生单相思,却因未及时向对方表达,对方无从知晓,从而错过一段美好姻缘一般。(4)因爱人而伤人或害人。如某些老师打伤学生后还说"我之所以打你,是因为我爱你,希望你成绩好"之类的话。又如《红楼梦》里的"老祖宗"完全不考虑当事人——贾宝玉——的心思,自作主张,在为贾宝玉选择媳妇时,将"林妹妹"换成了"宝姑娘",还口口声声对贾宝玉说:"都是为你好啊!"结果,这一决定"棒打鸳鸯",既害死了"林妹妹",又逼得贾宝玉出家,宝姑娘也成了牺牲品。所以,《尸子·发蒙》说得好:"夫爱民且利之也,爱而

① 苏奥.春秋繁露义证[M].钟哲点校.北京:中华书局,1992:258.
② 张烁."天大的责任"谁来担[N].人民日报,2011-04-27(17).

不利,则非慈母之德也。"①(5) 爱与自己利益攸关的人。这非真爱人,而是爱利益。例如,假仁之人(典型者如小人)虽可能也会爱人,不过,他一般只是爱与自己利益攸关的人,所以假仁之人实际上并不爱人,而实是爱自己的利益或自己而已。于是,假仁之人一般喜欢做损人利己的事,且都是优先考虑保全自己的利益,为了自己的利益可以毫不顾惜他人的利益甚至他人的生命。

第二,推己及人。仁的另一个核心内涵是(真心地做到)推己及人。正如《说文·心部》所说:"恕,仁也。"段玉裁注:"为仁不外于恕,析言之则有别,浑言之则不别也。"徐灏笺:"戴氏侗曰:'推己及物谓之恕。'"《广韵·御韵》也说:"恕,仁恕。"②不过,恕道有积极与消极之分。积极的恕道指"己欲立而立人,己欲达而达人"。其含义是:自己要站得住,同时也使别人站得住;自己要事事行得通,同时也使别人事事行得通。能够从眼前的事实选择例子一步步去做,可以说是实践仁道的重要方法。因此,据《论语·雍也》记载,当子贡问道:"如有博施于民而能济众,何如? 可谓仁乎?""子曰:'何事于仁,必也圣乎! 尧、舜其犹病诸! 夫仁者,己欲立而立人,己欲达而达人。能近取譬,可谓仁之方也已。'"消极的恕道指"己所不欲,勿施于人"。所以,据《论语·卫灵公》记载,"子贡问曰:'有一言而可以终身行之者乎?'子曰:'其恕乎! 己所不欲,勿施于人。'"

与仁者推己及人不同,假仁之人(典型者如小人)虽有时也会做一些所谓的推己及人之事,不过,他推己及人中的人一般仍只是与自己利益攸关的人。所以,假仁之人实际上并不会真心地去做推己及人之事,而实仍是一切为了自己而已。于是,当他人对自己没有帮助时,假仁之人一般是不会去为他或她做推己及人之事。

2. 仁爱之人的不同境界

仁爱有不同的境界,且可用不同标准进行分类。例如,依所爱之人与物的数量不同,仁爱的境界有不同:大凡某人所爱的他人与他物的数量越多,其仁爱的境界就越高;反之,则仁爱的境界越低。依爱的持续时间,仁爱达到的境界也不同:就同一爱的对象(如老师爱学生)而言,给予爱的持续时间越长,其仁爱的境界就越高;反之,则仁爱的境界越低。依爱人与物付出的代价,仁爱达到的境界也不同:一般而言,一个人在爱人与物时,自己真心自愿付出的代价越大,其仁爱的境界就越高;反之,则仁爱的境界越低,等等。这样,将它们进行排列组合,

① [战国]尸佼.尸子译注.[清]汪继培辑.朱海雷撰.上海:上海古籍出版社,2006:22.
② 汉语大字典编辑委员会编纂.汉语大字典(第二版 九卷本)[M].成都:四川出版集团·四川辞书出版社,武汉:湖北长江出版集团·崇文书局,2010:2455.

就生出各种境界的仁爱。下面选择几种仁爱境界作一简要论述。

第一,爱自己:仁爱之人的最低境界。仁爱之人的最低境界是爱自己。正如《墨子·大取》所说:"爱人不外己,己在所爱之中。"①这是最小的仁,可以将之命名为至小之仁。至小之仁所爱对象虽只有自己一个,却也是真正的仁。试想,一个人如果连自己都不爱,还能指望他去爱他人、他物吗? 这只能是痴心妄想!下面一个实例将此中道理讲得颇清楚:

　　1911 年,曾经当过两届美国总统的西奥多·罗斯福决定再次参选。1912年 10 月 24 日,他到密尔沃基发表演讲。就在他登上台准备演讲时,刺客施兰克从人群中冲出,朝他开了枪。只听"砰"的一声,子弹穿过罗斯福手中的讲稿,击中了他的胸部。他惊诧地摇晃几下,马上又恢复了镇静。凶手很快被捉住了,民众愤怒地要痛打他。罗斯福一边捂住胸口,一边劝大家保持冷静。台下的人这才注意到鲜血已浸透罗斯福的大衣,叫喊着让他赶快去医院,周围的助手也都想上前来搀扶。罗斯福感觉自己的伤还不至于危及生命,而此时正式展示硬汉形象的绝佳机会,于是,他拒绝了人们的好意,站在台上大声地说:"也许你们刚才都看到我挨了一枪,可这点小伤根本不算什么,甚至它都不能杀死一只公鹿……"他足足坚持了 90 分钟,直到演讲结束才去医院就诊。而此时子弹已陷入他胸部 3 英寸处,取出会十分危险,医生建议留在体内。罗斯福若无其事地点了头:"这样一来,我的余生就将多了这颗子弹相伴。"此后,各家媒体都争相报道了罗斯福遇刺后强忍疼痛发表演讲的新闻,这无疑给竞选增加了砝码,他在后来的演讲中也都要说说自己的英勇之举。但最终罗斯福还是输掉了大选。在总结失败教训时,他说:"我原本以为自己的刚强值得夸耀,可民众却觉得它更应受到批判和谴责,没人相信一个不顾惜自己生命的人会有能力保护好民众。"先爱自己才能爱别人,连自己都不爱惜,怎么能保护好他人。②

第二,各式各样的中间层次的仁爱。一个人只要不是一个极端自私的人,一般都不会将仁爱的对象仅仅局限在自己一个人身上,而是会将仁爱扩大到包括与我有特别关系的他人,像我的父母、我的子女、我的爱人,将这些他人逐渐纳入自己仁爱的范围之内。这样,仁爱对象的范围就越来越大;不但如此,随着个体道德修养功夫的逐步加深,个体仁爱对象的范围还可以扩展到包括许多与我并

① 〔清〕孙诒让.墨子闲诂(下)[M].孙启治点校.北京:中华书局,2001:405.
② 张小平.检验真理的子弹[J].读者,2013,(1):45.

无什么特别关系的他人那里,此时,就生出各式各样的中间层次的仁爱。对于一个现代中国人而言,为了舍弃差序仁爱,拥有一视同仁式仁爱,其仁爱对象的下限就应是全体中国人,即将全国人民都纳入自己的仁爱对象,而不能仅爱自己圈内之人,却对圈外之人毫无爱心。

第三,至大之仁。如果一个人通过不断的修身养性,最终能够真正做到将其仁爱的对象扩大到包括宇宙里的事事物物的身上,此时,仁就达到最高境界,即至大之仁。至大之仁所爱对象包括宇宙万物。用张载《正蒙·乾称篇》的话说,就是"民吾同胞,物吾与也"的境界。用孙中山先生的话说,就达到真正"博爱宇宙万物"的境界。

需要指出,至大之仁本也由至小之仁发展而来,与至小之仁相比,至大之仁只是包括的他人(甚至他物)的范围达到最大化而已。而在至小之仁与至大之仁之间,则存在各色各样的小仁或大仁。① 所以,划分小仁与大仁的分界线是可进可退的,具有弹性的特征,犹如一组同心圆一般:②圆心指至小之仁,圆心外面第一个圆圈指代表爱核心家庭成员的仁,圆心外面第二个圆圈指代表爱大家庭成员的仁,中间的"……"表示此处还有许多个代表各式各样仁的圆圈,圆心最外面的圆圈指至大之仁;同时,处于圆心位置的至小之仁是绝对的小仁,处于最外面、仁爱宇宙万物的仁是绝对的大仁,位于这两种仁之间的其他仁的地位是相对的:若与里面一个仁相比,它是大仁;若与外面一个仁相比,它是小仁(如图 5 - 3 所示)。

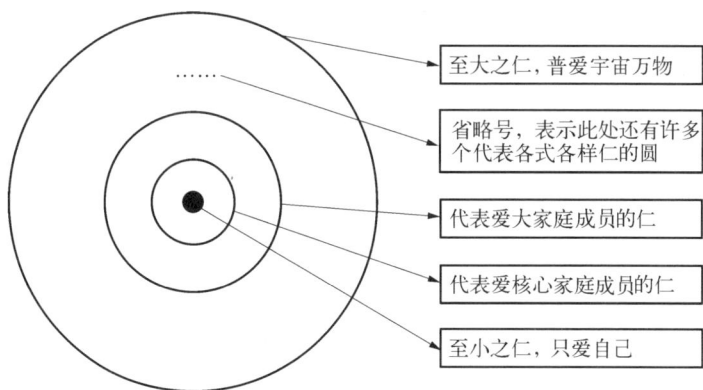

图 5 - 3　不同类型仁的示意图

①　杨中芳. 如何理解中国人——文化与个人论文集[M]. 台北：远流出版事业股份有限公司,2001：367.
②　费孝通. 乡土中国 生育制度[M]. 北京：北京大学出版社,1998：24 - 30.

3. 怎样做一个有仁爱心的人

在小仁与大仁的关系上,中国文化的主流态度是:在二者可以兼顾的前提下,主张个体要兼顾小仁与大仁,做到爱己与爱他人两不误;若二者相矛盾且不可兼得时,主张真正仁爱之人要做到牺牲小仁以成全大仁。像刘胡兰舍生取义、董存瑞舍身炸碉堡之类的做法,都是牺牲小仁以成全大仁的典型做法,因为他们牺牲一人,却能避免更多革命同志的牺牲。所以,这类人往往"生的伟大,死的光荣!"(毛泽东语)

当小仁与大仁发生矛盾且不可兼得时,若一个人舍大仁而为小仁,就容易招来以下两种批评之一:(1)被人斥责为仅有妇人之仁的人。如项羽就常被人斥责为仅有妇人之仁的人。据《史记·淮阴侯列传》记载,韩信曰:"然臣尝事之,请言项王之为人也。项王暗噁叱咤,千人皆废,然不能任属贤将,此特匹夫之勇耳。项王见人恭敬慈爱,言语呕呕,人有疾病,涕泣分食饮,至使人有功当封爵者,印刓敝,忍不能予,此所谓妇人之仁也。"①汉语里也有"成大事不可有妇人之仁"的说法。(2)被人斥责为不仁之人。像叛徒顾顺章之徒为了自己能苟且偷生而不惜大肆出卖革命同志,致使许多革命同志不幸牺牲,就属典型的不仁之人。

4. 帮助个体生成和发展仁爱的品质

如何帮助个体生成和发展仁爱的品质呢?

第一,想方设法增强个体修养仁爱之心的自觉性与主动性。"知之者,不如好之者;好之者,不如乐之者。"②为了有效帮助个体在现实生活里努力去修仁、学仁,增强其修养仁爱之心的自觉性与主动性,就必须想方设法让个体逐渐喜爱仁,这就要让个体懂得和理解仁在成人和生成智慧中的价值。从心理学角度看,人类需要仁爱,不但是为了满足其归属与爱的需要,而且可以有效实现"爱人者,人恒爱之"的对等律。因为社会的混乱、发生战争、出现盗贼与缺德者以及产生其他纷争,其根源就在于人们因自私自利而不相爱,由于人们不相爱,导致一些人经常通过损人或害人的手段而谋求自爱自利,于是各种乱象也就产生了。既然如此,要想消除各种违背道德与法律的事情,培育自己的仁爱品质,最高境界是通过"兼相爱,交相利"的方法来纠正人们自爱自利的恶习。正如《墨子·兼爱上》说:

若使天下兼相爱,爱人若爱其身,犹有不孝者乎?视父兄与君若其身,恶施不孝?犹有不慈者乎?视弟子与臣若其身,恶施不慈?故不孝不慈亡有。犹有

---

① [汉]司马迁.史记[M].[宋]裴骃集解.[唐]司马贞索隐.[唐]张守节正义.北京:中华书局,2005:2027.
② 杨伯峻.论语译注[M].北京:中华书局,1980:61.

盗贼乎？故视人之室若其室，谁窃？视人之身若其身，谁贼？故资贼亡有。犹有大夫之相乱家、诸侯之相攻国者乎？视人之家若其家，谁乱？视人国若其国，谁攻？故大夫之相乱家、诸侯之相乱国者亡有。若使天下兼相爱，国与国不相攻，家与家不相乱，盗贼无有，君臣父子皆能孝慈，若此则天下治。故圣人以治天下为事者，恶得不禁恶而劝爱？故天下兼相爱则治，交相恶则乱。故子墨子曰："不可以不劝爱人者，此也。"①

当然，对于绝大多数普通人而言，是很难真正认可并做到墨家推崇的一视同仁式兼爱，甚至连孟子也极力反对。据《孟子·滕文公下》记载，孟子说：

圣王不作，诸侯放恣，处士横议，杨朱、墨翟之言盈天下。天下之言不归杨，则归墨。杨氏为我，是无君也；墨氏兼爱，是无父也。无父无君，是禽兽也。公明仪曰："庖有肥肉，厩有肥马；民有饥色，野有饿莩，此率兽而食人也。"杨墨之道不息，孔子之道不著，是邪说诬民，充塞仁义也。仁义充塞，则率兽食人，人将相食。吾为此惧，闲先圣之道，距杨墨，放淫辞，邪说者不得作。作于其心，害于其事；作于其事，害于其政。圣人复起，不易吾言矣。②

所以，退一步言之，假若人们真正认可并持久地践行孔夫子以来儒家力倡的内外亲疏有别的仁爱思想，也能够让自己逐渐生成仁爱的品质。

第二，让个体习得关于仁爱的全面知识。要想使个体成长为一个仁爱之人，重要前提之一是要让个体知道仁爱是什么。这样，为了有效地培育个体的仁爱品质，就必须让个体尽可能全面地掌握关于仁爱的知识。这里所讲"全面知识"的含义有二：一是不但要让个体通过阅读经典和听课等方式习得有关仁爱的明确知识，更要让个体通过"做中学"的途径或方式习得有关仁爱的默会知识。二是要习得至少能够有说服力地回答包含"仁爱是什么？""什么是假仁？""为什么要习得仁爱品质？"和"怎样习得仁爱品质？"等四大问题方面的知识，这样，个体才能逐渐学会辨别真仁与假仁，分别仁爱与溺爱之间的差别，并逐渐懂得大仁与小仁之间的辩证关系，才能更好地去修仁、学仁。

第三，通过引导个体的恻隐之心来循序渐进地生成个体的仁爱之心。每一位正常的人与生俱来就有仁爱之心的端绪。正如《孟子·公孙丑上》所说："无恻隐之心，非人也；……恻隐之心，仁之端也。"③不过，一个人尽管其心中与生俱来就有"仁"的"种子"，假若后天不及时接受良好的教化，这颗"仁"的"种子"就不会

---

① ［清］孙诒让.墨子闲诂［M］.孙启治点校.北京：中华书局，2009：100－101.
② 杨伯峻.孟子译注［M］.北京：中华书局，1960：155.
③ 同上：80.

苗壮成长,个体最终也就无法生成现实的仁爱品质;反之,如果一个人在现实生活里努力去修仁、学仁,又时常能够及时得到明师的指点,那么,这颗"仁"的"种子"就会苗壮成长,个体最终也就能生成甚至发展出大仁的品质。因此,家长、教师、社会通过适当方式去引导个体的恻隐之心,循序渐进,使之逐渐发展成现实的仁爱之心,这是一个有效的做法。例如,先引导个体从爱自己的父母开始,然后逐渐扩大到爱自己三代之内的直系血亲,以此一步步引导个体的爱心逐步往外人身上推。切不可急于求成或有一步到位的思想,否则,易产生诸多流弊。正如《孝经·圣治章》所说:"故不爱其亲而爱他人者,谓之悖德;不敬其亲而敬他人者,谓之悖礼。"①

第四,通过营造良好的仁爱环境来培育个体的仁爱之心。家长、教师平日要身体力行,为子女、学生营造一个良好的仁爱环境,以此来帮助个体生成仁爱之心。同时,各级地方政府要采取切实措施来让百姓切身体会到整个社会洋溢着关爱的氛围,这对激发个体产生仁爱之心非常有帮助。

第五,通过系列活动帮助个体生成和发展仁爱品质。爱因斯坦曾说:"人格决不是靠所听到的和所说出的言语,而是靠劳动和行动来形成的,因此,最重要的教育方法总是鼓励学生去实际行动。"②通过不断践行仁爱来培育个体的仁爱之心,是帮助个体生成和发展仁爱品质的又一个有效途径。在这方面,拙著《德化的生活——生活德育模式的理论探索与应用研究》一书里曾有一些探讨,若读者感兴趣,可看其中的第十一章。③ 除此之外,限于篇幅,下面再讲一例在许多小学都曾开展过的"护蛋行动"。对于小学一、二、三年级的学生,可以通过开展诸如"护蛋行动"的活动,让学生亲身体验到"护蛋"的艰辛与喜悦,由此可有效促进学生仁爱品质的发展。具体做法如下:

▲ 主题 A:护蛋行动

● 适合对象:小学中低年级学生

● 形式:游戏活动

● 实施过程

第一阶段,讲清具体操作过程与要求

老师:同学们,从下周一早上上学时开始,至下周五下午放学为止,我们班准备开展一次"保护鸡蛋的行动"。具体做法是:每人从家中自选一枚生鸡蛋

① 胡平生.孝经译注[M].北京:中华书局,1996:19-20.
② 爱因斯坦.爱因斯坦文集(第三卷)[M].许良英等编译.北京:商务印书馆,1979:143.
③ 汪凤炎等.德化的生活——生活德育模式的理论探索与应用研究[M].北京:人民出版社,2005:351-368.

(生鸭蛋也可),在鸡蛋上面做好记号,然后将它带到学校,老师逐一将每个学生已做好记号的鸡蛋用数码像机拍好照后,再交回给同学保管,等下午放学后又带回家;若在这个过程中蛋未破,第二天就继续带同一个鸡蛋到学校;若蛋已被弄破,就要告诉老师一声,然后第二天再换一个生鸡蛋,做好同样的记号后带到学校。星期二、星期三、星期四、星期五重复星期一的做法。具体要求有四:(1)在这五天中,谁的生鸡蛋(或生鸭蛋)保持不破的记录最长,谁就是优胜者;(2)所谓"生鸡蛋(或生鸭蛋)保持不破的时间",是指同一个生鸡蛋(或生鸭蛋)累积起来的保持不破的时间,而不是指两个或两个以上生鸡蛋(或生鸭蛋)累积起来的保持不破的时间;(3)除了上体育课之外,每个同学从家中带来的生鸡蛋(或生鸭蛋)必须一直随身携带,至于随身携带的具体方式可以自己确定;(4)护蛋行动开展的时间总计一周时间(之所以将时间限于一周,主要是考虑到:若时间过短,学生就不易体验到其中的艰辛;若时间太长,又易伤害孩子爱玩的天性,毕竟身上带着一个生鸡蛋,若想其不破,是不能放心地玩的)。

第二阶段,具体实施阶段

在接下来的整个一周时间里认真按照上述要求实施护蛋行动,老师要认真做好相关记录。

第三阶段,总结与点拨阶段

等一周护蛋行动结束后,老师可利用开班会时间,对护蛋行动进行总结。在总结中主要做三件事情:(1)按公平、公正的方式评选出全班护蛋行动中表现上佳的同学(一般可在 10 名左右,具体名额根据实际情况而定),并让每位表现上佳的同学谈谈自己成功护蛋的经验;(2)帮助在护蛋行动中将蛋弄破的同学找找其中的原因;(3)及时点拨同学:你们保持鸡蛋的时间只有短短的 5 天,为了让鸡蛋做到完好无损,不得不想出许多办法,为此还受了不少苦。同学们想想,你们每位的父母不也是这样保护你们的吗? 但是,有的同学在保护鸡蛋的时候,一天都未过完就将鸡蛋弄破了,而你们的父母要保护你们 10 年、20 年甚至更长时间,并且丝毫不能出半点差错,此中艰辛与对你们的爱难于言表,难道你们不应该用自己的实际行动去回报自己的父母吗?

第六,妥善化解当代中国人多差序格局之爱而少一视同仁式兼爱的爱心偏见。中国人一向深受重血脉亲情的儒家文化的影响。儒家重五伦,鼓励个体要与家庭成员、社会和国家保持和睦关系,反对个体脱离家庭、社会和国家而过出世的生活。所以,孟子站在维护君臣之伦的立场,必反对杨氏(即杨朱)学说,因为杨氏学说有教人离开社会国家而作孤立的、隐逸的个我的趋势。孟子站在维护家庭内的父了之伦的立场,也反对墨学的兼爱学说,因为墨子有离开家庭的组织,而用一种主义去组织下层民众的趋势。故《孟子·滕文公下》说:"杨氏为我,是无君也;墨氏兼爱,是无父也。无父无君,是禽兽也。"①此后,儒家以同样理由反对佛教,因为佛教教徒有脱离家庭、社会、国家的出世生活或行径。② 受儒家深刻影响的中国人对自我更准确的描述是"我们自己"(we-self),中国人更强调和其家庭成员与社会群体之间的关系,而不是个体的独立性或个性。③ 正如孙隆基所说:

中国人则认为,"人"是只有在社会关系中才能体现的——他是所有社会角色的总和,如果将这些社会关系都抽空了,"人"就被蒸发掉了。因此,中国人不倾向于认为在一些具体的人际关系背后,还有一个抽象的"人格"。这种倾向,很可能与中国文化中不存在西方式的个体灵魂观念有关。有了个体灵魂的观念,就比较容易产生明确的"自我"疆界。

中国人对"人"下的定义,正好是将明确的"自我"疆界铲除的,而这个定义就是"仁者,人也"。"仁"是"人"字旁加一个"二"字,亦即是说,只有在"二人"的对应关系中,才能对任何一方下定义。在传统中国,这类"二人"的对应关系包括:君臣、父子、夫妇、兄弟、朋友。这个对"人"的定义,到了现代,就被扩充为社群与集体的关系,但在"深层结构"意义上则基本未变。④

在整个文化中,似乎只有一个不能由别人去定义的"孤家寡人",那就是作为全体大家长的皇帝。虽然士大夫阶层也确曾想将"君臣"关系纳入"二人"对应的关系中,但随着专制主义的增长,这种对应关系也逐渐成为"君为臣纲"、"君要臣死,臣不死不忠"。于是,专制君主遂成为名副其实的"一人"。因此,黑格尔认为的在中国这类东方专制主义中只有一人是自由的,似乎也有一点点道理。自然,专制君主并不是完全没有制约的,如果他搞到天怒人怨的话,就会失去"人心",而变成了"独夫",到时就会出现"诛一夫"的可能性。不过,无论是哪一种情形,专制君主都倾向于成为"一人"。⑤

同时,受小农经济的深刻影响,"中国传统社会主要是一个乡土社会、熟人社会"(费孝通语)。主要在这两种因素的交互影响下,在正常情况下,多数中国人在自己的熟人圈子里生活得有滋有味,几乎不需要走出熟人圈,自然很少与陌生人打

① 杨伯峻.孟子译注(第2版)[M].北京:中华书局,2005:155.
② 贺麟.文化与人生[M].北京:商务印书馆,1988:54.
③ M.艾森克.心理学——一条整合的途径[M].阎巩固译.上海:华东师范大学出版社,2000:786.
④ 孙隆基.中国文化的深层结构(第2版)[M].桂林:广西师范大学出版社,2011:26-27.
⑤ 同上:29.

交道。自然而然地，具有"相互依存的自我观"（interdependent self）的中国人没有所谓的"概化他人"，中国人也颇不重视在整个道德共同体内推行一致性的"游戏规则"（如"在整个道德共同体内做到待人公平"就属一致性的"游戏规则"），①而倾向于用不同的方式对待与自己不同关系的人，他们在做"推己及人"或"老吾老以及人之老，幼吾幼以及人之幼"的功夫时，一般都有这样的规律：对于自己圈内之人与物较容易做到"将心比心"、"推己及人"，并且是"爱心有加"；对于圈外的陌生人及其拥有的物，他们一般不习惯、不愿意做到"将心比心"，而往往是"不为所动"、"无动于衷"，显得极其冷漠。这或许是造成西方人一贯重在全国范围内推行"一视同仁式公平公正"和"博爱"、轻人情与面子而中国人一贯重"差序公平公正"与"差序仁爱"、重人情与面子的重要原因之一。

当然，对于中国人在爱心上展现出的内外有别的心态与行为方式要深入分析，才能看得准。（1）一些人的善良之心曾受到伤害。如本章前文所论，人的良知良能（知善知恶的能力）是先天的，但人的道德经验是后天习得的。假若后天的环境或习俗有利于人的先天道德能力的展现，人就会逐渐生出对他人的道德敏感性，慢慢变得越来越有良知；反之亦然。从这个角度看，在当代中国，之所以一些人逐渐生出道德冷漠，原因之一正是由于社会一再出现伤害个体善良之心的事情，像"南京彭宇案"等，从而让人"寒心"，并将中国文化里本有的"敬老"传统消解得无影无踪。（2）从"愿不愿"的角度看，许多中国人更习惯、更愿意将自己的善良之心用在圈内人身上。在通常情况下，由于多数中国人习惯于将人作圈内与圈外的区分，并习惯生活在自己的生活圈之内。这样，从"愿不愿"的角度看，他们的这颗善良之心往往更习惯、更愿意用在圈内人身上，不愿意也不善于突破这层厚重的"城墙"，相应地，对于"城墙之外"的陌生人及其拥有的物，他们一般显得较冷酷无情，易给旁观者留下"中国人对陌生人显得极其道德冷漠"的印象。（3）自身力量有限与圈内需关爱的人太多，导致许多中国人对待陌生人的窘境和困境爱莫能助，甚至会"损外肥内"。一方面，自古至今，在绝大多数历史时期，受生产力发展水平低、水灾旱灾频发②、战争频繁③与劳动者素养较低等

① 黄光国.知识与行动：中华文化传统的社会心理诠释[M].台北：心理出版社有限公司,1995：182.
② 据水利部统计,从公元前206年到1949年,中国发生过1 029次大水灾,一片汪洋,生灵殆尽；发生过1 056次大旱灾,赤地千里,饿殍遍野.[宋健.超越疑古 走向迷茫(1996年5月16日在夏商周断代工程会议的发言提纲)[N].光明日报.1995-05-21(5).]
③ 据中国军事史编写组编《中国历代战争年表》上卷(北京：中国人民解放军出版社2003年第2版,第1页)与下卷(北京：中国人民解放军出版社2003年第2版,第1页)记载,中国自公元前30世纪到公元1911年清王朝灭亡,在大约4 911年的漫长岁月中,有文字记载的战争共3 806次,平均每年约有0.77(3 806÷4 911≈0.77)次战争.

因素的交互作用,中国社会经济一直主要是一种匮乏型经济,社会积累的财富在多数历史时期都不够充足,不但让政府无力在全国范围内建立起一个惠及全民、高水平的社会保障制度,而且导致绝大多数中国人拥有的财富数量都是有限的,这制约了中国人广施爱心的能力。另一方面,因为中国历来都是人口大国,导致同处于自己生活圈之内的人口数量众多,圈子内需要关爱的人数太大。自身力量的有限与圈内需关爱的人太多这一矛盾的产生,导致从"能不能"的角度看,多数中国人的这颗善良之心最多只能用在圈内人身上,若想突破这层厚重的"城墙",往往"心有余而力不足"。结果,对于"城墙之外"的陌生人所处的困境或可能面临的困境,他们也只能"不为所动",否则,就会殃及圈内之人。更有甚者,为了让自己人获取更大利益,一些人便会损害圈外人的利益,慷圈外人之慨或损害公家利益,以肥自己人。① (4)"男女授受不亲"的观念导致一些中国人在面对陌生异性尤其是年轻貌美的陌生异性身处窘境或险境时,不知如何妥善应对,只好假装未看见,然后"扬长而去"。主要由于这四方面缘由的存在,导致许多中国人在对待自己的家人和朋友时往往热情有加,而在对待陌生人时常常铁血无情。这种情形在乡土中国时期可能仅是偶尔出现,因为那时的中国人多生活在熟人社会(费孝通语),与陌生人一般只是偶尔打交道。由于仅是与陌生人偶尔打交道,有些中国人会因"自己道德高尚"或"仅是偶尔为之,出于爱面子的心理,要厚待对方"等原因,也可能以"热情有加"的方式对待陌生人。不过,在当代中国,随着城市化进程的加快,越来越多的中国人都是生活在陌生人社会里,几乎天天都在与陌生人打交道,此时,中国人这种"对圈内人热情而对圈外人显得道德冷漠"的矛盾心理就经常展现在世人面前。

因此,若要妥善化解当代中国人在待人处世时存在的爱心偏见心理,至少要从五个方面下功夫:(1)要想方设法妥善保护人的良知。为了妥善保护每个人与生俱来的良知良能,就要努力建立良好的道德习俗,以激发每个人的良知良能,才能使每个人逐渐都变得越来越有良知,才能使每个人对他人(包括熟人与陌生人)都充满爱心。关于这点,在上文已有探讨,此处不多讲。(2)积极推进有利于兼爱品质成长的制度建设,用制度来保证人们的博爱之心。这便要积极推进有利于维护社会公平、公正制度的建设,用制度来保证人们公平、公正地对待圈内人与圈外人。一旦人们能够公平、公正地对待圈内人与圈外人,要适当给予正强化;反之,如果有确凿证据证明一个人在与圈内人、圈外人交往时,作出严

---

① 孙隆基. 中国文化的深层结构(第 2 版)[M]. 桂林:广西师范大学出版社,2011:299.

重违背公平、公正的举动，就要及时给予严厉的惩罚。（3）大力发展经济的同时，积极推进惠及全民且吻合国情的社会保障制度的建设；并且，在不损害他人正当权益的前提下，给予弱势群体适当的补偿。令人鼓舞的是，党的"十八大"报告已明确提出："加强社会建设，必须以保障和改善民生为重点。提高人民物质文化生活水平，是改革开放和社会主义现代化建设的根本目的。要多谋民生之利，多解民生之忧，解决好人民最关心最直接最现实的利益问题，在学有所教、劳有所得、病有所医、老有所养、住有所居上持续取得新进展，努力让人民过上更好生活。"（4）要通过科学教育，降低人们过于看重直系血缘关系的心态，让人们从重视本族"血脉传承"转向重视本族"文化传承"上来。（5）社会要营造新的习俗，破除中国人脑海里根深蒂固的"男女授受不亲"观念。

（五）培育公平公正心，做个公平公正待人处事的人

1. 公平、公正的重要性

对于公平的重要性，孔子有一段名言："丘也闻有国有家者，不患寡而患不均，不患贫而患不安。盖均无贫，和无寡，安无倾。夫如是，故远人不服，则修文德以来之；既来之，则安之。"①这段话的大意是：身为一个诸侯或大夫，不担心财富不多，只担心财富分配不均；不担心人民太少，只担心境内不安。若是财富平均，便无所谓贫穷；境内和平团结，便不会觉得人少；境内平安，便不会倾危。做到这些，远方的人还不归服，便再修仁义礼乐的政教来吸取他们。他们来了，就要让他们安心。②可惜的是，孔子的上述真知灼见并未为后世广大中国人尤其是掌握权力的各级官员所认可。结果，不但在中国历史上存在大量不公平、不公正的现象，即便是在当代中国社会，大多数人也普遍感觉到社会不公平、不公正。例如，据2013年1月7日上午中国社会科学院社会学研究所在北京发布的《中国社会心态研究报告》称，2011年12月中下旬，课题组通过对北京、广东、江苏、浙江和四川五个省市250名进城农民工的问卷调查和10名北京农民工的访谈后发现，64%的调查对象认为社会不公平，47%的调查对象表示自己外出打工期间受到的不公平对待比较多，而他们感知到的不公平，并不完全取决于其自身经历，还受自己的所见所闻的影响；同时，农民工在受到社会不公平对待时主要是采取消极逃避的行为。③究其因，在当代中国大陆，很多民生问题之所以不被一些地方政府和官员重视，主要原因之一是因为只存在"差序公平、差

① 杨伯峻. 论语译注[M]. 北京：中华书局，1980：172.
② 同上：173.
③ 李松. 社科院报告显示中国社会陷入信任危机[N]. 中国新闻网，2013-01-12.

序公正",①却未在全社会建立起公平、公正。差序格局之公平公正,指先将人与物依与自己的亲密程度分为不同的层次,然后在展现自己的公平公正之心时对其加以区别对待的一种心理与行为方式。与此不同,一视同仁式公平公正,指将全体同胞及与其有关联的事物都视作同一道德共同体,然后在展现自己的公平公正之心时平等对待这个大的道德共同体内的全体成员的一种心理与行为方式。因此,如果通过进一步的改革开放,取消官员享受的超出工作需要的一切特权,做到官民平等,从而在全国范围内实现一视同仁式公平公正:让官员像普通百姓一样看病;让官员将子女送到与普通百姓子女一样条件的学校上学;让官员与普通百姓在同一个菜场或超市购买食品;让官员与普通百姓一样开私家车、挤公交车或坐地铁上班;让官员与普通百姓一样在机场大厅候机(而不是走专用通道直接上飞机,或在贵宾室候机),让官员与普通百姓一样游览景区(而不是由景区工作人员或干部陪同游览景区);出台法律并明文规定,若老婆、孩子都是外国国籍或持外国绿卡的人,一律不能担当政府部门、国有企业、事业单位的领导;并且,在官员(尤其是县处级及以上级别官员)任职内和卸职后10年内,禁止其本人与其三代之内的直系亲属移民海外,违者严办。若果真这样做,便可以让一些官员因与百姓为伍,能亲身体验到普通百姓日常生活的酸甜苦辣,从而能更好地做到"为人民服务",而不是因长期不"接地气",高高飘在空中,不食"人间烟火"!同时,便可以大幅减少"裸官"现象。事实上,在西方发达国家,参与竞选公职人员的人首先必须公开家庭成员信息,如果你的配偶是外籍,根本不可能被允许参与竞选。因为公共权力的持有者,在公共权力、公共资源分配、公共政策的制定以及对外交往中,都会有相当大的影响,甚至有决策权。假若你的家庭成员很多都不是本国人,如何能够保证你最大限度地为本国服务?人毕竟是一个利益体,你身边的亲人都不是本国人,这样的公职人员造成国家资产、资源流失的可能性会增大很多,并对我们民族、国家以及党的威信都是巨大的损失和潜在的危险。②

公正(justice)也是一个重要的道德范畴,在日常生活中起着重要作用。为此,美国心理学家勒纳(Melvin J. Lerner,1929—)早在1975年就提出公正世界信念(belief in a just world,BJW)的概念,认为公正世界信念是人类的一种重要

① 燕良轼,周路平,曾练平.差序公正与差序关怀:论中国人道德取向中的集体偏见[J].心理科学,2013,36(5):1168-1175.
② 周明杰.地方领导应公开家庭信息(专家对《做好反腐倡廉网络舆情处置引导(王岐山在十八届中央纪委二次全会上的工作报告)》的解读)[N].北京晚报,2013-02-26(02).

动机(an essential human motive)。① 1977 年，勒纳再次对公正世界信念概念及相关内容作进一步的完善。② 综合 1975 年与 1977 年勒纳对公正世界信念的论述，它的含义是，人们凭借公正世界信念而能够在复杂的人类社会中生存。公正世界信念使人们能够将他们的时间与精力投向指向未来的活动，以便在同伴(fellow people)与社会机关(social institutions)中建立信任，并觉察生活的意义。所以，人们假定他们生活在一个人人都能得其所应得、应得即所得的世界里。③ 1978 年勒纳提出与公正世界信念密切相关的一个假设——公正世界假设(the just world hypothesis)。勒纳等人对公正世界假设曾作如下阐述：个体有一种相信他们生活在一个能够得其应得的世界的需要。这种"世界是公正"的信念，能使个体相信他们面对的物理和社会环境是稳定的、有序的。假若没有这种信念，个体就很难使自己去追求一个长远的目标，甚至很难在日常生活中产生符合社会规范的行为。④ 综观古今中外历史的发展经验与教训可知，公正世界假设是成立的，公正世界信念的确是人类的一种重要动机。

2. 公平、公正的内涵

做个善于公平公正待人处事的人，若用古汉语进行表达，那就是要做一个义士。因为在中国古代社会，当义作为一个待人处世的法则时，其含义主要有五：(1) 品德的根本，伦理的原则。《孟子·公孙丑上》："其为气也，配义与道。"赵岐注："义谓仁义，可以立德之本。"《礼记·祭统》："夫义者所以济志也，诸德之发也。"(2) 平，公正。《管子·水地》："唯无不流，至平而止，义也。"《孔子家语·执辔》："以之道则国治，以之德则国安，以之仁则国和，以之圣则国平，以之礼则国安，以之义则国义。"王肃注："义，平也，刑罚当罪则国平。"(3) 适宜。《释名·释言语》："义，宜也。裁制事物使合宜也。"(4) 正当；正派。《易·系辞上》："理财、正辞、禁民为非曰义。"《荀子·大略》："义，理也，故行。"(5) 行为超出常人的；有正义感的。如义士。⑤ 与此相对应，待人以义包含四个子法则：(1) 要将义视作待人的根本法则；(2) 要公平公正待人；(3) 待人处事要有分寸；(4) 做人要正

① Lerner, M. J. (1975). The justice motive in social behavior: Introduction. *Journal of Social Issues*, 31(3): 1-19.
② Lerner, M. J. (1977). The justice motive: Some hypotheses as to its origins and forms. *Journal of Personality*, 45: 1-52.
③ Maes, J. & Kals, E. (2002). Justice belief in school: Distinguishing ultimate and immanent justice. *Social Justice Research*, 15(3): 228.
④ Lerner, M. J. & Miller, D. T. (1978). Just world research and the attribution process: Looking back and ahead. *Psychological Bulletin*, 85(5): 1030.
⑤ 汉语大字典编辑委员会编纂. 汉语大字典(第二版 九卷本)[M]. 成都：四川出版集团·四川辞书出版社，武汉：湖北长江出版集团·崇文书局，2010：3339.

派,且有正义感。① 为了适合现代中国人的用语习惯,本书就不用做个义士的表述,而称为做个善于公平公正待人处事的人。不过,学术界虽对公平、公正的含义有一些界定,但不够完善,仍需作一番深究。公平、公正(或正义②)虽是日常生活里常用的概念,但却不容易界定它。下面从中西方文化来谈公正、公平的含义。

其一,西方文化中公正、公平的含义。公正是给人应得,这是西式公正的经典定义。有人认为,这一定义源于古希腊的梭伦(Solon,约前 638—前 559),是梭伦首先赋予公正"应得"的含义。③ 也有人认为,它源于古罗马法学家乌尔庇安(Ulpianus,? —228):"正义乃是使每个人获得其应得的东西的永恒不变的意志。"④

柏拉图(Plato,约前 427—前 347)在《理想国》第四卷里,⑤借其老师苏格拉底之口和格劳孔(Glaucon)对话,提出四德说(即智慧、勇敢、节制和正义四种美德),将正义列为四主德之一,并定义为履行自己的义务。⑥ 并主张正义的原则是:"每个人必须在国家里执行一种最适合他天性的职务。"⑦因此,从某种角度理解,"正义就是只做自己的事而不兼做别人的事"。⑧柏拉图写道:

它(指正义,引者注)不是关于外在的"各做各的事",而是关于内在的,即关于真正本身,真正本身的事情。这就是说,正义的人不许可自己灵魂里的各个部分相互干涉,起别的部分的作用。他应当安排好真正自己的事情,首先达到自己主宰自己,自身内秩序井然,对自己友善。当他将自己心灵的这三个部分合在一起加以协调,仿佛将高音、低音、中音以及其间的各音阶合在一起加以协调那样,使所有这些部分由各自分立而变成一个有节制的和和谐的整体时,于是,如果有必要做什么事的话——无论是在挣钱、照料身体方面,还是在某种政治事务或私人事物方面——他就会做起来;并且在做所有这些事情过程中,他都相信并称呼凡保持和符合这种和谐状态的行为是正义的好的行为,指导这种和谐状态的知识是智慧,而把只破坏这种状态作用的行为称作不正义的行为,把指导不和谐和状态的意见称作愚昧无知。⑨

---

① 汪凤炎.中国心理学思想史[M].上海:上海教育出版社,2008:334.
② 夏征农,陈至立.辞海(第六版缩印本)[M].上海:上海辞书出版社,2010:598.
③ 张洪高.正义及相关概念辨析[J].大学教育科学,2011,(6):3.
④ 王海明.新伦理学(修订版,中册)[M].北京:商务印书馆,2008:769.
⑤ [古希腊] 柏拉图.理想国[M].郭斌和、张竹明译.北京:商务印书馆,1986:145-176.
⑥ 夏征农,陈至立.辞海(第六版彩印本)[M].上海:上海辞书出版社,2009:2922.
⑦⑧ [古希腊] 柏拉图.理想国[M].郭斌和、张竹明译.北京:商务印书馆,1986:154.
⑨ 同上:172.

循着前贤的进路,亚里士多德主张正义在于每个人得其所应得,各司其职,各得其所,并将公正分为普遍的公正和特殊的公正两类。普遍的公正为政治上的公正,以公共利益为依归。特殊的公正又可分为两种:一是分配的公正,即社会财富、权力及其他可分之物在个人之间的分配原则;二是纠正的公正,即人们在经济交往和订立契约时必须遵守的平等原则,并认为只有实现良好的政治制度,才能实现个人的公正。① 进而,亚里士多德力倡"公正是一切德性的总括"。亚里士多德说:

　　……守法的公正是总体的德性,不过不是总体的德性本身,而是对于另一个人的关系上的总体的德性。由于这一原因,公正常常被看作德性之首,"比星辰更让人崇敬"。还有谚语说,公正是一切德性的总括。公正最为完全,因为它是交往行为上的总体的德性。它是完全的,因为具有公正德性的人不仅能对他自身运用其德性,而且还能对邻人运用其德性。许多人能够对自己运用其德性,但是对邻人的行为却没有德性。比阿斯说得对,他说"公职将能表明一个人的品质"。因为,在担任公职时,一个人必定要同其他人打交道,必定要做共同体的一员。正是由于公正是相关于他人的德性这一原因,有人说惟有公正才是"对于他人的善"。因为,公正促进的是另一个人的利益,不论那个人是一个治理者还是一个合伙者。既然最坏的人是不仅自己的行为恶,而且对朋友的行为也恶的人,最好的人就是不仅自己的行为有德性,而且对他人的行为也有德性的人。因为对他人的行为有德性是很难的。所以,守法的公正不是德性的一部分,而是德性的总体。它的相反者,即不公正,也不是恶的一部分,而是恶的总体。(德性与守法的公正的区别从我们上面谈到的也已经明了。它们是相同的品质,然而它们的角度不同。作为相对于他人的品质,它是公正;作为一种品质本身,它是德性。)②

　　受古希腊思想家公正思想的深刻影响,在西方哲学史上,正义概念主要呈现两条发展线索:(1) 从全德或普遍的公正的维度来理解。作为全德的正义或普遍的公正,是指在一定社会条件下的人们根据一定的道德标准做应当做的事,同时也指社会对人们的行为所作的一种评价。作为全德的正义等同于善。它的发展轨迹呈现出从履行群体的责任和义务到争取个人权利的发展道路,即从群体本位的正义观向个体本位的正义观发展。(2) 从特殊道德的维度来理解。作为

① 朱贻庭.伦理学大辞典.上海:上海辞书出版社,2002:44-45.
② ［古希腊］亚里士多德.尼各马可伦理学［M］.廖申白译注.北京:商务印书馆,2003:130-131.

特殊维度的正义是一种单一的德性,它的发展轨迹围绕着应得的观念不断演变。应得观念是贯穿正义概念历史发展的核心要素,也是正义的基本含义。[①] 于是,后世一些西方学人主张:"公正指人人都能得其所应得、应得即所得。"例如,英国哲学家密尔认为:"人公认每个人得到他应得的东西为公道;也公认每个人得到他不应得的福利或遭受他不应得的祸害为不公道。"[②]

不过,在古希腊"三哲"的思想中,正义只是属于公民的,与奴隶无关。受此思想的深刻影响,中世纪经院哲学家和神学家托马斯·阿奎那(Thomas Aquinas,约 1225—1274)主张,奴隶服从奴隶主、平民服从国王、天然的不平等的秩序都是正义的。可见,托马斯·阿奎那的正义观里只有应得的观念,却没有平等的观念。平等是正义概念在西方近代出现的一个新要素。[③] 当代美国哲学家罗尔斯(John Rawls,1921—2002)清楚地认识到人们拥有的不同天赋、能力、金钱和扮演的不同角色等情况会影响他们看问题的视角,为了避免人们因为自己的既得利益而给出不公正的意见,罗尔斯提出无知之幕(veil of ignorance)一词,将它视作自己的正义论的逻辑起点。无知之幕的含义是:假定没有人知道他在社会中的地位、阶级出身、天赋、能力、心理特征、社会的经济或政治状况。[④] 既然每个人都被这种无知之幕遮掩而不知道自己的特殊身份、地位、禀赋和能力等情况,于是没有人能够修改原则以适合他自己的利益,[⑤]此时,他们一致同意的分配权利义务的原则便一定是正义的、公平的:"正义原则是在一种无知之幕后被选择的。这可以保证任何人在这些原则的选择中都不会因自然的机遇或社会环境中的偶然因素而得益或受害。既然所有人的处境都是相似的,那么也就无人能够设计有利于自己特殊情况的原则,正义的原则是一种公平的协议或契约的结果。"[⑥]同时,罗尔斯力图将自由与平等融进正义的概念中,于是罗尔斯声称,在正义的概念中,公平是最基本最重要的观念,即"作为公平的正义"(justice as fairness)。进而,在《正义论》中,罗尔斯提出正义的两个原则,其中,第一个原则优先于第二个原则:(1) 每个人对与所有人拥有的最广泛平等的基本自由体

---

① 张洪高. 正义及相关概念辨析[J]. 大学教育科学,2011,(6):3-4.
② [英] 约翰·穆勒(现在一般将"John Stuart Mill"译作"约翰·斯图亚特·密尔"). 功用主义[M]. 唐钺译. 上海:商务印书馆,1957:48.
③ 张洪高. 正义及相关概念辨析[J]. 大学教育科学,2011,(6):4.
④ [美] 约翰·罗尔斯. 正义论[M]. 何怀宏,何包钢,廖申白译. 北京:中国社会科学出版社,1988:136. Rawls, J. (2000). *A theory of justice* (*Revised edition*). Cambridge (Massachusetts):The Belknap Press of Harvard University Press. p. 11.
⑤ [美] 约翰·罗尔斯. 正义论[M]. 何怀宏,何包钢,廖申白译. 北京:中国社会科学出版社,1988:139.
⑥ Rawls, J. (2000). *A theory of justice* (*Revised edition*). Cambridge (Massachusetts):The Belknap Press of Harvard University Press. p. 11.

系相容的类似自由体系都应有一种平等的权利。(2)社会和经济的不平等应这样安排:使它们在与正义的储存原则一致的情况下适合最少受惠者的最大利益,依系于在机会公平平等的条件下职务和地位向所有人开放。① 其后,罗尔斯对正义的两个原则作进一步的修订,使之更加清晰。于是,前一个原则被修订为:在各种基本权利和义务的分配上实行平等,即公民自由平等的原则;后一个原则被修订为:在财富和权力不平等的情况下,只有当最少得益的社会成员的利益得到补偿时,才是正义的,即差别原则。② 因此,罗尔斯所讲的差别原则中已包含"对不应得的不平等要求补偿的原则"。例如,由于出身和天赋的不平等是不应得的,这些不平等就多少应给予某种补偿。③ 这样看来,至少有两种正义:一是程序性正义。它主张将一个中立的程序施加于任何社会群体或个人,而无论结果如何。这就是所谓的一视同仁。程序性正义的最大问题是无视不同个体在出身、天赋、性别、肤色、所受教育等方面存在的差异,将所有人都放在同一标准之下。二是补偿性正义。它主张先充分考虑不同个体、不同群体的个别差异,在此基础上有偏向地制定法律和政策,以保证每个人都有一个相对公平的结果。不过,由谁、如何、是否可能来计算每个人身上的不同差异,这是补偿性正义在操作过程中要解决的一个不可避免的难题。④ 当代美国伦理学家麦金太尔(Alasdair Macintyre,1929—　)在《谁之正义? 何种合理性?》(*Whose justice? Which rationality?*)里写道:"正义是给每个人——包括给予者本人——应得的本分。"⑤美国心理学家勒纳早在 1975 年就提出公正世界信念(belief in a just world,BJW)的概念,不过,根据勒纳对公正世界信念的阐述,勒纳实际上也将公正与应得画了等号(详见上文)。

综上所论,作为特殊的公正或特殊道德的正义,其基本含义是:在个体伦理学领域,正义是人的一种优良道德品质,具有这种品质的人在人际交往中能够坚持每个人"得其所应得,失其所应失"的应得观念,做到平等互利、礼尚往来;同时能够平等地尊重每一个人,即按照同一原则或标准对待处于相同情况的人与事,即能够做到一视同仁。在社会伦理学领域,正义是一种社会规范,主要是指按照

① [美]约翰·罗尔斯.正义论[M].何怀宏,何包钢,廖申白译.北京:中国社会科学出版社,1988:60‑62,302‑303.
② Rawls, J. (2000). *A theory of justice* (*Revised edition*). Cambridge (Massachusetts):The Belknap Press of Harvard University Press. p. 13. 王海明.公正与人道——国家治理道德原则体系[M].北京:商务印书馆,2010:190‑191.
③ [美]约翰·罗尔斯.正义论[M].何怀宏,何包钢,廖申白译.北京:中国社会科学出版社,1988:101.
④ 刘瑜.谁有特权上大学[J].读者,2012,(13):4‑5.
⑤ 麦金太尔.谁之正义? 何种合理性[M]? 万俊人等译.北京:当代中国出版社,1996:56.

应得与平等的原则分配政治、经济权利与利益。①

其二，中国文化中公正、公平的含义。在中国，正义一词语出《荀子·正名》："正利而为谓之事，正义而为谓之行。"有人认为，"在中国传统文化中，正义这个词从来没有在哲学或伦理学中取得某种范畴的地位，故在中国传统学术上没有其地位。在日常生活中，正义这个词接近从全德即善的维度来理解，但没有像在西方那样呈现出一个明确的发展线索。在西学东渐之后，中国文化对正义这个词的理解逐渐受到西方文化的影响，呈现出与西方一致的发展趋势。"②这种言论虽有某些合理之处，却有明显值得推敲的地方。理由有三：（1）义是中国传统文化的一个重要范畴。如下文所论，古汉语中的义即指正义，在中国传统文化里，义是一个重要范畴，儒、墨、法诸家均有重义的思想，怎能说"在中国传统文化中，正义这个词从来没有在哲学或伦理学中取得某种范畴的地位"？（2）义既是全德又是德的一种。在中国古代，与仁类似，义既是全德，也是德的一种。当荀子在《王制》篇里说："水火有气而无生，草木有生而无知，禽兽有知而无义，人有气、有生、有知亦且有义，故最为天下贵也。"诸如此种用法里的义实是善的代名词，类似于亚里士多德说的普遍的公正。当儒家将仁、义、礼、智并举时，当法家《管子》讲"礼义廉耻"时，此时的义显然仅是德的一种，类似于亚里士多德说的特殊的公正。并且，这两种用法的义在中国传统文化里都有清晰的传承线索。可见，"在日常生活中，正义这个词接近从全德即善的维度来理解，但没有像在西方那样呈现出一个明确的发展线索"这种言论是没有依据的。（3）对公平、公正的研究在现当代中国学术界呈现明显的西化倾向。自鸦片战争以来，由于当年"天朝"的"文教"（道德文化）竟然被"夷人"用"长技"（武力）打得溃不成军，为了救国救民，无数中国学者不得不去思考中学与西学的关系问题，或者说是中国文化尤其是中国传统文化的现代价值问题，并曾提出"中体西用"、"西体中用"、"全盘西化"等不同主张。但毋庸讳言，受多方面因素的影响，直至现在，中国文化（包括中国传统文化）在与西学的碰撞与交流过程中一直处于劣势地位，结果，现当代许多中国人（主要指20世纪50年代及其后在中国大陆出生及成长起来的中国人）逐渐丧失了至少绵延2 000余年的文化自信心与文化自觉意识。同时，先是受到"文化大革命"中"破四旧"（指破除旧思想、旧文化、旧风俗、旧习惯）运动的影响，后是受到"崇洋媚外"思想的影响，导致中华优秀传统文化在当代中国人尤

① 张洪高.正义及相关概念辨析[J].大学教育科学,2011,(6)：4.
② 同上：3.

其是年轻人身上出现"断层"，这从当代一些中国学人只知"言必称希腊"、"言必称欧美"却不懂古汉语的情况就可见一斑。于是，现当代一些中国学人越来越不看重中国文化尤其是中国传统文化的学习，转而花大力气去学习外国尤其是西方的文化知识。此情形反映到当代中国学术界，现当代一些中国学人对公平、公正的研究多舍弃中国文化自有的传统，转而以学习、诠释和传播西方公平、公正思想为己任。因此，"在西学东渐之后，中国文化对正义这个词的理解逐渐受到西方文化的影响，呈现出与西方一致的发展趋势"这个判断基本是正确的。例如，由于从词源上讲，英文"justice"译成中文，有公正、正义、公道、公平之义；同时，西方现代伦理学家多将公正、正义、公道、公平视作大致相近的术语。受此影响，当代中国学人对公正、公平的定义也多持类似观点，基本缺乏吻合中国文化传统的、自己的独立见解。例如，万俊人认为："在汉语语境中，正义、公正、公平和公道这些概念几乎可以通用，它们都表示个人行为的无私、品德的正直和人际关系中相互对待的公平合理。"①王海明曾说："公正、正义、公平和公道，如所周知，都是同一概念。只不过，正义一般用在庄严、重大的场合。……公平与公道，一般用于社会生活的各种日常领域。……公正则介于正义与公平或公道之间：它比公平和公道更郑重一些，比正义更平常一些，因而适用于任何场合。"②何谓正义？《伦理学大辞典》的解释是："作为道德范畴，既指符合一定社会道德规范的行为，又主要指处理人际关系和利益分配的一种原则，即一视同仁和得所当得。"③《辞海》也持类似主张。据 2009 年版《辞海》的解释："公平，作为伦理学范畴，含有从公正的角度出发平等地对待每一个与之相关的对象的意义。在经济伦理学中，指社会成员的财富分配相对均衡化。美国哲学家罗尔斯认为，在正义的概念中，公平是最基本最重要的观念，即'作为公平的正义'。"④公正，即正义。⑤ 正义的含义有四：① 公正的道理。如：伸张正义。② 公正的；公道正直的。如：正义战争。③ 指语言文字上恰当、正确的含义。中国古代常用作注释经史的书名。如唐代孔颖达等有《五经正义》。④ 亦称"公正"。对政治、经济、法律、道德等领域中制度和行为之合理性的一种道德认识和肯定评价。作为伦理学范畴，既指符合一定道德规范的行为，又主要指处理人际关系和利益分配的一种原则，即一视同仁和得所当得。具有时代性。中国古代称行为合义为正义。

① 万俊人. 义利之间——现代经济伦理十一讲[M]. 北京：团结出版社，2003：74.
② 王海明. 新伦理学(修订版，中册)[M]. 北京：商务印书馆，2008：767-768.
③ 朱贻庭. 伦理学大辞典[M]. 上海：上海辞书出版社，2002：44.
④ 夏征农，陈至立. 辞海(第六版彩图本)[M]. 上海：上海辞书出版社，2009：721.
⑤ 同上：723.

古希腊柏拉图将正义列为四主德之一，并定义为履行自己的义务。亚里士多德将公正分为普遍的公正和特殊的公正两类。马克思主义认为对正义的理解常受阶段立场的制约。① 在正义的这四种含义中，与本书旨趣相吻合的公正的内涵，显然是指正义的第四种内涵。但稍加比较可知，2009 年版《辞海》对公平、公正（正义）的解释太过西化，自然有不尽如人意的地方：将公平界定为"作为伦理学范畴，含有从公正的角度出发平等地对待每一个与之相关的对象的意义。在经济伦理学中，指社会成员的财富分配相对均衡化。"此时的公平实是公正与平等两个概念的合称、合用。严格地，这种用法上的公平实际上是一个外来的概念，即主要源自西方的概念。中国本土文化所讲的公平一般指"一碗水端平"，其内涵较之作为公正与平等两个概念合称的公平的内涵要小许多。同时，2009 年版《辞海》将公正定义为"对政治、经济、法律、道德等领域中制度和行为之合理性的一种道德认识和肯定评价。作为伦理学范畴，既指符合一定道德规范的行为，又主要指处理人际关系和利益分配的一种原则，即一视同仁和得所当得。"这种界定至少存在四个明显缺陷：显得太过模糊，让人难以准确把握；有循环定义或交叉定义之嫌；有将公平等同于公正之嫌；太过西化。

其三，中西方文化中公正、公平概念在内涵上的得失。中西方文化中现有公平、公正的上述解释虽有一定的参考意义，尤其是罗尔斯对公正的解释，具有很大的借鉴意义，不过，"公正指人人都能得其所应得、应得即所得"这个定义乍看有些道理，若仔细推敲，就会发现它存有漏洞。这里的关键是如何理解"应"字的含义。这里的"应"显然是"应该"的简称，但如何界定"应该"颇有讲究。从无涉善情（如爱）、冷冰冰的纯粹理性角度看，如果一个人或组织在成本或付出与所得之间完全取得平衡，就证明其获得公正。反之，假若一个人或组织在成本或付出与其所得之间产生失衡，就没有获得公正，其中，若一个人或组织的成本或付出大于其所得，说明此人或组织吃亏了；如一个人或组织的成本或付出小于其所得，说明此人或组织获利了。例如，在当今中国社会，通常情况下，许多农民工在工作中付出的劳动成本远大于其获得的低廉工资，而一些垄断行业的职工整天工作轻松，却有良好的收入，显然其付出远小于其所得。因此，仅就工资待遇而言，在农民工与垄断行业的职工身上就存在明显的不公正现象。由此可见，从无涉善情、冷冰冰的纯粹理性角度看，等利（害）交换是衡量一切行为是否公正的总原则：凡是体现等利交换或等害交换原则的行为，就是公正行为；凡是公正的行

---

① 夏征农，陈至立.辞海(第六版彩图本)[M].上海：上海辞书出版社,2009：2922.

为都是等利交换或等害交换的。其中,等利交换是利益与利益的交换,即某个人或某个组织先付出某种利益(成本),同时或稍后获得与其付出利益等价的利益(收益或所得)。俗话说"以德报德",若是"以同等的德去报德",就体现出等利交换,即体现了公正。等害交换指损害和损害的交换,即某个人或某个组织先对他人或其他组织造成损害,同时或稍后得到对方给予自己的等价损害。俗话说"以牙还牙",若是"以同等的牙去还牙",就体现出等害交换,也体现了公正(也称"报复公正")。等害交换之所以是道德的,是因为:假若一个人损害社会和别人,那么他也会受到等同的损害,这样,他便不会轻易损害社会和别人了。所以,等害交换能够使人避免相互损害,赋予社会和人们以安全,有利于社会发展与人际交往,因而是道德的、善的。而恶的不等利(害)交换行为,如过火的、以大害报复小害的行为,其差为害,无异于纯粹害人,因而是恶的。善的不等利(害)交换行为不属于公正范畴,而是超越公正、高于公正的分外善行:仁爱和宽恕。以此类推,恶的不等利(害)交换是衡量一切行为是否不公正的总原则:凡是体现恶的不等利(害)交换原则的行为,都是不公正行为;凡是不公正的行为都是恶的不等利交换或恶的不等害交换的。可见,此种公正原则里蕴含的基本精神是平等或对等精神。[1]　正由于此,有人认为,就概念来说,公正从属于平等,是一种特殊的平等。所以,亚里士多德说:"公正就是平等。"同时,"平等是最重要的公正"。[2]

　　但是,由于不同人在出身、智商、学识、才华、人际关系、机遇等方面存在明显甚至巨大差异,若一味地强调成本或付出与所得之间必须取得平衡,那就会导致"强者更强、弱者更弱"的局面,这实际上是将森林法则披上公正的外衣。所以,从融会善情(如爱)与理性两种角度看,有时一个人或组织在成本或付出与所得之间完全取得平衡,就证明其获得了公正。例如,假若农民工获得与其付出相一致的报酬,就证明农民工在工作待遇问题上获得了公正。有时一个人或组织在成本或付出与所得之间完全失衡,也能证明其获得了公正,此种公正往往是一种更高水平的公正。例如,美国苹果公司联合创办人、前行政总裁乔布斯自1997年重返苹果以来,直至2010年,一直保留着1美元的年薪制度,除了拿象征性的1美元工资之外,乔布斯没有任何奖金和补贴。与乔布斯相比较,苹果首席运营官蒂姆·库克(Tim Cook)的薪酬可谓天价,仅在2010财年,库克从苹果获得5 910万美元的薪酬。从表面上看,在薪水上,苹果公司好像对乔布斯不公正,因

[1]　王海明. 新伦理学(修订版,中册)[M]. 北京:商务印书馆,2008:792-794.
[2]　同上:915.

为与乔布斯每年对苹果公司的巨大贡献相比,1美元的薪水简直不值一提。但乔布斯拥有550万苹果股票,其价值在2010财年就增长约60％,只要苹果公司股票能增值,乔布斯的财富就有巨大增长。可见,乔布斯保留着1美元的年薪制度,是用一种貌似不公正的做法展现出一种更高水平的公正,从而激励苹果公司全体员工共同奋斗。这是乔布斯在管理方面拥有过人才华的一种体现。与此相反,有些人为了自己的蝇头小利,不惜牺牲组织内的公正,结果换来更大的损失。当然,也有人认为,像乔布斯这种善的不等利交换行为不属于公正范畴,而是超越公正、高于公正的分外善行:仁爱或宽恕。① 此观点若要成立,必须具备两个前提:(1)公正即便不是最低限度的善,也是水平颇低的善,所以仁爱高于公正,甚至宽恕也高于公正。因为仁爱与宽恕都遵循善的不等利(害)交换原则,即都是以利报害或以小害报大害,如“以德报怨”便是宽恕。②(2)公正只有一种,并且,公正实是平等或“一碗水端平”。

我们不赞成“善的不等利(害)交换行为不属于公正而属于仁爱或宽恕范畴”的观点,理由至少有三:(1)公正有不同类型。像其他事物一样,公正也有不同的发展水平,存在不同的类型。如罗尔斯的制度正义、分配正义,是从社会群体与社会结构来理解正义。哈贝马斯从利益相关者的对话协商角度提出程序正义。③ 万俊人从学科分类上对正义进行了划分:在伦理学上,“正义主要是人的品德公道和人格正直”;在政治学上,“正义就是指社会对公民的基本自由平等权利的公正合法的分派和有效的社会保护”;在经济学上,“正义的界定有两个方面:机会均等与市场分配公正”。④ “内含等级观念的公正”或“仅将公正视作是平等”,它们仅是公正中的两种子类型,并且都是一种低水平的公正。而高水平的公正中却天然地含有爱、天然地含有“基于爱而生差别性对待”原则,这样,善的不等利(害)交换行为自然也属于公正范畴,只不过它是更高水平的公正。(2)公正与仁爱之间无高低贵贱之分。公正与仁爱属不同性质的善,各有所长,各有所短,并且二者之间不具可比性,犹如重量与长度之间不具可比性一般,因此公正与仁爱之间无高低贵贱之分。这样,我们既不赞成“公正只是最低限度的善”或“仁爱只是最低限度的善”的观点,也不赞成像西方人那样主张“公正是贯彻一切德行的最高原则”⑤或像中国古人那样力倡“仁爱是贯彻一切德行的最高

①② 王海明. 新伦理学(修订版,中册)[M]. 北京:商务印书馆,2008:793-794.
③ 董守生,王明建. 无限与有限:教育正义的二重性[J]. 大学教育科学,2011,(6):6.
④ 万俊人. 义利之间——现代经济伦理十一讲[M]. 北京:团结出版社,2003:74-76.
⑤ [古希腊]亚里士多德. 尼各马可伦理学[M]. 廖申白译注. 北京:商务印书馆,2003:ix.

原则"的观点。因此,虽然罗尔斯所讲的"差别原则"——正义的两个原则之一——已包含对"不应得的不平等要求补偿的原则"(详见前文)与我们所讲的"基于爱而生差别性对待原则"都强调差别原则,但二者也有一定区别:我们的差别原则里包含爱,而罗尔斯似乎不看重仁爱,因为他曾引用彭诺克(Robert T. Pennock)与培里(Ralph Barton Perry,1876—1957)的观点说:"与自由、平等相比较,博爱观念在民主社会中地位较次要。它被看作是较不专门的一个政治概念,本身并不定义任何民主的权利,而只是表达某些心灵态度和行为类型,没有它们,我们就看不到这些权利表现的价值。或者与此紧密关联,博爱被认为是体现了某种社会评价方面的平等,这种平等表现于各种公共习俗和对奴颜婢膝的鄙弃中。博爱无疑含有这些意思,以及一种公民友谊和社会团结的意义,但如此理解就意味着它不表达任何确定的要求。我们还是必须发现一个适应这一根本观念的正义原则。而差别原则看来正相应于博爱的一种自然意义,即相应于这样一个观念:如果不是有助于状况较差者的利益,就不欲占有较大的利益。"①

(3) 不同文化对公正的态度有差异。公正是一种重要的道德范畴,个人道德和社会道德均要依靠它。这本是古人的普遍认识和普遍道德规范。如,古希腊有"justice"一词,古埃及有"Meat"一词,古印度有"Dharma"一词,古希伯来人有"righteousness"一词,古汉语有"义"一词,它们均是表示"公正"。② 但由于种种机缘的影响(限于篇幅,此问题留待它文探讨,本章不予以深究),公正在中国文化和西方文化的命运有较大差异。尽管儒家也讲义,正如《周易·说卦》所说:"昔者圣人之作《易》也,将以顺性命之理,是以立天之道曰阴与阳,立地之道曰柔与刚,立人之道曰仁与义。"孟子也是仁义礼智并举。墨家更是特重义。据《墨子·贵义》记载:子墨子曰:"万事莫贵于义。今谓人曰:'予子冠履,而断子之手足,子为之乎?'必不为。何故? 则冠履不若手足之贵也。又曰:'予子天下而杀子之身,子为之乎?'必不为。何故? 则天下不若身之贵也。争一言以相杀,是贵义于其身也。故曰:万事莫贵于义。"从"万事莫贵于义"一语看,墨家所讲的义里已有正义或公正为百德之王的潜在意蕴。此思想后为《淮南子》所继承。《淮南子·泰族训》说:"身贵于天下也。死君亲之难,视死若归,义重于身也。天下,大利也,比之身则小;身之重也,比之义则轻;义,所全也。《诗》曰:'恺悌君子,求福不回。'言以信义为准绳也。"法家《管子》讲"礼义廉耻",等等,里面均或

---

① 约翰·罗尔斯. 正义论[M]. 何怀宏,何包钢,廖申白译. 北京:中国社会科学出版社,1988:105-106.
② [古希腊]亚里士多德. 尼各马可伦理学[M]. 廖申白译注. 北京:商务印书馆,2003:ix.

隐或显地存在"主张'义'或'公正'是百德之王的思想"，[①]但可惜的是，这种思想在其后的中国传统文化里并没有得到发扬光大，结果，随着墨学在秦汉以后的中绝，墨家"万事莫贵于义"的思想逐渐退出中国传统文化的主流视域，而仅为民间讲侠义的百姓所尊崇。中国传统伦理道德文化的主流自董仲舒于元光元年（公元前134年）提出的"罢黜百家，独尊儒术"的建议被汉武帝采纳后，一直至清代灭亡为止，都是重视情感伦理，强调"美德即仁爱"，反映在德目上重视仁爱和孝敬之类情感德性的研究。与中国传统伦理道德文化尚仁爱不同，公正几乎从一开始就进入西方伦理道德文化的视域焦点，成为"四达德"之一。在柏拉图所撰《理想国》里就已有较明显的推崇正义的言论与思想。至亚里士多德时，更是明确地将公正抬到崇高的地位，有明确的"美德即公正"的思想（详见上文）。可见，中西方文化对公正的态度有显著差异，若将公正视作位于仁爱之下的范畴，似有贬低公正而高估仁爱之嫌。

其四，对公正、公平的重新界定。综上所论，尽管在当代中国学术界有一些学人主张公正（正义）与公平是同一概念，但是，结合中国文化传统与当代中国人的用语习惯，我们认为公平与公正（正义）是两个既关系密切又有重要区别的概念。这样，为了融会中西文化对公平、公正提出的一些精义思想，本书对公平、公正给予重新界定。

公平有广义与狭义之分。[②] 广义的公平是公正、平等的合称。此种含义的公平显然是一个源自西方的现代公平概念。广义公平的定义可以采用《伦理学大辞典》里的解释："公平（fairness），经济学、法律学和伦理学的重要范畴。作为一个伦理学范畴，公平同公道、公正、正义等范畴有着相近的含义。含有从公正的角度出发平等地善待每一个与之相关的对象的意义。在集体、民族国家之间的交往中，公平指相互间的给予与获取大致持平的平等互利，同时还包含有对待两个或两个以上的对象时的一视同仁。在个人与社会集体之间的关系上，公平指个人的劳动活动创造的社会效益与社会提供给个人的物质精神回报的平衡合理。在个人与个人之间的关系上，公平指他们之间的对等互利和礼尚往来。在经济伦理学中，公平是指社会成员的收入均衡化。"[③]狭义的公平，即典型的中式公平，相当于现代西方人所说的平等，是指个体或组织按同一原则和标准对待相

---

① ［古希腊］亚里士多德.尼各马可伦理学［M］.廖申白译注.北京：商务印书馆，2003：ix.
② 下文所讲公平若无特别说明，均指狭义的公平，只是为行文简洁，将"狭义的"三字省略。事实上，只要读者稍加留心，也能区别哪是广义的公平，哪是狭义的公平.
③ 朱贻庭.伦理学大辞典［M］.上海：上海辞书出版社，2002：45.

同情况的人和事,类似于俗话说的"一视同仁"、"一刀切"或"一碗水端平。"①典型的中式公平的定义在 1999 年版《辞海》里还有,可惜的是,在 2009 年版《辞海》里已被删除。为了尽到"为往圣继绝学"(张载语)的义务,本书继续采用 1999 年版《辞海》对公平的定义。依公平的定义,假若一个人或一个组织能够做到按同一原则和标准对待相同情况的人和事,那么此个人或组织就做到"公平"待人处事。

妥善借鉴罗尔斯对公正的见解,再结合我们的上述思考,可以将公正作两种界定:仅从冷冰冰的纯粹理性(无涉善情)角度出发,主张一个人或组织在成本或付出与所得之间完全取得平衡就是公正,此种公正为低水平的公正。低水平的公正遵循上文所讲的等利交换或等害交换原则或罗尔斯所说的公民自由平等的原则。稍加比较可知,低水平的公正实即公平。若从融会善情与理性两种角度出发,妥善处理一个人或组织在成本或付出与所得之间的关系,进而主张公正是指个体或组织基于关爱他人或其他组织并充分考虑不同人或不同组织的个别差异的前提下,灵活制定或运用原则和标准对待人和事,以便对他人或组织的正当权益进行合理分配并予以充分保障,用以保证他人或其他组织能更好地生存与发展。此种公正为高水平的公正。它才是真正的公正,因为它遵循的主要是罗尔斯所说的差别原则,并且其内已蕴含爱的原则。可见,公正有广义与狭义之分,狭义的公正仅指高水平的公正,这才是真正的公正(为行文简洁,下文将高水平的公正也简称公正),广义的公正包括低水平的公正(它实际上是公平)与高水平的公正(狭义的公正)。下文所用公正一词虽交叉使用广义与狭义的定义,但明眼人一看便能知晓哪是狭义的公正,哪是广义的公正。

综上所论,公平与公正不是同一个概念。而且,公正既可以公平为基础,也可与公平相分离。但是,公正高于公平。因为公正之内一定包含善,其在伦理道德层面上一定是正确或善的,所以,公正是一个褒义词。与此不同的是,公平仅指个体或组织按同一原则和标准对待相同情况的人和事,因此,公平本身仅仅只是一个中性词,于是,若此原则和标准本身是合理的,那么公平就是合理的;反之,如果此原则和标准本身是不合理的,那么公平就是不合理的。也正由于公正高于公平,因此,较之实施公平,实施公正的难度要大许多。它不但需要人们心中有一颗爱心与公正之心,而且需要有极高的管理能力,以便能够制定出充分考

---

① 夏征农.辞海(1999 年版缩印本)[M].上海:上海辞书出版社,2002:543－544.

虑到不同人或不同组织的个别差异的规则与法律制度。由此可见,有人认为,公正(正义)与公平的主要区别有二:(1)公正(正义)侧重强调基本价值取向,重在其正当性,重在强调目的性追求;公平强调衡量标准的同一尺度,重在强调工具性。罗尔斯的作为公平的正义中的公平侧重强调其工具性,就是为了说明作为一种工具和技术层面上的方法,公平是十分有效的。(2)公正(正义)的应然成分多一些,公平的现实成分多一些。作为一种基本价值取向,公正(正义)的要求同人们的日常生活存在着一定的差距,在其具体化的过程中需要借助公平这一有效的、可以操作的工具。[①] 根据上文所论,对公正(正义)与公平的这种区分显然是一种似是而非的观点。理由至少有二:(1)公正(正义)与公平既都可视作一种基本价值取向,也可视作一种工具。只不过,公正(正义)强调衡量标准的基于爱而生的差别性尺度,公平强调衡量标准的一视同仁式尺度。同时,从实施过程中的难易程度上看,较之公正,公平更易于操作而已。(2)在实现公正的过程中,虽可借助公平这一有效的、可以操作的工具,不过,若想真正实现高水平的公正,又必须超越公平,按基于爱而生的差别性尺度待人处事,否则,公正只能永远停留在公平的水平!

3. 如何公平公正地待人处事

公平公正地待人处事也有不同的境界,且可用不同标准进行分类。与上文讲的责任、诚信和仁爱类似,从道德共同体的角度看,中国人一般也是在圈内人中才讲公平公正。所以,除去上文所讲的"依公正程度的高低分,公正有高低之分"之外,依针对对象的数量不同,其秉持的公平公正的境界也不同:大凡能在越大范围内做到善于公平公正待人处事,其秉持的公平公正度就越高;反之亦反。依持续时间的长短看,其秉持的公平公正的境界也不同:就同一批对象而言,越能持久地做到公平公正对待他们,其秉持的公平公正度就越高;反之亦反。从公平公正待人接物时自己付出的代价大小看,其秉持的公平公正的境界也不同:一般而言,一个人在公平公正待人接物时,自己需付出的代价越大,其秉持的公平公正的境界就越高;反之亦反。等等。可见,如果在圈之大小基础之上,再加上自觉程度和持续时间长短等评价指标,又引入量的指标,将它们进行排列组合,就生出各种境界的公平与公正。下面简要论述最低与最高两种境界,介于二者之间则有多种变式。

其一,最低限度:在履行自己的具体职责时能够做到公平对待自己小单位

① 吴忠民.关于公正、公平、平等的差异之辨析[J].中共中央党校学报,2003,(4):15-17.

中的每一个人。假若一个人在履行自己的具体职责时能够做到公平对待自己小单位中的每一个人，那他就达到公平待人的最低限度。"千里之行，始于足下。"因此，一个人或一个组织若想最终走向高水平的公正，必须首先从落实最低限度的公平开始。

其二，最高境界：建立公平公正且完善的社会管理制度，在全社会真正落实公平公正。假若一个人在待人接物的所有场合，都能始终做到恰如其分地落实公平与公正，那就是达到公平公正的最高境界。具体地说，当一个情境需要个体待人公平时，就坚持做到待人公平，而不考虑其国籍、财产状况、肤色、年龄大小、身份高低、与自己关系的亲疏远近等变量；当一个情境需要个体待人公正时，就坚持做到待人公正，而不考虑其国籍、财产状况、肤色、年龄大小、身份高低、与自己关系的亲疏远近等变量。此境界若能在全世界范围内得到实现，也就达到《礼记·礼运》所讲的大同：

> 大道之行也，天下为公。选贤与能，讲信修睦。故人不独亲其亲，不独子其子。使老有所终，壮有所用，幼有所长。矜寡孤独废疾者，皆有所养。男有分，女有归。货恶其弃于地也，不必藏于己。力恶其不出于身也，不必为己。是故谋闭而不兴，盗窃乱贼而不作。故外户而不闭。是谓大同。

不过，若想在当代中国全社会范围内真正落实公平公正，就须逐渐建立起公平公正且完善的社会管理制度。例如，一个社会的公平至少表现在三个方面：起点公平、规则公平、机会公平。而这三方面的公平在当代中国社会都存在严重的缺失：教育公平是起点公平的最重要体现，不过，有数据证明，进入"北大"、"清华"等名校的农村学子现越来越少，知识改变命运的可能性越来越小。规则的不公平在公务员录取中可见一斑。通过网络和媒体等途径曝光出的一些公务员录取黑幕中，最常见的就是官一代为官二代的仕途之路提供赤裸裸的"帮助"，结果便是：公务员和行政事业单位招聘考试是"官二代"的"高速公路"，"草根子女"的"羊肠小道"。湖南省委党校人口研究所学者豆小红做过一个相关研究。按地域、年龄、受教育程度等指标，他抽取了几组湖南高校毕业生样本，分析其职业发展与家庭出身之间的关系。调查结论是：父辈的职业地位，很大程度上决定了子辈的职业地位。清华大学发布的一项名为《父母的政治资本如何影响大学生在劳动力市场中的表现》的研究报告也表明，"官二代"大学毕业生的起薪比"非官二代"高出13％。报告说，在控制父母的其他特征（如户口、收入、教育等因素）的影响之后，父母政治资本对薪水的影响甚至更大了。其原因可能是"官二代"父母与雇主间有着某些特殊的关系，也可能是"官二代"父母有着更好的获取求职信息的渠道。这便是社会学界里人们常说的阶层固化。阶层固化是指阶层的流动不再通畅，阶层之间出现封闭式的小循环，阶层不是上下流动，而是代际传递，即"龙生龙，凤生凤，老鼠的儿子会打洞"。最典型的莫过于"官二代"、"富二代"、"农民工二代"等热词的出现。阶层的流动不再拼"勤奋"与"勇气"，而是"拼爹"。而机会公平呢？从劳动致富转向财富致富的当下社会，缺少保障的低收入阶层只能被高房价和高物价压得抬不起头。① 因此，为了纠正上述不公平现象，就要通过进一步的改革开放，面向全中国人民逐渐建立起保证起点公平、规则公平、机会公平的科学管理制度。又如，为了改变过去一些当权者制定一些有利于自身利益的规则的弊病，就需立法明文规定：凡是制定规则者，必须先让其他人选，自己最后一个选，而不是像过去那样，制定规则者又最先选。然后再辅之以政府相关部门和各级新闻媒体的有效监督，就会逐渐让当权者制定出一些尽可能体现公平、公正的规则或制度。犹如让一个人切蛋糕，并规定，切蛋糕者最后一个拿蛋糕，那么，切蛋糕的人若不想拿到最小的一块蛋糕，他一定就会小心地将蛋糕作均分。

4. 帮助个体生成和发展公平公正的品质

个体若想做一个善于公平公正待人处事的人，首先必须具备公平公正的品质，如何帮助个体生成和发展公平公正的品质呢？

其一，想方设法增强个体修养公平公正品质的自觉性与主动性。依人本主义学习理论尤其是罗杰斯（Carl Ransom Rogers，1902—1987）主张的意义学习（significant learning）观，个体一般是因需求而求知，只有当个体清楚地认识到学习内容对促进其自身健全人格（包括德、智、体等多方面）的发展有意义时，个体才会真正认真学习它。② 这样，为了有效帮助个体在现实生活里努力去修养公平公正的品质，增强其修养公平公正的自觉性与主动性，也必须想方设法让个体逐渐喜爱公平公正，这就要让个体懂得和理解公平公正在成人和生成智慧中的价值。从心理学角度看，人类需要公平公正，一是为了满足其是非之心的需要，二是出于追求公正、公平的需要。正由于此，信守义或公正本是人类的一个普遍认识和普遍道德规范（详见上文）。

其二，传授个体关于公平公正的全面知识。要想个体信守公平公正，重要前提之一是要让个体知道公平公正是什么。这样，为了有效地培育个体信守公平

---

① 启越. 正在消失的中国梦[J]. 云端，2013，(1)：82，84.
② 汪凤炎，燕良轼. 教育心理学新编(第三版)[M]. 广州：暨南大学出版社，2011：282-283.

公正的品质,就必须让个体尽可能全面地掌握关于公平公正的知识。其中,一要帮助个体逐渐掌握辨别真义与假义、哥们义气的知识,二要让个体逐渐懂得大义与小义之间的辩证关系,不能片面贬低小义的价值。个体只有真正逐渐学会辨别真义与假义、哥们义气之间的区别,逐渐懂得大义与小义之间的辩证关系,才能更好地去修义、学义。

其三,通过引导个体的羞恶之心来培育个体公平公正的品质。每一位正常的人与生俱来就有羞恶之心的端绪。正如《孟子·公孙丑上》所说:"无羞恶之心,非人也;……羞恶之心,义之端也。"[①]不过,一个人尽管其心中与生俱来就有公平公正的"种子",假若后天不及时接受良好的教化,这颗公平公正的"种子"也不会苗壮成长,个体最终也就无法生成现实的信守公平公正的品质;反之,如果一个人在现实生活里努力去学义,又时常能够及时得到明师的指点,那么,这颗公平公正的"种子"就会苗壮成长,个体最终也就能生成甚至发展出大义的品质。所以,家长、教师、社会通过适当方式去引导个体的羞恶之心,使之逐渐发展成现实的信守公平公正的品质。

其四,通过营造良好的崇尚公平公正的环境来培育个体公平公正的品质。家长、教师、各级政府的公务员平日要身体力行,为子女、学生、为百姓营造一个良好的在全社会范围内(而不仅仅只是在自己的小圈子之内)推崇公平公正的环境,以此来帮助个体生成信守公平公正的品质。例如,无论是公务员、教师还是家长,在日常生活中都要妥善处理德与才、长与短、仇与亲、善与恶、利与义、公与私、职与能这七对关系,让百姓、学生或子女从中看到公平、公正的真实存在(而不仅仅是将要公平公正待人处世写在文件里、书里或挂在嘴上),这对百姓、学生或子女力行公平公平自然会起到榜样示范作用和激励作用。

其五,通过不断践行义来培育个体公平公正的品质。通过不断践行公平公正的方式来培育个体信守公平公正的品质,是一个有效的培育途径。为此,在生活中要牢记《尸子·恕》所说:"农夫之耨,去害苗者也;贤者之治,去害义者也。虑之无益于义而虑之,此心之秽也;道之无益于义而道之,此言之秽也;为之无益于义而为之,此行之秽也。虑中义则智为上,言中义则言为师,事中义则行为法。射不善而欲教人,人不学也;行不修而欲谈人,人不听也。夫骥,惟伯乐独知之,不害其为良马也。行亦然,惟贤者独知之,不害其为善士也。"[②]当然,为了更好

---

① 杨伯峻.孟子译注[M].北京:中华书局,1960:80.
② [战国]尸佼.尸子译注[M].[清]汪继培辑.朱海雷撰.上海:上海古籍出版社,2006:28.

地践行公平公正,个体必须消除贪欲、私心、懦弱和盲从(包括盲目服从、盲目遵从与盲目跟从)等心魔,因为这四者的存在往往导致个体不能践行公平公正。如,一些人屈从某种邪恶势力,丢失了公平公正,这是懦弱的表现。正如孔子所说:"见义不为,无勇也。"如何抵御或消除贪欲的做法在上文有详细探讨,这里不多讲。而个体要消除私心,就必须逐渐树立起公心,关于这方面内容,限于本书旨趣,这里不多讲,读者若感兴趣,可以参看拙著《中国文化心理学》第三版的相关内容。① 个体要消除懦弱,就必须逐渐培养自己的浩然之气,让自己逐渐生成大丈夫人格。何谓浩然之气?《孟子·公孙丑上》说:"浩然之气""其为气也,至大至刚,以直养而无害,则塞于天地之间。"② 何谓大丈夫人格?《孟子·滕文公下》说得好:"富贵不能淫,贫贱不能移,威武不能屈,此之谓大丈夫。"③ 那么,如何培育自己的浩然之气呢? 孟子提出三种具体的方法,只要将它们作与时俱进式诠释,今人仍可将之用来培育自己的浩然之气:(1)"配义与道;无是,馁也。"主张这种气必须与正义和道理相配合,否则,就要显得软弱无力。(2)"行有不慊于心,则馁矣。"认为只要自己的行为中有一件事在心里感到欠缺,这种气也会变得很乏力。(3)要"集义所生"。积少成多,不能拔苗助长。④ 简言之,凡事要从社会主义伦理道德规范与法律出发,才能做到心地荡然,不存邪念,这样个体就能保持一种高尚的道德品质和良好的心理状态,久而久之,就能生成大丈夫人格。要消除个体的盲从心理与相应的行为方式,从制度层面看,要逐渐完善社会主义法律制度,通过法律手段保证每个公民的合法权益得到保障(关于这方面内容,限于本书旨趣,这里不多讲)。从个体层面看,就必须逐渐培育个体的良心,让个体逐渐明白如下道理:每个人首先是一个人,然后才是某种岗位的工作人员,所以,一个人只有将最高良知原则作为自己的做人第一法则,养成"凡事对得起自己的良心"的习惯,才能在面对恶政或邪恶势力时不忘抵抗与自救。⑤ 上文所引"抬高一厘米"的经典案例之内蕴含的就是这个道理。

其六,妥善消除当代中国人多差序格局之公平公正而少一视同仁式公平公正的公正偏见。许多中国人由于深受重血脉亲情的儒家文化的影响,不但养成重差序格局之爱而轻一视同仁式兼爱的爱心偏见,而且养成重差序格局之公平公正而轻一视同仁式公平公正的公正偏见,因此,要想妥善化解此偏见,需要采

① 汪凤炎,郑红. 中国文化心理学(第三版)[M]. 广州:暨南大学出版社,2008:76 – 77,106 – 108.
② 杨伯峻. 孟子译注[M]. 北京:中华书局,1960:62.
③ 同上:141.
④ 同上:62.
⑤ 熊培云. 抬高一厘米[J]. 读者,2011,(3):17.

取像上文阐述"妥善化解当代中国人在待人处世时存在的爱心偏见心理"的类似做法，限于篇幅，这里不再多讲。

第二节　多管齐下培育个体的聪明才智

如第四章所论，既然人的聪明才智主要由智力、知识与良好思维方式（内含善于发现问题与高效解决问题的策略）三部分构成，那么，从"个体的层面"与"能与不能"两个角度看，培育个体的聪明才智自然也主要应从这三个方面入手。若再加个"愿不愿"和"敢不敢"的角度，那么上节所讲的修德也是培育个体聪明才智的重要内容之一。因为古今中外的许多史实都已证明，在面临一个复杂问题情境并伴随有明显且强大的外在压力时，个体只有具备高尚的道德品质，才敢于充分发挥其聪明才智，否则，其聪明才智会大打折扣。从这个意义上说，一些"精致的利己主义者"（钱理群语）往往只有小聪明，而无大智慧（详见第二章）。若再加上"外部环境"这个角度，那么，只有设计出有利于个体充分发挥其聪明才智的良好社会管理制度，才有利于个体聪明才智的生成与发展；否则，即便个体有卓越的聪明才智，往往也是"英雄无用武之地"。在这方面，"冯友兰现象"与"束星北现象"就是两个典型个案：虽才华横溢，但因生不逢时，又未恰当运用中庸思维（详见下文），最终其才华未得到充分展现。[①] 由此可见，培育个体的聪明才智是一个复杂的系统工程，只有多管齐下，充分解决好"想不想（或敢不敢）"与"能不能"问题，才能收到良好效果。"想不想（或敢不敢）"的问题，它要解决的是学习、批判、创新与反省等的意识问题。假若一个人没有学习意识、批判意识、创新意识或反省意识等，或者即便有强烈的学习意识、批判意识、创新意识或反省意识等，但不敢勇于学习、勇于批判、勇于创新或勇于反省，那么哪怕他有像爱因斯坦般的批判力与创新力，有像巴金写《随想录》时那样的反省力，实际上也是不会去认真开展批判性思维、创新思维与反省思维的。"能不能"的问题，它要解决的是学习、批判、创新或反省等的能力问题。如果一个人空有学习意识、批判意识、创新意识与反省意识等，但没有将之付诸现实的相应能力，那么他至多也只能停留在做白日梦的幻想中。在崇尚个人主义且已建立起较健全管理制度的当代西

---

① 刘海军. 束星北档案[M]. 北京：作家出版社，2005. 邢小群. 天才需要什么样的土壤——《束星北档案》随想[J]. 读者，2005，(24)：50.

方发达国家(像美国、英国、法国等国家),它们几乎没有什么限制人的学习意识、批判意识、创新意识或反省意识等的文化氛围或管理制度,于是,在这些国家,培养人的聪明才智的关键就落在解决"能不能的问题"上,正因为如此,这些国家才盛行诸如"头脑风暴法"之类的旨在提高人的批判精神与创新思维的方法。可是,当代中国的许多儿童从小往往是伴随着"不"的声音长大的,在进入幼儿园和小学后这种情形尤甚。这使得当代中国的多数儿童从接受各式教育开始就逐渐习得"尊敬权威"、"尊敬师长"、"尊敬长辈"之类的为人处世的做人法则。结果,原本具有一定批判意识与创新意识的"初生牛犊"伴随着"作茧自缚"过程的不断延续,其独立人格意识、批判意识、创新意识与反省意识等也就慢慢减弱,甚至最后消失得无影无踪,而只知"唯命是从"。因"父母迁就独生子女"和"孝的精神的力行不畅"等因素的影响,如今的一些子女多不太听从父母的教导。于是,这个"命"往往是指"师命",尤其是"领导的命令"。这样,在当代中国教育界乃至全社会,若想真正将党中央、国务院提出的教育创新的精神落到实处,以高效提高个体的创新思维,关键措施之一就是要通过制度创新,变"诡道"①为"轨道",②尽早在全国范围内建立起完善的社会管理制度,使生活于该制度里的中国人自然而然地生发出强烈的批判意识与创新意识。然后,再通过种种措施去提高个体的批判性思维、创新能力与反省能力等,并千方百计帮助个体克服权威思维与跟风心态,帮助个体妥善对待传统与常规思维,帮助个体提高想象力,正如爱因斯坦所说:想象力比知识更重要。③ 又帮助个体学习适应、塑造和选择的作用,并学会如何平衡这三者之间的关系。④ 只有这样做,才能收到事半功倍的效果。若盲目照搬西方人培养批判性思维、创新思维与反省思维等的做法,可能只能收到事倍功半的效果。根据上述思考,个体若真想拥有聪明才智尤其是卓越的聪明才智,除了要加强聪明才智本身的训练之外,还要加强自身的道德修养,国家也要加强制度建设,以解决"愿不愿"和"敢不敢"这个难题。因为只有整个社会拥有良好的管理制度,同时,个体具备高尚的道德品质,才能在遇事时真正做到敢

---

① "诡道",亦称"鬼道",指主要采取人治的方式管理社会,并推崇诸如鬼谷子——战国时期纵横家——等倡导的探测人心的思想、方法和技术,以期控制他人,使其为自己所用。由于此种管理方式往往"密不示人",又不遵循公开、合理合法的规则,而是按一些潜规则行事,或者干脆凭领导意志随意办事,常常让人捉摸不定,油然而生"命运无常"的感觉,故称"诡道"。

② 此处"轨道"一词是一种比喻说法,指主要采取法治的方式管理社会,主张凡事做到"有法可依,有法必依,依法行事,违法必究"。由于此种管理方式严格按法律法规办事,并且做到公开、公平、公正,让人有规可寻,心中油然而生"我命在我不在天"(《抱朴子内篇·黄白》)的感想,故称"轨道"。

③ 汤凯婷. 想象力更重要[[J]. 读者,2010,(19):16.

④ Sternberg, Robert J. (2001). Why schools should teach for wisdom: The balance theory of wisdom in educational settings. *Educational Psychologist*, 36(4), 227-245.

于进行独立思维(它尤其需要责任感、爱国情操等品质的支撑)、批判思想和辩证思维(它尤其需要责任感与宽广心胸的支撑)、中庸思维(它尤其需要责任感的支撑)、反省思维(它尤其需要严于律己等品质的支撑)、对话思维(它尤其需要尊重他人人格、谦虚待人等品质的支撑)和创新思维(它尤其需要责任感的支撑)。因良好道德品质的培育问题在上文已有论述,加强制度建设将在第六章进行探讨,下面只论余下的主题。

一、采取切实可行的方式提高个体的智力

如第四章第一节所论,智慧与智力之间存在着一种相对独立在一定条件下又相关的非线性关系,既然如此,就宜采取切实可行的方式来培育个体的智力。那么,怎样才能有效地提高个体的智力呢?

(一)通过优生优育提高个体的液态智力

如第二章所论,依液态智力和晶体智力理论,一个人的智力实际上是由液态智力和晶体智力两个因素构成的,其中,液态智力是指一个人生来就能进行智力活动的能力,即人与生俱来的、可以进行学习与解决问题的能力,它依赖于个人先天的禀赋。在CHC理论中,液态智力也是其中的重要成分之一(详见下文)。既然如此,在保证人权、遵守道德与法律的前提下,宜尽量通过优生优育的方式提高个体的液态智力。因为从医学与生理学的角度看,受精卵一旦形成,一个独特的生命个体的遗传基因就已完全定型,此后该个体的身心发展都是在这个遗传素质上展开的结果。而儿童的智商与父母非常相似是公认的,为什么会这样呢?是聪明的父母为子女的成长提供了刺激丰富的环境,使得他们的智力很像自己,而智商较低的父母没有这么做,还是子女从父母那里遗传了智力发展的潜能?尽管这是遗传和环境共同发挥作用的结果,不过,对领养儿童的研究发现,遗传对智力的作用更大一些。因为这些研究显示,领养儿童的智商更像他们的亲生父母,而不是从小把他们养大的养父母。由于这些儿童从未与亲生父母一起生活,对这种差异唯一的解释就是智力的相似性与遗传有关。从这些研究可以发现,遗传与发展的诸多方面只是存在着相关,而不是可以排除其他的一切因素,直接决定发展。即使是决定人们起初发展的基因,它携带的编码信息到底能不能呈现出来,也明显地受到环境因素的影响(Gottlieb,1996)。例如,一个小孩如果在早期有很长一段时间营养不良,即使他遗传了高身材的基因,最终其身高可能也只达到平均水平或低于平均水平。因此,环境和遗传基因共同决定一

个基因型(genotype)①怎样转化为某一特定的表现型(phenotype)。② 并且,人们也可以积极地通过遗传工程的研究不断提高基因水平,控制有害基因的表现,从而保证儿童的遗传质量。例如,为了创造具有优异素质的儿童,可以开展产前检查设法将有害基因从人类基因库中清除。可以说,遗传奠定了个体发展差异的先天基础,规定了发展的高低限度,但它并不能限定发展的过程以及达到的程度。因为个体总是在各种各样的环境中成长,也受到各种各样环境因素的影响。所以,尽管要反对遗传决定论,因为它过分夸大了遗传对个体身心发展的影响,③不过,为了保证子代有一个良好的遗传素质,以使子代不输在人生真正的起点上,父代在准备要子女时就宜先掌握一些优生学的知识,做到优生优育。在儿童的成长过程中,父母等家长、学校和社会也要尽力倾心呵护未成年儿童,促进他们的健康成长,这对儿童液态智力的生长大有益处。

(二) 通过良好素质教育提高个体的晶体智力等能力

如第二章所论,依液态智力和晶体智力理论,晶体智力是一个人通过其液态智力学到的能力,是通过学习语言、数学或其他经验而发展起来的能力,它决定于后天的学习,是经验的结晶,且与社会文化有密切的关系。同时,美国心理学家加德纳(Walter & Gardner, 1986)④将 intelligence 定义为"使个体能够解决问题或产生符合特定文化背景要求成果的一个或一组能力"。加德纳在《智力的结构》(*Frames of mind*:*The theory of multiple intelligence*,1983)一书中提出多元智力理论(theory of multiple intelligence),认为有七种不同的智力;在《智力重构:面向 21 世纪的多元智力》(*Intelligence reframed*:*Multiple intelligences for the 21st century*,1999)一书又加上自然主义智力、灵性智力与存在主义智力。这样,加德纳主张的十种智力是语言智力(linguistic intelligence)、逻辑-数学智力(logical-mathematical intelligence)、空间智力(spatial intelligence)、音乐智力(musical intelligence)、肢体-动觉智力(bodily-kinaesthetic intelligence)、人际智力(interpersonal intelligence)、内省智力(intrapersonal intelligence)、自然主义智力(naturalistic intelligence)、灵性智力(spiritual intelligence)和存在主义智

---

① 遗传学上把个体从父母那里继承的特定的基因素质称为基因型。
② 基因型必须在一定的环境中才能表达出来。每个人的身体、心理和行为上的特征和表现称为表现型,它是环境和基因型相互作用的结果。
③ 黄希庭. 心理学与人生[M]. 广州:暨南大学出版社,2005:24.
④ M. 艾森克. 心理学——一条整合的途径[M]. 阎巩固译. 上海:华东师范大学出版社,2000:666.

力(existential intelligence)。^① 并且，在《智力重构：面向 21 世纪的多元智力》一书里，加德纳明确指出，智力与道德无关，任何智力都可用来作出对人类具有贡献性或破坏性的事情。^② 加德纳又探讨了道德智力(moral intelligence)是否存在的问题，他的结论是：就其本身而言，道德就是一个关于人品、个性、愿望、品德的描述。在最理想的情况下，这是对于最完美的人类本性的描述，而不是一种智力。^③ 最后，根据麦格鲁(Kevin S. McGrew)2001 年提出的"CHC 理论"(Cattell-Horn-Carroll theory)，^④人的智力分为三层：第一层(stratum Ⅰ)包括约 70 个可以直接测量的"狭窄能力"(narrow abilities)，它们按照一定的组织方式从属于第二层相应的"广泛能力"(broad abilities)之中。第二层(stratum Ⅱ)包括流体智力(fluent intelligence，Gf)、数量能力(quantitative ability，Gq)、晶体智力(crystallized intelligence，Gc)、阅读和写作能力(reading/writing ability，Grw)、短时记忆(short-term memory，Gsm)、视觉加工(visual processing，Gv)、听觉加工(auditory processing，Ga)、长时储存和提取(long-term storage and retrieval，Glr)、加工速度(processing speed，Gs)和决策/反应的时间或速度(decision / reaction time or speed，Gt)十种能力，称为"广泛能力"，每个广泛能力中又包括不同的狭窄能力。第三层(stratum Ⅲ)涉及高层次的复杂认知加工，是一般因素或 g 因素的代表，包括第二层的"广泛能力"和第一层的"狭窄能力"(如图 5-4 所示)。^⑤

既然如此，就宜通过良好的素质教育来提高个体的晶体智力等能力。事实上，在这方面，中国本有良好的教育传统。早在先秦时期，中国一些有远见的教育家就力倡读书人必须具备"六艺"素质。"六艺"在《周礼》中已有记载。《周礼·地官司徒》说："以乡三物教万民而宾兴之：……三曰六艺，礼、乐、射、御、书、数。"^⑥由此可见，"六艺"的含义之一便是指西周时期学校的教育内容，起源于夏、商。包括礼(礼仪制度、道德规范)、乐(音乐、诗歌、舞蹈)、射(射箭)、御(驾

---

① Gardner, H. (1999). *Intelligence reframed: Multiple intelligences for the 21st century*. New York: Basic Books.
② [美]霍华德·加德纳. 重构多元智能[M]. 沈致隆译. 北京：中国人民大学出版社, 2008：37.
③ 同上：63.
④ McGrew, K. S. & Woodcock, R. W. (2001). *Woodcock-Johnson Ⅲ technical manual* (p. 11). Itasca, IL: Riverside Publishing.
⑤ McGrew, K. S. The Cattell-Horn-Carroll (CHC) theory of cognitive abilities: Past, present andfuture. http://www. iapsych. com /CHCPP/CHCPP. HTML, 2006 - 10 - 22. Flanagan, D. P. & Ortiz, S. O. (2001). Essentials of cross-battery assessment (pp. 6 - 25). New York: John Wiley& Sons. 赵微, 田创. CHC 理论及其在学习困难儿童评估与教育干预中的应用[J]. 中国特殊教育, 2008,(5)：47 - 52.
⑥ 李学勤. 十三经注疏·周礼注疏(上)[M]. 北京：北京大学出版社, 1999：266.

第三层

第二层

第一层

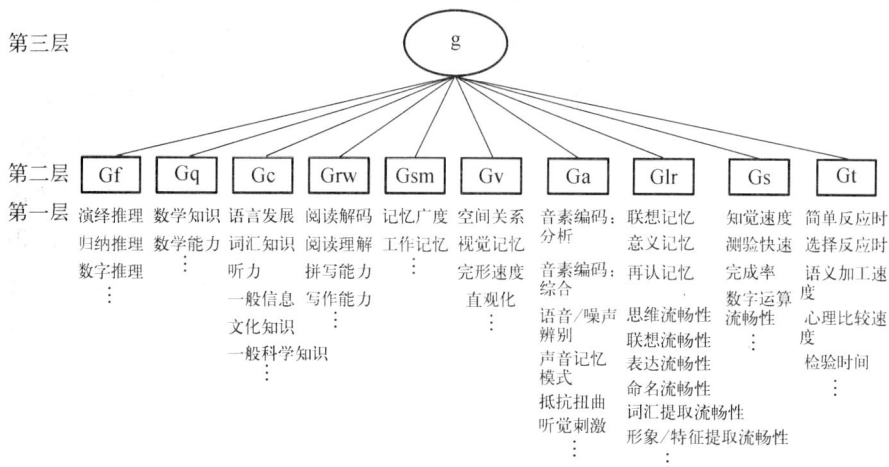

图 5－4　CHC 理论模型图

车)、书(文字读写)、数(算法)。① 稍后,六部儒家经典成为中国传统教育的核心
内容,它们自《庄子·天运》起,一直被人们习惯称为"六经"。"六经"指儒家六部
经典,它们分别是《诗》《书》《礼》《易》《春秋》和《乐经》(后世学者,或认为《乐
经》因秦焚书而亡失;或认为儒家本来没有《乐经》,"乐"即包括在《诗》《礼》之
中。据考证,以后说较妥。)②在《史记》中,"六经"又称"六艺",于是"六艺"的另
一种含义便是指"六经"。据《史记·滑稽列传》记载:"孔子曰:'六艺于治一也,
《礼》以节人,《乐》以发和,《书》以道事,《诗》以达意,《易》以神化,《春秋》以道
义。'"③再往后,教学内容又加上《论语》《孝经》和《孟子》三部著作,从而构成儒
学教育的完整内容体系,并在中国传统教育内容体系里一直处于主导地位,直到
清朝灭亡为止才退出历史舞台。同时,古代文人雅士除了要通上述"儒经"(儒家
经典的简称)之外,还要通"琴棋书画",从而展现出良好的品德修养与专业素养,
否则,就不能算作真正的文人雅士。这样做的结果自然有助于提高个体的晶体
智力等能力,而且其中蕴含多元智力和谐发展观:主张人的多种智力应和谐发
展的一种智力观。中式经典多元智力和谐发展观较之加德纳的多元智力理论更
有合理之处:与加德纳的多元智力理论类似,中式经典多元智力和谐发展观也
看到人的智力有多种类型;在此基础上,中式经典多元智力和谐发展观还主张体
现在一个人身上,要求做到多元智力的和谐发展,从而使个体最终生成一个修养

---

① 夏征农,陈至立.辞海(第六版彩图本)[M].上海:上海辞书出版社,2009:1431.
② 同上:1429.
③ 同上:1431.

良好的读书人：个体通过学习儒经和书法艺术，可以发展自己的语言智力；通过学习算法与围棋，可以发展自己的逻辑-数学智力；通过学习围棋、书法、绘画艺术、骑马与驾车等，可以发展自己的空间智力；通过学习音乐，可以发展自己的音乐智力；通过学习骑马、驾车和射箭等技术，可以发展自己的肢体-动觉智力；通过学习《礼》和其他儒经以及学习儒家的修身养性功夫，可以发展自己的人际智力；通过学习儒家的修身养性功夫，可以发展自己的内省智力、存在主义智力和道德智力；通过追求"天人合一"的境界和按"道法自然"法则对待自然，可以发展自己的自然主义智力和灵性智力。而且，从"琴棋书画，样样精通"一语看，中国古代教育大家多主张人的上述十一种智力应和谐发展，不可偏执一端。因此，若用一个对联来描述中国古代的多数读书人，那么，上联是"琴棋书画门门精通"，下联是"诗词歌赋样样在行"，横批是"真正读书人"。与此相反，若用一个对联来描述当代中国的多数读书人，那么，上联是"琴棋书画门门欠佳"，下联是"诗词歌赋样样外行"，横批是"枉为读书人"。可见，只要稍加变通，使之与时俱进，中式经典多元智力和谐发展观对于纠正当前中国教育中存在的过去偏向智育而忽视其他各科教育的做法，也具有极强的现实意义。[①] 与此不同的是，多元智力理论只告诉人们有语言智力、逻辑-数学智力、空间智力、音乐智力、肢体-动觉智力、人际智力、内省智力、自然主义智力、灵性智力和存在主义智力这十种智力类型，并没有提及要求人们要和谐发展这十种智力，更没有提及要求每一位学生都要和谐发展这十种智力。

这里还需指出两点：一是 2011 年元月，笔者偶然在网上搜索时看到林崇德教授撰写的《*Multiple intelligence and the structure of thinking*》(多元智力与思维结构)一文，阅读发现林教授的该文与笔者的上述观点有一些相似之处，但也有一定的差异。为了便于读者看清二者之间的同与异，这里将该文中有关内容作一简要摘录并将其译成中文。林教授在该文里主张：

中国古代"智力的六艺教育理论"(Six Arts education's theory of intelligence)里包含"礼仪智力(ritual intelligence)"、"音乐智力(musical intelligence)"、"射击智力(shooting intelligence)"、"驾驶智力(driving intelligence)"、"书写智力(writing intelligence)"和"算术智力(numerical intelligence)"等六种智力，其中，"礼仪智力"类似于加德纳的"人际智力"，其内还蕴含"内省智力"，因为儒家的礼仪非常重视"仁"，而"克己复礼为仁"，可见"守仁"就必须善于自我调节；"音乐智力"类

① 汪凤炎.中国心理学思想史[M].上海：上海教育出版社,2008：292-294.

似于加德纳的"音乐智力";"射击智力"类似于加德纳的"肢体-动觉智力";"驾驶智力"类似于加德纳的"空间智力";"书写智力"类似于加德纳的"语言智力";"算数智力"类似于加德纳的"逻辑-数学智力"。当然,中国古代"智力的六艺教育理论"与加德纳的多元智力理论至少存在两个差异:(1)二者的出发点(starting points)不一样:"智力的六艺教育理论"关注的是"社会的需要"(the needs of society)而不是"个体的需要"(the needs of the individual),与此相反,加德纳的多元智力理论关注的是"个体的需要"而不是"社会的需要"。(2)在两种多元智力理论中,各种智力之间的关系不一样:在"智力的六艺教育理论",不同智力之间是相互联系而不是相互独立的。同时,不同智力的"地位"不一样,"书写智力"与"算术智力"属于完成初级阶段学习任务的智力,"礼仪智力"、"音乐智力"、"射击智力"与"驾驶智力"属于完成高级阶段学习任务的智力;而且,在六艺教育中,"礼仪智力"处于最高、最核心的地位。与此不同的是,在加德纳的多元智力理论中,七种智力之间是相互独立而不是相互联系的;同时,七种智力的"地位"是平等的,加德纳没有进行"主要智力"(major intelligence)与"次要智力(minor intelligence)的区分。[1]

将笔者概括出的中式经典多元智力和谐发展观与林教授的智力的"六艺"教育理论进行对比,二者的相通之处是,都是受到加德纳多元智力理论的启发后,才认识到中国古代的"六艺"教育思想里蕴含与加德纳多元智力理论相类似的思想,各种智力之间的具体对应关系在上文已有论述,这里不赘述。二者的区别主要有三:(1)林教授将中国古代的"六艺"教育思想明确提炼成"智力的'六艺'教育理论",认为其内包含"礼仪智力"、"音乐智力"、"射击智力"、"驾驶智力"、"书写智力"和"算术智力"六种智力,并主张中国古代"智力的'六艺'教育理论"与加德纳的多元智力理论至少存在两个差异(详见上文);笔者则没有这样做,而是认为中国古代"六艺"教育思想里除了蕴含与加德纳多元智力理论相类似的十种智力,还蕴含道德智力。(2)林教授虽然也提及孔子的"仁"的思想,但主要是从礼、乐、射、御、书、数六艺中阐释其"智力的'六艺'教育理论",进而将其内蕴含的六种智力与加德纳的七种智力进行一一匹配;与此不同,笔者既考虑了礼、乐、射、御、书、数六艺,又加入了《诗》《书》《礼》《易》《春秋》《乐经》《论语》《孝经》和《孟子》等儒家经典著作以及"琴棋书画",认为这些教育内容既彼此有一定

---

[1] Lin Chongde & Li Tsingan (2003). Multiple intelligence and the structure of thinking. *Theory & Psychology*, 13(6): 829-845.

联系又各有自己的独到之处，它们交互发生作用，共同孕育出十一种智力，如，个体通过学习围棋、书法、绘画艺术、骑马与驾车等可以发展自己的空间智力，而不是仅仅通过学习驾驶的途径来习得空间智力。(3) 林教授主张在"六艺"教育中，"礼仪智力"处于最高、最核心的地位。与此不同，笔者认为，儒家的"六艺"教育都只是手段，而不是目的，儒家"六艺"教育的真正目的是培育个体的智慧尤其是德慧，其最高境界是培育具"内圣外王"人格的大智慧者，以此实现儒家倡导的"修身、齐家、治国、平天下"的目的。正因为如此，"六艺"之间并没有严格的主次之分，而是要和谐发展。

二是要妥善发展学生的晶体智力等多元能力。在当今世界竞争日趋激烈的大背景下，重视自身或子代的教育或学习本无可厚非。但问题是，如果这种学习是以牺牲学习者身心的健全发展为代价，那么就不得不思考一个严重的问题：这种学习有必要吗？换言之，这种学习是"得大于失"还是"失大于得"？所以，合理的做法自然是：妥善处理学习与健康成长之间的关系，在优先考虑学生身心的健全发展的前提下，及时保质保量地对学生开展合乎其身心发展规律的教育，或让学生进行合乎其身心发展规律的学习，以此来帮助学生不断发展晶体智力等多元能力。①

二、按"六度"标准提高个体的知识素养，并善于"转识成智"

(一) 按"六度"标准提高个体的知识素养

综观西式经典智慧理论，大都承认智慧与知识之间有密切关系。中国人更是自古以来多相信"知而获智"的智慧观，相信"智由知生、知而获智、转识成智"的道理，与此相对应，自然注重通过丰富个体的知识的路径来培育个体的智慧，这就是中国人常说的"知而获智"或"转识成智"。明白了这个道理，就能理解为何中国人一向重视教育和读书的价值。同时，既然"知而获智"或"转识成智"是个体习得智慧的重要途径，这样，一个人若想高效习得智慧，重要途径之一便是必须逐渐习得良好的知识素养，只有这样才能拥有"转识成智"的良好"资本"，否则，"巧妇难为无米之炊"。那么，何谓良好的知识素养呢？这就涉及评价的标准，这个标准就是"六度"：知识的广度、知识的高价值度、知识的高度、知识的深度、知识的精度和知识的新颖度。② 只有这"六度"的有机结合，才能构成良好的

① 汪凤炎,燕良轼.教育心理学新编(第三版)[M].广州：暨南大学出版社,2011：16-17.
② 同上：499.

知识素养。相应地,个体若想有效地生成智慧,就必须按"六度"标准来不断提高自己的知识素养。

1. 通过多看、多听、多读、多记、多思不断拓展知识的广度

个体的知识只有先有良好的广度,在此基础上才能够真正谈得上去追求知识的高价值度、高度、深度、精度和新颖度。知识的广度,是指知识具有较开阔或极开阔的视域。假若一个人不但拥有丰富的道德知识,而且拥有丰富的科技知识,在道德知识与科技知识方面既在自己的专业领域拥有丰富的明确知识与默会知识,还广泛了解、熟悉甚至精通邻近的诸种专业,那么此人在知识的广度上就达到良好的水平。① 个体一旦在某个专业领域拥有广博的知识,不但容易成为此领域的专家,而且更易产生横向迁移,进而提高学习效率和解决复杂问题的效率,真正杜绝或尽量减少像"安徽4名小学生手拉手救落水同学均溺亡"这类事件的发生。

而且,科技史、艺术史上的许多发明创造的事例都证明这一事实:有多种学科知识背景的人比只有一种知识的人更容易产生创造和灵感。如,被誉为"炸药大王"的瑞典化学家诺贝尔对电学、光学、机械学、生物学、生理学等都有浓厚兴趣,诺贝尔自己也曾说:"各种科学之间是有内在联系的,为了解决某一个科学领域的问题,应该借助其他有关的科学知识。"天才画家达·芬奇对艺术、雕刻、生理学、建筑学、机械学、解剖学、物理学、天文学、地质学、工程学和航空学都有很高深的造诣。马克思曾说:"凡是与人有关的,都是我所关心的。"②鲁迅也曾劝导青年在专业学习之余"大可以看看各样的书,即使和本专业毫不相干的,也要泛览。譬如学理科的,偏爱看文学书,学文学的偏爱看科学书,看看别个在那里研究的,究竟是怎么一回事。这样子,对于别人、别事,可以有更深的了解"。③

既然拥有良好广度知识的人往往更易生发出旺盛的创造性,从而有利于其智慧的生成。从这个意义上说,一个人若想拥有智慧,仅仅具备专业知识是不够的,还要对邻近学科给予必要的关注和了解。那么,怎样来提高自己的知识广度呢? 有效做法是平日做个有心人,以便让自己能够做到广泛看(多看)、广泛读(多读)、广泛听(多听)、广泛记(多记)、多角度思考(多思),只有这样做,才能让自己逐渐精通自己的专业,熟悉和了解邻近的专业,从而获得广博的知识。同时,为了让个体能够做到持久地多看、多听、多读、多记、多思,外界环境和个体就

---

① 汪凤炎,燕良轼. 教育心理学新编(第三版)[M]. 广州:暨南大学出版社,2011:500-501.
② 同上:501.
③ 鲁迅. 鲁迅杂文全集(第1卷)[M]. 郑州:河南人民出版社,1997:237-239.

必须同时采取有效措施来帮助个体激活自己的学习动机,掌握必需的记忆术、元认知策略等学习方法,以帮助个体从勤学苦练转向乐学巧练。

2. 通过多种知识运用方式,获取知识的最大价值

个体有了知识的广度,知道了各种知识在价值上的优劣,然后才能根据社会发展的需要与自己的实际情况来衡量知识的价值度。知识的高价值度,是指知识具有较高或极高的理论价值或实用价值。[①] 因为从"有无价值"的角度,可以将知识分为有价值的知识(有用的知识)与无价值的知识(无用的知识);在有价值的知识中,若依价值的大小的标准进一步去划分,可以将有价值的知识分为非常有价值的知识、有中等价值的知识和有少量价值的知识。非常有价值的知识和有中等价值的知识往往是当今社会最需要的一些知识,是最具创造性和产生经济价值与社会价值的知识,从一定程度上看还是在现实中起支配地位的知识。无价值的知识正好与之相反。不妨来看生活里一些常见的事例:有些人花费大量时间和精力,通过多年的所谓考证得出诸如中国是高尔夫球或计算机之类事物的故乡的结论。俗话说:"女怕嫁错郎,男怕入错行。"对学人而言,最怕的是读错书:学了一大堆无用知识,反倒抱怨怀才不遇;自认为学富五车,其实拥有的只是一堆对时代和社会而言没有任何价值的垃圾知识。这种人假若为人师,其开的课别人肯定是不愿听,由此若再生"精神家园"已失落的感慨,那更是可笑可悲了。[②] 因此,鉴于"人的心智资源是有限的"与"当今社会知识的既丰富多彩又鱼目混珠"之间的矛盾,从有利于智慧的生成的角度看,任何一个人若想拥有智慧,至少必须通过如下两种有效方式来不断提高自己拥有的知识的价值度,这既是成就智慧的方法,本身也是表明一个人是否已拥有智慧的具体指标之一。

其一,学会对知识进行价值判断。俗话说:"不怕不识货,就怕货比货。"个体一旦拥有广博的知识面,就能够做到"货比三家",自然容易准确判断知识的价值高低,然后在权衡社会发展的需要与自己的实际情况后,挑选出一种或几种有价值的知识来进行深入的学习。在这样做时要防止出现三种错误倾向:(1)贪多。即企图对所有高价值的知识"一网打尽",结果,不但弄得自己精疲力尽,而且往往是浅尝辄止,无一精通。为了避免出现此错误,要根据自己的实际情况,做到量力而行。(2)学习一些屠龙术之类的无用知识。为了避免出现此错误,一定要摒弃屠龙术之类的无用知识,不断学习高价值的知识,以此不断淘汰脑海里的

① 汪凤炎,燕良轼.教育心理学新编(第三版)[M].广州:暨南大学出版社,2011:499.
② 吴甘霖.用智慧统率知识——21世纪的智慧宣言(下)[J].读者,2002,(7):60.

那些价值度在不断递减的旧知识。(3) 误将冷门专业等同于无用专业。虽然从一定意义上讲热门专业往往是社会需求的集中体现,从而往往也成为有用知识的体现,不过,不能因此得出热门专业等同于有价值知识的结论,只要符合如下两个条件的知识——有高度的创造性;对经济或社会的发展有高度价值——都可以归为有价值的知识。因此,不可把那些处于"绝学"边缘的知识归为无用知识,更不可将那些为民族、人类文化的传承与发展而甘愿坐冷板凳的人归入无用书生的行列。①

其二,学会变通地使用知识,凭借此方式可以充分发挥自己已拥有知识的最大价值。在知识爆炸的时代里,任何一个人掌握的知识(无论是道德知识还是科技知识)都是有限的;并且,蕴藏智慧的思维绝不是机械思维,而是有着良好的变通性(即展现创造性思维中的变通性);蕴藏智慧的知识绝不是死知识,只有具备变通、灵活地使用知识的能力,进而将自己获得的知识善于作"面状迁移"(所谓"举一反三"即属此种迁移)甚至"球形迁移"(所谓"举一反十"或佛教所说的"开天眼"都属此种迁移),而不是死守某一知识在某一方面的价值(产生"功能固着"或只会"点到点的迁移",所谓"举一反一"即是此种迁移),才有可能将知识的价值发展到最大程度,这才是充满智慧的人生。中国大哲很早就清楚这个道理。《庄子·逍遥游》里的一则故事很好地说明了个体要善于变通地使用科技知识以获取最大效益的道理:

有个宋国人善于制造防手开裂的药物,他家祖祖辈辈都以漂洗丝絮为业。有一个商人听说了这种药品,愿意出百两黄金收购他的药方。这个宋国人说:"这是我家祖辈家传的药物,我不敢一人做主,必须与全家人商量之后再做答复。"商人说可以,愿意静听佳音。于是,宋人招集全家人来商量说:"我们家世世代代漂洗丝絮,虽有防手开裂的药物,但也只能挣到很少的钱以艰难度日,如今有一买主愿意出百两黄金的天价收购我们防手开裂的药方,我们何不就卖给他算了。"全家人都赞成这个建议,于是宋人就将药方卖给了商人。商人得到药方后,便去游说吴王。这时越国来犯,吴王就派他带兵御敌,冬天与越人进行水战,商人将防手开裂的药物批量生产后分发给每一位将士,结果将士的手均不开裂,从而战斗力大增,结果吴军大败越军。吴王很高兴,于是奖给这位商人大片土地。同样一个防手开裂的药物,商人得到之后能因此而得到大量的封赏,一本万利;宋人得到之后只能防自己和家人的手不开裂,全家还必须漂洗丝絮,还只能

---

① 吴甘霖.用智慧统率知识——21 世纪的智慧宣言(下)[J].读者,2002,(7):60.

艰难度日。可见，同样一种东西，使用方法不同，结果也大不一样。①

这个故事表明，同样一种科技知识，假若一个人加以灵活运用，其价值不可估量；假若只是死用知识，可能就越学越"笨"。此观点对于今人正确处理科技知识与智慧之间的关系仍具借鉴意义。同时，星云大师讲过一个"待客妙道"的故事，则是告诉人们要善于使用道德知识以待人接物的道理。故事内容如下：

从前有位禅师。一天，他正在禅床上闭目养神，当地一位王爷突然来寺拜访。

禅师请王爷到禅床边相见，然后说："王爷，请恕我年纪老迈，身体也不太好，承蒙你专程来访，但我实在无力下禅床来接待，请你不要见怪！"

王爷听后，非但不责备他，还十分喜欢，两人谈得十分投机。

第二天，王爷派遣一位将军，给禅师送来很多礼品。禅师听说将军是送礼品来的，立刻下了禅床，披上袈裟，亲自到山门外迎接。事后，弟子们十分不解地问禅师："前天王爷来时，师傅没有下禅床接见；这次他的部下来，你反倒下了禅床，还亲自到山门外去迎接，这到底是什么道理呢？"

禅师说："我的待客之道分上、中、下三等。上等客人来，我睡在禅床上，用本来面目接待；中等客人来，我到客堂以礼相待；下等客人来，我就用世俗应酬的礼节，到山门外去迎接。所以，无论是王爷还是将军，都感到十分欢喜。"

待人接物，本应当一视同仁，但是面对不同的人又须灵活变通，有原则，有变通，人生才会圆满。②

3. 通过高屋建瓴地看、读、听、记和思不断提高知识的高度

知识的高度，是指知识具有较高或极高的理论概括水平。一个人若想拥有智慧，其具有的知识必须有一定的高度，能够将人类的或自己掌握的具体学科知识不断地上升为普遍原理。因为越是能上升为普遍概念或原理的知识，越有利于产生下位学习，也越有利于创造，从而有利于智慧的生成。而能够帮助人们将其掌握的具体知识上升为普遍原理的学科莫过于哲学，这样，一个人若想不断提高自己所拥有知识的高度，一个有效做法便是不断提高自己的哲学修养，以此来提高自己的理论概括水平，从而让自己在日常学习、工作或生活里能够做到高屋建瓴地看、读、听、记和思。对于教师而言，为了使学生的知识有一个良好的高度，平日要注意训练个体进行高屋建瓴地看、读、听、记和思。③

① 原文见：庄子·逍遥游[M].译文为增加可读性，略有改动。
② 星云大师.待客妙道[J].故事会，2010 年 11 月上半月刊·红：82.
③ 汪凤炎，燕良轼.教育心理学新编(第三版)[M].广州：暨南大学出版社，2011：499-500.

4. 通过深度阅读、深度思考、深度推理的方式不断推进知识的深度

知识的深度,是指拥有较深厚或极深厚的深度知识。美国当代语言学家乔姆斯基(Avram Noam Chomsky, 1928—   )认为,每一种语言的语法必须包含一个规则系统来表达深层结构(deep structure)和表层结构(surface structure)之间的关系,表层结构是人可以直接感知的结构,深层结构是人不能直接感知而只能根据间接材料假定其存在的某种结构。人从表层结构只能得到句子的语音及表面的语法结构,句子的意义是从深层结构得来的。与此相类似,知识也具有表层知识(surface knowledge)和深度知识(deep knowledge)之分:前者是人可以直接感知的知识,相当中国古人所说的"言";后者是不能直接感知而只能根据间接材料假定其存在的某种知识,相当于中国古人所说的"意"。人从表层知识只能得到句子的表面意义,句子的深层意义是从深层知识得来的。正因为如此,中国古人才说"得意可以忘言"。《庄子·外物》说:"筌者所以在鱼,得鱼而忘筌;蹄者所以在兔,得兔而忘蹄;言者所以在意,得意而忘言。吾安得夫忘言之人而与之言哉。"以南宋著名人物文天祥的名句"留取丹心照汗青"为例,作为表面知识而言,"丹心"指"血红的心脏","汗青"指"新鲜竹子被晒出了水分",因此,"留取丹心照汗青"一语的含义是:"留下一颗血红的心脏来照耀正在被晒出水分的竹子"。一个人若果真作如此理解,那显然与文天祥的写作宗旨相差十万八千里。若从深层知识角度看,"丹心"指"正义之心;忠诚之心","汗青"指"历史",因此,"留取丹心照汗青"一语的含义是:"在历史上留下一颗忠诚之心",以此来显示自己舍生取义的决心与高尚情操。所以,一个人若想生成智慧,其拥有的知识必须有一定的深度,能够准确把握隐含在各类知识背后的深义,只有这样,才易产生纵向迁移,提高学习效率和解决复杂问题的能力。

怎样来提高自己的知识的深度呢?有效做法有二:一是提高自己的史学修养。知识深度的重要来源之一是对历史的全面了解。历史上许多发明创造都是批判地继承前人的成果。一个对历史无知的人的活动常常是盲目的,他的研究也不可能站在前人的肩膀上。所以,一个人必须对自己本专业的历史了如指掌,才有可能总结前人在这个领域成功和失败的经验教训,才有可能发现新问题,产生新见解、新思路。二是做到深度阅读、深度思考、深度推理。个体要善于对自己拥有的知识进行深入思考、深度加工,使其具有高度的可利用性和稳定性,能够用不同形式的等值语言表达,具有高度的可迁移性,只有这样做,才能有效克服知识的贫乏和浅薄。①

----

① 汪凤炎,燕良轼. 教育心理学新编(第三版)[M]. 广州:暨南大学出版社,2011:500.

5. 通过严谨而仔细地看、读、听、记、思不断提高知识的精度

博为专提供知识背景和条件，但博也不是天女散花，它应围绕着自己的专业展开，成为专业的外围与背景，与专业知识构成合理的结构，才有利于发挥所掌握知识的作用。从这个意义上说，一个人若想有效生成智慧，具备一定精度的知识同样是必要的。知识的精度，是指知识具有较高或极高的精确度。一个人对本专业的知识要精益求精，做到科学、准确。那么，怎样来提高自己的知识精度呢？有效做法是平日要注意训练个体做到：严谨而仔细地看、严谨而仔细地读、严谨而仔细地听、严谨而仔细地做笔记、严谨而仔细地思考、严谨而仔细地推理，以此而让个体逐渐养成凡事乐意进行严密思维的习惯。[①]

6. 采取三种措施让脑中知识保持良好的新颖度

知识的新颖度，是指知识具有较高或极高的新颖度。一个人若想"转识成智"，就必须做到与时俱进，不断更新自己的知识结构，使自己的知识始终保持一定的新颖度，这样，才有助于个体常常用新视角看问题，才有助于个体从新知识中获得灵感与启发。那么，怎样来提高自己的知识新颖度呢？有效做法有三：第一，平日要注意跟踪本学科的最新发展动态，了解所从事专业与相关学科的前沿或最新发展方向与趋势。第二，要善于从一个或多个新颖的角度来看、读、听、思，做到"温故知新"。第三，要及时更新脑中的已有旧知识与旧观念。在现代社会，信息、知识的增长日新月异，知识的陈旧周期也不断缩短，个体要不断吸收科学前沿的新鲜知识到自己的知识结构中来，同时要自觉淘汰那些陈旧的、老化的、惰性的知识，这样才能使个体的创造性劳动不断地获得源头活水，不断从中获取创造的营养。[②]正所谓："问渠哪得清如许，唯有源头活水来。"

（二）善于"转识成智"

根据第三章探讨的"知而获智"观可知，"转识成智"是成就智慧的一个有效途径。个体若想做到"转识成智"，关键要做好三件事情，其中，准确把握知识与智慧的区别与联系，并及时将知识转换成智慧，这在第四章第一节里已有详论，这里不多讲，下面只论余下的两件事情。

1. 用君子之学代替小人之学

何谓君子之学？何谓小人之学？《荀子·劝学》说："君子之学也，入乎耳，箸乎心，布乎四体，形乎动静，蠕而动，一可以为法则。小人之学也，入乎耳，出乎口。口耳之间则四寸耳，曷足以美七尺之躯哉！"《荀子·儒效》说："不闻不若闻

---

①② 汪凤炎，燕良轼.教育心理学新编（第三版）[M].广州：暨南大学出版社，2011：501.

之,闻之不若见之,见之不若知之,知之不若行之。学至于行之而止矣。行之,明也。明之为圣人。圣人也者,本仁义,当是非,齐言行,不失毫厘,无它道焉。已乎行之矣。故闻之而不见,虽博必谬;见之而不知,虽识必妄;知之而不行,虽敦必困。"可见,知行合一是君子之学的显著特点,若想"转识成智",就必须做到用君子之学代替小人之学。

正因为如此,布卢姆在 1956 年出版的《教育目标分类,第一册:认知领域》一书里提出布卢姆学习分类法(Bloom's taxonomy of learning)。布卢姆学习分类法按认知程度的复杂程度,将认知领域内目标由简单到复杂分为"知识、理解、应用、分析、综合、评价"六个子目标,这些子目标之间不是完全独立和平行的,而是一个由浅入深、步步递进、有机的层次系统,每一个目标是以前一个目标为基础的。根据布卢姆学习分类法,教学就是按照这六个子目标所示顺序完成一个层级一个层级的具体目标,最后达到完成所有的教学任务。这就有效地克服了加涅学习分类观点中存在的"不能较妥善解释'知'与'能'之间关系"的缺陷,让人清楚地看到知识是如何通过学习而转换为能力的。[①] 同时,布卢姆学习分类法告诉人们,在"知识、理解、应用、分析、综合、评价"六个子目标中,相对而言,"知识"与"理解"要容易得多,而"应用、分析、综合、评价"则要困难许多,因此,教育要将重点放在培养后四个子目标上,以提高学生的动手能力、批判性思维能力与创新能力。布卢姆学习分类法自提出后,在美国教育界(尤其是在中小学)产生了巨大影响,美国很多学校的课程设置都是以它为依据,用两代人的时间,使美国教育成功走出以记忆为主导的测试困境,形成了以注重学生学习能力提高为旨趣的教育新局面。[②]

2. 切实消除"高分低能"现象

若想"转识成智",还必须充分发挥知识的效用,这就要最大限度消除学校教育中的"高分低能"现象。"高分低能"现象产生的可能成因极其复杂,概括起来主要有如下十三种,相应地,若想消除"高分低能"现象,基本思路是:一个人要在老师、家长或他人的指导下认真反省自己,或者自己独自反省自己,从中找到最可能让自己产生"高分低能"现象的原因,然后采取有效措施一一予以破解,方能将此"死结"解开。(1)从陈述性知识与程序性知识角度看,将程序性知识当陈述性知识教或学,是产生"高分低能"现象的可能成因之一。破解它的对策是:

---

① 汪凤炎,燕良轼. 教育心理学新编(第三版)[M]. 广州:暨南大学出版社,2011:72-73.
② 方柏林. 知识不是力量[M]. 上海:华东师范大学出版社,2011:4.

主要运用讲授法教授陈述性知识，主要运用记忆术学习陈述性知识；主要运用变式练习和"做中学"的方式教授和学习程序性知识（包括默会知识）。（2）从知识是否有价值以及价值的大小看，教或学一些价值太小甚至无用的知识，是产生"高分低能"现象的第二个可能成因。破解它的对策是：教师要将主要精力放在传授有大用的知识上，学生要将主要精力放在学习有大用的知识上，若由于种种原因而不得不学习用处不大的知识时，则可以采取"60分万岁"的态度对待它们。（3）从知识是否具有情境性角度看，将本具情境性的知识当作泛情境性知识来教或学，是产生高分低能现象的第三个可能成因。破解它的对策是：对于情境性的知识，要想方设法让学生在诞生此知识的原生态情境或真实情境里去学习，犹如临床医生要通过足够的临床实习才能真正掌握临床知识一般。（4）从加德纳的多元智力理论角度看，人的智力至少有十种，现代学校制度很强调语言智力和逻辑-数学智力的培养，不过，在学校之外，人的生活需要多方面的智力。这样，一个学生即便有很发达的语言智力和逻辑-数学智力，也不一定有能力在办公室跟同事进行有效沟通，因其可能缺乏人际智力或内省智力等。从这个角度看，假若学校教育只注重语言智力和逻辑-数学智力的培养，而忽视其他智力的培养，就有可能造成学生"高分低能"。破解它的对策是：在注重培养学生的语言智力和逻辑-数学智力的同时，适当兼顾培养学生的其他智力，尤其是人际智力与内省智力。（5）从奥苏贝尔的机械学习与意义学习角度看，一些学生只运用机械学习策略死记硬背学习内容，没有产生意义学习，是产生"高分低能"现象的第五个可能成因。破解它的对策是：要适度运用先行组织者策略，帮助学生产生意义学习。（6）从布鲁纳的发现学习角度看，一些教师只注重讲授法，一些学生不重视发现学习，是产生"高分低能"现象的第六个可能成因。破解它的对策是：适度采用发现学习策略，引导学生开展探究性学习，自然易提高学生的动手能力。（7）从初级学习与高级学习角度看，将初级学习阶段的教学策略或学习策略简单照搬应用于高级学习阶段的教学或学习中，是产生"高分低能"现象的第七个可能成因。破解它的对策是：引导学生运用记忆术学习结构良好的知识，对于结构不良好的知识的学习，则不但要深刻掌握概念的复杂性，而且要能将它们广泛而灵活地运用到具体情境中。（8）从模仿学习与创新学习角度看，只善于模仿学习，不善于创新学习，是产生"高分低能"现象的第八个可能原因。破解它的对策是：既要善于进行模仿学习，更要善于进行创新学习。（9）从是否善于自设学习目的的角度看，不善于自设学习目的，只善于完成他人给自己设定的学习目的，是产生"高分低能"现象的第九个可能成因。破解它的对策是：要引导学生逐渐学会自主设置切实可行的学习目的，学会生涯规划。（10）从学习迁移角度看，对所教或所学知识产生功能固着心理，不善于将所学知识作"举一反三"乃至"举一反十"的正迁移，是导致"高分低能"现象的第十个可能因素。破解它的对策是：要适度采用变式练习策略，帮助学生消除功能固着心理。（11）从学习测量角度看，考试内容过于偏重陈述性知识，而极少或基本不考察学生运用知识解决实际问题的能力，是产生"高分低能"现象的第十一个可能成因。破解它的对策是：要改革考试方式，既注重考察学生的基础知识，更注重考察学生运用知识解决实际问题的能力。（12）从人本主义学习理论与学习动机角度看，一些学生走出校园后由于种种因素的影响，导致其缺乏继续学习和钻研的内在动力，致使其所学知识既无法得到及时更新，又无法产生最大效用，是产生"高分低能"现象的第十二个可能成因。破解它的对策是：要帮助学生树立"活到老，学到老"的终身学习理念和"为知识而知识"的学习理念，引导学生对学习本身感兴趣。（13）从管理的角度看，缺乏鼓励个体进行创新的有效管理制度，是产生"高分低能"现象的第十三个可能成因。破解它的对策是：要通过不断改革，逐渐建立起鼓励个体创新的良好管理制度。

三、帮助个体养成良好的思维方式

在生成一个智慧之人的过程中，良好思维方式常常起着重要作用。可惜的是，在生活里，一些中国科学家虽然拥有丰富的知识，但由于种种因素的制约，常常被某种或多种不良思维方式制约，结果丧失了许多良好的科研机会，限制了创造力的发展。例如，2003年7月18日出版的美国《科学》杂志在"新闻聚焦"栏目中推出一组关于中国 SARS 研究的专题报道。据其报道：

中国军事医学科学院的研究小组从最早一些患者身上获取的标本中发现了一种新的病毒。他们把这种病毒接种到细胞培养基和乳鼠上，用电子显微镜拍了照，发现这种病毒有一个清晰的带钉刺的光环，属于一种人们还不知道会致人死命的病毒：冠状病毒。到 2003年3月的第一个星期，这个研究小组已经有了初步的证据，证明这个新病毒可能确实和这次流行病有联系。但遗憾的是，研究小组没向世界公布这一研究成果，从而使"中国科学家失去了一次崭露头角的独一无二的机遇"（《科学》杂志编者写的题头语）。之所以未及时向世人公布这一最新研究成果，其主要原因是：当时，公开的口径是，被称为 SARS 的这场流行病是一种衣原体引起的，语气柔和的微生物学家杨瑞馥说。他是发现冠状病毒的军事医学科学院研究小组的成员之一。衣原体假说是资深微生物学家、中国工程院院士洪涛提出的。衣原体假说已经有了很大的市场，所以杨瑞馥说，要挑战这个假说"大为不敬"。于是，这个研究小组既没有谋求媒体关注他们的发现，也没有通报世卫组织网络中的任何一个实验室。否则，协调世卫组织这个网络的德国病毒学家克劳斯·斯托尔说，他们就有可能加快这个集体探索的进程，即使提前不了几个星期，也会提前好几天。"这些科学家是第一个看到 SARS 病毒的，"最近访问了军事医学科学院的斯托尔说，"可我们一点也不知道。"给斯托尔打一个电话，或者发一封电子邮件，就可能确保杨和他的同事们在疾病史上有一个更突出的地位，甚至可能在权威科学杂志上发表一两篇论文。但这一黄金机遇最后却失去了。后来，出生于中国台湾而在美国成为科学明星的何大一也说，洪涛的理论的兴衰成了又一个宝贵的教训，"中国人太尊重老师或长者的意见了，""年轻的科学家应当学会在数据不符的时候给权威多一点挑战。"①

根据上述报道，中国军事医学科学院的研究小组在研究后来被命名为"SARS"的流行病时展现出来的业务水平还是相当高的，因为"这些科学家是第一个看到 SARS 病毒的，"可惜的是，由于他们受到权威思维的影响，研究小组没有及时向世界公布这一研究成果，从而使"中国科学家失去了一次崭露头角的独一无二的机遇"。因此，为了避免此种事件的再发生，同时，鉴于思维方式或思维风格是可以改变因而是可以培养的事实，中国的教育工作者就要秉持"缺什么补什么"的原则，做到善教育者，"若牧羊然，视其后者而鞭之"，②多花时间和力气来帮助中国学生养成良好的思维方式或思维习惯（思维风格）。根据第四章第一节对良好思维方式的界定，宜从以下两个方面帮助个体养成良好的思维方式。

（一）善于运用整体思维或分析思维、逻辑思维、形象思维或直觉，并善于容忍不确定性事件

帮助个体学会运用整体思维或分析思维，逻辑思维、形象思维或直觉，并善于容忍不确定性事件，这是帮助个体养成良好思维方式的重要做法，也是帮助个体生成智慧的前提条件之一。

1. 善于进行分析思维或整体思维

分析与综合都是思维的基本过程与方法：分析是把事物分解为各个部分加以考察的方法；综合是将事物的各个部分联结成整体加以考察的方法。③ 与此

① 佚名.《科学》杂志专题报道中国 SARS 研究——黄金机遇是如何失去的[N]. 南方周末，2003 - 07 - 24(C20).
② 陈鼓应. 庄子今注今译[M]. 北京：中华书局，2009：511 - 512.
③ 夏征农，陈至立. 辞海（第六版彩图本）[M]. 上海：上海辞书出版社，2009：607.

相类似,分析思维是指把事物分解为各个部分加以考察,从而得出结论的思维方式。整体思维是指这样一种思维方式:主张世界(包括自然界和人类社会甚至整个宇宙)自产生之日开始便是一个有机整体,在这个整体之中,有许多相互关联和相互作用的子系统与部分,它们一直处于不断变化之中,这样,若想认识世界乃至世界上的任何事物,适宜的视角是用普遍联系的、整体的观念看待问题,强调事物之间的关系与联系,将事物的各个部分联结成整体加以考察。

这表明,整体思维或分析思维在思维方式上有较大差异。对于一个想成长为智慧之人的人而言,至少要做到像中国先哲那样擅长整体思维,或者像西方先哲那样擅长分析思维,若能兼顾二者自然效果更佳。

2. 拥有形象思维、逻辑思维或良好的直觉

形象思维是"用形象来思维"的简称,指用最具体的感性意象来理解事物和进行创造的一种思维方式。它本是一个近代的名词,1841 年俄国别林斯基在其《艺术的概念》里明确提出艺术"用形象来思维"。它是在艺术欣赏和艺术创作过程中进行的主要的思维活动和思维方式。[1] 一般而言,对于从事文学、音乐、美术等创作或研究的人而言,拥有良好的形象思维是一件非常好的事情。中国人常说"诗中有画,画中有诗",这是告诉人们,一些流传至今的著名诗篇,其内多蕴含丰富的形象思维。当然,形象思维与逻辑思维不是互相排斥的,而是相辅相成的。

逻辑思维,亦称"抽象思维"或"概念思维",是指人们在认识过程中借助概念、判断、推理反映现实的过程。它和形象思维不同,以抽象出事物的特征、本质而形成概念为其特征。[2] 一般而言,一个人在进行自然科学或偏重自然科学的主题的研究中,若想尽早出成绩,就必须尽早养成善于进行逻辑思维的习惯。

从名上看,直觉是一个近代的名词。直觉,一般指不经过逻辑推理就直接认识真理的能力。西欧 17—18 世纪的唯理论者把直觉看作理智的一种活动,或认为通过它即能发现作为推理起点的、无可怀疑而清晰明白的概念(笛卡尔),或主张它是认识自明的理性真理(如"A 是 A")的能力(莱布尼茨),等等。[3] 现代西方的一些哲学家从非理性主义的观点出发,认为直觉是一种先天的、只可意会不可言传的体验能力。他们把直觉和理智对立起来,强调人的直觉和动物的本能类似,运用直觉即可直接掌握宇宙的精神实质。如 20 世纪初法国哲学家柏格森

---

① 夏征农,陈至立.辞海(第六版彩图本)[M]. 上海:上海辞书出版社,2009:2569.
② 同上:1486.
③ 同上:2939.

专讲直觉,他曾给直觉下过一个定义:"所谓直觉,就是一种理智的交融,这种交融使人们自己置于对象之内,以便与其中独特的,从而是无法表达的东西相符合。"①现代思维科学的研究认为,科学与艺术的认识与直觉有关。它是长期思考以后的突然澄清,或创造性思维的集中表现,也是一种重要的思维方式。②这意味着,无论是从事哪种行业的学习、工作或研究,拥有良好的直觉能力都是有百利而无一害的。从实上看,推崇直觉是中国人思维方式的一大特色。直觉,在中国古代称为"玄览"、"体认"、"体贴"、"体会"、"体悟"等。③如《老子·十章》说:"涤除玄览,能无疵乎?"④程颢在《上蔡语录》卷上里说:"吾学虽有所授受,天理二字却是自家体贴出来。"庄子力倡认知要超越感官经验和理性思维。《庄子·知北游》说:"无思无虑始知道。"《庄子·大宗师》说:"堕肢体,黜聪明,离形去知,同于天道,此谓坐忘。"禅宗力倡的"不立文字"、"直指人心"、"顿悟成佛"的顿悟,……所有这些说法,用今天的眼光看,其中蕴含的就是直觉。直觉不重抽象的概念而重感性的体验和领悟,类似于中国人所说的悟。悟的实质是透过表象,直达本质。悟有三个显著特点:一是直接性。在表象与本质之间不需要任何媒介,而是直达结论,中间没有论证过程。这意味着,悟可以不经由严密的逻辑程序,直接而快速地对某一事物获得整体感觉和总体把握。二是机缘性。悟的出现是不可预期的,往往是由于某种机缘(如偶因启发)的出现而随即出现的。三是个体性。悟是一种体验、领悟型的思维形态,所以,"悟"字左边是一个"忄",右边是一个"吾","吾"指"我",这说明"悟"本指"自己内心知晓"之义。可见,悟强调的往往是作为认识的主体的"我""自己内心要知晓",只要自己内心明白了某个道理,自己也就悟了,而不太强调悟了的人一定要将自己所悟的东西清楚而准确地表达出来以便让他人也知晓,所谓"只可意会,不可言传"一语说的就是这个道理。在中国人看来,"将自己所悟的东西清楚而准确地表达出来以便让他人也知晓"的做法不但不是必需的,有时甚至是"画蛇添足,反为不美"。因为中国人一向强调真知需要自己亲自去体悟,"如人饮水,冷暖自知"。换言之,中国人较为轻视间接经验在获取真知过程中所起的重要作用。同时,悟一般是个体因突然的灵光一显而出现的,这样悟者本人有时对自己悟的过程也说不清道不明,因而难于用语言来揭示悟的科学心理规律。结果,对于同一个人而言,其过去悟

① 〔法〕柏格森.形而上学导言〔M〕.刘放桐译.北京:商务印书馆,1963:3-4.
② 夏征农,陈至立.辞海(第六版彩图本)〔M〕.上海:上海辞书出版社,2009:2939.
③ 张岱年,成中英等.中国思维偏向〔M〕.北京:中国社会科学出版社,1991:78-79.
④ 陈鼓应.老子注译及评介(修订增补本)〔M〕.北京:中华书局,2009:93.

的经历难于为其将来的开悟提供有价值的启示;在不同人之间,彼此交流悟之道更是几乎不可能的。^① 可见,逻辑思维与直觉是人类思维中普遍存在的两种形态,但二者之间有较大差异:(1)逻辑思维靠概念系统进行,没有概念逻辑思维就无法进行;直觉往往要抛弃概念,直接面对事物,直接诉诸心灵。(2)逻辑思维追求形式性、规律性、严密性,否则,逻辑就不成其逻辑,逻辑就失去它的力量;直觉一般不经过逻辑推理,以其突然性与穿透性见长,它直接透过事物的现象而直达事物的本质,它往往不能预期,只能巧合。(3)逻辑思维的推理一般是环环相扣,等级转换,具有较强的可操作性,也往往有颇强的说服力;直觉是顿悟式思维,它虽能直达事物的本质并让人获得正确的解答,但往往不能向人呈现出清晰的思维过程,操作性不强。(4)逻辑思维靠一环扣一环的推理来展现自己,其思维轨迹往往是线式的;直觉是在对一个事物的直观中完成的,其思维轨迹一般是跳跃式的。^②

由此可见,对于一个想成长为智慧之人的人而言,逻辑思维、形象思维或良好直觉至少要拥有一个,若能兼顾三者更佳。

3.善于容忍不确定性事件

不确定性(uncertainty)是指事先不能准确知道某个事件或某种决策的结果;或者说,只要事件或决策的可能结果不止一种,就会产生不确定性。由于自身知识的不足、外部环境瞬息万变、事物本身复杂多变、他人或组织(而非自己)掌握某件事情的决定权等因素的交互作用,对于任何人而言,不确定性总是存在的。^③有智慧的人往往能够做到容忍不确定性,在遇到不确定性时能够做到泰然处之;缺少智慧的人在面对不确定性时,常常心烦意乱,甚至最终作出错误决定。例如,对于一个即将毕业的大学生、硕士生或博士生而言,找工作尤其是想找一个理想工作的过程中往往充满了不确定性,有人由此而整日焦虑不安,弄得饭吃不香、觉睡不好;但也有的人能够以平常心泰然处之,得之不过喜,失之不过悲。

(二)学会独立思维、批判性思维、辩证思维、中庸思维、反省思维、对话思维与创新思维

一个人在养成善于运用整体思维或分析思维,直觉或逻辑思维、形象思维或抽象思维并善于容忍不确定性事件的基础上,还善于进行独立思维、批判性思

---

① 刘承华.文化与人格:对中西文化差异的一次比较[M].合肥:中国科学技术大学出版社,2002:73-74.
② 同上:72.
③ 佚名.不确定性[EB/OL]. http://wiki.mbalib.com/wiki/%E4%B8%8D%E7%A1%AE%E5%AE%9A%E6%80%A7. 2011 年 5 月 12 日下载.

维、辩证思维、中庸思维、反省思维、对话思维与创新思维，那其思维方式才算上佳。

1. 帮助个体学会独立思维

据 2011 年 6 月 12 日晚上中国香港凤凰卫视"我的中国心"栏目对"黄万里"的报道，为了论证修建三门峡水利工程的可行性，1957 年 6 月水利部在北京饭店召集了包括苏联水利专家和中国水利专家在内共有 70 名专家参会的高级别学术讨论会，讨论苏联专家的方案。在几乎众口一词的赞美声中，只有黄万里一人反对修建三门峡水利工程，认为一旦修建三门峡水利工程，将因泥沙淤积问题无法解决而给关中平原乃至西安带来巨大难题；若一定要修建三门峡水利工程，一定要预留至少 3 个排沙孔，不能将其全部堵塞。但令人遗憾的是，黄万里的此真知灼见因与苏联水利专家的观点相左，最终没有被水利部采纳。结果，三门峡水利工程于 1960 年建成，在随后的仅 1 年多的时间里，黄万里预言的灾难就被一一证实：库区内泥沙淤积成灾，潼关河床抬高 4.5 米，泥沙淤积向上游延伸，"翘尾巴"已直接威胁西北经济中心西安，关中平原地下水位上升，"八百里秦川"的大片土地出现盐碱化和沼泽化。为了消除三门峡水利工程带来的上述负面影响，1964 年对三门峡大坝进行第一次改建，在黄河两岸凿挖两条隧洞，铺设四条管道，泄水排沙，即"两洞四管"方案。1969 年对三门峡大坝进行第二次改建，将原坝底的 8 个排水孔全部炸开。黄万里曾于 12 年前（即 1957 年）坚决请求"切勿堵死，以备它年泄水排沙起减缓淤积的作用"的泄水孔，后来却仍然按苏联设计的方案用混凝土死死堵上了。而此时为了将它们一一重新打通，付出的是每个孔人民币 1 000 万元的代价。在此个案中，在论证修建三门峡水利工程的可行性时，与会的一些中国水利专家（黄万里除外）之所以对苏联水利专家的方案发出众口一词的赞美声，重要原因之一就是因为缺乏挑战权威的勇气，导致最终丧失独立思维，并作出错误的判断。此个案从反面证明，独立思维是生成其他良好思维的前提，没有独立思维，其他任何良好思维方式的养成或保持都无从谈及。由此可见，坚持独立思维在成就智慧过程中的重要性！

何谓独立思维？据 2009 年版《辞海》解释，"独立"有"不依靠其他事物而存在；不依靠他人而自立"与"谓国家、民族或政权不受外族统治、支配"[1]之义。据《新华字典》（第 10 版）解释，"独立"有"自立自主，不受人支配"[2]之义。相应地，

[1] 夏征农，陈至立. 辞海（第六版彩图本）[M]. 上海：上海辞书出版社，2009：505.
[2] 新华字典[M]. 北京：商务印书馆，2004，(10)：106.

独立思维(independence thinking),是指个体自立自主地思维,其思维方式与思维内容等均不受他人或外在力量的支配。只有通过教育帮助个体逐渐养成独立思维而不是权威思维的思维方式,才能让个体在遇到复杂问题时做到进行独立自主的判断,不跟风、不盲从(既不盲目服从,也不盲目从众或众从),这样才会让个体逐渐变得越来越智慧。在这里,服从是指个体在直接、权威的命令下或他人意见下作出违反自己意愿的行为。[①] 从众,亦称"遵从",是指个人在群体压力影响下改变自己意见或行为,以和群体保持一致的现象。[②] 通常情况下,多数人的意见往往是对的。从众服从多数,一般是不错的,但缺乏分析,不作独立思考,不顾是非曲直的一概服从多数,随大流走,则是不可取的,是消极的盲目从众心理。众从是指多数人受到少数人压力影响下改变自己意见或行为,以和少数人保持一致的现象。服从与从众、众从都属于个人在群体中的相符行为,即个人与群体或他人一致的行为。它们之间的区别:(1)对象不同,从众是个体与众人一致,众从是众人与少数人一致,服从则是个体或众人与组织和权威人物一致;(2)压力的形式不同,服从的压力以法规、政策、纪律、命令等形式出现,是有形的,而从众与众从的压力则是心理感受到的,是无形的。

正由于独立思维是生成其他良好思维的前提,所以爱因斯坦说得好:"发展独立思考和独立判断的一般能力,应当始终被放在首位,而不应当把获得专业知识放在首位。如果一个人掌握了他的学科的基础理论,并且学会了独立地思考和工作,他必定会找到他自己的道路,而且比起那种主要以获得细节知识为其培训内容的人来,他一定会更好地适应进步和变化。"[③]在为王国维先生写的纪念碑铭文里,陈寅恪说:"先生之著述,或有时而不章。先生之学说,或有时而可商。惟此独立之精神,自由之思想,历千万祀,与天壤而同久,共三光而永光。"特别强调"独立之精神,自由之思想"的重要性,并且,陈寅恪自己一生奉之为做人的信条,终生实践之,最终在品德与学问两方面均达到高深境界,令后人景仰!因此,当代中国人要认真体会爱因斯坦和陈寅恪的上述名言,认识到独立思维的重要性,逐渐学会并善用独立思维。

2. 引导个体善用批判性思维

其一,什么是批判性思维?根据美国学者恩尼斯(Robert H. Ennis)等人的研究,批判性思维(critical thinking)指为决定相信什么或者做什么而作出合理反

① 夏征农,陈至立.辞海(第六版缩印本)[M].上海:上海辞书出版社,2010:526.
② 同上:280.
③ 爱因斯坦.爱因斯坦文集(第三卷)[M].许良英等编译.北京:商务印书馆,1979:147.

省与决定的思维。① 此定义现为很多人所接受。例如，谷振诣和刘壮虎合著的《批判性思维教程》里，对批判性思维的定义就是用了这个观点。② 从实质上说，批判性思维就是提出恰当的问题和作出合理论证的能力。③ 因此，拥有良好批判性思维的人不但不易被各类无事实根据的假说或观点迷惑心智，而且还善于发现各类无事实根据的假说或观点中存在的破绽，从而能有效抵制和消除各种缺乏事实依据的假说或观点的不良影响。正由于如此，批判性思维往往与独立思维有相统一的地方，一个拥有良好批判性思维的人往往是一个善于进行独立思维的人。同时，由于构成批判性思维的基本要素是断言（claims）、论题（issues）和论证（arguments），所以识别、分析和评价这些构成要素是批判性思维的关键。④ 其中，断言指表达意见或信念的陈述，它有真有假。论证指由断言按一定结构形成的两部分，其中一部分（前提）为另一部分（结论）的真提供理由。论题指因探究问题而提出的断言。⑤

　　当然，要正确认识和运用批判性思维，还需消除如下两个误解：（1）批判性思维是一种否定性思维。有人认为批判性思维是一种否定性思维，它在本质上是发现事物的缺陷或弱点，却不必提供建设性意见。这是对批判性思维的一个误解或误用。虽然在现实生活中，有些学人更习惯将批判性思维作为一种否定性思维来运用，将批判性思维等同于批评，但是，究其实，完整的批判性思维是肯定性思维和否定性思维的有机统一。一方面，批判性思维常常呈现出一种否定性思维的样式，因为它要通过批判来准确指出某个想法或事物中存在的不合理之处，以便让人明白某个想法或事物的错误或不足。另一方面，批判性思维又必须呈现出一种肯定性思维的样式，因为它也必须准确指出某个想法或事物中存在的优点或闪光之处；或者，在破除一个错误想法的同时，也要提出一个正确的见解，即要做到"有破有立"，而不能"只破不立"。正所谓："世有伯乐，然后有千里马；千里马常有，而伯乐不常有。"伯乐做的就是批判性思维，他不仅要具备淘汰劣质马的能力，也要具备挑选千里马的能力。⑥ 由此可见，批判性思维与辩证思维既有相统一的地方，又不能完全相等同。批判性思维与辩证思维的共通之处是：二者都重视反省事物的优缺点。批判性思维与辩证思维的相异之处是：

① Ennis, R. (1991). Critical thinking: A streamlined conception. *Teaching Philosophy*, 14(1): 6.
② 谷振诣,刘壮虎. 批判性思维教程[M]. 北京：北京大学出版社,2006：1.
③ 同上：2.
④ ［美］摩尔,帕克. 批判性思维：带你走出思维的误区[M]. 朱素梅译. 北京：机械工业出版社,2012：6.
⑤ 同上：21.
⑥ 谷振诣,刘壮虎. 批判性思维教程[M]. 北京：北京大学出版社,2006：3.

如果说辩证思维重在思考事物当中都蕴含的矛盾双方存在的相互冲突、相互转化、和谐共生的复杂关系,以此求得整体系统的动态平衡,那么批判性思维重点便放在提出恰当的问题和作出合理论证的能力上。从这个角度看,假若个体在思考问题时善于剖析和发现事物中存在的优缺点,那么他就具有良好的批判性思维;在此基础上,如果个体善于找到事物优缺点之间存在的相互冲突、相互转化、和谐共生的复杂关系,那么他又具有良好的辩证思维。(2)批判性思维只指向他人或他物,不指向自身。有人认为批判性思维只指向他人或他物,不指向自身。这是对批判性思维的又一个误解或误用。在现实生活中,由于"当局者迷,旁观者清",再加上"自尊的需要"等因素的影响,一个人指出他人或他物的优缺点比较容易,但反省并指出自身的优点比较困难,反省并指出自身的缺点就更困难。不过,完整的批判性思维本是批判自身与批判他人他物的有机统一,换言之,无论是自己还是他人他物,我们都应时时对其进行批判性思考,及时从中发现各自的优缺点,以便做到"人为我用"、"物为我用"。

其二,如何培养批判性思维?(1)要引导个体树立深思熟虑的思考意识与态度,尤其是要树立理智的怀疑和反思精神,这是培养批判性思维的开端。① 因为在现实生活中,缺乏批判性思维的意识和理智的怀疑与反思精神,是使一些人丧失批判性思维的重要心因。② (2)要帮助个体养成清晰性、相关性、一致性、正当性和预见性等良好的思维品质,这是培养批判性思维的基础。③ 其中,清晰性是为了摆脱思维混乱,因此,清晰性意味着思考问题要"有层次"、"有条理"以及"能清楚、准确地使用概念和语言"。④ 相关性是为了避免思维毫无目的性以及让思维摆脱情感纠缠,所以相关性意味着"围绕手中的问题进行思考"与"在思考问题时一般要诉诸逻辑推理,有时也用直觉,但不能诉诸情感心理"。⑤ 一致性是为了避免思维过程出现自相矛盾。⑥ 正当性是为了消除不可靠的观点、想法或信念的干扰,所以,正当性就意味着"要使用真实可信且数量足够的证据并遵循合理的逻辑推理来证实或证伪自己或他人的观点"。⑦ 确凿的证据和有力的推理使确信你所提出合理理由的人,不得不在一定程度上也确信你的结论的可

---

① 谷振诣,刘壮虎. 批判性思维教程[M]. 北京:北京大学出版社,2006:3.
② 同上:13.
③ 同上:3.
④ 同上:4-6.
⑤ 同上:6-8.
⑥ 同上:8-9.
⑦ 同上:10-11.

靠,否则,他就会被指责为无理取闹。① 预见性是为了杜绝盲目行动,这样预见性就意味着"观点的实用性"和"行动的主动性"。② (3) 要引导个体学习面对相信什么或者做什么而作出合理决定的一系列知识、技术和方法(包括必要的逻辑学知识、辩论技术、发现问题和解决问题的方法等),并结合大量的思维训练学会如何在日常生活实践中熟练运用这些知识、技术和方法,这是培养批判性思维的核心。③ 具体地说,批判性思维技巧包括个体是否善于:分类、比较、区分和筛选④;判断信息是否恰当;区分理性的断言和情感的断言;区分事实和观点;识别证据的不足;洞察他人论证的陷阱和漏洞;独立分析数据或信息;识别论证的逻辑错误;发现信息和其来源之间的联系;处理矛盾的、不充分的、模糊的信息;基于数据而不是观点建立令人信服的论证;选择支持力强的证据;避免言过其实的结论;识别证据的漏洞并建议收集其他信息;知道问题往往没有明确答案或唯一解决方法;提出替代方案并在决策时予以考虑;采取行动时考虑所有利益相关的主体;清楚地表达论证及其语境;精准地运用证据为论证辩护;有序地呈现增强说服力的证据⑤;识别修辞⑥;以一种结构清晰、推理符合逻辑且有说服力地组织复杂的论证⑦。(4) 要有一颗宽容、公正、勇敢、恬淡的心。只有这样,才能公正地权衡反方的论辩和证据,⑧才能在压力面前仍能坚持批判性思维,才能既容得下他人对自己的批评,不至于在他人一丁点的批评声中就丧失理智,又能在他人赞美时不至于迷失方向。一则《人性的弱点》的故事将个中道理讲得极透彻,原文不长,摘录如下:

　　一位科学家研究出克隆人的技术。有一天,这位科学家得知死神正在寻找他,便利用克隆技术复制出 12 个"自己",想在死神面前以假乱真,保住性命。科学家的克隆技术堪称完美,面对 13 个一模一样的人,死神一时分辨不出哪个才是真正的目标,只好悻悻离去。但是没过多久,对人性的弱点了如指掌的死神,想出一个识别真假的好办法。死神又找到那 13 个一模一样的科学家,对他们说:"先生,你确实是个天才,能够克隆出如此近乎完美的复制品。但很不幸,我还是发现你的作品有一处微小的瑕疵。"话音未落,那个真的科学家暴跳起来大

---

① 谷振诣,刘壮虎. 批判性思维教程[M]. 北京:北京大学出版社,2006:25.
② 同上:11 - 12.
③ 同上:3.
④ [英]斯特拉·科特雷尔. 批判性思维训练手册[M]. 李天竹译. 北京:北京大学出版社,2012:6.
⑤ [美]摩尔,帕克. 批判性思维:带你走出思维的误区[M]. 朱素梅译. 北京:机械工业出版社,2012:3 - 4.
⑥ 同上:20 - 21. 修辞(rhetoric),指具有心理上的说服力,但并不增加逻辑力量的语言。例如,约翰·肯尼迪的名言:"不要问国家能给你做什么,要问你能为国家做什么",便是一句漂亮的修辞。
⑦⑧ [英]斯特拉·科特雷尔. 批判性思维训练手册[M]. 李天竹译. 北京:北京大学出版社,2012:3.

声辩解道:"这不可能! 我的技术是完美的! 哪里有瑕疵?""就是这里!"死神指了指那个说话的人的心,随即得意地把他带走了。一句批评或者奉承的话往往会使人暴露出自己的弱点。①

3. 帮助个体学会辩证思维

辩证思维(dialectical thinking),是指个体要善于从世界是普遍联系的、变化的与复杂的观点出发看待事物及事物内蕴含的矛盾,认为任何事物与事物之间以及任何事物当中都蕴含着相反相成的矛盾,主张事物与事物之间或矛盾双方是你中有我我中有你的"包含"或"共生"关系(即 A 既是 A,又是非 A),而不是非此即彼的"死活"关系(即 A 是 A,不是非 A),因此,既要看到不同事物之间或矛盾双方相互冲突的一面,又要看到不同事物之间或矛盾双方可以相互转化的一面,还要看到不同事物之间或矛盾双方可以和谐共生的一面,这样,处理问题或矛盾的最佳方式是将事物的正反两个方面或矛盾的双方综合起来加以考虑,以此更加全面、准确地看待事物或矛盾,并求得事物或系统的动态平衡。若用图形来表示,太极图可算是辩证思维的一个最形象的展示;若用故事来表达,《淮南子·人间训》里阐述的"塞翁失马,焉知祸福"②的故事,可说是善用辩证思维的经典说明。

由此可见,这里所讲的辩证思维是在中式经典辩证思维的基础上融入西式辩证思维的一种新式辩证思维。中式经典辩证思维与西式辩证思维并不完全相同。中式经典辩证思维强调对立的交参与和谐,虽不否认对立,但较为强调统一的一面,这样,中国先哲喜欢讲"天人合一"、"阴阳一体";西式辩证思维强调对立的斗争和转化,虽不否认统一的一面,但较重视对立,于是,西方哲学爱说"神凡两分"、"主客对立"。当然,中西方辩证思维都肯定对立的统一。③ 鉴于中式经典辩证思维是中国传统思维方式的一大特色、优点或长处,于是本书将它作条理化、明晰化,并适当融入西式辩证思维的精义,注意对立的冲突与批判否定精神。

为了帮助学生尽快养成辩证思维,平日要鼓励学生学会辩证地思考,让学生认识到问题和答案都会因时而异。例如,当一位学生听了一堂生命教育的课程后,若由此而提出如下问题:蟑螂、蚊子、苍蝇、老鼠等也有生命,人们为什么要试图将它们斩尽杀绝? 食肉动物(如老虎)捕食动物的行为是应该的吗? 若是,那么如何看待处于食物链下游的动物的生命? 若不是,那处于食物链上游的动

① 李沧. 人性的弱点[J]. 读者,2013,(1):49.
② 刘文典. 淮南鸿烈集解[M]. 冯逸,乔华点校. 北京:中华书局,1989:597-599.
③ 张岱年,成中英等. 中国思维偏向[M]. 北京:中国社会科学出版社,1991:16.

物该如何生存？难道让所有的食肉动物都改吃素？教师应如何引导？对于这类问题的解答，就要引入辩证思维，若只固执一端，不但不能合理地将问题予以解答，个体也很难真正朝着习得智慧的方向前进。

4. 帮助个体学会中庸思维

中庸思维指个体从当时所处具体情境出发，用恰到好处的分寸把握自己面临的一个或多个问题，以使问题获得正确且圆满的解决。

对于"中庸"一词的解释，最著名的要数北宋的程颢和程颐。据《河南程氏遗书》卷七《二先生语七》记载，二程兄弟对"中庸"的解释是："不偏之谓中，不易之谓庸。中者，天下之正道；庸者，天下之定理。"稍后的朱熹极其推崇此解释，不但将之原封不动地移至自己的《中庸章句》里，而且朱熹在《四书章句集注·中庸章句》里对"中庸"这一书名的解释基本上也是复制了二程兄弟的上述思想。朱熹说："中者，不偏不倚、无过与不及之名。庸，平常也。"①可见，"中"的本义是不偏不倚、无过与不及，也就是恰到好处之义。例如，用"增之一分则太长，减之一分则太短；著粉则太白，施朱则太赤"之语来形容一个人长得好，就意味着此人的高低肤色等均是恰到好处的。这样，"过"与"不及"因都不是恰到好处，所以二者都不属"中"。

据冯友兰的观点，"中"里没有"不彻底"之义。假若一事有十成，做至十成才是恰到好处，才是"中"；做了九成是"不及"，做了十一成是"过"。"中"里也无"模棱两可"之义。若甲、乙对做某事各有一意见，在这两种意见中，如果甲的意见正是做此事最恰当的方法，那么，他的意见就是合乎"中"的，自不必也不能将其打对折。假若乙的意见不合乎"中"，即使打对折，仍是不恰当的。真正持中庸的人断不会这样做，而只会采纳甲的意见。同时，"中"里也没有"两端"或"中间"之义，在孔儒看来，各执一端与专执其中都是有失偏颇的，他们非常反对这种处事态度。在孔儒心里，"中"是相对于事和情形说的，"中"会随时变易，要真正做到中庸，必须有权变思想，这就是儒家在《中庸》里所说的"君子而时中"。"时中"也就是随时变易之中，就是今人常说的具体问题具体分析。正如南宋陈淳在《北溪字义·经权》里所说："权，只是时措之宜。'君子而时中'，时中便是权。天地之常经是经，古今之通义是权。问权与中何别？曰：知中然后能权，由权然后能中。中者，理所当然而无过不及者也。权者，所以度事理而取其当然，无过不及者也。"

---

① 朱熹.四书章句集注[M].北京：中华书局，1983：17.

综上所论，一个善守中庸的人就是既要固守中正之道又能敢于打破常规并懂得变通的人，以便将面临的诸种难题都能处理得恰到好处。[①] 这是一种多么科学的思维方式！因此，《二程遗书》卷六说得好："惟善变通，便是圣人。"因此，在日常生活里，一个人在做人或做事过程中，若"太认死理"，不知恰当地做些变通，往往是缺乏中庸思维或中庸思维用得不够透彻之故。例如，上文提到的束星北，虽才华横溢，但在应对1957年反右运动以及随后的"文革"时，因个性过于刚毅等原因，未恰当运用中庸思维去解决问题，终因未及时变通，最终导致其聪明才智未能充分施展出来。与此不同，作为与束星北同时代的大科学家，钱学森在诸多难题面前虽偶有错误应对，但总体上能展现出中庸思维，从而有机会为国家贡献自己的聪明才智，并先后荣获"国家杰出贡献科学家"与"两弹一星功勋奖章"等光荣称号。同时，中庸思维虽要求人们要知变通，却又不是要人做事不彻底、遇事模棱两可、庸碌无能和俗气之流，后四者正是儒家非常痛恨的乡愿之流。据《论语·阳货》记载，孔子说："乡愿，德之贼也。"何谓乡愿呢？《孟子·尽心下》说："非之无举也，刺之无刺也，同乎流俗，合乎污世，居之似忠信，行之似廉洁，众皆悦之，自以为是，而不可与入尧舜之道，故曰'德之贼'也。"用今天的话说，乡愿就是所谓的老好人，这种人的行为与中庸之道貌合神离，很能鱼目混珠，以假乱真，所以，是德之贼。可见，如何在"变通"上把握住"分寸"，让自己既不至于固执到"只认死理"，又不至于沦落为"乡愿"，这是准确掌握中庸思维、灵活且恰当地运用中庸思维时不能不妥善解决的问题。

5. 帮助个体学会反省思维

反省思维（metathinking），也叫"元思维"，是指个体对自己思维的思维。与此类似的概念是美国心理学家弗拉维尔（John H. Flavell，1928—　）1976年在《认知发展》一书中明确提出的元认知概念。元认知（metacognition），又叫"反省认知"，是指个体对自己认知历程的认知。可见，认知或思维都是指向外部的客观世界；元认知或反省思维则指向个人自己的内部的认知过程或思维过程，以认知过程或思维过程本身的活动为对象。本书将反省思维与元认知视作一对可换用的概念。一个人若能做到善于监控自己的生活事件，并反思自己对这些事件的思考过程，就表明此人的反省思维处于较高的水平；反之亦反。用反省思维的眼光看，拥有智慧的人不是不犯错误，而是善于事后总结，因此，拥有智慧的人一般能够做到：若犯错误，同一种类型的错误只会犯一次；不像愚蠢的人那样在同

---

① 冯友兰. 贞元六书[M].上海：华东师范大学出版社，1996：431 - 442.

一类型的错误上屡错屡犯。那么,如何培育个体的反省思维呢?

其一,引导个体认识反省思维的重要作用,主动培育反省思维。反省思维在个体心智成长过程中起着重要作用。以成绩优异的学生为例,在日常生活里,成绩优异的学生一般可以分为三种类型:高智商型、勤奋刻苦型和善于反省型。其中,高智商型学生具有的高水平的液态智力一般都是天生的,对于教育工作者而言,那是可遇而不可求。勤奋刻苦型学生是通过自己刻苦努力才将学习成绩提高上去的,这不但往往会以牺牲学生学习其他事物、学生的娱乐和休息时间为代价,而且易让学生因长久的刻苦努力而终生对学习产生倦怠和厌恶情绪,一些考入大学的学生之所以在大学里不太努力学习,重要原因之一就是因为他们在中小学阶段尤其是高中阶段太过刻苦,由此而对学习产生厌倦之故。对于试图大范围之内提高教育和学习效果而言,只有让学生成长为善于反省型学生才是最切实可行的。因为善于反省型学生既能收到学习成绩好的效果,学习过程中较之勤奋刻苦型学生也要轻松得多。所以,让学生认识到反省思维的重要性,人人努力争做一名善于反省型的学习者,这既有助于培养学生的反省思维,也有助于提高学生的学习效率。

其二,培养学生具有良好的反省思维的意识与习惯。一旦学生认识到养成反省思维的重要性,就要想方设法帮助学生养成反省思维的良好意识与习惯,做到凡事都会去反省,时时反省,而不是三天打鱼两天晒网;而且,是客观、理智地去反省自己与他人言行的得与失,而不是带有主观色彩如情绪色彩的反省,自然会逐步提高自己的元认知水平。

其三,丰富学生的元认知知识和体验。元认知是认知能力发展到一定阶段的产物,元认知必须在具体认知活动中才能发展。通过某种认知活动总结出适合该活动的知识和策略,以后再遇到类似的认知活动就可以根据认知个体和认知任务的特点制订计划,选择这些有效策略,按预订的计划进行认知活动。正因为在认知活动中要不断选择、采取各种认知策略,如果个体缺乏这些认知策略,元认知的水平也不会高。因此,要发展学生的元认知就必须向学生传授元认知的有关知识,提高学生的认知能力。教师可以针对某一具体的学习任务,向学生讲述自己是怎样明确学习任务的要求,怎样掌握学习材料的特点,怎样把握自己的认知特点,怎样制订完成任务的计划,怎样执行计划,在执行计划的过程中怎样进行监控,怎样评价自己的认知结果,怎样改进自己的学习方法。教师要指导学生掌握一定的元认知策略,如计划策略、监控策略、调节策略等。教师可以通过语言将自己对某个问题的思维过程展示给学生。如叙述自己解决某个化学方程式问题时想到哪些解题方法,哪一种是首选方法,自己是怎样运用这些方法的。教师要引导学生学习增进记忆的策略,学习组织知识的策略,学习反省认知的策略。在复习阶段,教师可以指导学生进行及时复习、分散复习,指导学生采用多种方式复习。在学生掌握认知策略的同时,教师要引导学生合理选择和运用这些策略,发展学生的元认知。在丰富学生的元认知知识时要注意两点:一是引导学生全面把握学习任务,正确认识学习材料的特点。在学生运用认知策略时,教师要引导他们明确学习任务的要求、任务要达到的程度,明确每种学习材料在整个学习任务中的地位,认真分析学习材料的性质、结构、难度,从而合理分配学习的时间和注意力。二是引导学生合理使用认知策略。在完成某项学习任务之前,教师要引导学生充分认识自己的认知特点,如认识到自己是善于视觉学习还是善于听觉学习,是早晨的记忆效果好还是晚上的记忆效果好;同时教师要引导学生根据学习任务的要求,根据自己的认知特点,根据学习材料的特点考虑有哪些策略可以使用,选择哪种策略最好。要让人知道常见的影响反省的因素,如课题难度的性质、大小等。

其四,采用一定的方法训练学生的元认知。元认知训练不局限于某种方法,从一定意义上说,凡是有利于促进学生反思自己的思考过程并进一步调节自己思考策略的手段都是训练元认知的方法。常见的培养元认知的有效方法有自我提问法和他人提问法。自我提问法是指在元认知的训练中,学习者自己提供一系列供自己进行自我观察、自我监控、自我评价的问题清单,从而不断促进自己的反省能力的训练方法。自我提问法的优点是能调动学生的主体作用,有助于学生将外部要求内化;缺点是,一些研究表明,在刚开始时学生一般不习惯于停顿下来做自我提问。因此,合理的做法宜是:在做自我提问法训练之前,先对学生进行他人提问的训练。他人提问法是指在元认知的训练中,教师(也可以是家长或有较好元认知的学生)通过向学生提供一系列供其观察、监控和评价的问题清单,不断引导和促进学生自我反省,从而提高学生元认知能力的训练方法。如有必要,教师也可在班上设置"专职提问员"之类的班委,或者在学习委员的职责里加入"有及时提醒同学进行反思的权利与义务",专门负责给班上"不善于反思"和"经常忘记及时反思"的同学提供问题清单,以此逐渐促进全班同学的元认知水平。他人提问法的优点是便于初学者习得元认知能力;缺点是需要一个外在的他人来为学习者提供一个供反思用的问题清单,从而不便于学习者随时随地地进行自我反省。当然,他人提问法和自我提问法也不是截然对立的,而是可以转换的。当一个人将他人提供的问题清单尝试用自己的话说出来时,他人提问法就逐渐向自我提问法过渡了。

其五，按阶段有针对性地加强对学生元认知操作的指导。教师在学生认知活动的进展过程中按阶段有针对性地对学生进行元认知指导。学习活动开始前教师要引导学生制订出切实可行的学习计划，指导学生运用元认知计划策略。教师要让学生明确学习任务的要求，认清学习材料的特点，把握自己的学习特点，设置合理的学习目标，作出详细的时间安排，选择合适的学习策略，制订出能达到目标的具体的实施步骤并预计计划的执行情况和学习的结果。在学习活动中，教师要指导学生运用元认知监控策略和调节策略。要引导学生进行领会监控，控制自己的学习速度，认识每一步是否达到预定的目标，有无偏离目标的情况存在；要引导学生进行策略监控，审视所用策略的有效性；要引导学生进行注意监控，充分抑制分心现象的发生，有选择地对主要信息加以注意。针对认知活动中出现的偏离预订目标，认知策略不怎么有效的情况，教师要指导学生运用调节策略，及时调整学习计划，调整、修正认知策略，对未达到的局部目标采取一定的补救措施。学习活动后，教师要注意指导学生对自己的学习情况、学习效果进行检查和评价，对学习中出现的错误和问题认真分析并及时纠正，采取可行的补救措施。要引导学生深入反思，积累经验，吸取教训，思考更好的学习策略。

其六，创设练习和反馈的机会，促进学生正确评价自己的元认知水平，发展元认知。教师必须为学生提供运用元认知策略的机会才能促进学生掌握元认知策略。教师可以布置给学生某项学习任务，让学生在完成任务的过程中监控自己的认知活动。教师可以让学生记学习日记，在日记中叙述今天学习的主要内容，列出有关知识点和各知识点之间的联系，列出自己困惑的问题，将一些容易混淆的概念进行比较。在学生回答问题时，教师要让学生说出他自己是怎么想的、为什么这样想，教师要启发学生通过出声思维，用语言将思维过程详细、清晰地描述出来，展示自己解决问题的过程，引导学生有意识地运用元认知监控策略。要发展学生的元认知就必须为学生提供反馈的机会，使学生能正确评价自己，发展自己的元认知。正确认识自己是一件困难的事情，比如自己擅长什么，自己的能力到底怎样？这些问题有时候自己也不能作出客观的回答。在教学时常常会发现这样的情况：有的同学自认为这个单元的知识已经掌握了，考试却考得一塌糊涂。能正确评价自己的认知活动，正确评价自己的元认知水平十分重要。因此，教师必须为学生提供反馈的机会，使学生能正确评价自己的认知活动，发展自己的元认知。教师可以设计一些反馈练习题，让学生在完成某项学习任务后，做练习进行自我反馈。引导学生思考自己原以为掌握的情况，而实际掌握的情况如何,为什么会出现这种认识上的偏差。教师可以要求某同学描述自己的认知过程,叙述自己解决某个新问题时,想到有哪些策略,哪个是首选策略,哪些是补救策略,自己怎样运用这些策略。同时引导其他同学对其认知过程进行评价,从而使学生能正确认识和评价自己的认知活动,采取相应的措施改进自己的认知活动。教师也可以请某个同学讲述自己的认知特点,引导其他同学进行科学的评价,使该同学能正确认识自我,扬长避短,丰富自己的元认知知识。教师还可以向全体同学呈现一个新的学习任务,让同学评价这一任务的难度,阐述自己解决这一问题的计划与策略,并进行相互评价。总之,在教学过程中,教师应给学生提供一个和谐、民主的环境,让每个人都能自由地评价别人的学习方法和策略,也可以由别人进行评价,为学生提供一种训练和评价元认知的学习环境。①

6. 帮助个体学会对话思维

对话思维(dialogue thinking)指两个或几个人直接交际时的思维活动。对话思维的特点主要有四:第一,情境性。对话思维是一种情境思维,它往往与某个具体情境密切相关。第二,直接性。对话思维是对话双方的直接交流。第三,反应性。对话思维常常是一种反应性思维,一方会根据对方的反应而随时调节自己的思维活动与思维内容。第四,合作性。对话思维是对话双方相互合作的结果,这样,对话双方只有相互理解、相互支持,彼此双方对对方的思维活动作出恰当反应,对话思维才能够顺利进行下去。俗话说:"智者千虑,必有一失;愚者千虑,必有一得。"②"盲人摸象"的故事也形象地告诉人们,每个人的思维和视角都有一定的局限性,只要关于运用对话思维,学会从他人的视角理解各种利益和观念,然后做到博采众长,才能不断完善自己的思维方式。更重要的是,在重视开放创新(open innovation)的今天,对话思维更显重要性。只有摒弃封闭思维,善于运用对话思维,做到既积极关注自己身处单位或团队内部的创新,又积极关注其他单位或团队的创新,并善于借鉴、运用来自本单位或团队之内以及外单位或团队的聪明才智,才能让自己和自己的单位或团队持久地保持旺盛的创新能力。

7. 帮助个体学会创新思维

创新思维,也叫"创造性思维",是指人们运用新颖的方式解决问题,并能产

① 汪凤炎,燕良轼.教育心理学新编(第三版)[M].广州:暨南大学出版社,2011:333-336.
② [汉]司马迁.史记[M].[宋]裴骃集解.[唐]司马贞索隐.[唐]张守节正义.北京:中华书局,2005:2031.

生新的、有社会价值的产品（包括物质的和观念的产品）的心理过程。它是问题解决的最高形式。与此相对应，创造力是指人们根据一定目的，运用各种信息，生产出某种新颖、有社会价值的产品的能力。

据《大学》记载："汤之《盘铭》曰：'苟日新，日日新，又日新。'《康诰》曰：'作新民。'《诗》曰：'周虽旧邦，其命维新。'""汤"指商朝的开国帝王成汤；"盘铭"指刻在商汤的脸盆上用来警戒自己的箴言。整句箴言的意思是：假若能每天更新，就天天更新，每天不间断地更新。可见，至少自早在商朝开国帝王成汤开始，中国人就非常推崇创新，其后的优秀学人也继承了这一优良传统，这是中国文化历久弥新的内在动力之一。这表明，至少在先秦时期，中国的优秀哲人是非常注重创新、追求创新的。但中国学术自子学时代步入经学时代后（冯友兰语），许多学人却逐渐抛弃了重视创新思维的优良传统，转而只将创新思维挂在嘴边，内心其实已习惯权威思维了。正如笔者在《新好了歌》（第一首）中所说："世人都说创新好，唯有内功修不了；创新情形今如何？嘴上说说就算了。"这不能不说是一件憾事！所以，当代中国人要重新回归先秦重视创新思维的优良传统，逐渐养成注重创新思维的习惯。正如笔者在《新好了歌》（第二首）中所说："创新其实万般好，只是不能假冒了；如何才有真创新？实践思考就来了。"因此，借鉴陶行知先生《手脑相长歌》，作《赞脑》一首，愿我们共勉之！

赞脑

人人有大脑，

一定要用好，

时时勤思考，

处处能挖宝。

四、帮助个体掌握发现问题与解决问题的策略

（一）掌握发现问题的必要策略

创造动机、创造活动和问题解决一般都源于问题意识，都是从发现问题开始的，问题只有在被发现之后才能引起人们解决问题的思维活动。所以，爱因斯坦说，提出问题比解决问题更重要，因为后者仅仅是方法和实验的过程，而提出问题必须找到问题的关键、要害。一个人能否敏锐地发现问题，往往决定着他活动的水平和效率，甚至事业的成败。[1] 英国科学哲学家波普尔认为，科学的第一个

---

[1]　汪凤炎，燕良轼.教育心理学新编（第三版）[M].广州：暨南大学出版社，2011：359.

特征就是"它始于问题,实践及理论的问题"。"科学只能从问题开始","科学知识的增长永远始于问题,终于问题"。胡适 1932 年 6 月为北京大学毕业生开的三味"防身药方"中,第一味就是"问题丹"。胡适说:"问题是知识学问的老祖宗;古往今来一切知识的产生与积聚,都是因为要解答问题。""试想伽利略和牛顿有多少藏书? 有多少仪器? 他们不过是有问题而已。有了问题而后他们自会造出仪器来解答他们的问题。没有问题的人们,关在图书馆里也不会用书,锁在试验室里也不会有什么发现。""而脑子里没有问题之日,就是你的知识生活寿终正寝之时!"[①]不过,从真与假(或伪)的角度分,问题有真伪之分。真问题指现实生活里真实存在的问题。一旦找到真问题并予以解决,将会增进人们对该问题的深入认识和人们解决类似问题的能力。假问题是指现实生活里本不存在而是个体虚拟出来的问题。解决假问题不但不能增进人们的认识,还会浪费人的心智资源。所以,准确地说,问题解决是从发现真问题开始的。[②] 同时,问题意识有三个基本来源:好奇心;怀疑精神;想象力。遗憾的是,如前文所论,由于直至今日,中国的儿童往往仍是伴随着"不"的声音长大的,导致中国儿童的成长过程几乎是一个"作茧自缚"的过程,久而久之,其好奇心、想象力和怀疑精神也就慢慢地减弱甚至最后消失得无影无踪。同时,在当代中国的教育中,一些幼儿园、小学、中学甚至大学的教师都喜欢标准答案;并且,许多教师和家长因为工作繁忙、科研任务重、家务事多或缺乏足够的耐心等缘由,一般不希望学生或子女提出太多的问题,尤其是一些"难题"或"看起来颇简单的问题",在这种氛围下成长起来的一些中国学生久而久之就不想发现问题、不敢发现问题或不会发现问题了。

1. 不想发现问题及其破解策略

不想发现问题,是指一些学生虽然已拥有发现问题的能力,但是,为了偷懒或不给自己添麻烦等原因,遇到事情时不愿多想,巴不得没有问题,即便有问题,也不愿提出来。对于这类学生,若想增强其问题意识,有效方法之一便是:适当采取各种强化措施激发学生自觉发现问题的意识,使学生愿意去发现问题。

2. 不敢发现问题及其破解策略

不敢发现问题,是指一些学生虽然已拥有发现问题的能力,并且明知有"问题",但是,迫于教师或家长等权威施加的有形或无形的压力,却不敢提出。因为在当代中国的基础教育阶段,出于"便于管理"和"维护师道尊严"等原因,一些老

---

① 胡适. 赠与今年的大学毕业生[J]. 独立评论(第七号),1932-07-03.
② 下文若无特别说明,所讲的问题均是指真问题,只是为行文简洁,才将"真"字省略。

师明确要求学生在课堂上不能随便发言（这实际上本是一种主动发言），必须静静地听老师讲授（这实际上是一种被动听讲），只要等到老师要求学生发言时，学生才能在老师的允许下发言。同时，在答题时，一些教师推崇标准答案，这个标准答案往往又是"唯一的答案"，若同学们胆敢提出不同于标准答案的答案，教师往往将其判定为"错"。结果，一些学生变得非常"害羞"，不敢在课堂上随便提问题。更有甚者，在一些所谓"权威"眼中，学生一旦真的善于发现问题，常常会被他们认作是给自己"找麻烦"，进而时常会绞尽脑汁去给这些问题意识很强的学生"穿小鞋"。一些学生在日常生活里通过观察学习逐渐意识到"听老师的话"的"好处"，老师怎么说，他就怎么做，即便真有问题，也"不敢"提出来。对于这类学生，若想增强其问题意识，有效方法之一是：要逐渐健全学校的相关规章制度，既保证教师的合法权利不受侵犯，也要保证学生的合法权利不受侵犯，让学生在学校里能过上安全、健康、快乐的学校生活，只有这样做才助于学生敢于提出自己的问题。

3. 不会发现问题及其破解策略

不会发现问题，是指一些学生缺乏发现问题的能力，虽然想提出问题，却不知道怎样发现问题。对于这类学生，就要教会他们一些有效发现问题的常用方法。这些有效发现问题的常用方法主要有以下五种。

其一，增加学识法。通过各种方式帮助个体增强自己的学识，这是发现问题的有效做法之一。古人说得好："学然后知不足。"一个人通过学习获得的知识越多，就越容易发现这样一个事实：不同学人对同一个问题经常会提出一些不同甚至相互矛盾的见解。在这种情况下，自然就容易发现问题了。所以，据说，当有人问笛卡尔："尊敬的笛卡尔先生，我们大家都公认您极有学问，为什么您好像比我们更无知，比我们有更多未解的问题呢？"笛卡尔的回答极巧妙、形象："对于您的这个问题，我可以作如下回答：假若在地上画一个圆，'圆内'代表已知的东西，'圆外'代表未知的东西，那么，一个人的学问越小，其所知的东西就越少，画成圆时此圆就越小，圆越小，其周长就越短，其接触外部未知的世界就越少，所以就越没有问题。反之，如果一个人的学问越大，其所知的东西就越多，画成圆时此圆就越大，圆越大，其周长就越长，其接触外部未知的世界就越多，所以就越会有问题。这就是您认为我比您有学问却比您显得更无知的原因。"

其二，激发个体的好奇心、想象力与怀疑精神以培养其问题意识。个体的问题意识既然一般是来源于好奇心、怀疑精神和想象力，学校教育就必须向学生强化问题意识，提高学生的想象力和创造力，让学生对周围的事物保持一份好奇心、一种看待世界的新视角,让学生的头脑充满问号而不是句号,以此来培育学生的好奇心、怀疑精神和想象力,激发学生的问题意识。

其三,缺点列举法。其基本假设是:世界上任何事情都不可能十全十美,都存在这样或那样的缺点,都有值得改进的地方,尤其是当一个事物本身还不够好或一件事情做得还不够好时更是如此。缺点列举法就是通过发现事物的缺陷,列举缺点,从而发现问题的方法。缺点列举法既可以个人运用,也可以集体运用。个人运用,首先是寻找目标,然后发现缺点进行改进。集体运用,也是先要寻找缺点,然后集体攻关,其具体步骤:第一步,围绕某一主题开一次小型会议,集体列举缺点,列举得越多越好。会议的成员一般在5~10人之间。第二步,对列举缺点进行编号,记录并分出主次。第三步,提出改进措施。

其四,希望点列举法。即从人们的希望出发,并依据希望提出问题的方法。它与缺点列举法的根本区别是:缺点列举法从事物的原型出发进行列举,而希望点列举法从个体的愿望出发进行列举,这样,后者比前者具有更高的要求、更大的主动性和灵活性。希望点列举法既可以个人运用,也可以集体运用。在集体运用时可遵循下列步骤:第一步,按照事先认定的主题召开希望点列举会议(每次5~10人)。倘若与会者会前有所准备当然更好。第二步,发动与会者提出各种各样的希望点,并将即时记录公布于众,以便避免重复,促进相互启发。时间可由主持会议的人依据具体情况而定。列举的希望点越多越好。第三步,会后整理,从中选出当前可能实现的若干项进行研究,制订出具体的革新方案。希望点列举法应用的范围很广。但在集体应用时应当注意,切忌批评指责别人的观点,只要是自己希望的都可列举,多多益善。

其五,学会换一种思路或角度看待问题。在思考某一问题时,有时沿着惯常的思路去思考不容易发现问题,这时,换一种看问题的角度或思路,就容易发现问题。[①] 例如,有这样一个题目:老王一共有17匹马,他准备在自己去世之前将这些马分给自己的三个儿子,并考考三个儿子,他对三个儿子说:"你们知道,我一共只有17匹马,我打算将它们按如下规则进行处理:将其中的1/2分给老大,将其中的1/3分给老二,将其中的1/9分给老三,你们算算,老大、老二、老三各应分几匹马?"这个题目,乍一看,除非将几匹马剁开,否则很难分。但是,聪明的老大想了想,就将这个问题妥当解决了。原来,只要换一种思路,不要让自己的思维被"17"这个数字限制住,而是先在17上加1,即假想有18匹马,这样问题

① 汪凤炎,燕良轼.教育心理学新编(第三版)[M].广州:暨南大学出版社,2011:360.

就迎刃而解：老大分得 9 匹马(18÷2＝9)，老二分得 6 匹马(18÷3＝6)，老三分得 2 匹马(18÷9＝2)，将三个儿子所得马匹加起来，刚好是 17 匹马。广为流传的《缺边的牡丹》与《赶考》两则故事讲的也是这个道理。

[《缺边的牡丹》]中国有一位著名的国画画家名叫俞仲林，他擅长画牡丹。有一次，某人慕名买了一幅他的牡丹画，回到家就高兴地挂在客厅里。不料，此人的一位朋友看了，大呼不吉利，因为这幅牡丹图没有画完全，缺了边。"牡丹代表富贵，缺了边，岂不是富贵不全吗？"朋友说。此人听了，觉得茫然，于是拿着画去找俞仲林教授。俞仲林教授解释说："我是故意这样画的。牡丹代表富贵，缺了一边，不就是'富贵无边'了吗？"那人听了俞仲林教授的解释，又高高兴兴地捧着画回家了。①

[《赶考》]有位青年进京赶考，住在一个经常住的店里。考试前两天他做了两个梦：第一个梦梦到自己在高墙上种白菜；第二个梦梦见在下雨天自己戴了斗笠还打伞。这两个梦似乎有些深意，青年人第二天就赶紧去找算命先生解梦。算命先生一听，连拍大腿说："你还是回家吧。你想想，高墙上种白菜不是'白费劲'吗？雨天戴了斗笠还打雨伞，不是多此一举吗？"青年人一听，心灰意冷，回店收拾包袱准备回家。店老板非常奇怪，问："不是明天才考试吗，你怎么今天就回乡了？"青年人将梦境与算命先生的上番话说了一遍，店老板听后乐了，说："我倒觉得，你这次一定要去参加考试。你想想，高墙上种菜不是'高种(中)'吗？雨天戴了斗笠还打伞不是说明这次考试你有双保险吗？"青年人一听，觉得很有道理，于是精神振奋地参加考试，结果居然中了个探花。

可见，同一件事，因为看待问题的角度不同，就会产生不同的认知与情绪，得出完全不同的结论。积极的想法能让人产生愉快的心境，并激励人采取积极行动；消极想法则易让人心灰意冷，进而导致人们易采取消极行为。既然观念决定人们的生活，有什么样的观念，就有什么样的人生，我们不妨换个积极的角度看待人生中的每件事。假若一个人在待人接物和科学研究中做到凡事多往好处想，不但能让自己少生烦恼，多得喜乐，②而且还易让自己获得新的收获。因为如前文第二章所论，当一个人心情舒畅时，其才思往往更为敏捷，创新思维更为活跃。

(二) 熟悉问题解决的常用策略

常用的问题解决策略除了纽威尔和西蒙③(Newell & Simon, 1972)提出的

---

① ② 佚名. 缺边的牡丹[J]. 人民文摘，2009，(1)：37.
③ 西蒙曾根据自己姓名的谐音给自己起了一个中国名字：司马贺。

策略之外,还有一些来自生活的常用策略。一般而言,在明确某一个问题后,运用纽威尔和西蒙提出的策略来解决问题往往非常有效;但是,在确定人生大方向之类的问题时,来自生活的常用问题解决策略常常更具实用性。

1. 熟悉问题解决的心理学策略

纽威尔和西蒙认为,在问题解决过程中有两类通用的问题解决策略:算法策略和启发式策略。

算法策略(algorithm strategy)就是在问题空间中随机搜索所有可能的解决问题的方法,直至选择一种有效的方法解决问题。简而言之,算法策略就是将解决问题的方法一一进行尝试,最终找到解决问题的答案。算法策略的优点是它能够保证问题的解决,但是采用这种策略在解决某些问题时需要大量的尝试,因此费时费力,而且当问题复杂、问题空间很大或者限定尝试次数时,人们很难依靠这种策略来解决问题。另外,有些问题也许没有现成的算法或尚未发现其算法,对这种问题,算法策略也是无效的。

启发式策略(heuristic strategy)是人根据一定的经验,只根据目标的指引,试图不断地将问题状态转换成与目标状态相近的状态,从而只试探那些对成功趋向目标状态有价值的算子。启发式策略不能完全保证问题解决的成功,但用它解决问题较省时省力。常用的启发性策略有四:(1)手段-目的分析(means-end analysis)。它是将需要达到的问题的目标状态分成若干子目标,通过实现一系列的子目标最终达到总目标。其基本步骤是:第一步,分析问题的初始状态和目标状态。第二步,将问题的总目标分解为若干个子目标(每个子目标就是一个中间状态)。第三步,找出完成第一个子目标的方法或操作,将初始状态向第一个小目标推进。第四步,达到第一个子目标后,再选择手段向第二个子目标推进,如此循环往复,直至问题解决。如果某一手段行不通,就退回原来状态,重新选择手段,直至最终达到总目标。手段-目的分析是一种不断减少当前状态与目标状态之间的差别而逐步前进的策略。(2)逆向搜索(backward search)。即从问题的目标状态开始搜索直至找到通往初始状态的通路或方法。逆向搜索更适合解决那些从初始状态到目标状态只有少数通路的问题。(3)爬山法(hill climbing method)。这是类似于手段-目的分析的一种解题策略。它是采用一定的方法逐步降低初始状态和目标状态的距离,以达到问题解决的一种方法。这就好像登山者,为了登上山峰,需要从山脚一步一步登上山峰一样。爬山法与手段-目的分析的不同在于后者包括这样一种情况,即有时人们为了达到目的,不得不暂时扩大目标状态与初始状态的差异,以便最终达到目标。(4)目标递归策略。即从问题的目标状态出发，按照子目标组成的逻辑顺序逐级向初始状态递归。①

2. 熟悉来自生活的常用的问题解决策略

其一，辩证看待自己拥有的长处，既不自卑也不自傲。从正面说，指按自己的思维长项来寻找自己的学习定位与创造定位，这样做既有助于培养自信，又能充分发挥自己的才华。爱因斯坦的思考方式偏向直觉，于是选择理论物理作为事业的突破点，取得了相对论的成就；爱迪生偏向观察，于是选择发明，成为"世界发明大王"。从反面讲，既不自卑也不持才自傲，不能将自己的长处变成自己的弱点，在自己的长处上"栽跟头"。《淮南子》卷一《原道训》说："夫善游者溺，善骑者坠，各以其所好，反自为祸。"说的就是这个道理。

其二，学会寻弱，切勿盲目跟风。在当今世界，几乎没有什么全新的领域，所有领域均有许多人在做，这样，一个后来者若想早日干出成绩，就不能盲目跟风，必须学会先分析自己从事领域的具体情况，摸清此领域在当前存在的弱点，摸清哪些问题既重要又是别人研究的薄弱环节，从而找到自己学习和创造的突破口。如，美籍华人、诺贝尔物理学奖获得者李政道就通过这种方式，仅用了几个月，就找到了一种新的孤子理论，用来处理三维空间的亚原子问题，于是，在这个领域里，他便从一无所知一下子赶到别人前面。

其三，学会聚焦，拒绝蜻蜓点水。贝索是爱因斯坦的朋友，被誉为"相对论的助产士"。他知识渊博、思维敏捷，但一辈子却没有什么建树。为什么？因为他兴趣过于分散，到处蜻蜓点水，没有将知识与能力聚焦。与此相反，爱因斯坦的知识未必有他渊博，但紧紧围绕相对论等一些关键问题进行学习与思考，所以才取得举世瞩目的成就。②

其四，学会适时放弃，切忌"什么都要"的心理。"舍得"就是先要"舍"，然后才能"得"。因此，个体无论在做人过程中还是在做科研过程中，都要牢记老子所说的"知足常乐"的道理，学会适时放弃，切不可有"什么都要"的心理，否则，贪多必失。2002年偶读一篇题为《有一种智慧叫放弃》的文章，用故事的形式将此中的道理形象地说了出来。原文不长，现抄录如下：

大学教授向日本明治时代著名禅师南隐问禅。南隐以礼相待，却不说禅，他将茶水注入这位来客的杯子，杯子已满，还在继续注入。教授眼睁睁地望着茶水

① 汪凤炎，燕良轼.教育心理学新编(第三版)[M].广州：暨南大学出版社，2011：356-358.
② 吴甘霖.用智慧统率知识——21世纪的智慧宣言(上)[J].读者，2002，(6)：48.

不停地溢出杯外，终于不能沉默了，大声说道："已经漫出来了，不能再倒了。"

"你就像这杯子，"南隐答道，"里面装满了你自己的看法，你不先把自己的杯子倒空，让我如何对你说禅？"

有时候，如果我们只抓住自己的东西不放，就很难接受别人的东西。特别是现代社会，人变得越来越贪，有些人什么都不愿放弃，结果却什么也得不到。有所失才会有所得。对于高人来说，放弃不是失败，是智慧。①

第三节　智慧教育的基本原则、课程和保障措施

犹如烹调，当主菜与辅菜都已洗好并切好，调料与灶具等也已准备完备，这时便需要大厨出来烹制佳肴了，这"临门一脚"的关键阶段便是智慧教育。这意味着，若个体没有生成一定的道德素质，获得一定的聪明才智，即便对其开展智慧教育，效果往往也是事倍功半；反之，即使个体生成了一定的道德素质，获得了一定的聪明才智，若未及时受到智慧教育，便常因缺少"点睛之笔"而前功尽弃。因为未及时受到智慧教育的个体往往未生成兼顾德与才视角看待问题和解决问题的习惯与能力，也不善于在个人利益、他人利益、组织利益、国家利益和全人类利益之间找到一个"黄金平衡点"，从而易犯"好心办不成（好）事"、"好心办坏事/好心铸大错"、"好心却被人利用"、"因小失大"、"因贪酿祸"、"聪明反被聪明误"或"积小胜成大败"之类的错误。

那何谓智慧教育？教育有广义和狭义之分。广义教育是指以影响人的身心发展为目的的活动。狭义教育是指由专职人员和专门机构进行的学校教育。换言之，狭义教育是指教育者根据一定社会（或阶级）的要求，有目的、有计划、有组织地对受教育者的身心施加影响，将他们培养成为一定社会（或阶级）所需要的人的活动。② 依此类推，智慧教育也有广义和狭义之分。广义智慧教育是指一切以增进人的智慧为目的的活动。狭义智慧教育指在学校中专门开展的旨在帮助受教育者生成或增进智慧的活动。稍加比较可知，广义智慧教育与狭义智慧教育的目的是相同的，即二者都旨在帮助个体生成或增进智慧，从而让个体更好地适应其生存的环境，并尽早过上幸福生活。不过，广义智慧教育与狭义智慧教

① 老丁.有一种智慧叫放弃[J].故事会,2002,(2)：30.
② 夏征农,陈至立.辞海(第六版彩图本) [M].上海：上海辞书出版社,2009：1102.

育之间至少有三个明显区别：（1）开展的场所不尽相同。开展广义智慧教育的场所比较广泛，它既可以在家庭中进行，也可以在学校中进行，还可以在某个社会场所中进行；并且，即便是在学校中进行，它也不限于专门实施智慧教育课程的场所，而是可以在学校中的任何一个情境里开展。与此不同，实施狭义智慧教育的场所主要是指专门开设智慧教育课程的场所。（2）在目的性、计划性与组织性上有差异。从是否有目的、有计划和有组织的角度看，广义智慧教育既可以是有明确目的、有计划、有组织地进行的，也可以是无明确目的、无计划、无组织地进行的，也就是"无心插柳柳成荫"的结果；与此不同，狭义智慧教育一般有较明显的目的性、较强的计划性和组织性。（3）实施的主体有差异。据《论语·述而》记载，孔子说："三人行，必有我师焉：择其善者而从之，其不善者而改之。"①一个人若本着此态度去与人交往，那么，家长、老师、领导、同事、同学、朋友、邻居乃至陌生人等都有可能成为其人生导师，从这个意义上说，实施广义智慧教育的主体是多元的，任何人都有实施智慧教育的可能性。与此不同，实施狭义智慧教育的主体一般是大中小学的教师。当然，出于便于操作和效率的考虑，下文所讲的智慧教育若无特别说明，均指狭义智慧教育。这样，为了通过智慧教育促进个体智慧的生成与发展，下面将详细阐述主要用于狭义智慧教育的基本原则、课程和保障措施，至于广义智慧教育则可参考它而开展。

一、智慧教育的基本原则

妥善借鉴斯滕伯格等人提出的教师在课堂中"为智慧而教"的 16 条原则，同时，根据当代中国的国情及我们自己 10 余年的教书育人经验和研究心得，我们主张，在当代中国进行智慧教育必须遵循"养成良好的思维习惯"等 10 个原则，因"养成良好的思维习惯"在前文已有论述，而"团结就是力量"（要让学生懂得"团结就是力量"的道理，为此要通过教育让学生懂得相互依靠的益处）和"手段与目的必须分开"（教会学生懂得手段是获得目的的方法，却不是目的本身）一点就通，下面只论余下的七个。

（一）树立"良好品德与聪明才智的和谐发展方是智慧"的理念，做到"缺什么补什么"

1. 树立"良好品德与聪明才智的和谐发展方是智慧"的理念

智慧是良好品德与聪明才智的合金，德与才必须和谐发展方是智慧，相应

---

① 杨伯峻译注. 论语译注[M]. 北京：中华书局，1980：72.

地,采取有效措施提高个体的品德与聪明才智,并在二者之间建立起牢固的相互促进关系(这是智慧教育最关键、最具特色的地方,它以此区别于人们常说的素质教育①、道德教育与科技教育),是培育个体智慧的通途。所以,尽管培育智慧的策略丰富多彩,但必须体现如下精神:基于前文提出的智慧的德才兼备理论,若想培育个体的智慧,在教育中要注重传授德才兼备的育人理念,做到既重道德教育、道德学习与人格教育,又注重开民智,促进个体良好品德与聪明才智的和谐发展。这意味着,在品德与聪明才智的关系问题上,科学的态度宜是:先要对德与才进行准确界定,使之合理合宜;同时做到辩证看待德与才的关系,不能偏执一端。毕竟,如前文第二章所论,德与才之间既相对独立又关系密切。这样,仅重视知识传授的教育或仅重视道德学习的教育都是不健全的教育,只有修德育才,才既是培育智慧的通途,也是最健全的教育。

这样,开展智慧教育必须遵循的首要原则是:让学生尽快准确理解"德才兼备乃是智慧的本质",树立"良好品德与聪明才智和谐发展方是智慧"的理念,进而让学生明白如下道理:在其擅长的领域,拥有智慧的人在大多数情况下往往能够做到:"在正确的时间、正确的场合作出正确且富有创意的工作。"为此,要与学生们一起探讨传统的"善良"、"聪明"、"有能力(有本领或有本事)"与"有知识"等概念的内涵以及它们之间的同与异;在此基础上,与学生一起探讨为何只有拥有智慧才能保证个体过上幸福生活,而一个人仅有"善良"、"聪明"、"有能力(有本领或有本事)"或"有知识",却并不能确保自己过上幸福生活的缘由。

2. 做到"缺什么补什么"

用智慧的德才兼备理论的眼光进行观照,对于每一个具体的人,要根据其自身已有素质的特点与不足,做到"缺什么补什么"。这就是说,假若一个人的素质是才多德少,就宜采取妥善方式帮助其提高道德修养,同时提高其才与德之间的关联度。如果一个人的素质是德多才少,就宜采取妥善方式帮助其提高聪明才智的水平,同时提高其德与才之间的关联度。假若一个人既无德也无才,就宜采取妥善方式帮助其提高德与才,同时提高其德与才之间的关联度。如果一个人既有德又有才,则要看其德与才的关联程度,若关联度不高,就要及时采取有效

---

① 除此之外,智慧教育还有一点不同于素质教育:由于我们以智慧的德才兼备理论为依据,既主张多元智慧观,又提出落实智慧教育的系统且具操作性的措施,这样,在开展智慧教育时易做到名实相符。与此不同,素质教育的立意虽佳,但表述太空泛,又缺乏扎实的理论依据,导致在实施过程中经常出现"走过场"的情形,甚至有些中小学将应试教育等同于语(文)数(学)英(语)教育,将素质教育等同于音(乐)体(育)美(术)教育,于是出现"上午开展应试教育,下午进行素质教育"的搞笑情景。当然,若素质教育也真正注重培育个体德才兼备的素质,那么此时的素质教育便是智慧教育。

措施提高其德与才之间的关联度；若关联度已颇高，说明其已是一个智慧者，那就采取妥善方式促进其德与才向更高水平发展，让其理解"山外有山，人外有人"。其他情况要做到依此类推。

当然，在这样做时要处理好以下三件事情：(1)怎样判断缺点？何谓缺点？缺点有广义与狭义之分。从广义上看，缺点是指个体身体或心理上存在的那些明显偏离常态，且既易招来他人对自己或自己对自己的负面评价，又易给个体身心健康发展造成不良影响的东西。从狭义上看，缺点是指个体身体或心理上存在的那些已给个体身心健康发展造成不良影响的东西。用狭义缺点的眼光看，即便个体身体或心理上存在某些明显偏离常态且易招来他人对自己的负面评价的东西，但只要这些东西未给个体的身心健康发展造成负面影响，那么，对此个体而言，此东西就不算是他的缺点。例如，美国总统奥巴马于美国当地时间2011年4月10日出席"防止儿童欺凌研讨会"时发表演说，在回忆自己童年的经历时，透露自己小时候因为耳朵太大和姓名(巴拉克·奥巴马)奇怪，也是被欺凌的受害人，遭到他人的嘲笑，心灵受创。他说，"我并非毫发无伤"。进而奥巴马呼吁美国的家长要多关心子女，留意他们是否曾被欺凌。[①] 按理说，年少的奥巴马的耳朵大，这并不是奥巴马的缺点，因耳朵大并未对奥巴马身心健康造成任何不良影响。但令人遗憾的是，奥巴马却因耳朵大被人欺，这个错本错在欺负奥巴马的人。好在奥巴马在遭到他人嘲笑后，虽心灵受创，却并未因此而生自卑心理，否则，成人后的奥巴马能否最后竞选美国总统成功都可能是一个大大的问号了。由此可见，广义缺点与狭义缺点的相同之处是：二者都是个体身体或心理上存在的不足之处。广义缺点与狭义的缺点之间至少有两个区别：一是所指范围的大小不同。广义缺点的范围较大，它不但将狭义缺点包含在其中，还可指个体身体或心理上存在的明显偏离常态、虽易招来负面评价却未给个体身心健康发展造成不良影响的东西。二是可能产生的影响不同。个体在应对自己身上的广义缺点时，若应对不好，便会对其产生负面影响；若应对正确，便不会对其产生负面影响。与此不同，根据狭义缺点的定义，狭义缺点已对个体产生现实意义上的负面影响。综上所论，对于缺点，正确的态度是：第一，"金无足赤，人无完人"。人人都有缺点，有缺点并不可怕，关键是要认清自己身上缺点的性质与类型，然后正确面对、妥善处理。第二，对于那些可能会影响甚至严重影响自己将来可持续发展的缺点，一定要设法加以改正；若实在无法改正，则要努力将其负

---

① 古成. 奥巴马自曝童年因耳朵太大、名字怪被欺负[N]. 新华网, 2011 - 03 - 11.

面影响控制到最低值。如钱锺书考入清华大学外文系时,数学只考了 15 分,但他国文和英文俱佳,于是扬长避短,研究文学和比较文学,终成一代泰斗!第三,对于那些绝不会影响自己将来可持续发展的缺点,能改则改,不能改也就算了,不必"耿耿于怀"。如竺可桢因绍兴口音重,很多人听不懂他的发言,对此他曾感叹:"我说英语能够走遍世界,我说中国话却走不出家乡!"即便如此,也不妨碍他成为著名科学家和教育家。(2)"缺什么补什么"是否会将学生培养成"万金油"? 也许有老师或家长担心,教育若坚持"缺什么补什么"的原则,是否会将学生培养成"虽样样懂点,却无一事能精"的"万金油"? 这个担心是一种误解。我们主张的"缺什么补什么"的原则,只是在宏观上针对学生的德与才两方面的素质而言,并不是要求学生在各项素质上都要做到"面面俱到"。如前文第二章第三节所论,我们实际上也反对"做一个完人"的做人理念,因为它是一个无人能做到的空想。(3)"缺什么补什么"是否有必要? 也有一些人认为,古今中外历史上一些天才与大师的身上还存在许多明显的缺陷,更何况是普通百姓! 所以,缺点是做人不可避免的,没有必要去补,因为它并不必然会降低人们的创造力。此观点乍看有道理,实则错误。因为某些天才与大师正是由于其在性格或人格上存在重大缺陷,或有品德低劣之嫌,才过着非常不幸的生活,有的甚至在不幸中死去,其卓越成就多是在其死后才逐渐被人们认识。而教育的根本功能本是影响人性并使之向善的方向发展,[①]从而让人更好地适应其生存的环境,并尽快过上幸福生活。这也是智慧教育的终极目标。智慧教育的结果若最终不能实现这个终极目标,就谈不上是真正的智慧教育。从这个意义上说,培养学生的创造力是智慧教育的一个重要手段,却不是智慧教育的终极目的。同时,尽管古今中外历史上一些天才与大师的身上都存在一些明显的缺陷,但却不能说正是由于这些缺点才让他们成长为天才与大师,更接近历史真相的说法可能是:正是这些缺点才限制了某些天才与大师的进一步发展,甚至最终毁了这些天才与大师。所以,在开展智慧教育的过程中,对于学生的缺点尤其是品德或才能上的致命缺点,一定要想方设法帮助其及时补好,只有这样做才有可能将其培养成一个智慧之人。

(二) 循序渐进与跳跃性发展相结合

俗话说:"一口吃不成一个大胖子。"虽然每个人的天分(液态智力)不同、努力程度与意志力不同,所遇时机不同,所受家庭教育、学校教育和社会大教育也

---

① 张春兴.教育心理学[M].杭州:浙江教育出版社,1998:9.

不同,导致每个人的智慧生成情况也不同;不过,通常情况下,一个人若有智慧,其智慧一般是逐渐生成的。并且,无论是德还是才,都有无限的提升空间。所以,为了让人逐渐养成智慧地思考、智慧地行动的良好习惯与能力,就必须遵循循序渐进的原则,尽早给个体开展智慧教育,最好是从小便给个体开展智慧教育,即"养正当于蒙"。同时,如前文所论,斯腾伯格及其批评者实都犯了一个同样错误:误将多类型、多水平的智慧视作单一类型与水平的智慧。从这个意义上说,如果将智慧看作是将多类型、多水平的,从而将智慧教育的目标也多类型化、多层次化,就能较好地避免招来类似人们对斯腾伯格"为智慧而教"的批评。有鉴于此,在智慧教育里切不可有"一步到位"的思想,而必须遵循循序渐进的原则:从培育学生的小智慧或类智慧入手,逐渐让学生养成德才兼备的思维方式与做事风格,帮助学生生成小的真智慧,然后再引导学生生成中等水平的真智慧。这样,养成德才兼备的思维方式与做事风格的学生将来走上社会后,经过社会大课堂的教化与历练,才有可能最终生成大智慧(大智慧一定是真智慧,但真智慧不一定是大智慧)。

当然,学生除了循序渐进地习得智慧之外,还有一种渗透式、跳跃式获得智慧的途径。所谓渗透式、跳跃式学习,就是让学生学习一些与自己能力相差较远或根本就不懂的东西,通过多次接触,一点点熟悉起来并掌握它。这种渗透式、跳跃式学习在开始时往往在学习者的认知结构中找不到可利用的观念。物理学家杨振宁教授在谈到东西方教学的异同时就非常明确地提到这个问题。他认为,东方式的学习或教学主张循序渐进,这有利于获得系统知识与扎实的理论功底,也有利于学生应付考试;西方教学较多地采用跳跃式、渗透式,不是按照学生已有知识结构中的可利用观念进行教学,而是通过让学生对某些陌生领域知识多次接触、多次翻阅,渗透到头脑中来。① 本书主张,在教学中对这类学习方式也不能置之不理,这种跳跃式、渗透式学习虽不利于掌握系统知识,也不利于学生应付考试,但这种学习方式对培养学生的研究能力十分重要。奥苏贝尔是产生于美国文化背景下的教育心理学家,他的学习理论是针对布鲁纳发现学习的缺陷提出的,其目的是要矫正西方教学中存在的轻视知识的系统学习与循序渐进学习的弊病。奥苏贝尔作为一个西方教育心理学家,看到了西方教学过分重视跳跃式、渗透式学习,而忽视系统知识的传授,忽视循序渐进的学习造成的不良后果,因此大声疾呼要循序渐进,要按照有意义接受的方式获得系统的知识,

① 严学高.杨振宁教授谈学习方法[N].光明日报,1984-05-08(2).

形成良好的认知结构,这是可以理解的。但是作为一种理论,在强调循序渐进接受知识的同时,又走向了另一个极端,即轻视渗透式、跳跃式学习在学生学习中的作用,这也是应当注意的。在中国,历代教育家都将循序渐进作为一个重要的教学原则,都重视循序渐进地获得系统知识,早在两千多年前战国时期的孟子就以流水为喻说明学习必须"盈科而后进","揠苗助长"的故事更是对循序渐进最形象、最生动的说明。不同的是,中国学者对循序渐进接受学习的认识多停留在经验水平,虽历经两千余年亦未能达到奥苏贝尔学习理论的深度、系统性和可操作性,但其基本思想是一致的,所以中国教育界很容易接受奥苏贝尔的学习理论,但本书希望在接受奥苏贝尔思想精髓的同时,也不要忽视跳跃式、渗透式学习的作用。杨振宁教授就主张,最理想的教学是把循序渐进和跳跃、渗透结合起来。①

综上所论,鉴于中小学学生的认知发展水平仍处于发展过程中,还不够成熟;同时,中小学学生的人生阅历、掌握的知识经验尚有限等事实,若在中小学开展智慧教育,应以循序渐进为主,以跳跃性发展为辅导。较之中小学学生,大学生和硕士研究生的认知发展已成熟,不过,由于多种原因的影响,目前许多中国大学生与硕士研究生的人生阅历和掌握的知识经验仍不够丰富,所以,若在大学生和硕士研究生中开展智慧教育,仍应以循序渐进为主,以跳跃性发展为辅导。但是,若在博士研究生人群和已具有初、中或高级职称的研究人员里开展智慧教育,在坚持循序渐进的同时,要根据具体情况尽量多用跳跃性发展的教育原则。

(三) 知晓人慧与物慧是智慧的两个子类型

在智慧教育中,要让学生清楚地认识到人慧与物慧是智慧的两个子类型,二者之间既有联系更有区别(详见前文)。

这样,对于当代中国社会与一些用人单位的领导而言,在建设社会主义和谐社会的过程中,人慧与物慧都有其应有的地位与价值,宜根据具体岗位的具体要求,选拔适当的人才,既不可偏执一方,也不可将人才错位,否则,都有可能造成人才的极大浪费。例如,对于技术性很强的岗位,宜挑选具备相应物慧型的人才,才能更好避免"外行领导内行"情况的发生。对于需要与人打交道的岗位(如公关与文秘等),宜挑选德慧型的人才,因为德慧型的人才最善于与人打交道。

对于老师而言,假若发现某个学生无法兼顾人慧与物慧,就要根据学生的兴趣爱好、已有知识背景、能力和理想等,适当引导学生进行正确选择一个最适合

① 汪凤炎,燕良轼.教育心理学新编(第三版)[M].广州:暨南大学出版社,2011:252.

自己发展的智慧类型进行培育，做到因材施教，既不可"一刀切"，更不可无视学生的具体情况，一味地要学生去努力习得物慧。

对于学生个体而言，如果不能兼顾人慧与物慧，就要根据自己的兴趣爱好、已有知识背景、能力和理想等，选择一个最适合自己发展的智慧类型进行培育，切不可盲目跟风。

（四）重视智慧者的榜样示范

正如斯腾伯格所说，在智慧教育里一定要为学生提供公认的智慧者的经典角色样式，这不但是因为身教重于言教，而且还在于有很多默会知识无法言说，学生只有通过透彻把握智慧者的经典角色样式，才有可能通过自己的深度思考和切身体验逐渐还原智慧者的默会知识；并且，学生在大量阅读有关智慧者作出智慧判断和决定的材料里，更易让自己懂得如何作出智慧的判断与决定。所有这些做法都有利于学生生成自己的智慧。[①]

（五）形成重义的义利统一观与重公的公私兼顾观

做人必然要与义和利打交道，必然涉及公与私及二者之间的关系，一个人若想获得智慧，必须形成重义的义利统一观与重公的公私兼顾观。

1. 什么是重义的义利统一观

在中国文化里，义和利这一对重要范畴的含义众多，不过，当它们二者作为一对范畴使用时，其含义概括起来主要有两种：一是当义用作指"品德的根本，伦理的原则"之义，与此相对的利一般指"利益"；一是当义指多数人的公共利益时，与此相对的利一般指少数人甚至个人的私利。为了与时俱进，本书主张，在义与利的关系上，一个人若想拥有智慧，就必须信守重义的义利统一观；若为了追求一己私利或自己所属小集团的私利而不惜牺牲义，不但不能让自己拥有智慧，还会让自己沦落为小人。重义的义利统一观的含义是：在义与利不可兼顾的情况下，要做到取义舍利，甚至舍生取义；若二者可兼顾，则要做到见利思义，义利并收。正如孔子所说："见利思义。"[②]"君子喻于义，小人喻于利。"[③]同时，"富与贵，是人之所欲也；不以其道得之，不处也。贫与贱，是人之所恶也；不以其道得之，不去也。君子去仁，恶乎成名？君子无终食之间违仁，造次必于是，颠沛必于是。"[④]可见，富与贵虽是人之所欲，不过，必须"以道得之"。如果不是合于

---

① Sternberg, Robert J. （2001）. Why schools should teach for wisdom：The balance theory of wisdom in educational settings. *Educational Psychologist*, 36（4）：227 - 245.

② 杨伯峻. 论语译注[M]. 北京：中华书局, 2006：168.

③ 同上：42.

④ 同上：39.

正当的富与贵,则甘愿处于贫贱,绝不能采取不正当的手段去谋取,所谓"君子固穷"是也;①假若是本着正道而获得的富贵,可心安理得地拥有。② 这样,当追求的利合乎义时,"虽执鞭之士,吾亦为之";假若"不义而富且贵,于我如浮云。"③

2. 什么是重公的公私兼顾观

公和私这一对重要范畴的含义众多,不过,当它们二者作为一对范畴使用时,其含义概括起来主要有两种:一是当公指"公家、公众的"时,私指"个人的、自己的";二是当公指"公事"时,私指"私事"。这样,在公与私的关系上,一个人若想拥有智慧,就必须坚持重公的公私兼顾观:在公与私不可兼顾的情况下,要舍私为公;若二者可兼顾,则要公私兼顾。

3. 帮助学生形成重义的义利统一观与重公的公私兼顾观

为了帮助学生形成重义的义利统一观与重公的公私兼顾观,就要采取有效措施做到:第一,帮助学生学会分辨自己、他人、团体、国家和全人类的利益;第二,帮助学生学会平衡自己、他人、团体、国家和全人类的利益;第三,帮助学生理解因自我利益和团体利益、国家利益和全人类利益不平衡时产生的压力;第四,教会学生寻求并试图达到共同利益,这种共同利益不只是自己认同的人有所得,而是每一个人都有所得;第五,鼓励学生在思考中形成、批评和整合自己的价值观,最终形成重义的义利统一观与重公的公私兼顾观。④

(六) 在兼顾常识与经验的前提下运用科学的智慧教育模式

1. 什么是科学、伪科学、常识和经验

何谓科学? 目前有两种为多数人所接受的界定方法。一种是注重"科学"内容的内容界定法,它将科学界定为运用范畴、定理、定律等思维形式反映现实世界各种现象的本质和规律的系统知识体系。⑤ 或者,科学是指"反映自然、社会、思维等的客观规律的分科知识体系"。⑥ 另一种是注重"科学"过程的过程界定法,它将科学界定为发现事实、建立关联、解释规律的过程;换言之,认为科学是解决"是什么"(what)、"怎么样"(how)以及"为什么"(why)的过程。如果将这两种界定科学的方法合二为一,可以将科学界定为,采用客观方法获得某一领域内

① 杨伯峻. 论语译注[M]. 北京:中华书局,2006:182.
② [日]涩泽荣一. 论语与算盘——人生·道德·财富[M]. 王中江译. 北京:中国青年出版社,1996:78-80.
③ 杨伯峻. 论语译注[M]. 北京:中华书局,2006:78.
④ Sternberg, Robert J. (2001). Why schools should teach for wisdom: The balance theory of wisdom in educational settings. *Educational Psychologist*, 36(4):227-245.
⑤ 辞海(第六版彩图本)[M]. 上海:上海辞书出版社,2009:1234.
⑥ 罗竹风. 汉语大词典[M]. 上海:汉语大词典出版社,1997:4749.

规律的系统知识体系。^① 这种科学观实是一种大科学观，以区别于小科学观、伪科学、常识和经验。目前中国学术界大多数人所持的外显的(explicit)科学观实际上多是大科学观。与大科学观相对的是小科学观。何谓小科学观？多数中国人内隐的(implicit)科学观基本上都是小科学观，此时科学是指自然科学。所以，如果你随机问一个受过高等教育的人如下一个问题："请您从古今中外历史上列举三个您认为最伟大科学家的姓名？"答案一般都是在自然科学领域有极高造诣的人，像爱因斯坦、牛顿、达尔文、居里夫人等，而绝不会是孔子、莎士比亚或曹雪芹之类在人文社会科学领域有极高造诣的人。稍加比较可知，大科学观中的"科学"＝"小科学观"的"科学"(自然科学)＋人文社会科学。

伪科学是指伪装成科学形式的非科学。通常被视为违背科学事实和自然规律、宣传迷信和进行诈骗的说教和行为。广义的伪科学包含伪技术，如永动机、水变油等。^② 由此可见，一个理性的人一般都会反对伪科学，故下文不再多论。

其实，常识(common sense)的含义有二：一是指那些不需要通过专门学习、论证和解释，绝大数心智正常的人都能明白的知识。^③ 相当于《辞海》所说的"普通知识"。二是指个体与生俱来、无需特别学习而得的思维能力或判断力。^④

何谓经验？据 2009 年版《辞海》解释，经验的含义有三：① 经历体验。②（泛指）由实践得来的知识或技能。如经验之谈、经验丰富。③ 哲学上指感觉经验。是人们在实践过程中通过感官直接接触客观外界而获得的对客观事物的表面现象和外部联系的认识。唯心主义否认经验的客观内容。辩证唯物主义认为，经验是一切认识的起点，但只有上升为理性认识，才能把握事物的本质，更正确地认识世界和指导改造世界。^⑤ 这里讲的经验，其含义是指"泛指由实践得来的知识或技能"。

可见，从功用角度看，常识、经验与科学常常都颇有用，一个人一旦在某一领域拥有丰富的常识或经验，往往有助于其解决此领域的问题；与此类似，一个人一旦在某一领域拥有丰富的科学知识，同样有助于其解决此领域的问题。不过，常识与经验之间至少有三点差异：一是掌握二者的主体人数不尽相同。常识一般是大众认可的，一人独知的知识不能叫常识，所以可以说"我们的常识"，却不能说"我的常识"。与此不同，经验虽往往由经验持有者独有，但某些经验仍是可

① 黄一宁.实验心理学：原理、设计与数据处理[M].西安：陕西人民教育出版社,1998：25.
② 辞海(第六版缩印本)[C].上海：上海辞书出版社,2010：203.
③ 孙振华.出人意料的常识[J].读者,2012,(23)：9.
④ 佚名.常识[OL].维基百科,http：//zh.wikipedia.org/wiki/％E5％B8％B8％E8％AD％98.
⑤ 夏征农,陈至立.辞海(第六版彩图本)[M].上海：上海辞书出版社,2009：1148－1149.

以与大家分享的,因此,既可说"我的经验",也可说"我们的经验"。二是性质有差异。既然常识一般是大众认可的,一人独知的知识不能叫常识,这表明构成常识的知识基本上是明确知识(explicit knowledge);与此不同,由于多数经验都只能由经验持有者独有,只有少数经验可与大家分享,所以构成经验的知识基本上是默会知识(tacit knowledge)。三是获得途径不尽相同。意指"普通知识"的常识既可以由他人传播,也可以由个体自己慢慢习得;意指"个体与生俱来、无需特别学习而得的思维能力或判断力"的常识是天生的。与此不同,间接经验可以由他人传授或经由书本学习获得,但直接经验需个体亲身经历后才能获得。

2. 科学与常识、经验的区别

若将常识、经验与科学相比较,它们之间至少存在四个明显差异,导致与常识和经验相比,科学具有以下四个明显优势。

其一,科学与常识、经验的获得途径不同。意指"个体与生俱来、无需特别学习而得的思维能力或判断力"的常识是天生的;意指"普通知识"的常识的获得一般不需要通过特别的学习和论证,而是在日常生活里逐渐习得的。因此,意指"普通知识"的常识往往是不系统的知识,带有一定的偶然性与主观性。经验一般是个体运用总结与思辨方式获得的,于是经验往往具有个体性、主观性(虽也包含一定的客观性)、难验证性、难证伪性、零散性等特征。与此不同,科学主要是个体运用实证方法尤其是实验法获得的,这样,科学知识往往具有客观性、可验证性、可证伪性、系统性等特征。

其二,常识与经验和科学对规律的把握方式不同。意指"个体与生俱来、无需特别学习而习得的思维能力或判断力"的常识多凭直觉的方式把握规律;意指"普通知识"的常识多以通俗易懂的语言表达一些最基本、最普通的知识。经验多以混沌的方式把握客观事物的规律,然后多喜欢用一些"顺口溜"的方式加以表达(流传多年以后,这些顺口溜往往就变成流行于该地区的民谚或常识),一般既不会将之提升为公理、定理,也不会用一系列内涵界定已颇为清晰的术语按严谨的内在逻辑进行表达,这样,常识和经验往往对客观事物是"只知其然,不知其所以然"。所以,一个人若仅凭常识和经验办事,常常事先无法预料其效果的好与坏,让人有"碰运气"的感觉。例如,至少自孔子开始,中国的教育者就习惯运用榜样示范法,但是,由于没有一位中国古代学者对榜样示范法进行系统、科学的研究,而多喜欢用"桃李本无语,树下路自成"之类的比喻说法加以阐述或论证,导致中国古代有许多教师或家长在运用榜样示范法时,只能停留在常识或经验水平,无法预知其效果的好坏。

与此不同，科学一般用公理、定理来表达客观事物的规律，或者用一系列内涵界定已颇为清晰的术语按严谨的内在逻辑来表达客观事物的内在规律，这样，科学对客观事物常常是"既知其然，又知其所以然"。于是，一个人若凭科学办事，常常能预知事情的进展情况。如，班杜拉（Albert Bandura，1925—　）对观察学习经过多年的实证研究并提出观察学习理论后，就对隐藏在榜样示范法背后的心理过程等阐述得非常清晰。在班杜拉看来，观察学习的心理历程由注意阶段（attention phase）、保持阶段（retention phase）、再生阶段（reproduction phase）和动机阶段（motivational phase）四个相关联的子阶段构成，每个子阶段又包括一些影响它们的变量。而且，这四个阶段的划分不是绝对的，例如，动机阶段可以贯穿观察学习的全过程中；同时，这四个阶段犹如一串连的电路的四个开关，要想电流顺利通过，四个开关都要同时接通；同理，要想观察者习得榜样行为，这四个阶段必须同时顺利通过，缺少其中的一个或多个阶段，观察学习都不可能产生。[①] 这就极大地提高了榜样示范法的科学性。这样，一个人若精通观察学习理论，就能科学运用榜样示范法，从而能预知其效果的好坏。

其三，传授和习得常识、经验和科学的难易程度不同。由于意指"普通知识"的常识的获得一般不需要通过特别的学习和论证，而是在日常生活里逐渐习得的，故而常识较易传授，常识也较易习得：一个人在一个地方待的时间长了，往往就能习得流于该地区的许多常识。与常识不同，在通常情况下，后学必须经由良好的科技教育或运用正确的方式方法进行持久的自学，才能习得系统的科学知识；反之，一个人若不通过特别的学习和论证，是很难习得系统的科学知识的。因此，较之常识，传授科学知识与习得科学知识都要困难得多。

一个人获得的经验（包括心灵感悟）常常带有明显的个体性和默会性，这样，一个人获得的经验一般既无法高效地传给他人或后学，他人或后学也不可能轻易学到。与经验不同，科学知识由于是运用科学方法获得的，而且往往是由公理、定理、一系列内涵界定已颇为清晰的术语按严谨的内在逻辑构成的，又将事物的内在规律阐述得清清楚楚，明明白白；同时，科学知识往往具有客观性、可验证性、可证伪性、系统性等特征，这样，相对于经验而言，科学知识往往更易经由良好的教育而"大面积"、高效地传授给后学。与此相一致，后学只要好学，通常也能通过良好的教育或自学习得丰富的科学知识。

这可用学习中医与西医的事实加以说明。中医有一些常识虽易被后人掌

① 汪凤炎，燕良轼.教育心理学新编（第三版）[M].广州：暨南大学出版社，2011：192－193.

握,但即便掌握这些中医常识,一般也无法成为一位合格的中医,更无法成为一位出色的中医。同时,中医的经典理论与经典治疗方法主要是靠许多优秀中医的经验与思辨获得的,结果,后学在学习中医时往往很难做到经过五年的中医本科教育就可"独挡一面",读至博士毕业也很难成为中医某领域的高级人才,而必须靠自己在实际的临床过程中不断摸索,不断积累经验,不断研究医疗个案,而等到自己医术精湛时,往往已人到中年。所以,在许多中医医院和中医院校,著名的中医往往都是满头白发的年长者,年轻人甚至中年人一般都很难成为名中医。与此不同,西医知识与诊断技术和治疗方法由于是运用科学的研究方法获得的,它以人体解剖生理学、药理学、生物化学与微生物学等为基础,医理与药理清晰,诊断技术、诊断过程和治疗过程科学、规范,疗效稳定、可靠,这样,相对中医而言,西医更容易教授,后学学起来也相对容易许多,结果,西医不但可"大面积"培养,而且很多学西医的人若在名校认真学习,经过五年的西医本科教育就可"独挡一面",获得博士学位后就能成为西医某领域的高级人才,这样,在西医领域,一些才俊在青年时代(至多到中年时期)就已精通相关医理或医术,成长为一名医术精湛的西医医生了。

其四,常识、经验和科学的演化路径不同。在通常情况下,意指"普通知识"的常识多以民谚等为载体经"口口相传",或者经由一些通俗读物代代相传。在传播过程中,由于人们一般只会"照单全收",而不会去详尽地揭示其背后的原理或规律(若这样做,就将常识上升为科学了),结果,某些常识即便流传上千年,甚至流传几千年,但其到底是否科学,仍有待人们运用科学方法去检验它。因为"谎言千遍虽成真",但常识复述千遍仍是常识。

对于经验而言,由于一个人的经验往往带有明显的默会性,其主体是默会知识,故不易与经验持有者相分离,这样常常具有明显的个体性,与经验持有者共存共亡。这意味着,经验既不易传授给他人,他人也不可能轻易学到。于是,后学就很难做到"站在前人的肩膀上再往前走一步"(牛顿语),结果,经验常常无法有规律地进化到更高阶段,而只能靠某些极有才华的后学零散地、无规律地向前推动,但这种推动往往具有极大的偶然性,且容易因失传(即因经验持有者的死亡而导致经验彻底丢失)等原因而无法继续进化。因此,若以时间为横坐标(自左往右表示时间由古至今再至将来),以发展程度为纵坐标(自下而上表示发展程度由低到高),那么,经验在这个坐标里所走的路线往往是忽高忽低,无规律可寻,犹如庐山山峰一样,"横看成岭侧成峰,远近高低各不同"。

与常识和经验不同,科学知识往往是明确知识,故既易教也易学,这样,后学若才华横溢,又肯好学,往往可以做到"站在前人的肩膀上再往前走一步",结果,若以时间为横坐标(自左往右表示时间由古至今再至将来),以发展程度为纵坐标(自下而上表示发展程度由低到高),那么,科学在这个坐标里所走的路线的大势往往遵循明显的进化模式,犹如登珠峰一样,虽偶有下坡路,但其脚印从总体上看是一步高于一步,一直往高处走的。

以中西医的发展为例,中医自《黄帝内经》等著作诞生后,在其后的2 000年左右的时间里,中医理论的核心体系、中医的经典诊断方法(四诊法)和治疗技术几乎没有发生大的变化,显示出超稳定的特色。与此不同,伴随科学的诞生,西医仅在最近的100年就发生了天翻地覆式的变化,取得了长足的进步。例如,抗生素的发现与广泛使用,不但使过去死亡率很高的肺结核有了特效药,而且能有效控制伤口感染和败血症等症状;破伤风疫苗、狂犬病疫苗、甲肝和乙肝疫苗等疫苗的发明或发现及大批量生产,使今人感染破伤风、狂犬病、甲肝和乙肝的概率大减;等等。

又如,孔子的教育心理学思想虽然诞生于公元前479年4月11日之前(孔子生于公元前551年9月28日,卒于公元前479年4月11日),但令人遗憾的是,在西方科学(包括教育学和心理学)未传入中国之前,中国人基本上是以经验总结与思辨的方式研究教育,于是,连被称为"亚圣"的孟子与朱熹都无法超越孔子,更不用说其他后学了。结果,虽然中国自孔子开始一向重视教育并重视研究教育,但是,直到1911年清政府灭亡为止,在近2 500年的漫长岁月里,中国的教育心理学思想一直没有实质性的飞跃,无论是形式还是内容,都与2 500年前孔子的教育心理学思想"长"得非常相像,简直可说是"如出一辙"。与此不同,由于有了科学的研究方法,自1903年以来110年的历史中,现代教育心理学思想的发展可说是日新月异,新思想、新理论、新观点层出不穷。可以毫不夸张地说,至2013年止,现代教育心理学在110年间(1903—2013)取得的成果,比自人类诞生开始至1903年止历年累积起来的中外教育心理学思想之和还要多。

综上所论,若想办好智慧教育,就必须做到:在兼顾常识和经验的前提下,尽量遵循科学的模式开展智慧教育。

(七) 科学地运用奖与惩

奖赏(reward)与惩罚(punishment)都是教育学生所用的手段。奖与惩的实施都是在学生表现过某种行为之后,但二者的目的是不一样的:奖赏作用在学生的良好行为之后,目的在于肯定行为,鼓励学生继续表现该类行为;惩罚作用在学生的不当行为之后,目的在于否定学生的行为(一般为不适当的行为),制止他继续表现该类行为。

1. 科学地进行赏识或奖励

赏识是指认识到人的人品、才能或作品的价值而加以重视或赞扬。① 在周弘看来,可以将赏识理解为欣赏和认识,包含肯定、信任、鼓励和赞扬等。赏识教育是指教育者在教育过程中运用欣赏、鼓励的态度去看待和评价受教育者的一言一行,承认受教育者的个体差异,允许受教育者的失败,以重塑受教育者的自信,发现和发挥受教育者的长处和潜能,使其最终走向成功。

赏识教育的积极功能可用美国心理学家罗森塔尔(Robert Rosenthal,1933—)提出的罗森塔尔效应(Rosenthal effect)——也叫"皮格马利翁效应"(Pygmalion effect)——加以说明。罗森塔尔效应是一种期望效应,最早由罗森塔尔等人于 1968 年在《课堂中的皮格马利翁》一书中提出,并认为,教师对学生的期望,会在学生的学习成绩等方面产生效应。例如,教师寄予很大期望的学生,经过一段时间后测试,其学习成绩比其他学生有明显提高。② 罗森塔尔效应揭示赏识之所以能够产生积极功能的心理学原理:赞美、信任和期待具有一种强大的心理能量,它能改变人的心理与行为,并使其向好的方向发展。当一个人获得另一个人的信任、赞美时,他便感觉获得了社会支持,获得了一种积极向上的动力,从而增强了自我价值,使自己变得更加自信、自尊;与此同时,为了达到对方的期待以维持这种社会支持的连续性,避免对方对自己的失望,他会努力朝着对方期待的方向前进,结果就使自己变得越来越优秀。这意味着,自尊心和自信心是人的精神支柱,是成功的先决条件之一,对一个人传递积极的期望,就会使他进步得更快,发展得更好;反之,向一个人传递消极的期望则会使人自暴自弃,放弃努力。因此,通过适当的奖励或赏识可以造就出优秀的学生;换言之,好学生常常是夸奖或赏识出来的。假若运用不当,赏识教育也可产生某些消极功能。例如,易让学生产生虚荣心,易让学生的自尊心盲目夸大,变得更加脆弱,不能接受他人合理的批评,等等。

由于正强化的性质类似于奖赏,这样,根据行为主义学习理论中有关正强化思想的精神,再适当借鉴认知派学习理论和人本主义学习理论的精义,若想在智慧教育中最大限度发挥赏识教育的积极功能,一般而言,实施赏识教育或奖励要遵循以人为本、先教后奖、奖励要做到实至名归、灵活使用正常奖励与意外奖励、

---

① 夏征农,陈至立. 辞海(第六版缩印本)[M]. 上海:上海辞书出版社,2010:1635.
② 同上:1427.

物质奖励与精神奖励宜交替使用、自我奖励与外在奖励相结合、结合过程与结果来实施奖励、使用奖励应考虑学生的个性差异、赏识教育尤其适合身心有缺陷的个体、切勿因奖励或表扬某些人的同时而伤害了其他人、赏识或奖励要做到公平公正等 11 个原则。[①]

2. 科学地进行惩罚

惩罚(punishment)是指为减少或消除某种不良行为再次出现的可能性而在此行为发生后跟随的不愉快事件，它往往作用于学生的不当行为发生之后，目的在于否定这一不当行为，制止他继续表现该类不当行为。[②]

在通常情况下，惩罚不同于负强化(negative reinforcement)，二者之间至少有三个主要差异：(1) 定义不同。依斯金纳的操作条件学习原理，负强化是消除伤害性或讨厌的刺激以增加合乎要求反应出现概率的过程。它与惩罚的定义是不同的。(2) 目的不同。实施负强化的目的是加强某种适当行为。例如，假若服刑人员在服刑期间表现好就减少其刑期，而减少刑期又达到增强其继续表现好的动机或目的，这种减刑就属负强化；与此不同，实施惩罚的目的是制止某种不当行为的再次出现。(3) 包含的刺激物的性质不完全相同。负强化物往往都是个体不想要的不愉快的刺激物，如电击、刑期、罚做作业等；而在惩罚中，只有施予式惩罚里施加的刺激才是个体不想要的，至于剥夺式惩罚里被剥夺的刺激则是个体想要的。

当然，惩罚与负强化之间也并不是截然分开的。假若学生因犯错而受到惩罚，事后不但不再犯错，而且在同样情境下学到以适当行为替代不当行为，则这种惩罚在性质上就有负强化的意义。如，学生写错字后，教师罚学生重写，结果学生不但不再将此字写错，而且将其写得既正确又美观，这种重写(惩罚)在性质上就有负强化的意义。可见，惩罚只有符合负强化的意义才会产生最大的教育价值。[③]

惩罚至少具有两大积极功能：一是矫正功能。当孩子的行为与学校或家长的要求不一致时，教师或家长对其惩罚，使其懂得行为界限，明确是非观念和权利与义务的关系，懂得为自己的过失负责，从而增强责任感，这是惩罚的矫正功能。二是威慑功能。孩子的认识、态度、观念和行为方式等的形成并不一定非要

① 佚名. 奖惩孩子十大忠告[N]. 参考消息，2003-05-30. 汪凤炎，燕良轼. 教育心理学新编(第三版)[M]. 广州：暨南大学出版社，2011：210-211.
② 皮连生. 学与教的心理学(修订版)[M]. 上海：华东师范大学出版社，1997：210-213.
③ 张春兴. 教育心理学[M]. 杭州：浙江教育出版社，1998：186.

得之于自己亲历奖惩的直接体验,观察模仿学习也是孩子的重要学习方式之一,这样,孩子可以通过观察别人的行为表现方式及行为结果间接学到很多东西。孩子在看到某人做某件事情后受到惩罚,他自己就会"学乖",不去做这件事情。这就是惩罚的威慑功能,也就是中国人常说的"杀鸡儆猴",其心理机制就是班杜拉所说的观察学习。

需要指出,惩罚是一把双刃剑,能育人也能毁人。因为惩罚有自身的弱点:(1)它并不能去除不良反应或使不良反应不再存在,而只是使某种不良行为减少或延缓发生。(2)它常常只是消极地限制某些行为,而不能向人们指出适合该情境的正确行为,尤其是当受罚者不能明确从自己的受罚行为中推导出正确行为时更是如此。具体地说,在一个简单的受罚情境中,受罚者一般能够从自己的受罚行为中推导出正确行为反应,例如,当一个学生因上课迟到而受罚时,他一般能够从上课迟到这一受罚行为中推导出上课不迟到这一正确行为反应,这也就是惩罚的矫正功能。不过,在一个复杂的受罚情境中,受罚者常常不能从自己的受罚行为中推导出正确行为反应。例如,一个学生因作文没写好而受到惩罚,若教师不及时指导学生正确写作文,那么,学生即便受罚,常常也难以自行学会如何写出佳作这一正确行为反应。因此,妥当的做法是:当学生在一个复杂的情境中受罚后,教师一定要及时帮助学生习得正确应对该情境的反应方式。(3)惩罚时的那种攻击性态度与行为方式有时会给受罚者提供不好的示范,受罚者常常会由此而学会某种攻击性态度和攻击行为,并以此去攻击他人。(4)惩罚不当易给受罚者造成某种身心上的伤害。例如,惩罚常常是一种挫折来源,可能会引发受罚者出现其他不良心理与行为。如容易引起受罚者出现畏惧、紧张、无脸见人等负面情绪。[①] 这样,惩罚用得好则峰回路转,柳暗花明,用不好则事与愿违,甚至遗害无穷。过去人们多用体罚,并且往往态度粗暴,从而不但降低了惩罚的教育意义,还使惩罚招来许多"恶名"。

在智慧教育上怎样更合理地运用惩罚,使其不但能消极地制止孩子的不当行为,更能让其产生良好的行为,一向是大家关心的事情。[②] 若想惩罚具有这种效果,借鉴张春兴和瓦尔特斯(Richard H. Walters,1918—1967)等人的观点,[③] 再结合我们自己多年的教学心得,实施惩罚要遵循先教后罚、"非不得已,不使用

① 朱智贤. 心理学大词典[M].北京:北京师范大学出版社,1989:70.
② 张春兴. 教育心理学[M]. 杭州:浙江教育出版社,1998:186.
③ 张春兴. 教育心理学[M]. 杭州:浙江教育出版社,1998:186. 佚名. 奖惩孩子十大忠告[N]. 参考消息,2003-05-30. 路海东. 教育心理学[M]. 长春:东北师范大学出版社,2002:369-370.

惩罚"、惩罚只限于知过能改的行为、惩罚时要适当尊重受罚者的人格、"多用剥夺式惩罚，少用乃至不用施予式惩罚"、善用"虚实相间策略"、针对学生的个体差异选择具针对性的惩罚方式、惩罚原因要讲清楚、"惩罚要言出必行，并做到及时施惩"、恩威并重、惩罚要做到公平公正、惩罚不可没完没了、适度以趣施惩、适度允许将功补过、应观察孩子是否想通过不合适表现引起大人或教师的关注等原则。[①]

二、智慧教育课程

(一) 什么是智慧教育课程

智慧教育课程是指具有培育智慧功能因而对受教育者智慧的生成与发展有积极影响作用的教育因素。判断一个课程是不是智慧教育课程的标准主要有三：(1) 是否有利于高效率地引导学生向善？(2) 是否有利于高效开发学生的聪明才智？(3) 是否有利于引导学生从兼顾德与才的角度思考问题和解决问题？如果一种课程既能高效率地引导学生向善，又能高效开发学生的聪明才智（不论是人文社会科学方面的聪明才智还是自然科学方面的聪明才智），并让学生生成从兼顾德与才的角度思考问题和解决问题的习惯与能力，那么这种课程就是智慧教育课程。

(二) 智慧教育课程设计与教授方式

为了保证智慧教育的连续性，避免出现"猴子掰玉米——掰了下一个，丢了上一个"的现象；同时，为了做到循序渐进和因材施教，借鉴布鲁纳（Jerome Seymour Bruner，1915— ）的螺旋式课程（spiral curriculum）思想，[②]我们主张完整的智慧教育课程包括初级智慧教育课程、中级智慧教育课程和高级智慧教育课程三大部分（详见下文），这三种水平的智慧教育课程宜按螺旋式课程进行设计，其中，"德才兼备方是智慧"的核心观念一定要贯彻在每一种智慧教育课程之中，只不过，针对不同年龄阶段和水平的学生，智慧教育课程的内容与教授方式有一定的差异：在主要面向学龄前儿童至初中生的初级智慧教育课程里，教授内容要简单、具体，教授方式宜以直观教学为主，适当兼顾其他教授方式；在主要面向高中生的中级智慧教育课程里，教授内容要稍有难度，教授方式宜以简单论证为主，适当兼顾其他教授方式；在主要面向大学生（含同等学历）及以上学力人

---

① 汪凤炎，燕良轼. 教育心理学新编（第三版）[M]. 广州：暨南大学出版社，2011：205 - 209.
② 同上：236.

群的高级智慧教育课程里,教授内容要深刻、系统,教授方式宜以深刻剖析与论证为主,适当兼顾其他教授方式。

因此,智慧教育要像佛教中的观音那样,虽然"真身"只有一个,而"化身"却有千千万,并且做到常以种种善巧和方便度化众生,众生应以何身得度,即化现之而为说法,若能做到如此境界,方是高水平的智慧教育。

(三) 智慧教育课程类型

如第一章所论,为了将"为智慧而教"的 16 条原则贯彻到实际教学中去,斯腾伯格等人开发出由 12 个主题组成的智慧教育课程。妥善借鉴斯腾伯格等人开发的智慧教育课程以及实践过程中的得与失,同时,根据当代中国的国情及我们自己 10 余年的教书育人经验和研究心得,我们主张,根据智慧水平的高低,可以先将智慧教育课程分为初级智慧教育课程、中级智慧教育课程和高级智慧教育课程三个层次,然后根据受教育者的具体情况选择适当的智慧教育课程。

1. 初级智慧教育课程

对于初中生及小学生乃至学龄前儿童,可以适当开展初级智慧教育课程。在初级智慧教育课程里,主要宜采取渗透式教育方式,在日常学校生活和课堂教学里适当渗透进如下主题,每个主题可以根据学生的学习情况自行设计教学课时。同时,根据布卢姆(Benjamin Samuel Bloom,1913—1999)掌握学习(mastery learning)思想,[1]每个主题以学生掌握其中 80%～90%的内容作为考核通过的主要依据。

第一单元　什么是智慧

通过讲"李冰修建都江堰"与"司马光砸缸"等蕴含智慧的故事等方式,或者适当让学生看一些像《聪明的一休》之类展现智慧的动画片,直观形象地向学生直接呈现"什么是智慧"这一主题;同时,以讲故事等直观形式向学生呈现"蠢人蠢事"(如刻舟求剑、掩耳盗铃、郑人买履、邯郸学步、烽火戏诸侯等)这一主题,让学生在"智慧故事"和"蠢人蠢事"的鲜明对比中初步了解智慧的含义。

第二单元　为什么智慧对个体、组织、社会和世界的健康与可持续发展是最重要的

以讲故事等直观形式向学生呈现"为什么智慧对个体、组织、社会和世界的健康与可持续发展是最重要的"这一主题,同时,以讲故事等直观形式向学生呈现一些损害个体、组织、社会和世界的健康与可持续发展的愚蠢做法,让学生在

---

① 　汪凤炎,燕良轼.教育心理学新编(第三版)[M].广州:暨南大学出版社,2011:203.

二者的鲜明对比中初略知晓智慧对个体、组织、社会和世界的健康与可持续发展的重要性。

第三单元　给学生讲授一些公认为有智慧的名人的案例

公认为有智慧的名人的案例虽不可能被简单模仿和复制，不过，案例背后凸现出来的理念、做人方式和原则，却值得后人去反复琢磨、思考和推敲。[①] 以讲故事等直观形式向学生呈现一些有智慧的名人的案例，鼓励学生细致地阅读这些有智慧的人的生活史、在生活中尽可能去体验这些有智慧的人的生活方式，就容易让学生对智慧有更加形象或切身的体验。

第四单元　帮助学生初步生成从兼顾德与才角度思考问题和解决问题的习惯与能力

能否帮助学生初步生成从兼顾德与才角度思考问题和解决问题的习惯与能力，是决定初级智慧教育成败的关键。在此教学单元，可以通过以下三个主题从正反两个方面帮助学生逐渐懂得"凡事均要从兼顾德与才的角度去思考和解决"的道理，进而初步养成"凡事均要从兼顾德与才的角度去思考和解决"的习惯，并初步学会按此方式去妥善解决自己日常生活里遇到的一些小问题。每个主题以同学掌握其中80％～90％的内容作为考核通过的主要依据：（1）以讲故事、看"动漫"或做游戏等直观形式向学生呈现一些从兼顾德与才角度将事情妥善处理的成功实例；（2）以讲故事、看"动漫"或做游戏等直观形式向学生呈现一些"好心办不成(好)事"，"好心办坏事/好心铸大错"、"好心却被人利用"的失败实例；（3）以讲故事、看"动漫"或做游戏等直观形式向学生呈现一些"聪明反被聪明误"的失败实例。

第五单元　用智慧的眼光审视自己与自己的生活

这一教学单元主要探讨以下三个主题，每个主题可以根据学生的学习情况自行设计教学课时，每个主题以同学掌握其中80％～90％的内容作为考核通过的主要依据：（1）过去我曾做过哪些"傻事"？当时我为什么会做它们？今后我该如何避免它们？（2）过去我曾做过"充满智慧的事情吗"？如果做过，请详细描述该事件的全部过程。（3）今后我该如何让自己的生活增添一些智慧的火花？

第六单元　在自己的生活中过智慧生活

这一教学单元是完全实践的单元，要求每个学生在日常生活里努力过智慧

① 张红. 做个有智慧的班主任[J]. 班主任，2011，(4)：1.

的生活。

2. 中级智慧教育课程

对于高中生，可以适当开展中级智慧教育课程。在中级智慧教育课程里，主要宜采取渗透式教育方式（若条件允许，也可以适当开设专门的智慧教育课程），在日常学校生活和课堂教学里适当渗透进如下主题，每个主题可以根据学生的学习情况自行设计教学课时。同时，每个主题以学生掌握其中80%～90%的内容作为考核通过的主要依据。

第一单元　什么是智慧

以简单论证等形式与学生探讨"什么是智慧"这一主题，让学生去查一些常用工具书中有关智慧的定义，思考这些智慧定义的优缺点。

第二单元　为什么智慧对个体、组织、社会和世界的健康与可持续发展是最重要的

以简单论证等形式与学生探讨"为什么智慧对个体、组织、社会和世界的健康与可持续发展是最重要的"这一主题。

第三单元　对公认为有智慧的名人的个案进行初步剖析

与学生一起分析一些有智慧的名人的个案，鼓励学生向这些有智慧的人学习。

第四单元　培养学生较稳定地从兼顾德与才角度思考问题和解决问题的习惯与能力

能否让学生养成较稳定地从兼顾德与才的角度思考问题和解决问题的习惯与相应的能力，是决定中级智慧教育成败的关键。在此教学单元，可以通过以下三个主题从正反两个方面帮助学生较深刻地理解"凡事均要从兼顾德与才的角度去思考和解决"的道理，进而养成较稳定地从兼顾德与才的角度思考问题和解决问题的习惯，并有较强能力按此方式去妥善解决自己日常生活里遇到的一些难度适中的问题。每个主题以同学掌握其中80%～90%的内容作为考核通过的主要依据：（1）以简单论证等形式让学生较深刻地理解"凡事均要从兼顾德与才的角度去思考和解决"的道理；（2）通过辩论赛等方式让学生较深刻地懂得"科学/知识是一把双刃剑"、"好心要想办成好事需要哪些条件"等主题里蕴含的道理；（3）通过阅读古今中外历史，让学生在一些鲜活的史实里较清醒地认识到为什么有些人会"积小胜成大胜"而有些人却"积小胜成大败"？

第五单元　用智慧的眼光审视自己与自己的生活

这一教学单元主要探讨以下三个主题，每个主题可以根据学生的学习情况

自行设计教学课时,每个主题以同学掌握其中80％～90％的内容作为考核通过的主要依据:(1)过去我曾做过哪些"傻事"？当时我为什么会做它们？今后我该如何避免它们？(2)过去我曾做过"充满智慧的事情吗"？如果做过,请详细描述该事件的全部过程。(3)今后我该如何让自己的生活增添一些智慧的火花？

第六单元　在自己的生活中过智慧生活

这一教学单元是完全实践的单元,要求每个学生在日常生活里初步养成按智慧方式生活的习惯。

3. 高级智慧教育课程

对于大学生及已有大学以上学力(请注意:不是"学历")的人,可以开展高级智慧教育课程,并以通识课程或选修课等形式呈现。在高级智慧教育课程里,可以适当开发包含如下主题的教学单元。

第一单元　什么是智慧

这一教学单元主要探讨以下四个主题,每个主题可以根据学生的学习情况自行设计教学课时,同时,每个主题以学生掌握其中80％～90％的内容作为考核通过的主要依据:(1)分析民众的内隐(implicit)智慧观;(2)分析中外学人提出的经典智慧定义;(3)分析我们提出的智慧定义;(4)找出民众的内隐智慧观、中外学人提出的经典智慧定义和我们提出的智慧定义三者之间的区别与联系。

第二单元　为什么智慧对个体、组织、社会和世界的健康与可持续发展是最重要的

这一教学单元主要通过论证、实证、辩论等方式系统而深刻地探讨以下四个主题,每个主题可以根据学生的学习情况自行设计教学课时,每个主题以同学掌握其中80％～90％的内容作为考核通过的主要依据:(1)为什么智慧对个体的健康与可持续发展是最重要的;(2)为什么智慧对组织的健康与可持续发展是最重要的;(3)为什么智慧对社会的健康与可持续发展是最重要的？(4)为什么智慧对世界的健康与可持续发展是最重要的？

第三单元　对公认为有智慧的名人的个案进行深度剖析

这一教学单元主要探讨以下五个主题,每个主题可以根据学生的学习情况自行设计教学课时,每个主题以同学掌握其中80％～90％的内容作为考核通过的主要依据:(1)他们为什么被认为是智慧的人,这些智慧者有什么过人之处？(2)这些智慧者在其一生中所做的哪些事情最能体现其智慧？(3)这些智慧者是由于自身具备哪些素质才让自己作出智慧的举动？(4)这些智慧者的智慧素

质是如何习得的？（5）我们可以怎样去效仿这些智慧者，自己能够效仿到什么程度？哪些事情自己实际上现在也能够做到，只是自己还没有做？哪些事情自己现在还无力做到，不过，只要自己努力，相信到何时就能做到？哪些事情不但是自己现在做不到的，可能即使自己努力，将来自己仍做不到？

第四单元　培养学生从兼顾德与才角度思考问题和解决问题的良好习惯与高超技能

能否让学生养成从兼顾德与才的角度思考问题和解决问题的良好习惯与高超技能，是决定高级智慧教育成败的关键。在此教学单元，可以通过以下三个主题帮助学生深刻理解"凡事均要从兼顾德与才的角度去思考和解决"的道理，进而养成从兼顾德与才的角度思考问题和解决问题的良好习惯，并有能力按此方式独立且妥善地解决自己日常生活里遇到的一些难度较大甚至极大的复杂问题。每个主题以同学掌握其中 $80\%\sim90\%$ 的内容作为考核通过的主要依据：（1）以深刻论证、实证、高水平辩论赛等方式让学生深刻理解"凡事均要从兼顾德与才的角度去思考和解决"的道理；（2）通过深刻论证、实证、高水平辩论赛等方式让学生树立正确的价值观、人生观和世界观，懂得如何妥善处理自我利益、他人利益、组织利益、国家利益与人类利益之间的复杂关系；（3）通过深刻论证、实证、高水平辩论赛等方式让学生真正学会正确运用自己掌握的知识与能力，进而善于将自己掌握的知识与能力用到为绝大多数人谋福祉上。

第五单元　用智慧的眼光审视自己与自己的生活

这一教学单元主要探讨以下四个主题，每个主题可以根据学生的学习情况自行设计教学课时，每个主题以同学掌握其中 $80\%\sim90\%$ 的内容作为考核通过的主要依据：（1）过去我曾做过哪些"傻事"？当时我为什么会做它们？今后我该如何避免它们？（2）现在我心中存在哪些不明智念头？我为什么会产生这种念头？我该如何消除它们？（3）过去我曾做过"充满智慧的事情吗"？如果做过，请详细描述该事件的全部过程。（4）今后我该如何运用智慧去为自己、他人、组织、社会、国家和宇宙创造一个更加美好的未来？

第六单元　在自己的生活中过智慧生活

这一教学单元是完全实践的单元，要求每个学生在日常生活里持之以恒地过智慧生活，以日记或周记的方式记载自己生活里发生的一些主要事件，然后予以反省，看看：哪些是符合智慧生活的？哪些不是？若是，我该如何坚持？若不是，我该如何纠正？此教学单元以学生能生成按智慧方式生活的良好习惯和高超素养作为考核通过的主要依据。

三、完善智慧教育的保障措施

斯腾伯格等人为参与开展智慧教育课程的教师编写了一本智慧教育课程手册(curriculum handbook)，供他们在备课和教学中使用。手册的编写思路与编写"帮助教师在学校中发展学生实践智力的手册"(the handbook for helping teachers develop students' practical intelligence for school)是一致的，主要包括三方面的内容：一是阐述智慧的概念，并阐明智慧的重要性。二是阐明教师遵照16条原则撰写渗透式智慧教案的具体做法。这是因为美国中学一般无法单独开设智慧教育课程，故智慧课程只能渗透在各门学科的教学中。当然，渗透性智慧课程也有一个显著优点，它有助于及时将智慧技能迁移到学生的常规学习和日常生活中。三是提供在课堂活动发展智慧技能的一些技巧。[①] 另外，在开始智慧教育课程前，所有参与教师都要参加 20 小时(在职)的专业发展研讨会，让大家在研讨会上有机会在一起讨论智慧教育课程手册中的内容。在智慧教学进行的过程中，研究者用于及时向教师提供指导与收集教师给予的反馈信息的时间至少要有 10 个小时。[②] 妥善借鉴斯腾伯格等人提出的保障智慧教育顺利开展的措施，同时，根据当代中国的国情以及我们 10 余年的教书育人经验和研究心得，主张在当代中国若想顺利开展智慧教育，也必须提供如下两方面的保障措施。

(一) 对参加智慧教育的教师进行培训

保障智慧教育顺利实施的一个重要措施是对参加智慧教育的教师进行培训，具体内容包括以下三个方面。

1. 为教师编写智慧教育课程手册

为教师编写智慧教育课程手册是对参加智慧教育的教师进行培训的一项重要工作。一旦将智慧教育课程手册编写得详细、具体、有良好的可操作性，就能高效指导一线教师顺利开展智慧教育。

2. 让教师理解智慧教育的重要性和必要性

想方设法让教师了解智慧教育与素质教育、道德教育和科技教育的区别与联系，理解智慧教育的重要性和必要性，增强教师开展智慧教育的紧迫感和自觉性，是对参加智慧教育的教师进行培训的又一项重要工作。例如，为了让教师理解智慧教育的重要性和必要性，笔者曾于 2010 年冬季和 2011 年春季分三次给

① Sternberg, R. J. (2001). Why schools should teach for wisdom: The balance theory of wisdom in educational settings. *Educational Psychologist*, 36(4): 240.
② Ibid.: 241.

深圳市龙岗区教师进修学校计划参与智慧教育的老师进行培训,通过多次面授和对一些经典个案的剖析,让相关教师理解智慧教育的重要性和必要性。通过培训和交流,相关老师基本上都已认识到智慧教育的重要性和必要性。

3. 帮助教师熟悉智慧教育的一般程序

帮助教师熟悉智慧教育的一般程序,增强教师开展智慧教育的可操作性和规范性,是对参加智慧教育的教师进行培训的第三项重要工作。例如,为了让教师理解智慧教育的一般程序,笔者曾于2010年冬季和2011年春季分三次给深圳市龙岗区教师进修学校计划参与智慧教育的相关老师进行培训,通过多次面授和对一些经典个案的剖析,让相关教师理解智慧教育的一般程序。通过培训和交流,相关老师基本上都能掌握智慧教育的一般程序。

(二)建立科学管理制度,保障智慧教育的顺利实施

保障智慧教育顺利实施的另一个重要措施是建立科学的管理制度,让参与智慧教育的老师和学生能够乐意开展智慧教育。关于这方面的内容在第六章有详论,这里不多讲。

第六章　修德育才：培育德慧与物慧的策略

　　如第四章所论,在人慧诸子类型中,中国人独重道德智慧。同时,各种子类型人慧之间的细微差别主要体现在它们各自需要某种特定的聪明才智上,其余地方则多有相通之处。例如,一方面,一个人若想拥有道德智慧,需要做人方面的聪明才智;若想拥有语言智慧,需要有口头言语或书面言语上的聪明才智;若想拥有艺术智慧,需要有音乐或美术方面的聪明才智,等等。另一方面,要想拥有道德智慧、语言智慧、艺术智慧等智慧,都需要拥有良好品德。再者,由于德育学、史学、文学、社会学、美术、音乐等人文社会科学都与人心密切相关,实都是人生问题的衍生物,一个人若想在这些人文社会科学领域有一定甚至高深的造诣,一个必备前提是自己必须学会洞察人心。换言之,只有拥有一定德慧,才能更好地拥有其他了类型的人慧。本章第一节重点探讨侧重培育德慧的策略,以期起到举一反三的效果;至于侧重培育其他子类型人慧的策略,限于篇幅,就不再赘述。第二节探讨侧重培育物慧的策略。

第一节　培育德慧的策略

　　德慧本身包含待己智慧、待人智慧和待天智慧三个子类。这三种子类型德慧的相通之处是:都属于做人方面的智慧,都需要用善心去涵养做人方面的知识才可获得。同时,三者之间关系密切:由于人与人之间有许多共通的心理,一个人一旦拥有待己智慧,本着"己欲立而立人"和"己所不欲,勿施于人"的方式去待人与物,并时刻懂得约束自己的需要,自然有助于其形成待人智慧和待天智慧;一个人一旦拥有待人智慧,就易理解"山外有山,人外有人"的道理,也有助于其形成待己智慧和待天智慧;一个人一旦拥有待天智慧,若能以"天"为师,效法自然,也有助于其形成待己智慧和待人智慧。正如《淮南子·人间训》所说:"知天而不知人,则无以与俗交;知人而不知天,则无以与道游。"[①]当然,待己智慧、待人智慧和待天智慧三者之间的细微区别有二:(1)要解决的问题或关系有差异。待己智慧力图妥善解决主我与客我之间的关系;待人智慧力图妥善解决人我之间的关系;待天智慧力图妥善解决天人之间的关系。(2)需需的知识与才能有一定差异。一个人若想拥有待己智慧,必须有丰富的认识自我的知识和调节自我的能力;一个人若想拥有待人智慧,必须有丰富的认识自我、他人以及自我与他人关系方面的知识和调节自我与他人关系的能力;一个人若想拥有待天智慧,必须有丰富的认识自我和大自然方面的知识以及调节自我与大自然关系方面的能力。(3)衡量三者的标准有一定差异。只有当一个人能够清楚地认识自我、调节自我、悦纳自我,从而让个体自身过上幸福的生活,才能获得已拥有待己智慧的评价;只有当一个人能够清楚地认识自我与形形色色的他人、善于调节自我与他人之间的关系,从而让个体在社会生活中如鱼得水,左右逢源,并且个体将自己拥有的这种良好人际关系与调节人我关系的能力用来为百姓谋福祉时,才能获得已拥有待人智慧的评价;只有当一个人能够清楚地认识自我与大自然之间的关系,并妥善调节自我与大自然之间的关系,最终使自己达到天人合一的境界,才能获得已拥有待天智慧的评价。正由于这三种子类型德慧之间存在上述差异,导致德慧之内也存在类型差异,再加上德慧也有水平差异,例如,孔子和孟子同属德慧的智慧类型,但孔子是圣人,而孟子只是亚圣。这样,拥有不同德慧子类型和发展水平的人,不但在待己智慧、待人智慧和待天智慧上展现出来的智慧类型有差异,而且在待己智慧、待人智慧和待天智慧上展现出来的智慧水平也有差异。例如,假若将一个人拥有的德慧记作 10 分,有些人可能拥有 6 分的待己智慧、3 分的待人智慧和 1 分的待天智慧;有些人可能拥有 3 分的待己智慧、5 分的待人智慧和 2 分的待天智慧;等等。这样,侧重培育德慧的策略里既有某些通用策略,也有某些侧重培育待己智慧、待人智慧和待天智慧的策略。

一、培育德慧的通用策略

根据前文第四章第一节所论,从人格心理学和文化心理学的角度看,具备德慧素质的人中的典型人物正是孔子等人倡导的君子,君子人格不是天生的,而是

---

① 刘文典.淮南鸿烈集解[M].冯逸,乔华点校.北京:中华书局,1989:621.

通过后天教育生成的。正如扬雄在《法言·学行》里所说："学者,所以修性也。视、听、言、貌、思,性所有也。学则正,否则邪。"①"学者,所以求为君子也。求而不得者有矣,夫未有不求而得之者也。"②同时,从人格层面看,当代中国社会之所以会出现一些不和谐因素,其中重要原因之一是:人们没有将培育新式君子人格作为教育尤其是德育的重心所在。假若能够在适当借鉴中国传统文化倡导的君子人格思想的基础上,又将之作现代诠释与转化,从而重新界定出适宜当代中国国情的新式君子人格的内涵与评判标准,并将之作为重要内容注入当代中国教育尤其是德育里,自然是落实和谐文化、建设社会主义和谐社会的恰当做法之一。从这个意义上说,中国文化尤其是传统文化里有关君子人格的培育方法,只要将之作恰当的现代转换,实就是培育德慧的恰当做法。秉持这一理念,必须通过适当的教育与学习,个体才能逐渐生成新式君子。而新式君子人格的根源特质有仁、义、礼、智四种,相应地,培育新式君子人格也宜从这四种根源特质入手。有鉴于此,下文就借鉴古今中外一切培育君子的有效做法,阐述侧重培育德慧及德慧型人才的通用策略。不过,有关仁与义两个主题在第五章已有论述,下文只论述礼与智的培养。顺便提一下,有人认为,"君子:品德培养基本目标"、"仁人:品德培养最高目标"、"圣人:品德培养终极目标"。③ 这种观点虽有一定的见地,但我们并不完全赞同。理由主要有二:第一,在君子与圣人之间没必要插入一个仁人,并将之视作是"品德培养的最高目标",因为按孔儒的主流观点,君子修养至极致,便是圣人。第二,按中国传统文化的说法,圣人全部存在于孔子和孔子之前的时代,孔子是中国历史上的最后一位圣人。孔子之后的中国人,即便在德与才两方面做得再优秀,最多只能获得"亚圣"评价。若如此,"圣人:品德培养终极目标"就显得像是"海市蜃楼",是"水中花"、"镜中月",简直就是"聋子的耳朵——没用的摆设",对于当代中国人的做人、道德修养或人格修养没有丝毫的现实意义。既然如此,何必再提它。

(一) 知礼、行礼

如前文第四章所论,真知礼与真行礼是新式君子必备的根源特质之一。同时,从礼仪角度看,当代中国社会之所以会出现某些不和谐因素,其中重要原因之一是:一些人对礼仪的认识或修养存在某些欠妥之处,存在不知礼、不懂礼或不行礼的弊病。假若能够在适当借鉴中国传统礼仪规范思想精髓的基础上,将

---

① 汪荣宝. 法言义疏[M]. 陈仲夫点校. 北京:中华书局,1987:16.
② 同上:27.
③ 王海明. 新伦理学(修订版,下册)[M]. 北京:商务印书馆,2008:1629 - 1650.

之作适当的现代诠释与转换,再结合现代礼仪精髓,从而生成符合当代中国时代发展精神的新型礼仪理念(其核心是知礼、懂礼或践行礼仪),并将之作为重要内容注入当代中国教育尤其是德育里,不但是落实和谐文化、建设社会主义和谐社会的一个恰当做法,而且是培育个体智慧尤其是优秀道德品质的重要做法,也是在中国重新复兴礼仪之邦的重要举措。那么,什么是礼? 在培育个体智慧的过程中为什么要求个体需要修礼? 怎样才能有效地帮助个体逐渐知礼且行礼呢? 这是下文要探讨的三个重要问题。

1. 什么是礼

《说文》:"礼,履也,所以事神致福也。"李孝定《甲骨文字集释》按:"以言事神之事则为禮,以言事神之器则为豊,以言牺牲玉帛之腆美则为豊。其始实为一字也。"按:豊为醴初文,为祭、享之酒醴,非器。① 可见,礼的本意是敬神,在于表达对神的思慕、忠信、爱敬之情,后引申为敬人。据《汉语大字典》的解释,除用作"姓"外,礼的含义有十种之多:① 敬神,祭神以致福。② 礼节;礼貌。③ 中国奴隶社会、封建社会的等级制度以及与此相适应的行为准则和道德规范。④ 为表敬意或表隆重而举行的仪式。⑤ 礼物,表示敬意的赠品。⑥ 以礼相待,敬重。⑦ 膜拜。⑧ 宴饮。⑨ 儒家经典名。⑩ 用同"理"。② 不过,限于本章的旨趣,本章所讲的礼,其含义是指一套为当代中国社会风俗习惯所认可的行为规矩或规范。可见,它主要是汲取上述第③ 与第⑩种含义的礼之后,作与时俱进解释的结果。用心理学的语言解释,礼是一套个体以他人为主要对象的良好的社会态度(social attitude)与社会行为方式的组合,亦即礼是礼心与礼仪的组合。所以,从心理学角度看,礼主要包括两方面的内容:一是一套个体以他人为主要对象的良好的社会态度(social attitude),它可用礼心来表达。依心理学界公认的将心理分为知、情、意的三分说的观点,若将礼心作进一步划分,它必也包括礼知、礼情、礼意三个成分,其中,礼知指礼的认知层次,指个体对他人及相关事物的良好的认识、了解及信念;礼情指礼的情感层次,指个体对他人及相关事物的良好的情绪与感受,它以尊重(尊敬)与友爱为主;礼意指礼的意志层次,指个体对他人及相关事物的良好的行为意向或反应倾向。二是一套个体以他人为主要对象,用以表达自己对他人的尊重与友善,从而达到给对方留下良好印象和促进和谐人际关系的建设的目的的良好的社会行为规范及相应的行为方式,这就是中

① 汉语大字典编辑委员会编纂. 汉语大字典(第二版 九卷本)[M]. 成都:四川出版集团·四川辞书出版社,武汉:湖北长江出版集团·崇文书局,2010:2579.
② 同上:2579 – 2580.

国人习称的礼仪。《诗经·鄘风·相鼠》记载："相鼠有皮，人而无仪。人而无仪，不死何为？……相鼠有体，人而无礼。人而无礼，胡不遗死？"①把"礼（心）"比成人的"体"，把"（礼）仪"比成人的"皮"。可见，中国人自古强调礼心是礼的根本和精髓，礼仪是礼的外在表现形式。

2. 修养德慧为什么需要礼

用现代心理学眼光看，修养德慧之所以需要礼，其缘由主要在于知礼与行礼更有助于人们做人。换言之，在当代中国社会，要求人们学礼、习礼，本义决不是为了干涉人的自由或权利，而是为了人们更好地增强自身的修养，希望以此让每个人都尽可能地认同或养成新型君子人格，从而更好地保障自己的自由或权利，更好地与他人和谐交流和沟通。正如伯克（Edmund Burke，1729—1797）在《给国民议会成员的一封信》里写道："人有资格享有公民自由，他们享有的自由是同他们用道德锁链控制欲望的程度相称的，是同他们对正义之爱超越其贪心的程度相称的，是同他们健全和清醒的理解力超越虚夸和自以为是的程度相称的，是同他们不喜欢小人奉承更倾向于聆听智者和善者教诲的程度相称的。"②所以，哈耶克（Friedrich Hayek，1899—1992）在《自由宪章》（又名《自由秩序原理》，*The constitution of liberty*，1960）一书说："如果没有根深蒂固的道德信念，自由便不可能起作用；只有当个人能够自觉遵守一定的原则，强制才能被减到最小程度。这的确是一个真理。"③

事实上，在现实生活中，由于种种原因的交互作用，人与人之间存在着许多无法"磨灭"的个体差异：在年龄上，除了同年同月同日同时出生的人之外，其他人之间往往因"先来后到"之故而存在着长幼的差异；在智力上，因先天素质、后天环境与修养的不同，人与人之间往往存在一定的智力差异；在品德、知识与能力上，因先天素质、后天环境与修养的不同，不同人之间也存在一定的差异，有明显的先觉与后觉之分；在身份与地位上，受出身贵贱、道德素养和知识素养的高低、经验的多寡、学历的高低、年龄的大小、拥有财富的多少、拥有良好人际关系的多少、权力的大小、职位的高低等的影响，人与人之间在身份与地位上往往也存在一定的差异。存在诸种差异的人与人之间在进行交往时，若没有相应的规矩，就容易产生无序状态。依勒温（Kurt Lewin，1890—1947）的场论和费斯廷格（Leon Festinger，1919—1989）的认知失调理论，人在无序状态（即失调状态）下

① 程俊英，蒋见元. 诗经注析[M]. 北京：中华书局，1991：144 - 145.
②③ 哈耶克. 自由宪章[M]. 杨玉生等译. 北京：中国社会科学出版社，1999：96.

心理会产生无形的压力，迫使人去实现平衡(有序)。换言之，假若人类没有道德秩序感，人与人之间就无任何规矩可言，人与动物也就无异了。据《论语·泰伯》记载，孔子曾说："恭而无礼则劳，慎而无礼则葸，勇而无礼则乱，直而无礼则绞。君子笃于亲，则民兴于仁；故旧不遗，则民不偷。"①这说明礼在培育君子的过程中作用巨大：一个人若仅注重自己容貌的端庄，却不知礼，就容易劳倦；只知谨慎，却不知礼，就容易流于懦弱；仅有敢作敢为的勇气，却不知礼，就容易盲行而闯祸；心直口快，却不知礼，就容易待人尖刻。礼既然有如此重要的作用，是君子的立身之本。所以，孔子在《论语·尧曰》里说得好：'不知礼，无以立也'。②进而，孔子要求想要成为君子的人在平日的修炼中要做到："兴于诗，立于礼，成于乐。"③以避免让自己像小人那样待人无礼或虚情假义地按礼的方式去待人接物。同时，孔子力倡身为君子者要用礼节来约束自己的言行，以使自己的言行不至于离经叛道。因此，据《论语·雍也》记载，孔子曾说："君子博学于文，约之以礼，亦可以弗畔矣夫！"怎样才能做到"约之以礼"？那就是要做到："非礼勿视，非礼勿听，非礼勿言，非礼勿动。"④此思想为后人所继承。如《礼记·曲礼》也说："道德仁义，非礼不成；教训正俗，非礼不备。"⑤这样，为了满足人类的秩序心和马斯洛(Abraham Maslow，1908—1970)所讲的尊重与自尊的需要，人类就需要礼。

可是，在人类生活的早期，人与人之间肯定是没有规矩或礼可讲的，因为当时的人类社会尚未进入真正的文明社会，大家主要还是靠一些自然法则而生存。不过，可以肯定，在当时人与人之间的交往中，总有一部人因善于与人打交道，从而在人际交往中能够"如鱼得水"，且"游刃有余"，也总有一部分人因缺乏必要的交往技巧甚至毫无交往经验，结果处处不受欢迎，甚至"四处碰壁"。在这种情况下，那些不善于与人交往的人就迫切希望能够获得一些交往技巧甚至"交往秘诀"，而那些善于交往的人中必有人出于仁爱心或功利心等动机，将自己的交往技巧全部或部分地"说出来"(因远古人类尚未发明文字)给他人听，以"方便"那些尚未掌握交往技巧的人进行交往。这就成为最初的礼。换言之，最初的礼往往是通过口口相传的形式流传下来的便于人际交往的一些规则与技巧；其后，等文字被发明之后，礼便用文字记录下来。正如《管子·心术上》所说："礼者，因人

① 杨伯峻. 论语译注[M]. 北京：中华书局，1980：78.
② 同上：211.
③ 同上：81.
④ 同上：165.
⑤ [清] 朱彬. 礼记训纂(上册)[M]. 饶钦农点校. 北京：中华书局，1996：5.

之情,缘义之理,而为之节文者也。故礼者,谓有理也。理也者,明分以谕义之意也。故礼出乎理,理出乎义,义因乎宜者也。"①《礼记·曲礼上》也说:"夫礼者,所以定亲疏,决嫌疑,别同异,明是非也。"据《朱子语类》卷四十二记载,南宋朱熹曾说:

> 所以礼谓之"天理之节文"者,盖天下皆有当然之理。今复礼,便是天理。但此理无形无影,故作此礼文,画出一个天理与人看,教有规矩可以凭据,故谓之"天理之节文"。②

这是说,为了维护良好的社会秩序,以便达到和谐共存,人在与万物(其内自然也包含人,尤其是他人)相处时必须遵循一定的规矩,以便规范和约束自己的心理与行为。其中,抽象的规矩就是天理,将天理具体化,就是礼。

冯友兰在《新世训》里也说:

> 在表面上,礼似乎是些武断底、虚伪底仪式。但若究其究竟,则它是根据于人情底。有些深通人情底人,根据于人情,定出些行为的规矩,使人照着这些规矩去行,免得遇事思索。这是礼之本义。就礼之本义说,礼是社会生活所必须有底。所以无论哪一个社会,或哪一种社会,都须有礼。但行礼的流弊,可以使人专无意识,无目的底,照着这些规矩行,而完全不理会其所根据底人情。有些人把礼当成一套敷衍面子底虚套,而不把它当成一种行忠恕之道底工具。如此则礼即真成了空洞虚伪底仪式。如此则通礼者即不是通人情而是通世故。民初人攻击礼及行礼底人,都完全由此方面立论。其实这是礼及行礼的流弊,并不是礼及行礼的本义。③

由此可见,一个真正知礼、行礼的人,必是一个懂人情事理的人,必是一个善于做人的人。所以,如果一个人想要更高效地习得德慧,自然必须知礼、行礼。

3. 如何帮助个体习得礼

其一,增强个体知礼、行礼的自觉性与主动性。如依罗杰斯主张的意义学习观,个体一般是"因需求而求知",④这样,也只有通过摆具体事例、讲道理等方式,让个体懂得礼在成人与成就德慧过程中的重要作用,才能增强个体知礼、行礼的自觉性与主动性。

其二,传授个体关于礼的系统知识。个体若想不断地提高自己的礼仪修养,

---

① 黎翔凤.管子校注(中)[M].梁运华整理.北京:中华书局,2004:770.
② 黎靖德.朱子语类(三)[M].王星贤点校.北京:中华书局,1994:1079.
③ 冯友兰.新世训　生活方法新论[M].北京:北京大学出版社,1996:24.
④ 汪凤炎,燕良轼.教育心理学新编(第三版)[M].广州:暨南大学出版社,2011:283.

自然就必须先知礼,这就要求个体必须掌握有关礼的系统知识。其中,最重要的有三点:一要帮助个体逐渐掌握辨别"彬彬有礼"与"拘于礼"、"无礼"的知识。此处所讲的"拘",其义主要指"拘束;不知变通"和"限制"二义。[①] 二要让个体逐渐懂得大礼与小节之间的辩证关系,既不能片面宣扬"不拘小节"的理念,也不能忽视"大礼不辞小让"的价值。三要让个体熟悉确定新型君子人格宜具备的礼仪的原则。综观古今中外,礼仪的形式多种多样,并且还在继续演化中。那么,怎样从鱼目混珠的众多礼仪中挑选出适合当代中国国情的礼仪呢? 这就需要制定一定的筛选原则,概括起来,这些原则主要有五:时代性原则,即指制定的礼仪要与当代中国社会的时代精神相吻合;针对性原则,即指制定的礼仪要有的放矢,指向具体的角色与行为;文化性原则,即指制定的礼仪要吻合中国文化的思维方式、中国人的良好生活传统与生活习惯;简约适度原则,即指制定的礼仪从内容上讲要简洁明了,让人一看就懂,看后能做,从条目上讲数量要精少,不宜繁多;平等互惠原则,即指制定的礼仪要体现人我平等、人我互惠的理念,既要保证让行礼的人受惠,也要保证让受礼的人受惠。[②]

其三,通过引导个体的羞恶之心来引导个体知礼、行礼。每一位正常的人与生俱来就有是非之心的端绪,正如《孟子·公孙丑上》所说:"无辞让之心,非人也;……辞让之心,礼之端也。"[③]不过,一个人尽管与生俱来就有辞让之心,如果后天不及时接受良好的教化,它也不会茁壮成长,个体最终也就无法生成现实的礼仪修养;如果一个人在现实生活里努力去学做人,又时常能够及时得到明师的指点,那么这颗辞让之心就会茁壮成长,个体最终也就能生成良好的礼仪素养。所以,家长、教师、社会通过适当方式去引导个体的辞让之心,使之逐渐发展成现实的礼仪素养。

其四,通过营造良好的尚礼环境来引导个体知礼、行礼。家长、教师平日要身体力行,为子女、学生营造一个知礼、行礼的环境,以此来帮助个体生成礼仪素养。

其五,帮助个体在日常生活里不断践行礼仪。通过做人实践来培育个体的礼仪素养是一个有效途径。当然,为了更好地习得礼仪素养,在保证个体安全的前提下,就要尽可能多地让个体接触各种日常生活里的做人情境,让自己尽可能

---

① 夏征农,陈至立.辞海(第六版彩图本)[M].上海:上海辞书出版社,2009:1173.
② 佚名.礼仪应遵循的基本原则有哪些[OL].http://www.tianjinwe.com/tianjin/ticj/201105/t20110525_3851906.html.
③ 杨伯峻.孟子译注[M].北京:中华书局,1960:80.

多地与各种各样的人多打交道，在日常生活里通过变式练习帮助个体习得礼仪素养。

根据上述理念，在笔者汪凤炎的指导下，安徽省蚌埠学院文学与教育系的马丽对实验班进行礼仪教育干预实验，具体做法有二：一是结合大学生课外学术科技活动开展形式多样的专项礼仪教育活动，这些活动主要有四种：活动1：结合报纸、网络关于就业礼仪的知识和事例重点分析礼对于大学生就业的重要性；活动2："礼仪知识交流会"；活动3：礼仪情景表演；活动4："礼仪之星"和"文明礼仪宿舍"评比。二是结合班级日常管理中出现的问题及时进行礼知识分析教育，如结合班级同学上课晕倒进行的关爱同学教育、结合期末考试进行文明诚信教育等。等到上述干预实验结束后，对实验班和参照班再次（先前做过一次初测）运用"大学生礼仪调查问卷"进行测量，经过对所获结果进行分析讨论，最后得出如下结论：干预使大学生在礼知、礼情和礼仪上均得到提升。其中，对于礼的认知的提升效果最明显，有效展现礼貌行为的效果次之，生成喜爱礼的情感的效果最差。[①] 由此可见，通过适当的干预措施，能够在短时间内使个体有关礼的知识得到明显的改善，也有助于个体展现礼貌行为，但要想让个体真正喜爱礼，则需要一个长期的过程。这表明，通过适当的教育是可以有效提高学生的礼仪修养的。至于在干预研究中个体生成喜爱礼的情感的效果最差，其中重要原因之一，是因为礼离开中国人的日常生活已有较长时间了，要想让个体改变这个观念，需要一个渐进的过程。

（二）不断提高个体的人事之智

1. 什么是人事之智

如第二章所论，聪明才智包括两种子类型：一种是对人伦关系的正确认识和解决能力，即人事之智；二是对外在自然和客观世界规律的正确认识和解决能力，即在自然科学领域显露出来的聪明才智，简称自然之智或科技之智。人事之智与自然之智的相通之处是：都属于聪明才智，都需要个体在积累到一定知识并加以实践之后才能逐渐习得。人事之智与自然之智的主要区别有四：（1）处理的问题不同。人事之智一般用于解决做人方面存在的难题；自然之智一般用于解决自然科学领域存在的难题。（2）需要的素养不同。一个人只有具备洞察人心的素质，才能展现出人事之智；与此不同，一个人只有具备足够的自然科学

---

① 马丽. 大学生"礼"心理结构分析及干预研究[D]. 南京：南京师范大学 2010 届高校教师硕士毕业论文，17-41.

方面的学识,并有良好的思维方式和勤奋好学、刻苦钻研的精神,才有可能在从事自然科学研究时展现出自己的聪明才智。(3)性质不同。人事之智往往与个体所处文化历史背景有关,有一定的文化相对性。例如,熟人社会与陌生人社会需要的人事之智就有一定的差异。不过,人事之智也有一定的普世性。例如,无论在中国还是在外国,大家都重善于与人沟通的才华。与此不同,自然之智则有更明显的文化普世性,因为自然科学往往没有国界。(4)评定标准不同。只有当一个人在做人过程中获得一定成就时,才能获得已拥有人事之智的评价;只有当一个人在从事某一领域或多个领域的自然科学研究中获得一定成就时,才能获得已拥有自然之智的评价。

2. 修养德慧为什么需要人事之智

在中国历史上,儒、道、墨等都重视智在成人中的价值。孔子将智作为君子的"三达德"之一,又曾说:"君子病无能焉,不病人之不己知也。"[1]这从正反两个方面告诉人们,身为君子者必须具备高超的能力。用现代心理学眼光看,修养德慧为什么需要人事之智,其缘由主要有二:(1)人事之智是构成德慧的重要要素之一。依前文所论,德慧的本质实是德与才的辩证统一,这里的才就是指人事之智,因此,个体若想修养德慧,自然要通过自身努力不断习得人事之智,舍此别无成就德慧的捷径。(2)杜绝"好心办不成(好)事"、"好心办坏事"和"好人易上当"之类现象的发生。在日常生活里,"好心办不成(好)事"、"好心办坏事"和"好人易上当"的现象时有发生。用智慧的眼光看,重要原因之一恰恰是,因为这些人只有善心却没有相应的聪明才智,因而没有真正拥有智慧(主要是德慧)。个体一旦既有善心,又拥有人事之智,就不易发生上述这类现象。

3. 如何帮助个体习得人事之智

其一,掌握足够的关于做人的知识。在中国,为了有效地培育个体的人事之智,就必须让个体熟知必要的做人知识,其中最重要的有三点:(1)要帮助个体逐渐掌握辨别大智与小智的知识;同时,要让个体逐渐懂得大智与小智之间的辩证关系,不能片面贬低小智的价值。(2)要帮助个体熟悉其生活的地方的风俗民情,熟练掌握当地的人情。限于篇幅,这方面的内容可参见拙著《中国文化心理学(增订本)》相关内容。[2](3)要帮助个体熟悉中国人常用的脸面功夫,然后做到辩证看待脸面功夫,适当使用脸面功夫。限于篇幅,这方面的内容此处也不

---

① 杨伯峻. 论语译注[M]. 北京:中华书局,1980:166.
② 汪凤炎,郑红. 中国文化心理学(增订本)[M]. 广州:暨南大学出版社,2013:169-203.

多讲,读者若感兴趣,请参看拙著《中国文化心理学(增订本)》的相关内容。①

其二,通过引导个体的是非之心来培育个体的人事之智。每一位正常的人与生俱来就有是非之心的端绪,正如《孟子·公孙丑上》所说:"无是非之心,非人也。……是非之心,智之端也。"②不过,一个人尽管其心中与生俱来就有智的"种子",假若后天不及时接受良好的教化,这颗智的"种子"也不会茁壮成长,个体最终也就无法生成现实的人事之智;如果一个人在现实生活里努力去学做人,又时常能够及时得到明师的指点,那么这颗智的"种子"就会茁壮成长,个体最终也就能生成人事之智。所以,家长、教师、社会通过适当方式去引导个体的是非之心,使之逐渐发展成现实的人事之智。

其三,通过营造善于做人的环境来培育个体的人事之智。家长、教师平日要身体力行,为子女、学生营造一个善于做人的环境,以此来帮助个体生成做人方面的聪明才智。

其四,通过做人实践来培育个体的人事之智。通过做人实践来培育自己的人事之智是一个有效途径。当然,为了更好地习得人事之智,在保证个体安全的前提下,就要尽可能多地让个体接触各种日常生活里的做人情境,让自己尽可能多地与各种各样的人多打交道,在日常生活里通过变式练习,帮助个体将做人方面的陈述性知识真正转换成做人方面的聪明才智。

二、三种子类型德慧的培育策略

如上文所论,待己智慧、待人智慧和待天智慧三种子类型的德慧之间既有相通之处,也有一定的差异,相应地,严格地说,若想做到有针对性,培育这三种子类型的德慧也有一定的差异。

(一) 培育待己智慧的策略

由于待己智慧要解决的主要问题是主我与客我之间的关系,这样,一个人若想拥有待己智慧,必须具备丰富的认识自我的知识和调节自我的能力。与此相适应,侧重培育待己智慧的策略主要包括如下三个方面。

1. 提高身心健康水平

常言说得好:"身体是革命的本钱。"一个人即使品德高尚,才智过人,假若身体欠佳,也不能指望他为社会多作贡献;更何况,一个人假若没有了身体,一

---

① 汪凤炎,郑红. 中国文化心理学(增订本)[M]. 广州：暨南大学出版社,2013：238-246.
② 杨伯峻.孟子译注[M].北京：中华书局,1960：80.

切都完了！那又何谈去修养智慧呢？所以，身体健康是第一位的。打个较通俗、形象的比方，若用数字表述上述思想，那么身体就是"1"，品德、才能、智慧、财富、幸福等其他事物均是一个个的"0"，只有先有这个"1"，在其后加"0"才有意义；若前面的"1"没有了，其后加再多的"0"，结果仍是"0"。正因为如此，向来许多教育大家都将"身体好"放在教育的首要位置。如陶行知1942年在育才学校三周年纪念晚会上讲的《每天四问》中，"第一问"就是"我的身体有没有进步？"[①]陶行知说："我们每天应该要问的，是'自己的身体有没有进步？有，进步了多少？'"[②]这实是强调生活教育要将关注人的身体健康放在第一位。[③]

为了促进个体尤其是各类学生的身体健康和心理健康，在培育个体的待己智慧时就要注意三点：(1)向学生传授"做一个身心健康的人是做一个智慧的人的重要前提"的理念，以便让学生重视自身的身心保健问题。同时，适当结合平日的体育课、班会课和心理辅导站，教授学生一些正确锻炼身体和保养心理的方法以及合理进行饮食的营养学方面知识。(2)通过安全教育等方式帮助学生尤其是小学生树立安全意识。告诉学生，遇到火灾要及时拨打火警电话(打119电话)；遇到坏人要机智逃离、求助警察或报警(打110电话)；遇到突然的身心不适要及时告诉家长或教师，或者及时拨打急救电话(打120电话)等。因为据有关部门统计，造成0～14岁儿童意外死亡的主要有五大类伤害：居首位的伤害是溺水(尤其是生活于农村的儿童而言更是如此)、交通事故、食物中毒、安全事故(包括触电与烧伤等)、自然灾害。[④](3)要向学生传授珍惜生命的理念。通过开展生命教育和现代孝道教育，帮助学生逐渐养成对生命的敬畏感，逐渐学会关爱、珍惜自己与他人的生命，既不可像"跳西湖拍毕业照　大学生溺亡"个案中"小辛"那样拿自己的生命"开玩笑"，也不可随意糟蹋他人乃至其他万物的生命。[⑤]

2. 不断提高自我修养，增强自我调节能力

不断提高自我修养以增加自我调节能力，是获得待己智慧的一个有效途径。提高自我修养的方法有很多，除节制需要(详见第五章)外，常用的还有慎独、提高情绪智力和锻炼意志三种方法。

---

① 陶行知的"每天四问"是"第一问：我的身体有没有进步？第二问：我的学问有没有进步？第三问：我的工作有没有进步？第四问：我的道德有没有进步？"
② 陶行知全集(第三卷)[M].长沙：湖南教育出版社，1985：464.
③ 汪凤炎等.德化的生活——生活德育模式的理论探索与应用研究[M].北京：人民出版社，2005：245.
④ 同上：246-247.
⑤ 佚名.跳西湖拍毕业照　大学生溺亡[N].现代快报，2011-07-01(A4).

其一,慎独。它是中国古代大哲极为重视且身体力行的修身方法。据朱熹讲,"独"指"人所不知而己所独知之地也。"①"慎独"意即个体在独处时也能做到严于律己,无论在思想上还是在行为上都能不违背道义。慎独不仅是一种道德修养的经典中式方法,也是一种道德修养的崇高境界。据《后汉书》卷五十四《杨震传》:"杨震……迁荆州刺史、东莱太守。当之郡,道经昌邑,故所举荆州茂才王密为昌邑令,谒见,至夜怀金十斤以遗震。震曰:'故人知君,君不知故人,何也?'密曰:'暮夜无知者。'震曰:'天知,神知,我知,子知。何谓无知?'密愧而出。"②

慎独思想在中国源远流长。早在《诗经》里就蕴含这种思想。《诗经·大雅·抑》曾说:"相在尔室,尚不愧于屋漏。"③提倡一个人即使在独处时也不要起坏念头。不过,据现有文献记载,"慎独"一词最早出自《荀子》。《荀子·不苟》说:

君子养心莫善于诚,致诚则无它事矣,惟仁之为守,惟义之为行。诚心守仁则形,形则神,神则能化矣。诚心行义则理,理则明,明则能变矣。变化代兴,谓之天德。天不言而人推其高焉,地不言而人推其厚焉,四时不言而百姓期焉。夫此有常,以至其诚者也。君子至德,嘿然而喻,未施而亲,不怒而威。夫此顺命,以慎其独者也。善之为道者,不诚则不独,不独则不形,不形则虽作于心,见于色,出于言,民犹若未从也,虽从必疑。天地为大矣,不诚则不能化万物;圣人为知矣,不诚则不能化万民;父子为亲矣,不诚则疏;君上为尊矣,不诚则卑。夫诚者,君子之所守也,而政事之本也。唯所居以其类至,操之则得之,舍之则失之。操而得之则轻,轻则独行,独行而不舍则济矣。济而材尽,长迁而不反其初则化矣。④

《礼记》继承了荀子的慎独思想。《礼记·中庸》说:

天命之谓性,率性之谓道,修道之谓教。道也者,不可须臾离也,可离非道也。是故君子戒慎乎其所不睹,恐惧乎其所不闻。莫见乎隐,莫显乎微,故君子慎其独也。⑤

从隐蔽、微小的事情最易显示出人的品格高下。品德高尚的人即使在别人不知晓的环境中也能谨守道德,不作出任何越轨的言行。《礼记·大学》也说:"所谓诚其意者:毋自欺也,如恶恶臭,如好好色,此之谓自谦,故君子必慎其独也。小

---

①　朱熹.四书章句集注[M].北京:中华书局,1983:7,18.
②　[宋]范晔.后汉书(七)[M].[唐]李贤等注.北京:中华书局,1965:1760.
③　程俊英,蒋见元.诗经注析[M].北京:中华书局,1991:861.
④　[清]王先谦.荀子集解[M].沈啸寰,王星贤点校.北京:中华书局,1988:46-48.
⑤　[清]朱彬.礼记训纂[M].饶钦农点校.北京:中华书局,1996:772.

人闲居为不善,无所不至,见君子而后厌然,掩其不善,而著其善。人之视己,如见其肺肝然,则何益矣?此谓诚于中,形于外,故君子必慎其独也。"①

慎独法代有继承人。如李翱在《复性书中》一文里说:"不睹之睹,见莫大焉;不闻之闻,闻莫甚焉。其心一动,是不睹之睹,不闻之闻也,其复之也远矣。故君子慎其独。慎独者,实其中也。"②《朱子语类》卷十六说:"君子慎其独,非特显明之处是如此,虽至微至隐,人所不知之地,亦常慎之。小处如此,大处亦如此,显明处如此,隐微处亦如此。表里内外,粗精隐显,无不慎之,方谓之'诚其意'。"③叶适在《习学记言序目》卷八中说得更直截了当:"慎独为入德之方。"④可见,(1)慎独法是知行合一、言行一致的具体落实,做不到此点,就做不到"慎独",也谈不上"诚其意"。正如陆九渊在《语录上》里所说:"慎独即不自欺"。⑤(2)慎独法是一种防微杜渐的修养方法。正如朱熹在《四书章句集注·中庸章句》里注解"独"字时所说:"独者,人所不知而己所独知之地也。言幽暗之中,细微之事,迹虽未形而几则已动,人虽不知而己独知之,则是天下之事无有著见明显而过于此者。是故君子既常戒惧,而于此尤加谨焉,所以遏人欲于将萌,而不使其滋长于隐微之中,以至离道远也。"⑥从中可看出慎独具有的防患于未然之意。(3)慎独法也是一种去掉私欲的修养方法。如陈确就说:"慎独之功,要在去私。"(4)慎独法的唯一目的是提高自身的品德修养,它不是做给别人看的。正如《淮南子·说山训》所说:"兰生幽谷,不为莫服而不芳。舟在江海,不为莫乘而不浮。君子行义,不为莫知而止休。"⑦

慎独法实际上是一种自我约束的方法,它高扬了修德者的主体精神,对提升道德境界仍不失为一种值得提倡的方法。因为在现今日常生活中,很多人的言行常常是,领导在场与领导不在场时不一样,有人检查与无人检查时不一样,在人前与在人后不一样。这正显示一些人缺乏慎独精神,做事是人前一套人后又一套,见人说我话,见鬼说鬼话,既欺人也自欺,这不能不说是导致德育低效的原因之一。所以,今人若想提高自己的道德修养,若想使自己逐渐拥有待己智慧,就必须适当借鉴并运用慎独法来修德。因为多一事增一事的累,识一人费一人

① [清]朱彬.礼记训纂[M].饶钦农点校.北京:中华书局,1996:866.
② 董浩等.全唐文(第7册)[M].北京:中华书局,1983:6436.
③ 黎靖德.朱子语类[M].王星贤点校.北京:中华书局,1986:335.
④ [宋]叶适.习学记言序目[M].北京:中华书局,1977:108.
⑤ [宋]陆九渊.陆九渊集[M].钟哲点校.北京:中华书局,1980:418.
⑥ 朱熹.四书章句集注[M].北京:中华书局,1983:18.
⑦ 刘文典.淮南鸿烈集解[M].冯逸,乔华点校.北京:中华书局,1989:526.

的心，只有独处才可以省事，省事就可以心清，心清才可以神旺，所以独处可以收摄精神，凝聚生命的全力。独处静坐之中，有一股清明之气从孤独处生出来，心光一片，照见了自己，也照见了万物，照彻了事物的所以然，于是有"静一分，慧一分"的效果。独处就是在求这一分清明，所谓"清明在躬，志气如神"，有这分清明，求道则易悟，为事则易成，从事艺文创作则神思奇逸，所以慎独可以养精、养气、养神、养德，对德业与艺术生活都是有益的。[①]当然，在运用慎独法时也应注意对象的合宜性，因慎独法得以实现的前提是，个体要有较强的自制力和辨别是非的能力。所以，对自制力较弱的个体（如低年级学生）要慎用，否则易流于形式。[②]

其二，提高情绪智力。情绪总是由一定的原因引起的，正常人不会无缘无故地去喜、去怒、去忧、去愁；但是，在同样的客观条件下，不同人的情绪活动会有很大差异。造成这种差异的原因不能单从情绪活动本身去找，还要考虑个人自身方面的因素，相应地，个体培养健康的情绪也必须从加强自我的修养入手：（1）提高自己的知识素养。知识是情绪教育的基础。丰富的知识素养可以帮助人们端正看待生活问题的角度，确立正确的人生态度，从而在生活中保持积极向上的情绪状态；丰富的知识素养可以拓宽人们的心胸，摆正自我与他人的关系，从而避免为一些小事大动肝火。多学一些知识能使人们变得理智，提高驾驭情绪的主动性，自觉培养积极情绪并克服消极情绪；多学一些知识，还能增强我们自身的能力，从而增加情绪修养的信心和热情。（2）增强自己的适应力。这里所说的适应是指根据不同的环境努力作出积极的反应，而不是消极的随波逐流。如何增强适应力？一要要正确地估价自己。适应不适应生活，往往看是否摆正自己与现实的关系。如果把自己估价过高，就会给自己订出超越能力的目标，必然遭遇失败和挫折，使自己在情绪上受到伤害；把自己估价过高，只看到自己有才华，而不注意别人同样也有才华，甚至比自己还突出，就不容易适应周围人的变化。当然，也不能把自己估价过低。把自己估价过低，则可能自惭、自卑、自贱，终日消沉，不思进取，在生活中随波逐流。可见，正确估价自己，对增强适应力、保持积极的情绪状态关系重大。二要增强接受生活现实的能力。生活有酸甜苦辣，其变化是不依人们的意志和愿望为转移的。如果一个人只是本能地"顺我者喜，逆我者怒"，那么其情绪势必冷热无常、起伏不定。要驾驭自己的情绪，

① 黄永武. 独处时分[J]. 读者，2013，(24)：1.
② 汪凤炎. 中国传统德育心理学思想及其现代意义(修订版)[M]. 上海：上海教育出版社，2007：312-315.

就必须增强自己接受生活现实的能力。见到不如意、不合理的事情,别只是怒气冲冲、牢骚满腹,或苦闷伤感、不思饮食。正确的办法是正视它、接受它,然后再想办法对付它、解决它。(3) 让自己养成良好的人格特征。许多消极情绪的表现常常可以找到人格上的原因。例如,情绪暴躁易怒的人一般有好强任性、自制力差的性格特点;情绪抑郁消沉的人一般有依赖性大、怯懦软弱的性格特点。怎样培养良好人格呢? 一要对症下药。假如你常因性格懦弱而情绪紧张,一遇关键场合就手足无措,你就有意识地锻炼自己的胆量。二要持之以恒。在培养良好性格的过程中,一个常见的毛病是操之过急。性格的稳定性决定了克服不良性格特点并培养良好性格不是立竿见影的事情,必须进行较为长期的努力,应坚持不懈,切忌虎头蛇尾,否则,易使要克服的性格弱点进一步发展,致使情绪活动更趋消极。三要循序渐进。从较低的起点开始,逐步提高要求,这样可使人因不断看到成绩而增强培养良好性格的信心。四要从小事做起。要时时在意,处处留心,抑制不合理的欲望和旧习,在每一件小事上一点一滴地约束自己的言行,在潜移默化中逐步培养起良好性格。①

其三,锻炼意志。意志是人为达到某种目的支配自己行动并克服种种困难的心理活动。结合中国先人的见解,磨炼意志的方法主要有三:②(1) 艰苦环境磨炼法。它指利用艰苦环境来磨炼人的意志的方法。如《孟子·告子下》说:"天将降大任于斯人也,必先苦其心志,劳其筋骨,饿其体肤,空乏其身,行拂乱其所为,所以动心忍性,曾益其所不能。……然后知生于忧患而死于安乐也。"③ (2) 追求高级需要法。它指个体要努力克制低级的需要,而去追求高级的需要,以此磨炼自己的意志。如《孟子·告子上》说:"鱼,我所欲也,熊掌亦我所欲也;二者不可得兼,舍鱼而取熊掌者也。生亦我所欲也,义亦我所欲也;二者不可得兼,舍生而取义者也。"④(3) 保持恒心法。它指个体通过克服自己的惰性或三心二意等弊病,进而长久地保持自己的信念的方式来锻炼自己意志的方法。因为有恒心是有意志的一种表现,所以保持恒心可以用来磨炼意志。如《荀子·劝学》就主张一个人只有持之以恒地"积",才能让自己逐渐博学,甚至最终成为圣人。⑤

3. 掌握常用的自评方法

个体若想使自己正确对待自己,还需要做到善于自知,进而善于反省自己言

① 乔建中.情绪心理与情绪教育[M].南京:江苏教育出版社,2001:166-169,180-185.
② 汪凤炎.中国传统德育心理学思想及其现代意义(修订版)[M].上海:上海教育出版社,2007:152-153.
③ 杨伯峻.孟子译注[M].北京:中华书局,1960:298.
④ 同上:265.
⑤ [清]王先谦.荀子集解[M].沈啸寰,王星贤点校.北京:中华书局,1988:7-9.

行的得与失,这就需要掌握常用的自评方法。自评法,指自己运用某种方法或工具给自己的某种或多种心理素质进行评定,以帮助自己了解自己的某种或多种心理素质发展状况的考评方法。例如,如果一个人已掌握足够的心理统计与测量学方面的知识,此时若想了解自己的智商情况,可以自己运用第四版《韦氏智力量表》(由张厚粲负责修订,使之适合中国人使用)或瑞文推理测验进行测量,然后自己分析测量结果,就能掌握自己的智商情况。要想了解自己的品德发展水平,可以自评法(包括内省式自我考评法与观照式自我考评法)对自己的品德进行测量。[①] 想要了解自己的心理健康状况,可以运用 SCL－90(Symptom Check List-90)量表等工具进行测量。

(二) 培育待人智慧的策略

由于待人智慧要解决的主要问题是人我之间的关系,这样,一个人若想拥有待人智慧,须有丰富的认识自我、他人、自我与他人关系方面的知识以及调节自我与他人关系的能力。因认识自我和调节自我方面的知识与能力在上文已有论述,这样,侧重培育待人智慧的余下策略主要包括如下三个方面。

1. 树立正确的交友观

其一,"友也者,友其德也"。其意是:一个人在结交朋友时应该做到:之所以会与一个人交朋友,缘由只在于此人的品德高尚,而不是出于有所倚仗的心理。这意味着,交友的目的在于"友者,所以相与切磋琢磨以进乎善,而为君子之归者也。其所向苟不如是,恶可与之为友哉? 此'毋友不如己者'之意。甚矣! 趋向之不可不谨,而友之不可不择也。"[②]假若一个人若倚仗自己年纪大、地位高或自己兄弟的富贵,而与另一个人结交朋友;或者,一个人之所以会与另一个人交朋友,只由于心中有倚仗此人年纪大、地位高或此人兄弟的富贵,这都不是正确的交友心态。[③] 正如《战国策·楚策》所说:"以财交者,财尽而交绝;以色交者,华落而爱渝。"《文中子·礼乐》也说:"以势交者,势倾则绝;以利交者,利穷则散。"

"友也者,友其德也"的交友法则由孟子明确提出来。据《孟子·万章下》记载:万章问曰:"敢问友。"孟子曰:"不挟长,不挟贵,不挟兄弟而友。友也者,友其德也,不可以有挟也。""友也者,友其德也"的交友法则虽由孟子明确提出,但此思想的出现至少可追溯到孔子。据《论语·季氏》记载,孔子曾说:"益者三友,

① 汪凤炎.中国传统德育心理学思想及其现代意义(修订版)[M].上海:上海教育出版社,2007:399－403.
② [宋] 陆九渊.陆九渊集[M].钟哲点校.北京:中华书局,1980:375.
③ 杨伯峻.孟子译注[M].北京:中华书局,1960:238.

损者三友。友直,友谅,友多闻,益矣。友便辟,友善柔,友便佞,损矣。""友直"指与正直的人交朋友,"友谅"指同信实的人交友,"友多闻"指同见闻广博的人交友。在这三种"益友"里,前二者之所以会有益,都是因为其有良好的德性;"友便辟"指同诏媚奉承的人交友,"友善柔"指同当面恭维背面毁谤的人交友,"友便佞"指同夸夸其谈的人交友。结交这三种人之所以都属"损友",全是因为这三种人的德性不佳之故。① 在孔子看来,一个人若能做到"友直,友谅,友多闻,"便能通过交正道朋友的方式而促进自己德行的发展;一个人若"友便辟,友善柔,友便佞,"便会因为交一些狐朋狗友而损害自己的德行。这表明,孔子言论里已有颇明显的"友也者,友其德也"的思想,孟子只是在此基础上将其进一步明确化而已。孔子和孟子主张的这个交友观,直至今日都是非常正确的。

其二,"先择而后交"。由于交友的首要法则是"友也者,友其德也",为了能够交到益友而不是损友,于是便有了第二条重要的交友法则:"先择而后交"。"先择而后交",就是先要择人,从中选出德才上佳者作为自己其后交友的对象;对于卑鄙小人,则宁愿没有朋友,也不能与这类人交友。此交友原则由东晋的葛洪明确提出。他在《抱朴子外篇·交际》说:"吾闻详交者不失人,而泛结者多后悔。较囊哲先择而后交,不先交而后择也。……且夫朋友也者,必取乎直谅多闻,拾遗斥谬,生无请言,死无托辞。始终一契,寒暑不渝也。……世俗之人,交不论志,逐名趋势,热来冷去;见过不改,视迷不救;有利则独专而不相分,有害则苟免而不相恤;或事便则先取而不让,值机会则卖彼以安此。凡如是,则有不如无也。"

其三,"和而不同"。用作处理人际关系的准则的"和",本是指要在不同意见或不同个性中谋求一种"执中"或真正和谐(即"真和",而非"伪和"②)的状态之义;而"同"则是指抹杀不同人的个性来谋求无差别的、单一性的一致之义。这样,"和而不同",是指交往双方彼此尊重对方的人格与合乎情理的个性爱好,在此基础上再寻求真正和谐统一的人际关系;而不能以强者为中心,抹杀处于弱势地位的一方的人格与个性。与人交往要做到"和而不同"的思想在中国早在先秦时期就有,至孔子已明确主张将"和而不同"作为处理普通人际关系的重要准则。因为据《论语·子路》记载,孔子:"君子和而不同,小人同而不和。"其后,东晋的葛洪继承上述这些思想,明确将"和而不同"确定为正确交友的一个重要原则。

---

① 杨伯峻. 论语译注[M]. 北京:中华书局,1980:175-176.
② 汪凤炎,郑红. 中国文化心理学(增订本)[M]. 广州:暨南大学出版社,2013:134-139.

葛洪在《抱朴子外篇·交际》说:"余以朋友之交,不宜浮杂。面而不心,……善交狎而不慢,和而不同,见彼有失,则正色而谏之;告我以过,则速改而不惮。不以忤彼心而不言,不以逆我耳而不纳,不以巧辨饰其非,不以华辞文其失,不形同而神乖,不匿情而口合,不面从而背憎,不疾人之胜己,护其短而引其长,隐其失而宣其得,外无讲数之诤,内遗心竞之累。"在当代多元文化并存的社会,重温中国古人倡导的"和而不同"原则,对于今人正确处理人与人之间的关系和朋友之间的关系仍是有益的。

其四,"上交不谄,下交不渎"。"不以正道求人为谄。""陵上慢下曰骄。"①因此,"上交不谄,下交不渎"之义是:一个人在结交朋友时应该做到:结交上级不谄媚,结交下级不轻慢。② 此思想至少可追溯至《论语》。据《论语·学而》记载:"子贡曰:'贫而无谄,富而无骄,何如?'子曰:'可也;未若贫而乐,富而好礼者也。'"《系辞》——著作年代位于老子之后,惠子、庄子以前——里已明确提出此条交友法则。③《周易·系辞下》说:"君子上交不谄,下交不渎,其知几乎?"侯果注云:"上谓王侯,下谓凡庶。君子上交不至谄媚,下交不至渎慢,悔吝无从而生,岂非知微者乎?"④此交友法则为后人所承继。如扬雄在《法言·君子》里说:"上交不谄,下交不骄,则可以有(读为'友',引者注)为矣。"《抱朴子外篇·交际》说:"善交狎而不慢"。⑤

其五,"贫贱之交不可忘"。其意是:一个人在贫贱时所交的朋友,往往是真心待己的朋友,所以自己理应自始至终加以珍惜,即使自己将来果真有出息了,也不能忘记此种真正的友谊。这一交友法则一直为中国人所认可,于是,《南史》卷三十九《刘勔·子·悛》里"贫贱之交不可忘,糟糠之妻不下堂"一语,在中国成为妇孺皆知的交友名言。

其六,"君子之交淡如水"。其意是:从正面说,人与人之间的交往,宜以维护交往双方独立人格为重,应以出自内心对对方的友爱真情为重;从反面说,交友时切不可损害自己或对方的独立人格,切不宜为名利而交友。人与人之间假若能够以上述这种方式交友,虽然表面上看去两人间的友情淡如清水,但也正如清水一般,两人的友情纯洁无瑕。此语出自《庄子·山木》:"且君子之交淡若水,小人之交甘若醴;君子淡以亲,小人甘以绝。"《礼记·表记》里也有类似言论:"君

---

① 汪荣宝.法言义疏[M].陈仲夫点校.北京:中华书局,1987:90.
② 周振甫.周易译注[M].北京:中华书局,1991:264.
③ 同上:19.
④ 汪荣宝.法言义疏[M].陈仲夫点校.北京:中华书局,1987:90.
⑤ 杨鑫辉.中国心理学思想史[M].南昌:江西教育出版社,1994:202.

子之接如水,小人之接如醴;君子淡以成,小人甘以坏。"由于道儒两家的经典名著都推崇"君子之交淡若水"的交友方式,此交友原则也就一直为后世君子所信奉,延续至今。①

2. 熟知常用的知人方法

个体若想使自己善于与他人打交道,先需要做到善于知人。常用的知人方法现有很多。例如,想要了解个体的智商情况,可以运用斯坦福—比纳智力测验(1982年由吴天敏修订的中国比纳测验共51题,适合2～18岁的中国人使用)、第四版韦氏智力量表或瑞文推理测验进行测量。想要了解个体的人格发展状况,可以运用自陈量表法、投射测验法(最常用的投射测验有罗夏墨汁测验和主题统觉测验)、谈话法和自然实验法对个体进行人格测验。有关智力测验和人格测验的方法在普通心理学和人格心理学课程里已有详论,这里不多讲。要了解个体的品德发展水平,可以运用他评法(常用的有察言观行法、问答鉴别法、情境测验法、观人类推法、观过知人法和观相知人法六种)与自评法(包括内省式自我考评法与观照式自我考评法两种)对个体进行品德测量。② 想要了解个体的心理健康状况,可以运用SCL-90量表等工具进行测量。

3. 掌握常用的人际交往技巧

个体若想使自己善于与他人打交道,掌握常用的人际交往技巧是必要的。这些常用人际交往技巧包括"既自重又尊重对方人格"、"仁爱待人"、"诚信待人"、"待人以'忠'"、"待人以'恕'"、"以礼待人"、"待己待人努力做到公平公正"、"不断提高自身的修养以增加自己的人格魅力"、"善于倾听对方的声音以便准确把握对方的心理"、"在与人交谈时要学会正视对方的眼睛"、"在与人交谈时要善于在适当时机进行积极反馈和及时评价"、"善于赞美对方"(如善于从对方身上——在对方外貌、行为或心理素质上——找到赞美点,真诚赞美对方、赞美要适时适度)、"善于进行换位思考,做到'己欲立而立人','己所不欲,勿施于人'"、"学会说不",等等。这些内容或在上文已有所涉及,或在《中国心理学思想史》里已有一定探讨,③或在人际关系心理学和社会心理学等课程与论著里已有论述,为篇幅所限,这里不多讲。

这里只再指出两点:(1)综观古今中外历史,无论是从个人与个人交往的微

---

① 汪凤炎.中国心理学思想史[M].上海:上海教育出版社,2008:326-329.
② 汪凤炎.中国传统德育心理学思想及其现代意义(修订版)[M].上海:上海教育出版社,2007:385-403.汪凤炎.中国心理学思想史[M].上海:上海教育出版社,2008:370-383.
③ 汪凤炎.中国心理学思想史[M].上海:上海教育出版社,2008:323-339.

观层面还是从社会与国家的人际交往的宏观层面看，双方交往时只有真正做到"以真心换真心"，才能使双方获得真正和谐的人际关系；若一方以厚黑学的方式对待另一方，或双方都以厚黑学的方式对待对方，那么，最终带给双方的只会有怨恨甚至是"血海深仇"，并迟早会招至暂时处于弱势地位的一方的报复甚至是疯狂报复，这是今天想培育德慧的人应引以为诫的。（2）中国历史上一些具有德慧的人总结出的一些"如何做好人"和"如何育子女"的心得体会，今人只要善于将之作与时俱进的理解，取其精髓，去其糟粕，往往仍颇有收获。例如，清代陈宏谋（1696—1771）编辑的《五种遗规》（包括《养正遗规》、《教女遗规》、《训俗遗规》、《从政遗规》和《在官法戒录》）里，①就有极丰富的做人心得与技巧。下面选录《五种遗规·训俗遗规》中的《好人歌》（载《训俗遗规》卷二）与《子孙计》（载《训俗遗规》卷一），今人都可辩证地加以汲取。

好人歌

[明] 吕　坤

天地生万物，惟人最为贵。人中有好人，更出人中类。

好人先忠信，好人重孝弟。好人知廉耻，好人守礼义。

好人不纵酒，好人不恋妓。好人不赌钱，好人不尚气。

好人不仗富，好人不倚势。好人不欠粮，好人不诡地。

好人不教唆，好人不妒忌。好人不说谎，好人不谑戏。

好人没闲言，好人不谤议。好人没歹朋，好人没浪会。

好人不村野，好人不狂悖。好人不懒惰，好人不妄费。

好人不轻浮，好人不华丽。好人不邋遢，好人不跷蹊。

好人不强梁，好人不暗昧。好人救患难，好人施恩惠。

好人行方便，好人让便宜。恶人骂好人，好人不答对。

恶人打好人，好人只躲避。不论大小人，好人不得罪。

不论大小事，好人合天理。富人做好人，阴功及后世。

贵人做好人，乡党不咒詈。贫人做好人，说甚千顷地。

贱人做好人，不数王侯贵。少年做好人，德望等前辈。

老年做好人，遮尽一生罪。弱汉做好人，强人自羞愧。

恶人做好人，声名重十倍。好人乡邦宝，好人家国瑞。

---

① ［清］陈宏谋辑.五种遗规［M］//续修四库全书编纂委员会编.续修四库全书(第951册).上海：上海古籍出版社,2002：1-397.

好人动鬼神,好人感天地。不枉做场人,替天出口气。

吁嗟乎! 百年一去永不还,休做恶人浼世间。[①]

子孙计

[宋] 倪思

或曰:"既有子孙,当为子孙计,人之情也。"余曰:"君子岂不为子孙计? 然其子孙计,则有道矣:种德,一也。家传清白,二也。使之从学而知义,三也。授以资身之术,如才高者,命之习举业、取科第;才卑者,命之以经营生理,四也。家法整齐,上下和睦,五也。为择良师友,六也。为娶淑妇,七也。常存俭风,八也。如此八者,岂非为子孙计乎?"循理而图之,以有余而遗之,则君子之为子孙计,岂不久利,而父子两得哉? 如孔子教伯鱼以诗礼;汉儒教子一经;杨震之使人谓其后为清白吏子孙;邓禹十子,人各授之一业。庞德公云:人皆遗之以危,我独遗之以安,皆善为子孙计者,又何歉焉?[②]

(三) 培育待天智慧的策略

由于待天智慧要解决的主要问题是自我与除人之外的外界其他客观事物之间,尤其是自我与自然环境(nature)之间(天人之间)的复杂关系,这样,一个人若想拥有待天智慧,必须拥有丰富的认识自我的知识、认识大自然和展现大自然的知识以及调节自我与大自然关系方面的能力。因认识自我和调节自我方面的知识与能力在上文已有论述,这样,侧重培育待天智慧的余下策略主要包括如下三个方面。

1. 掌握一定的自然科学与技术知识

一个人若想正确与大自然相处,就必须掌握一定的自然科学与技术知识,这是个体学会正确对待自然的前提。正因为如此,只拥有德慧的孔子也主张弟子要做到通过多研习诗来"多识于鸟兽草木之名",孔子说:"小子何莫学夫诗? 诗,可以兴,可以观,可以群,可以怨。迩之事父,远之事君;多识于鸟兽草木之名。"[③]

也需指出,掌握一定的自然科学与技术知识,是个体学会正确对待自然的前提。在这一点上,具有待天智慧的人和具有物慧的人有相通之处。不过,一个人若想具备待天智慧,只需要掌握一定的自然科学与技术知识即可;与此不同,一个人如想具备物慧,不但需要掌握丰富的自然科学与技术知识,而且自己要能够在自然科学与技术方面取得一项或多项重要的创新性成就才行。

---

① [清] 陈宏谋辑. 五种遗规[M]//续修四库全书编纂委员会编. 续修四库全书(第951册). 上海:上海古籍出版社,2002:150.
② 同上:123.
③ 杨伯峻. 论语译注[M]. 北京:中华书局,1980:185.

2. 学会倾听大自然

大自然虽然看似不会说话，不过，假若人们能够学会细心倾听大自然的声音，不但能够从中觉察到大自然的美，而且还会对大自然产生由衷的敬意，知道大自然是"不好欺负的"。例如，青海玉树地震、2010 年冬季至 2011 年春季中国北方的持续大旱、中国北方的沙尘暴天气与 2013 年下半年以来全国多个大中城市经常出现严重的雾霾天气，等等，虽是天灾，但何尝没有人祸的因素。如果中国人由此学会倾听大自然的声音，进而约束自己的贪欲，保护大自然，那么"塞翁失马，焉知祸福？"

3. 学会善待大自然

若要善待大自然，人类自身必须适度节制自己的需要，不可过度向大自然"索要"自己喜爱的事物。同时，要适当改变一些生活习惯和审美心态。例如，为了保护貂、大象、老虎等濒危动物，人类就要做到尽量不穿戴貂皮所做的衣物、不使用象牙、不用虎皮与虎骨，等等。若果真如此，逮貂、大象、老虎就变得无利可图，自然就会大大减少人类的偷猎与滥杀行为。正如《老子·三章》所说："不贵难得之货，使民不为盗；不见可欲，使民心不乱。"①

政府和百姓都要从维护绝大多数人的长远利益出发，做到既要从小处着手，更要通盘考虑爱护环境问题。以中国为例，为了妥善贯彻科学发展观和党的"十八大"提出的"大力推进生态文明建设"精神和党的"十八届三中全会"提出的"必须建立系统完整的生态文明制度体系"的精神，各级地方政府、各个企事业单位、每个有独立行为能力的个体，都要自觉树立起爱护环境的意识，并身体力行；若仅停留在文件上或口头上，那么，生态文明建设的成效将大打折扣，并易给国家和广大人民群众的生命和财产带来巨大损失。

第二节 培育物慧的策略

物慧的首要特征是创造力，所以侧重培育个体物慧的策略毫无疑问是培养个体的创造力。要培育个体的创造力，就必须解决好三个问题：(1) 个体敢不敢创新的问题。这实际上要解决影响创新的外部环境问题。一个人即便有强烈的创新动机与足够的创新能力，假若迫于来自外界环境的压力而不敢勇于创新，那

---

① 陈鼓应. 老子注译及评介(修订增补本)[M]. 北京：中华书局，2009：67.

么,哪怕他有像爱因斯坦般的创新动机与创新能力,实际上也不会去从事创新活动。与此相反,假若个体生活在一个鼓励创新的环境中,那么,一旦个体具备相应的创新动机与能力,其才华就会自然展现出来。(2)个体想不想创新的问题。这实际上是要解决个体创新的动机问题。如果一个人没有创新动机,即便其生活在一个适合创新的环境中,即便其有像爱因斯坦般的创新能力,实际上也不会去从事创新活动。(3)个体能不能创新的问题。它要解决的是个体进行创新的心理素质问题。假若一个人生活在一个适合创新的环境中,但空有创新的意识,却没有付诸现实的相应心理素质,那么他至多也只能停留在做白日梦的幻想中。毋庸讳言,如前文所说,西方发达国家——像美国、英国、法国、德国、意大利、加拿大和日本等国家——经过多年的管理制度建设和科技文化建设,现已建成颇成熟的适合个体大胆创新的完善管理制度与文化氛围。于是,在这些国家,绝大多数个体都有创新的意识,且敢于创新,相应地,在这些西方发达国家,培养个体聪明才智的关键就落在妥善解决能不能创新的问题上。可是,当代中国至今仍未建立起适合个体大胆创新的完善管理制度与文化氛围,在这种背景下,当代中国教育界乃至全社会,若想真正将党中央、国务院提出的教育创新的精神落到实处,关键措施之一就是,先要通过制度创新为保持和培养个体的创新动机和创新能力营造一个良好的外部环境,然后再通过种种措施去提高个体的创造动机和创新能力。基于以上这种思考,侧重培育个体物慧的路径是:先环境后个体;在个体层面,创新动机与相应的心理素质要兼顾,"一个都不能少"。下面就按这个路径作完整阐述。

一、环境是影响个体创造力的外部变量

(一)环境是影响个体创造力生成与发展的重要外部条件

来自历史发展规律、思想实验和一些经典个案的证据等都表明,外在环境是影响个体创造力生成与发展的重要外部条件。

技术的发展或进步往往是长期积累的,一般不是靠孤立的英雄行为。[①] 并且,据戴蒙德的归纳,技术史专家提出十四个与发明创造有关的因素,其中以下十个因素明显有利于人的发明创造:(1)个体预期寿命的延长,让潜在的发明家既有时间去积累发明所需要的知识与经验,又有耐心和把握去制定长期的、延期

---

① [美]贾雷德·戴蒙德. 枪炮、病菌和钢铁:人类社会的命运[M]. 谢延光译. 上海:上海译文出版社,2000:263.

获益的开发计划。(2)劳动力成本的增加,迫使一些人发明机器来替代部分人工,以降低劳动力成本。(3)政府和社会采取有效措施保护发明专利。(4)政府和组织为劳动者提供大量的技术培训。(5)建立让投资技术开发有高回报的管理制度。(6)强烈的个人主义。(7)鼓励人的好奇心,提倡探究、冒险精神。(8)欧洲的文艺复兴。(9)对各种不同观点甚至异端观点的宽容促进了创新。若像一些中国古人那样强调"祖宗之法不可变",则扼杀创新。(10)犹太教和基督教的某些教派据说与技术创新特别能够相容。^① 而以下四个因素则有时促进发明创造,有时阻碍发明创造:(1)战争。战争既能带来技术的飞速进步,也能阻碍技术的发展。(2)强有力、集中统一的政府。有些强有力、集中统一的政府(如19世纪后期的德国和日本政府)颁布鼓励发明创造的政策,便对本国技术的发展起了推动作用,也有一些强有力、集中统一的政府(如明清时期的中国政府)颁布压抑甚至严厉打击发明创造的政策,则阻碍了本国技术的发展(详见第二章)。(3)气候。一些北欧人相信,在气候条件严峻的地方,技术能够繁荣发展,因为在那里没有技术就不能生存。一种与此相反的观点则认为,有利的环境使人们用不着为生存而奋斗,从而可以有闲暇时间进行创新活动。(4)丰富的资源。一种观点认为,丰富的资源可以促进利用这些资源的发明的发展。例如,在有许多河流且多雨的北欧地区,水磨技术便充分发展起来。但反对方会说,那为什么水磨技术却没有在更多雨的新几内亚发展起来? 有人认为英国森林遭到破坏是英国很早就在采煤技术方面领先的原因,那为什么中国滥伐森林却没有产生同样的结果。^② 在此基础上,笔者再补充两个明显有利于发明创造的因素:一是某些工种的劳动强度太大,促使一些人发明机器来替代部分人工或降低劳动强度。二是虽然戴蒙德的下述观点有一定道理:尽管相当多的发明都符合"需要乃发明之母"这个常识性观点,不过,有更多的发明都是一些被好奇心驱使的人或喜欢动手修修补补的人弄出来的,当初并不存在对他们想要的产品的任何需要。一旦发明一种产品,发明者就得为它找到应用的地方。只有在它被使用相当一段时间后,消费者才会感到"需要"它。因此,虽然许多技术在发明出来后大部分都得到使用,但它们却不是发明出来去满足某种预见到的需要。一句话,发明常常是需要之母,而不是"需要乃发明之母"。^③ 虽然如此,我们仍认为,有时

---

① [美]贾雷德·戴蒙德.枪炮、病菌和钢铁:人类社会的命运[M].谢延光译.上海:上海译文出版社,2000:268-270.
② 同上:270.
③ 同上:259-264.

来自个体或社会的某种强烈需要的确也能激发人的发明欲望。例如,正是由于当年中国存在"必须彻底解决汉字无法输入计算机这一难题"的现实需要,才激发勇于自觉担当社会责任的王永民发明"五笔输入法"和王选发明"汉字激光照排技术"。从管理心理学角度看,在上述十六个因素中,"政府和社会采取有效措施保护发明专利"、"政府和组织为劳动者提供大量的技术培训"、"建立让投资技术开发有高回报的管理制度"、"鼓励人的好奇心,提倡探究、冒险精神"、"对各种不同观点甚至异端观点持宽容态度"、"政府出台鼓励发明创造的政策"与"营造良好道德氛围,让个体勇于自觉担当社会责任"等七个因素都属有利于发明创造的良好人文环境。一旦政府、组织和领导将这七点变成现实,就为民众或员工营造出有利于发明创造的良好人文环境,必有利于民众或员工的发明创造;反之,一旦政府、组织和领导不但做不到这七点,还出台压抑或打击发明创造的政策,并对持不同于自己观点的人采取零容忍态度,那就为民众或员工制造出严重阻碍发明创造的人文环境,必不利于民众或员工的发明创造。例如,在中国历史上,春秋战国时期之所以会出现百家争鸣,显示出强大的原创力,重要原因之一便是这一个时期有适合创造力生成的良好外部环境。当时诸侯各国多想富国强兵,竞相招贤纳士。为了吸引大量优秀人才,许多诸侯国的有识之士对知识分子的学术研究多采取宽松的政策,既允许知识分子"来去自由",也允许学术自由争鸣。这就为知识分子著书立说、发表个人见解创造了良好的政治环境、经济环境和社会环境,从而极大地促进了一些知识分子著书立说的激情,于是,百家争鸣的局面就产生了,这就是冯友兰所说的"子学时代",它开始于孔子,终结于汉武帝采纳董仲舒的"罢黜百家,独尊儒术"之际。[①] 与此相反,经过秦始皇的"焚书坑儒",汉武帝实施"罢黜百家,独尊儒术"后,中国的"子学时代"就宣告结束,从此进入"经学时代"。"经学时代"至清末民初学者廖平(1852—1932)才结束,[②]而董仲舒约生于汉惠帝三至四年(公元前 192—前 191 年),约卒于汉武帝元封四年至太初元年(公元前 107—前 104 年),[③]这样,"经学时代"在中国绵延时间长达 2 000 余年。在"经学时代",中国古代思想史上的百家争鸣也就犹如"黄鹤一去不复返"了。当清朝统治者大兴"文字狱"后,许多有学识的人为了避免惹来杀身之祸,不敢"标新立异,固持己见",结果,凡言必"经云"、"子曰",创新也就无从谈起,这为中国近代的落后挨打埋下了伏笔。综上所论,历史发展规律已证实

① 冯友兰.中国哲学史(上册)[M].上海:华东师范大学出版社,2000:18 - 25.
② 同上:337,343.
③ 王永祥.董仲舒评传[M].南京:南京大学出版社,1995:60.

环境是影响个体创造力生成与发展的重要外部条件。

　　为了证明环境是影响个体创造力生成与发展的重要外部条件，可以做如下一个思想实验：

　　研究人员事先养一群同一种族、年龄相当的健壮猴子，数量至少在 20 只以上。同时，在一个面积至少在 100 平方米的房子内事先布置一个非常适合猴子生活的环境，并在适当的位置装上摄像镜头，以便研究人员能够全方面观察房内每一个地方的环境和将可能发生的事情。又在房顶上挂上几挂香蕉，香蕉上事先安装了一个自动发射与控制的机关，假若到时有猴子胆敢去取此香蕉吃，那么，在猴子碰到香蕉的同时，此机关就立即发出一个指令，此时所有在房内的猴子同时都会立即被淋浴器喷出的冷水淋湿。当这些准备工作都完成后，从猴群中随机挑出六只猴子，将它们依次编号为 A、B、C、D、E、F 后放入房内。过不了多久，总会有一只猴子去试图取下香蕉来吃，当它试图伸手取香蕉时，所有猴子都会立即被淋浴器喷出的冷水淋湿。用不了多久，当观察人员发现这样一种行为方式稳定出现时，就知道六只猴子都已知道香蕉是不能碰的了：每只猴子在自由玩耍的同时，会经常用眼睛观察房间顶部悬挂的香蕉，看看是否有其他猴子会去取，假若有某只猴子想去取时，其他猴子会立即加以劝阻；若这只猴子不听劝阻，其他五只猴子会强行将它拖开。此时，将编号为 A 的猴子取出，从猴群里随机挑一只猴子，将它编号为 a，然后放入房内。毫无疑问，新来的猴子 a 看见香蕉也想取下来吃。但当它往上爬时，其他五只猴子会制止它接触香蕉，因为这五只猴子知道，一旦这只新来的猴子 a 伸手拉香蕉，所有猴子都会被淋浴器喷出的冷水淋湿。不久，这只新来的猴子 a 也知道香蕉是个禁忌，必须服从另外五只猴子的命令。此后，依此类推，新猴子 b、c、d、e、f 不断被放入，而每放入一只新猴子的同时，都取出一只原来的猴子，每次替换猴子的时候，这样的教训都会重新上演一次。很快，最初在笼子里的六只猴子全都被替换出去，而香蕉仍然完好无损——虽然后来的猴子从未被冷水淋湿，但它们从不询问不能碰香蕉的原因，它们只管服从。①

这个思想实验表明，前辈定下的一些规则，后来者迫于前辈的压力，会不分青红皂白地将它继承下去。同理，依苏联教育心理学家维果斯基（Lev Semyonovich Vygotsky, 1896—1934）的理论，家庭文化、学校文化和社会文化对儿童认知发

---

① 此思想实验的原型出自美国西点军校实验室所做"猴子实验"〔赖瑞·杜尼嵩（Larry Donnithorne）. 西点铁则：成功者必读的 22 条军规（*Laws of West Point*）. 龙靖译. 台北县：智言馆，2005：5.〕，这里在引用时有所改动。

展能够产生深刻影响,当家长在为家庭设计管理制度、班主任在为班级设计管理制度、校长在为学校设计管理制度和国家各级领导干部在设计各级国家管理制度时,若努力设计一整套适合个体生成创造力的管理制度和文化氛围,那么,就容易让生活在这个家庭、班级、学校或国家的个体及其后来者很好地继承这个适合个体生成创造力的管理制度和文化氛围,自然而然地就更容易逐渐生发出创造力。若家长、班主任、校长或国家各级领导干部想方设法设计一整套旨在压抑个体创造力生成与发展的管理制度和文化氛围,那么,生活在这个家庭、班级、学校或国家的个体不但不容易激发出创造力,即便将非常有创造力的爱因斯坦式的人才放进来,久而久之,其创造力也会被压抑得无影无踪。以诺贝尔四大奖项得主为例,[1]至 2013 年 10 月 20 日止,还没有一位中国籍的学者在中国大陆学术界经过长期耕耘后获得过诺贝尔物理学奖、诺贝尔化学奖、诺贝尔生理学或医学奖、诺贝尔经济学奖。与此形成鲜明对比的是,至今已有 8 位华人获得诺贝尔物理学奖或诺贝尔化学奖,其中有 5 位——丁肇中、朱棣文、钱永健、李远哲和崔琦——在获奖时属于美国国籍,后来,李远哲于 1994 年 1 月 15 日放弃美国国籍,回到中国台湾省;有 2 位(即杨振宁与李政道)在获奖时为"中华民国"国籍,后转为美国国籍;有 1 位(即高锟)是同时拥有英国和美国国籍的香港永久居民。从出生地看,有 4 位——杨振宁、李政道、崔琦与高锟——出生在中华民国时期的中国大陆,3 位——丁肇中、朱棣文与钱永健——出生于美国,1 位(即李远哲)出生于日据时期的中国台湾省。据《晏子春秋·内篇杂下》记载,晏婴曾说:"橘生淮南则为橘,生于淮北则为枳(zhǐ),叶徒相似,其实味不同。所以然者何?水土异也。今民生于齐不盗,入楚则盗,得无楚之水土使民善盗耶?"[2]若模仿晏婴的语气说,那就是:"生于中国长于中国的人无卓越的创造力,生于美国或去了美国的华人则有卓越创造力,这不正说明当代中国的学术环境不利于中国学人生成卓越创造力吗?"看来,中国人不是不聪明,也不是不刻苦,而是当代中国大陆学术界的一些管理制度存在一些不尽如人意的地方,妨碍了中国学人创造力的生成与发展。

综上所论,思想实验与经典个案可证明环境是影响个体创造力生成与发展的重要外部条件。

(二)创设有利于个体创造力生成与发展的环境

按不同标准,可以将环境分为不同类型。从活动空间看,可以将环境粗略分

---

① 鉴于人们对诺贝尔和平奖与文学奖的授予有一定争议,这里仅以四项认同度极高的诺贝尔奖为例。
② 汤化.晏子春秋[M].北京:中华书局,2011:403.

为家庭环境、学校环境和社会环境三大块。要创设有利于个体创造力生成与发展的环境，自然就要创设有利于个体创造力生成与发展的家庭环境、学校环境和社会环境。从生活、学习与工作角度看，可以将环境粗略分为生活环境、学习环境和工作环境三大块。要创设有利于个体创造力生成与发展的环境，自然就要创设有利于个体创造力生成与发展的生活环境、学习环境和工作环境。等等。为便于操作，结合当代中国的实际情况，主要应为以下三类人群创建适合创造力生成的良好外部环境。

1. 家长为子女营造有利于其创造力生成与发展的良好家庭环境

家庭是个体社会化的起点，是人格形成的摇篮，孩子是家长的影子，家庭中以父母为主导的亲子角色相互作用，对青少年儿童的各方面发展都具有深远的影响，不仅是中小学生的品德发展要受到家长、家庭的影响，甚至大学生的价值取向在很大程度上也要受制于家长。[①] 由于父母的一言一行都会对子女的心灵产生潜移默化的影响，因此家庭是影响个体创造力生成与发展的重要因素。当然，家庭中影响子女身心发展的因素很多，其中父母的教养方式尤其重要。西方学者对家庭在个体社会化中所起的作用曾作过细致的分析，依据教育方式将家庭分为宠爱型、放任型、专制型和宽容型（permissive）等多种形态，并一一剖析其对个体社会化所起的影响。鲍姆林德（Diana Baumrind，1927—　）将父母的管理模式（models of parental control）分为宽容型、独裁型（authoritarian）和权威型（authoritative）三种形式，并一一剖析其对个体社会化所起的影响。[②] 一般认为，民主型的教养方式有助于子女创造力的生成与发展。在这个大方向下，下面再补充四个要点。

其一，从小实施正面教育。个体品德的生成遵循"习与性成"的规律，是塑造易，改造难。同时，儿童的心理纯洁无瑕，对他们进行正面教育时，他们易于接受；儿童一旦长大成人，假若已养成不好的品性，再去对他们实行正面教育，就会遭到他们已有错误观念的干扰与抵触，收不到预期的效果。正如王廷相在《雅述上篇》里所说："童蒙无先入之杂，以正导之而无不顺，受故易。可以养其正性，此作圣之功。壮大者已成驳僻之习，虽以正导，彼以先入之见为然，将固结而不可解矣，夫安能变之正。故养正当于蒙。"这样，为了杜绝孩子产生不良品行，为了帮助孩子逐渐养成良好的学习习惯与生活习惯，家长在对孩子进行家庭教育时

① 鲁洁. 超越与创新[M]. 北京：人民教育出版社，2001：291.
② Baumrind, D. (1966). Effects of authoritative parental control on child behavior. *Child Development*, *37*(4)：887 - 907.

就要继续弘扬中国向有的"蒙以养正"的思想,对孩子自小实施正面教育。正如程颐在《河南程氏文集》卷六《论经筵第一札子》里所说:"成王之所以成德,由周公之辅养。昔者周公辅成王,幼而习之,所见必正事,所闻必正言,左右前后皆正人,故习与智长,化与心成。今士大夫家善教子弟者,亦必延名德端方之士,与之居处,使之薰染成性。故曰:'少成若天性,习惯如自然。'"

其二,适度满足子女的缺失性需要,激发子女的自我实现需要。依马斯洛的需要理论,个体只有当其生理需要、安全需要、归属与爱的需要和尊重的需要这四种缺失性需要都得到满足后,其自我实现的需要才会被激发出来。而中国的家庭跟世界上其他民族的家庭不大一样,它是一个特殊意义的结构,给人安全的需求很高,对人感情的满足也很深。这样,中国人常用"心灵的港湾"之类的句子来描写自己的家庭。反观当代,安全感与感情上的满足是现代人最缺乏的!现代人的家完全变成了旅馆似的,少了一份温馨,多了一份冷漠。此时,中国的家庭若能将其中一些过时的封建礼教思想革除掉,进一步突显中国家庭温馨的一面,[①]例如,在家庭财力许可的情况下,适度满足子女的生理需要、安全需要、归属与爱的需要和尊重的需要这四种缺失性需要,对子女在尝试新事物或新方法过程中的失败抱宽容的态度,经常跟子女进行心灵沟通,了解子女的内心世界,等等,就能更好地发挥家庭在培育子女创造力中的重要作用,使之成为子女创造力生成与发展的"摇篮"。

其三,通过孝道教育激发子女的创造潜能。《孝经·开宗明义章》主张:"立身行道,扬名于后世,以显父母,孝之终也。"受此思想的影响,中国人将出人头地,建功立业,以彰显自己的家庭和家族作为行孝的重要做法之一,这是中国人向来崇尚自强不息精神的心理动力之一。如,据《史记·太史公自序第七十》记载,司马谈临死时,

执迁手而泣曰:"余先周室之太史也。自上世尝显功名于虞夏,典天官事。后世中衰,绝于予乎?汝复为太史,则续吾祖矣。今天子接千岁之统,封泰山,而余不得从行,是命也夫,命也夫!余死,汝必为太史;为太史,无忘吾所欲论著矣。且夫孝始于事亲,中于事君,终于立身。扬名于后世,以显父母,此孝之大者。夫天下称诵周公,言其能论歌文武之德,宣周邵之风,达太王王季之思虑,爰及公刘,以尊后稷也。幽厉之后,王道缺,礼乐衰,孔子修旧起废,论《诗》《书》,作《春秋》,则学者至今则之。自获麟以来四百有余岁,而诸侯相兼,史记放绝。今汉

---

① 韦政通.儒家与现代中国[M].上海:上海人民出版社,1990:264.

兴,海内一统,明主贤君忠臣死义之士,余为太史而弗论载,废天下之史文,余甚惧焉,汝其念哉!"迁俯首流涕曰:"小子不敏,请悉论先人所次旧闻,弗敢阙。"①从这段话可推知,司马迁之所以历经千难万苦,甚至在受极其屈辱的腐刑之后仍继续《史记》的写作,其父亲的上述遗嘱所给的精神动力是不可低估的。用心理学的眼光看,这正是德国心理学家于特曼(Juetterman)所说的"Überschreitungsmotiv"在起作用。"Überschreitungsmotiv"是德语,德国哥廷根大学的汉学家葛林德·格尔德(Gerlinde Gild)教授用英语将其译作"motive of exceedance or transgression"。据此,笔者用中文将其译作"追求超越的动机",它指努力改变现状,使之变得更加卓越的动机。司马迁在其父亲临终遗言的激励下,内心产生了强大的"追求超越的动机",历经千辛万苦,最终写出《史记》这部不朽的史学名著,不但使自己流芳千古,而且在客观上的确作出较其父亲更大的学术成就。顺便说一句,与"Überschreitungsmotiv"相对应的一个词是"Erhaltungsmotiv"。葛林德·格尔德教授将其译作"motive of sustainment or preservation"。② 据此,笔者用中文将其译作"努力维持现状的动机",它指努力将某件事情、某种事物或某种局面维持现状的动机。例如,在中国封建社会,历代王朝的继任者一般都想维持其开创者定下的规矩,即所谓的"祖宗之法不可变",这正是"努力维持现状的动机"在起作用;在中国的经学时代,无数儒者都力图维持孔子的学术地位与孔学的原貌,也是这种动机在起作用。所以,于特曼认为,追求超越的动机与努力保持现状的动机既用用于个体,也可用于集休,这一观点颇有见地。可见,在家庭教育里通过对子女适度进行孝道教育,有助于激发子女的创造潜能。

其四,堵塞不如引导,打击不如鼓励。现在一些家长望子成龙、望女成凤心切,只关注孩子的学习,不尊重孩子的其他兴趣与爱好,这样往往事与愿违。在这方面,老达尔文为人们提供了一个很好的教育个案。达尔文从小就热衷于搜集植物和昆虫的标本,对硬币、图章、贝壳和化石等许多杂七杂八东西的收藏也极有兴趣。为此,影响了学习成绩的提高,遭到老师、校长的训斥。可是,老达尔文却理解孩子的兴趣和爱好,而且在行动上给予了热情的支持,他把花园里的一间小屋交给达尔文,专门供他做化学实验。更难能可贵的是,老达尔文还鼓励儿子,要他把在生活中观察到的一切情况详细地记录在日记里。后来,当老达尔文看了儿子的制作标本、文字记录和画下的插图,又向他提出了更高的要求:"你不

① [汉]司马迁.史记[M].[宋]裴骃集解.[唐]司马贞索隐.[唐]张守节正义.北京:中华书局,2005:2490.
② Juetteman所说的"Überschreitungsmotiv"与"Erhaltungsmotiv"这两个概念及其内涵,是汪凤炎根据2010年10月13日与Gerlinde Gild教授经由Email的通信交流而得到的。

能仅把自己当做一个画家,要更多地使用文字而不是画笔与颜色。当你描述一种花、一种蝴蝶甚至一种苔藓的时候,你必须使别人根据你的描述立刻辨认出这种东西是什么……"老达尔文不厌其烦地指导着儿子:"要做到这一点,你就必须养成勤写日记的习惯;你还要不断地阅读名著,提高自己的观察能力,这样,你的写作水平才能真正得到提高……"正是在这样的家庭教育下,达尔文最终成为进化论的奠基人。可见,当代中国的家长在进行家庭教育的过程中要切记"堵塞不如引导,打击不如鼓励"的道理,以此来激发子女的学习兴趣,促进子女创造力的生成与发展。[①]

2. 学校为学生创建有利于其创造力生成与发展的良好学校环境

广大学生中,有的是将来从事创造活动的潜在人群,有的(如一部分大学生和大多数研究生)现正开始从事科研与创造活动。为了有效地促进中国人物慧的发展,学校自然就要为广大学生创建有利于其创造力生成与发展的良好环境。因为就学校环境而言,教师既是知识的传授者,也是创造教育的实施者。为了有效开发学生的创造力:(1)教师应为学生营造良好的创造气氛。一些研究表明,当一个人在高创造性的同行身边工作时会表现得更具独创性,创造力发挥得更加自然,更富有想象力。(2)给学生留出一定时间让学生进行酝酿。为赶时间或按要求匆忙作出的问题解决方案一般只能应急,不大可能有创造性。创造性活动是需要花费时间的,创造性思维常常需要等待机会,使原有方案被推翻或得到改造,瞬间的顿悟一般也是经过相当长时间的酝酿之后才可能出现。(3)要尽可能地扩展问题的设定范围。教师在教学中应善于提出各类问题,启发学生独立思考,尽可能地寻求多种解决方案。[②](4)为学生营造一个能支持或高度容忍标新立异者和偏离常规者的环境,让学生感受到心理安全和心理自由。同时,要鼓励学生进行质疑与争辩,自由讨论。为了创造自由的、无拘无束的环境,托兰斯提出五条原则:尊重与众不同的疑问;尊重与众不同的观念;向学生证明他们的观念是有价值的;给以不计其数的学习机会;使评价与前因后果联系起来。一味地要求学生做"言听计从"的"好孩子",一味地要学生死守规则,一味地要求学生追求唯一的标准答案,这类做法往往与培养学生的创造力水火不相容。[③]

3. 各级管理部门为科研人员创建有利于其创造力生成与发展的良好环境

广大科研人员是从事创造活动的现实人群与主力军,若能采取切实措施为

① 周惠斌. 打击不如鼓励[N]. 扬子晚报,2003 - 09 - 25(B37).
② Dennis Coon. 心理学导论[M]. 郑钢等译. 北京:中国轻工业出版社,2004:416.
③ 汪凤炎,燕良轼. 教育心理学新编(第三版)[M]. 广州:暨南大学出版社,2011:377 - 378.

广大科研人员创建有利于其创造力生成与发展的良好环境,不但是提高当代中国人整体物慧水平的一个有效途径,更有利于将"中国制造"转变成"中国创造",提高当代中国的整体国力,还能妥善解决"钱学森之问":"为什么我们的学校总是培养不出杰出人才?"①

那么,该如何为广大中国科研人员提供一个怎样的良好环境呢? 这就要有一个参照系。众所周知,在当今世界,美国科研人员的创造力总体水平最高。以诺贝尔奖为例,从表6-1与表6-2所列数据可以看出,在诺贝尔物理学奖、诺贝尔化学奖、诺贝尔生理学或医学奖和诺贝尔经济学奖②四大奖项中,自"二战"结束以来,美国科学家获取这四项诺贝尔奖时常常是犹如囊中取物,轻而易举,有5年(1946、1968、1976、1983和2006年)甚至是包揽这三大或四大奖项。这样,至2013年10月20日为止,美国科学家获得这四项诺贝尔奖的总人数是300人,总频次数是150.97,占这四项诺贝尔奖总数的41.82%;约是排名世界第二的英国的2.97倍(150.97÷50.33≈2.97),遥遥领先于世界其他各国,显示出美国学人在物理学、化学、生理学或医学与经济学等四大领域具有强大且持久的原创力。

表6-1　世界各国1901—2013年度获四种诺贝尔奖的情况一览表③

获奖年份	世界各国获四种诺贝尔奖的具体情况
1901	德国 P1(1)｜M1(1)=2(2);荷兰 C1(1)
1902	英国 M1(1);德国 C1(1);荷兰 P1(2)
1903	法国 P1(3);瑞典 C1(1);丹麦 M1(1)
1904	英国 P1(1)+C1(1)=2(2);俄罗斯 M1(1)
1905	德国 P1(1)+C1(1)+M1(1)=3(3)
1906	英国 P1(1);法国 C1(1);意大利 M0.5(1);西班牙 M0.5(1)
1907	美国 P1(1);德国:C1(1);法国:M1(1)
1908	英国 C1(1);德国 M0.5(1);法国 P1(1);俄罗斯 M0.5(1)
1909	德国 P0.5(1)+C1(1)=1.5(2);瑞士 M1(1);意大利 P0.5(1)
1910	德国 C1(1)+M1(1)=2(2);荷兰 P1(1)

---

① 可以为"钱学森之问"提供佐证的是:在英国QS公司公布的亚洲高校排行榜中,举全国之力兴办的北京大学、清华大学多次无缘进入前十名;国家最高科技奖自2000年设立以来,共有20位科学家获奖,其中有15位是1951年前大学毕业的[刘明泉."钱学森之问"试解[N].今晚报,2012-10-27]。
② 诺贝尔经济学奖(The Nobel Economics Prize)并非诺贝尔遗嘱中提到的五大奖励领域之一,是由瑞典银行在1968年为纪念诺贝尔而增设的,1969年第一次颁奖。
③ 本表数据是在汪凤炎的指导下,主要是由南京师范大学心理学院基础心理学专业2011级硕士生周玲和孙月姣统计完成。

续　表

获奖年份	世界各国获四种诺贝尔奖的具体情况
1911	德国 P1(1);法国 C1(1);瑞典 M1(1)
1912	法国 C1(2)+M1(1)=2(3);瑞典:P1(1)
1913	法国 M1(1);荷兰 P1(1);瑞士:C1(1)
1914	美国 C1(1);德国 P 1(1);奥地利 M1(1)
1915	英国 P1(2);德国 C1(1)(注:该年度诺贝尔生理学或医学奖未颁奖)
1916	该年度诺贝尔物理学奖、诺贝尔化学奖、诺贝尔生理学或医学奖未颁奖
1917	英国 P1(1)(注:该年度诺贝尔化学奖、诺贝尔生理学或医学奖均未颁奖)
1918	德国 P1(1)+C1(1)=2(2)(注:该年度诺贝尔生理学或医学奖未颁奖)
1919	德国 P1(1);比利时 M1(1)(注:该年度诺贝尔化学奖未颁奖)
1920	德国 C1(1);瑞士 P1(1);丹麦 M1(1)
1921	英国 C1(1);德国 P1(1)(注:该年度诺贝尔生理学或医学奖未颁奖)
1922	英国 C1(1)+M0.5(1)=1.5(2);德国 M0.5(1);丹麦 P1(1)
1923	美国 P1(1);奥地利:C1(1);加拿大 M1(2)
1924	瑞典 P1(1);荷兰 M1(1)(注:该年度诺贝尔化学奖未颁奖)
1925	德国 P1(2)+ C1(1)=2(3)(注:该年度诺贝尔生理学或医学奖未颁奖)
1926	法国 P1(1);瑞典 C1(1);丹麦 M1(1)
1927	美国 P0.5(1);英国 P0.5(1);德国 C1(1);奥地利:M1(1)
1928	英国 P1(1);德国 C1(1);法国 M1(1)
1929	英国 C0.5(1)+ M0.5(1)=1(2);德国 C0.5(1);法国 P1(1);荷兰 M0.5(1)
1930	德国 C1(1);奥地利 M1(1);印度 P1(1)
1931	德国 C1(2)+ M1(1)=2(3)(注:该年度诺贝尔物理学奖未颁奖)
1932	美国 C1(1);英国 M1(2);德国 P1(1)
1933	美国 M1(1);英国 P0.5(1);奥地利:P0.5(1)(注:该年度诺贝尔化学奖未颁奖)
1934	美国 C1(1)+ M1(3)=2(4)(注:该年度诺贝尔物理学奖未颁奖)
1935	英国 P1(1);德国 M1(1);法国 C1(2)
1936	美国 P0.5(1);国 M0.5(1);荷兰:C1(1);奥地利:P0.5(1)+M0.5(1)=1(2)
1937	美国 P0.5(1);英国 P0.5(1)+C0.5(1)=1(2);瑞士:C0.5(1);匈牙利:M1(1)
1938	德国 C1(1);意大利:P1(1);比利时:M1(1)
1939	美国 P1(1);德国 C0.5(1)+ M1(1)=1.5(2);瑞士 C0.5(1)
1940	因"二战"未颁奖
1941	因"二战"未颁奖
1942	因"二战"未颁奖
1943	美国 P1(1)+ M0.5(1)=1.5(2);丹麦 M0.5(1);匈牙利 C1(1)
1944	美国 P1(1)+ M1(2)=2(3);德国 C1(1)
1945	英国 M0.67(2);奥地利 P1(1);澳大利亚 M0.33(1);芬兰 C1(1)

续　表

获奖年份	世界各国获四种诺贝尔奖的具体情况
1946	美国 P1(1)＋C1(3)＋M1(1)＝3(5)
1947	美国 M0.67(2);英国 P1(1)＋C1(1)＝2(2);阿根廷：M0.33(1)
1948	英国 P1(1);瑞典：C1(1);瑞士 M1(1)
1949	美国 C1(1);瑞士 M0.5(1);日本 P1(1);葡萄牙 M0.5(1)
1950	美国 M0.67(2);英国 P1(1);德国 C1(2);瑞士：M0.33(1)
1951	美国 C1(2);英国 P0.5(1);爱尔兰：P0.5(1);南非：M1(1)
1952	美国 P1(2)＋M1(1)＝2(3);英国 C1(2)
1953	美国 M0.5(1);英国 M0.5(1);德国 C1(1);荷兰 P1(1)
1954	美国 C1(1)＋M1(3)＝2(4);英国 P0.5(1);德国 P0.5(1)
1955	美国 P1(2)＋C1(1)＝2(3);瑞典 M1(1)
1956	美国 P1(3)＋M0.67(2)＝1.67(5);英国 C0.5(1)德国 M0.33(1);苏联 C0.5(1)
1957	美国 P1(2);英国 C1(1);意大利 M1(1)
1958	美国 M1(3);英国 C1(1);苏联 P1(3)
1959	美国 P1(2)＋M1(2)＝2(4);捷克 C1(1)
1960	美国 P1(1)＋C1(1)＝2(2);英国 M0.5(1);澳大利亚 M0.5(1)
1961	美国 P0.5(1)＋C1(1)＋M1(1)＝2.5(3);德国 P0.5(1)
1962	美国 M0.33(1);苏联 P1(1);英国 C1(2)＋M0.67(2)＝1.67(4)
1963	美国 P0.67(2);英国 M0.67(2);德国 P0.33(1)＋C0.5(1)＝0.83(2);意大利：C0.5(1);澳大利亚 M0.33(1)
1964	美国 P0.33(1)＋M0.5(1)＝0.83(2);英国 C1(1);德国 M0.5(1);苏联 P0.67(2)
1965	美国 P0.67(2)＋C1(1)＝1.67(3);法国 M1(3);日本 P0.33(1)
1966	美国 C1(1)＋M1(2)＝2(3);法国 P1(1)
1967	美国 P1(1)＋M0.67(2)＝1.67(3);英国 C0.67(2)德国 C0.33(1);瑞典 M0.33(1)
1968	美国 P1(1)＋C1(1)＋M1(3)＝3(5)
1969	美国 P1(1)＋M1(3)＝2(4);英国 C0.5(1);荷兰 E0.5(1);挪威 C0.5(1)＋E0.5(1)＝1(2)(注：该年度首次颁发诺贝尔经济学奖)
1970	美国 M0.34(1)＋E1(1)＝1.34(2);英国 M0.33(1);法国 P0.5(1);瑞典 P0.5(1)＋M0.33(1)＝0.83(2);阿根廷 C1(1)
1971	美国 M1(1)＋E1(1)＝2(2);英国 P1(1)　加拿大：C1(1)
1972	美国 P1(3)＋C1(3)＋M0.5(1)＋E0.5(1)＝3(8);英国 M0.5(1)＋E0.5(1)＝1(2)
1973	美国 E1(1);奥地利 M0.33(1);英国 P0.34(1)＋C0.5(1)＋M0.34(1)＝1.18(3);德国 C0.5(1)＋M0.33(1)＝0.83(2);日本 P0.33(1);挪威 P0.33(1)
1974	美国 C1(1)＋M0.33(1)＝1.33(2);英国 P1(2)＋E0.5(1)＝1.5(3);瑞典 E0.5(1);比利时 M0.67(2)
1975	美国 P0.33(1)＋M1(3)＋E0.5(1)＝1.83(5);英国 C0.5(1);瑞士 C0.5(1);苏联 E0.5(1);丹麦 P0.67(2)

续　表

获奖年份	世界各国获四种诺贝尔奖的具体情况
1976	美国 P1(2)+C1(1)+ M1(2)+E1(1)=4(6)
1977	美国 P0.67(2)+ M1(3)−1.67(5);英国 P0.33(1)+ E0.5(1)=0.83(2);瑞典 E0.5(1);比利时 C1(1)
1978	美国 P0.67(2)+ M0.67(2)+E1(1)=2.34(5);英国 C1(1);瑞士 M0.33(1);苏联 P0.33(1)
1979	美国 P0.67(2)+C0.5(1)+ M0.5(1)+E0.5(1)=2.17(5);英国 M0.5(1) 德国 C0.5(1);巴基斯坦: P0.33(1); 圣卢西亚 E0.5(1)
1980	美国 P1(2)+C0.67(2)+ M0.67(2)+E1(1)=3.34(7);英国 C0.33(1);法国 M0.33(1)
1981	美国 P0.67(2)+C0.5(1)+ M0.67(2)+E1(1)=2.84(6);瑞典: P0.33(1)+ M0.33(1)=0.66(2);日本 C0.5(1)
1982	美国 P1(1)+E1(1)=2(2);英国 C1(1)+ M 0.33(1)=1.33(2);瑞典: M0.67(2)
1983	美国 P1(2)+C1(1)+ M1(1)+E1(1)=4(5)
1984	美国 C1(1);德国 M 0.33(1);英国 M 0.34(1)+ E1(1)=1.34(2);荷兰 P0.5(1);丹麦 M 0.33(1);意大利 P0.5(1)
1985	美国 C1(2)+ M1(2)=2(4);德国 P1(1);意大利: E1(1)
1986	美国 C0.67(2)+ M0.5(1)+E1(1)=2.17(4)
	德国 P0.67(2);瑞士 P0.33(1);意大利: M0.5(1);加拿大 C0.33(1)
1987	美国 C0.67(2)+E1(1)=1.67(3);德国 P0.5(1);法国 C0.33(1);瑞士: P0.5(1);日本 M1(1)
1988	美国 P1(3)+ M0.67(2)=1.67(5);英国 M 0.33(1);德国 C1(3);法国 E1(1)
1989	美国 P0.67(2)+C0.5(1)+ M1(2)=2.17(5);德国 P0.33(1);加拿大 C0.5(1);挪威 E1(1)
1990	美国 P0.67(2)+C1(1)+ M1(2)+E1(3)=3.67(8);加拿大: P0.33(1)
1991	英国 E1(1);德国 M1(2);法国 P1(1);瑞士 C1(1)
1992	美国 C1(1)+ M1(2)+E1(1)=3(4);法国 P1(1)
1993	美国 P1(2)+C0.5(1)+ M0.5(1)+E1(2)=3(6);英国 M 0.5(1);加拿大: C0.5(1)
1994	美国 P0.5(1)+C1(1)+ M1(2)+E0.67(2)=3.17(6);德国 E0.33(1);加拿大P0.5(1)
1995	美国 P1(2)+C0.67(2)+ M0.67(2)+E1(1)=3.34(7);德国 M0.33(1);荷兰C0.33(1)
1996	美国 P1(3)+C0.67(2)=1.67(5);英国 C0.33(1)+E0.5(1)=0.83(2);瑞士 M0.5(1);加拿大: E0.5(1);澳大利亚M0.5(1)
1997	美国 P0.67(2)+C0.34(1)+ M1(1)+E1(2)=3.01(6);英国 C0.33(1);法国 P0.33(1);丹麦 C0.33(1)
1998	美国 P0.67(2)+C0.5(1)+ M1(3)+E1(1)=2.17(6);英国 C0.5(1);德国 P0.33(1);印度: E1(1)

续　表

获奖年份	世界各国获四种诺贝尔奖的具体情况
1999	美国 C1(1)＋M1(1)＝2(2);荷兰 P1(2);加拿大 E1(1)
2000	美国 P0.34(1)＋C0.67(2)＋M0.67(2)＋E1(2)＝2.68(7);德国 P0.33(1);瑞典 M0.33(1);俄罗斯 P0.33(1);日本 C0.33(1)
2001	美国 P0.67(2)＋C0.67(2)＋M0.33(1)＋E1(3)＝2.67(8);英国 M0.67(2);德国 P0.33(1);日本 C0.33(1)
2002	美国 P0.67(2)＋C0.34(1)＋M0.67(2)＋E1(2)＝2.68(7);英国 M0.33(1);瑞士:C0.33(1);日本 P0.33(1)＋C0.33(1)＝0.66(2)
2003	美国 C1(2)＋M0.5(1)＋E0.5(1)＝2(4);英国 P0.33(1)＋M0.5(1)＋E0.5(1)＝1.33(3);俄罗斯 P0.67(2)
2004	美国 P1(3)＋C0.33(1)＋M1(2)＋E0.5(1)＝2.83(7);以色列 C0.67(2);挪威 E0.5(1)
2005	美国 P0.67(2)＋C0.67(2)＋E0.5(1)＝1.84(5);德国 P0.33(1)　法国 C0.33(1);澳大利亚 M1(2);以色列 E0.5(1)
2006	美国 P1(2)＋C1(1)＋M1(2)＋E1(1)＝4(6)
2007	美国 M0.67(2)＋E1(3)＝1.67(5);英国 M0.33(1)法国 P0.5(1);德国 P0.5(1)＋C1(1)＝1.5(2)
2008	美国 P0.33(1)＋C1(3)＋E1(1)＝2.33(5);德国 M0.33(1);法国 M0.67(2),日本 P0.67(2)
2009	美国 P0.67(2)＋C0.34(1)＋M1(3)＋E1(2)＝3.01(8);英国 P0.33(1)＋C0.33(1)＝0.66(2);以色列 C0.33(1)
2010	美国 C0.33(1)＋E0.67(2)＝1(3);英国 P0.5(1)＋M1(1)＝1.5(2);荷兰 P0.5(1)日:C0.67(2);塞浦路斯 E0.33(1)
2011	美国 P1(3)＋M0.34(1)＋E1(2)＝2.34(6);加拿大:M0.33(1);法国 M0.33(1)以色列 C1(1)
2012	美国 P0.5(1)＋C1(2)＋E1(2)＝2.5(5);英国 M0.5(1);法国 P0.5(1);日本M0.5(1)
2013	美国 C1(3)＋M0.67(2)＋E1(3)＝2.67(8);德国 M0.33(1);英国 P0.5(1);比利时 P0.5(1)

说明:(1)此表仅是通过四项认同度极高的诺贝尔奖的获奖频次与人数看各国科学家的创造力。其中,"P"代表"诺贝尔物理学奖","C"代表"诺贝尔化学奖","M"代表"诺贝尔生理学或医学奖","E"代表"诺贝尔经济学奖"。(2)本表数字中,除"获奖年份"一列之外,在其余数字中,未用"()"的数字均指获奖频次,而"()"内的数字均指获奖人数。(3)在统计获奖频次时,如果某奖项是由某个国家的1人独得,就计频次为1;若某奖项是由两个国家的2人共同获得,则2人的频次各计0.5;若某奖项是由3个国家的3人共同获得,则在这3个国家中获得诺贝尔奖总数最多的国家名上计0.34个频次,其余两个国家各计0.33个频次;余此类推。(4)双重或多重国籍获奖者,主要以获奖名单上公布的国籍为准。不过,鉴于2011年诺贝尔物理学奖得主之一的布莱恩·施密特(Brian P. Schmidt)本是美国人,只是就职于澳大利亚国立大学,故仍将其算作美国科学家。同时,如前文所论,像杨振宁等人获奖时虽为中国国籍,但长期在美国学习和工作,后又加入美国国籍,故将其算作美国诺贝尔奖之列。

表6-2 世界各国 1901—2013 年度获四种诺贝尔奖的
总频次与总人数一览表[①]

	诺贝尔物理学奖获奖总频次与总人数	诺贝尔化学奖获奖总频次与总人数	诺贝尔生理学或医学奖获奖总频次与总人数	诺贝尔经济奖获奖总频次与总人数	四种诺贝尔奖获奖总频次与总人数		百分比(%)
美国	40.71 (87)	37.54(66)	42.38 (96)	30.34 (51)	150.97(300)		41.82(46.88)
英国	15.83(24)	17.49(27)	13.01(29)	4.5(7)	50.83(87)		14.08(13.59)
德国	15.15(24)	21.83(29)	10.48(17)	0.33(1)	47.79(71)		13.24(11.09)
法国	8.83(13)	4.66(8)	6.33(11)	1(1)	20.82(33)		5.77(5.15)
瑞典	2.83(4)	3 (3)	3.99(8)	1(2)	10.82(17)		3.00(2.65)
荷兰	6(9)	2.33(3)	1.5(2)	0.5(1)	10.33(15)		2.86(2.34)
瑞士	1.83(3)	3.83(6)	3.66(6)	0	9.32(15)		2.58(2.34)
奥地利	2(3)	1(1)	3.83(5)	0	6.83(9)		1.89(1.41)
苏联	3(7)	0.5(1)	0	0.5(1)	4(9)	6.5 (14)	1.80(2.19)
俄罗斯	1(3)	0	1.50(2)	0	2.5 (5)		
日本	2.66(6)	2.16(6)	1.5(2)	0	6.32(14)		1.75(2.19)
加拿大	0.83(2)	2.33(4)	1.33(3)	1.5(2)	5.99(11)		1.66(1.72)
丹麦	1.67(3)	0.33(1)	3.83(5)	0	5.83(9)		1.61(1.40)
意大利	2(3)	0.50(1)	2(3)	1(1)	5.5(8)		1.52(1.25)
比利时	0.50(1)	1(1)	2.67(4)	0	4.17(6)		1.16(0.93)
挪威	0.33(1)	0.5(1)	0	2(3)	2.83(5)		0.78(0.78)
澳大利亚	0	0	2.66(6)	0	2.66(6)		0.74(0.94)
以色列	0	2(4)	0	0.5(1)	2.5(5)		0.69(0.78)
匈牙利	0	1(1)	1(1)	0	2(2)		0.55(0.31)
印度	1(1)	0	0	1(1)	2(2)		0.55(0.31)
阿根廷	0	1(1)	0.33(1)	0	1.33(2)		0.37(0.31)
芬兰	0	1(1)	0	0	1(1)		0.28(0.16)
捷克	0	1(1)	0	0	1(1)		0.28(0.16)
南非	0	0	1(1)	0	1(1)		0.28(0.16)
爱尔兰	0.5(1)	0	0	0	0.5(1)		0.14(0.16)
西班牙	0	0	0.5(1)	0	0.5(1)		0.14(0.16)
葡萄牙	0	0	0.5(1)	0	0.5(1)		0.14(0.16)

---

① 本表数据是在汪凤炎的指导下,主要是由南京师范大学心理学院基础心理学专业 2011 级硕士生周玲和孙月姣统计完成。

续　表

	诺贝尔物理学奖获奖总频次与总人数	诺贝尔化学奖获奖总频次与总人数	诺贝尔生理学奖或医学奖获奖总频次与总人数	诺贝尔经济奖获奖总频次与总人数	四种诺贝尔奖获奖总频次与总人数	百分比(%)
圣卢西亚	0	0	0	0.5(1)	0.5(1)	0.14(0.16)
巴基斯坦	0.33(1)	0	0	0	0.33(1)	0.09(0.16)
塞浦路斯	0	0	0	0.33(1)	0.33(1)	0.09(0.16)
总计	107(196)	105(166)	104(204)	45(74)	361(640)	1(1)

　　说明：本表数字中，除"在四种诺贝尔奖总数中所占百分比"一项数字外，其余栏目中的数字，凡未用"()"的数字均指获奖频次，而"()"内的数字均指获奖人数。

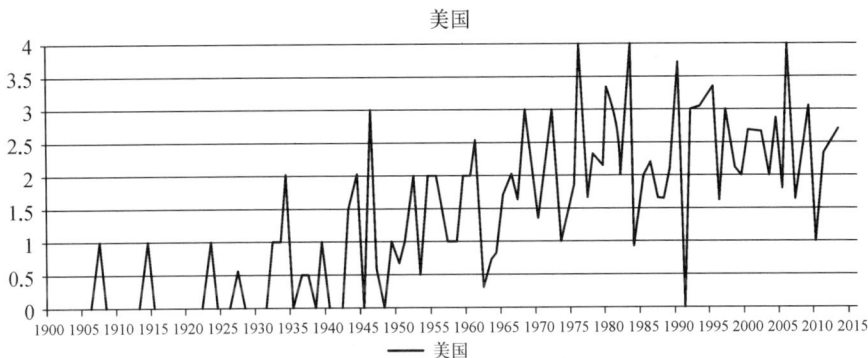

图 6-1　1901—2013 年度在四种诺贝尔奖中获奖总频次排名
第一的美国获奖走势图

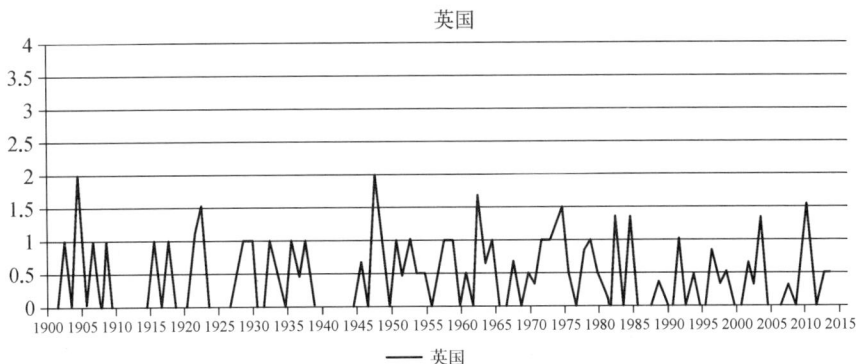

图 6-2　1901—2013 年度在四种诺贝尔奖中获奖总频次排名
第二的英国获奖走势图

　　进一步言之，通过分析图 6-1、图 6-2、图 6-3 与图 6-4 可知，美国虽然首次获得诺贝尔奖的年份是 1907 年，直至 1914 年后才第二次获得诺贝尔奖，不过，自 1945 年"二战"结束后直至 2013 年，随着美国国力独步全球，其获奖频率

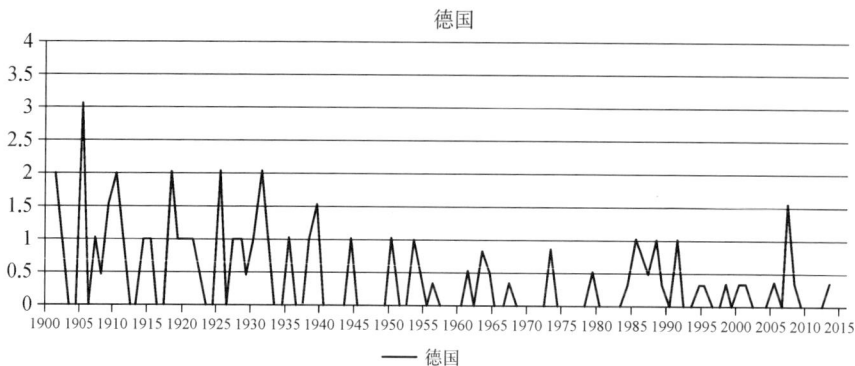

图 6-3　1901—2013 年度在四种诺贝尔奖中获奖总频次排名
第三的德国获奖走势图

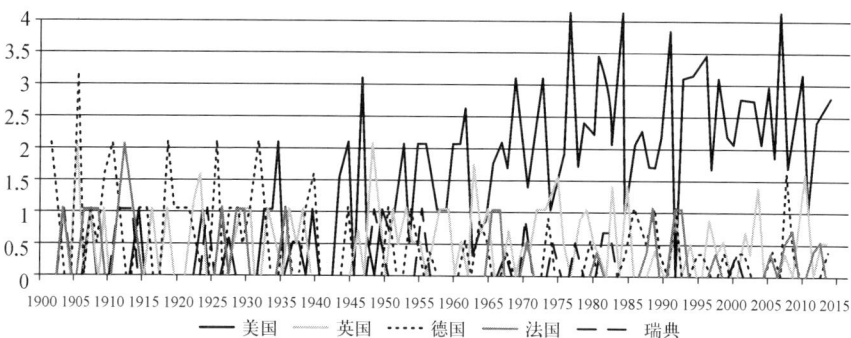

图 6-4　1901—2013 年度在四种诺贝尔奖中获奖总频次排名
前五国家的获奖走势图

越来越高,且在总趋势上保持一个明显的高原期,显示美国科技有持久的创新能力。紧随其后的英国获诺贝尔奖的总频次在总趋势上虽也呈现一个高原期,但由于其获诺贝尔奖总频次的众数基本上是在"1"上,而美国获诺贝尔奖总频次的众数自 1934—1960 年基本上是在"2"上,自 1961 年至 2013 年基本上是在"2.5"上,故英国高原期的高度明显比美国低。排名第三的德国获诺贝尔奖的总趋势图则呈现出"先扬后抑"的趋势,可见,相对于其在 1901 年至 1940 年展现出的强大科技创新能力而言,德国科技的创新能力自 1945 年起直至 2013 年有缓慢下降的趋势。排名第四与第五的法国与瑞典,其获诺贝尔奖的概率有时断时续的趋势,显示这两个国家虽有较强的创新能力,但不稳定。

　　然而,迄今为止,中国大陆还没有一位科学家获得过诺贝尔物理学奖、诺贝尔化学奖、诺贝尔生理学或医学奖、诺贝尔经济学奖。为什么美国学者有如此强大的原创力,而中国大陆地区的学者却没有呢? 这除了美国学术界具有非常好的学术积累等原因之外,一个重要外因是:美国人的家庭环境、学校环境和社会环境更有利于美国学人生成和发展创造力,而中国的家庭环境、学校环境和社会环境常常给广大科研人员造成沉重的负担。虽然《孟子·告子下》有一段传颂至今的至理名言:"天将降大任于斯人也,必先苦其心志,劳其筋骨,饿其体肤,空乏其身,行拂乱其所为,所以动心忍性,曾益其所不能。……然后知生于忧患而死于安乐也。"受此言论的深刻影响,中国人普遍认可艰苦环境磨炼法在锻炼意志和促人成才上起到的积极作用,"生于忧患,死于安乐"、"宝剑锋从磨砺出,梅花香自苦寒来"之类的谚语向人讲述的都是这个道理。但"负担过重"的确不利于中国广大学人生成和发展创造力。与此相印证的是,根据表6-2所示,在诺贝尔物理学奖、诺贝尔化学奖、诺贝尔生理学或医学奖与诺贝尔经济学奖四大奖项中,获奖总名次排名前10位的国家中,除俄罗斯稍欠发达外,其余9个国家都属发达国家。为此,当代中国只有通过进一步改革开放,进一步增强国家实力,并逐渐建立起完善的适合人们创新的管理制度,才能激发和提高中国科研人员的创造力。

其一,良好的家庭环境有利于科研人员生成与发展创造力。在家庭环境方面,当代中国大陆科研人员所在的典型家庭结构是三口之家:夫妻双方加一个子女。由于中国至今仍是一个农业大国,这样,除了极少数出身于大中城市的科研人员之外,中国大陆许多科研人员多是从农村或县城经过"鲤鱼跳龙门"(升学)的方式而进入大中城市工作的。而年轻人要想在大中城市从事科研工作(中国大陆目前稍好的科研工作机会一般都在大中城市),一般都需要有硕士或硕士以上学历,这样,按中国大陆现行学制,年轻人刚从事独立的科研工作时,年龄已基本都在25岁或以上,然后是结婚生子女和养育子女,至少要花费18年时间(按中国大陆现行学制,上大学的正常年龄是18周岁或以上)。于是,在通常情况下,一个年轻的科研人员往往要一边工作、一边科研、一边照顾年幼的子女。其中,仅是至少10年(幼儿园4年＋小学6年)的接送子女上学任务,就不知要花费家长多少时间与心血;然后是为了子女的学业及各种补习班,又不知要耗费掉家长多少心血。这种"一身三任"的情况一般要持续到子女考上大学后才结束。同时,中青年科研人员一般不但要照顾"小(孩)",还要照顾"老"(指自己和爱人的父母)。而且,还要想方设法挣钱养家,尤其是要购买住房。因此,当中国的科研人员能够做到全身心投入到科研工作时,其岁数一般都已在43岁或以上了。而"科学(实指自然科学,引者注)求公例原则,要大家共认证实的;所以前人所有的今人都得,其所贵便在新发明,而一步一步脚踏实地,逐步前进,当然今胜于古。"①这样,在自然科学领域,后学若想有所成就,非得干出一点与前人相比是新的东西出来不可。而要想在研究自然科学时有所创新,就必须有敏锐的思维和新颖独特的视角,②在这两点上,往往是年轻人占优势,于是,在自然科学领域,研究者往往是在非常年轻的时候取得伟大的成就,年龄越长,取得伟大成就的几率就越低。③ 这在理论物理学领域显得更突出。像量子力学中的四大天王:狄拉克、海森堡、泡利和波尔,都是在二十出头就一鸣惊人。一般来说,理论物理学家的创造上限是 30 岁,狄拉克曾说:"年岁无疑是一个降温,每个物理学家必须心怀戒惧,一旦他过了 30 岁生日,那会是死了比活着更好。"④由此可见,中国自然科学领域的科研人员家庭生活负担过重,常常在其研究的黄金时间却无法全身心投入科研,从而阻碍了其创造力的发展。

与此不同的是,当代美国是世界头号强国,通过多年努力,已建立起完善的教育和社会保障制度,美国的中青年科研人员基本上不必承担过多的家庭负担。因为美国的房价一向很便宜,一个美国人只要有一份正常工作,都可以轻易买到一幢中国人称为别墅的房子。美国人的子女多是就近入学,若学校离家较远,则有校车负责安全接送,家长完全可以放心;而且,美国幼儿园和中小学一般实行"养成教育为主,开发学生智力为辅"的原则,中小学学生的学业负担不重,幼儿园的小朋友几乎没有学习负担,家长也不必为上幼儿园和中小学的子女的学业过多操心。美国的老人一般有完善的社会保障制度,不需要靠子女的经济支持就能过上安稳生活。这样,仅就家庭环境而言,美国的科研人员从一开始就可以将主要精力放在自己的研究上,自然有助于其聪明才智的发挥。

由此可见,若想提高当代中国大陆科研人员的创造力,关键措施之一是要想方设法给广大科研人员尽量减轻家庭生活负担,为此,全社会尤其是各级地方政府要尽快做好三件事情:第一,实施安心上学工程。让每一位儿童都能够做到就近入幼儿园与小学,而且所入幼儿与小学的质量是达到合格等级或以上的,以便尽量减少上学和放学时家长接送小孩的时间。第二,尽快建立起"全民老有所养,病有所医"的完善社会保障制度,让"老人"与"患病"不至于成为许多中国家

① 梁漱溟. 东西文化及其哲学[M].北京:商务印书馆,1999:35.
② 人文社会科学的研究也重视创新,但因人文社会科学的思想主要是累积的而不是进化的,致使这种创新的产生需要作者有深厚的功力和对人生的透彻体悟才行,敏锐的思维和新颖独特的视角虽然很重要,但却不是最重要的。
③ 这一现象恰恰与人文社会科学相反,这个有趣的现象也从一个侧面说明,自然科学思想的确主要是按进化路径进行的,而人文社会科学思想主要是按积累路径(顾颉刚语)进行的。
④ 卞毓方. 爱因斯坦的脑瓜并不太笨[J]. 随笔,2003,(3):89.

庭的负担。第三,尽快建立起科学的住房保障制度,让每个科研人员所在家庭都能有基本的住房保证,不至于沦为"房奴"。若果真如此,那么长期制约中国科研人员的家庭生活负担就基本解决了,从而让广大中国科研人员能够拥有从事科研工作的良好家庭环境。

其二,良好的学校环境和社会环境有利于科研人员生成与发展创造力。目前中国大陆大多数科研人员所处的学校环境和社会环境多有不尽人意的地方,从而对科研人员创造力的生成与发展起到了干扰效果,结果才有了著名的"钱学森之问"。这种不太健康的科研生态主要是由中国目前不科学的人才管理制度和科研管理制度造成的,它至少体现在以下五个方面。

第一,在评价个体的学术水平时,存在以刊定级、以社定级、以奖定级、以课题定级、以官职定级等不良做法。学术评价是科研管理的一个核心环节,事关科研人员的业绩考核、职称晋升和学术奖励,在高校与科研机构的教学与科研工作中具有指挥棒式的导向作用。建立科学、公正的学术评价制度,对于中国学术创新能力的提高乃至世界一流大学的建设都具有重要意义。[①] 可惜的是,如第二章所论,由于当代中国社会诚信的缺失已达到无以复加的程度,一些专家的人品存在严重问题,变成了"专横跋扈之家",一旦掌握评审大权,往往将手中的权力转变成为自己、自己人和自己单位谋私利的利器。为了尽量减少此种弊病的发生,教育部、中国科学院和许多高校的普遍做法便是:学术评价方式与手段不得不注重"形式"(因形式是客观的,易判断),却不注重"内容"(因内容难判断,需有公信力的专家评判才行),结果,导致当今中国大陆学术评价发生严重异化现象,至今没有制定出吻合各学科特点、科学的学术评价标准,而是用一些貌似科学、实则不科学的标准来衡量一个人的学术水平。这些做法归纳起来,常见的主要有以刊定级、以社定级、以奖定级、以课题定级、以官职定级、综合评判法六种。

以刊定级,指以某人发表论文的刊物级别和论文数量来评定其学术水平。论文在级别越高的刊物上发表,代表该论文作者的学术水平越高;若是两人都在同一档次的刊物上发表论文,那么谁在该档次刊物上发表的论文更多,谁的学术水平就更高。这种衡量学术水平的做法若想达到科学水平,至少要满足六个前提条件:(1)评定学术刊物优劣的标准要有良好的信度、效度。(2)刊物所在的编辑部和主编一定要聘请德才兼备的同行专家对全部来稿实行匿名审稿,然后择优刊发。(3)相关单位再聘请德才兼备的同行专家对某人已发表论文的学术

① 陈洪捷,沈文钦.学术评价:超越量化模式[N].光明日报,2012-12-18(15).

质量进行审定,防止因某种原因而刊发在高级别刊物上的低水平论文被误认作高水平论文。(4)辩证看待"高产"、"低产"与学术水平的关系。综观古今中外学术史,既有"高产"且学术水平高的学者,如朱熹、斯腾伯格;也有"高产"但学术水平不高的学者或"低产"但学术水平不高的学者,这两方面的例子也数不胜数;还有"低产"且学术水平高的学者,如中国的老子和陆九渊等。甚至还有一生从不亲自著书立说但后人照样公认其学术水平高的学者,如苏格拉底(Socrates,前469—前399)一生"述而不作",其生平事迹与学术思想均是由其弟子记录后才流传至今。孔子也提倡"述而不作",并身体力行之,故记载其核心思想的《论语》实也是其弟子记录下来的,并非孔子亲笔撰写。可见,一个人的学术水平与其撰写作品的多少毫无关系,而只能从其是否提出有创见的思想以及提出有创见思想的贡献大小来评定。(5)辩证看待 SCI、SSCI 与 CSSCI 的关系(详见下文)。(6)辩证看待"在期刊上已发表的论文"、"未在期刊上发表的论文"与学术水平的关系。"论文偏执症"在当今中国大陆学术界颇流行,但如果注重从一个人是否提出过有创见的思想以及提出有创见思想的贡献大小来评定其学术水平的高低,就不必太在意其是否已将之写成了论文或者是否已在期刊上发表了。可是,由于上述六个条件在大多数情况下都无法得到有效满足。例如,国内一些学术期刊并没有采用真正意义上的匿名评审制度,国外现也有一些投机者从国人看重 SCI 与 SSCI 中看到商机,这就为"人情稿"、"金钱稿"大开方便之门。尤有甚者,为了刊发更多数量的论文以获取更大的经济效益,国内某些学术期刊只发1～2页篇幅的短论文,这不但是以数量牺牲质量的"典范做法",①也助长了"金钱稿"盛行的歪风!结果,就当前中国大陆学术界而言,以某人已发表论文的刊物级别和已发表论文的数量来评定其学术水平的做法,便常常沦落为"只重刊物级别与论文数量而不重论文内容本身"的局面。

以社定级,指以某人出版著作的出版社的级别和著作数量来评定其学术水平。著作在级别越高的出版社出版,代表该著作作者的学术水平越高;若是两人都在同一档次的出版社中出版了著作,那么谁在该档次出版社中出版的著作更多,谁的学术水平就更高。这种衡量学术水平的做法若想达到科学水平,至少要满足六个前提条件:(1)评定出版社优劣的标准要有良好的信度、效度。(2)出版社所在的编辑部一定要聘请德才兼备的同行专家对全部书稿实行匿名审稿,然后择优出版。(3)相关单位再聘请德才兼备的同行专家对某人已出版的学术

---

① 陈洪捷,沈文钦.学术评价:超越量化模式[N].光明日报,2012 - 12 - 18(15).

著作或教材的学术质量进行审定，防止因某种原因而在高级别出版社出版的低水平学术著作或教材被误认作高水平的学术著作或教材。(4)辩证看待"高产"、"低产"与学术水平的关系。(5)适当考虑根据不同学科的性质。一般而言，由于论文篇幅有限，在人文社会科学领域，偏重理论与史研究的人，其重要成果往往是以著作的形式呈现的；而偏重(创作)实践的人，其重要成果往往是以作品(如美术作品、音乐作品、文学作品等)的形式呈现的。在自然科学领域，偏重学术研究的人，其重要成果往往是以论文的形式呈现的。这样，即使是有"20世纪最伟大科学家"美誉的爱因斯坦，除了1905年和1915年发表的几篇极其重要的学术论文之外，基本上也没有写出什么伟大的学术专著。所以，在自然科学领域，才有"一流人才写论文，二流人才写综述，三流人才写著作"的说法。偏重钻研工艺技术的人，其重要成果往往是以产品的形式呈现的。由此可见，通常只有在衡量人文社会科学领域且偏重理论与史研究的人的科研水平时，才能重视著作的质量。(6)辩证看待"已出版著作"、"未出版书稿"与学术水平的关系。"铅字偏执症"在当今中国大陆学术界同样颇流行，假若注重从一个人是否提出过有创见的思想以及提出有创见思想的贡献大小来评定其学术水平的高低，那么，只要是其撰写的书或书稿，都可拿来作为评判的重要依据，至于是否已公开出版又有什么关系呢？可是，由于上述六个条件在大多数情况下都无法得到有效满足，结果，就当前中国大陆学术界而言，以社定级来评定某人学术水平的做法不但沦落为"只重出版社级别不重著作内容本身"的一种"新名教"，而且助长了"花钱出书"之类的学术歪风，最终导致著作的声誉急剧下降，结果，当前中国大陆许多高校规定：凡是版权页上写"著"的著作(包括独著与合著)，若字数在15万字以上，不论质量高低，一律按"一本书抵1～2篇CSSCI级别的论文"的标准处理；若字数在15万字以下、版权页上写"编著"或"主编"的著作，除非是国家级教材，否则，不算科研成果。

以奖定级，指以某人获得奖项级别的高低和数量来评定其学术水平。获奖级别越高，代表该获奖者的学术水平越高；若是两人都在同一档次的奖项上获奖，且排名都一样，那么，谁获得该档次奖项的次数更多，谁的学术水平就更高。这种衡量学术水平的做法若想达到科学水平，至少要满足四个前提条件：(1)评定某种奖项优劣的标准要有良好的信度、效度；(2)评奖过程要做到公平、公正、公开；(3)相关单位聘请德才兼备的同行专家对某人获奖论著的学术质量进行再审定，防止因拉关系而获奖的论著被误认作高水平论著；(4)辩证看待"获奖"、"未获奖"与学术水平的关系。获奖作品中既有高水平的，也有低水平的；未获奖作品中同样既有高水平的，也有低水平的。可见，一个人的学术水平与其作品能否获奖关系不大。就当前中国大陆学术界而言,由于"裙带风"、"评奖过程不透明,难以做到公平公正"和"你好我好大家好"等现象的存在,要想做到上述四点非常困难。结果,以某人获得奖项级别的高低和数量来评定其学术水平的做法不但流于形式,同样也助长了"通过拉关系来达到获大奖的目的"、"某些评委通过暗箱操作帮自己的学生或本单位同仁拿奖项"等歪风。

以课题定级,指以某人主持课题的级别高低和数量来评定其学术水平。主持课题级别越高,代表该课题主持人的学术水平越高;若是两人都主持同一档次的课题,那么,谁主持该档次课题的次数更多,或者谁掌握的科研经费更多,谁的学术水平就更高。这种衡量学术水平的做法若想达到科学水平,至少要满足四个前提条件:(1)评定课题级别高低的标准要有良好的信度、效度;(2)申报课题和结题过程要做到公平、公正、公开;(3)相关单位聘请德才兼备的同行专家对已结题成果的学术质量进行再审定,防止因拉关系而通过评审的低水平课题成果被误认作高水平成果;(4)辩证看待是否有"课题"与学术水平的关系。有些人因科研水平高,同行公认,从而手上有一个或多个高级别的课题;有些人的科研能力其实并不强,但因"手中有权"或"人脉好"等原因,手上同样拥有一个或多个高级别的课题;有些人科研能力虽强,但因"自己不愿意申报"或"申报不成功"等原因,手上没有高级别的课题,甚至一辈子没做过一个"像样子"的课题;也有些人的确因科研能力不强,故无法成功申报到高级别的课题。可见,一个人的学术水平与其是否主持过高级别的课题以及主持高级别课题的数量之间关系不大。就当前中国大陆学术界而言,由于"裙带风"、"评课题的过程(包括课题申报和课题结题时的评审过程)不透明,难以做到公平公正"和"你好我好大家好"等现象的存在,要想做到上述四点同样非常困难。结果,以某人主持课题的级别高低和数量来评定其学术水平的做法不但流于形式,同样也助长了"通过送礼和拉关系等手段来达到成功申报高级别课题的目的"、"某些评委通过暗箱操作帮自己的学生或本单位同仁拿课题"、"只注重课题的申报却不重视课题的结题"等歪风。

以官职定级,指以某人担任职务的高低来评定其学术水平。担任职务的级别越高,代表该人的学术水平越高;若是两人都担任同一级别的职务,那么,谁担任该职务的时间更长,谁的学术水平就更高。这里的职务包括政府机关中的行政职务、学校中的行政职务、学科或学位点中的职务与学会中的职务,等等。这类做法显然都是"官大学问大"的体现,不但毫无科学依据,而且助长了"学人想当官"、"官员想兼做学人以附庸风雅"的歪风。试想,若真是"官大学问大",那在中国历史上,皇帝的学问应该都是最高的。而史实却是:真正有大学问的皇帝是少之又少的,结果,能在中国科技史或文化史上留下英名的皇帝屈指可数。看来,"用屁股决定脑袋"的做法不靠谱。

综合评判法,指通过综合权衡一个人所发表论文的档次与数量、所出版著作的档次与数量、所获奖项的级别与数量、所主持课题的级别与数量以及所任职务(包括在政府机关、高校、科研机构和学会等单位或组织中所任职务)的大小来确定一个人学术水平的高低。如果说上述五种做法都是持单一标准,那么这种做法便是持多个标准。表面看起来它颇为合理,不过,由于上述五种做法都存在重大漏洞,导致这种做法常常不但毫无公信力可言,而且助长了"强者通吃"现象。这便是当前中国学术界里一些学术"大腕"表面风风光光,但终其一生都难以作出高水平学术研究的原因之一。

第二,简单地将科研工作作量化处理。一般来说,学术评价的方法主要有量化评估和同行评议两种。同行评议,指根据本领域同行专家的评议意见来判断学术研究的质量。量化评估,指将大学整体和各院系乃至每个教师的科研和教学情况进行数量化处理,折合为数字单位,并作为考察其绩效,决定其职称评定、岗位设置、学术奖励的依据。量化评估有两种形式:一种是简单的数数,它是一种最极端的量化评估方式;另一种是文献计量法,即考虑期刊的影响因子和文章的被引次数等因素,这是一种相对温和的做法。由于研究成果的被引次数也是某种形式的同行评议,因此,在文献计量法中,数量与质量、量化评估与同行评议并不是绝然对立的关系,而是有某种程度的融合。在当代中国大陆,由于社会的诚信度和公正度不高,导致同行评议易受人情、脸面、部门利益和个人恩怨等因素的干扰,其信度效度不易得到保证。与此不同,量化指标往往被看作是一种更为精确、客观、透明、公平、公正的标准,能够减少人为的主观评价,做到数字面前人人平等,而且便于操作和管理,有助于提升大学的"行政化",因此备受重视。结果,在当代中国大陆,各种类型、各种层次的高校和科研机构以及各级地方政府机构的科研主管部门都在运用量化评估;而且,量化评估贯穿学术评价的各个环节,包括业绩考核、职称评定、学术奖励,等等,以激励科研人员产出更多的学术成果。[①]量化管理之所以不科学,是因为它至少存在四个弊端:(1)极端量化评估模式违背了学术研究的基本规律。学术活动在本质上是一种探索未知的活动,它的显著特点便是不可预知性:探索的内容、探索的过程与探索的结果均具

---

① 陈洪捷,沈文钦.学术评价:超越量化模式[N].光明日报,2012-12-18(15).

有不确定性。一些高校和科研机构在年度考核中实行"工分制",强迫教师和科研人员按时按点产出特定数量的成果,便违背了学术活动"不可预知性"的特点。同时,科研具有周期性和波动性,一些高质量科研成果的出现往往需要酝酿数年甚至数十年的时间。① 例如,美国哈佛大学的约翰·罗尔斯教授在学校工作期间 15 年没有发表任何文章,一直琢磨他的《正义论》,但这本专著自 1971 年问世后,便成为"二战"后西方政治哲学、法学和道德哲学中最重要的著作之一。当罗尔斯讲完一学期课后向大家告别时,学生们不约而同地起立为他的学术精神鼓掌。② 对于个体而言,一个人的学术生涯也有巅峰期和低谷期,要求一个人每年至少完成若干数量科研分的规定,既不符合科研规律,也是对科研人员科研工作自主性的干扰。③ 以爱因斯坦为例,其学术生命的黄金时期也只有 2 年,即 1905年和 1915 年,其中又以 1905 年表现最突出。因为爱因斯坦在这一年的工作至少配得三个诺贝尔物理学奖。因此,1905 年被世人称为"爱因斯坦奇迹年"。

(2) 量化评估与量化奖励措施导致当代中国学术界普遍注重论文的数量,却不看重论文的质量。在这种学术氛围中,那些追求原创或尽善尽美的"慢活型"学者往往因发表成果少而生活多艰,那些专门从事低层次但易获得高产出的"速生鸡"型学人却因自己在发表论文上的"快"与"多"而名利双收。④ 结果,中国学人发表学术论文的数量近年来呈现大跃进式增长,如表 6-3(据中国科学技术信息研究所于 2011 年 12 月 2 日⑤、2012 年 12 月 7 日⑥和 2013 年 9 月 27 日⑦在北京发布的中国科技论文统计结果制作而成)所示。因此,在当代中国学术界,有时人们会开玩笑说,要是孔子和老子生活在当代,估计连个讲师可能都评不上,因为据《论语·述而》记载,孔子虽一生大部分时间都在讲学和进行学术研究,但喜欢"述而不作",⑧结果,孔子不但一辈子也没有在权威期刊上公开发表过一篇论文,而且也没有将其思想系统地整理成专著公开出版。老子可能更"惨",一辈子只写了"五千言",这"五千言"还是用格言体撰写的,既算不上是规范的学术专著,也不能算作规范的学术论文,而且,当时还不是在权威期刊或国家级出版社上全文发表或出版。同时,由于量化评估鼓励科研人员做"短、平、快"式的研究

---

① 陈洪捷,沈文钦.学术评价:超越量化模式[N].光明日报,2012-12-18(15).
② 谢洋.南师大原副校长吴康宁:不自尊的大学没资格培养创新人才[N].中国青年报,2013-01-17(03).
③④ 陈洪捷,沈文饮.学术评价:超越量化模式[N].光明日报,2012-12-18(15).
⑤ 赵永新.我国国际科技论文发表量全球第二[N].人民日报,2011-12-04.
⑥ 潘锋.中国国际科技论文统计结果发布[N].中国科学报,2012-12-10(1).
⑦ 中国科学技术信息研究所.2013 中国科技论文统计结果发布.资料来源:http://www.istic.ac.cn/ScienceEvaluateArticalShow.aspx? ArticleID=95277.
⑧ 杨伯峻.论语译注[M].北京:中华书局,1980:66.

表 6-3 中国科技人员发表国际论文的情况一览表(部分)

发布时间	10 年间中国人发表国际论文的总数与世界排名	中国每篇论文平均被引用次数－每篇论文被引用次数的世界平均值	近 2 年每年在《细胞》(Cell)、《自然》(Nature)与《科学》(Science)三大世界名刊上发表的论文总数及世界排名
2011-12-02	2001 年至 2011 年 11 月 1 日的 10 年间共发表论文 83.63 万篇,排世界第 2 位	10.71 － 6.21 ＝ － 4.5(次)。结论:中国论文引用率偏低	2011 年 Cell、Nature 与 Science 共刊登论文5 894 篇,其中中国论文为 141 篇,排世界第 10 位
2012-12-07	2002 年至 2012 年 11 月 1 日的 10 年间共发表论文 102.26 万篇,排世界第 2 位	中国每篇论文平均被引用次数是 6.51 次,仍偏低	2012 年 Cell、Nature 与 Science 共刊登论文 5 983篇,其中中国论文为 187 篇,居世界第 9 位
2013-09-27	2003 年至 2013 年 9 月 1 日的 10 年间共发表论文 114.30 万篇,排世界第 2 位	10.69 － 6.92 ＝ － 3.77(次)。结论:距被引用次数的世界平均值10.69还有较大差距	

项目,却不鼓励科研人员做长期、深入的研究工作。结果,虽然近年来中国高校每年通过鉴定的科技成果达 1 万项左右,但目前科技成果转化率仅有 10%～15%。造成"成果多、转化少、推广难"的两个原因:一是当前中国科研机构的研究多呈现项目化,缺少连续性和长期积累;二是高校体制的制约下技术推广的运行机制不够通畅。[1](3)量化评估倾向于用"一刀切"的管理方式来管理所有学科,普遍强调 SCI、SSCI、EI 论文,但这个评价标准并不适用于所有学科,例如,它对人文社会学科、工科、农科等都有不利影响(详见下文)。同时,论文发表数量、影响因子、被引次数,这些表面上客观化的指标是不能在不同学科之间对等地比较的,甚至在同一学科的不同研究方向也无法进行对等比较。因为不同学科的引用模式不同;即便同一学科内,不同研究领域之间也有很大差异。有些研究领域同行较少,即便是最杰出的研究,可能被引次数也并不高;有些研究被引次数很高,可能只是因为它们处理的是热门问题,并不能客观说明其研究水平高。因此,仅仅依靠被引次数判断研究质量也不完全可靠。[2](4)量化评估一味强调"单打独干",却不鼓励团队合作。当代中国大陆学术界非常看重论文或论著的第一作者,理工科也逐渐看重通讯作者,却不看重第二、三署名;在课题申报和结项时,一般也只看重第一署名;在各类评奖中,虽然奖项级别越高,署名为第二、第三甚

① 陈竹,周凯.高校科技成果多 转化少推广难[N].中国青年报,2011-01-11.
② 陈洪捷,沈文钦.学术评价:超越量化模式[N].光明日报,2012-12-18(15).

至第四、第五、第六的也有一定用处,不过,仍然是第一署名最重要。正由于此,致使在学术研究中,很多学人多只肯"单打独干",不愿进行"团队协作",自然无法做好一些大项目,毕竟大项目一般都需要团队的力量,需要多学科的通力合作。①

第三,按自然科学的标准来统领所有学科的科研管理工作。自然科学与人文社会科学是科学的"两翼",二者各成体系,各有自身的规律与特色。具体言之,在理、工、农、医等自然科学领域,同一专业的人员在从事研究时,因研究的主题较少受文化因素的影响,大家的研究对象基本相同,因而有所谓"世界前沿课题"之类的说法;并且,大家遵循共同的研究程序,采用类似的研究方法,可以讲"与世界接轨",可以要求学术成果要达到"国际一流"。所以,在自然科学领域,适当重视 SCI 或 EI 论文无可厚非。之所以用"适当"一词,是表明,即便在自然科学领域,也不能一味重视 SCI,像偏重钻研工艺技术的人,就宜鼓励他们多发明或发现新工艺、新技术、新产品。但在人文社会科学领域,许多研究主题都深受社会文化因素的影响,不同国家的学者往往关注不同的问题,美国人看重的课题可能在中国并不是一个重要问题,中国人看重的课题可能美国人并不感兴趣,因而很难有所谓的"世界前沿课题"。于是,在人文社会科学研究中,常常只能提"走出去"战略,即将本国优秀文化传播到世界上其他国家去,从而变成世界文化的一个有机组成部分;却往往无法讲"与世界接轨",所获学术成果也无法用"国际一流"来评价。因为有些主题可能只在某国才有价值,别的国家因无此问题,故别国学者就不会去研究它们。没有与他国的比较,何来"世界一流"?既然如此,在科学管理中,要鼓励从事自然科学研究的学者和从事人文社会科学研究的学者都按自身规律从事学术研究,并鼓励二者相互包容,共同创新,共同发展,却不可偏执一端。若未根据不同学科的属性妥善处理本土化与国际化的关系,一味抬高 SCI 与 SSCI 的价值,而自贬 CSSCI 的价值,要研究人文社会科学的学者也要去发 SCI 或 SSCI,必会挤压人文社会科学学者的科研生存空间,进而挫伤他们的科研积极性。

可惜的是,在当代中国,除了社会科学院系统(如中国社会科学院)和教育科学研究系统(如中国教育科学研究院)之外,在高校和其他科研机构,绝大多数"一把手"都是研究自然科学出身的。虽然在中外高等教育史上都有一些自然科学出身的学者在担任大学或科研机构的"一把手"(如竺可桢)后,将大学或科研

① 陈洪捷,沈文钦.学术评价:超越量化模式[N].光明日报,2012-12-18(15).

机构管理得非常好。不过,依智慧的德才兼备理论,只有同时兼备卓越物慧和德慧的学者才能既胜任高级管理者的职务,又将自然科学的某领域做好;若纯粹只有卓越物慧的学者,或者仅是善于做自然科学研究的科学家,是无法胜任高级管理者职位的。因为大学校长不但要善于与各类人才打交道,而且要有卓越的教育理念,要有一份公心、一份为教育事业甘于奉献的精神,这样,一个人要做好大学校长,必须具备相当的德慧。所以,综观近现代中外高等教育史,大凡杰出的校长多只是具备卓越德慧的人才,也有少数是兼备卓越物慧和德慧的人才,纯粹是物慧型人才或纯粹是一位自然科学家,很难胜任大学校长职务。令人遗憾的是,上述道理并不是人所共知的,一些人想当然地认为,能够在自然科学上作出优秀成绩的人,一定也能将领导做好;再加上当前中国学术界普遍风行"量化"的考核指标,这诸种机缘巧合,结果,绝大多数高校和科研机构都按自然科学的标准来统领所有学科的科研管理工作,从而形成"唯一只看重在高级别的刊物上公开发表论文,却轻视学术著作、轻视艺术作品的创作、轻视科研成果转化为具体生产力、轻视在高级别学术会议上所发表的论文"的风气。

第四,尚未建立起真正公平、公正、公开、透明、科学的评审制度。在当代中国大陆,不但一些学术期刊与出版社尚未建立起真正意义上的匿名评审制度,而且,各类课题在申报时的评审与结题时的评审,各类学位论文的评审,各类学术论文或论著的评奖工作,以及各类学术职称、职务、各类人才的评审工作,等等,常常缺乏一个公平、公正、公开、透明的评审制度,不但经常难以做到"以德服人或以才服人",还往往让人感觉到有明显的"强者通吃"现象。其典型表征至少有三:一是盛行"裙带风"。只要某人成了某领域的学界"大腕",不但自己在高级别刊物上发表论文和在高档次出版社中出版论著变得易如反掌,而且还能为自己的徒子徒孙及亲朋好友和自己的单位谋到相应的"好处"。二是有选择性地挑选"评委"。一些机构的领导只选择一些"肯听话"的评委或自己熟悉的评委,至于那些不肯听话的评委,一旦发现,以后就再也不聘请了;一般也不聘请自己不熟悉的评委。三是盛行"官大学问大"的风气,这种不良风气在当代中国大陆整个学术界都存在。这从以下两组数据就可看出。第一组数据是:在科技部公布的国家重点基础研究发展计划(通称 973 计划)2011 年启动的 172 个项目前两年预算安排和 2009 年立项的 107 个项目后 3 年预算安排中,首席科学家总计279 人,其中,现任行政领导近 210 人,占总人数的近 75%,这些现任行政领导包括高校校长、各学院院长,科研机构所长,公司副总裁、总经理、总工程师等,还有一些专家为单位现任法人代表。在余下的近 70 人中,还有 10 多位研究人员曾任行政职务。只有 50 余人没有担任过行政职务,但在这 50 余人中,又有 30 余人获得过海外学历,或者曾任职于国外的科研院所或企业的研发部门。剔除官员和海归,剩下的本土培养和成长的专家不到 30 人,占总人数不足 10%。这意味着,"本土成长,又不带'长'的教授,很难拿到大项目。第二组数据是:2010 年教师节前夕,教育部评出第五届国家高等学校教学名师。经统计发现,在 100 位获奖者中,担任党委书记、校长、院长、系主任、教研室主任、实验室主任、研究所所长等行政职务的占九成,不带任何"长"的一线教师仅有 10 人左右。[①] 出现这种不正常的马太效应(Matthew effect),自然不利于学术与科研人员的正常发展。

由于盛行"官大学问大"的风气,进一步助长了"学而优则仕"的人才管理制度,让一些颇有才气的中青年科研人员"过早"地走上了领导岗位(这从上文提及的两组数据可见一斑),离开了科研工作第一线。这不但或多或少地影响到了这些颇有才气的中青年科研人员今后的科研能力与科研成果的产出,而且产生了某些不良示范效应:科研工作做得再好,还不如当官好。真可谓:"万般皆下品,唯有官帽高!"作为一种"风向标",它进而又产生了至少三种连锁的"负面效应":(1)导致近年来许多青年人热衷于报考公务员而不愿从事科研工作,这让中国的科研队伍难以及时补充大量高质量的青年人才,于是"后继无人"现象便时有发生;(2)一些高校的正教授甚至博士生导师热衷于谋求一官半职(哪怕是当个副处长都行)的风气现有愈演愈烈之势,使得高校行政化的习气有愈演愈烈的趋势,导致高校去行政化的努力付诸东流;(3)进一步助长了"官大学问大"和"强者通吃"的现象,使得一些无权无势的普通教师或科研人员在科研路上举步维艰。这三种负面效应的存在,自然进一步削弱了中国科研人员的原创力。

第五,对高校教师实行低薪制。由于多种因素的交互影响,当代中国大陆一直实行低薪制,结果,绝大多数居民收入普遍偏低。这从以下两组数据便可见一斑:一组数据是中国与美国一般居民的家庭资产与工资收入对比的数据。2007 年第二季度,美国的家庭资产约为 64 万亿美元,金融危机后家庭资产缩水为 51.5 万亿美元,美国 GDP(国内生产总值)是 14 万亿美元左右,家庭资产占 GDP 的比重是 350%~450%之间。据西方国家统计,中国此项比重小于 25%。家庭资产少,很难有资本进行投资,所以绝大多数中国家庭是靠工资收入维持消费的。中国 GDP 增长很快,但工资增长赶不上 GDP 增长。2010 年"两会"时,温家宝总理在《政府工作报告》中提到,中国老百姓的劳动力收入占 GDP 的比重,在

---

① 雷宇,叶铁桥. 973 首席科学家七成头衔带"长"[N]. 中国青年报,2011 - 01 - 06(3).

1995 年时为 51.4％,到 2007 年时却下降到 39.7％。收入太低导致了中国无法有效培育中产阶级,消费人群难以大面积形成。① 第二组数据是,由中国国务院新闻办公室于 2013 年 1 月 18 日新闻发布会上的权威发布,据国家统计局局长马建堂介绍的 2012 年宏观经济数据显示,2012 年全年城镇居民人均总收入是 26 959 元。其中,城镇居民人均可支配收入是 24 565 元,比上一年名义增长 12.6％;扣除价格因素,实际增长 9.6％,增速比上年加快 1.2％。按城镇居民五等份收入分组,低收入组人均可支配收入 10 354 元,中等偏下收入组人均可支配收入 16 761 元,中等收入组人均可支配收入 22 419 元,中等偏上收入组人均可支配收入 29 814 元,高收入组人均可支配收入 51 456 元。同时,2012 年全年的农村居民的人均纯收入是 7 917 元,比上一年名义增长了 13.5％,扣除价格因素,实际增长 10.7％,比上年回落 0.7 个百分点。按农村居民五等份收入分组,低收入组人均纯收入 2 316 元,中等偏下收入组人均纯收入 4 807 元,中等收入组人均纯收入 7 041 元,中等偏上收入组人均纯收入 10 142 元,高收入组人均纯收入 19 009 元。以“三口之家”计算,2012 年全年城镇居民人均总收入是 26 959 元,这样,南京市一个“三口之家”的家均年总收入是:26 959×3＝80 877 元。按 2013 年 12 月南京市商品房的出售价格计算,就算全家一年不吃不喝、不生病、不迎来送往,80 877 元只能在江宁、仙林这类较偏远的城区买 5 平方米左右的商品房(是建筑面积,且是毛坯房),因为这些地区的房价在 16 000~19 000 元/平方米左右;若想在南京市的核心城区购买学区房,按 40 000 元/平方米左右的价格计算,只能买 2 平方米的商品房(是建筑面积,且是毛坯房)。

与此相一致,尽管近年来国家对大学的投入比过去已经提高很多,高校经费不断增长,“985 高校”和“211 高校”的经费更是普遍有了大幅增长,但是,作为基本保障部分的高校教师基本工资增长非常有限,致使连正教授的基本工资也增幅不大,更不用说副教授、讲师或助教了。以 2013 年为例,香港大学的正教授一个月的工资在 8 万~10 万港币,再加上每年 27 万左右的房屋津贴,年薪可达 120 万左右的港币(约 96 万元人民币),在香港属于中产阶级,生活无忧,可以安心教书育人(事实上,香港也严控教授兼职)。而在中国大陆,一个正教授的月平均工资大约是 6 000 元~10 000 元(将学校发的岗位津贴与年终奖等都计算在内);由于地区差异明显、专业差异明显(一般而言,除艺术类专业、外语专业、法律和经济专业之外,其余文科教授的收入多不及理工科教授的收入),再加上高

---

① 李玲瑶. 谁扼杀了居民的消费欲望[J]. 读者,2013,(15):24 - 25.

校之间还有所谓"985 高校"、"211 高校"、"未进入'985'和'211'的一本院校"、"二本院校"、"民办院校"与军事院校等区别,有些地区的有些高校内的教授收入可能还达不到月均工资 6 000 元～10 000 元这个水平。按照 2013 年 7 月 20 日的汇率,1 元人民币可兑换 1.263 元左右的港币,内地正教授一年 8 万～12 万的工资总数,相当于 101 040 元～151 560 元港币,仅比香港大学正教授一个月的工资多一点。薪水太少,逼得中国大陆高校的一些教师想方设法去兼职,以便"广开财路",以至于有些教授变"销售",[①]从而既分散了一些高校教师从事科研与教学的精力,更让某些高校和某些教师生出一些弄钱的歪门邪道,这便是当今某些高校和某些高校教师逐渐堕落的深层原因之一,也是一些中国大陆出国留学人员在学成后不愿回中国大陆(包括大陆高校)工作的一个重要原因。与此同时,由于管理制度不完善,当代中国社会经常出现一些不太理性的现象。例如,前些年曾风行"全民下海经商",现在又一度风行"炒房"、"炒大蒜"、"炒大豆"等现象,并且往往是"饿死胆小的,撑死胆大的"。这种仅凭"碰上好运气就能致富",而不是靠勤劳、科学管理、一技之长、科技发明或发现才能致富的现象,也诱使一些本不富裕的教师和科研人员坐不住冷板凳而产生浮躁心理,无法集中心思做学问。有的甚至也一度"下海经商",直到"呛了一肚子海水"后才重新"上岸"并继续做学问,但其科研潜力往往已大不如前了。而"做学问如果没有一颗淡定的心,就没法继续,更不可能前进"。[②]

　　它山之石,可以攻玉。美国是当今世界公认的学术中心,这一地位的获得与美国高校实施灵活、有利于激发教师创新精神的学术评价制度密不可分。[③]而反观以美国为代表的西方发达国家的科研和高校管理制度,其情形却与当代中国的科研和高校管理制度有很大不同:(1)许多西方发达国家的高校并没有用工分制来管理、考核教师的科研工作。在科研上,许多西方发达国家的高校都实行代表作制度,讲究科研成果的质量,而不是单纯追求论著的数量。某些院系即便定下一些考核指标,但指标体系颇模糊,且强制力也不太大,因为它往往与教师的住房、收入、职称评定等事情没有直接关联。例如,美国高校也会对教师进行年度考核。在学年初,教师与系主任或院长订立年度目标,双方协商教学、科研和社会服务方面的工作量,根据年度目标进行考核,但数量化的工作量要求一

① 雷宇,邹春霞."底薪"太少逼得教授变"销售"[N].中国青年报,2011－11－05(3).(说明:为了保证数据新,根据 2013 年 7 月 20 日中国大陆高校老师的薪酬现状与人民币兑换港币的汇率,这里在引用时对相关数据作了一些调整,采纳的是截止至 2013 年 7 月 20 日的数据。)
② 付勤.诺奖得主的停车位[J].读者,2013,(1):41.
③ 陈洪捷,沈文钦.学术评价:超越量化模式[N].光明日报,2012－12－18(15).

般限于教学领域,在教师的科研工作领域,院校和院系一般不会硬性规定论文发表的数量、期刊的级别以及科研项目的经费额度和数量。当然,对于那些科研成果特别突出的教师,在财政状况允许的情况下,会以加薪的方式给予奖励。美国教师获得终身教职之后,就享有很高的科研自由,教师可以自由地决定研究的内容,也能决定在某一个年度是否发表论文及发表多少论文,年度考核对这个群体的教师很少发挥作用。①又如,2012 年 9 月 26 日笔者曾到伦敦大学教育学院(Institute of Education,University of London)访学,据赖斯(Michael J. Reiss)教授介绍,伦敦大学教育学院有一套措施保证新进教师的德与才都是合乎学院要求的。某人一旦成为学院的新成员,学院领导会根据此人的能力与性格等安排适当的工作,一般不会安排超出其能力的工作。在正常情况下,每年教职工要向顶头上司汇报自己本年度的工作情况,顶头上司与汇报者共同找出其中做得好的地方、需要完善的地方。这种评价与将来的晋升和加工资无关。对教师的评价以鼓励为主,极少给予惩罚性措施(一般 3～4 年也不会遇到一次惩罚教师的事情)。对全职教师的科研评价是每六年进行一次,在六年一个周期结束后,教师只需提供 4 篇已发表或出版的代表作(论文或著作都可,重质量,不重数量)供学院送校内外同行专家评审即可。(2)在职称晋升环节,许多西方发达国家的高校的教师晋升条件中只强调研究的质量,注重同行评议,却没有硬性规定论文发表的数量和期刊级别,也没有硬性规定主持课题或基金的数量和级别,更没有硬性规定必须获得奖励。②同时,许多西方发达国家的高校在教师职称评定中很注意尊重学科之间的差异。例如,一些高校认识到,人文学科的产出形式以著作为主,且研究周期长,因此考评主要以著作为主;对于社会工作、公共政策等实践性较强的学科,并不一味强调其学术贡献,而是注重考察其政策影响和对实践领域的贡献。另外,像哈佛大学、波士顿大学在评估教师的研究时,既包括已经发表的作品,也包括未发表的作品,或即将发表的作品。③(3)虽然不同学术期刊或出版社在人们心目中的学术地位也有差异,因此也有一些同行公认的权威学术期刊和出版社,但那往往是由于此学术期刊和出版社多年积累的良好学术声誉形成的,绝不是简单按期刊或出版社主办单位的行政级别或某一单位的"排名"工作确定的。(4)学术课题既重视开始的选题申报工作,更重视课题的结题评审工作,做到"善始善终"。(5)在西方,论文署名时作者名字一般按照首字母顺序排列。这表明他们既看重论文或论著的第一署名或"通讯作者",也看重第

①②③　陈洪捷,沈文钦.学术评价:超越量化模式[N].光明日报,2012-12-18(15).

二、三署名,并鼓励在学术研究的"团队协作精神",不太提倡"单打独干"。(6) 学位论文评审和学术论文或论著之类的评奖工作一般有一个公正、透明的评审制度。(7) 既重视"短、平、快"式的研究项目,也鼓励科研人员做长期、深入的基础性研究工作。(8) 主张科研人员与领导人员相对分开的原则,想方设法(如提供良好的科研条件、丰厚的收入和良好的社会地位等)鼓励许多有才气、有志于科研的人员"一辈子死心塌地"地在科研领域耕耘,甚至一家几代人都在科研领域耕耘。结果,自然就有了良好的学术积累,然后"厚积而薄发","不鸣则已,一鸣惊人"! (9) 基本不存在"强者通吃"现象,而是做到尽量公平公正地待人处世,让人懂得"凡事有得必有失"的道理。于是,在以美国为代表的西方发达国家,绝大多数优秀的中青年人才多是将眼光和志向放在经济和科研领域,等自己事业有成、想为国家和百姓服务时再去政府部门工作。另外,以美国为代表的西方发达国家,广大教师和科研人员只要有一份正当的工作,都能获得一份丰厚的收入,以保证自己和自己家人过上体面的生活。并且,由于管理制度颇健全,除了"中大彩"或得到一笔巨额遗产等小概率事情能使极少数人突然致富之外,绝大多数美国人都需要依靠自己的勤劳或聪明才智才能致富,几乎不可能靠"炒房、炒蒜"等方式而发财。这就让人少了一份浮躁心理,使得广大科研人员和高校教师能够静下心思做学问、静下心思从事教学活动。结果,当今世界上排名前100 名的高校主要分布在美国、英国、德国等西方发达国家,诺贝尔物理学奖、诺贝尔化学奖、诺贝尔生理学或医学奖以及诺贝尔经济学奖四大奖项的得主也主要是来自西方发达国家的科学家和经济学家。

由此可见,若想提高当代中国科研人员的创造力,另一个关键措施便是全社会尤其是教育部、高校和省市教育领导机构要通过进一步的改革开放,尽快建立起完善、科学的人才管理制度和科研管理制度。其要点至少有四:(1) 想方设法消除当下在一些大学与科研机构越来越流行的"官僚化"、"功利化"、"数量化"、"浮躁化"、"过度理科化"、"低薪化"、"唯名化"①等现象,给广大科研人员提供良好的科研环境,让广大科研人员活得有尊严,这样广大科研工作者才能够安心、舒心地长期从事科研工作。例如,为了尽量避免"强者通吃"和"官大学问大"现象的产生,宜像《长江学者和创新团队发展计划》那样,明确规定特聘教授在聘期内一般不得担任高等学校实质性领导职务,包括校级领导及学校有关职能部门

---

① "唯名化"指当前中国学术界一些领域存在的重名不重实的现象。上文所讲的以刊定级、以社定级、以官职定级、以奖定级与以课题定级等都属它的表征。

负责人,否则教育部将停发其特聘教授奖金。在评审各类科研项目、各类科研奖项、院士和高级学术职称评定时,要严格控制各类行政官员的比例,除了允许极少数能同时做好行政与科研的"超人"之外,应明文规定各级行政官员不可以兼任省部级和国家级重点及以上级别科研项目的首席科学家。毕竟,正如别敦荣教授所说:"我们的官员不是孙悟空、不是阿童木,他们都是凡夫俗子,精力有限,做了行政工作,再去做科研,特别是还要承担国家重大课题,这是对国家不负责任的表现,也是对自己不负责任的表现。"①(2) 加快学术诚信体系的建设。关于这点一点就通,而且前文也有一些论述,为免重复,这里不多讲。(3) 建立科学的学术评价标准与实施程序。为了彻底杜绝在学术评价时出现以刊定级、以社定级、以课题定级、以奖定级、以职务高低定级以及重名不重实和重数量不重质量等不良现象的发生,要建立科学的学术评价标准与实施程序。那么,何为科学的学术评价标准? 若从中外学术发展和演化史的角度看,评判学术高低的标准其实只能是看一个人是否提出以及提出多少有创见且从长远眼光看对全人类健康、可持续发展是有贡献的观点、方法、范式或思想,其他任何外在标准、外在浮华都是过眼云烟,经不起历史和实践的双重考验。所以,在学术标准方面,要尽早建立起"只看内容不重形式"、"只重质量不重数量"的学术评价标准体系,其要点是: 学者本人是否提出言之成理、持之有据的新概念、新观点、新思想、新的理论体系、新的研究方法、新的研究范式,新的管理流程? 或者,是否创造出新的作品,新的材料,新的工艺? 或者,是否发现新的规律(包括定理与规则等),新的事物? 等等。同时,学者本人提出或发现的新东西的学术价值有多大? 从长远眼光看,它对全人类健康、可持续发展是否有贡献,以及贡献大小是多少? 若学者本人提出、发现或发明了新东西,并且其提出、发现或发明的新东西的社会价值或经济价值越大,那么其学术水平就越高;反之亦反。一旦制定出科学的学术评价标准,就要有相应的公平、公正、公开的实施程序予以配套,否则,仍易束之高阁,流于形式。孙笑侠教授认为,学术评价要解决好三个关键问题:谁有权评判,即评判主体问题;根据什么评判,即评判标准问题;如何展开评判,即评判程序问题。其中,学术评判主体应当尽可能是同行占多数,并坚持委员平等原则。学术评判程序应当设计得具有正当性。根据惯例,以下三个关键机制不可缺少:一是要有双向匿名评审的前提,这是学术评判中的实质性判断环节。二是委员会的评议与投票,这是委员会制的优点,它不听命于某种身份的个人,而是听命

---

① 雷宇,叶铁桥. 973 首席科学家七成头衔带"长"[N]. 中国青年报,2011 - 01 - 06(3).

于全体委员。当然,若要提高委员会评价的信度和效度,一个重要前提是委员会的成员要由同行中的德艺双馨之人组成。三是评审程序中的信息交流。应当把有关的信息在会议上公布,允许正面的肯定性介绍,也允许提出异议,允许辩论,甚至允许被评审人参与到程序中来,发表意见。这是自然公正原则中"听取不利方的意见"的要求。学术评判标准应当是"形式性为辅,实质性为主"。形式性标准是指现在高校中通行的诸如论著数量和级别、课题数量和级别、经费数量、获奖级别,等等。实质性学术标准主要有三种,相应地,实质性评判也有三种形式:一是主观性实质评判,它是不依赖任何有形材料,只凭工作或学习过程中的熟悉程度,凭判断者的学术权威与学术信用,对一个教师的学术水平进行评判。梁启超和吴宓推荐当时没有成果没有学位的年轻人陈寅恪当清华教授,就是一例。二是权威性实质评判,它是由最权威的评判主体审阅论著,作出评判。三是客观性实质评判,它是对申请者进行全面考察,涉及一系列问题,均进行实质性考察分析和评判。如,若对一位高校文科教师进行学术评判(注意这不是全部评判),下列问题都必须考虑:他论著水平如何、研究水平如何、教育背景如何、学术影响如何、他的学养如何、他的学术口碑如何、他的学术旨趣如何、(年轻人)学术潜力如何,(年长者)学术生命力如何,等等。客观性实质评审要满足两项条件:可证明其实质学术水平的相关的形式指标;由学术权威担任评委进行实质性审查。与主观性实质评判、权威性实质评判相比,客观性实质评判的优点是具有客观性公正,其劣势是评判成本相对较高。如果没有实质性分析,则流于形式和量化,它就不是实质性判断。[1] 又如,为了杜绝主办方选择评委时的偏好性以及评审过程不透明现象的发生,必须同时至少采取四种保障措施:一是平时要通过科学评审将德才兼备的人才选进专家数据库,并要建立大样本的专家数据库;同时,在评审前,要通过公平、公正、公开的方式从专家库中抽取专家作为评委。如,可以像体彩抽奖那样,在有两位公证员出席的前提下,通过电视直播的方式,运用电脑随机从专家库中抽取专家作为评委。通过这两招,可较好杜绝"任人唯亲"现象。二是给予评委充分的评审权。三是最终公布所有评审通过者此次申报时提供的详细材料,并将评审条件全部公布,以接受广大群众的监督。若发现有弄虚作假者,及时对所有涉事责任人作出公平、公正、公开的处理。四是科学实施终身评委制。对于那些有证据表明是德才兼备型的评委,要将之聘为终身

---

[1] 孙笑侠.关于实质性学术评价——以社会科学为讨论范围[M]//刘正来主编.中国社会科学论丛(总第37期).上海:复旦大学出版社,2011.

评委,以后凡是本专业的类似评审都继续聘用他们进行评审,直至若有证据表明其评审缺乏公正性时才将其开除出评审专家队伍,并公布处理结果。通过保证评委的相对稳定性,可较好杜绝主办方以随机抽样为借口将自己不喜欢的评委剔除掉的做法。等等。(4)让人们对科研、对学术充满敬畏心或敬畏感。学术的尊严来自真理的崇高,对学术的敬畏实是对真理的敬畏。可惜,现在一些人将学术视为儿戏或谋求好出路的手段,心中对学术没有丝毫敬畏感,正由于此,"搞"、"弄"二字才在当代中国大陆学术界盛行,才有了"今天我搞(或弄)篇论文"、"搞学问"、"搞(或弄)课题"、"搞(或弄)了一个教授"之类的说法以及"抄袭"、"请人代写论文"之类的做法。若一个人不真心敬畏学术,而是在"玩学术"、"搞学术",自然易滋生各类学术腐败或学术不端行为。一个人若能对学术心生敬畏,必会以做一个学人而感到由衷的自豪,自然不会做出"身在曹营心在汉"的事,也不会为了一个"副处"或"正处"的"顶戴花翎"而孜孜以求,并甘愿放弃学术追求;同时,必会真心尊重学术,在从事科研时必会认真钻研学术,而不会做出诸如"为评职称而花钱买论文或通过关系发论文"、"为申报到课题而四处拉关系"、"为获奖而四处走后门"、"为评博导或院士而东拼西凑一些有名无实的论文"之类的事情。

二、培育兼具创新动机与创新素质的个体

有学者指出,大学要培养杰出人才,须具备六大基本条件:(1)学生的基础好,身心健康;(2)遵循教育规律办大学;(3)有一流导师的指导;(4)有强烈的"社会需求",有高期望、高抱负;(5)有自由独立思考的时间、空间;(6)有长期超越寻常的个人努力。[①] 此观点有一定道理。因此,从个体角度看,一个人若想拥有良好的物慧,既要有强烈的创新动机,也要具备高创造力必备的心理素质,二者缺一不可。

(一) 培育个体的创新动机

心理学界对动机(motivation)的内涵有不同看法。中国心理学界一般倾向于将动机作如下定义:是引起、激发和维持个体进行活动,并导致该活动朝向某一目标的心理倾向或动力。[②] 依此进行演绎推理,可以将创新动机作如下界定:是引起、激发和维持个体进行创新活动,并导致该创新活动朝向某一创新目标的

① 查有梁.“钱学森之问”与“李约瑟问题”都是真命题[N].中国社会科学报,2011-09-22.
② 汪凤炎,燕良轼.教育心理学新编(第三版)[M].广州:暨南大学出版社,2011:466.

心理倾向或动力。如何培育个体的创新动机呢？除了前文所讲的"适度满足个体的缺失性需要，以便激发个体的自我实现需要"、"切记'堵塞不如引导，打击不如鼓励'的道理"和"激发个体的好奇心、想象力与怀疑精神以培养其问题意识"之外，有效做法还有如下几个。

1. 以正面教导替代反面警告

掌握一定的社会行为规范是学会做人的关键之一。以怎样的方式去教会人掌握一定的社会行为规范大有学问。综观古今中外的教育方式，概括起来大致有两种：（1）以反面警告的形式教，即明确告诉人们什么不能做，一旦一个人知道什么不能做，并按这些规则去约束自己言行，那么他一定就会成为一名合格的社会成员。中国传统的教育方式多是这种模式。这样，直至现在为止，中国的儿童往往是伴随着"不"的声音长大的，使得本来具有强烈创造意识的中国儿童随着"作茧自缚"过程的不断延续，其好奇心、想象力和怀疑精神也就慢慢地减弱甚至最后消失得无影无踪，自然而然地，其创造意识与创造力也就慢慢地减弱甚至最后消失得无影无踪（详见第五章）。下面一组数据也从一个侧面证实这一结果。据中国发展研究基金会汤敏介绍，2009 年，教育进展国际评估组织对全球21 个国家进行的调查显示，中国孩子的计算能力排名世界第一，想象力却排名倒数第一，创造力排名倒数第五。在中小学学生中，认为自己有好奇心和想象力的只占 4.7%，而希望培养想象力和创造力的只占 14.9%。[①]（2）以正面教导的方式教，即明确告诉人们什么该做，一旦一个人知道什么该做，然后按照这些该做的规则去引导自己言行，他也一定会成为一名合格的社会成员。现代西方发达国家由于普遍信奉人本主义教育观，多采取这种教育方式去教育儿童。这样，现代西方发达国家的儿童往往是伴随着"你有权利这么做"的声音长大的，使得西方发达国家的儿童从小就习得"尊敬真理而藐视权威"、"自尊、自信、自立、自强"之类的为人处世的做人法则，于是，伴随着个体年龄的增长、阅历和学识的增多，西方人的创造力也就逐渐发展起来了。

因此，尽管以反面警告的形式教与以正面教导的方式教这两种教育方式在简易情境中是殊途同归的：在简易情境中，假若一个人知道什么不该做，一般也就意味着他已知道与此规则相反的事情就可以去做；同理，如果一个人知道什么该做，一般也就意味着他已知道与此规则相反的事情就不能去做。但是，这两种教育方式之间至少也有两个显著区别：（1）如第五章所论，在复杂情境中，一个

① 邹丽云等摘. 言论[J]. 读者,2011,(5): 15.

人即使知道什么不该做,从中也很难推导出什么该做。所以,要想让个体尤其是年少的个体高效知晓在某种情境里应有的正确行为方式,最佳做法是直接告诉他该如何正确地去做。(2)大量事实表明,这两种教育方式培养出来的人的心理习惯与行为方式不太一样:在"不"的声音中长大的个体容易养成尊重权威、自我克制、长于记忆等心理习惯与行为方式,从整体上看缺乏创新精神。在正面教育的方式下培养出来的个体容易养成自我作主、自我负责、长于创新的心理习惯与行为方式。这样,当代中国教育要培养个体的创新动机,宜以正面教导替代反面警告。

2. 根据个体的具体情况灵活使用适当的强化方式

根据教育心理学的研究可知,强化的类型多种多样,依不同标准可以分为不同类型。

其一,正强化与负强化。正强化物是指当个体反应后在情境中出现的任何刺激,其出现有助于该反应频率增加。由正强化物形成的强化作用叫正强化(positive reinforcement)。与此不同,负强化物是指当个体反应后在情境中已有刺激的消失(如停止电击),而其消失有助于该反应频率增加。由负强化物形成的强化作用叫负强化(negative reinforcement)。[①]

其二,一级强化与二级强化。一级强化物(primary reinforcer)是指一般只直接满足人与动物的基本生理需要的刺激物。它包括所有在没有任何学习发生情况下也起强化作用的刺激物,像食物、水、温暖、安全和性等。由于一级强化物的出现而对反应所起的强化作用称为一级强化(primary reinforcement)。在通常情况下,除去"基本需要已得到充分满足的人(像比尔·盖茨之类的人)"与"基本需要虽未得到很好满足但自我心性修养已达极高境界的人(像颜回与庄子之类的人)"等两类人群之外,对于其他人,若想对其建立某种条件反射,或者若想提高其行为的积极性,只要恰当选择好一级强化物,那么一级强化对其都非常有效。与此不同,二级强化物是指经学习而间接使有机体满足的刺激物。如果一个中性刺激物和一级强化物反复结合,它自身就能获得强化的功能,此时,此种中性刺激物就变成二级强化物(secondary reinforcer)。可见,二级强化物之所以具有强化作用,是个体通过先前的学习了解其价值之后才产生的。像金钱对婴儿而言并不是强化物,不过,假若小孩一旦知道钱能买零食或玩具时,它就能对儿童的行为产生强化效果,此时,钱就成了二级强化物。由于二级强化物的出现

---

① 张春兴. 教育心理学[M]. 杭州:浙江教育出版社,1998:185-186.

而对反应所起的强化作用称为二级强化(secondary reinforcement)。斯金纳认为,对于人类来说,二级强化物包括对大量行为起强化作用的许多刺激,诸如特权、社会地位、权力、财富和名声等,这些大多是由社会文化决定的,它们构成了决定人类行为的极有力的二级强化物。[①] 如果将这些二级强化物作一分类,大致可以分为三种类型:一是社会强化物,如权力、表扬、微笑、关注、尊重等。二是活动强化物,如玩玩具、做游戏或从事有趣的活动等。三是符号(或代币)强化物,如小红花、分数、钱财等。[②] 在通常情况下,除去年幼者、重度弱智者和超然物外者之外,只要恰当选择好二级强化物,那么二级强化对绝大多人群都能起到强化作用。

其三,间接强化与直接强化。间接强化,也叫替代强化,是指观察者通过看到他人受强化而间接地受到相应的强化,不是他自己直接受到强化。与此不同,直接强化,是指一个人自己因某种行为而直接受到强化。

其四,自我强化与他人强化。自我强化,是指自己给予自己的强化,这种强化不是由他人给予的。与此不同,他人强化,是指由他人给予的强化。

一般而言,当个体年龄越小,对学习或科研的认识越浅,学习的主动性与积极性不强时,一般要适当采取正强化、负强化、一级强化、二级强化、间接强化、直接强化等强化方式;当个体已有较强的学习主动性与积极性时,一般要适当多用二级强化、间接强化和自我强化;当个体已有极强的学习与科研主动性时,此时一般只有自我强化才能起作用了。换言之,用马斯洛的需要层次理论讲,此时只有成长需要才能激发其产生强烈、持久而高效的创造动机了。在这方面的著名个案之一是俄罗斯数学家格里戈里·佩雷尔曼。佩雷尔曼是2006年全球数学最高奖——菲尔茨奖——得主之一,他自从在因特网上发表了三篇关于庞加莱猜想的重要论文之后便销声匿迹,并在获得2006年度菲尔茨奖后表示拒绝组委会的邀请,拒绝在会上发言,拒绝领奖。佩雷尔曼不计名利、拒绝诱惑,只是埋头从事数学研究;他深居简出,不向杂志投稿,回避记者的聚光灯。佩雷尔曼的朋友说:"佩雷尔曼对物质享受毫无兴趣,他需要的是数学,而不是奖赏、金钱和职位。"是一个不被名利征服的人。[③]

3. 帮助个体进行适当的归因训练

归因理论告诉人们,在寻找自己成败的原因时,人们通常将导致自己成败的

① 施良方.学习论——学习心理学的理论与方法[M].北京:人民教育出版社,1994:124.
② 黄希庭.心理学导论(第二版)[M].北京:人民教育出版社,2007:318-319.
③ 王晓河.淡的意味[J].读者,2007,(10):33.

因素分为能力高低、努力程度、任务难易、运气好坏、身心状态、外界环境六个因素，这六个因素可归为三个维度，即内部归因和外部归因、稳定性归因和非稳定性归因、可控制归因和不可控归因。不同的归因方式会产生不同的动机效果，进而影响到主体今后的行为。如一个人将自己的成功归因于努力，以后一般就会进一步努力；若将失败归因于自己能力低下，以后一般就不会去尝试。既然如此，教育也就可以通过改变主体的归因方式来改变主体今后的行为，这对于教育工作是有实际意义的。所以，激发个体的创造动机需要正确引导个体对自己的成败进行归因，并适当对个体进行归因训练，同时要尽量避免让个体将失败归因于内部的、不可控的因素（如能力）而产生习得性无助。[①]　具体而言，可从以下两个方面入手。

其一，适当进行归因训练，促使个体继续努力。教师既要引导学生找出成功或失败的真正原因，即进行正确归因，更要根据每个学生过去一贯的成绩的优劣差异，从有利于今后学习的角度进行积极归因，哪怕这时的归因并不真实。积极归因训练对于差生转变具有重要意义。差生往往把失败归因为能力不足，导致产生习得无助感，造成学习积极性降低。因此，有必要通过一定的归因训练，使他们学会将失败的原因归结为努力，从失望的状况中解脱出来。在对差生进行归因训练时往往是使学生多次体验学习的成败，同时引导学生将成败归因于努力与否。按韦纳归因模式，努力这一内部因素是可以控制的，是可以有意增加或减少的。只要相信努力会带来成功，那么人们就会在今后的学习过程中坚持不懈地努力，并极有可能导致最终的成功。

其二，让学生转向内控。根据归因理论，控制点的位置很重要，这对如何激发中国学生的学习动机很具启示意义。中国文化被描述为以情境为中心的文化，其中，个体的行为常常取决于特定情境中的人际关系与机缘。这样，在内控—外控维度上，许多中国人有外控倾向。中国人倾向于将问题的责任归因于外部因素，这实际上是一种防御机制；同时，中国人倾向于把成功和失败归因于人际间或人物间的关系，这体现了传统的缘的观念。缘的观念起源于佛教，它被用来对人际交往的结果加以解释，它暗示着命运、先决作用和外在的控制。研究发现，缘被一些中国人认为是一种稳定的外在因素，它使人们将人际交往中的成功归因于外界的控制，而这样归因又可以使得人们对已有结果不负责任，于是缘的观念就有维系和谐人际关系的作用，它通过使人们不丢脸面而保护了个体，也让人不失身份,并通过减少个体的自责和他人的责难而有助于个体理智地面对失败。研究者认为,缘的观念作为一种防御机制是有助于精神健康的,但过度依赖它就会阻碍个体主动的应付行为。① 在中国传统文化的习染下,中国一些学生普遍相信"谋事在人,成事在天"的道理;同时,一些学生缺乏自信,而是需要用外在标准来衡量自己的价值,如用大量证书来证明自己是有才华的……于是,一些学生习惯于外控,这不利于学生长久动机的保持。要采取适当的办法,让学生转向内控,这有利于帮助学生激发自己的创造动机。②

(二) 让个体熟悉并精通常用的高效创造技法

要想使个体生成物慧,有效途径之一是,必须通过教育和学习,让个体逐渐具备高创造力必备的心理素质。这些必备的心理素质中的许多内容——如良好的人格特质与良好的思维方式等——在前文已有论述,这里不赘述;要让个体熟悉并逐渐精通常用的管理软件,促进管理的标准化与科学化,这一点就通。下面只再补充一个方面的内容:既然物慧的首要特征是创造力,那么教会个体一些有效的创造技法,无疑是提高个体物慧的有效做法。常用的高效创造技法除了第五章所讲的缺点列举法之外,还有如下五种。

1. 扩加法与缩减法

扩加法是通过夸大对象的某种性质特征或在原有对象中加入某种成分或特征而产生创造的思考方法。它有两种方式:一是夸大或增加对象某些特征的尺寸和数量而产生的创造;二是在对象中加入不同成分而产生的创造。③ 例如,卖菜篮子的隆加伯格公司(Longaberger Company)在美国俄亥俄州(Ohio)纽瓦克(Newark)市,将其公司的总部大楼建设成为外表看起来像个篮子,从而有"篮子大楼"的美誉(如图 6-5 所示)。"这是非常典型的通过放大实物尺寸引起注意,"

图 6-5 "篮子大楼"

伊斯雷尔(Israel)说道,"它通过有趣的方式吸引消费者目光"。从外面看,这座大楼的窗户别有特色,因为它模拟了菜篮子的编织样式。④

① [英]迈克·彭等.中国人的心理[M].邹海燕等译.北京:新华出版社,1990:174-175.
② 汪凤炎,燕良轼.教育心理学新编(第三版)[M].广州:暨南大学出版社,2011:496-497.
③ 同上:382.
④ 佚名.篮子大楼[J].南京城市金融,2011,(1):70.

　　与扩加法相反,缩减法是通过缩小对象的性质、特征或减去它的某些部分或某些性质而产生创造的方法。它包括以下几种具体形式:(1)简化。将复杂过程简化成简单过程,或者将复杂事物设计并制造成易操作的简便事物,往往是实现创新的一种有效途径。例如,电脑的硬件与软件、电脑与数码相机的程序越来越智能化,这种"傻瓜化"的结果,推动了电脑与数码相机的普及,自然也为商家带来巨额利润。(2)缩小。将事物的原型按比例或要求缩小也是一种有效的创作方法。如,苹果厂家在不断优化苹果电脑功能的前提下,将苹果笔记本电脑越做越薄,从而受到消费者的青睐。(3)减低。通过减低事物的高度、重量或成本等达到创造新的目的。例如,在大力降低材料重量的同时,提高材料的抗压能力与韧性等方面的指标,用此新材料制造的飞机,在不断提高飞机安全性的同时,又能减轻飞机的自重,从而减轻飞机的飞行成本,提高飞机的效益。像波音公司与欧洲空客公司都采用此思路,生产出自己的大型商用飞机。(4)减短。它是通过将事物原型减短而产生的创造。美国奇异公司的工程人员减短光线的波长,使用特殊的玻璃,制造出太阳灯(杀菌灯),这种杀菌灯便是利用太阳最短光波,杀菌能量达95%。(5)节省。这是指因节约时间和省略材料而生产的创造。首先表现在节约时间方面。能有效地节约时间就等于延长生命,这本身就是一种创造。比如现代的快速冷冻技术、快速干燥处理法本身就为顾客节省了大量时间。第二表现在节省材料方面。有一位眼镜制造业者采用节省法将装有两个镜片的防尘眼镜节省为一片,发明出安全性更高的防尘眼镜。省略分全部省略和部分省略。全部省略的最好例子就是无内胎的轮胎。部分省略的实例就更多了,这里不多讲。(6)相除。指从事物的原型中除掉或除去无关部分或不喜欢的部分。例如,科学家将蓖麻油的味道除去,制造出无味的蓖麻油。(7)分割。将原有事物原型分成几个部分。例如,鸡肉商通常把一只鸡分成几部分,把鸡脚卖给喜欢吃鸡脚的人,鸡腿则卖给喜欢吃鸡腿的人,各取所需,皆大欢喜。①

　　上面是单独运用扩加法或缩减法,有时也可同时运用扩加法或缩减法,即在夸大事物的某种性质特征或在原有事物中加入某种成分或特征的同时,缩小此事物的另外一些性质特征或减去它的另一些部分或某些性质而产生创造的方法。如,当代彩电的一个发展趋势就是在重量越来越轻与体积越来越小的前提下,将屏幕面积越做越大,通过提供更加清晰的大画面来提高观看效果。大飞机

①　汪凤炎,燕良轼.教育心理学新编(第三版)[M].广州:暨南大学出版社,2011:382-383.

的发展方向之一也是,在保证制造飞机的材料的强度、切度等质量①指标的前提下,尽量减轻材料的质量,②而提高材料的扩展面积。

2. 联想法

联想,是指由一种经验想起另一种经验,或由想起一种经验又想起另一种经验。联想定律主要有:接近律(由一种经验而想到在空间上或时间上与之接近的另一种经验,如由秦想到汉);相似律(由一种经验想到在性质上与之相似的另一种经验,如由战斗英雄想到劳动模范);对比律(由一种经验想到在性质或特点上与之相反的另一种经验,如由苦想到甜);因果联想(由一种经验想到与之有内在关系的结果的另一种经验,如由火想到热)。运用联想规律进行有效地联想,同时,大力钻研仿生学(毕竟自然界是人类创新的一大源泉)的技术,有助于提高自己的创造性。具体做法有类比推理法、逆向思考法、移植思考法、焦点联想思考法、组合思考法几种。

类比推理法,也叫"类比法",是指根据两个或两类对象某些属性的相同,推出它们的其他属性也可能相同的推理。③ 类比推理是依照下述方式进行的:

A 对象具有属性 a、b、c、d

B 对象具有属性 a、b、c

所以,B 对象也具有属性 d

上式中,"A"和"B"可指两个类,也可以指两个个体,还可以其中一个指类,另一个指个体;换言之,类比推理可以在类与个体之间应用。④ 这样,个体适当结合联想律中的相似律,运用类比推理法,根据两个或两类事物之间的某些方面的相同或相似点而类推出它们在其他方面也可能相似或相同,从而获得创造成果。⑤ 如荷兰物理学家惠更斯(Christian Huygens,1629—1695)曾运用类比推理提出光波的概念。光和声这两类现象具有一系列的相同性质:直线传播,有反射、折射和干扰的现象;而声波有波动性质,他由此推出结论:"光可能有波动性质。"类比推理是一种或然性推理,其可靠程度取决:前提中确认的共同属性的多少以及共同属性和类推出来的属性的关系是否密切。⑥

---

① 此"质量"指产品或工作的优劣程度(夏征农,陈至立. 辞海(第六版缩印本)[M].上海:上海辞书出版社,2010;2456.)。
② 此"质量"指量度物体惯性大小和引力作用强弱的物理量(夏征农,陈至立. 辞海(第六版缩印本)[M].上海:上海辞书出版社,2010;2456.)。
③ 夏征农,陈至立. 辞海(第六版彩图本)[M].上海:上海辞书出版社,2009;1320.
④ 普通逻辑编写组. 普通逻辑[M].上海:上海人民出版社,1979;203.
⑤ 汪凤炎,燕良轼. 教育心理学新编(第三版)[M].广州:暨南大学出版社,2011;334.
⑥ 夏征农,陈至立. 辞海(第六版彩图本)[M].上海:上海辞书出版社,2009;1320.

逆向思考法,亦称"反向思考法",是指运用对比律和因果律进行逆向思考,从对立的、颠倒的、相反的角度去思考问题(如由"提纯"想到"搀杂";由果推因),从而获得创造成果的方法。逆向思维能迅速突破传统思维定势,获得认识上的重大突破。因为这种思维方法本身就是朝着传统思维相反的方向进行的,往往是对传统思维方式的挑战。当按传统思维方式不能解决问题时,答案很可能在相反的方向上。使用逆向思考法可沿两条途径进行:一是沿着已有事物相反的结构和形式去设想。具体可进行上下颠倒思考、前后颠倒思考、左右颠倒思考、大小颠倒思考。二是通过倒转现有事物的因果关系来引发新的发明。[①]

移植思考法,是运用接近律进行移植思考,将事物或事物的特征、原理和方法,从此处移向彼处而产生创造的一种思考方法。移植思考法的常用具体操作方式有二:同一领域的移植,它包括从一个物体的这一部分移向另一部分,从一个物体移向另一物体;不同领域的移植,它包括原理、方法、技术手段和功能的移植。个体若想高效运用移植思考法,至少必须做两件事情:一是要克服功能固着和心理定势;[②]二是要钻研仿生学,从自然界中的万物身上汲取创新的灵感。例如,能否从变色龙身上产生联想,研制能根据具体环境瞬间自动变色的材料?若真能研制出这种新材料,将之用到军工产品上,能提高像坦克之类武器的伪装水平;将之用在服装上,也能给服装带来新的卖点。能否从母海龟身上探索其全球定位系统的奥秘,从而提高人类的全球定位系统的精准水平?等等。

焦点联想思考法,是以某一事物、某一词汇或某一个问题为中心焦点,然后分析这一事物或问题的周围环境,以此为启发进行联想的一种思考方法。[③]

组合思考法,是指将事物的不同要素重新加以组合或排列而产生新事物的一种创造方法。常用的具体做法有成对组合、同物自组、重新组合、内插组合、用途组合、方便组合等。组合思考法的优点在于能利用有限信息进行无限创造。例如,古老的欧几里德几何学以及19世纪出现的非欧几何学与16世纪诞生的物理学,在300多年时间里看不出有什么联系。20世纪初,爱因斯坦发现几何学与物理学中的引力场关系甚大:引力场中的许多物理量都可以在黎曼几何中找到相应的几何量——引力场理论同黎曼几何,在爱因斯坦那里简直成了一对难分难舍的好友,二者并肩共手,托出精妙绝伦的广义相对论之花。文学上典型形象的塑造往往也是靠组合实现的。猪八戒、美人鱼等艺术形象都是由组合实

① 汪凤炎,燕良轼.教育心理学新编(第三版)[M].广州:暨南大学出版社,2011:382.
②③④ 汪凤炎,燕良轼.教育心理学新编(第三版)[M].广州:暨南大学出版社,2011:383.

现的,组合是诞生经典艺术形象的重要方式之 一。④生活里的一些物品也常常是由有意或不经意的组合后诞生的,例如,"蛋卷冰淇淋"就是经无意间的"方便组合"产生的。①

3. 核检表法

在科技发展史上,细小创新(渐变)是常态,巨大创新(突变)是异态。巨大创新往往需要同时具备"天时、地利、人和"的条件才能出现,故很少见。但数个或无数个细小创新终将汇成一个或多个大的创新,这便是荀子等人常说的"积土成山"的道理。以微软公司推出的"Windows"系列产品为例,从 Windows 95、Windows 97、Windows 98、Windows 2000、Windows XP、Windows Vista、Windows 7、Window 8,直到 2013 年 10 月 17 日推出的 Windows 8.1,其间遵循的恰好就是渐变原理。张光鉴提出的相似论讲的也是这个道理。② 有鉴于此,当个体在面对一个复杂问题而不知如何下手时,核检表法尤其适用。核检表法,是指将某事物的属性和特征全部列举出来,逐一核查此事物的属性可否改变及如何改变的方法,从而产生创造的方法。具体地讲,可以有局部改变法和分解思考法两种做法。

局部改变法,是指改变事物的局部结构或属性以适应不同问题情境的需要的思考方法。例如,变换原有事物的颜色、变换原有事物的体积、改变原有事物的形式、变换原有事物的材料、对原有事物增多或减少其中的某一属性、重新组合原有事物的已有的属性,等等,通过这种处理,往往容易创造出新的事物。

分解思考法,是指将整体化为局部或把大问题化为小问题的思考方法。运用分解思考法,可以将一个复杂的大问题分解成一个一个的小问题,然后逐一予以解决,此时就更易让研究者产生新的创造。③

4. 头脑风暴法

头脑风暴法(brainstorming)是奥斯本(Alex Faickney Osborn, 1888—1966)于 1939 年提出来的,其核心思想是:在集体解决问题的课堂上暂缓作出评价,以便于学生进行高度充分的联想,从而踊跃发言,提出多种多样的解决方案。为此,教学活动要遵守以下规则:一是追求数量,即鼓励各种想法,多多益善。因为想法越多,出现高明方法的概率便越大。二是禁止批评。因为没有批评,大家才会无拘无束地提出不同寻常的想法。三是追求独特。鼓励大家提出与众不

① 轶名. 偶然的成功[N]. 扬子晚报,2004 - 06 - 11(C12).
② 张光鉴. 相似论[J]. 世界科学,1985,(1):56. 张光鉴. 相似论[M]. 南京:江苏科学技术出版社,1992.
③ 汪凤炎,燕良轼. 教育心理学新编(第三版)[M]. 广州:暨南大学出版社,2011:382.

同、新颖、独特甚至怪诞的想法。四是推崇综合与改善。将多个想法综合在一起,常能产生一个更佳的想法。为了便于主持人启发大家思考,防止冷场,研究人员将启发性问题排列成表,在讨论中使用。研究表明,通过头脑风暴训练,学生在创造性测验中的创造性分数确实有所提高。[①]

5. 戈登技术

美国心理学家戈登(William J. J. Gordon,1919—2003)1961 年提出一种与头脑风暴法不同的培养创造能力的技术。运用头脑风暴法时,主持人在讨论问题之前会向与会者或学生提出完整和详细的主题。但在使用戈登技术时,只提出一个抽象的主题,先让大家围绕此主题自由联想,然后再引导大家追求最卓越的设想。例如,当要讨论停车的问题时,先只提出"如何存放东西"之类的问题,要求大学生思考存放东西的各种方法,答案如下:把东西放进袋子里、把东西堆成堆、把东西排成排、把它们装入罐头、把它们放入仓库、用传送带把它们送入贮藏室、把它们割断、把它们折起来、把它们放进口袋、把它们放进箱子里、把它们拆开和把它们放上架子。随后,主持人缩小问题范围,例如,提出"要存放的东西很大"。然后,进一步缩小问题的范围,提示"东西不能折起来,也不能切断"。如此等等。应指出的是,上述训练方法的指导思想是将创造性当作像游泳或射击一样的技能,可以通过直接训练获得和提高。不过,这种指导思想本身有一定的片面性,因为它把创造性看成某种独立的技能或能力,而不是把创造性看作以发散思维为中心的、发散思维与聚合思维相结合的一种智力活动。同时,它们只注意到认知活动的方式而忽视了认知活动内容的积极作用,忽视了已有认知结构的可利用性。[②]

(三) 提高个体的科研能力

实践出真知,在日常生活里持之以恒地坚持学术研究,自然是提高自己的科研能力的一种好做法。当然,为了提高科研的实效,可以分以下三个层级依次推进。

1. 全程模拟法:初级水平的实践

一个人的科研能力若处于初级水平,可以采用全程模拟法来初步提高自己的科研能力。具体做法是:先通过文献综述,挑选出一篇质量较高的学术论文,然后仔细阅读,以便使自己熟悉科研的一般套路。进而将先觉者的研究套路不

---

① 汪凤炎,燕良轼.教育心理学新编(第三版)[M].广州:暨南大学出版社,2011:383-384.
② 同上:384.

加批判地"照单全收",完全模拟先觉者的研究步骤完完整整地做一到几遍。完成初级水平的科研实践的指标主要有二：(1)个体能够做到基本了解某个学科的全部规范研究套路，包括基本了解该学科研究的一般过程、常用研究方法以及撰写该学科论文和论著的最新规范；(2)具备起码的专业知识，能够在他人的指导下初步进行一些中规中矩的模仿研究。以心理学研究为例，假若一个人基本了解心理学学科的全部规范研究套路，包括基本了解心理学学科研究的一般过程、常用研究方法以及撰写该学科论文和论著的最新规范；同时，能够在老师或有经验同行的指导下，运用所学心理学知识进行一些中规中矩的模仿研究，那么此人在心理学专业领域就已算是入门了；若能由此而独自写出中规中矩的心理学专业学术论文，尽管此论文基本上没有新观点、新材料，也没有运用新方法，不过，对照 2013 年中国大陆高校对心理学本科毕业生的要求，此时，此人基本上可算一个合格的心理学专业的本科毕业生了。若是在小学或中学，则可以通过开展"小小科学家"之类的探究式学习，让小学生或中学生逐渐对科学研究有一个初浅的印象，并激发他们对学术研究的初始兴趣，为其将来立志作一位科学家种下最初的"种子"。

2. 进行类创造：中级水平的实践

一个人的科研能力若处于中级水平，就可以进行一些类创造式的科学研究：挑选一个自己专业领域目前颇为热门的主题，中规中矩地进行研究，以便让自己在理解的基础上熟练掌握研究套路，并得出具类创造的研究成果。完成类创造式科研实践的指标主要有二：(1)在理解的基础上熟练掌握某个学科的全部规范研究套路；(2)具备较扎实的专业知识，能够生产出具类创造的研究成果。以心理学研究为例，假若一个人不但已熟练掌握心理学专业领域最新的全部规范研究套路，而且能够运用所学心理学知识非常熟练地做模仿式研究或验证式研究，并独自取得一些对自己过去的科研成果而言是新的、对心理学领域先觉者的研究成果而言并不算新颖的研究成果，那么此人在心理学专业领域就已达到类创造的水平，此时，此人至少可算一个专业基础扎实、具备一定独立科研能力的专业心理学人士了。

3. 进行真创造：高级水平的实践

一个人的科研能力若处于高级水平，此时研究者对自己专业的全部规范研究套路已能运用自如，并时有创新，此时就可以挑选一个有价值的研究主题进行探索式研究，争取获得具真创造的研究成果。完成真创造式科研的指标主要有二：(1)精通自己专业领域最新的全部规范研究套路，能够运用自如，并时有创新;(2) 具备丰富的专业知识,能够生产出具真创造的研究成果。以心理学研究为例,假若一个人不但精通心理学专业领域最新的全部规范研究套路,而且拥有丰富的心理学专业知识,能够独自寻找新课题、运用新的视角或新的研究方法等开展创造性研究,并取得在国际心理学界范围内都属崭新的心理学学术成果,那么此人在心理学专业领域就已达到真创造的水平,此时,此人就已成为一位真正的心理学家了。

主要参考文献^①

一、心理学类

Aldwin，C. M.（2009）. Gender and wisdom：A brief overview. *Research in Human Development*，*6*(1)：1－8.

Ardelt，M.（1997）. Wisdom and life satisfaction in old age. *Journal of Gerontology：Psychological Sciences*，*52B*(1)：15－27.

Ardelt，M.（2000）. Intellectual versus wisdom-related knowledge：The case for a different kind of learning in the later years of life. *Educational Gerontology*，*26*：771－789.

Ardelt，M.（2003）. Empirical assessment of a three-dimensional wisdom scale. *Research on Aging*，*25*(3)：275－324.

Ardelt，M.（2004）. Wisdom as expert knowledge system：A critical review of a contemporary operationalization of an ancient concept. *Human Development*，*47*：257－285.

Ardelt，M.（2008）. Being wise at any age. In S. J. Lopez（Ed.），*Positive psychology：Exploring the best in people. Volume 1：Discovering human strengths*（pp. 81－108）. Westport，CT：Praeger.

Ardelt，M.（2009）. How similar are wise men and women? A comparison across two age cohorts. *Research in Human Development*，*6*(1)：9－26.

Ardelt，M.（2010）. Are older adults wiser than collegestudents? A comparison of two age cohorts. *Journal of Adult Development*，*17*(4)：193－207.

Ardelt，M.（2011）. The measurement of wisdom：Acommentary on Taylor，Bates，and Webster's comparisonof the SAWS and 3D－WS. *Experimental Aging Research*，*37*(2)：241－255.

Ardelt，M. & Oh，H. H.（2010）. Wisdom：Definition，assessment，and its relation to successful cognitive andemotional aging. In D. Jeste & C. Depp（Eds.），*Successful cognitive and emotional aging*（pp. 87－113）. Washington，DC：American Psychiatric Publishing.

Baltes，Paul B. & Staudinger，Ursula M.（1993）. The search for a psychology of wisdom. *Current Directions in Psychological Science*，*2*：75－80.

Baltes，Paul B. & Staudinger，Ursula M.（2000）. Wisdom：A metaheuristic（pragmatic）to orchestrate mind and virtue toward excellence. *American Psychologist*，*55*(1)：122－136.

Baltes，Paul B. & Kunzmann，Ute（2004）. The two faces of wisdom：Wisdom as a general theory of knowledge and judgment about excellence in mind and virtue vs. wisdom as everyday

① 此参考文献的排序规则主要有三：（1）将参考文献分为心理学类、教育学类、中国古籍类和其他四类，属于心理学的参考文献归入心理学类，属于教育学的参考文献归入教育学类，属于中国古籍的参考文献归入中国古籍类（衡量标准为，论著的作者为中国人，且完稿时间在1911年之前），其余的参考文献归入其他。（2）中国古籍大体按古籍初版产生年代的早晚排列，但也稍稍考虑了流派，即尽可能将同一流派的著作放在一起。（3）中国古籍之外的其他论文或著作均按APA格式排列。

realization in people and products. *Human Development*，47：290-299.

Baltes，Paul B. & Smith，Jacqui(2008). The fascination of wisdom：Its nature，ontogeny，and function. *Perspectives on Psychological Science*，3(1)：56-64.

Benedikovicova，J. & Ardelt，M. (2008). The three dimensional wisdom scale in cross-cultural context：A comparison between Amercian and Slovak college students. *Studia Psychologica*，50 (2)：179-189.

Bergsma，A. & Ardelt，M. (2012). Self-reported wisdom and happiness：An empirical investigation. *Journal of Happiness Studies*，13(3)：481-499.

[美] E. G. 波林. 实验心理学史[M]. 高觉敷译. 北京：商务印书馆，1981.

Boulette，M. (2010). Two concepts of role morality in search of a normative language of legal ethics. *Acta Iuridica Olomucensis*，5(2)：9-36.

蔡连玉. 道德智慧：概念内涵及其与多元智能的关系[J]. 上海教育科研，2007，(6)：16-18.

Cattell，Raymond B. (1963). Theory of fluid and crystallized intelligence：A critical experiment. *Journal of Educational Psychology*，54(1)：1-22.

[英] 斯特拉·科特雷尔(Cottrell，S.). 批判性思维训练手册[M]. 李天竹译. 北京：北京大学出版社，2012.

陈浩彬. "智慧的德才兼备理论"的实证研究[D]. 南京：南京师范大学基础心理学专业博士毕业论文，2013.

陈浩彬，汪凤炎. 智慧：结构、类型、测量及与相关变量的关系[J]. 心理科学进展，2013，21(1)：108-117.

Clayton，V. P. & Birren，J. E. (1980). The development of wisdom across the lifespan：A reexamination of an Ancient topic. In P. B. Baltes & O. G. Brim，Jr. (Eds.)，*Life-span Development and Behavior* (vol. 3, pp. 103-135). New York：Academic Press.

杜建政，祝振兵. 公正世界信念：概念，测量，及研究热点[J]. 心理科学进展，2007，(2)：373-378.

Ennis，R. (1991). Critical thinking：A streamlined conception. *Teaching Philosophy*，14(1)：5-24.

Erikson，E. H. (1982). *The life cycle completed: A review*. New York：W. W. Norton.

Fu，G. Y.，Xu，F.，Cameron，C. A.，Heyman，G.，& Lee，K. (2007). Cross-cultural differences in children's choices，categorizations，and evaluations of truths and lies. *Developmental Psychology*，2：278-293.

Gardner，H. (1999). *Intelligence reframed: Multiple intelligences for the 21st century*. New York：Basic Books.

[美] Gardner，Howard. 再建多元智慧——21 世纪的发展前景与实际应用[M]. 李心莹译. 台北：远流出版事业股份有限公司，2000.

Glück，Judith & Baltes，Paul B. (2006). Using the concept of wisdom to enhance the expression of wisdom knowledge：Not the philosopher's dream but differential effects of developmental preparedness. *Psychology and Aging*，21(4)：679-690.

Goleman，D. (1995). *Emotional intelligence: Why it can matter more than IQ*. New York：Bantam Books.

Hershey，D. A. & Farrell，A. H. (1997). Perceptions of wisdom associated with selected occupations and personality characteristics. *Current Psychology: Developmental，Learning，Personality，Social*，16：115-130.

Holliday，S. G. & Chandler，M. J. (1986). Wisdom：Explorations in adult competence. *Contributions to Human Development*，17：1-96.

Horn，John L. (1965). Fluid and crystallized intelligence：A factor analytic study of the structure among primary mental abilities. Unpublished doctoral dissertation，University of Illinois.

Horn，John L. & Cattell，Raymond B. (1966). Refinement and test of the theory of fluid and crystallized general intelligences. *Journal of Educational Psychology*，57(5)：253-270.

Horn，John L. & Cattell，Raymond B. (1967). Age differences in fluid and crystallized intelligence. *Acta Psychologica*，26：107-129.

侯祎.大学生智慧的内隐理论研究[D].南京：南京师范大学基础心理学专业 2009 届博士学位论文。

侯祎.谁是大学生眼中的智者——大学生提名智慧者研究[J].中国青年研究,2011,(1)：82-86.

[美]黄一宁.实验心理学：原理、设计与数据处理[M].西安：陕西人民教育出版社,1998.

蒋京川,叶浩生.为智慧而教：美国教育的未来选择[J].宁波大学学报(教育科学版),2007,29(3)：21-24.

Kahn, Alan R. (2005). A way to wisdom：The next step. *ReVision*,28(1)：42-45.

Kitchener，K. S. & Brenner，H. G. (1990). Wisdom and reflective judgment：Knowing in the face of uncertainty. In R. J. Sternberg (Ed.)，*Wisdom: Its nature，origins，and development* (pp. 212-229). New York：Cambridge University Press.

Kohlberg,L. (1984). *The psychology of moral development*. Harper & Row, Publishers, San Francisco.

Kramer,D. (2000). Wisdom as a classical source of human strength：Conceptualization and empirical inquiry. *Journal of Social and Clinical Psychology*，19：83-101.

Labouvie-Vief，G. (1980). Beyond formal operations：Uses and limits of pure logic in life span development. *Human Development*，23：141-161.

Labouvie-Vief，G. (1990). Wisdom as integrated thought：Historical and developmental perspectives. In R. J. Sternberg (Ed.)，*Wisdom: Its nature，origins，and development* (pp. 52-83). New York：Cambridge University Press.

Lerner，M. J. (1975). The justice motive in social behavior：Introduction. *Journal of Social Issues*,31(3)：1-19.

Lerner，M. J. (1977). The justice motive：Some hypotheses as to its origins and forms. *Journal of Personality*，45：1-52.

Lerner，M. J. & Miller，D. T. (1978). Just world research and the attribution process：Looking back and ahead. *Psychological Bulletin*，85(5)：1030-1051.

[美]理查德·格里格,菲利普·津巴多.心理学与生活(第16版)[M].王垒等译.北京：人民邮电出版社,2003.

马伟娜,桑标,洪灵敏.心理弹性及其作用机制的研究述评[J].华东师范大学学报(教育科学版),2008,26(1)：89-96.

Maes，J. & Kals，E. (2002). Justice belief in school：Distinguishing ultimate and immanent justice. *Social Justice Research*，15(3)：227-244.

Mayer，J. D. ，Dipaolo，M. ，& Salovey，P. (1990). Perceiving affective content in ambiguous visual stimuli：A component of emotional intelligence. *Journal of Personality Assessment*，54 (3&4)：772-781.

Mayer，J. D. & Salovey，P. (1997). What is emotional intelligence? In P. Salovey & D. Sluyter (Eds.)，*Emotional development and emotional intelligence: Implications for educators* (pp. 3-31). New York：Basic Books.

Mayer，J. D. ，Salovey，P. ，Caruso，D. L. ，& Sitarenios，G. (2001). Emotional intelligence as a standard intelligence. *Emotion*，1：232-242.

McKee，P. & Barber，C. (1999). On defining wisdom. *The International Journal of Aging and Human Development*，49 (2)：149-164.

Mickler，Charlotte & Staudinger，Ursula M. (2008). Personal wisdom：Validation and age-related differences of a performance measure. *Psychology and Aging*，23(4) 787-799.

[美]摩尔(Moore,B. N.),帕克(Parker,R.).批判性思维：带你走出思维的误区[M].朱素梅

译. 北京：机械工业出版社, 2012.

Paris, S. G. (2001). Wisdom, snake oil and the educational marketplace. *Educational Psychologist*, 36 (4): 257 - 260.

Paulhus, D. L., Wehr, P., Harms, P. D., & Strasser, D. I. (2002). Use of exemplar surveys to reveal implicit types of intelligence. *Personality and Social Psychology Bulletin*, 28: 1051 - 1062.

Pérez, J. C., Petrides, K. V., & Furnham, A. (2005). Measuring trait emotional intelligence. In R. Schulze & R. D. Roberts (Eds.), *International handbook of emotional intelligence* (pp. 181 - 201). Cambridge, MA: Hogrefe & Huber.

彭聃龄. 普通心理学(修订版)[M], 北京：北京师范大学出版社, 2004.

皮亚杰. 皮亚杰发生认识论文选[M]. 左任侠, 李其维主编. 上海：华东师范大学出版社, 1991.

［瑞士］彼阿热(现一般译作"皮亚杰"). 智慧心理学[M]. 洪宝林译. 北京：中国社会科学出版社, 1992.

Rosch, E. (1975). Cognitive representations of semantic categories. *Journal of Experimental Psychology: General*, 104 (3): 192 - 233.

Schlenker, B. R., Britt, T. W., Pennington, J., Murphy, R., & Doherty, K. (1994). The triangle model of responsibility. *Psychological Review*, 101 (4): 632 - 652.

邵瑞珍. 教育心理学(修订本)[M]. 上海：上海教育出版社, 1997.

Staudinger, Ursula M., Maciel, Anna G., Smith, Jacqui, & Baltes, Paul B. (1998). What predicts wisdom-related performance? A first look at personality, intelligence, and facilitative experiential contexts. *European Journal of Personality*, 12: 1 - 17.

Sternberg, Robert J. (1985). Implicit theories of intelligence, creativity and wisdom. *Journal of Personality and Social Psychology*, 49 (5): 607 - 627.

Sternberg, Robert J. (1986). Intelligence, wisdom and creativity: Three is better than one. *Educational Psychologist*, 21 (3): 175 - 190.

Sternberg, Robert J. (1998). A balance theory of wisdom. *Review of General Psychology*, 2 (4): 347 - 365.

Sternberg, Robert J. (2001a). Why schools should teach for wisdom: The balance theory of wisdom in educational settings. *Educational Psychologist*, 36 (4): 227 - 245.

Sternberg, Robert J. (2001b). How wise is it to teach for wisdom? A reply to five critiques. *Educational Psychologist*, 36 (4): 269 - 272.

Sternberg, Robert J. (2004a). Words to the wise about wisdom? A commentary on Ardelt's critique of Baltes. *Human Development*, 47: 286 - 289.

Sternberg, Robert J. (2004b). Why smart people can be so foolish. *European Psychologist*, 9 (3): 145 - 150.

Sternberg, Robert J. (2004c). Four alternative futures for education in the United States: It's our choice. *School Psychology Review*, 33 (1): 67 - 77.

Sternberg, Robert J. (2004d). Culture and intelligence. *American Psychologist*, 59 (5): 325 - 338.

Sternberg, Robert J. & Jordan, J. (Ed., 2005). *A handbook of wisdom*. New York: Cambridge University Press.

［美］罗伯特·J. 斯滕博格. 智慧, 智力, 创造力[M]. 王利群译. 北京：北京理工大学出版社, 2007.

Takahashi, M. (2000). Toward a culturally inclusive understanding of wisdom: Historical roots in the East and West. *International Journal of Aging and Human Development*, 51 (3): 217 - 230.

Takahashi, M. & Bordia, P. (2000). The concept of wisdom: A cross-cultural comparison. *International Journal of Psychology*, 35 (1): 1 - 9.

Takahashi, M. & Overton, W. F. (2002). Wisdom: A culturally inclusive developmental perspective. *International Journal of Behavioral Development*, 26 (3): 269-277.

Thorndike, E. L. (1920). Intelligence and its use. *Harper's Magazine*, 140: 227-235.

田婴. 东方智慧与西方智慧的比较[J]. 百姓,2003,(5): 30-32.

汪凤炎. 中国传统德育心理学思想及其现代意义(修订版)[M]. 上海：上海教育出版社,2007.

汪凤炎. 中国心理学思想史[M]. 上海：上海教育出版社,2008.

汪凤炎. 中国心理学史新编[M]. 北京：人民教育出版社,2013.

汪凤炎等. 德化的生活——生活德育模式的理论探索与应用研究[M]. 北京：人民出版社,2005.

Wang Fengyan, Wang Lihao, & Zheng Hong (October 28, 2011). Two Empirical Studies Based on the Wisdom Theory of Integrating Intelligence with Morality, symposium address, Journal of Moral Education 40th Anniversary Conference(JME), The 37th Annual Conference of the Association for Moral Education (AME), and The 6th Annual Conference of Asia Pacific Network for Moral Education (APNME). Place: Nanjing International Conference Centre, Nanjing, China. Date: Oct. 24-28, 2011.

汪凤炎,燕良轼. 教育心理学新编(第三版)[M]. 广州：暨南大学出版社,2011.

Wang Fengyan & Zheng Hong (May 18, 2009). On the Connotation, Classification and Cultivating Methods of Wisdom. Keynote address, The Biennial Conference of the International Society for Theoretical Psychology in 2009, Nanjing Normal University, Nanjing, China, May 15-19, 2009.

汪凤炎,郑红. "知而获智"观：一种经典的中式智慧观[J]. 南京师大学报(社会科学版),2009, (4): 104-110.

汪凤炎,郑红. 五种西式经典智慧观的内涵及得失[J]. 自然辩证法通讯,2010,32(3): 93-97,107.

汪凤炎,郑红. 语义分析法：研究中国文化心理学的一种重要方法[J]. 南京师大学报(社会科学版),2010,(4): 113-118,143.

汪凤炎,郑红. 荣耻心的心理学研究[M]. 北京：人民出版社,2010.

汪凤炎,郑红. 良心新论——建构一种适合解释道德学习迁移现象的理论[M]. 济南：山东教育出版社,2011.

Wang Fengyan & Zheng Hong(2012). A new theory of wisdom: Integrating intelligence and morality. *Psychology Research*, 2(1): 64-75.

汪凤炎,郑红. 改变道德习俗：生活德育的最佳切入路径[J]. 南京社会科学,2012,(6): 113-119.

汪凤炎,郑红. "智慧的德才兼备理论"的新进展. 中国心理学会第十六届全国心理学学术大会,南京师范大学,11-2-3,2013[C]. 南京：中国,c2013.

汪凤炎,郑红. 论责任心的类型与层级[J]. 心理学探新,2013,33(6).

汪凤炎,郑红. 中国文化心理学(增订本)[M]. 广州：暨南大学出版社,2013.

汪凤炎,郑红,陈浩彬. 品德心理学[M]. 北京：开明出版社,2012.

王立浩,汪凤炎. 大学生"仁"观结构研究[J]. 西南大学学报(社会科学版),2010,36(3): 7-12.

王立浩,汪凤炎. 西方的元认知与儒家的自省：概念比较[J]. 现代教育管理,2010,(3): 106-109.

王立皓. 中德大学生智慧隐含理论的跨文化研究[D]. 南京：南京师范大学基础心理学专业博士学位论文,2011.

燕良轼,曾练平. 中国理论心理学的原创性反思[J]. 心理科学,2011,34(5): 1216-1221.

燕良轼,周路平,曾练平. 差序公正与差序关怀：论中国人道德取向中的集体偏见[J]. 心理科学,2013,36(5): 1168-1175.

杨国枢. 中国人的心理[M]. 台北：桂冠图书股份有限公司,1988.

杨国枢等. 中国人的心理与行为：文化,教化及病理篇(一九九二)[M]. 台北：桂冠图书股份有限公司,1994.

杨国枢,文崇一,吴聪贤,李亦园. 社会及行为科学研究法(上下册)[M]. 重庆：重庆大学出版社,2006.

Yang, S. Y. (2001). Conceptions of wisdom among Taiwanese Chinese. *Journal of Cross-Cultural Psychology*, 32：662-680.

杨世英. 台湾华人在日常生活中所展现的智慧. 第四届华人心理学家学术研讨会暨第六届华人心理与行为科技学术研讨会论文集,2002.

杨世英. 当创造与智慧相遇：台湾华人文化中创造力与智慧的关系[J]. 教育资料集刊,2005,(30)：47-74.

杨世英. 日常生活中智慧的形式与功能[J]. 中华心理学刊,2007,49(2)：47-66.

杨世英. 智慧的意涵与历程[J]. 本土心理学研究,2008,(29)：185-238.

Yang, S. Y. (2008). A process view of wisdom. *Journal of Adult Development*, 15：62-75.

Yang, S. Y. & Sternberg, Robert J. (1997). Conceptions of intelligence in Ancient Chinese philosophy. *Journal of Theoretical and Philosophical Psychology*, 17(5)：101-119.

杨世英,张钿富,杨振昇. 智慧与领导的关系：探究透过领导展现的智慧[J]. 教育政策论坛,2006,9(4)：119-150.

杨鑫辉. 心理学通史(第四卷)[M]. 济南：山东教育出版社,2000.

张春兴. 教育心理学[M]. 杭州：浙江教育出版社,1998.

张卫东. 智慧的多元一平衡一整合论[J]. 华东师范大学学报(教育科学版),2002,(4)：61-67.

张卫东. 社会发展过程中城市老年人心理适应的柏林智慧范式研究[M]. 心理科学,2006,(6)：1480-1483.

张卫东,董海涛. 都市人智慧隐含理论的初步调查[J]. 心理科学,2003,(3)：419-421.

张耀翔. 心理杂志选存(上下册)[M]. 上海：中华书局,1932.

赵微,田创. CHC 理论及其在学习困难儿童评估与教育干预中的应用[J]. 中国特殊教育,2008,(5)：47-52.

郑红,汪凤炎. 论智慧的本质,类型与培育方法[J]. 江西教育科研,2007,(5)：10-13.

朱智贤. 心理学大词典[M]. 北京：北京师范大学出版社,1989.

二、教育学类

曹树. 道德智慧生成的路径探究[J]. 中小学教师培训,2005,(10).

陈洪捷,沈文钦. 学术评价：超越量化模式[N]. 光明日报,2012-12-18(15).

方柏林. 知识不是力量[M]. 上海：华东师范大学出版社,2011.

靖国平. 论智慧的涵义及其特征[J]. 湖南师范大学教育科学学报,2004,3(2)：14-18.

李桂英. 论道德智慧[J]. 辽宁师范大学学报(社会科学版),2001,(2).

李艳梅,赵宏义. 呼唤道德智慧[J]. 中小学教师培训,2003,(12).

吕红华,邵龙宝. 中西文化中的智慧意涵：演变历程与价值意蕴[J]. 大连理工大学学报(社会科学版),2011,32(1)：100-114.

华中师范学院教育科学研究所. 陶行知全集(第三卷)[M]. 长沙：湖南教育出版社,1985.

龙兴海. 论道德智慧[J]. 湖南师范大学社会科学学报,1994,(4)：36-40.

钱广荣. 关于伦理道德与智慧[J]. 哲学动态,2003,(2).

瞿葆奎. 教育与人的发展[M]. 北京：人民教育出版社,1989.

田慧生. 时代呼唤教育智慧及智慧型教师[J]. 教育研究,2005,(2).

[英] 怀特海. 教育的目的[M]. 徐汝舟译. 北京：生活·读书·新知三联书店,2002.

吴安春. 回归道德智慧——转型期的道德教育与教师[M]. 北京：教育科学出版社,2004.

吴安春. 论道德智慧的四重形态[J]. 教育科学,2005,(2)：22-25.

燕良轼. 创新素质教育论[M]. 广州：广东教育出版社,2002.

张楚廷. 论道德智慧[J]. 当代教育论坛(上半月刊),2004,(11)：20-22.

张茂聪. 道德智慧：生命的激扬与飞跃[J]. 教育研究,2005,(11)：28-31.

赵馥洁. 中国古代智慧观的历史演变及其价值论意义[J]. 人文杂志,1995,(5)：25-30.

三、中国古籍类

周振甫. 周易译注[M]. 北京：中华书局,1991.

江灏,钱宗武. 今古文尚书全译[M]. 贵阳：贵州人民出版社,1992.

杨伯峻. 春秋左传注(修订本)[M]. 北京：中华书局,1990.

徐元诰. 国语集解[M]. 王树民,沈长云点校. 北京：中华书局,2002.

[汉] 郑玄注,[唐] 贾公彦疏. 周礼注疏[M]. 黄侃经文句读. 上海：上海古籍出版社,1990.

李学勤. 十三经注疏·周礼注疏(上下)[M]. 北京：北京大学出版社,1999.

李学勤. 十三经注疏·尔雅注疏[M]. 北京：北京大学出版社,1999.

汤化. 晏子春秋[M]. 北京：中华书局,2011.

陈鼓应. 老子注译及评介(修订增补本)[M]. 北京：中华书局,2009.

陈鼓应注译. 庄子今注今译(最新修订重排本;全三册)[M]. 北京：中华书局,2009.

杨伯峻. 论语译注[M]. 北京：中华书局,1980.

杨伯峻. 孟子译注(第2版)[M]. 北京：中华书局,2005.

James Legge (1991). *The works of Mencius*. Taipei：SMC Publishing Inc.

[清] 孙诒让撰. 墨子闲诂(全二册)[M]. 孙启治点校. 北京：中华书局,2001.

黎翔凤. 管子校注[M]. 梁运华整理. 北京：中华书局,2004.

[战国] 尸佼. 尸子译注.[清] 汪继培辑. 朱海雷撰. 上海：上海古籍出版社,2006.

[清] 王先谦. 荀子集解[M]. 沈啸寰,王星贤点校. 北京：中华书局,1988.

[清] 王先慎撰. 韩非子集解[M]. 钟哲点校. 北京：中华书局,1998.

胡平生. 孝经译注[M]. 北京：中华书局,1996.

[清] 朱彬撰. 礼记训纂(上下册)[M]. 饶钦农点校. 北京：中华书局,1996.

刘文典. 淮南鸿烈集解(全二册)[M]. 冯逸,乔华点校. 北京：中华书局,1989.

苏舆. 春秋繁露义证[M]. 北京：中华书局,1992.

[汉] 司马迁. 史记(全三册)[M].[宋] 裴骃集解.[唐] 司马贞索隐.[唐] 张守节正义. 北京：中华书局,2005.

汪荣宝. 法言义疏(全二册)[M]. 陈仲夫点校. 北京：中华书局,1987.

黄晖撰. 论衡校释(全四册)[M]. 北京：中华书局,1990.

[汉] 许慎撰,[清] 段玉裁注. 说文解字注[M]. 上海：上海古籍出版社,1981.

陈秋平,尚荣译注. 金刚经·心经·坛经[M]. 北京：中华书局,2007.

任继昉. 释名汇校[M]. 济南：齐鲁书社,2006.

[宋] 王安石. 王文公文集[M]. 唐武标校. 上海：上海人民出版社,1974.

朱熹. 四书章句集注[M]. 北京：中华书局,1983.

[明] 梅膺祚. 字汇·字汇补[M]. 上海：上海辞书出版社,1991.

康有为. 孟子微[M]. 楼宇烈整理. 北京：中华书局,1987.

四库全书[M]. 上海：上海古籍出版社,1987(其中,《春秋公羊传注疏》载第145册).

续修四库全书编纂委员会编. 续修四库全书[M]. 上海：上海古籍出版社,2002(其中,陈宏谋辑《五种遗规》在第951册).

四、其他

北京大学哲学系外国哲学史教研室编. 西方哲学原著选读上卷[M]. 北京：商务印书馆,1981.

[美] 丹尼尔·J. 布尔斯廷. 创造者——富于想象力的巨人们的历史[M]. 汤永宽等译. 上海：上海译文出版社,1997.

陈初生. 金文常用字典[M]. 西安：陕西人民出版社,2004.

窦文宇,窦勇. 汉字字源：当代新说文解字[M]. 长春：吉林文史出版社,2005.

爱因斯坦. 爱因斯坦文集(第三卷)[M]. 许良英等编译. 北京：商务印书馆,1979.

方立克. 中国哲学史上的知行观[M]. 北京：人民出版社,1982.

冯契. 冯契文集(第一卷),认识世界和认识自己[M]. 上海：华东师范大学出版社,1996.

广东、广西、湖北、河南辞源修订组,商务印书馆编辑部编. 辞源(修订本)[M]. 北京：商务印书馆,1983.

辜正坤.中西智慧观与中西文化走向——从《智慧书》论到中国文化[J].博览群书,2001,(2):12-15.

谷振诣,刘壮虎.批判性思维教程[M].北京:北京大学出版社,2006.

汉语大词典编纂处编纂(罗竹风主编).汉语大词典(第2版)[M].上海:汉语大词典出版社,2001.

汉语大字典编辑委员会编纂.汉语大字典(第二版 九卷本)[M].成都:四川出版集团·四川辞书出版社,武汉:湖北长江出版集团·崇文书局,2010.

哈耶克.自由宪章[M].杨玉生等译.北京:中国社会科学出版社,1999.

贺麟.文化与人生[M].北京:商务印书馆.1988.

[德]康德.道德形而上学原理[M].苗力田译.上海:上海人民出版社,1986.

李敖.李敖有话说③[M].北京:中国友谊出版社,2006.

[英]李约瑟.中国科学技术史(第一卷),总论(第一分册)[M].北京:科学出版社,上海:上海古籍出版社,2003.

[英]李约瑟.中国科学技术史(第四卷),物理学及相关技术(第一分册)物理学[M].中国科学技术史翻译小组译.北京:科学出版社,2003.

李宗吾.厚黑大全(第3版)[M].北京:今日中国出版社,1996.

梁漱溟.东西文化及其哲学(第2版)[M].北京:商务书馆,1999.

林贵长.“智者不惑”的道德意涵[J].伦理学研究,2008,(3):89-93.

[美]鲁思·本尼迪克特.菊与刀——日本文化的类型[M].吕万和,熊达云,王智新译.北京:商务印书馆,1990.

陆谷孙.英汉大词典(第2版)[M].上海:上海译文出版社,2007.

Merton, Robert K. (1957). The role-set: Problems in sociological theory. *British Journal of Sociology*, 8(2):106-120.

[美]罗伯特·K.默顿.社会理论和社会结构[M].唐少杰,齐心等译.南京:译林出版社,2006.

约翰·穆勒(现在一般将"John Stuart Mill"译作"约翰·斯图亚特·密尔").功用主义[M].唐钺译.上海:商务印书馆,1957.

Nash, R. F. (1989). *The rights of nature: A history of environmental ethics*. The University of Wisconsin Press.

Polanyi, Michael (1959). The *study of man*. London: Routledge & Kegan Paul Ltd.

迈克尔·波兰尼.个人知识——迈向后批判哲学[M].许泽民译.贵阳:贵州人民出版社,2000.

乔清举.论"仁"的生态意义[J].中国哲学史,2011,(3):21-30.

秦明吾.中日习俗文化比较[M].北京:中国建材工业出版社,2004.

[美]约翰·罗尔斯.正义论[M].何怀宏,何包钢,廖申白译.北京:中国社会科学出版社,1988.

Rawls, J. (2000). *A theory of justice (Revised edition)*. Cambridge (in Massachusetts): The Belknap Press of Harvard University Press.

[英]亚当·斯密(Adam Smith).道德情操论[M].蒋自强等译.北京:商务印书馆,1997.

[古希腊]亚里士多德.尼各马可伦理学[M].廖申白译注.北京:商务印书馆,2003.

[古希腊]亚里士多德.尼哥马科伦理学[M]//苗力田主编.亚里士多德全集(第八卷)[M].苗力田译.北京:中国人民大学出版社,1992.

[古希腊]亚里士多德.形而上学[M].吴寿彭译.北京:商务印书馆,1959.

弗兰克·梯利.伦理学概论[M].何意译.北京:中国人民大学出版社,1987.

万俊人.义利之间——现代经济伦理十一讲[M].北京:团结出版社,2003.

王光耀.简明金文词典[M].上海:上海辞书出版社,1998.

王海明.新伦理学(修订版,全三册)[M].北京:商务印书馆,2008.

王海明.道德哲学原理十五讲[M].北京:北京大学出版社,2008.

王海明.公正与人道——国家治理道德原则体系[M].北京:商务印书馆,2010.

吴忠民.关于公正,公平,平等的差异之辨析[J].中共中央党校学报,2003,(4):15-20.

夏征农,陈至立.辞海(第六版彩图本)[M].上海:上海辞书出版社,2009.

夏征农,陈至立.辞海(第六版缩印本)[M].上海:上海辞书出版社,2010.

谢光辉.常用汉字图解[M].北京:北京大学出版社,1997.

徐中舒.甲骨文字典(第2版)[M].成都:四川辞书出版社,2006.

姚新中,洪波.知识·智慧·超越——早期儒学与犹太教智慧观的伦理比较[J].伦理学研究,2002,(1):83-89.

约斋.字源[M].上海:上海书店影印出版,1986.

张传有.西方智慧的源流[M].武汉:武汉大学出版社,1999.

张光鉴.相似论[M].南京:江苏科学技术出版社,1992.

张弢.金文艺用字典[M].郑州:中州古籍出版社,2003.

朱海林.先秦儒家与古希腊智德观的四大差异[J].广西大学学报(哲学社会科学版),2006,28(6):52-55.

朱贻庭.伦理学大辞典[M].上海:上海辞书出版社,2002.

附　录

附录 1　问　　卷（初测）

您的性别：　　　　① 男　　　② 女　　　　您的年龄：_____岁
您的受教育程度：① 大一　　② 大二　　③ 大三　　④ 大四
您的专业属于：　① 文科（包括艺术与体育）
　　　　　　　　② 理工科（包括农科、林科与医科）
您的学号①：_____

　　说明： 下面有 11 道与"智慧"、"聪明"或"愚蠢"有关的问题，请您认真阅读它们，然后再按自己的真实想法作答。其中，第 1 题请根据该题作答要求作答；自第 2～11 题，请先在每题下面所附的四个选项中挑选一个相对而言最符合您真实想法的选项，然后在该选项前面的英文字母上打"√"；每个人对这些问题的看法都会不同，因此回答无所谓对与错，仅仅表明您对这些问题的看法。该问卷仅供科学研究之用，问卷采取无记名的方式②，结果绝对保密。谢谢您的认真作答！

　　1. 下面有一组随机排列的姓名（每五位一排），请您根据自己的判断完成下述两项任务：

　　● 归类：若认为其是"智慧者"，就请在其姓名前的"□"内打"√"；

　　　　　若认为其是"聪明者"，就请在其姓名前的"□"内打"△"；

---

① 由于计划在南京师范大学选取笔者所上博雅课程的一个班的同学用作计算重测信度的被试，为了便于两次问卷时对被试所答问卷进行一一对应的编码，在打印并复印计划用作计算重测信度的问卷时，增加了"您的学号"一栏。其他用于初测的问卷则没有"您的学号"一栏。
② 在发给计划用于计算重测信度的被试的初测问卷中，删掉了问卷采取无记名的方式字样，其他用于初测的问卷则保留了此信息。

若认为其是"愚蠢者",就请在其姓名前的"□"内打"×";

若因对其不了解等原因觉得无法归入前三类,就请在其姓名前的"□"内打"○"。

● 补充(若您觉得名单无需补充,也可不补充):若您觉得自己心目中还有属于"智慧者"、"聪明者"或"愚蠢者"的典型姓名未在这组姓名之中,您也可以将他们的姓名写在后面的横线上,并在其姓名前的"□"内打上"√"、"△"或"×"。

□ 周公	□ 老子	□ 马克思	□ 墨子	□ 苏格拉底
□ 柏拉图	□ 鲁班	□ 孟子	□ 阿凡提	□ 亚里士多德
□ 爱迪生	□ 孙子	□ 释迦牟尼	□ 曹操	□ 耶稣(上帝)
□ 圣雄甘地	□ 刘邦	□ 康德	□ 毛泽东	□ 所罗门(古以色列国王)
□ 贝多芬	□ 穆罕默德	□ 孔子	□ 恩格斯	□ 本杰明·富兰克林

□ 项羽	□ 爱因斯坦	□ 周恩来	□ 邓小平	□ 马丁·路德·金
□ 牛顿	□ 秦桧	□ 达尔文	□ 孙悟空	□ 福尔摩斯
□ 列宁	□ 斯大林	□ 韩信	□ 诸葛亮	□ 蒂姆·伯纳斯·李
□ 达·芬奇	□ 华盛顿	□ 袁世凯	□ 蒋介石	□ 伊丽莎白二世
□ 罗素	□ 希特勒	□ 庄子	□ 尼克松	□ 张伯伦(英国前首相)

□ 诺贝尔	□ 奥巴马	□ 钱学森	□ 林彪	□ 特蕾莎修女
□ 袁隆平	□ 余秋雨	□ 汉武帝	□ 易中天	□ 赫拉克利特
□ 姚明	□ 居里夫人	□ 霍金	□ 冯友兰	□ 比尔·盖茨
□ 一休	□ 罗马教皇	□ 岳飞	□ 邱吉尔	□ 曼德拉(南非前总统)
□ 克林顿	□ 季羡林	□ 杰克逊	□ 麦道夫	□ 芙蓉姐姐

□ 钱锺书	□ 夏桀	□ 李叔同	□ 刘翔	□ 富兰克林·罗斯福
□ 秦始皇	□ 拿破仑	□ 汪精卫	□ 李嘉诚	□ 李冰(秦国蜀郡太守)
□ 巴菲特	□ 金庸	□ 索罗斯	□ 戴高乐	□ 唐皇李世民
□ 孙中山	□ 笛卡尔	□ 柯南·道尔	□ 普京	□ 杜威(美国)
□ 泰戈尔	□ 武则天	□ 林肯	□ 朱镕基	□ 托马斯·杰斐逊

| □ 鲁迅 | □ 荀子 | □ 商纣王 | □ 莎士比亚 | □ 阿斗(刘禅) |
| □ 慈禧太后 | □ 严嵩 | □ 赵高(秦相) | □ 药家鑫 | □ 凤姐(罗玉凤) |

□ 乔丹　　□ 王阳明　　□ 温家宝　　□ 舜　　　　□ 赵括(赵将)

□ 姜尚　　□ 蔺相如　　□ 曹冲　　　□ 司马光　　□ 李斯(秦相)

□ 李春(赵州桥的主要修建者)

□ _____　□ _____　□ _____　□ _____　□ _____

□ _____　□ _____　□ _____　□ _____　□ _____

2. 以下关于"智慧"、"聪明"与"有能力"的四种说法中,您更赞成哪一种?

A. "智慧"与"聪明"或"有能力"可换用,因为三者含义几乎完全一致。

B. "智慧"不等同于"聪明"或"有能力",因为智慧是良好品德与聪明才智的合金;而"聪明"一般只意味着智商高,"有能力"一般只意味着办事能力强。

C. 有智慧的人一定聪明,聪明的人一定有智慧,故"智慧"与"聪明"可换用。

D. 有智慧的人一定有能力,有能力的人一定有智慧,故"智慧"与"有能力"可换用。

3. 以下关于"智慧"、"聪明"与"愚蠢"的四种说法中,您更赞成哪一种?

A. 说一个人"智慧",就意味着此人德才兼备;说一个人"聪明",就意味着此人智商高;说一个人"愚蠢",就意味着此人智力低下或有才无德。

B. 做蠢事的人既可以是智商低于 70 的弱智者,也可以是智商正常之人甚至是天才,因为有才无德的人也会干蠢事,所以人都会做蠢事。

C. 聪明与愚蠢是一对反义词,所以,聪明的人绝不会做蠢事,做蠢事的人绝不聪明。

D. 智慧与愚蠢是一对反义词,因此,智慧之人绝不会做蠢事,做蠢事的人绝无智慧。

4. 下面有关智慧差异的四种说法中,您更赞成哪一种?

A. 智慧既有类型差异也有水平差异。

B. 智慧虽有类型差异却无水平差异。

C. 智慧虽有水平差异却无类型差异。

D. 智慧既无类型差异也无水平差异。

5 下面有关智慧的四种说法中,您更赞成哪一种?

A. 有些人(像孔子)虽在自然科学领域没有造诣,但他们既有善心又在人文社会科学领域造诣高深,并努力为人类谋福祉,这类人的智慧属道德智慧型(德慧型)。

B. 有些人(像爱因斯坦)虽在人生哲学方面造诣不深,但他们既有善心又在自然科学领域获得卓越成就,并将其成就用于为人类谋福祉,这种人的智慧属自然智慧型(物慧型)。

C. 有些人(像墨子)既有善心又善做人,还善发明创造,并将其发明创造用于为人类谋福祉,这种人的智慧类型属德慧与物慧平衡发展型。

D. 以上三种说法都正确。

6. 下面有关孔子和孟子的四种说法中,您更赞成哪一种?

A. 二人虽同属德慧型的智慧者,但孔子的才华高于孟子,所以孔子的智慧高于孟子,于是后人才称孔子为圣人,称孟子为亚圣。

B. 二人虽同属德慧型的智慧者,不过,孟子的智慧高于孔子,因为孟子"青出于蓝而胜于蓝",只给予孟子"亚圣"的声誉是一种偏见。

C. 二人都属德慧型的智慧者,且智慧水平都一样,因为智慧本没有水平上的差异。

D. 二人都不能算作真正的智慧者,只能算是道德高尚的人,因为他们在自然科学领域都没有杰出成就。

7. 下面有关爱因斯坦和居里夫人的四种说法中,您更赞成哪一种?

A. 二人虽同属物慧型的智慧者,但爱因斯坦的成就高于居里夫人,所以爱因斯坦的智慧高于居里夫人。

B. 二人虽同属物慧型的智慧者,但居里夫人的智慧高于爱因斯坦,因为居里夫人作为一位女子能取得如此成就实属不易。

C. 二人同属物慧型的智慧者,且智慧水平都一样,因为智慧本没有水平上的差异。

D. 二人都只能算是科学家而非智慧者,因他们在人生哲学上都没有杰出成就。

8. 下面有关孔子与爱因斯坦的四种说法中,您更赞成哪一种?

A. 二人都德才兼备,因此都是智慧者;不过,二人的才华有差异,所以他们的智慧类型有差异:孔子属德慧型,爱因斯坦属物慧型。

B. 虽然二人有不同的才华,但他们的智慧类型是一样的,因为智慧只有一种。

C. 孔子是一个智慧者,爱因斯坦属天才人物,却不是一个智慧者。

D. 爱因斯坦既取得了巨大科技成就,又将其用来为人类谋福祉,所以是一个智慧者;孔子只是一个道德高尚的人,而非智慧者,因为他在自然科学领域没有重要成就。

9. 下面有关真智慧与类智慧的四种说法中,您更赞成哪一种?

A. 通过真创造取得一定成就且将其成就用于为人类谋福祉的人才算是真有智慧之人。

B. 通过类创造取得一定成就且将其成就用于为人类谋福祉的人不算真有智慧之人。

C. 真智慧与类智慧都是智慧,但在智慧水平上,真智慧高于类智慧。

D. 真智慧与类智慧都是智慧,并且,在智慧水平上,真智慧不一定高于类智慧。

10. 下面关于影响个体智慧生成与发展因素的四种说法中,您更赞成哪一种?

A. 影响个体智慧生成与发展的主要因素是个体的遗传素质。

B. 影响个体智慧生成与发展的主要因素是个体所处的家庭环境与学校教育。

C. 影响个体智慧生成与发展的主要因素是个体所处的社会环境。

D. 遗传、成熟、环境、教育和主体性(尤其是自我努力)共同影响个体智慧的生成与发展。

11. 下面"有助于人类和个体自身长久的幸福与可持续发展"的四种说法中,您更赞成哪一种?

A. 一旦拥有聪明与丰富的知识,就有能力做好许多事情,所以选择"聪明＋知识"更有助于人类和个体自身长久的幸福与可持续发展。

B. "仁者无敌",且好人终有好报,所以选择"善良"更有助于人类和个体自身长久的幸福与可持续发展。

C. 现实生活太复杂,只有运用厚黑学才能让人更好地生存,因此只有选择"厚黑学"才更有助于人类和个体自身长久的幸福与可持续发展。

D. "智慧"中包含足够的善良、聪明与知识,有智慧的人在必要时也懂得灵活运用各种手段去达成目的,故选择"智慧"更有助于人类和个体自身长久的幸福与可持续发展。

(问卷结束,非常感谢您的认真作答!)

附录2　问　　卷（正式）

您的性别:　　　① 男　　　　② 女　　　您的年龄:＿＿＿岁

您的受教育程度：① 大一　　　　② 大二　　　　③ 大三　　　　④ 大四

您的专业属于：　① 文科（包括艺术与体育）

　　　　　　　　② 理工科（包括农科、林科与医科）

说明： 下面有 11 道与"智慧"、"聪明"或"愚蠢"有关的问题，请您认真阅读它们，然后再按自己的真实想法作答。其中，第 1 题请根据该题作答要求作答；自第 2～11 题，请在每题所附四个选项中挑选一个相对而言最符合您真实想法的选项并在其序号（英文字母）上打"√"；每个人对这些问题的看法都会不同，因此回答无所谓对与错，仅仅表明您对这些问题的看法。该问卷仅供科学研究之用，问卷采取无记名的方式，结果绝对保密。谢谢您的认真作答！

1. 下面有一组随机排列的姓名（每五位一排），请您根据自己的判断完成下述归类任务：

● 若认为其是"智慧者"，就请在其姓名前的"□"内打"√"；

● 若认为其是"聪明者"，就请在其姓名前的"□"内打"△"；

● 若认为其是"愚蠢者"，就请在其姓名前的"□"内打"×"；

● 若觉得无法归入前三类，就请在其姓名前的"□"内打"○"。

□ 周公　　□ 老子　　□ 马克思　　□ 墨子　　□ 苏格拉底

□ 柏拉图　□ 鲁班　　□ 孟子　　　□ 阿凡提　□ 亚里士多德

□ 爱迪生　□ 韩信　　□ 释迦牟尼　□ 曹操　　□ 耶稣（上帝）

□ 圣雄甘地□ 刘邦　　□ 康德　　　□ 毛泽东　□ 所罗门（古以色列国王）

□ 贝多芬　□ 穆罕默德□ 孔子　　　□ 恩格斯　□ 本杰明·富兰克林

□ 项羽　　□ 爱因斯坦□ 周恩来　　□ 邓小平　□ 马丁·路德·金

□ 牛顿　　□ 秦桧　　□ 达尔文　　□ 孙悟空　□ 福尔摩斯

□ 列宁　　□ 斯大林　□ 庄子　　　□ 诸葛亮　□ 蒂姆·伯纳斯·李

□ 达·芬奇□ 华盛顿　□ 袁世凯　　□ 蒋介石　□ 伊丽莎白二世

□ 罗素　　□ 希特勒　□ 孙子（孙武）□ 尼克松　□ 张伯伦（英国前首相）

□ 诺贝尔　□ 奥巴马　□ 钱学森　　□ 林彪　　□ 特蕾莎修女

□ 袁隆平　□ 余秋雨　□ 汉武帝　　□ 易中天　□ 赫拉克利特

□ 姚明　　□ 居里夫人□ 霍金　　　□ 冯友兰　□ 比尔·盖茨

□ 一休　　□ 罗马教皇□ 岳飞　　　□ 邱吉尔　□ 曼德拉（南非前总统）

□ 克林顿　□ 季羡林　□ 杰克逊　　□ 麦道夫　□ 俞敏洪（新东方）

☐ 钱锺书　☐ 商纣王　☐ 乔丹(美国)　☐ 刘翔　☐ 富兰克林·罗斯福

☐ 秦始皇　☐ 拿破仑　☐ 汪精卫　☐ 李嘉诚　☐ 李冰(秦国蜀郡太守)

☐ 巴菲特　☐ 金庸　☐ 索罗斯　☐ 戴高乐　☐ 唐皇李世民

☐ 孙中山　☐ 笛卡尔　☐ 柯南·道尔　☐ 华罗庚　☐ 赵括(赵国将领)

☐ 泰戈尔　☐ 武则天　☐ 林肯(美国)　☐ 朱镕基　☐ 凤姐(罗玉凤)

☐ 鲁迅　☐ 荀子　☐ 李叔同　☐ 马云　☐ 阿斗(刘禅)

☐ 司马光　☐ 夏桀　☐ 杜威(美国)　☐ 李开复　☐ 李彦宏(百度)

☐ 普京　☐ 张衡　☐ 赵高(秦相)　☐ 曹冲　☐ 张瑞敏(海尔)

☐ 王莽　☐ 蔺相如　☐ 王阳明　☐ 舜　☐ 姜尚(姜太公)

☐ 康熙皇帝　☐ 莎士比亚　☐ 纪晓岚　☐ 芙蓉姐姐　☐ 李春(赵州桥的修建者)

☐ 严嵩　☐ 慈禧太后　☐ 李斯(秦相)　☐ 药家鑫　☐ 托马斯·杰斐逊

☐ 温家宝　☐ "农夫与蛇"寓言故事中的农夫

2. 以下关于"智慧"、"聪明"与"有能力"的四种说法中,您更赞成哪一种?

A. "智慧"与"聪明"或"有能力"可换用,因为三者含义几乎完全一致。

B. "智慧"不等同于"聪明"或"有能力",因为智慧是良好品德与聪明才智的合金;而"聪明"一般只意味着智商高,"有能力"一般只意味着办事能力强。

C. 有智慧的人一定聪明,聪明的人一定有智慧,故"智慧"与"聪明"可换用。

D. 有智慧的人一定有能力,有能力的人一定有智慧,故"智慧"与"有能力"可换用。

3. 以下关于"智慧"、"聪明"与"愚蠢"的四种说法中,您更赞成哪一种?

A. 说一个人"智慧",就意味着此人德才兼备;说一个人"聪明",就意味着此人智商高;说一个人"愚蠢",就意味着此人智力低下或有才无德。

B. 做蠢事的人既可以是智商低于70的弱智者,也可以是智商正常之人甚至是天才,因为有才无德的人也会干蠢事,所以人都会做蠢事。

C. "聪明"与"愚蠢"是一对反义词,所以,聪明的人绝不会做蠢事,做蠢事的人绝不聪明。

D. "智慧"与"愚蠢"是一对反义词,因此,智慧之人绝不会做蠢事,做蠢事的人绝无智慧。

4. 下面有关智慧差异的四种说法中,您更赞成哪一种?

A. 智慧既有类型差异也有水平差异。

B. 智慧虽有类型差异却无水平差异。

C. 智慧虽有水平差异却无类型差异。

D. 智慧既无类型差异也无水平差异。

5. 下面有关智慧的四种说法中,您更赞成哪一种?

A. 有些人(像孔子)虽在自然科学领域没有造诣,但他们既有善心又在道德学问上造诣高深,并努力为人类谋福祉,这类人的智慧属道德智慧型(德慧型)。

B. 有些人(像爱因斯坦)虽在人生哲学方面造诣不深,但他们既有善心又在自然科学领域获得卓越成就,并将其成就用于为人类谋福祉,这种人的智慧属自然智慧型(物慧型)。

C. 有些人(像墨子)既有善心又善做人,还善发明创造,并将其发明创造用于为人类谋福祉,这种人的智慧类型属德慧与物慧平衡发展型。

D. 以上三种说法都正确。

6. 下面有关孔子和孟子的四种说法中,您更赞成哪一种?

A. 二人虽同属德慧型的智慧者,但孔子的才华高于孟子,所以,孔子的智慧高于孟子,于是后人才称孔子为圣人,称孟子为亚圣。

B. 二人虽同属德慧型的智慧者,不过,孟子的智慧高于孔子,因为孟子"青出于蓝而胜于蓝",只给予孟子"亚圣"的声誉是一种偏见。

C. 二人都属德慧型的智慧者,且智慧水平都一样,因为智慧本没有水平上的差异。

D. 二人都不能算作真正的智慧者,只能算是道德高尚的人,因为他们在自然科学领域都没有杰出成就。

7. 下面有关爱因斯坦和居里夫人的四种说法中,您更赞成哪一种?

A. 二人虽同属物慧型的智慧者,但爱因斯坦的成就高于居里夫人,所以,爱因斯坦的智慧高于居里夫人。

B. 二人虽同属物慧型的智慧者,但居里夫人的智慧高于爱因斯坦,因为居里夫人作为一位女子能取得如此成就实属不易。

C. 二人同属物慧型的智慧者,且智慧水平都一样,因为智慧本没有水平上的差异。

D. 二人都只能算是科学家而非智慧者,因他们在人生哲学上都没有杰出成就。

8. 下面有关孔子与爱因斯坦的四种说法中,您更赞成哪一种?

A. 二人都德才兼备,因此都是智慧者;不过,二人的才华有差异,所以,他们的智慧类型有差异：孔子属德慧型，爱因斯坦属物慧型。

B. 虽然二人有不同的才华，但他们的智慧类型是一样的，因为智慧只有一种。

C. 孔子是一个智慧者，爱因斯坦属天才人物，却不是一个智慧者。

D. 爱因斯坦既取得了巨大科技成就，又将其用来为人类谋福祉，所以是一个智慧者；孔子只是一个道德高尚的人，而非智慧者，因为他在自然科学领域没有重要成就。

9. 下面有关真智慧与类智慧的四种说法中，您更赞成哪一种？

A. 通过真创造取得一定成就且将其成就用于为人类谋福祉的人才算是真有智慧之人。

B. 通过类创造取得一定成就且将其成就用于为人类谋福祉的人不算真有智慧之人。

C. 真智慧与类智慧都是智慧，但在智慧水平上，真智慧高于类智慧。

D. 真智慧与类智慧都是智慧，并且，在智慧水平上，真智慧不一定高于类智慧。

10. 下面关于影响个体智慧生成与发展因素的四种说法中，您更赞成哪一种？

A. 影响个体智慧生成与发展的主要因素是个体的遗传素质。

B. 影响个体智慧生成与发展的主要因素是个体所处的家庭环境与学校教育。

C. 影响个体智慧生成与发展的主要因素是个体所处的社会环境。

D. 遗传、成熟、环境、教育和主体性（尤其是自我努力）共同影响个体智慧的生成与发展。

11. 下面"有助于人类和个体自身长久的幸福与可持续发展"的四种说法中，您更赞成哪一种？

A. 一旦拥有聪明与丰富的知识，就有能力做好许多事情，所以选择"聪明＋知识"更有助于人类和个体自身长久的幸福与可持续发展。

B. "仁者无敌"，且好人终有好报，所以选择"善良"更有助于人类和个体自身长久的幸福与可持续发展。

C. 现实生活太复杂，只有运用厚黑学才能让人更好地生存，因此只有选择"厚黑学"才更有助于人类和个体自身长久的幸福与可持续发展。

D. "智慧"中包含足够的善良、聪明与知识，有智慧的人在必要时也懂得灵活运用各种手段去达成目的,故选择"智慧"更有助于人类和个体自身长久的幸福与可持续发展。

问卷结束,非常感谢您的认真作答!

附录3 问 卷(正式)

您的性别: ① 男   ② 女   您的年龄:_____岁
您的受教育程度:① 大一   ② 大二   ③ 大三   ④ 大四
您的专业属于:① 文科(包括艺术与体育)
            ② 理工科(包括农科、林科与医科)

说明: 下面有2个问题,请您认真阅读它们,然后再按自己的真实想法作答。每个人对这些问题的看法都会不同,因此回答无所谓对与错,仅仅表明您对这些问题的看法。该问卷仅供科学研究之用,问卷采取无记名的方式,结果绝对保密。谢谢您的认真作答!

1. 请您根据自己关于智慧者水平的判断,对下面20位智慧者进行1~20等级的排序,并在其姓名前的"□"内标上相应数字:其中,"1"表明您认为其智慧水平最高;"2"表明您认为其智慧水平次之;……依此类推,"20"表明您认为其智慧水平最低。谢谢!

□ 老子   □ 苏格拉底   □ 孔子   □ 马克思
□ 孟子   □ 柏拉图   □ 庄子   □ 墨子
□ 荀子   □ 亚里士多德   □ 周恩来   □ 恩格斯
□ 邓小平   □ 爱因斯坦   □ 耶稣   □ 诸葛亮
□ 穆罕默德   □ 周公(西周)   □ 释迦牟尼   □ 毛泽东

2. 请您根据自己关于愚蠢者水平的判断,对下面11位愚蠢者进行1~11等级的排序,并在其姓名前的"□"内标上相应数字:其中"1"表明您认为其愚蠢水平最高;"2"表明您认为其愚蠢水平次之;……依此类推,"11"表明您认为其愚蠢水平最低。谢谢!

□ 商纣王   □ 夏桀   □ 麦道夫   □ 张伯伦(英国前首相)
□ 袁世凯   □ 芙蓉姐姐   □ 秦桧   □ 凤姐(罗玉凤)
□ 阿斗   □ 汪精卫   □ "农夫与蛇"故事中的农夫